H3C网络学院系列教程

路由交换技术详解与实践 第3卷

新华三大学 / 编著

清华大学出版社
北京

内容简介

本书详细讨论了建设大规模网络所需的路由技术，包括网络模型、IP 路由基础理论、OSPF/IS-IS 等 IGP 路由协议、BGP 路由协议、IPv6 路由技术、路由控制和过滤、IP 组播等。本书的最大特点是理论与实践紧密结合，依托 H3C 路由器和交换机等网络设备精心设计的大量实验，有助于读者迅速、全面地掌握相关的知识和技能。

本书是为网络技术领域的深入学习者编写的。对于大中专院校在校学生，本书是助其深入计算机网络技术领域的好教材；对于专业技术人员，本书是助其掌握计算机网络工程技术的好向导；对于普通网络技术爱好者，本书也不失为学习和了解网络技术的优秀参考书籍。

图书在版编目(CIP)数据

路由交换技术详解与实践. 第 3 卷/新华三大学编著. —北京：清华大学出版社，2018 (2023.8重印)
(H3C 网络学院系列教程)
ISBN 978-7-302-50516-7

Ⅰ. ①路… Ⅱ. ①新… Ⅲ. ①计算机网络－路由选择－高等学校－教材 ②计算机网络－信息交换机－高等学校－教材 Ⅳ. ①TN915.05

中国版本图书馆 CIP 数据核字(2018)第 138929 号

责任编辑：田在儒
封面设计：王跃宇
责任校对：袁　芳
责任印制：宋　林

出版发行：清华大学出版社
网　　址：http://www.tup.com.cn，http://www.wqbook.com
地　　址：北京清华大学学研大厦 A 座　　**邮　　编**：100084
社 总 机：010-83470000　　**邮　　购**：010-62786544
投稿与读者服务：010-62776969，c-service@tup.tsinghua.edu.cn
质 量 反 馈：010-62772015，zhiliang@tup.tsinghua.edu.cn
印 装 者：北京嘉实印刷有限公司
经　　销：全国新华书店
开　　本：185mm×260mm　　**印　　张**：29.75　　**字　　数**：779 千字
版　　次：2018 年 7 月第 1 版　　**印　　次**：2023 年 8 月第 9 次印刷
定　　价：79.00 元

产品编号：078669-01

版权声明

H3C 网络学院系列教程

路由交换技术详解与实践　第3卷

新华三大学　编著

2018 年 7 月印刷

出版说明

伴随着时代的快速发展，IT 技术已经与人们的日常生活密不可分，在越来越多的人依托网络进行沟通的同时，IT 技术本身也演变成了服务、需求的创造和消费平台，这种新的平台逐渐创造了一种新的生产力和一股新的力量。

新华三是全球领先的新 IT 解决方案领导者，致力于新 IT 解决方案和产品的研发、生产、咨询、销售及服务，拥有 H3C® 品牌的全系列服务器、存储、网络、安全、超融合系统和 IT 管理系统等产品，能够提供大互联、大安全、云计算、大数据和 IT 咨询服务在内的一站式、全方位 IT 解决方案。同时，新华三也是 HPE® 品牌的服务器、存储和技术服务的中国独家提供商。

以技术创新为核心引擎，新华三 50%的员工为研发人员，专利申请总量超过 7200 件，其中 90%以上是发明专利。2016 年新华三申请专利超过 800 件，平均每个工作日超过 3 件。

2004 年 10 月，新华三的前身——杭州华三通信技术有限公司（简称华三）出版了自己的第一本网络学院教材，开创了业界相关培训教材正式出版的先河，极大地推动了 IT 技术在业界的普及；在后续的几年间，华三陆续出版了《路由交换技术　第 1 卷》《路由交换技术　第 2 卷》《路由交换技术　第 3 卷》《路由交换技术　第 4 卷》等 H3C 网络学院系列教程书籍，以及《H3C 以太网交换机典型配置指导》《H3C 路由器典型配置指导》《根叔的云图——网络故障大排查》等 H3C 网络学院参考书系列书籍。

作为 H3C 网络学院技术和认证的继承者，新华三会适时推出新的 H3C 网络学院系列教程，以继续回馈广大 IT 技术爱好者。《路由交换技术详解与实践　第 3 卷》是新华三所推出 H3C 网络学院系列教程的新版本之一。

相较于以前的 H3C 网络学院系列教程，本次新华三推出的教材进行了内容更新，更加贴近业界潮流和技术趋势；另外，本教材中的所有实验、案例都可以在新华三所开发的功能强大的图形化全真网络设备模拟软件（HCL）上配置和实践。

新华三希望通过这种形式探索出一条理论和实践相结合的教育方法，顺应国家提倡的“学以致用、工学结合”教育方向，培养更多实用型的 IT 技术人员。

希望在 IT 技术领域这一系列教材能成为一股新的力量，回馈广大 IT 技术爱好者，为推进中国 IT 技术发展尽绵薄之力，同时也希望读者对我们提出宝贵的意见。

新华三大学

培训开发委员会认证培训编委会

2018 年 1 月

H3C认证简介

H3C 认证培训体系是中国第一家建立国际规范的完整的网络技术认证体系，H3C 认证是中国第一个走向国际市场的 IT 厂商认证。新华三致力于行业的长期增长，通过培训实现知识转移，着力培养高业绩的缔造者。目前在全球拥有 21 家授权培训中心和 450 余家网络学院。截至 2016 年年底，已有 40 多个国家和地区的 25 万人接受过培训，13 万人获得各类认证证书。H3C 认证将秉承“专业务实，学以致用”的理念，快速响应客户需求的变化，提供丰富的标准化培训认证方案及定制化培训解决方案，帮助你实现梦想、制胜未来。

按照技术应用场合的不同，同时充分考虑客户不同层次的需求，新华三为客户提供了从网络助理工程师到网络专家的四级网络认证体系和应运而生的云计算认证体系。

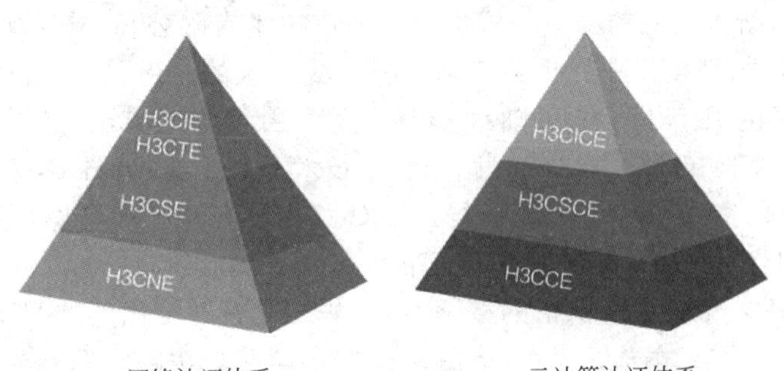

网络认证体系　　云计算认证体系

H3C 认证将与各行各业建立更紧密的合作关系，认真研究各类客户不同层次的需求，不断完善认证体系，提升认证的含金量，使 H3C 认证能有效证明你所具备的网络技术知识和实践技能，帮助你在竞争激烈的职业生涯中保持强有力的竞争实力！

前言

随着互联网技术的广泛普及和应用，通信及电子信息产业在全球迅猛发展起来，从而也带来了网络技术人才需求量的不断增加，网络技术教育和人才培养成为高等院校一项重要的战略任务。

H3C网络学院(HNC)主要面向高校在校学生开展网络技术培训，培训使用H3C网络学院系列培训教程。H3C网络学院培训教程根据技术方向和课时分为多卷，高度强调实用性和提高学生动手操作的能力。

H3C网络学院《路由交换技术详解与实践》第2～4卷在H3CSE-Routing＆Switching认证培训课程内容基础上进行了丰富和加强，内容覆盖面广，讲解由浅入深，包括大量与实践相关的内容，学员学习后可具备H3CSE-Routing＆Switching的备考能力。

本书读者群大致分为以下几类。

- 大中专院校在校生：本书既可以作为H3C网络学院的教科书，也可以作为计算机通信相关专业学生的参考书。
- 公司职员：本书能够用于公司进行网络技术的培训，帮助员工理解和熟悉各类网络应用，提升工作效率。
- 网络技术爱好者：本书可以作为所有对网络技术感兴趣的爱好者学习网络技术的自学书籍。

H3C网络学院《路由交换技术详解与实践　第3卷》内容涵盖当前构建高性能园区网络所使用的主流技术，不但重视理论讲解，而且精心设计了相关实验，充分凸显了H3C网络学院教程的特点——专业务实，学以致用。通过对本书的学习，学员将能理解高性能园区网络的主要需求和常用技术，掌握如何运用这些技术设计和构建高速、可靠、安全的园区网络。本书经过精心设计，结构合理、重点突出、图文并茂，有利于学员快速完成全部内容的学习。

依托新华三集团强大的研发和生产能力，本书涉及的技术都有其对应的产品支撑，能够帮助学员更好地理解和掌握知识与技能。本书技术内容都遵循国际标准，从而保证良好的开放性和兼容性。

H3C网络学院《路由交换技术详解与实践　第3卷》分为8篇，共29章，并附19个实验。各章及附录内容简介如下。

第1篇　大规模网络路由概述

本篇共2章，主要讲解了企业网络的发展趋势、SOA架构、IToIP面向服务的解决方案理念，同时介绍了层级化网络模型、H3C模块化企业网架构，最后介绍了路由协议在大规模网络中的应用，网络对路由可靠性、可扩展性、可管理性的需求及相应技术。

第 2 篇　路由基础

本篇共 4 章，首先介绍了路由控制平面和转发平面的概念、相应各表项的关系。其次介绍了路由协议的原理、分类、特点，路由选择的原则。同时，介绍了路由负载与分担以及备份的原理、配置等。最后介绍了路由聚合的概念、优缺点，RIP 协议中路由聚合的配置，CIDR 的优点等。

第 3 篇　OSPF 协议

本篇共 3 章，首先讲解了 OSPF 协议的基本概念、协议原理、分层结构、协议报文，以及 OSPF 的基本配置。最后介绍了 OSPF 的 LSA 类型、特殊区域、聚合以及安全特性。

第 4 篇　IS-IS 协议

本篇共 3 章，首先讲解了 IS-IS 协议的发展历史、分层架构、与 OSPF 的异同。其次讲解了 IS-IS 协议中的 OSI 地址、协议报文、网络类型、路由生成过程。最后介绍了如何对 IS-IS 进行相应的配置。

第 5 篇　控制 IGP 路由

本篇共 4 章，首先介绍了路由过滤的概念。其次重点讲解了过滤工具如 Filter-policy、Route-policy 的配置，并介绍如何在路由引入中使用过滤工具进行路由控制。最后讲解了 PBR(Policy-Based Routie)的概念、配置和应用。

第 6 篇　BGP-4 协议

本篇共 5 章，介绍了 BGP-4(简称 BGP)的起源、定义、特点、原理，BGP 协议的属性应用及 BGP 的选路规则。同时，讲解了如何对 BGP 协议进行配置。最后，重点讲解了如何利用 BGP 的属性，结合路由策略进行路由过滤与控制，如何在多 ISP 情况下部署 BGP，并给出了综合性的 BGP 选路案例分析。

第 7 篇　IP 组播

本篇共 5 章，由 IP 组播地址、组播转发等基础理论入手，重点讲解了组播组管理协议 IGMPv2 / v3，以及 PIM-DM、PIM-SM、PIM-SSM 等常用组播路由协议，并对二层组播协议 IGMP Snooping 和组播 VLAN 进行了介绍。

第 8 篇　IPv6 路由技术

本篇共 3 章，首先讲解了 ND 协议的功能、特点、配置。其次讲解了 IPv6 中的路由协议如 RIPng、OSPFv3 的基本原理和相关配置。同时对过渡技术如自动隧道、NAT-PT 等进行原理介绍及配置简介。

附录　课程实验

实验 1　静态 ECMP 和浮动静态路由配置
实验 2　OSPF 基本配置
实验 3　OSPF 路由聚合
实验 4　OSPF Stub 区域和 NSSA 区域配置
实验 5　OSPF 虚连接和验证配置
实验 6　IS-IS 基本配置
实验 7　IS-IS 多区域配置
实验 8　使用 Filter-policy 过滤路由
实验 9　使用 Route-policy 控制路由
实验 10　使用 PBR 实现策略路由
实验 11　BGP 基本配置

实验 12 BGP 路由属性
实验 13 BGP 路由过滤
实验 14 BGP 路由聚合与反射
实验 15 三层组播
实验 16 二层组播
实验 17 ND 基本配置
实验 18 IPv6 路由协议
实验 19 IPv6 过渡技术

为启发读者思考，加强学习效果，本书所附实验为任务式实验。H3C 授权的网络学院教师可以从 H3C 网站上下载实验作为参考，其中包含了所有实验内容的具体答案。

各型设备和各版本软件的命令、操作、信息输出等均可能有所差别。若读者采用的设备型号、软件版本等与本书不同，可参考所用设备和版本的相关手册。

新华三大学
培训开发委员会认证培训编委会
2018 年 5 月

目 录

第1篇 大规模网络路由概述

第 2 篇 路由基础

第3篇 OSPF协议

第 4 篇 IS-IS 协议

第6篇 BGP-4协议

第7篇 IP 组 播

附录 课程实验

第1篇

大规模网络路由概述

第1章

企业网模型

随着应用的发展，各种需求不断出现。作为企业IT系统基础的计算机网络，其未来的发展必须适应企业业务和应用对IT系统越来越高的要求。

本章将介绍H3C面向服务的IToIP解决方案，并给出指导企业网络构建的层级化网络模型和模块化企业网架构。

1.1 本章目标

学习完本章，应该能够：

（1）描述IToIP面向服务的解决方案；

（2）描述层级化网络模型；

（3）描述典型的企业网架构；

（4）描述H3C模块化企业网架构。

1.2 趋势和挑战

信息技术发展至今，包括企业在内的各种组织几乎都已部署了各种各样的IT系统，这些系统大部分基于各种类型的计算机网络。应对企业不断发展的需求，IT系统也处于不断的发展进化之中。

IT系统的发展可分为如图1-1所示业务数字化、业务流程整合及面向战略3个阶段。

（1）业务数字化：在这个阶段，IT应用主要集中在业务数字化和办公自动化等以数字化代替人工操作的方面。从技术架构来看，此时的IT系统以计算为中心，计算、存储和应用呈现出静态绑定的关系。应用依赖于特定厂商、特定型号的计算、存储设备。IT资源为满足业务应用的峰值需求而配置，其平均利用率则很低，造成IT投资的严重浪费；网络、存储、计算分别独立管理维护，管理复杂，维护难度高，过度依赖于原厂商提供的服务；系统扩展性差，难以快速适应机构内部和外部挑战带来的变化。这一阶段的网络技术也呈现纷繁复杂的局面，存在多种互不兼容的协议体系，例如，用于Novell文件和打印共享的IPX/SPX(Internet Packet eXchange/Sequential Packet eXchange，网间分组交换/序列包交换)，用于IBM大型机和服务器的SNA(Systems Network Architecture，系统网络体系结构)，以及用于访问Internet的TCP/IP(Transfer Control Protocol/Internet Protocol，传输控制协议/互联网协议)等。

（2）业务流程整合：以客户为中心的业务流程整合，需要打破部门壁垒，实现如ERP、集成供应链、客户关系管理、营销管理、产品研发管理等业务流程整合。业务需求催生出以业务为中心的动态架构，这种架构有两大特征，一是能够实现通信、存储、计算三大IT基础资源的整合、管理及优化；二是具备开放的体系结构，可满足业务流程定制与优化的要求。而今天的网络系统也正在发展为基于IP的统一平台，这种开放架构可以大幅度降低IT系统的复杂度，提高性能和兼容性。例如，基于IP的网络和存储协同优化可以提高IT整体性能50%以上。

(3) 面向战略：未来的IT系统将发展为以战略为中心的知识架构，业务战略与IT战略将融为一体，成为整个组织肌体的一部分。IT将充当整个组织的数字神经系统，提供智能决策支持。计算机网络必须适应这一发展趋势，不仅提供网络连通性，提高性能和可靠性，还要为IT系统上层应用提供灵活而智能的服务。

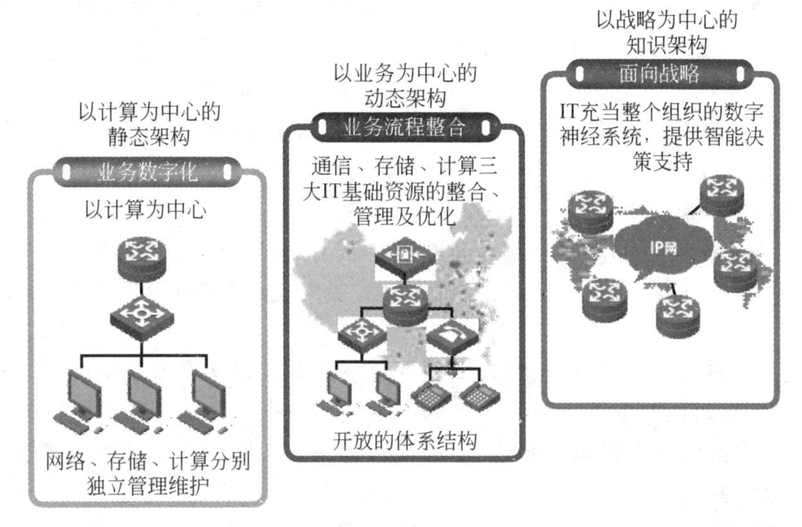

图 1-1 IT系统发展趋势

当今的IT系统正在从业务数字化阶段向业务流程整合阶段过渡。一方面，经过多年的建设，IT系统为组织机构带来高效率、低成本的好处；另一方面，面临业务流程整合的压力，组织机构在IT资源整合、IT资源管理和IT业务个性化等方面都面临重大挑战。

(1) IT资源整合：设想一个涵盖总部到分支机构的大规模企业IT系统，企业不断采用新技术来扩充IT基础设施。例如，采用基于传统PBX(Private Branch eXchange，私有分支交换)交换机的语音系统；采用基于IPX/SPX的网络实现内部文件服务器和打印机共享；在桌面部署IP协议以实现Internet访问；采用从早期的X.25、帧中继(Frame Relay)、T1/E1专线，到ATM(Asynchronous Transfer Mode，异步传输模式)等各种技术构建广域网，连接分支机构；采用独立的基于专线的专用网络实现视频电话和会议；采用基于模拟信号传输、单机硬盘存储的传统监控系统；采用专用光纤、专用存储交换机和专用协议构建存储区域网，部署存储系统；等等。

这样的IT设施条块分割，无法实现协同办公和协同商务。例如，语音网、视频会议网、数据通信网、监控信号传输网、存储网络等并立，企业在部署大量线路的同时，还无法在各系统之间共享数据；由于多种协议共存，难以相互兼容，各应用系统之间的互通极为昂贵和困难，效率低下；并且在一部分系统网络资源不足的情况下，另一部分系统网络资源却可能闲置浪费。

因此，包括通信、存储、计算等在内的基础资源的整合是IT系统建设面临的难题之一。

(2) IT资源管理：在业务流程整合阶段，IT管理需要从简单的网管管理转向全面的资源管理及业务管理。优化IT资源，提高IT的ROI(Return On Investment，投资回报率)，需要更加精细的管理能力。

当前计算机网络系统面临的主要管理难点如下。

- 内容管理：对各种信息资源和Internet访问的便捷性，在提高工作效率的同时，也可能导致员工有效工作时间的降低。例如，员工与工作无关的 Internet 访问不但浪费了工作时间，而且加重了网络负担。控制员工的此类行为成为一个管理难点。

- 流量管理：计算机网络承载了越来越多的实时业务和与生产相关的关键业务，某些节点极有可能成为网络的瓶颈。深度的业务识别、实时动态的流量监控和调节、网络资源优化配置成为当务之急。
- 安全管理：由于业务的多样性和网络的开放性，各种各样的攻击威胁着 IT 系统。加上承载网络日趋归一，IT 系统面临的威胁也日益加重。包括接入安全、内容安全、网络安全、存储安全等在内的整体安全性成为一个关键问题。
- 配置管理：随着企业规模的扩大，大量的网络设备需要广域互联。一旦需要变更配置，位于分支网点的大量设备要在短时间内进行全面的配置变更或升级。此类业务如何批量部署和配置成为一个难题。

综上所述，组织机构不但需要不断提高网络性能，而且需要构建可维护、可管理、可优化的高品质网络。要解决各种难题，实现这个目标，就需要构建一个全面、精细、架构开放的智能管理系统。

(3) IT 业务个性化：自工业革命以来，世界经济商务关系和模型发生巨变，经历了从生产为中心到顾客为中心，从大规模标准化生产到大规模客户个性化定制的转变。传统的 IT 设施难以提供企业为大批量用户提供个性化、定制化和优化方案所需的灵活性与智能性。

此外，组织机构的 IT 系统正从单一应用的集合体转向业务流程整合。每个组织都有与自身战略紧密相关的特色业务，并希望获得个性化的 IT 解决方案。这要求计算机网络由解决基本通信需求向灵活服务于上层的个性化应用转变。建设一个技术标准而开放的网络，实现通信、存储、计算等各种资源的整合、管理与优化是解决问题的关键。

1.3 IToIP 面向服务的解决方案

1.3.1 基于 SOA 的网络架构

SOA(Service Oriented Architecture，面向服务的体系结构)是一种定义和提供 IT 基础设施的方式。体现 SOA 思想的企业级 IT 系统设计，应允许不同应用功能或应用系统之间共享数据、资源和能力，参与业务流程，无论它们各自背后使用的是何种软件和硬件。

基于 SOA 的网络架构将企业 IT 系统划分成如图 1-2 所示的若干层次。

(1) 基础设施层：在这一层中，分布于各个逻辑和物理位置的资源通过统一而标准化的计算机网络被连接起来，形成 IT 系统的基础设施。所有资源在任意地点都可以被随时访问。

(2) 服务层：这一层将基础的设施和资源结合起来，形成一系列灵活而相对独立的基础设施服务，例如，计算服务、安全服务、存储服务等。基础设施服务不包含业务逻辑，其提供的是非业务性的功能。若干基础设施服务可以进一步形成服务组合。一个服务组合可以实现一项组合的业务任务。任何新的业务任务均可以方便地由基础设施服务组合而成，而无须改变已有的服务组合。

(3) 应用层：企业的业务流程实际上可以由一系列的业务任务或复合业务任务构成，也就是说，任何复杂应用均可以通过调用一系列服务组合接口来实现。

依托 SOA 思想设计的企业级网络系统，允许灵活、快速、高效地构建企业智能应用，能快速适应企业业务流程的变化。

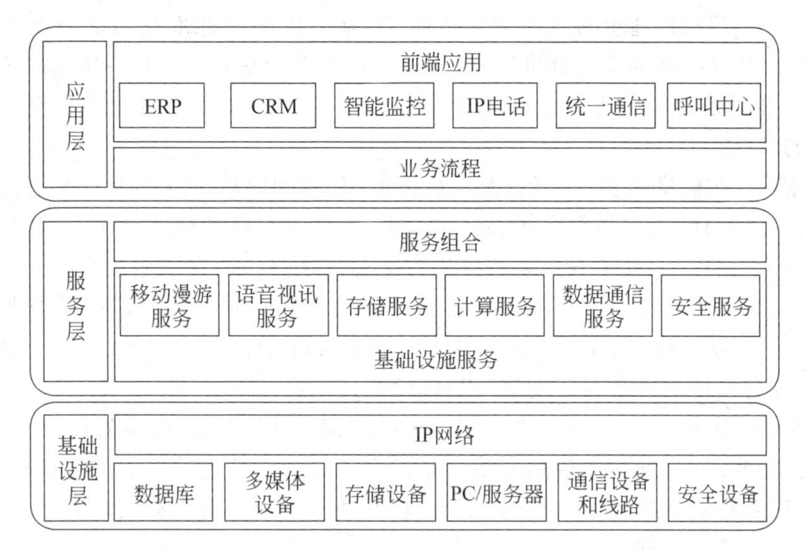

图 1-2 基于 SOA 的网络架构

1.3.2 IToIP 解决方案

为解决 IT 系统和计算机网络发展过程中面临的种种挑战，H3C 在 2004 年提出了 NGeN（下一代 e 网）架构。基于这个架构，H3C 不断完善 IP 基础网络、IP 通信、IP 管理、IP 存储等解决方案板块，最终形成完全基于 IP 技术的新一代 IT 解决方案——IToIP(IT on IP)，如图 1-3 所示。

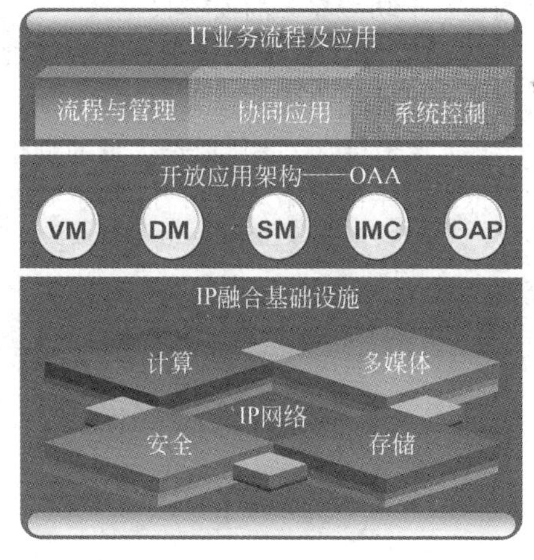

图 1-3 IToIP 介绍

IToIP 是 SOA 核心思想的一种表现形式。IToIP 通过一个开放的架构把先进的技术及客户需求统一为一个整体，使技术手段及商业方法最终都能服务于用户及合作伙伴，所有这些都能最大限度地满足用户的业务需求。

IToIP 解决方案要求对 IT 基础架构进行整合。其含义是基于 IP 技术搭建统一的 IT 基础架构平台，以 IP 网络为基础，消除异构系统带来的信息鸿沟，整合 IP 存储、安全、多媒体等各种服务，实现 IT 基础设施的构件化和资源化。

IToIP 以智能的业务管理衔接应用于 IT 基础平台，从而实现基于业务的底层资源配置和管理。IToIP 以开放的架构完成 IT 应用层和 IT 基础设施层的完美对接，使得 IT 系统真正成为用户的价值平台。

当今的 IT 系统建设进入整合时代，需求的重心从单系统的性能转向跨系统的性能、连通、业务互动。依托 IP 网络融合 IT 基础架构，提供整合平台，实现基础架构资源化，基于应用灵活组织 IT 资源来支撑复杂多变的业务，这些已经成为 IT 系统建设中普遍认同的理念。IToIP 解决方案指明了实现这一目标的途径，给出了达到这样目标的方案，使组织机构得以全面而系统地规划，并分步而有序地部署 IT 系统。

IToIP 解决方案具备以下关键特性。

(1) 标准——IToIP 理念的实现首先指向 IT 基础设施的标准化。从技术的发展趋势来看,IP 已成为计算机网络的事实标准,IT 系统以 IP 网络为基础设施是一个清晰而不可置疑的发展方向。标准化是其他一切特性的前提。H3C 基于 IP 的全系列数据通信网络产品完全实现了标准化的特性。

(2) 融合——在标准化实现之后,基于标准的 IP 基础设施,各种 IT 资源可以方便地共享和使用,通信、存储、计算、网络等各种技术和应用进一步实现融合。H3C 推出的包括统一通信、存储、监控、数据中心、安全等一系列解决方案是实现这一特性的坚实基础。

(3) 开放——在同构的 IT 基础设施之上的中间件及开放平台可以提供行业应用定制的接口,实现应用和基础架构上的分离。H3C OAA(Open Application Architecture,开放应用体系结构)开放合作计划正是为实现这一目标而推出的。

(4) 智能——应用可以通过开放的接口来动态调用 IT 资源,最终为用户构建一个标准、兼容、安全、智能和可管理的 IT 应用环境。基于 IP 标准对 IT 基础架构进行整合,通过开放的手段,为各行各业构筑灵活、高效、快速、低成本、个性化的 IT 解决方案,实现智能化的 IT 系统,这是 IToIP 持续演进的目标。

1.4 层级化网络模型

现代网络设计普遍采用了层级化网络模型。层级化网络模型如图 1-4 所示,将网络划分为 3 层。在层级化网络模型中,每一层都定义了特定而必要的功能,通过各层功能的配合,可以构建一个功能完善的 IP 网。

(1) 接入层:这一层提供丰富的端口,负责接入工作组用户,使其可以获得网络服务。接入层还可以对用户实施接入控制。

(2) 汇聚层:这一层通过大量的链路连接接入层设备,将接入层数据汇集起来。同时,这一层依据复杂的策略对数据、信息等实施控制。其典型行为包括路由聚合和访问控制等。

(3) 核心层:这一层是网络的骨干,主要负责对来自汇聚层的数据进行尽可能快速地交换。

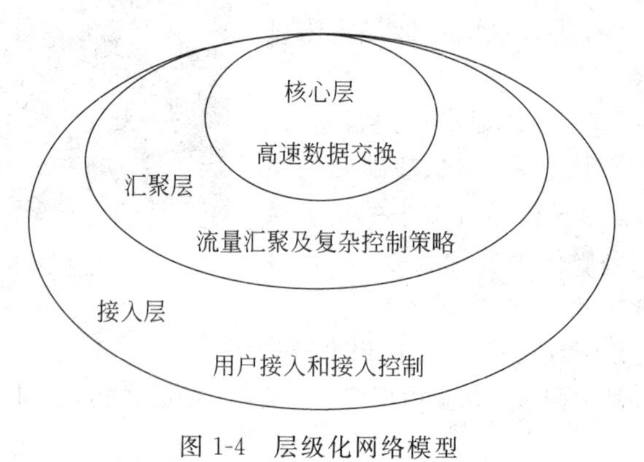

图 1-4 层级化网络模型

理论上,即使目前最大规模的网络,其网络设计也不超过 3 个层次。小型或者中型网络设计可以根据情况合并某些层次的功能,将网络层次减少到 1～2 层。

1.4.1 接入层

接入层处于网络的最底层,负责接入终端用户。接入层为用户提供网络的访问接口,是整个网络的对外可见部分,也是用户与网络的连接场所。因此,接入层应具有种类丰富的大量端口,提供强大的接入能力。接入安全性也是一个必须考虑的因素。

一方面,如果接入层设备或链路出现故障,只会对设备接入的用户造成影响,影响范围较小;另一方面,接入层设备和连接数量相对较多,用户设备数量也比较多,不便于一一实现设备和链路冗余。因此,通常不考虑接入层设备和链路的冗余性。当然,如果接入层设备接入了重要用户或服务器,可以采用链路或设备冗余来提高其可靠性。

另外,由于接入层是用户与网络的接入点,也是入侵者试图闯入的地方,因此可以在访问接入层实施安全接入控制策略,以保障网络的安全。例如,通过 802.1x 这样的端口安全技术防止非法用户接入网络,或采用包过滤技术过滤伪造源地址的数据包,阻止利用伪造地址方式实施的攻击。

在接入层还可以实现对数据的分类和标记。接入层直接为用户提供多样的服务,在用户数据进入网络时,可以立即控制其流量,进行基于策略的分类,并给予适当的标记。这样网络中的其他设备就可以根据这些标记直接为这些数据提供适当的 QoS(Quality of Service,服务品质)服务。

1.4.2 汇聚层

汇聚层处于三层网络结构的中间。汇聚层设备是大量接入层设备的集中点,负责汇集来自接入层的数据,并对数据和控制信息进行基于策略的控制。

汇聚层从位置上处于核心层与接入层的分界,面对大量来自接入层的链路,汇聚层必须将其数据汇聚在一起,通过少量的高速链路传递给核心层。这样可以减少昂贵的高端设备接口,提高网络转发效率。

如果不采用冗余设计,则某台汇聚层设备或某条汇聚层链路的失效将导致其下面连接的所有接入层设备用户无法访问网络。因此,汇聚层设备的可靠性较为重要。考虑到成本因素,汇聚层往往采用中端网络设备,并采用冗余链路连接核心层和接入层设备,提高网络可靠性。必要时也可以对汇聚层设备采用设备冗余的形式提高可靠性。

汇聚层还负责实现网络中的大量复杂策略,这些策略包括路由策略、安全策略、QoS 策略等。通过适当的地址分配并在汇聚层实行路由聚合,可以减少核心层设备的路由数量,并以汇聚层为模块,对核心层实现网络拓扑变化的隔离,这不但可以提高转发速度,而且可以增强网络的稳定性。在汇聚层配置安全策略可以实现高效部署和丰富的安全特性。基于接入层设备提供的数据包标记,汇聚层设备可以为数据提供丰富的 QoS 服务。

1.4.3 核心层

核心层处于网络的中心,负责对网络中的大量数据流量进行高速交换转发。网络中各部分之间相互访问的数据流都通过汇聚层设备汇集于核心层,核心层设备以尽可能高的速度对其进行转发。

核心层的性能会影响整个网络的性能,核心层设备或链路一旦发生故障,整个网络就面临瘫痪的危险。因此在选择核心层设备时,不但要求其具有强大的数据交换能力,而且要求其具有很高的可靠性。通常应选择高端网络设备作为核心层设备。这不仅是因为高端网络设备的数据处理能力强,转发速度高,也是因为高端网络设备本身通常具有高可靠性设计。高端网络设备的主要组件通常都采用冗余设计,例如采用互为主用设备的双处理板、双交换网板、双电源等,确保设备不易宕机。而核心层链路多采用高速局域网技术,确保较高的速率和转发效率。

为了确保核心网络的可靠性，可以对核心层设备和链路实现双冗余甚至多冗余，实现网状、环形，或部分网状拓扑。即对核心层设备和链路一律增加一个以上的备份，一旦主用设备整机或主用链路出现故障，立即切换到备用设备或备用链路，确保核心层的高度可靠性。

由于网络策略对网络性能会产生不可避免的影响，因此在核心层中不能部署过多或过于复杂的策略。通常在核心层较少采用任何降低核心层设备处理能力，或增加数据包交换延迟时间的配置，尽量避免增加核心层路由器配置的复杂程度。通常只根据汇聚层提供的信息进行数据转发。

核心层对网络中每个目的地应具备充分的可达性。核心层设备应具有足够的路由信息来转发去往网络中任意目的的数据包。这一要求与加速转发的要求是相互矛盾的，因此应在汇聚层采用适当的路由聚合策略来减少核心层路由表大小。

1.4.4 层级化网络模型的优点

层级化网络模型的引入具有以下优点。

(1) 网络结构清晰化：网络被分为具有明确功能和特性的3个层次，使原本复杂无序的网络结构显得更加清晰，易于理解和分析。

(2) 便于规划和维护：清晰的结构和明确的功能特性定义使网络的规划设计更加合理，管理维护更加方便。

(3) 增强网络稳定性：3个层次之间各有分工，彼此相对独立，网络变化和故障的影响范围可以被降至最低，网络稳定性大大增强。

(4) 增强网络可扩展性：层级化网络模型使网络性能大大提高，功能分布更为合理，大大增强了网络的扩展能力。

当然，层级化网络模型只是个一般性的参考模型。在设计部署具体的网络时，还必须依据用户的实际需求进行具体分析。例如，某组织的全部业务都非常关键，不允许长时间中断，这就要求在整个网络中所有可能的位置都实现冗余；而某公司的业务并不严格依赖于网络，可靠性要求不高，则整个网络中的所有环节可能都无须实现冗余。

1.5 H3C企业网架构

典型的企业网架构如图1-5所示。由下列部分组成。

(1) 园区网：园区网通常是大型企业网络的核心，每个园区包括若干建筑物。园区网通常采用包括核心层、汇聚层和接入层在内的三层网络结构。园区每一建筑内的网络都包括汇聚层和接入层，在汇聚层采用性能较高的三层交换机实现建筑内的汇聚；在接入层使用楼层交换机连接到桌面计算机。各建筑网络通过高速局域网技术连接到高性能的园区网核心层设备上。园区网之间通过高速城域网或广域网进行连接。

(2) 大型分支机构网：这种机构通常是区域性的行政中心，可能独占一栋大楼或占据大楼中的多个楼层。其自身可能采用二～三层网络结构。其接入层和汇聚层与园区内的建筑网类似。大型分支机构网通常需要使用性能较好、可靠性较高、支撑业务较丰富的路由器，通过高速专线连接到核心园区网。

(3) 中型分支机构网：多个中型分支机构，可能独占一个楼层或几个办公室。通常采用包括汇聚层和接入层的二层网络结构，使用中低端网络设备，通过专线连接到核心园区网或大型分支机构网。

(4) 小型分支机构网和远程/分布式办公人员：可能是拥有几个人员的一个办公室，或在

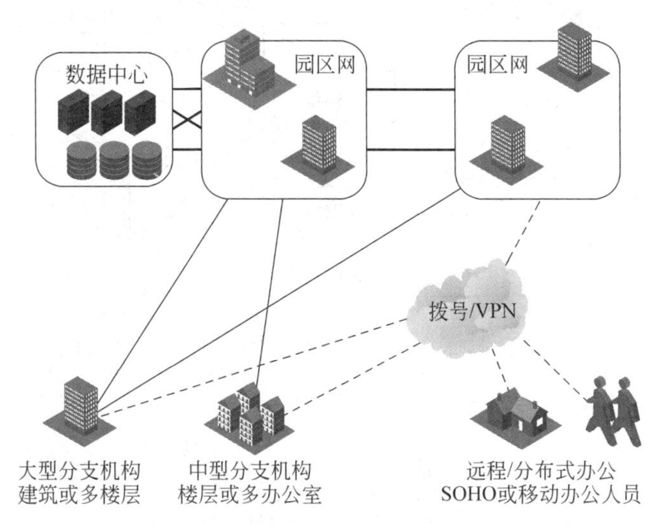

图 1-5 典型的企业网架构

家中办公的 SOHO 人员，或出差在外的移动办公人员等。这些人员根据其需求通过拨号、VPN 等技术连接到园区网或适当的分支机构。小型分支机构可能部署一台路由器和简单的局域网，SOHO 和移动办公人员则直接使用其桌面 PC 或便携式计算机。

(5) 数据中心：由高性能存储设备和服务器群构成，通常在物理上位于园区网或大型分支机构中，使用高速以太网技术连接到网络骨干。

各种规模的企业网可能由不同数量的上述网络和人员构成。例如，一个大型企业网可能由一个研发园区网、一个生产园区网、两个分别位于北京和上海的大型分支机构网、30 个位于各大城市的中型分支机构网、200 个小型分支机构网和数百名经常在外移动的商务人员构成。而一个中型企业网可能由位于总部大楼的大型分支机构网和位于各主要城市的几十个小型分支机构网与几十名移动商务人员构成。

1.5.1 H3C 模块化企业网架构

为了更好地设计、部署、维护、管理企业网，必须理解 H3C 模块化企业网架构。

典型大型企业网以园区网为核心。根据网络各部分功能和特点的不同，企业网可以被划分为下列模块，如图 1-6 所示。

(1) 园区网主干：提供园区各个信息点的接入，并作为整个企业网的核心，提供其他各个模块的互联。此模块又可分为下列子模块。

- 园区网接入：这一模块实际上分散于园区各建筑内，因此也称为建筑接入模块。它负责对园区用户提供接入。这一模块需提供充足的端口密度、丰富的端口类型、高接入带宽、准确的用户数据类型识别、完善的接入控制等。
- 园区网汇聚：这一模块实际上也分散于园区各建筑内，因此也称为建筑汇聚模块。它负责汇集整个建筑内部的流量，将建筑内部网络与园区网核心连接起来。这一模块需提供足够高的带宽和交换性能，较高的冗余性和可靠性，以及充分的控制策略。
- 园区网核心：这一模块不但是园区网的核心，而且通常是整个企业网的核心。它负责对来自各建筑网络、各分支机构、数据中心等各处的数据进行高速交换。这一模块需提供极高的带宽和交换性能，以及极高的冗余性和可靠性。

(2) 数据中心(Data Center，DC)：是各种 IT 应用业务的提供中心，可以包括服务器群

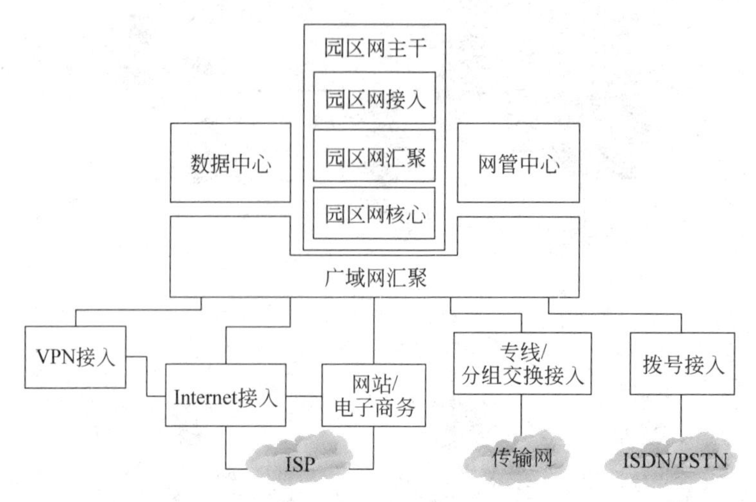

图 1-6 模块化企业网架构

(Server Farm)、存储设备群、灾备中心等。数据中心实现了企业数据的一致性，提供企业应用和数据的安全、高速、可靠、有效访问。数据中心要求具备高可靠性、高可扩展性、高安全性、高带宽、高稳定性。数据中心通常通过多条高速冗余链路连接园区网核心，其要求具有高交换能力和突发流量适应能力，高密度千兆/万兆以太网接入，不间断转发能力，强大的安全控制能力，对网络性能提出极高的要求。

(3) 网管中心：提供对整个企业网络配置、性能、故障、安全和记账的综合管理。其提供的功能包括拓扑探测、日志存储、自动告警、设备配置、性能监视等。通常要求对全网被管理设备具有可达性，并需要严格的安全保障。

(4) 广域网汇聚：负责将复杂多样的广域网和 Internet 接入模块与园区网主干连接起来。其性能直接影响广域网和 Internet 接入性能。这一模块需提供充足的速度、性能和充分的控制策略。

(5) 专线/分组交换接入：此模块面向运营商传输网络，使用基于专线的 PPP 链路，帧中继/ATM 等分组交换链路，以及基于租用光纤的高速城域网链路等，提供大中型分支机构的远程连接。此模块要求支持足够的传统广域网和城域网类型，提供充足的接口带宽。

(6) 拨号接入：这一模块通过运营商 PSTN/ISDN 网络提供企业骨干网与中小型分支机构、SOHO 和移动办公人员的低速连接。此模块要求提供足够的拨号端口数量，并加强包括身份验证在内的安全性。

(7) VPN 接入：主要负责基于包括 Internet 在内的各种公共网络实现分支机构与企业骨干网的连通。这一模块需配置复杂的 VPN 策略和路由策略等，因此需要支持多种 VPN 技术，并提供足够强大的接入安全性。

(8) Internet 接入：主要负责提供企业网用户对 Internet 的访问。要求提供充足的访问带宽，足够的 Internet 全局地址。其对安全性要求较高，需要防范来自 Internet 的各种潜在安全威胁。为确保能够不间断访问 Internet，往往需要通过多条链路或多个 ISP 连接到 Internet，以提高冗余性。

(9) 网站/电子商务：这一模块对位于企业内部和外部的用户提供 Web 服务，或基于 Internet 实现电子商务业务。这一模块除了应具有充足的计算和存储能力之外，还要求对 Internet 和数据中心都具备足够的连接带宽，其安全性要求和可靠性要求甚至超过 Internet

接入模块的要求。

1.5.2 模块化企业网架构的益处

由于网络规模的扩大，网络复杂性的提高，单一的三层网络模型无法适应各种网络的规划设计。H3C 模块化企业网架构将复杂网络划分为若干边界清晰、功能明确的模块，任何规模的企业网都可以通过若干模块或子模块组合构建而成。这种架构在当今的网络建设中日益体现出其优势。

(1) 模块之间相互独立，对每一个模块可以分别进行规划和部署，一个模块内部的变化不影响其他模块，便于设计部署和管理维护。

(2) 可以通过增删模块来方便地扩展或去除网络的功能，伸缩性强。

(3) 各模块流量类型和服务类型各不相同，便于控制流量，提供适当的服务。

(4) 在每一个模块内部，传统的层级化网络模型仍然有效，便于构建复杂的大规模网络。

1.6 本章总结

(1) IToIP 是基于 SOA 思想的解决方案，具有标准、融合、开放、智能的特性。

(2) 层级化网络模型将网络划分为核心层、汇聚层、接入层。

(3) H3C 模块化企业网架构实现了网络规划、部署、管理的灵活性、伸缩性、可控性，便于构建复杂的大规模网络。

1.7 习题和解答

1.7.1 习题

(1) 以下属于 IToIP 特性的有(　　)。

A. 智能　　B. 开放　　C. 融合　　D. 标准

(2) 层级化网络模型将网络划分为(　　)。

A. 汇聚层　　B. 园区网核心层　　C. 核心层　　D. 接入层

(3) H3C 模块化企业网架构包含(　　)模块。

A. 灾备中心　　B. VPN 接入　　C. 服务器群　　D. 广域网汇聚

(4) 负责复杂控制策略的是(　　)。

A. 汇聚层　　B. 核心层　　C. 接入层

1.7.2 习题答案

(1) A、B、C、D　(2) A、C、D　(3) B、D　(4) A

第2章

大规模网络路由技术概述

随着网络规模的扩大，其对路由技术的可靠性、可扩展性、可管理性的要求越来越高。本章介绍典型的大规模网络路由模型及其对路由技术的需求等。

2.1 本章目标

学习完本章，应该能够：

(1) 理解典型网络路由的模型；

(2) 理解大规模网络对路由技术的需求。

2.2 三层网络模型与路由技术

一个典型的大规模网络，根据功能可划分为接入层、汇聚层、核心层三层，如图 2-1 所示。各层对路由的要求有所不同，所推荐使用的路由协议也有所不同。

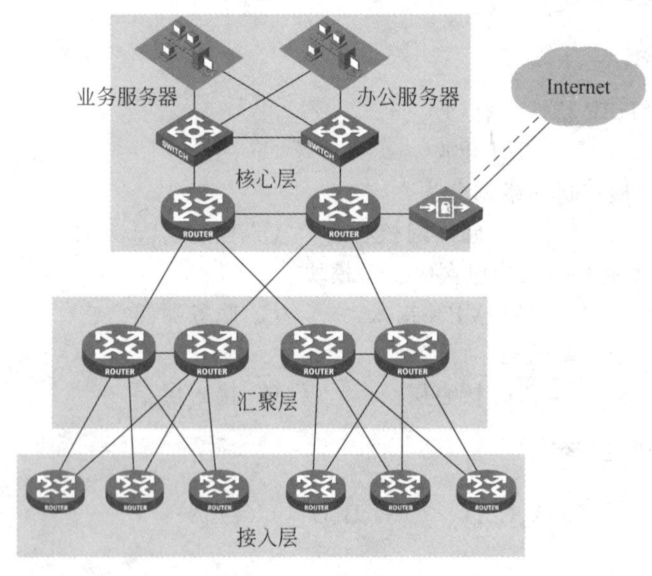

图 2-1 三层网络模型

(1) 核心层：核心层是网络的骨干，提供高速数据转发和路由快速收敛，具有较高的可靠性、稳定性和可扩展性。所以，通常核心层采用收敛速度快、扩展性好的路由协议，如 OSPF 协议、IS-IS 协议等。如果网络规模很大，如在 ISP 网络，为了便于实现路由控制，确保高速路由转发，也会采用 BGP 协议作为核心层协议。

(2) 汇聚层：汇聚层负责汇聚来自接入层的流量并执行复杂策略，所实现的路由功能包括路由聚合、路由策略、负载均衡、快速收敛等。所以，在路由层面上，汇聚层通常采用收敛速度快，支持路由聚合、负载分担，易于实施路由策略的路由协议，如 OSPF 协议、IS-IS 协议等。

(3) 接入层：接入层提供网络的用户接入功能，所以通常接入层采用配置简单，占用系统资源少的路由协议如 RIPv2、静态路由等。也可以采用 OSPF 协议的 Stub 区域或 IS-IS 协议的 Level-1 区域，以减少区域中路由数量，并降低接入层路由变化对汇聚层的影响。

大规模网络路由通常使用 BGP 或静态路由接入 Internet。使用 BGP 接入可以更好地控制路由的发布与接收；而使用静态路由可以节省网络开销。

并不是所有的网络路由都必须划分为三层。层次越多，网络拓扑也就越复杂，所使用的协议可能也会越多，从而增加配置与维护的难度。在设备能力允许的情况下，也可将网络划分为两层，将接入层的功能集成在汇聚层中。因 OSPF 协议、IS-IS 协议支持两层划分，与两层网络契合可简化部署与配置。

2.3 路由器在各层中的功能

既然各层的功能不同，那么对相应的路由器就有不同的性能要求。H3C 提供了一系列的路由器产品，各个产品具有不同的性能指标和特性，来满足大规模网络中各层次的不同要求。

(1) 核心层包括 SR8800 系列、SR6600 系列路由器产品。SR8800 和 SR6600 是框式路由器设备，具有可插拔的主控板、业务板、电源、风扇等硬件，采用了控制平面和转发平面分离的系统架构，具有强大的转发性能和很高的运行可靠性。

(2) 汇聚层包括 MSR50 系列路由器产品。MSR50 系列路由器产品是性能和特性均衡的产品，具有较强的转发性能、较高的运行可靠性和非常丰富的特性如 ACL、路由过滤与策略、QoS、安全、语音等。

(3) 接入层包括 MSR30、MSR20、MSR900 等系列路由器产品。MSR30、MSR20、MSR900 是接入层多业务路由器，具有非常丰富的特性，支持所有常见的接口类型。其中，MSR30 系列路由器产品也可以作为中小型网络中的核心层或汇聚层设备。

2.3.1 核心层路由器

作为网络的核心，核心层设备的主要功能是进行高速数据转发。要达到这个目的，就要求核心层设备本身具有强大的业务数据转发能力，且具有高速的业务接口。另外，作为网络核心设备，如果因系统本身故障而引起网络停止运行，其后果是灾难性的。所以，核心层设备的另外一个特点是要求有很高的硬件及软件可靠性。

SR8800 路由器是路由器系列中的高端产品。SR8800 路由器采用一体化机箱式结构，整个机箱由电源区、单板区、背板、风扇区等几个部分组成。所有的组件都以板卡或模块的形式连接到机框中，便于更换和维护。板卡主要有两大类，分别为负责控制、管理的主控板和负责数据转发的业务板。主控板负责进行路由计算、协议维护、管理监控等功能；而业务板则专注于数据转发。主控板和业务板都通过管理总线与高速数据总线接口连接到机框的背板上，从而完成板卡的管理、维护、板间数据转发等功能。业务板的接口收到用户发出的数据报文后，如果目的主机在本板的另外端口上，则进行板内转发；如果目的端口在其他业务板的端口上，则将数据报文经由机框背板上的高速总线进行转发。这种业务板与主控板分离的硬件架构能够提高设备的可靠性，即某一块业务板损坏，只对本业务板所连接的用户有影响，其他业务板还能够进行数据转发。

SR8800 路由器具有线速转发能力，没有系统内的阻塞和丢包。所谓线速转发能力，是指以一定的包长(通常是最小包长，以太网是 64B)和最小包间隔(符合协议规定)在路由器端口上双向传输同时不引起丢包。

SR8800 路由器能够支持速率高达万兆的以太网、POS、RPR 等接口类型，具有达到 T 级别的系统交换容量和线速转发能力，所以能够作为大规模网络路由的核心设备。SR6600 路由器的硬件体系架构与 SR8800 路由器有类似之处，但其系统交换容量略小一些。同样也较适合作为大规模网络路由的核心层设备。

2.3.2 汇聚层路由器

汇聚层设备的主要功能是汇聚接入层的流量并对其进行控制。MSR50 路由器系列路由器是能够满足上述功能的汇聚层路由器设备。

MSR50 路由器是路由器系列中的中端产品。它也是一体化的机箱结构，采用模块化的设计，组件均以模块的形式连接到机箱上。这样，如果网络结构发生变化，如用户数量增加，需要连接到更多的接入层设备，就可以很容易地通过增加业务板模块来实现。

对网络流量的控制主要是由路由器所加载的软件来实现。MSR50 路由器上所使用的软件基于 Comware 操作平台，能够支持非常多的路由和安全特性，包括访问控制列表、前缀列表、Route-policy、PBR（Policy-Based-Route，基于策略的路由）、路由聚合等，能够对从接入层设备接收到的路由进行聚合、过滤等操作，对业务数据进行过滤。另外，MSR50 路由器同时还有丰富的 QoS 特性，能够对从接入层设备接收到的数据进行限速、打标记等操作。

对于汇聚层设备来说，其往往担负着网络出口的任务。此时，安全特性是必需的。MSR50 提供了丰富的安全功能，包括 Firewall、IPSec VPN、MPLS/VPN、CA、Secure Shell（SSH）协议 2.0、入侵保护、DDoS 防御、攻击防御等。

语音是基于 IP 的统一通信平台中的重要一环。汇聚层设备 MSR50 路由器能够支持语音特性，如 SIP 等主流的语音通信协议。业务模块也能够支持 FXS/FXO/VE1/VT1 等各种语音接口类型。

2.3.3 接入层路由器

接入层路由器担负着接入用户并对其进行控制的任务，所以接入层路由器要求有丰富的接口类型和接入控制特性。

作为接入层设备，MSR30、MSR20、MSR900 能够支持各种类型的接口，如以太网、串口、拨号接口、E1/T1、各类语音接口、WLAN 接口、ADSL 接口等，能够接入常见的所有类型数据业务。

在软件特性方面，MSR30、MSR20、MSR900 支持 VPN 和 IPSec，能够对数据业务进行硬件加密，支持 IPv6 接入、语音接入、MPLS/VPN 等各种常见的接入方式，并有丰富的接入控制特性如 VLAN、802.1x、RADIUS 等，非常适合于在企业网络或运营商网络的接入层进行部署。

IP 网络应用是端到端的应用，这就要求在网络的接入层、汇聚层、核心层要有统一的策略来对数据进行相应处理。所以，在网络各层的设备上使用统一的软件平台，能够使用户更加容易地统一部署网络特性，更易于对网络系统进行扩展和升级，更易于对网络进行操作和维护，节省用户的时间与费用。

Comware 软件平台是 H3C 公司的核心软件平台。作为一个成熟的、特性丰富的软件平台，Comware 软件平台构筑了 H3C 公司全系列 IP 网络产品的基础。Comware 软件平台以 IPv4/IPv6 协议栈为基础，集成了链路层协议、以太网交换技术、IRF 技术、路由技术、MPLS

技术、VPN 技术、QoS 技术、语音技术、安全技术等丰富的数据通信特性，是最为成熟的网络操作系统之一。Comware 软件平台采用了组件构架，并对各种操作系统、各种硬件进行了有效的封装和屏蔽，具有良好的伸缩性和可移植性。

Comware 软件平台率先提出了开放应用体系架构（OAA 架构），通过公开软硬件接口标准规范，提供了一个开放平台，第三方厂商可以在这些开放接口的基础上开发出更为丰富的业务（例如应用层攻击抵御、网络病毒防护、多媒体集合通信、Web 优化与加速等），用户只需安装开发出的软件，便可以将上述业务与现有软件平台无缝融合。

2.4 大规模网络对路由技术的需求

2.4.1 可靠性需求

一个好的网络，首先是一个可靠性高的网络。网络作为 IP 应用的承载体，如果其可靠性不足，则无法保证上层应用的高可用性。

网络的可靠性是由多方面因素影响而成的，包括网络架构是否可靠，设计之初是否考虑到冗余和备份；网络设备本身的可靠性如何，设备本身的无故障运行时间有多长；连接网络设备的链路可靠性如何，是否有备份线路，恢复时间有多长；网络中运行的协议可靠性如何；等等。

对于大规模网络路由来说，所选用路由协议的可靠性是影响网络可靠性的一个重要因素。不同的路由协议，其可靠性是不一样的。例如，OSPF 协议的收敛时间比 RIP 协议要快，意味着在链路发生故障时，OSPF 协议重新选路所花费的时间要比 RIP 协议短。要构建可靠性高的网络，则一定要选用可靠性高的协议来保证。

在 IP 网络的发展初期，IP 应用主要是 FTP 下载、网页浏览、电子邮件通信等非实时性业务，网络对可靠性的要求并不是很高。而伴随着 IP 网络规模的扩大和业务的发展，越来越多的业务如 IP 语音、视频等需要依靠 IP 网络来进行，对网络的可靠性需求越来越突出。

在大规模网络路由中，所有的数据流量都经由核心层和汇聚层转发，所以其可靠性要求尤其高。因此在设备层面，核心层和汇聚层通常都采取双设备配置，为下层设备提供双归属的上行链路；而在协议层面，核心层和汇聚层都采用动态的路由协议如 OSPF 协议、IS-IS 协议，利用路由协议自动发现冗余的下一跳，并在故障发生时能够自动切换。

同时，汇聚层还承担起故障隔离功能。当接入层路由产生故障时，使路由变化尽可能少地扩散到核心层，而不致引起核心层的路由动荡。可以通过在汇聚层上进行适当的路由协议区域划分，配合以路由聚合，来隔离接入层的路由故障。

如果网络只通过一个出口设备的两条链路连接到 ISP，则可以使用浮动静态路由。通过调整静态路由的优先级，使一条链路为主，另一条链路为备，或二者互为备份。

如果网络通过多个出口设备连接到 ISP，则使用 BGP 是较好的选择。BGP 可以动态学习到 ISP 发布的路由，且能够实现出口选择策略和多出口相互备份。

说明：故障次数少、恢复时间短是高可靠性网络的两个特征。可以用“可用性(Availability)”这一指标来度量网络的可靠性：

$$Availability = MTBF \div (MTBF + MTTR) \times 100\%$$

其中，MTBF：平均无故障时间(Mean Time Between Failures)。

MTTR：平均修复时间(Mean Time To Repair)。

例如，某网络建成后，正常运行 1000h 后，发生了一次故障，花费了 1h 来修复；再次运行 1500h 后，又花费了 1h 来修复。则此网络的 MTBF 为(1000＋1500)÷2＝1250，MTTR 值为

1，可用性为1250÷(1250+1)×100%=99.92%。

2.4.2 扩展性需求

好的网络同时也是一个可扩展的网络。网络的可扩展性需求来源于IP应用的可扩展性需求。例如，某公司初期有100人，网络所承载的业务主要是电子邮件和办公系统。后来公司大规模扩张，一直扩张到500人，其承载业务也扩展到语音、视频会议、对外的在线服务系统等。此时，原来的网络容量及特性都不能满足目前的要求，网络需要在性能和特性方面进行扩展。而对于大规模网络路由来说，网络建设成本较高，如果到某一天发现原有网络无法通过扩展来承载新的业务，而必须重建一个新的网络，则成本就太高了。所以，大规模网络路由对可扩展性的要求更高。

在大规模网络路由中，网络的可扩展性主要体现在以下几方面。

(1) 站点与设备的增长不会引致路由增长不可控。在划分IP地址时采用VLSM技术，全网统一管理IP地址资源，按需将IP地址分配给不同站点，并尽量做到地址块连续和可聚合；在每一层连接下一层的设备上，采用路由聚合技术，将下一层具体路由聚合成地址范围大的路由，从而减少核心设备上的路由数量，使站点数量的增长不会引起核心设备路由的爆炸增长。

(2) 网络的各层之间相对独立，某层内拓扑变化尽量不影响另一层。使用分层架构的路由协议如OSPF、IS-IS，并在设计上将协议的区域与网络层次结合起来，从而使某一区域(网络层次)中网络拓扑的变化尽可能不传到另一层中。

(3) 路由度量值能够适应网络规模与链路带宽的增长。RIP路由协议只能度量15跳的网络，且度量值以跳数为标准，不能正确反映网络中的链路带宽。而OSPF协议与IS-IS协议以路径开销(Cost)为度量，开销基于链路带宽计算，不但更加合理，而且能够度量更大规模的网络。

2.4.3 可管理性需求

随着网络技术与通信技术的融合，在IP网络平台上可实现电话、传真、音视频会议、办公协作等众多应用服务的统一；同时，通过开放应用接口，网络可实现与企业IT应用、办公系统及生产系统的融合，形成一个全IP的统一通信平台。在这个通信平台上，如何合理利用网络资源，满足各种应用需求就显得尤为重要了。

路由的可管理性可通过以下技术来实现。

(1) 通过调整路径开销、路由属性和优先级影响协议的选路。各路由协议都能够进行开销的手动调整；BGP协议还有丰富的路由属性(如本地优先级、MED值)可以调整。

(2) 通过路由过滤、路由策略、MPLS/VPN等技术控制路由的学习和传播范围。

(3) 通过PBR(基于策略的路由)控制IP报文的定向转发。

2.4.4 快速恢复需求

如IP电话、视频会议等实时业务对IP承载网的服务质量要求较高。一方面，要求网络传输的时延要小，以满足业务的实时要求；另一方面，要求网络发生故障时，能够快速侦测并避开故障点。

在大规模网络中，路由变化的传播距离远，收敛速度慢。为加快收敛速度，减少对实时业务的影响，可使用以下技术。

(1) 邻居失效快速侦测技术：路由协议都有邻居失效侦测机制，通常是用定时器来探测邻居失效。但定时器的默认时间较长，邻居失效要用很长时间才能感知。通过适当调整定时器，如在 OSPF 协议中缩短 Hello 时间，可以更快地探测到邻居失效。

独立于路由协议之外的邻居检测技术，如 BFD(双向转发检测)，可以为各上层协议如路由协议、MPLS 等统一地快速检测两台路由器间双向转发路径的故障。通过使用 BFD 与上层协议联动，可以使路由协议探测邻居失效的时间缩短至毫秒级。

(2) 路由快速收敛技术：不同的路由协议有不同的收敛速度，取决于路由算法和路由器的资源。通过采用一些机制，如在 IS-IS 协议中采用 I-SPF(增量路由计算)、PRC(部分路由计算)、LSP 快速扩散等机制，可以极大地加快链路状态型路由协议的收敛速度。

(3) IP 快速重路由技术：在网络发生故障后，通常需要等待一定时间，待路由收敛后才能进行数据转发。而通过使用 IP、MPLS 快速重路由技术，能够使路由器在路由未收敛前，使用预先设定的备份下一跳替换失效下一跳，通过备份下一跳来指导报文的转发，从而大大缩短了流量中断时间。

2.4.5　解决 IP 短缺的需求

随着互联网及其上所提供的服务不断突飞猛进地发展，目前使用的 IPv4 已经暴露出一些不足之处，其中最主要的问题是 IP 地址短缺。IPv6(Internet Protocol Version 6，互联网协议版本 6)是 IPv4 的升级版本，能够从根本上解决 IP 地址短缺的问题，另外，其在地址自动配置、服务质量等方面也有所改进。

IPv6 的地址长度为 128b，地址空间为 3.4×10^{38} 个，大到可以使世界上的每个人都拥有 5.7×10^{28} 个地址。

另外，IPv6 还具有以下一些优点。

(1) IPv6 采用全新的邻居发现协议，能够不通过 DHCP 协议而对网络中的终端主机进行 IP 地址和网关的自动配置。

(2) IPv6 头中除了数据流类别(Traffic Class)字段外，还新增加了流标签(Flow Label)字段，用于识别数据流，以更好地支持 QoS。

(3) IPv6 提供了两种扩展报头，使得其天然支持 IPSec，为网络安全提供了一种标准的解决方案。

2.5　本章总结

(1) 三层网络中各层对路由技术有不同的要求。

(2) 大规模网络要求路由技术具备可靠性、可管理性、扩展性。

(3) IPv6 技术彻底解决了 IPv4 地址短缺问题。

2.6　习题和解答

2.6.1　习题

(1) 典型大规模网络路由可能包含的层是(　　)。

A. 核心层　　B. 汇聚层　　C. 接入层　　D. 物理层

(2) 以下(　　)特性是典型大规模网络路由的核心层所必须具备的。

A. 可靠性　　B. 扩展性　　C. 接入服务　　D. 丰富策略

(3) 以下(　　)路由协议比较适合在大规模网络路由的汇聚层中使用。

A. OSPF　　B. RIP　　C. 静态路由　　D. BGP

(4) 以下(　　)特性可以控制路由传播范围,从而增加网络的可管理性。

A. PBR　　B. 路由过滤　　C. 路由策略　　D. 快速重路由

(5) (　　)技术能够最终解决 IP 地址短缺问题。

A. 路由快收敛　　B. NAT　　C. IPv6　　D. BFD

2.6.2 习题答案

(1) A、B、C　(2) A、B　(3) A　(4) B、C　(5) C

第2篇

路由基础

第3章

路由控制与转发

为了使路由转发效率更高，系统使用了路由的控制平面和转发平面。路由的控制平面负责路由计算和维护，而路由的转发平面负责IP数据报文的转发。本章介绍控制平面和转发平面的关系，并对路由表、FIB表的生成和作用进行了详解。

3.1 本章目标

学习完本章，应该能够：

（1）了解控制平面和转发平面的区别；

（2）了解FIB表项作用与生成过程；

（3）掌握快速转发工作原理；

（4）掌握快速转发的配置。

3.2 路由的控制平面与转发平面

路由器、交换机承担着路由学习、MAC地址学习、数据报文转发等重要的工作，其系统的稳定性是非常重要的。系统的设计者们尽力从架构上使系统工作稳定、可靠，其中很重要的一点就是控制平面和转发平面相对独立，以减少相互影响，如图3-1所示。本章将学习控制平面、转发平面的定义、作用及相关表项内容和配置。

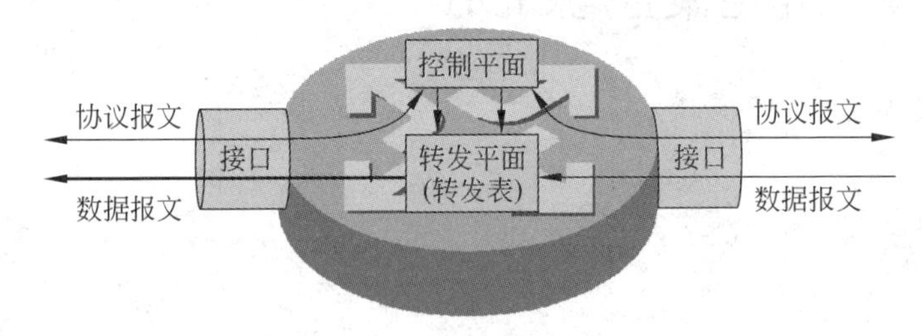

图3-1 路由的控制平面与转发平面

（1）控制平面。控制平面是指系统中用来传送信令、计算表项的部分。诸如协议报文收发、协议表项计算、维护等都属于控制平面的范畴。例如，在路由系统中，负责路由协议学习、路由表项维护的进程就属于控制平面；而在交换系统中，负责MAC地址学习的进程则属于控制平面。

（2）转发平面。转发平面是指系统中用来进行数据报文的封装、转发的部分。诸如数据报文的接收、解封装、封装、转发等都属于转发平面的范畴。例如，系统接收到IP报文后，需要进行解封装、查路由表、从出接口转发等，系统中负责以上行为的进程则属于转发平面。

控制平面与转发平面相对独立又协同工作。系统的控制平面进行协议交互、路由计算后，生成若干表项，下发到转发平面，指导转发平面对报文进行转发。例如，路由器通过OSPF协议建立了路由表项，再进一步生成 FIB(Forwarding Information Base)表、快速转发表等，指导系统进行 IP 报文转发。

良好的系统设计应该是使控制平面与转发平面尽量分离，互不影响。当系统的控制平面暂时出现故障时，转发平面还可以继续工作，这样可以保证网络中原有的业务不受系统故障的影响，提高整个网络的可靠性。

控制平面与转发平面分离的另外好处是系统设计能够做到模块化，易于维护，便于扩展。例如，原有系统仅能够支持 RIP 协议，伴随着网络设备数量的增长，RIP 协议不能够满足需求。系统开发者可以在不改变转发平面的基础上升级控制平面至支持 OSPF 协议，减少升级的代价。

控制平面与转发平面可以是物理分离，也可以是逻辑分离。高端设备如核心交换机、核心路由器，一般采用控制平面与转发平面物理分离。其主控板上的 CPU 不负责报文转发，而专注于系统的控制；而业务板则专注于数据报文转发。如果主控板损坏，业务板仍然能够转发报文。而对于入门级的网络设备，受限于成本，一般只做到逻辑分离。即设备启动后，系统将 CPU 和内存资源划分给不同的进程，有的进程负责路由学习，有的进程负责报文转发。

在 H3C 的系列路由器中，核心路由器 SR8800、SR6600 是典型的控制平面与转发平面物理分离的架构。以 SR8800 为例，其主控板上有 CPU，负责路由计算、协议交互、管理维护等功能；有专门的硬件转发芯片，芯片有很强的数据交换能力，负责在业务板间进行数据转发。业务板也有 CPU，并通过管理通道连接到主控板的 CPU 上；业务上还集成了专门负责数据转发的硬件芯片。

如果业务板的端口收到邻居发送的路由协议报文，则业务板的 CPU 通过管理通道将其上送到主控板的 CPU，由主控板的 CPU 进行相应的处理。如果有路由更新，则由主控板 CPU 生成相应的 FIB 表，下发到业务板的芯片中。

当业务板的端口收到邻居发送来的数据报文后，根据报文中的目的 IP 地址，进行 FIB 查表操作，如果查表发现目的主机位于本业务板上，则直接由业务板的芯片转发到另外一个物理端口上；如果发现目的主机位于其他业务板上，则由业务板的芯片通过数据通道转发到主控板的硬件转发芯片，再转发到其他业务板上。

通过以下流程可以看出，控制平面与转发平面是物理分开的，其中一个平面出现故障，不会影响另一个平面的运行。

3.3 路由表和 FIB 表

3.3.1 路由表转发

当路由表中存在多个路由项可以同时匹配目的 IP 地址时，路由查找进程会选择其中掩码最长的路由项用于转发，此为最长匹配原则。

在图 3-2 中，路由器接收到目的地址为 40.0.0.2 的数据包，经查找整个路由表，发现与路由 40.0.0.0/24 和 40.0.0.0/8 都能匹配。但根据最长匹配的原则，路由器会选择路由项40.0.0.0/24，根据该路由项转发数据包。

由以上过程可知，路由表中路由项数量越多，所需查找及匹配的次数则越多，其转发效率就越低。

Comware 平台提供了丰富的命令来查看路由表信息。可以使用 display ip routing-table 命令来查看路由表中当前激活路由的摘要信息。其输出如下：

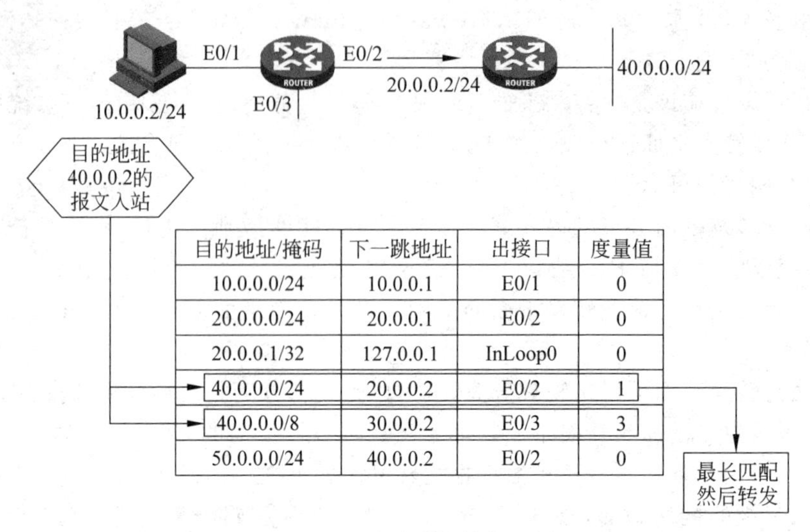

图 3-2 路由表转发

```
[H3C] display ip routing-table

Destinations : 16       Routes : 16

Destination/Mask        Proto       Pre     Cost    NextHop         Interface
0.0.0.0/32              Direct      0       0       127.0.0.1       InLoop0
1.1.1.1/32              O_INTRA     10      2       20.0.0.1        GE0/0
2.2.2.2/32              O_INTRA     10      1       20.0.0.1        GE0/0
3.3.3.3/32              Direct      0       0       127.0.0.1       InLoop0
10.0.0.0/24             O_INTRA     10      2       20.0.0.1        GE0/0
20.0.0.0/24             Direct      0       0       20.0.0.2        GE0/0
20.0.0.0/32             Direct      0       0       20.0.0.2        GE0/0
20.0.0.2/32             Direct      0       0       127.0.0.1       InLoop0
20.0.0.255/32           Direct      0       0       20.0.0.2        GE0/0
127.0.0.0/8             Direct      0       0       127.0.0.1       InLoop0
127.0.0.0/32            Direct      0       0       127.0.0.1       InLoop0
127.0.0.1/32            Direct      0       0       127.0.0.1       InLoop0
127.255.255.255/32      Direct      0       0       127.0.0.1       InLoop0
224.0.0.0/4             Direct      0       0       0.0.0.0         NULL0
224.0.0.0/24            Direct      0       0       0.0.0.0         NULL0
255.255.255.255/32      Direct      0       0       127.0.0.1       InLoop0
```

其中各参数含义如表 3-1 所示。

表 3-1 display ip routing-table 命令显示信息描述表

字 段	描 述
Destinations	目的地址的个数
Routes	路由条数
Destination/Mask	目的地址/掩码长度
Proto	发现该路由的路由协议

续表

字　　段	描　　述
Pre	路由的优先级
Cost	路由的度量值
NextHop	此路由的下一跳地址
Interface	出接口，即到该目的网段的数据包将从此接口发出

如果想查看当前所有的路由，包括处于 Active 和 Inactive 状态的路由及其详细描述，可以使用命令 display ip routing-table verbose。其输出如下：

```
<h3c>display ip routing-table verbose

Destinations : 13        Routes : 13

Destination: 0.0.0.0/32
   Protocol: Direct              Process ID: 0
  SubProtID: 0x0                 Age: 08h34m37s
       Cost: 0                   Preference: 0
        Tag: 0                   State: Active NoAdv
  OrigTblID: 0x0                 OrigVrf: default-vrf
    TableID: 0x2                 OrigAs: 0
      NBRID: 0x10000000          LastAs: 0
     AttrID: 0xffffffff          Neighbor: 0.0.0.0
      Flags: 0x1000c             OrigNextHop: 127.0.0.1
      Label: NULL                RealNextHop: 127.0.0.1
    BkLabel: NULL                BkNextHop: N/A
  Tunnel ID: Invalid             Interface: InLoopBack0
BkTunnel ID: Invalid             BkInterface: N/A

Destination: 1.1.1.0/24
   Protocol: Static              Process ID: 0
  SubProtID: 0x0                 Age: 04h20m37s
       Cost: 0                   Preference: 60
        Tag: 0                   State: Active Adv
  OrigTblID: 0x0                 OrigVrf: default-vrf
    TableID: 0x2                 OrigAs: 0
      NBRID: 0x10000003          LastAs: 0
     AttrID: 0xffffffff          Neighbor: 0.0.0.0
      Flags: 0x1008c             OrigNextHop: 192.168.47.4
      Label: NULL                RealNextHop: 192.168.47.4
    BkLabel: NULL                BkNextHop: N/A
  Tunnel ID: Invalid             Interface: Ethernet1/1
BkTunnel ID: Invalid             BkInterface: N/A
```

…(省略部分显示信息)

其中各参数含义如表 3-2 所示。

表 3-2 display ip routing-table verbose 命令显示信息描述表

字 段	描 述
Destinations	目的地址的个数
Routes	路由条数
Destination	目的地址/掩码
Protocol	发现该路由的路由协议类型
Process ID	进程号
SubProtID	路由子协议 ID
Age	此路由在路由表中存在的时间
Cost	路由的度量值
Preference	路由的优先级
Tag	路由标记
State	路由状态描述： Active：有效的单播路由 Adv：允许对外发送的路由 Inactive：非激活路由标志 NoAdv：不允许发布的路由 Vrrp：VRRP 产生的路由 Nat：NAT 产生的路由 TunE：Tunnel 隧道的标志
OrigTblID	原始路由表 ID
OrigVrf	路由所属的原始 VPN
TableID	路由所在路由表的 ID
OrigAs	初始 AS 号
NBRID	邻居 ID
LastAs	最后 AS 号
AttrID	路由属性 ID 号
Neighbor	路由协议的邻居地址
Flags	路由标志位
OrigNextHop	此路由的下一跳地址
Label	标签
RealNextHop	路由真实下一跳
BkLabel	备份标签
BkNextHop	备份下一跳地址
Tunnel ID	隧道 ID
Interface	出接口，即到该目的网段的数据包将从此接口发出
BkTunnel ID	备份隧道 ID
BkInterface	备份出接口

在大规模网络路由中，网络设备的路由表项可能会十分庞大。如果采用以上命令，则系统会输出全部路由表项的信息。此时，如果想查看指定目的地址的路由信息，可以使用 display ip routing-table *ip-address* 命令。其输出如下：

```
<H3C> display ip routing-table 11.0.0.1

Summary Count : 3

Destination/Mask    Proto   Pre   Cost    NextHop     Interface
11.0.0.0/8          Static  60    0       0.0.0.0     NULL0
11.0.0.0/16         Static  60    0       0.0.0.0     NULL0
11.0.0.0/24         Static  60    0       0.0.0.0     NULL0
```

3.3.2 FIB 表的生成

为了做到控制平面与转发平面完全分离，系统构建了另一张 FIB 表，又称为转发表，专注于数据报文的转发。FIB 表项来源于路由表项，如图 3-3 所示。

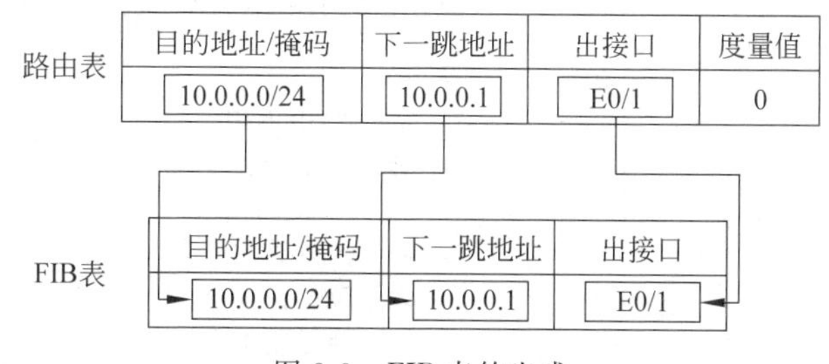

图 3-3 FIB 表的生成

在计算路由信息的时候，不同路由协议所计算出的路径可能会不同。在这种情况下，路由器会选择较高路由优先级的路由协议发现的路由作为最优路由，并置为 Active(活跃)状态；而其他路由作为备份路由，置为 Inactive(非活跃)状态。此时，Active(活跃)状态的路由表项会由系统导入 FIB 表中，作为系统转发的依据。另外，在某些系统中，FIB 表项也可能来源于 ARP 解析，即系统将通过 ARP 解析而得到的本地网段内的主机路由也添加到 FIB 表中。

FIB 表与路由表是同步更新的。系统的控制平面发现新的路由信息，根据路由信息更新自己的路由表，生成新的 Active 状态的路由表项，然后更新 FIB 表。如果原路由表中处于 Active 状态的路由表项失效，系统也会删除相关 FIB 表项。

由于 FIB 表中没有处于 Inactive 状态的冗余路由，所以通常 FIB 表项数量小于路由表项。从而系统可以设计将 FIB 表项加载到硬件中，以大大加快数据转发速度。如某些高端交换机在启动后，FIB 表被系统加载到接口业务板的硬件中，数据报文通过硬件转发，不再需要通过 CPU 转发，可以做到没有转发时延。

设备上可以使用 display fib 命令来显示所有的 FIB 转发信息。其输出如下：

```
[H3C] display fib

Destination count: 8 FIB entry count: 8

Flag:
  U:Useable   G:Gateway   H:Host   B:Blackhole   D:Dynamic   S:Static
  R:Relay     F:FRR
Destination/Mask    NextHop      Flag   OutInterface/Token   Label
0.0.0.0/32          127.0.0.1    UH     InLoop0              Null
127.0.0.0/8         127.0.0.1    U      InLoop0              Null
127.0.0.0/32        127.0.0.1    UH     InLoop0              Null
```

```
127.0.0.1/32          127.0.0.1     UH     InLoop0          Null
127.255.255.255/32    127.0.0.1     UH     InLoop0          Null
224.0.0.0/4           0.0.0.0       UB     NULL0            Null
224.0.0.0/24          0.0.0.0       UB     NULL0            Null
255.255.255.255/32    127.0.0.1     UH     InLoop0          Null
```

其中各参数含义如表 3-3 所示。

表 3-3 display fib 命令显示信息描述表

字　段	描　述
Destination count	目的地址的个数
FIB entry count	FIB 表项数目
Destination/Mask	目的地址/掩码长度
NextHop	此路由的下一跳地址
Flag	路由的标志： U：表示路由可用 G：表示网关路由 H：表示主机路由 B：表示黑洞路由 D：表示动态路由 S：表示静态路由 R：表示迭代路由 F：表示快速重路由
OutInterface/Token	转发接口/LSP 索引号
Label	内层标签值

在大规模网络路由中，网络设备的 FIB 表项可能会十分庞大。如果采用以上命令，则系统会输出全部 FIB 表项的信息。此时，如果想查看指定目的地址的 FIB 信息，可以使用 display fib *ip-address* 命令。其输出如下：

```
<Sysname>display fib 10.2.1.1

Destination count: 1 FIB entry count: 1

Flag:
  U:Useable   G:Gateway   H:Host   B:Blackhole   D:Dynamic   S:Static
  R:Relay     F:FRR

Destination/Mask    NextHop      Flag    OutInterface/Token    Label
10.2.1.1/32         127.0.0.1    UH      InLoop0               Null
```

3.4 快速转发表

报文转发效率是衡量路由器性能的一项关键指标。按照常规流程，路由器收到一个报文后，将它从接口存储器复制至 CPU 中，CPU 根据报文的目的地址寻找 FIB 表中与之相匹配的转发项，然后确定一条最佳的路径，同时还将报文按照数据链路层上使用的协议进行封装。最后，封装 00 后的链路层帧通过 DMA(Direct Memory Access，直接内存访问)复制到输出队列中进行报文转发。这个过程两次经过系统总线，每一个报文的转发都要重复这个过程。

快速转发是采用高速缓存来处理报文，采用了基于数据流的技术。Internet 上的数据基本上都是基于数据流的，一个数据流的传输就是指在两台主机之间的一次特定的应用，如访问 HTTP 服务的一次操作。我们一般用一个 5 元组来描述一个数据流：源 IP 地址、源端口号、目的 IP 地址、目的端口号、协议号。由此，形成的快速转发表如图 3-4 所示，当一个数据流的第一个报文通过查找 FIB 表转发后，在高速缓存中生成相应的转发信息，该数据流后续报文的转发就可以通过直接查找高速缓存来实现。

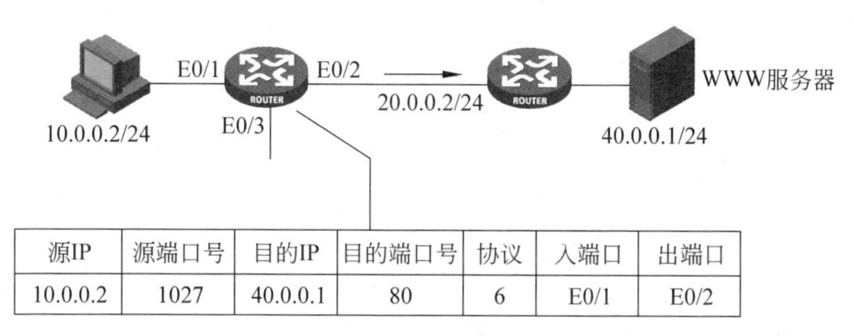

图 3-4 快速转发表

在图 3-5 所示网络中，主机需要访问 WWW 服务器上的 HTTP 应用。它发出的第一个报文到达路由器的接口后，路由器查找快速转发表以期快速转发。但因为这个报文是第一个报文，快速转发表并没有这条数据流的转发信息高速缓存，所以系统并不能进行快速转发。系统只能把这个报文转交到普通的 FIB 转发流程，由 CPU 负责在 FIB 表中查找相关转发项，然后进行封装，从出接口转发出去。与此同时，系统记录报文中的 5 元组信息，在高速缓存中生成相应快速转发信息。

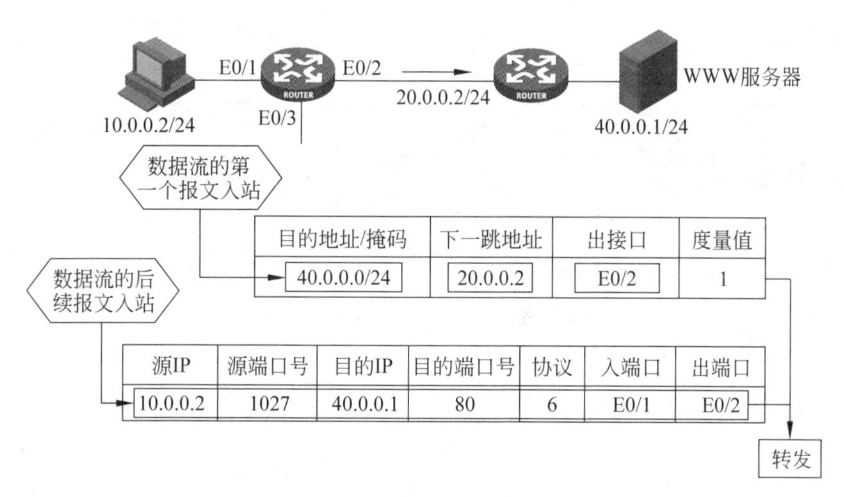

图 3-5 快速转发过程

系统根据 5 元组信息生成相应的快速转发信息缓存的同时还记录了转发时的封装信息及接口信息。后续报文来到后，系统查看报文中的 5 元组。如果命中了快速转发缓存，则根据缓存中的封装信息直接进行二层数据帧的封装，然后在中断中直接送到出接口发送。此过程不需要上报 CPU 进行查表操作，也不需要进行内存访问操作，不占用系统总线资源。

快速转发技术大大缩减了 IP 报文的排队流程，减少了报文的转发时间，提高了 IP 报文的转发吞吐量。同时，由于高速缓存中的转发表已经做过优化，因此查找速度非常快。

由于快速转发具有增加报文转发效率的优点，所以默认情况下此功能是开启的。

如果想查看系统目前的快速转发缓存信息，则命令如下：

```
display ip fast-forwarding cache
```

如果想清除快速转发缓冲区，则需要在用户模式下使用以下命令。

```
resetip fast-forwarding cache
```

在查看系统快速转发缓存时，有以下输出。

```
[H3C] display ip fast-forwarding cache
Total number of fast-forwarding entries: 4
SIP          SPort      DIP           DPort     Pro     Input_If      Output_If     Flg
30.1.1.1     24321      2.2.2.2       0         1       GE0/0         GE0/1         1
30.1.1.1     24577      2.2.2.2       0         1       GE0/0         GE0/1         1
2.2.2.2      24321      30.1.1.1      2048      1       GE0/1         GE0/0         1
2.2.2.2      24577      30.1.1.1      2048      1       GE0/1         GE0/0         1
```

其中各参数含义如表 3-4 所示。

表 3-4 display ip fast-forwarding cache 命令显示信息描述表

字 段	描 述
SIP	源 IP 地址
SPort	源端口号
DIP	目的 IP 地址
DPort	目的端口号
Pro	协议号
Input_If	报文入接口类型和接口号
Output_If	报文出接口类型和接口号

3.5 本章总结

(1) 控制平面和转发平面相分离。

(2) 数据报文实际上是通过 FIB 表转发。

(3) 系统通过构建快速转发缓存来提高报文转发效率。

(4) 通过命令可以查看和配置快速转发。

3.6 习题和解答

3.6.1 习题

(1) 关于控制平面和转发平面，下列说法中正确的是(　　)。

A. 控制平面是指系统中用来传送信令、计算表项的部分

B. MAC 地址表学习进程属于转发平面

C. 通过 FIB 进行报文转发属于转发平面的范畴

D. 控制平面和转发平面必须是物理分离的

(2) 路由器查找路由表进行报文转发时，采用(　　)原则。

A. 最长匹配　　B. 精确匹配　　C. 随机转发　　D. 哈希算法

(3) 描述数据流的5元组中所包含的元素为(　　)。
A. 源MAC地址、源IP地址、目的MAC地址、目的IP地址、协议号
B. 源MAC地址、源端口号、目的MAC地址、目的端口号、协议号
C. 源IP地址、源端口号、目的IP地址、目的端口号、接口号
D. 源IP地址、源端口号、目的IP地址、目的端口号、协议号

(4) 在路由器上查看快速转发缓存信息的命令是(　　)。
A. [H3C] display fast-forwarding
B. [H3C] display fast-forwarding cache
C. [H3C] display ip fast-forwarding
D. [H3C] display ip fast-forwarding cache

(5) 关于快速转发过程,下列说法中正确的是(　　)。
A. 数据流中的第一个报文进行查找FIB表操作
B. 数据流中的后续报文进行查找FIB表操作
C. 数据流中的第一个报文进行查找快速转发表操作
D. 数据流中的后续报文进行查找快速转发表操作

3.6.2 习题答案

(1) A、C　(2) A　(3) D　(4) D　(5) A、D

第4章

路由协议基础

路由器可以通过3种方式获得网络中的路由信息,包括从链路层协议直接学习、人工配置静态路由、从动态路由学习。通过使用动态路由协议,路由器可以自动维护路由信息。根据算法的不同,动态路由协议又可以分成链路状态型和距离矢量型。本章介绍了这两种不同算法路由协议的基本原理,比较了不同算法路由协议之间的异同,并对路由选择过程进行了深入分析。

4.1 本章目标

学习完本章,应该能够:

(1) 掌握路由的分类;

(2) 掌握距离矢量型路由协议的工作原理;

(3) 掌握链路状态型路由协议的工作原理;

(4) 掌握路由选择过程;

(5) 了解不同类型路由协议的异同。

4.2 路由分类

按照路由的来源,可以分为以下3种。

(1) 直连路由。直连路由是由链路层协议发现的。直连路由无须配置,在接口存在IP地址时,由路由进程自动生成。它的特点是开销小,配置简单,无须人工维护,但只能发现本接口所属网段的路由。

(2) 静态路由。由管理员手动配置而成的路由称为静态路由。静态路由无开销,配置简单,适合简单拓扑结构的网络。静态路由的缺点是无法自动根据网络拓扑变化而改变。当一个网络故障发生后,静态路由不会自动修正,必须有管理员的介入。

(3) 动态路由。动态路由协议自动发现和维护的路由称为动态路由。动态路由的优点是无须手动配置具体路由表项,而由路由协议自动发现和计算。这样当网络拓扑结构复杂时,使用动态路由可减少管理员的配置工作,且减少配置错误。另外,动态路由协议支持路由备份,如果原有链路故障导致路由表项失效,协议可自动计算和使用另外的路径,无须人工维护。但系统启用动态路由协议后,系统之间交互协议报文,会占用一部分链路开销;并且动态路由协议配置复杂,需要管理员掌握一定的路由协议知识。

各类路由各有优缺点,可根据网络结构和实际需求来选择。

如果网络拓扑是星形,各节点之间没有冗余链路,则可以使用静态路由;如果网络中有冗余链路,如全互联或环形拓扑,则可以使用动态路由,以增强路由可靠性。

如果网络是分层的,则通常在接入层使用静态路由,以降低设备资源的消耗;而在汇聚层或核心层使用动态路由,以增加可靠性。

4.3 静态路由应用

恰当地设置和使用静态路由可以改进网络的性能,并可为重要的网络应用保证带宽。而在路由器上合理配置默认路由能够减少路由表的表项数量,节省路由表空间,加快路由匹配速度。

如图 4-1 所示,可以在 RTA 和 RTD 上配置默认静态路由,而在 RTB 和 RTC 上配置静态路由。

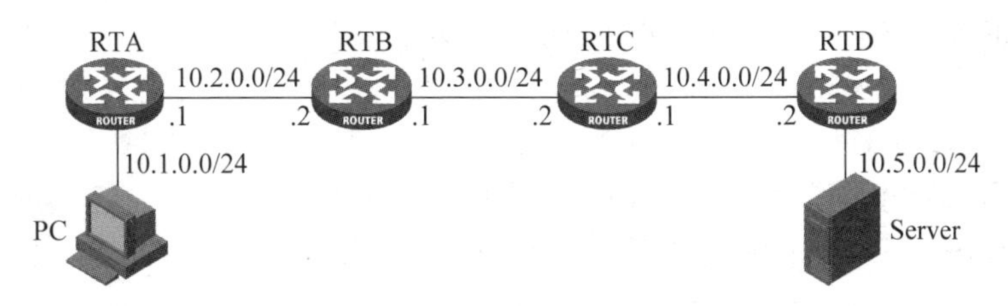

图 4-1 静态路由的应用

配置 RTA:

```
[RTA] ip route-static 0.0.0 0.0.0.0 10.2.0.2
```

配置 RTB:

```
[RTB] ip route-static 10.1.0.0 255.255.255.0 10.2.0.1
[RTB] ip route-static 10.4.0.0 255.255.255.0 10.3.0.2
[RTB] ip route-static 10.5.0.0 255.255.255.0 10.3.0.2
```

配置 RTC:

```
[RTC] ip route-static 10.1.0.0 255.255.255.0 10.3.0.1
[RTC] ip route-static 10.2.0.0 255.255.255.0 10.3.0.1
[RTC] ip route-static 10.5.0.0 255.255.255.0 10.4.0.2
```

配置 RTD:

```
[RTD] ip route-static 0.0.0.0 0.0.0.0 10.4.0.1
```

配置静态路由时,要注意双向配置,避免出现单程路由。因为几乎所有的 Internet 应用如 HTTP、FTP 等都是双向传输,所以单程路由对用户的业务是没有意义的。

4.4 动态路由协议

常用的动态路由协议如表 4-1 所示。

表 4-1 常用的动态路由协议

路由协议	协议算法	IGP/EGP
RIP	距离矢量	IGP
OSPF	链路状态	IGP
IS-IS	链路状态	IGP
BGP	路径矢量	EGP

4.4.1 路由协议分类

根据作用的范围不同，路由协议可分为以下两种。

(1) 内部网关协议(Interior Gateway Protocol，IGP)：在一个自治系统内部运行，常见的IGP包括RIP、OSPF和IS-IS。

(2) 外部网关协议(Exterior Gateway Protocol，EGP)：运行于不同自治系统之间，BGP是目前最常用的EGP。

根据使用的算法不同，路由协议可分为以下两种。

(1) 距离矢量路由协议(Distance-Vector)：包括RIP和BGP。其中，BGP也被称为路径矢量协议(Path-Vector)。

(2) 链路状态路由协议(Link-State)：包括OSPF和IS-IS。

以上两种算法的主要区别在于发现和计算路由的方法不同。

说明：自治系统(Autonomous System)是拥有同一选路策略，并在同一技术管理部门下运行的一组路由器。

4.4.2 路由协议的工作原理

各种动态路由协议所共同的目的是计算与维护路由。通常，各种动态路由协议的工作过程大致相同，都包含以下几个阶段。

(1) 邻居发现。运行了某种路由协议的路由器会主动把自己介绍给网段内的其他路由器。路由器通过发送广播报文或发送给指定的路由器邻居来做到这一点。

(2) 交换路由信息。发现邻居后，每台路由器将自己已知的路由相关信息发给相邻的路由器，相邻的路由器又发送给下一台路由器。这样经过一段时间，最终每台路由器都会收到网络中所有的路由信息。

(3) 计算路由。每一台路由器都会运行某种算法，计算出最终的路由来。实际上需要计算的是该条路由的下一跳和度量值。

(4) 维护路由。为了能够观察到某台路由器突然失效(路由器本身故障或连接线路中断)等异常情况，路由协议规定两台路由器之间的协议报文应该周期性地发送。如果路由器有一段时间收不到邻居发来的协议报文，则可以认为该邻居失效了。

各个路由协议的工作原理大体类似，但在实现细节上会有所不同。

距离矢量路由协议通常不维护邻居信息。在开始阶段，采用这种算法的路由器以广播或组播发送协议报文，请求邻居的路由信息；邻居路由器回应的协议报文中携带全部路由表，这样就完成路由表的初始化过程。

为了维护路由信息，路由器以一定的时间间隔向相邻的路由器发送路由更新，路由更新中携带本路由器的全部路由表。系统为路由表中的表项设定超时时间，如果超过一定时间接收不到路由更新，则系统认为原有的路由失效，会将其从路由表中删除。

距离矢量路由协议以到目的地的距离(跳数)作为度量值，距离越大，路由越差。但采用跳数作为度量值并不能完全反映链路带宽的实际状况，有时会造成协议选择次优路径。

当网络拓扑发生变化时，距离矢量路由协议首先向邻居通告路由更新。邻居路由器根据收到的路由更新来更新自己的路由，然后再继续向外发送更新后的路由。这样，拓扑变化的信息会以逐跳的方式扩散到整个网络中。

距离矢量路由协议基于贝尔曼-福特算法，也称D-V算法。这种算法的特点是计算路由时只考虑到目的网段的距离和方向。系统从邻居接收到路由更新后，将路由更新中的路由表项加入自己的路由表中，其度量值在原来基础上加一，表示经过了一跳；并将路由表项的下一跳置为邻居路由器的地址，表示是经过邻居路由器学到的。距离矢量路由协议完全信任邻居路由器，它并不知道整个网络的拓扑环境，这样在环形网络拓扑中可能会产生路由环路。所以使用D-V算法的路由器采用了一些避免环路的机制，如水平分割、路由毒化、毒性逆转等。

RIP是一种典型的距离矢量路由协议。它的优点是配置简单，算法占用较少的内存和CPU处理时间。它的缺点是算法本身不能完全杜绝路由自环，收敛相对较慢，周期性广播路由更新占用网络带宽较大，扩展性较差，最大跳数不能超过16跳。

链路状态路由协议基于Dijkstra算法，有时被称为最短路径优先算法。

在开始阶段，采用这种算法的路由器以组播方式发送Hello报文，来发现邻居。收到Hello报文的邻居路由器会检查报文中所定义的参数，如果双方一致就会形成邻居关系。有路由信息交换需求的邻居路由器会生成邻接关系，进而可以交换LSA（Link State Advertisement，链路状态通告）。

链路状态路由协议用LSA来描述路由器周边的网络拓扑和链路状态。邻接关系建立后，路由器会将自己的LSA发送给区域内的所有邻接路由器，同时也从邻接路由器接收LSA。每台路由器都会收集其他路由器通告的LSA，所有的LSA放在一起便组成了LSDB（Link State Database，链路状态数据库）。LSDB是对整个自治系统的网络拓扑结构的描述。

路由器将LSDB转换成一张带权的有向图，这张图便是对整个网络拓扑结构的真实反映。各个路由器得到的有向图是完全相同的。每台路由器根据有向图，使用最短路径优先算法计算出一棵以自己为根的最短路径树，这棵树给出了到自治系统中各节点的路由。

链路状态路由协议以到目的地的开销(Cost)作为度量值。路由器根据该接口的带宽自动计算到达邻居的权值，带宽与权值成反比，带宽越高，权值越小，表示到邻居的路径越好。在使用最短路径优先算法计算最短路径树时，将自己到各节点的路径上的权值相加，也就计算出了到达各节点的开销，将此开销作为路由度量值。

当网络拓扑发生变化时，路由器并不发送路由表，而只是发送含有链路变化信息的LSA。LSA在区域内扩散，所有路由器都收到，然后更新自己的LSDB，再运行SPF算法，重新计算路由。这样的好处是带宽占用小，路由收敛速度快。

因为采用链路状态路由协议的路由器知道整个网络的拓扑，且采用SPF算法，从根本上避免了路由环路的产生。

OSPF和IS-IS是链路状态路由协议。它们能够完全杜绝协议内的路由自环，且采用增量更新方式来通告变化的LSA，占用带宽少。OSPF和IS-IS采用路由分组与区域划分等机制，所以能够支持大规模的网络，且扩展性较好。但相对RIP来讲，OSPF和IS-IS的配置较复杂一些。

路径矢量路由协议结合了距离矢量路由协议和链路状态路由协议的优点。

路径矢量路由协议采用单播方式与相邻路由器建立邻居关系。邻居关系建立后，根据预先配置的策略，路由器将全部或部分带有路由属性的路由表发送给邻居。邻居收到路由表后，根据预先配置的策略将全部或部分路由信息加入自己的路由表中。

当路由信息发生变化时，路径矢量路由协议只发送增量路由给邻居，减少带宽的消耗。

邻居关系是以单播方式，通过TCP三方握手形式建立，并且在建立后定时交换KeepAlive报文，以维持邻居关系正常。如果邻居断开，则相关路由失效。

路径矢量路由协议采用丰富的路由属性作为路由度量值。属性包括路由的起源、到目的地的距离、本地优先级、MED值等，且这些路由属性都可根据网络实际情况由管理员自己进行修改。

在拓扑发生变化时，路径矢量路由协议仅将变化的路由信息发送给邻居路由器，以逐跳的方式在全网络内扩散。但由于采用触发更新机制，变化的路由能够很快通知到整个网络。

BGP协议是路径矢量路由协议。它采用一些方法能够防止路由环路。BGP协议把AS间传递的路由都记录了经过的AS号码，这样路由器接收到路由时可以据此查看此条路由是不是自己发出的。在AS内，BGP协议规定路由器不能把从邻居学到的路由再返回给邻居。

BGP通过与邻居路由器建立对等体来交换路由信息，并采用增量更新机制来发送路由更新，即只有当路由表变化时才发送路由更新信息，从而节省了相邻路由器之间的链路带宽。

4.5 路由选择原则

每个路由协议都维护了自己的路由表，这种路由表称为协议路由表。协议路由表中只记录了本路由协议学习和计算的路由。

大多数路由协议都支持多进程。各个协议进程之间互不影响，相互独立。各个进程之间的交互相当于不同路由协议之间的路由交互。

各个路由协议的各个进程独立维护自己的路由表，然后统一汇总到IP路由表中。IP路由表首先选择路由协议优先级高的路由使用。如果协议优先级一致，则再选择度量值最优的路由，作为IP路由表的有效(Active)路由，指导IP报文转发。其余的路由作为备份，如果有效路由失效，再进行重新选择。

路由度量值只在同一种路由协议内才有比较意义，不同的路由协议之间的路由度量值没有可比性，也不存在换算关系。

对于相同的目的地，不同的路由协议(包括静态路由)可能会发现不同的路由，但这些路由并不都是最优的。事实上，在某一时刻，到某一目的地的当前路由仅能由唯一的路由协议来决定。为了判断最优路由，各路由协议(包括静态路由)都被赋予了一个优先级，当存在多个路由信息源时，具有较高优先级的路由协议发现的路由将成为当前路由。各种路由协议及其发现路由的默认优先级如表4-2所示。

表4-2 路由协议及路由的默认优先级

路由协议或路由种类	相应路由的优先级	路由协议或路由种类	相应路由的优先级
DIRECT	0	OSPF ASE	150
OSPF	10	OSPF NSSA	150
IS-IS	15	IBGP	255
STATIC	60	EBGP	255
RIP	100	UNKNOWN	256

其中，0表示直接连接的路由，256表示任何来自不可信源端的路由。数值越小表明优先级越高。除直连路由(DIRECT)外，各种路由的优先级都可由用户手动进行配置。另外，每条静态路由的优先级都可以不相同。

图4-2所示为路由选择的一个示例。

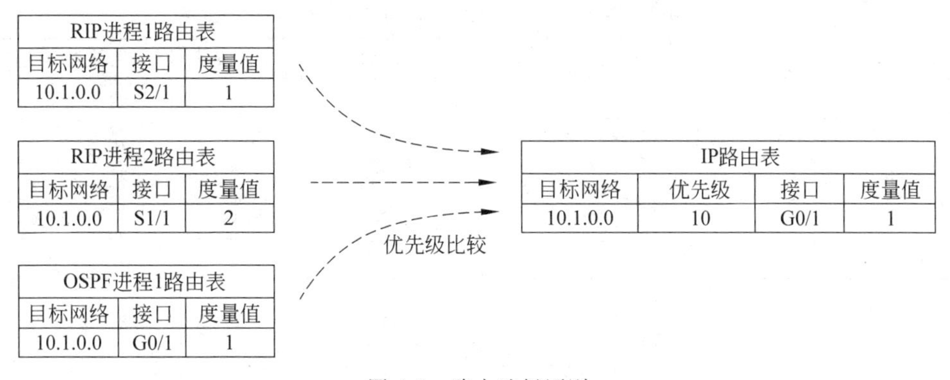

图 4-2　路由选择原则

4.6　路由协议比较

目前常用的路由协议包括 RIP-1/2、OSPF、IS-IS、BGP 4 种。本节对其协议特点进行全面的比较。

RIP 协议是最早的路由协议，其设计思想是为小型网络中提供简单易用的动态路由，其算法简单，对 CPU 和内存资源要求低。RIP 采用广播(RIP-1)或组播(RIP-2)方式来在邻居间传送协议报文，传输层采用 UDP 封装，端口号是 520。由于 UDP 是不可靠的传输层协议，所以 RIP 被设计成周期性地广播全部路由表，如果邻居超过 3 次无法收到路由更新，则认为路由失效。RIP-1 协议不支持验证，其安全性较低；RIP-2 对其进行了改进，从而能够支持验证，安全性提高了。

OSPF 是目前应用最广泛的 IGP 协议。OSPF 设计思想是为大中型网络提供分层次的、可划分区域的路由协议。其算法复杂，但能够保证无域内环路。OSPF 采用 IP 来进行承载，所有的协议报文都由 IP 封装后进行传输，端口号是 89。IP 是尽力而为的网络层协议，本身是不可靠的；所以为了保证协议报文传输的可靠性，OSPF 采用了确认机制：在邻居发现阶段和交互 LSA 的阶段，OSPF 都采用确认机制来保证传输可靠。OSPF 支持验证，使 OSPF 的安全性得到了保证。

IS-IS 是另外一种链路状态型的路由协议，其同样采用 SPF 算法，支持路由分组管理与划分区域，同样可应用在大中型网络中，可扩展性好。与 OSPF 不同的是，IS-IS 直接运行在基本链路层，其所有协议报文通过链路层协议来承载。所以 IS-IS 也可以运行在无 IP 的网络中，如 OSI 网络中。为了保证协议报文传输的可靠性，IS-IS 同样设计了确认机制来保证协议报文在传输过程中没有丢失。IS-IS 也支持验证，安全性得到了保证。

BGP 协议是唯一的 EGP 协议。与其他协议不同，BGP 采用 TCP 来保证协议传输的可靠性，TCP 端口号是 179。TCP 本身有三次握手的确认机制，运行 BGP 的路由器首先要建立可靠的 TCP 连接，然后通过 TCP 连接来交互 BGP 协议报文。这样，BGP 协议不需要自己设计可靠传输机制，降低了协议报文的复杂度和开销。另外，BGP 的安全性也可以由 TCP 来保证，TCP 支持验证功能，通过验证的双方才能够建立 TCP 连接。

BGP 自己不学习路由，它的路由来源于 IGP 协议如 OSPF 等。管理员手动指定哪些 IGP 路由能够导入 BGP 中，并手动指定 BGP 能够与哪些邻居建立对等体关系从而交换路由信息。

将以上 4 种协议的协议端口、可靠性、安全性进行总结，如表 4-3 所示。

表 4-3 路由协议的协议端口、可靠性、安全性

协 议	协 议 端 口	可靠性	安全性(是否支持验证)
RIP-1	UDP 520	低	否
RIP-2	UDP 520	低	是
OSPF	IP 89	高	是
IS-IS	基于链路层协议	高	是
BGP	TCP 179	高	是

RIP 与 BGP 协议属于距离矢量路由协议,其中 BGP 又属于路径矢量路由协议。由于 RIP-1 是早期的路由协议,所以其不支持无类别(Classless)路由,只能支持按类自动聚合,并且不支持可变长子网掩码(VLSM),所以其应用有一定限制。

除 RIP-1 外,其他路由协议都能够支持 VLSM 和手动聚合,这样能够对网络进行很细致的子网划分和汇聚,从而节省 IP 地址,减少路由表数量。

由于 RIP 和 BGP 协议的路由更新需要以逐跳的方式进行传播,所以路由收敛速度慢。而链路状态路由协议采用 SPF 算法,根据自己的 LSDB 进行路由计算,所以收敛速度快。

RIP 是使用跳数作为度量值,而 OSPF 和 IS-IS 是使用开销作为度量值。BGP 的度量值较为复杂,它包含了多个属性,并可手动修改属性值以控制路由。

所有的路由协议都采用定时器来维护邻居关系和路由信息。

RIP 协议不需要建立邻居关系,直接交换路由信息。RIP 协议定义了 Update 定时器,表示发送路由更新的时间间隔,其默认时间是 30s;同时定义了 Timeout 定时器,表示路由老化时间,其默认时间是 180s。如果在老化时间内没有收到关于某条路由的更新报文,则该条路由在路由表中的度量值将会被设置为 16,表示无效路由。

OSPF 和 IS-IS 需要首先建立邻居关系,然后在形成邻接关系的路由器之间交互 LSA。OSPF 定义了 Hello 定时器,表示接口向邻居发送 Hello 报文的时间间隔,其广播网络类型链路上的默认时间是 10s;同时定义了邻居失效时间,其广播网络类型链路上的默认时间是 40s。在邻居失效时间内,如果接口还没有收到邻居发送的 Hello 报文,路由器就会宣告该邻居无效。

BGP 采用 TCP 来建立 BGP 对等体,然后交换 BGP 路由。当对等体间建立了 BGP 连接后,它们定时向对端发送存活(KeepAlive)消息,以防止路由器认为 BGP 连接已中断。若路由器在设定的连接保持时间(Holdtime)内未收到对端的 KeepAlive 消息或任何其他类型的报文,则认为此 BGP 连接已中断,从而断开此 BGP 连接。默认情况下,BGP 的存活时间间隔为 60s,保持时间为 180s。

将这 4 种协议的特性进行总结,如表 4-4 所示。

表 4-4 路由协议特性比较

特 性	RIP-1	RIP-2	OSPF	IS-IS	BGP
距离矢量算法	√	√	—	—	√
链路状态算法	—	—	√	√	—
支持 VLSM	—	√	√	√	√
支持手动聚合	—	√	√	√	√
支持自动聚合	√	√	—	—	√

续表

特 性	RIP-1	RIP-2	OSPF	IS-IS	BGP
支持无类别	—	√	√	√	√
收敛速度	慢	慢	快	快	慢
度量值	跳数	跳数	开销	开销	路径属性

4.7 本章总结

(1) 路由包括直连、静态、动态等。
(2) 距离矢量路由协议的工作原理。
(3) 链路状态路由协议的工作原理。
(4) 系统通过优先级来进行不同协议间的路由选择。
(5) 距离矢量路由协议与链路状态路由协议的比较。

4.8 习题和解答

4.8.1 习题

(1) 动态路由协议的优点是(　　)。
A. 无须人工维护路由表项　　B. 协议本身占用链路带宽小
C. 由链路层协议发现,无须配置　　D. 能够自动发现拓扑变化
(2) 默认情况下,静态路由的优先级是(　　)。
A. 0　　B. 10　　C. 60　　D. 100
(3) 下列(　　)路由协议能够支持手动聚合。
A. OSPF　　B. BGP　　C. RIP-1　　D. IS-IS
(4) 下列(　　)路由协议是基于 TCP 承载的。
A. OSPF　　B. BGP　　C. RIP-1　　D. IS-IS
(5) 路径矢量路由协议的特点是(　　)。
A. 邻居建立后发送增量路由　　B. 采用机制能够防止路由环路
C. 具有丰富的路由属性　　D. 路由收敛速度快

4.8.2 习题答案

(1) A、D　(2) C　(3) A、B、D　(4) B　(5) A、B、C

第5章

路由负载分担与备份

通过在路由表中生成具有多个不同下一跳的等值路由，路由可以在多路径上实现负载分担。同时，合理地配置静态与动态路由协议，可以在网络中实现路由备份，提高路由可靠性。本章介绍静态等值路由的配置，如何通过浮动静态路由对动态路由实现备份，如何对拨号网络中的动态路由实现备份。

5.1 本章目标

学习完本章，应该能够：

(1) 掌握路由负载分担原理；

(2) 掌握路由备份的原理和应用；

(3) 掌握浮动静态路由的原理及应用；

(4) 掌握动态路由备份的原理及应用。

5.2 路由负载分担

ECMP(Equal-Cost Multi-Path Routing，多路径等值路由)也称为等价路由，表示到达一个目的地有多条相同度量值的路由项。

对于同一目的地，路由协议可能会发现几条等值的路由，如果该路由协议在所有活跃的路由协议中优先级最高，那么这几条不同的路由都被看作当前有效的路由。或者，管理员可以手动配置到达同一目的地的几条等值路由作为有效路由。

路由器对数据报文进行转发时，如果发现到目的地有多条最优路径，会将数据按照一定的策略在多条路径上依次发送。通过ECMP，在路由协议层面上实现了IP流量的负载分担。

在图5-1所示网络中，从主机到目的网络40.0.0.0/24有两条路径。路由器经过路由计算，发现其度量值是相同的，均为2；但其下一跳不同，就把这两条路由作为有效路由放在路由表中。这两条路由项的目的地址均为40.0.0.0/24，下一跳分别指向20.0.0.2(出接口为G0/1)和30.0.0.2(出接口为G1/0)。这样，从主机到目的网络40.0.0.0/24的数据报文可以经由这两条路由转发，从而增加了主机到目的网络40.0.0.0/24间的链路带宽。

负载分担方式有基于流和基于包两种。

(1) 基于流的负载分担。路由器根据IP报文中的5元组信息将数据分成不同的流。具有相同5元组信息的IP报文属于同一个流。转发数据时，路由器把不同的数据流根据算法从多条路径上依次发送出去。

(2) 基于包的负载分担。转发数据时，路由器把数据包从多条路径上依次发送出去。

基于包转发能够做到更精确的负载分担。但是由于路由器要对每一个包都进行路由查表与转发操作，无法使用快速转发缓存来转发数据，所以转发效率降低了。另外，Internet应用都是基于流的，如果路由器采用基于包的负载分担，一条流中的数据包会经过不同路径到达目

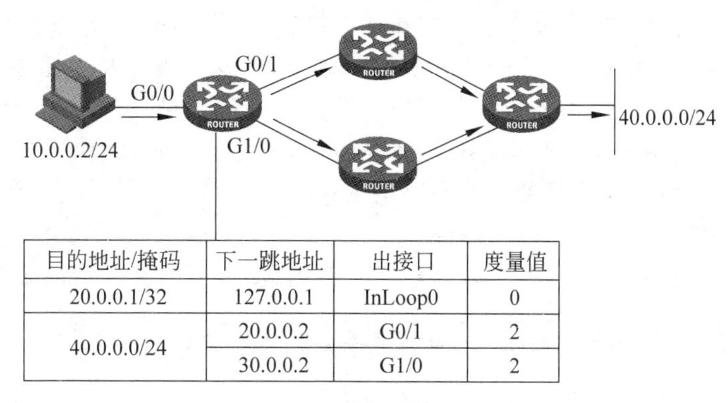

目的地址/掩码	下一跳地址	出接口	度量值
20.0.0.1/32	127.0.0.1	InLoop0	0
40.0.0.0/24	20.0.0.2	G0/1	2
	30.0.0.2	G1/0	2

图 5-1　路由负载分担

的地，可能会造成接收方的乱序接收，影响应用程序的正常运行。

通常情况下，配置负载分担后，所有的流量将在各条转发路径上均匀分布。但是，当各条转发路径的带宽不相同时，均匀分布并不是最佳的方案。例如，两条路径中，其中一条路径为2Mbps，而另外一条路径为128Kbps，此时均匀分布转发就是不合适的，相当于总带宽仅有256Kbps。

解决这种问题的一种方案是为接口配置基于带宽的非平衡负载分担。基于带宽的非平衡负载分担是指系统根据用户指定的接口带宽进行负载分担，即根据接口物理带宽而成比例地将流量分布到不同路径上。

5.3　路由备份

使用路由备份可以提高网络的可靠性。用户可根据实际情况，配置到同一目的地的多条路由，其中优先级最高的一条路由作为主路由，其余优先级较低的路由作为备份路由。

在图5-2所示网络中，从主机到目的网络40.0.0.0/24有两条路径，路由器将下一跳为30.0.0.2(出接口为G1/0)的路由作为主路由，进行数据转发；而将下一跳为20.0.0.2(出接口为G0/1)的路由作为备份路由。

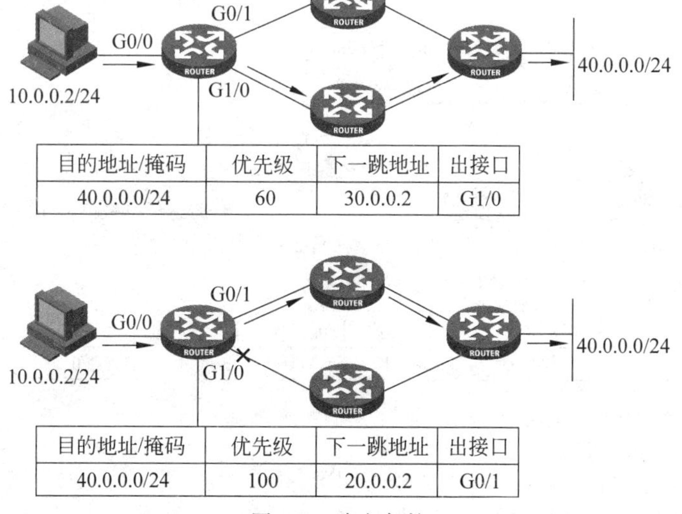

目的地址/掩码	优先级	下一跳地址	出接口
40.0.0.0/24	60	30.0.0.2	G1/0

目的地址/掩码	优先级	下一跳地址	出接口
40.0.0.0/24	100	20.0.0.2	G0/1

图 5-2　路由备份

正常情况下，路由器采用主路由转发数据。当线路出现故障时，该路由变为非激活状态，路由器选择备份路由中优先级最高的转发数据。这样，也就实现了从主路由到备份路由的切换。当主路由恢复正常时，路由器也恢复相应的路由，并重新选择路由。由于该路由的优先级最高，路由器选择主路由来发送数据。这就是从备份路由到主路由的切换。

常见的一种路由备份方法是使用静态路由来备份动态路由。

在图 5-3 所示网络中，主机到目的网络 40.0.0.0/24 有两条路径，其中一条路径是专线，其带宽较高，作为主链路；而另一条路径是经由 ISP 的拨号线路，其带宽较低，作为备份链路。

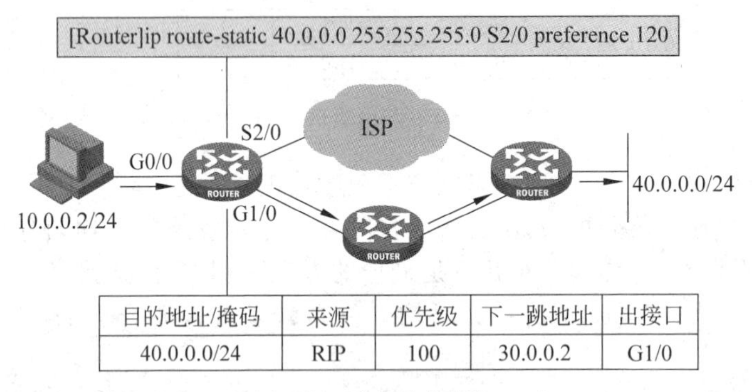

目的地址/掩码	来源	优先级	下一跳地址	出接口
40.0.0.0/24	RIP	100	30.0.0.2	G1/0

图 5-3 浮动静态路由

路由器在主链路上配置动态路由协议 RIP，其路由优先级为 100，与邻居交换路由信息；同时配置静态路由，并指定优先级为 120，下一跳指向备份链路。由于 RIP 路由的路由优先级为 100，其优先级比静态路由要高，所以正常情况下路由器采用主路由，从以太网接口 G1/0 转发数据。如果主链路出现故障，主路由的下一跳不可达，变为非激活状态；此时静态路由"浮出"来，被激活，路由器选择备份链路来转发数据。当主链路恢复时，原主路由恢复激活状态，路由器重新选择主路由来发送数据，转发路径切换回主链路上。

因为静态路由不需要与对端设备交互路由协议报文，没有链路带宽开销，所以，浮动静态路由通常适合于备份链路是低带宽链路的场合。

在备份链路带宽较高的情况下，也可以采用一种动态路由来备份另一种动态路由，如图 5-4 所示。

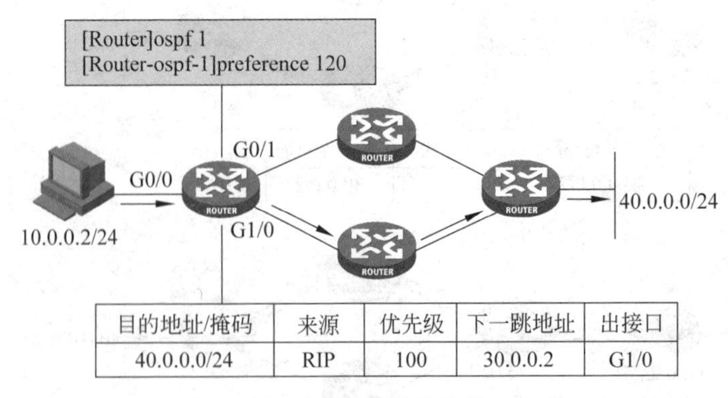

目的地址/掩码	来源	优先级	下一跳地址	出接口
40.0.0.0/24	RIP	100	30.0.0.2	G1/0

图 5-4 动态路由备份

路由器同时运行动态路由协议 RIP 和 OSPF，并通过这两种协议学习到了同一目的网络 40.0.0.0/24 的路由。使用 RIP 作为主路由，OSPF 作为备份路由，所以在路由器上，手动配置备份路由 OSPF 的优先级值为 120，这样 OSPF 的路由优先级就小于 RIP，从而使 RIP 路由为主路由。

对于动态路由备份，由于路由器需要同时运行两种动态路由协议，所以对路由器的 CPU 和内存要求较高。另外，路由器启用动态路由协议后，需要与对端进行协议报文的交互，其链路带宽开销较大，只有在备份链路对带宽消耗不敏感的情况下，才可以使用动态路由备份。

动态路由协议需要与邻居路由器交换路由信息。如果在拨号链路上运行了动态路由协议，协议会周期性地发送协议报文，从而导致拨号接口周期性地向外拨号，产生不必要的费用。

如果想在拨号链路上做路由备份，其中一个解决办法是配置浮动静态路由；另一个解决办法是配置动态路由备份(standby routing)，如图 5-5 所示。

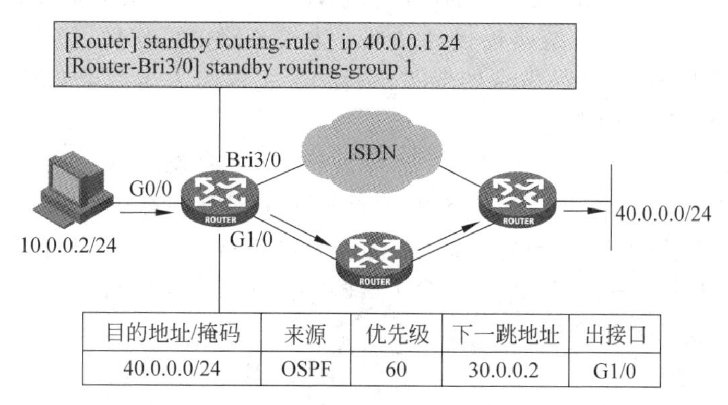

目的地址/掩码	来源	优先级	下一跳地址	出接口
40.0.0.0/24	OSPF	60	30.0.0.2	G1/0

图 5-5 拨号链路上动态路由备份

要实现动态路由备份功能，需要在路由器配置动态路由备份规则(standby routing-rule)，规则中指定监控网段；同时在拨号接口上配置动态路由备份组(standby routing-group)，以当被监控网段不可达时，路由器可以在拨号接口上发出拨号请求，激活拨号链路。拨号链路激活后，路由器通过拨号链路与邻居交换路由信息，从而学习到监控网段的路由，此时路由表项的出接口为本地拨号接口，数据通过拨号接口转发。当原来的主链路恢复后，路由器断开拨号链路，路由表项中的出接口切换回主链路接口，数据通过主接口转发。

如图 5-5 所示，路由器要实现动态路由备份功能，须首先在系统视图下创建动态路由备份规则。

```
[H3C] standby routing-group 1  rule ip 40.0.0.0 24
```

然后将规则应用到拨号接口上。

```
[H3C-Bri3/0] standby routing-group 1
```

经过以上配置后，当主路由不可达时，路由器在拨号接口 Bri3/0 上发出拨号请求，从而激活拨号链路，将数据从拨号接口发出。

5.4 本章总结

(1) 通过等值路由可实现负载分担。

(2) 通过浮动静态路由可对动态路由实行备份。

(3) 动态路由之间可实现相互备份。

(4) 拨号链路上可使用 standby routing 特性实现动态路由备份。

5.5 习题和解答

5.5.1 习题

(1) 关于路由的负载分担,以下说法正确的是(　　)。

A. 基于包转发能够做到更精确的负载分担

B. 基于流转发的效率比基于包的要低

C. 路由器通过 ECMP 实现路由层面的负载分担

D. 为了防止应用程序接收方的乱序接收,应该采用基于流的负载分担方式

(2) 某公司分部使用两条链路连接到总部。为提高路由可靠性,使用低速链路(64Kbps 的 DDN 线路)备份高速链路(2Mbps 的 DDN 线路)。主链路上运行了 OSPF 协议,则在备份链路上运行(　　)协议比较合适。

A. 浮动静态路由　　B. RIP 动态路由

C. standby routing 特性动态路由　　D. OSPF 动态路由

(3) 某公司分部使用两条链路连接到总部。为提高路由可靠性,使用低速链路(56Kbps 的 PSTN 线路)备份高速链路(2Mbps 的 DDN 线路)。主链路上运行了 OSPF 协议,则在备份链路上运行(　　)协议比较合适。

A. 浮动静态路由　　B. RIP 动态路由

C. standby routing 特性动态路由　　D. OSPF 动态路由

(4) 某公司分部使用两条高速链路(100Mbps 以太网线路)连接到总部。以下能够同时提高路由可靠性和增加链路带宽的路由方案是(　　)。

A. 主链路运行 OSPF,备份链路运行浮动静态路由

B. 主链路和备份链路同时运行 OSPF,实现 ECMP

C. 主链路和备份链路同时运行 OSPF,调整链路开销以实现路由备份

D. 主链路运行 OSPF,备份链路运行静态路由,调整路由优先级以实现路由备份

5.5.2 习题答案

(1) A、C、D　(2) A　(3) A、C　(4) B

第6章

路由聚合与CIDR

在大规模网络中，数量众多的路由使得设备转发效率低下。通过应用路由聚合和CIDR技术，路由数量能够得到一定程度的限制。本章介绍如何在静态和RIP协议中配置路由聚合，并介绍聚合可能产生的问题和解决方法。最后，对CIDR技术的优点进行了总结。

6.1 本章目标

学习完本章，应该能够：

(1) 掌握路由聚合的种类和特点；

(2) 掌握RIP协议中的聚合配置；

(3) 了解聚合产生环路及解决方法；

(4) 掌握CIDR的原理及应用。

6.2 路由聚合

路由器在转发数据报文时，要进行路由表的查表操作，找出其中掩码最长的路由项用于转发。路由表中路由项数量越多，所需查找及匹配的次数则越多，所消耗的CPU及内存资源也就越大。

有些路由协议如RIP，在与邻居路由器交换路由信息时，需要发送全部路由表。如果路由表项数量众多，则会占用有限的链路带宽资源。

另外，在网络规模较大时，网络中的链路振荡会导致路由器频繁计算路由，从而影响转发性能。通过路由聚合，能够减轻链路振荡对路由器的影响。

路由聚合是指将同一网段内的不同子网的路由聚合成一条路由向外(其他网段)发送，目的是为了减小路由表的规模，从而减少网络上的流量。

在图6-1所示网络中，路由器将接收到的3条具体路由10.0.0.0/24、10.0.1.0/24和10.0.2.0/24聚合成一条路由向邻居发送，邻居收到后，路由表中就只有一条路由表项，从而减小了路由表的规模。

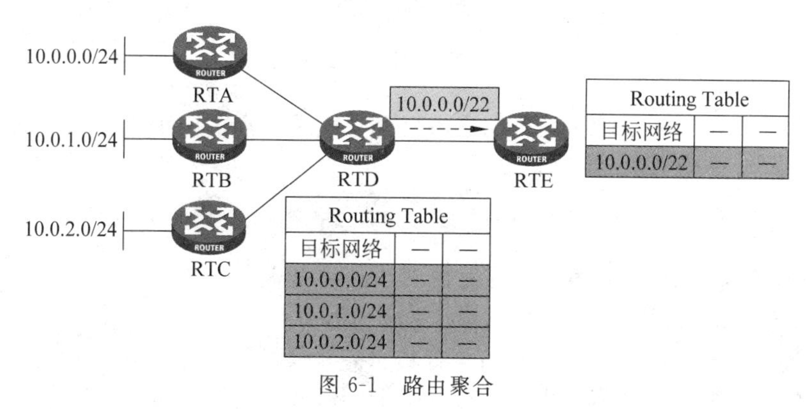

图6-1 路由聚合

在路由器上不需要运行动态路由协议时，可以配置静态路由聚合。

如图 6-2 所示，RTD 上有 3 条具体路由 10.0.0.0/24、10.0.1.0/24 和 10.0.2.0/24。RTE 上没有运行动态路由，所以没有学习到这 3 条路由。但是 RTE 上可以配置一条静态路由，其目的地址为 10.0.0.0/22，也就是包含了这 3 条路由，下一跳指向 RTD。

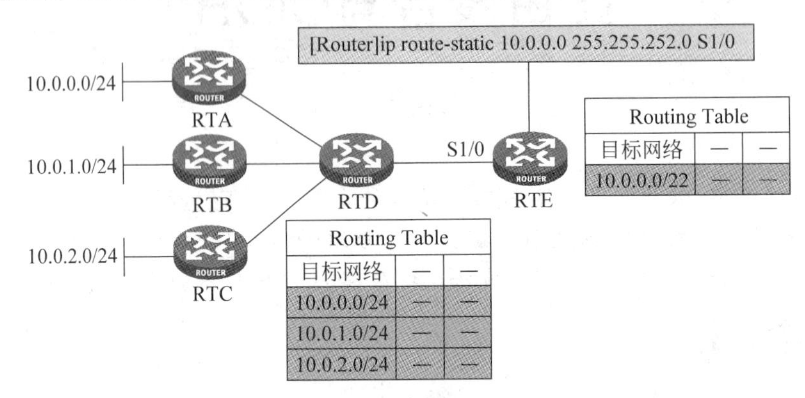

图 6-2 静态路由聚合

事实上，可以认为默认静态路由 0.0.0.0/0 就是把所有的路由都包含的聚合路由。

6.3 RIP 协议中的聚合

RIP 协议支持路由自动按类聚合。路由器运行 RIP-1 或 RIP-2 后，会自动将子网路由聚合成自然掩码的路由向外发送。

在图 6-3 所示网络中，如果启用 RIP-1，则 RTD 会只发送不带掩码的路由项 10.0.0.0 给 RTE；如果启用 RIP-2，则 RTD 会将 3 条具体路由 10.0.0.0/24、10.0.1.0/24 和 10.0.2.0/24 聚合成自然掩码的 10.0.0.0/8 向邻居 RTE 发送。

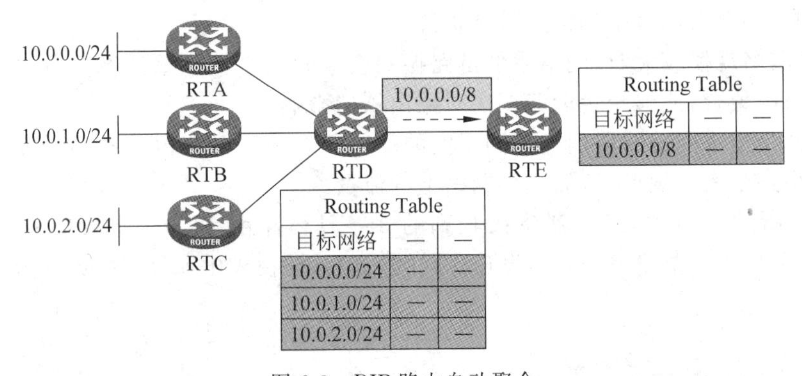

图 6-3 RIP 路由自动聚合

默认情况下，RIP-1 和 RIP-2 的自动路由聚合功能是开启的。可以在 RIP 视图下配置关闭 RIP-2 自动路由聚合功能，命令如下：

```
undo summary
```

关闭自动聚合后，RIP-2 将发送具体路由到邻居路由器。

说明： *RIP-1 无法支持 VLSM，所以无法关闭自动聚合功能。*

在不连续子网情况下，RIP 自动路由聚合功能会导致路由学习错误。

在图 6-4 所示网络中，所有路由器运行 RIP-1。RTA 将发送不带掩码的路由项 10.0.0.0

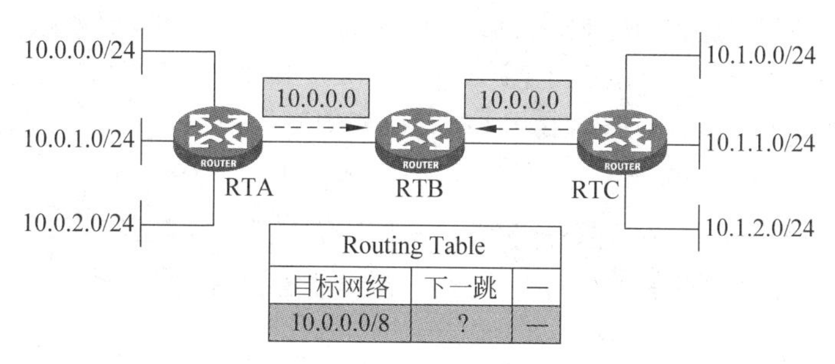

图 6-4 RIP 路由自动聚合问题

给 RTB;同理,RTC 也会发送不带掩码的路由项 10.0.0.0 给 RTB。这样,RTB 会从两个接口接收到同一目的地的路由信息,于是提示错误,无法正确学习路由。

要解决以上问题,需要网络设计者在规划阶段予以合理规划,避免在网络中出现不连续子网的情况。或者,可以使用 RIP-2 协议并关闭自动路由聚合功能。

RIP-2 协议能够支持手动路由聚合,以实现不按类的任意子网掩码的聚合。

可以在接口视图下配置手动路由聚合,命令如下:

rip summary-address *ip-address* { *mask* | *mask-length* }

如图 6-5 所示,在 RTA 及 RTC 上配置手动路由聚合,将聚合后的路由发布给 RTB。

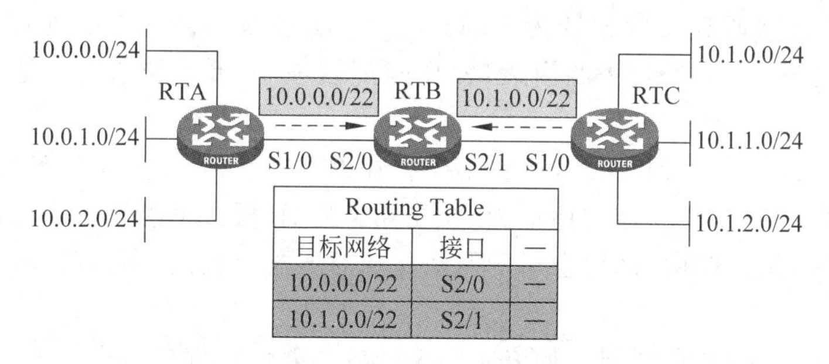

图 6-5 RIP-2 手动路由聚合

RTA 上配置如下:

```
[RTA] rip 1
[RTA-rip-1] version 2
[RTA-rip-1] undo summary
[RTA-Serial1/0] rip summary-address 10.0.0.0 22
```

RTC 上配置如下:

```
[RTC] rip 1
[RTC-rip-1] version 2
[RTC-rip-1] undo summary
[RTC-Serial1/0] rip summary-address 10.1.0.0 22
```

配置完成后,RTB 路由表中出现了聚合后的路由 10.0.0.0/22 和 10.1.0.0/22。

6.4 路由聚合环路的产生与避免

路由聚合相当于将原有的路由信息转换成新的路由信息,并丢掉原有的信息。这样在某些情况下会产生路由环路。

如图 6-6 所示，RTA 连接有子网 10.0.1.0/24 和 10.0.2.0/24，配置路由聚合后，向 RTB 发送路由 10.0.0.0/22；RTB 连接有子网 10.0.4.0/24 和 10.0.5.0/24，配置路由聚合后，向 RTA 发送路由 10.0.0.0/16。这样，在 RTA 路由表中有路由表项 10.0.0.0/16，下一跳指向 RTB；RTB 路由表中有路由表项 10.0.0.0/22，下一跳指向 RTA。

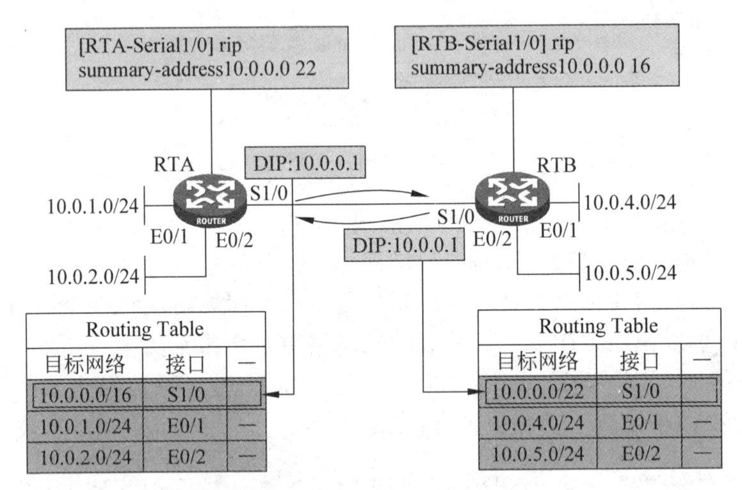

图 6-6 聚合引起的环路(1)

如果此时 RTA 接收到目的地址为 10.0.0.1 的 IP 报文，经过查表，匹配了表项 10.0.0.0/16，并转发到 RTB；RTB 经过查路由表，发现匹配表项 10.0.0.0/22，于是又转发回 RTA。路由环路就形成了。

造成上述路由环路的原因是聚合配置不当。在 RTA 和 RTB 上所配置的聚合路由，并没有完全包含相应的具体路由。目的地址为 10.0.0.1 的 IP 报文不能够匹配路由表中的具体路由，而只能匹配聚合后的路由，而聚合后的路由是从对方学习到的，所以就相互转发给对方，造成环路。

所以在配置聚合路由时，要尽量使发布的聚合后的路由恰好包含聚合前的所有具体路由，以避免可能产生的环路。

在某些情况下，尽管聚合路由已经完全包含了聚合前的所有具体路由，但仍然会产生环路。

如图 6-7 所示，RTA 将 4 条直连路由 10.0.0.0/24、10.0.1.0/24、10.0.2.0/24 和 10.0.3.0/24 聚合成一条路由 10.0.0.0/22 发送给 RTB。同时，RTA 上配置了默认静态路由 0.0.0.0/0，下一跳指向 RTB。

正常情况下，报文转发正常。但如果直连路由 10.0.0.0/24 的链路产生故障，路由器会将此路由置为失效状态。此时如果路由器接收目的地址是 10.0.0.1 的报文，经过查表操作，发现只能匹配默认路由，于是将报文转发给 RTB；而 RTB 经过查表，却发现只能匹配从 RTA 学来的聚合后路由 10.0.0.0/22，于是将报文返回到 RTA，路由环路就产生了。

配置黑洞路由是解决聚合路由环路的较好方法。

如图 6-8 所示，在路由器 RTA 上配置一条黑洞路由 10.0.0.0/22，下一跳指向 Null0 接口。

```
[RTA] ip route-static 10.0.0.0 255.255.252.0 Null0
```

Null0 接口是系统中一个虚拟的特殊接口，如果报文被转发到 Null0 接口，意味着报文实

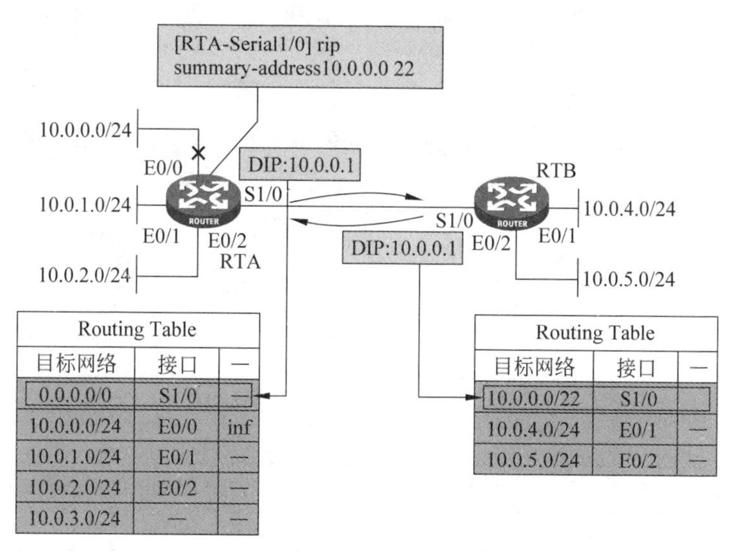

图 6-7 聚合引起的环路(2)

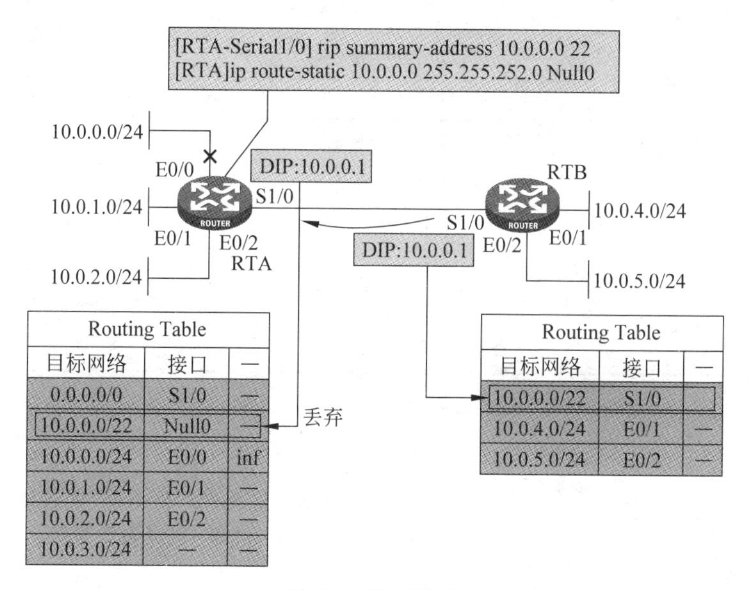

图 6-8 黑洞路由

际上被丢弃。

配置完成后，在路由 10.0.0.0/24 失效的情况下，去往 10.0.0.1 的报文会匹配黑洞路由而被 RTA 丢弃。而如果路由 10.0.0.0/24 恢复正常，则报文会匹配具体路由 10.0.0.0/24(因其有较长的掩码)而转发到正确的目的地。

在配置黑洞路由时，注意所配置的网段大小要与聚合路由一致，这样才能完全防止聚合环路。

6.5 IP 地址与 CIDR

6.5.1 IP 地址的分类和表示

连接到 Internet 上的设备接口必须有一个全球唯一的 IP 地址。IP 地址长度为 32b，通常采用点分十进制方式表示，即每个 IP 地址被表示为以小数点隔开的 4 个十进制整数，每个整数对应一个字节，如 10.1.1.1。

IP 地址由以下两个字段组成。

(1) 网络号码字段(net-id)：用于区分不同的网络。网络号码字段的前几位称为类别字段(又称为类别比特)，用来区分 IP 地址的类型。

(2) 主机号码字段(host-id)：用于区分一个网络内的不同主机。

为了方便 IP 地址的管理及组网，IP 地址被分成 5 类，如图 6-9 所示。

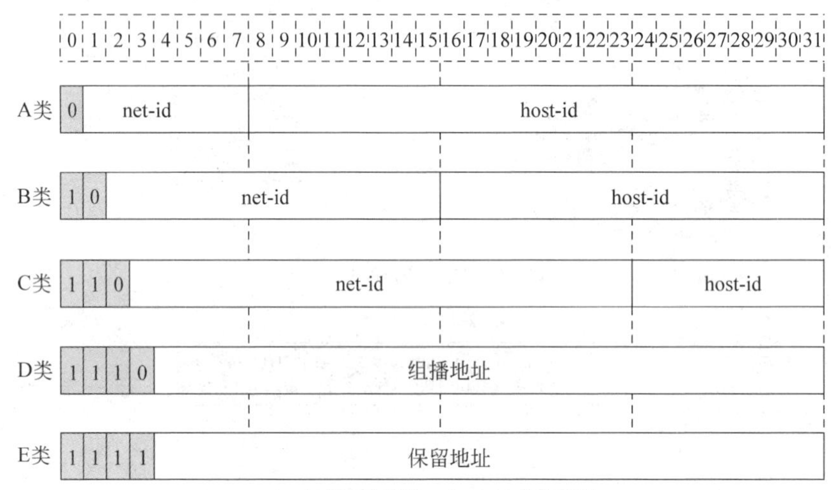

图 6-9 5 类 IP 地址

上述 5 类 IP 地址的地址范围如表 6-1 所示。目前大量使用的 IP 地址属于 A、B、C 3 类。

表 6-1 IP 地址分类及范围

地址类型	地 址 范 围	说 明
A	0.0.0.0～127.255.255.255	IP 地址 0.0.0.0 仅在系统启动时允许本主机利用它进行临时的通信，并且永远不是有效目的地址；127.0.0.0 网段的地址都被保留做回路测试，发送到这个地址的分组不会输出到链路上，它们被内部处理并当作输入分组
B	128.0.0.0～191.255.255.255	—
C	192.0.0.0～223.255.255.255	—
D	224.0.0.0～239.255.255.255	组播地址
E	240.0.0.0～255.255.255.255	255.255.255.255 用于广播地址，其他地址保留以后使用

6.5.2 子网和掩码

随着 Internet 的快速发展，IP 地址已近枯竭。为了充分利用已有的 IP 地址，可以使用子网掩码将网络划分为更小的部分(即子网)。通过从主机号码字段部分划出一些比特位作为子网号码字段，能够将一个网络划分为多个子网。子网号码字段的长度由子网掩码确定。

子网掩码是一个长度为 32b 的数字，由一串连续的"1"和一串连续的"0"组成。"1"对应于网络号码字段和子网号码字段，而"0"对应于主机号码字段。

子网的划分只在网络内部有效，从外部看，该网络只有一个网络号码。只有当外部的报文进入网络内部后，网关设备才根据子网号码再进行选路，找到目的主机。

图 6-10 所示是一个 B 类 IP 地址划分子网的情况。

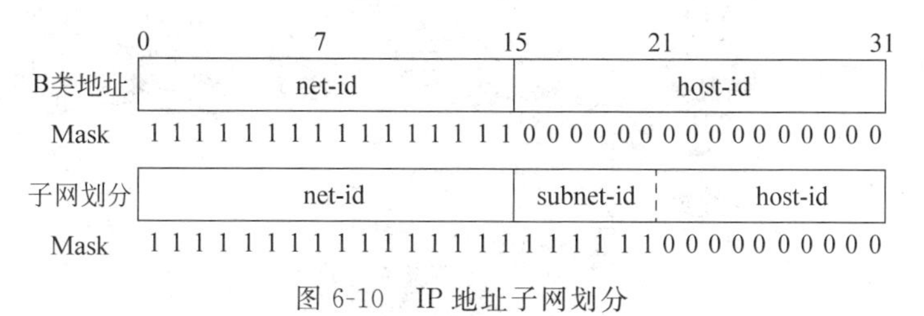

图 6-10　IP 地址子网划分

多划分出一个子网号码字段是要付出代价的。举例来说，本来一个 B 类 IP 地址可以容纳 65534($2^{16}-2$，去掉全 1 的广播地址和全 0 的网段地址)个主机号码。但划分出 6b 长的子网字段后，最多可有 64(2^6)个子网，每个子网有 10b 的主机号码，即每个子网最多可有 1022($2^{10}-2$，去掉全 1 的广播地址和全 0 的网段地址)个主机号码。因此主机号码的总数是 64×1022＝65408(个)，比不划分子网时要少 126 个。

若不进行子网划分，则子网掩码为默认值，此时子网掩码中“1”的长度就是网络号码的长度，即 A 类、B 类、C 类 IP 地址对应的子网掩码默认值分别为 255.0.0.0、255.255.0.0 和 255.255.255.0。

6.5.3　CIDR

CIDR(Classless Interdomain Routing，无类域间路由)是合理利用 IP 地址和减小路由表规模的方法。

在 Internet 发展早期，所有地址块都是按类分配给 ISP 和各类组织。随着 Internet 用户的快速发展，这种地址分配方法的弊端显示出来。一个 C 类地址块有 256 个 IP 地址，一个 B 类地址块有 65536 个 IP 地址，而一个 A 类地址块有 16777216 个 IP 地址。而按类分配意味着用户只能分配到整个地址块，无法按照实际地址需求来分配，从而导致很大一部分 IP 地址浪费。另外，Internet 骨干路由器上路由表的规模也在急剧增大。

CIDR 的出现解决了上述问题。在使用 CIDR 后，路由器不再先判定一个 IP 地址的类别，而是直接用比特掩码来判定 IP 地址的网络部分和主机部分。这样大大提高了 IP 地址空间的利用率，提高了 IP 编址的可扩展性。

通过应用 CIDR，IP 地址不再有“类”的限制。大的地址块如 A 类地址块可以被分割成多个小的地址块；而小的多个地址块如 C 类地址块也可以被聚合成一个大的地址块，此时可以称为超网(supernetting)。

在图 6-11 所示的网络中，RTA、RTB 和 RTC 发布了 3 条路由，分别为 192.0.0.0/24、192.0.1.0/24 和 192.0.2.0/24。当 RTD 学习到这 3 条路由后，会将这 3 条路由放到其路由表中。如果 RTD 再次将这 3 条路由发送到 RTE，RTE 也学习到这 3 条路由，则 RTE 必须维护这 3 条路由。

这 3 条路由有相同的比特位，如表 6-2 所示。

表 6-2　IP 地址比特位表

目的地址/掩码	第 1 字节	第 2 字节	第 3 字节	第 4 字节
192.0.0.0/24	11000000	00000000	00000000	00000000
192.0.1.0/24	11000000	00000000	00000001	00000000
192.0.2.0/24	11000000	00000000	00000010	00000000

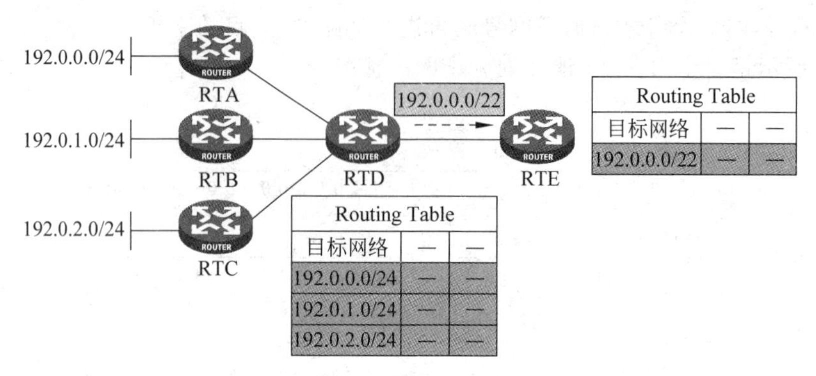

图 6-11 无类域间路由

从表 6-2 可以看出，这 3 条路由的前 22b 是相同的，都是：

```
11000000  00000000  000000
```

所以，CIDR 技术可以将这 3 条路由聚合成一条路由。将这 22b 补足"0"后作为网络部分，另外再生成 22b 的子网掩码来配对，如下所示。

```
11000000  00000000  00000000  00000000
11111111  11111111  11111100  00000000
```

由此，生成的路由为 192.0.0.0/22。这样，RTD 可以把从 RTA、RTB 和 RTC 学来的 3 条 C 类网段路由聚合成一条超网路由 192.0.0.0/22 向 RTE 发布，从而减小 RTE 上路由表的规模。

由以上过程可以看出，CIDR 技术中的超网与路由聚合是一致的，是一个过程的不同名称。只是在网络设备上，一般称为路由聚合。

在下一代 Internet 协议 IPv6 中，地址已经完全取消了类的概念，用前缀长度来指明地址属于哪一个网络。

在使用 CIDR 进行网络规划时，需注意地址块要连续，分层次，以利于路由聚合。

6.6 本章总结

(1) 使用聚合路由可减小路由表大小。
(2) RIP 协议可支持自动聚合和手动聚合。
(3) 配置黑洞路由是避免聚合环路的方法。
(4) CIDR 取消了 IP 地址中"类"的概念，有利于合理利用地址和聚合路由。

6.7 习题和解答

6.7.1 习题

(1) 路由聚合的优点是(　　)。

A. 减小路由表规模，加快路由匹配速度
B. 降低路由更新流量
C. 降低管理员对路由协议的配置工作
D. 减少路由环路的产生

(2) 以下支持自动按类聚合功能的路由协议是(　　)。

A. RIP-1　　B. RIP-2　　C. OSPF　　D. BGP

(3) 以下支持手动聚合功能的路由协议是(　　)。

A. RIP-1　　B. RIP-2　　C. OSPF　　D. BGP

(4) 在路由器上配置 RIP 手动聚合的命令是(　　)。

A. [RTA] rip summary-address 10.0.0.0

B. [RTA] rip summary-address 10.0.0.0 22

C. [RTA-Serial1/0] rip summary-address 10.0.0.0

D. [RTA-Serial1/0] rip summary-address 10.0.0.0 22

(5) 关于 CIDR,下列说法中正确的是(　　)。

A. CIDR 取消了类的概念

B. 使用 CIDR 进行 IP 地址规划,可以合理利用 IP 地址

C. 使用 CIDR 进行 IP 地址规划,有利于路由聚合

D. 大的 IP 地址块可以被划分成多个小的 IP 地址块,称为子网划分

6.7.2 习题答案

(1) A、B　(2) A、B　(3) B、C、D　(4) D　(5) A、B、C、D

第3篇

OSPF协议

第7章

OSPF协议基本原理

OSPF(Open Shortest Path First,开放最短路径优先)是IETF开发的一个基于链路状态的内部网关协议,目前在互联网上大量地使用。本章主要介绍OSPF协议的工作原理,包括其分层结构、网络类型、报文封装、邻居建立和维护等内容。

7.1 本章目标

学习完本章,应该能够:

(1) 了解OSPF协议的特点;

(2) 掌握OSPF协议分层结构;

(3) 掌握OSPF协议中的网络类型;

(4) 掌握OSPF协议的报文封装;

(5) 掌握OSPF协议的状态迁移。

7.2 OSPF协议概述

7.2.1 OSPF协议特点

OSPF协议与RIP协议相比,存在很大的不同。RIP协议是一个典型的距离矢量路由协议。在使用过程中,具有以下的限制。

(1) 网络扩展性不好:在RIP协议中,跳数为16跳的路由就被认为是不可达。因此,网络中使用RIP协议时,最大直径就被限制为15跳,这就决定了RIP协议只能在规模较小的网络中使用,不能适用大规模组网的需要。

(2) 周期性广播消耗了大量带宽资源:RIP协议在路由更新的时候,是通过广播(RIP-1)或者组播(RIP-2)的方式,向邻居通告全部路由信息。在路由条目较多的情况下,会消耗大量的有限链路带宽资源。

(3) 路由收敛速度慢:由于RIP协议采用周期性的路由更新方式,所以在网络拓扑发生变化时,需要经过较长的时间才能完成路由的重新收敛。所以,RIP协议并不适用于需要路由快速收敛的网络中。

(4) 以跳数作为度量值:RIP协议中,进行路由的度量值计算时只考虑了跳数的因素。而实际上,数据报文在多跳高速链路传输所花费的时间很可能远比在单跳低速链路上要少。因此,仅仅将跳数作为度量值的因素,而不考虑链路带宽等其他因素,可能会导致协议选路的不合理。

(5) 存在路由环路:由于设计机制的原因,RIP协议无法彻底解决路由环路的问题,只能够通过毒性逆转、水平分割等方法降低路由环路产生的可能性。这在一定程度上,也限制了RIP协议的使用范围。

OSPF 协议是典型的链路状态路由协议。它具有以下特点。

(1) 支持较大规模的网络：OSPF 协议无路由跳数限制，所以其适用范围广，支持网络规模更大。在特定的组网环境下，OSPF 协议单区域甚至可支持几十台路由器。

(2) 组播触发式更新：OSPF 协议在收敛完成后，会以触发方式发送拓扑变化的信息给其他路由器，从而占用了较少的链路带宽；同时，在某些类型的链路上以组播方式发送协议报文，减少对其他设备的干扰。

(3) 收敛速度快：在网络的拓扑结构发生变化后，OSPF 协议会立即发送更新报文，从而使拓扑变化很快扩散到整个自治系统；同时，OSPF 协议采用周期较短的 Hello 报文来维护邻居状态。

(4) 以开销(Cost)作为度量值：OSPF 协议在设计时，就考虑到了链路带宽对路由度量值的影响。OSPF 协议采用链路开销作为度量值，而链路开销与链路带宽成反比，即带宽越高，开销越小。这样，OSPF 协议选路主要基于带宽因素。

(5) 协议设计避免路由环路：由于 OSPF 协议根据收集到的链路状态用最短路径树算法计算路由，所以从算法本身保证了不会生成自环路由。

(6) 应用广泛：目前 OSPF 协议在互联网上有大量的应用实例，是使用最广泛的 IGP 之一。

7.2.2 OSPF 协议基本原理

作为典型的链路状态路由协议，OSPF 协议的工作过程包含了邻居发现、路由交换、路由计算、路由维护等阶段。在这些过程中，主要涉及以下 3 张表(见图 7-1)。

(1) 邻居表：运行 OSPF 协议的路由器以组播方式(目的地址 224.0.0.5)发送 Hello 报文来发现邻居。收到 Hello 报文的邻居路由器检查报文中所定义的参数，如果双方一致就会形成邻居关系。邻居表会记录所有的建立了邻居关系的路由器，包括相关描述和邻居状态。路由器会定时地向自己的邻居发送 Hello 报文，如果在一定的周期内没有收到邻居的回应报文，就认为邻居路由器已经失效，将它从邻居表中删除。

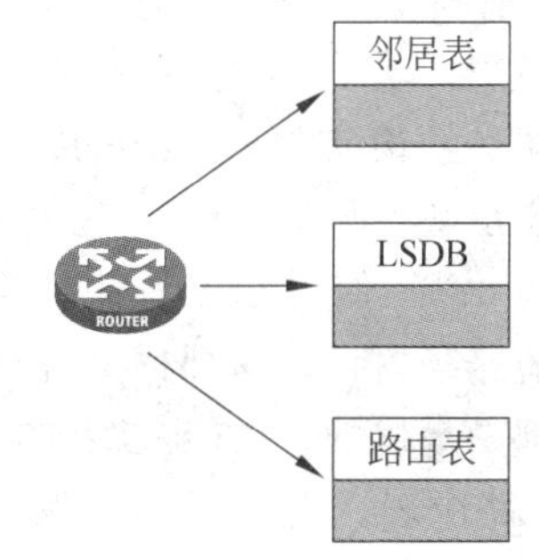

图 7-1　邻居表、LSDB 和路由表

(2) 链路状态数据库(LSDB)：有时也被称作拓扑表。根据协议规定，运行 OSPF 协议的路由器之间并不是交换路由表，而是交换彼此对于链路状态的描述信息。交换完成之后，所有同一区域的路由器的拓扑表中都具有当前区域的所有链路状态信息，并且都是一致的。

(3) 路由表：运行 OSPF 协议的路由器在获得完整的链路状态描述之后，运用 SPF 算法进行计算，并且将计算出来的最优路由加入 OSPF 协议路由表中。

OSPF 协议基于 Dijkstra 算法，也称为 SPF(Shortest Path First，最短路径优先)算法。这种算法的特点是，路由器收集网络中链路或接口的状态，然后将自己已知的链路状态向该区域的其他路由器通告。这样，区域内的每台路由器都建立了一个本区域的完整的链路状态数据库。然后路由器根据链路状态数据库来创建它自己的网络拓扑图，并计算生成路由，如图 7-2 所示。

OSFP 协议路由的生成过程具体如下。

第 1 步：生成 LSA 描述自己的接口状态。每台运行 OSPF 协议的路由器都根据自己周

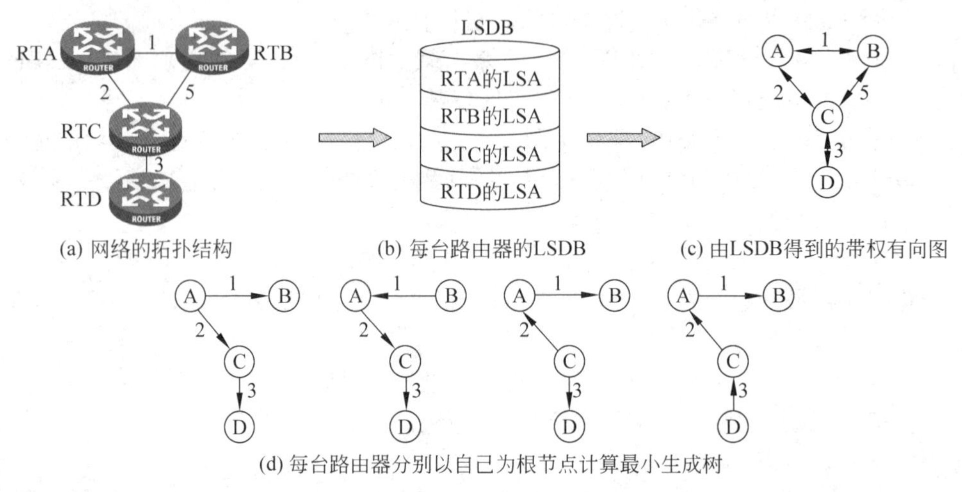

(a) 网络的拓扑结构　(b) 每台路由器的LSDB　(c) 由LSDB得到的带权有向图

(d) 每台路由器分别以自己为根节点计算最小生成树

图 7-2　生成 OSPF 路由

围的网络拓扑结构生成 LSA(链路状态通告)。LSA 中包含了接口状态(Up 或 Down)、链路开销、IP 地址/掩码等信息。

OSPF 链路开销值与接口带宽密切相关。默认情况下,开销值与接口带宽成反比。此外,为了对协议选路的结果进行人工干预,路由器也支持通过命令来指定接口的开销值。

第 2 步:同步 OSPF 区域内每台路由器的 LSDB。OSPF 路由器通过交换 LSA 实现 LSDB 的同步。

由于一条 LSA 是对一台路由器或一个网络拓扑结构的描述,整个 LSDB 就形成了对整个网络拓扑结构的描述。LSDB 实质上是一张加权的有向图,这张图便是对整个网络拓扑结构的真实反映。显然,OSPF 区域内所有路由器得到的是一张完全相同的图。

第 3 步:使用 SPF 算法计算出路由。OSPF 路由器用 SPF 算法以自身为根节点计算出一棵最短路径树。在这棵树上,由根到各节点的累计开销最小,即由根到各节点的路径在整个网络中都是最优的,这样也就获得了由根去往各个节点的路由。计算完成后,路由器将路由加入 OSPF 路由表。当 SPF 算法发现有两条到达目标网络的路径的 Cost 值相同,就会将这两条路径都加入 OSPF 路由表,形成等价路由。

7.3 分层结构

7.3.1 骨干区域与非骨干区域

随着网络规模日益扩大,当一个大型网络中的路由器都运行 OSPF 协议时,路由器数量的增多会导致 LSDB 非常庞大,占用大量的存储空间,并使得运行 SPF 算法的复杂度增加,导致 CPU 负担很重。

在网络规模增大之后,拓扑结构发生变化的概率也增大,网络会经常处于不稳定状态之中,造成网络中有大量的 OSPF 协议报文在传递,降低了网络带宽的利用率。更为严重的是,每一次变化都会导致网络中所有的路由器重新进行路由计算。

OSPF 协议通过将自治系统划分成不同的区域(Area)来解决上述问题,如图 7-3 所示。区域是从逻辑上将路由器划分为不同的组,每个组用区域号(Area ID)来标识。区域的边界是路由器,而不是链路。一个网段(链路)只能属于一个区域,或者说每个运行 OSPF 的接口必须属于某个特定区域。

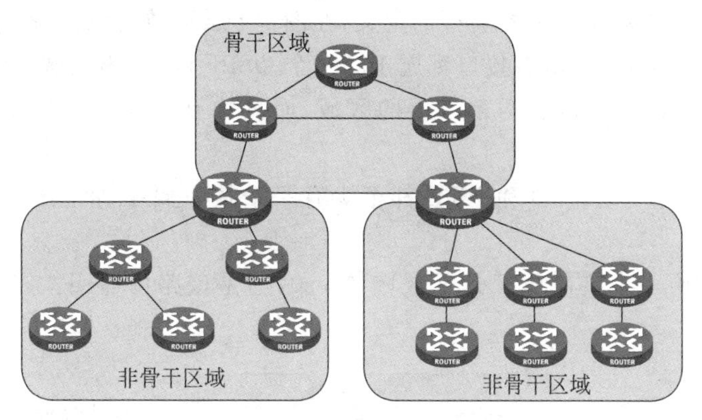

图 7-3　骨干区域和非骨干区域

并非所有的 OSPF 区域都是平等的关系。其中有一个区域是与众不同的，它的区域号(Area ID)是 0，通常被称为骨干区域。骨干区域负责区域之间的路由，非骨干区域之间的路由信息必须通过骨干区域来转发。对此，OSPF 协议有以下两个规定。

(1) 所有非骨干区域必须与骨干区域保持连通。

(2) 骨干区域自身也必须保持连通。

OSPF 协议的区域划分可以带来以下好处。

(1) 减少区域内 LSA 的数量：在进行了区域划分之后，OSPF 路由器的 LSDB 就不需要维护所有区域的链路状态信息，而只需维护本区域内的链路状态信息。LSDB 所维护的 LSA 数量减少了，运行 OSPF 协议对于路由器性能的要求也就降低了，从而性能不是很好的路由器也同样可以运行 OSPF 协议。

(2) 便于管理：功能性和地理位置相同的路由器，往往有着相同的路由选择需求。例如，对于某国家骨干网来说，可以根据地理位置，将各个省份的路由器划分在不同的区域内；也可以根据功能性的需求，将服务器区、测试区、网管区中的路由器划分在不同的区域内，对于它们进行集中管理，同时进行路由控制。

(3) 减少路由振荡的影响：OSPF 协议可以对部分区域进行特殊配置，或者在区域边缘设置路由聚合和路由过滤等策略，将路由振荡控制在区域内，从而减少对于自治系统内其他区域路由器的影响，降低其他区域路由器 SPF 算法反复计算的次数。

7.3.2　OSPF 路由器类型

根据 OSPF 路由器在 AS 中位置的不同，可以将其分为以下 4 类。

(1) 区域内路由器(Internal Router)：该类路由器的所有接口都属于同一个 OSPF 区域。

(2) 区域边界路由器(Area Border Router，ABR)：该类路由器可以同时属于两个以上的区域，但其中一个必须是骨干区域。ABR 用来连接骨干区域和非骨干区域，它与骨干区域之间既可以是物理连接，也可以是逻辑上的连接。

(3) 骨干路由器(Backbone Router)：该类路由器至少有一个接口属于骨干区域。因此，所有的 ABR 和位于 Area0 的内部路由器都是骨干路由器。

(4) 自治系统边界路由器(Autonomous System Border Router，ASBR)：与其他 AS 交换路由信息的路由器称为 ASBR。ASBR 并不一定位于 AS 的边界，它有可能是区域内路由器，也有可能是 ABR。只要一台 OSPF 路由器引入了外部路由的信息，它就成为 ASBR。

根据 OSPF 协议中对于路由器类型的定义，在图 7-4 所示网络中：

(1) RTA、RTF 和 RTG 所有接口都属于同一个 OSPF 区域，为区域内路由器。

(2) RTD 和 RTE 同时属于两个以上的区域，而且均有一个接口处于骨干区域 Area0，为 ABR。

(3) RTA、RTB、RTC、RTD 和 RTE 都至少有一个接口属于骨干区域 Area0，为骨干路由器。

(4) RTB 虽然有一个接口属于骨干区域 Area0，但是该路由器引入了外部路由信息，为 ASBR。

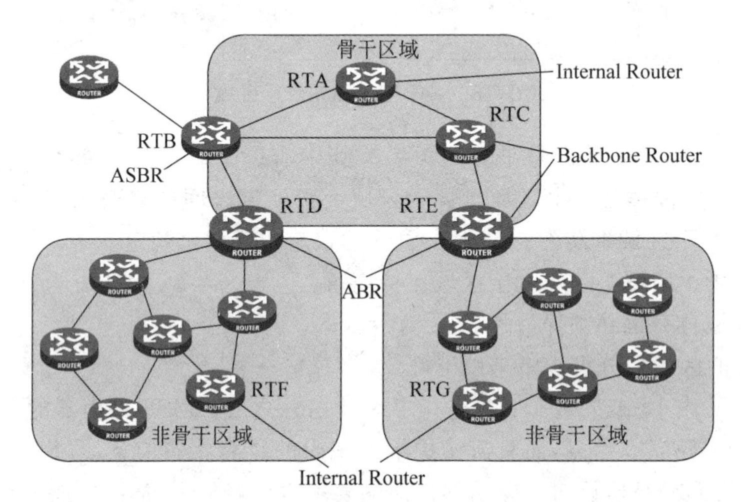

图 7-4 OSPF 路由器类型

7.4 Router ID 与网络类型

7.4.1 Router ID

Router ID(RID)是一个 32b 无符号整数，在大部分使用环境下，都可以用来在一个自治系统中唯一地标识一台路由器，以区分其他路由器。路由器在启动 OSPF 协议之前，会首先检查 Router ID 的配置。

如果没有通过相关命令配置 Router ID，路由器会按照以下顺序自动选择一个 Router ID。

(1) 如果当前设备配置了 Loopback 接口，将选取所有 Loopback 接口上数值最大的 IP 地址作为 Router ID。

(2) 如果当前设备没有配置 Loopback 接口，将选取它所有已经配置 IP 地址的接口上数值最大的 IP 地址作为 Router ID。

一般情况下，建议配置 Loopback 接口，并且将 Loopback 接口的 IP 地址配置为路由器的 Router ID，以便于统一管理和区分其他路由器。

如图 7-5 所示，RTA 配置了 Loopback 接口，使能了 OSPF 协议后，优先选择 Loopback 接口的 IP 地址作为 Router ID，也就是 172.16.1.1，而不考虑其他任何物理接口的 IP 地址配置。

RTB 没有配置 Loopback 接口，使能了 OSPF 协议后，3 个物理接口的 IP 地址配置分别为 GE0/0：192.168.1.1/24、GE0/1：192.168.2.1/24、GE1/0：192.168.3.1/24。在 Router ID 的选择过程中，选择数值最大的 IP 地址，即 192.168.3.1 作为 Router ID。

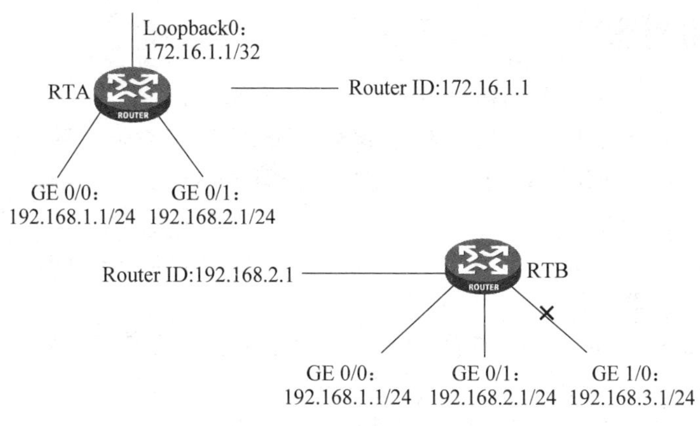

图 7-5 Router ID 选举示例

7.4.2 OSPF 网络类型

OSPF 协议根据链路层协议类型将网络分为下列 4 种类型。

(1) Broadcast：当链路层协议是 Ethernet、FDDI 时，OSPF 协议默认的网络类型是 Broadcast。在该类型的网络中，通常以组播形式(224.0.0.5 和 224.0.0.6)发送协议报文。

(2) NBMA(Non-Broadcast Multi-Access，非广播多点可达)：当链路层协议是帧中继、ATM 或 X.25 时，OSPF 默认的网络类型是 NBMA。在该类型的网络中，以单播形式发送协议报文。

(3) P2MP(Point-to-MultiPoint，点到多点)：没有一种链路层协议会被默认为 P2MP 类型。P2MP 必须是由其他的网络类型强制更改的。常用做法是将 NBMA 改为 P2MP 的网络。在该类型的网络中，以组播形式(224.0.0.5)发送协议报文。

(4) P2P(Point-to-Point，点到点)：当链路层协议是 PPP、HDLC 时，OSPF 协议默认的网络类型是 P2P。在该类型的网络中，以组播形式(224.0.0.5)发送协议报文。

NBMA 网络是指非广播、多点可达的网络，比较典型的有 ATM 和帧中继网络。

对于接口的网络类型为 NBMA 的网络需要进行一些特殊的配置。由于无法通过报文的形式发现相邻路由器，必须手动为该接口指定相邻路由器的 IP 地址。

根据 OSPF 协议要求，NBMA 网络必须是全连通的，即网络中任意两台路由器之间都必须有一条虚电路直接可达。如果部分路由器之间没有直接可达的链路，则应将接口配置成 P2MP 类型。如果路由器在 NBMA 网络中只有一个对端，也可将接口类型配置为 P2P 类型。

OSPF 协议中，NBMA 与 P2MP 网络之间的区别如下。

(1) 从定义上来看，NBMA 网络是指那些全连通的、非广播、多点可达网络。而 P2MP 网络，则并不需要一定是全连通的。

(2) NBMA 是一种默认的网络类型，如链路层协议是帧中继、ATM 或 X.25 时，接口默认的网络类型就是 NBMA。而 P2MP 网络必须是由其他的网络强制更改的。最常见的做法是将 NBMA 网络改为 P2MP 网络。

(3) NBMA 网络采用单播发送报文，需要手动配置邻居，否则无法正常建立邻居关系。P2MP 网络采用组播方式发送报文，不需要手动配置邻居，可以依靠协议自身的机制建立邻居关系。

7.5 报文和封装

OSPF 协议有以下 5 种类型的协议报文。

(1) Hello 报文：周期性发送，用来发现和维持 OSPF 协议邻居关系。内容包括一些定时器的数值、DR(Designated Router，指定路由器)、BDR(Backup Designated Router，备份指定路由器)以及自己已知的邻居。

(2) DD(Database Description，数据库描述)报文：描述了本地 LSDB 中每一条 LSA 的摘要信息，用于两台路由器进行数据库同步。

(3) LSR(Link State Request，链路状态请求)报文：向对方请求所需的 LSA。两台路由器相互交换 DD 报文之后，得知对端的路由器有哪些 LSA 是本地的 LSDB 所缺少的，这时需要发送 LSR 报文向对方请求所需的 LSA。其内容包括所需要的 LSA 的摘要。

(4) LSU(Link State Update，链路状态更新)报文：向对方发送其所需要的 LSA。

(5) LSAck(Link State Acknowledgment，链路状态确认)报文：用来对收到的 LSA 进行确认。其内容是需要确认的 LSA 的 Header(一个报文可对多个 LSA 进行确认)。

OSPF 协议报文直接封装在 IP 报文之中，其 IP 报文头的协议号为 89。OSPF 协议报文封装格式如图 7-6 所示。

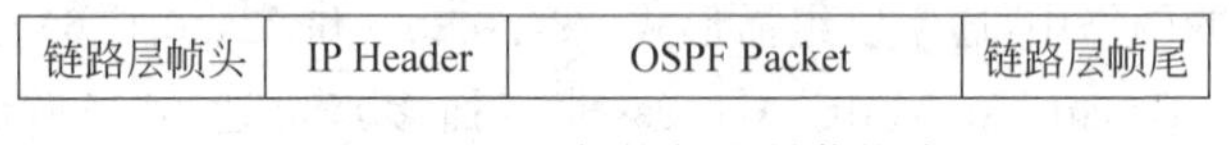

图 7-6 OSPF 协议报文封装格式

一个 OSPF 协议报文正常的封装顺序如下。

(1) 将 OSPF 协议报文，如 Hello、DD、LSR、LSU 和 LSAck 报文作为净荷封装在 IP 报文中，将协议号设置为 89。

(2) 将收到的 IP 报文进行链路层封装，其具体的格式取决于通信的链路层协议。封装上相应的帧头和帧尾之后，就构成一个完整的链路帧。

7.6 邻居建立和状态迁移

7.6.1 邻居发现与维护

OSPF 协议中同一链路的两台路由器是通过 Hello 报文相互发现，并建立邻居关系的，如图 7-7 所示。

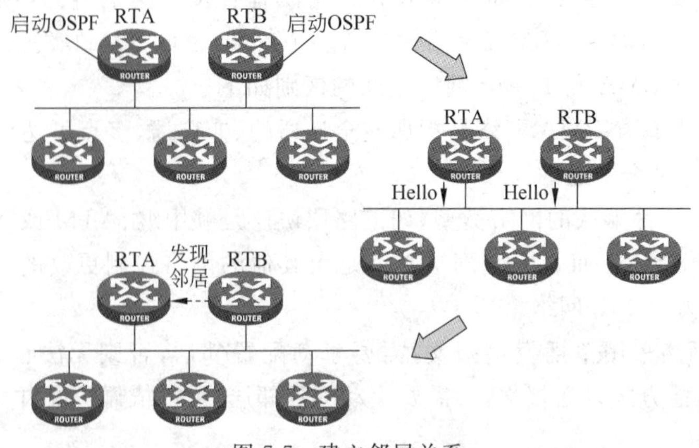

图 7-7 建立邻居关系

发现邻居并建立邻居关系的过程如下。

(1) 两台路由器分别以组播方式(组播地址为224.0.0.5)发送OSPF协议的Hello报文。Hello报文中包含自己的Router ID及相关的参数协商信息。组播地址224.0.0.5表示所有运行OSPF协议的路由器都能收到这个报文。

(2) RTA和RTB根据自己收到的Hello报文,判断协商的参数是否通过。如果验证、区域等参数都设置一致,那么相互认为邻居已经发现。

发现邻居之后,Hello报文还起到了维护邻居关系的作用(见图7-8)。

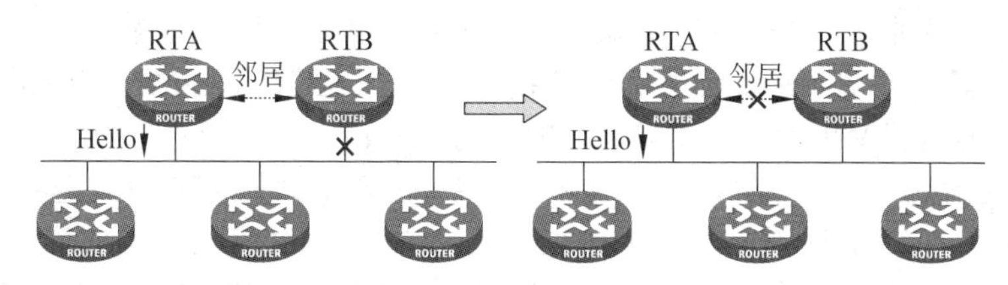

图7-8 维护邻居关系

维护邻居关系的过程如下。

(1) 邻居之间周期性地交换Hello报文,以确认邻居是否工作正常。在一定的时间间隔内,只要能够从邻居中收到Hello报文,就可以认为邻居工作正常,继续维护邻居关系。

(2) 如果在一定的时间间隔内,收不到邻居发来的Hello报文,就认为邻居已经失效,从邻居表中删除。

此外,OSPF协议还定义了以下两个计时器。

(1) Hello定时器:接口向邻居发送Hello报文的时间间隔,OSPF邻居之间的Hello定时器的值要保持一致,且应与路由收敛速度、网络负荷大小成反比。

(2) 邻居失效时间:在邻居失效时间内,如果接口还没有收到邻居发送的Hello报文,路由器就会宣告该邻居无效。

7.6.2 DR/BDR的选举

在广播网和NBMA网络中,任意两台路由器之间都要传递路由信息。如果网络中有n台路由器,则需要建立$n(n-1)/2$个邻接关系。这使得任何一台路由器的路由变化都会导致多次传递,浪费了带宽资源。为了解决这一问题,OSPF协议定义了DR(Designated Router,指定路由器),所有路由器都只将信息发送给DR,由DR将网络链路状态发送出去,如图7-9所示。

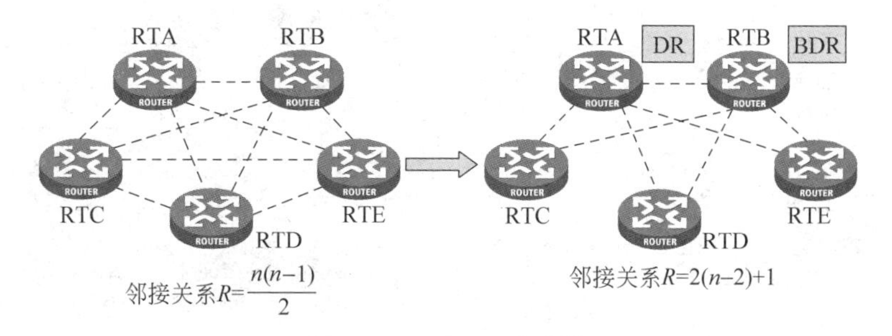

图7-9 DR/BDR的选举

如果DR由于某种故障而失效,则网络中的路由器必须重新选举DR,再与新的DR同步。这需要较长的时间,在这段时间内,路由的计算是不正确的。为了能够缩短这个过程,OSPF

提出了 BDR(Backup Designated Router,备份指定路由器)的概念。

BDR 实际上是对 DR 的一个备份,在选举 DR 的同时也选举出 BDR,BDR 也和本网段内的所有路由器建立邻接关系并交换路由信息。当 DR 失效后,BDR 会立即成为 DR。由于不需要重新选举,并且邻接关系事先已建立,所以这个过程是非常短暂的。当然这时还需要再重新选举出一个新的 BDR,虽然一样需要较长的时间,但并不会影响路由的计算。

DR 和 BDR 之外的路由器(称为 DRother)之间将不再建立邻接关系,也不再交换任何路由信息。这样就减少了广播网和 NBMA 网络上各路由器之间邻接关系的数量。

在 OSPF 中,邻居(Neighbor)和邻接(Adjacency)是两个不同的概念。

OSPF 路由器启动后,便会通过 OSPF 接口向外发送 Hello 报文。收到 Hello 报文的 OSPF 路由器会检查报文中所定义的参数,如果双方一致就会形成邻居关系。

形成邻居关系的双方不一定都能形成邻接关系,这要根据网络类型而定。只有当双方成功交换 DD 报文和 LSA,并达到 LSDB 的同步之后,才形成真正意义上的邻接关系。

DR 和 BDR 是由同一网段中所有的路由器根据路由器优先级、Router ID 通过 Hello 报文选举出来的,只有优先级大于 0 的路由器才具有选举资格。

进行 DR/BDR 选举时,每台路由器将自己选出的 DR 写入 Hello 报文中,发给网段上的每台运行 OSPF 协议的路由器。当处于同一网段的两台路由器同时宣布自己是 DR 时,路由器优先级高者胜出。如果优先级相等,则 Router ID 大者胜出。如果一台路由器的优先级为 0,则它不会被选举为 DR 或 BDR。

此外,DR/BDR 的选举机制还具有以下特点。

(1) 只有在广播或 NBMA 类型接口才会选举 DR,在点到点或点到多点类型的接口上不需要选举 DR。

(2) DR 是某个网段中的概念,是针对路由器的接口而言的。某台路由器在一个接口上可能是 DR,在另一个接口上则有可能是 BDR,或者是 DRother。

(3) 路由器的优先级可以影响一个选举过程,但是当 DR/BDR 已经选举完毕,就算一台具有更高优先级的路由器变为有效,也不会替换该网段中已经存在的 DR/BDR 成为新的 DR/BDR。

(4) DR 并不一定就是路由器优先级最高的路由器接口;同理,BDR 也并不一定就是路由器优先级次高的路由器接口。

在图 7-10 的示例中,某一网段 192.168.0.0/16 中现有 4 台路由器 RTA、RTB、RTC 和 RTD,它们的 Router ID 分别为 192.168.1.1、192.168.2.1、192.168.3.1 和 192.168.4.1。

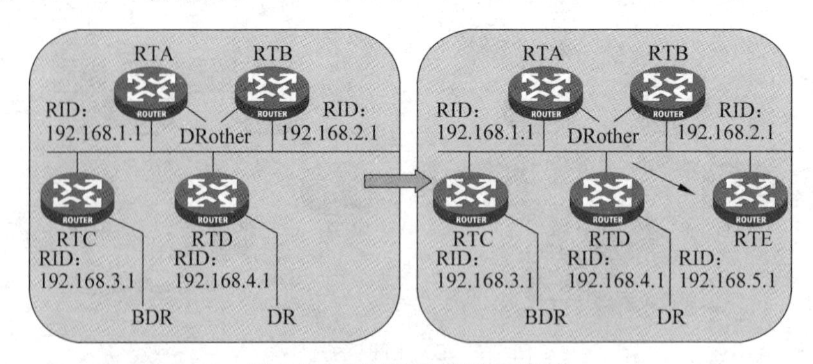

图 7-10 DR/BDR 选举示例(1)

(1) 假设这 4 台路由器同时进行 DR/BDR 的选举。在没有对优先级进行配置的情况下,所有路由器的优先级都是一致的，那么对于这 4 台路由器的 Router ID 进行比较，RTD 的 Router ID 最大，因此被选举为 DR；RTC 的 Router ID 仅次于 RTD，因此被选举为 BDR；RTA 和 RTB 成为 DRother。

（2）网络中新增了一台路由器 RTE，它的 Router ID 为 192.168.5.1，此时 DR 的选举已经结束。虽然 RTE 的优先级与其他路由器一致，而它的 Router ID 比 RTD、RTC 都要大，但是出于网络稳定性考虑，RTE 只能成为 DRother。

在图 7-11 所示网络中，RTD 作为 DR，RTC 作为 BDR，RTA、RTB 和 RTE 都作为 DRother。

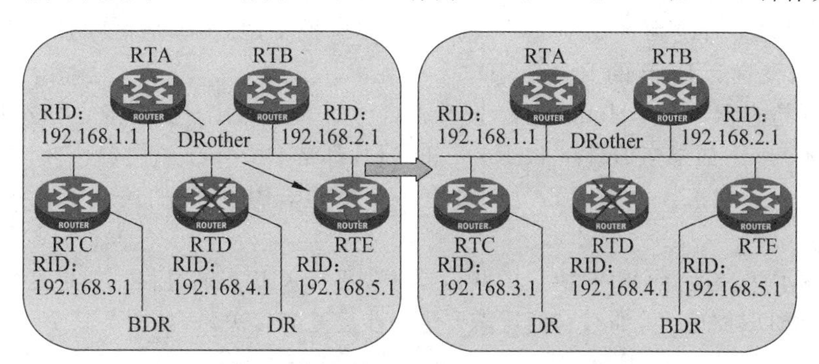

图 7-11 DR/BDR 选举示例(2)

（3）假设 RTD 突然失效，此时作为 BDR 的 RTC 立刻成为 DR。由于之前就已经和 DRother 路由器建立了邻接关系，因此不需要重新建立。

（4）RTA、RTB、RTE 这些 DRother 路由器需要重新选举一个 BDR，以作为 DR 的备份。在优先级一致的情况下，只需比较 Router ID 的大小，从而将 RTE 选举成为 BDR，以便和 DRother 路由器建立邻接关系。

（5）整个选举过程结束，网络重新稳定。此时如果 RTD 重新恢复，也不能改变整个 DR/BDR 的选举结果，只能成为 DRother 路由器。

7.6.3 邻接关系建立过程

两台路由器的邻接关系是如何建立的呢？如图 7-12 所示，RTA 和 RTB 的 Router ID 分别为 1.1.1.1、2.2.2.2，运行 OSPF 协议。

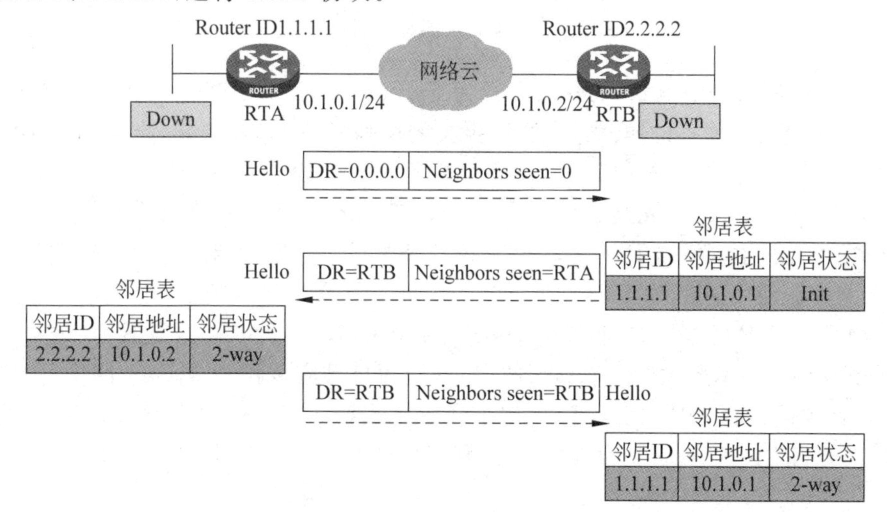

图 7-12 邻接关系建立过程(1)

两台路由器建立邻接关系的过程如下。

(1) 初始情况下,邻居关系处于 Down 的状态。之后 RTA 开始发送 Hello 报文。由于当前没有发现任何邻居,因此它的邻居表项是空的,并且 DR 字段设置为 0.0.0.0。

(2) RTB 接收到 RTA 的 Hello 报文之后,将 RTA 添加到自己的邻居表中,同时将 RTA 的邻居状态设为 Init。与 RTA 比较 Router ID,由于 RTB 的 Router ID 较大,所以在发送的 Hello 报文中,将 DR 字段设置为 RTB 的 Router ID。

(3) RTA 收到 RTB 发来的 Hello 报文,在邻居列表中发现了自己的 Router ID,因而将邻居表中 RTB 的状态修改为 2-way。RTA 发送 Hello 报文,其中邻居表添加 RTB 的 Router ID,将 DR 字段设置为 RTB 的 Router ID。

(4) RTB 检查 RTA 的 Hello 报文,发现了自己的 Router ID,从而将邻居表中的 RTA 状态也修改为 2-way。如果当前链路上,RTA 和 RTB 都是 DRother 路由器,它们之间的邻接状态就停留在 2-way 状态。如果 RTA、RTB 有一个是 DR/BDR,它们还需要进一步建立邻接关系。

前文讲述了两台运行 OSPF 协议的路由器建立 2-way 状态的过程。如果这两台路由器承担了 DR 或者 BDR 的角色,那么它们还需要进一步建立邻接关系,如图 7-13 所示。

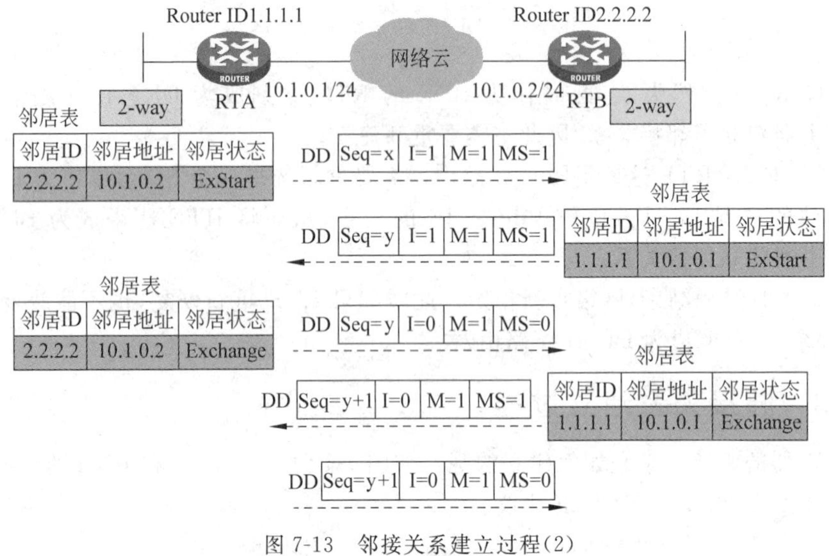

图 7-13 邻接关系建立过程(2)

(5) RTA 将邻居表中 RTB 的状态设置为 ExStart 状态,并且发送一个不包含 LSA 摘要的 DD 报文,开始主从关系的协商。该 DD 报文的序列号由 RTA 决定,设置为 x;I 位被设置为 1,表明这是 RTA 发起的初始化报文;M 位被设置为 1,表明这不是最后一个 DD 报文;MS 位被设置为 1,表明 RTA 首先判断自己是 Master 路由器。Master 路由器的作用主要是在交换 DD 报文的时候,主动发送 DD 报文,并且控制修改报文序列号,对应的 Slave 路由器只能接收 Master 路由器使用的序列号,被动地发送 DD 报文。

(6) RTB 收到 RTA 的 DD 报文之后,将邻居表中 RTA 的状态也设置为 ExStart。由于 RTB 的 Router ID 数值要大于 RTA,因此 RTB 认为自己应该作为 Master 路由器,所以它发送的 DD 报文中同样将 MS 位设置为 1,用来表明自己 Master 路由器的身份。RTB 使用的序列号为 y,同时将 I 位和 M 位也设置为 1,分别表明这是初始化报文以及后续还有更多的 DD 报文。

(7) RTA 同意 RTB 作为 Master 路由器，因此将 MS 设置为 0，表明自己的 Slave 路由器身份，并且采用 RTB 设置的序列号 y 开始发送 DD 报文。这时的 DD 报文中包含 LSA 摘要。RTA 将邻居中的 RTB 的状态修改为 Exchange。

(8) RTB 收到 RTA 发来的 DD 报文，将邻居表中 RTA 的状态修改为 Exchange，并采用 y+1 的序列号和 RTA 交换 LSA 摘要信息。

RTA 和 RTB 将 DD 报文中包含的 LSA 摘要信息，与自己的 LSDB 相比较。RTB 比较之后，若发现所有的 LSA 信息在 LSDB 中都存在，则直接进入 Full 状态。RTA 比较之后，若发现 LSDB 中缺少部分的 LSA，则需要向 RTB 请求这些 LSA，如图 7-14 所示。

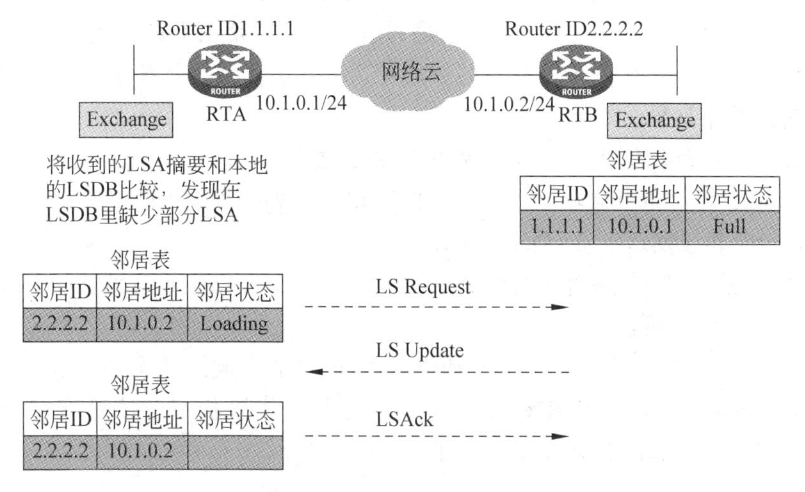

图 7-14 邻接关系建立过程(3)

(9) RTA 将邻居表中 RTB 的状态设置为 Loading，同时向 RTB 发送 LSR 报文，请求自己所缺少的 LSA。LSR 报文中也仅仅包含 LSA 摘要。

(10) RTB 收到 LSR 报文，将请求的 LSA 全部内容以一条或者多条 LSU 报文发送给 RTA。

(11) RTA 将收到的 LSA 更新放入自己的 LSDB，直到所有请求的 LSA 都获得之后，才将邻居表中 RTB 的状态设置为 Full。

到这个时候，完整的邻接关系才算是建立完成。

7.6.4 OSPF 邻居状态机

OSPF 协议使用邻居状态机来表示邻居路由器当前的状态，如图 7-15 所示。

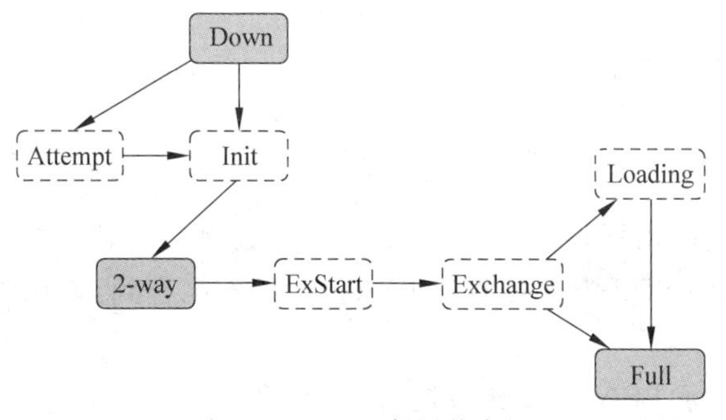

图 7-15 OSPF 邻居状态机

路由器的状态主要有以下几种。

(1) Down：表示在上一个邻居失效时间内，当前的接口没有收到任何 Hello 报文。这个状态是邻居状态机的第一个稳定状态。

(2) Attempt：这个状态只存在于 NBMA 网络中。当一台设备试图通过 Hello 报文去联系自己的邻居，但是还没有收到回应的报文时，就会将它的邻居设置为 Attempt 状态。

(3) Init：表示一台路由器收到了其他路由器发送的 Hello 报文，但是在 Hello 报文的邻居列表中没有看到自己的 Router ID。

(4) 2-way：表示一台路由器收到了其他路由器发送的 Hello 报文，并且在 Hello 报文的邻居列表中已经看到自己的 Router ID。这是邻居状态机的第二个稳定状态。

(5) ExStart：表示一台路由器和它的邻居在这个状态协商主从关系，并且由 Master 路由器决定 DD 交换的序列号。

(6) Exchange：表示在这个状态时，路由器邻居之间交换 DD 报文。

(7) Loading：表示路由器在比较 DD 报文和 LSDB，如果发现 DD 报文中存在 LSDB 中不具有的 LSA，则向邻居发送 LSU 请求 LSA。

(8) Full：在这个状态，路由器结束更新自己的 LSDB，并已经具有完整的 LSDB。这是邻居状态机的第三个稳定状态。

在这些状态机中，只有 Down、2-way 和 Full 状态才是稳定的状态，其他状态都是瞬时的中间状态。正常情况下，DR/BDR 和 DRother 路由器的邻居状态应该稳定在 Full 状态，而 DRother 路由器之间的邻居状态应该稳定在 2-way 状态。

7.7 LSDB 更新

当网络拓扑发生变化时，感知到变化的 OSPF 路由器会生成相应的 LSA 更新报文，发送到区域中，如图 7-16 所示。

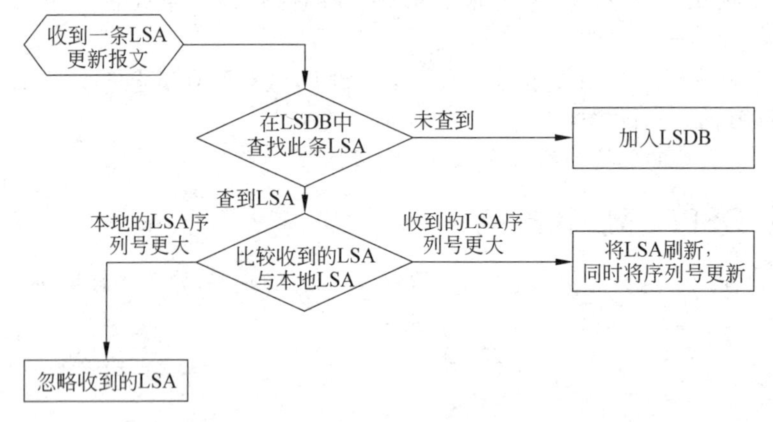

图 7-16 LSDB 更新

运行 OSPF 协议的路由器收到一条 LSA 更新报文的时候，其工作流程如下。

(1) 系统首先会在 LSDB 中查找此条 LSA。如果不能查到，就认为是一条新的 LSA，加入 LSDB。

(2) 如果查到了此条 LSA，那么比较这条 LSA 的序列号。如果收到的新 LSA 序列号更大，那么认为这条 LSA 有了更新，将这条 LSA 的计时器进行刷新，同时更新序列号。

(3) 如果收到的新 LSA 序列号等于或者小于 LSDB 中 LSA 的序列号，那么就认为收到的 LSA 可能是由于网络拥塞或者重传的陈旧的 LSA，不会对 LSDB 的 LSA 做任何操作，并且将收到的 LSA 更新报文丢弃。

另外，为了保证 LSDB 及时刷新，LSDB 里面的 LSA 都设定了老化时间，默认为 1h。如果 1h 内 LSA 没有被更新，LSA 将会老化同时被移除。

默认情况下，LSDB 每隔 0.5h 刷新一次所有的 LSA。此时，LSA 的序列号会加一，同时老化计时器会重置。

当路由器想把一条 LSA 从 LSDB 中删除，可以将老化时间设置为最大老化时间，然后向所有路由器发送更新。

为了节省网络带宽与降低路由器资源消耗，在广播和 NBMA 网络中，链路状态发生变化时，主要是通过 DR 路由器发送更新报文，以便其他路由器更新自己的 LSDB。

在图 7-17 所示网络中，RTC 和 RTD 分别作为 DR 与 BDR，负责 LSA 更新报文的传播。

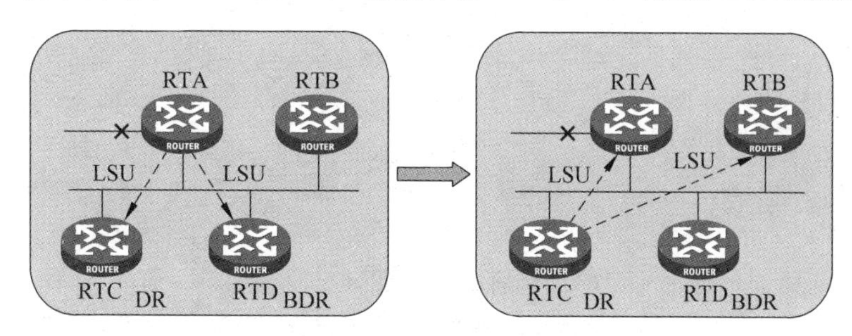

图 7-17 广播和 NBMA 网络中的 LSDB 更新

(1) RTA 发现链路状态发生变化后，以组播方式(224.0.0.6)将 LSU 报文发送给 RTC 和 RTD。组播地址 224.0.0.6 表示只有 DR 和 BDR 能够接收到这个报文。

(2) RTC 作为 DR，在收到报文后，发送 LSAck 报文确认；同时，使用组播地址 224.0.0.5 将 LSU 报文发送给所有的 OSPF 路由器。

7.8 本章总结

(1) OSPF 协议的特点和分层结构。

(2) OSPF 协议的 5 类协议报文和 4 类网络类型。

(3) OSPF 协议的邻居建立过程和 DR/BDR 的选举。

(4) OSPF 协议的 LSDB 更新。

7.9 习题和解答

7.9.1 习题

(1) OSPF 协议是(　　)类型的路由协议。

A. 距离矢量　　B. 路径矢量　　C. 链路状态　　D. 混合

(2) 在 OSPF 协议中，没有使用的表项是(　　)。

A. 邻居表　　B. 拓扑表　　C. 路由表　　D. 会话表

(3) 承载 OSPF 协议报文的 IP 协议号为(　　)。

A. 88　　B. 89　　C. 90　　D. 91

(4) OSPF 协议的邻居状态机中，稳定的状态是(　　)。

A. Down　　B. 2-way　　C. ExStart　　D. Full

(5) OSPF 协议中，如果链路层协议是 Ethernet，其对应的默认网络类型为(　　)。

A. Broadcast　　B. NBMA　　C. P2P　　D. P2MP

7.9.2 习题答案

(1) C　(2) D　(3) B　(4) A、B、D　(5) A

第8章

配置和优化OSPF协议

在协议的学习过程中，掌握OSPF协议的配置是非常重要的，可以巩固对于所学知识的了解程度。本章介绍了OSPF协议的基本配置步骤，以及OSPF的维护调试命令，阐述了如何配置参数优化OSPF网络，包括配置OSPF网络类型、接口开销、定时器，并且讲解了如何在OSPF协议中引入默认路由。

8.1 本章目标

学习完本章，应该能够：

(1) 掌握OSPF单区域的配置；

(2) 掌握OSPF多区域的配置；

(3) 掌握OSPF相关参数的配置；

(4) 掌握OSPF引入默认路由的配置；

(5) 了解OSPF显示和调试命令。

8.2 OSPF基本配置与显示

8.2.1 配置OSPF基本功能

路由器在默认情况下，并没有运行OSPF协议。如果需要使用OSPF协议进行路由发现和选择，需要在路由器上进行配置。配置OSPF基本功能的步骤包括以下3步。

(1) 启动OSPF进程，并指定进程ID。

```
[H3C] ospf process-id
```

如果没有指定OSPF进程ID，系统默认当前运行进程ID为1。

(2) 配置OSPF区域，进入OSPF区域视图。

```
[H3C-ospf-1] area area-id
```

在默认情况下，没有配置OSPF区域。如果是在单区域情况下配置区域，可以不配置骨干区域Area0；如果是在多区域情况下配置区域，必须配置骨干区域Area0。

(3) 配置区域所包含的网段并在指定网段的接口上使能OSPF。

```
[H3C-ospf-1-area-0.0.0.0] network network-address wildcard-mask
```

在默认情况下，接口不属于任何区域且OSPF功能处于关闭状态。一个网段只能属于一个区域，并且必须为每个运行OSPF协议的接口指明属于某一个特定的区域。在这个配置过程中，需要使用尽量精确的反掩码。

当在路由器上启动多个OSPF进程时，需要指定不同的进程号。OSPF进程号是本地概念,不影响与其他路由器之间的报文交换。因此,不同的路由器之间,即使进程号不同也可以进行报文交换。

在配置同一区域内的路由器时,大多数的配置数据都应该以区域为基础来统一考虑。错误的配置可能会导致相邻路由器之间无法相互传递信息,甚至导致路由信息的阻塞或者产生路由环路。例如,在配置 OSPF 区域的时候,如果两台邻居路由器错误地配置了不同的 OSPF 区域,就会导致邻居关系无法建立。

8.2.2 配置 Router ID

Router ID 的作用就是在 OSPF 自治系统内唯一地表示一台路由器。Router ID 可以由系统自动选择,也可以人为地手动配置。为了保证 OSPF 运行的稳定性,在进行网络规划时应该确定路由器 ID 的划分并建议手动配置,以便在网络设计之初就明确每台路由器对应的 Router ID。手动配置路由器的 ID 时,必须保证自治系统中任意两台路由器的 ID 都不相同。通常的做法是将路由器的 ID 配置为与该路由器某个 Loopback 接口的 IP 地址一致。

手动配置 Router ID 的方法有以下两种。

(1) 配置设备的 Router ID。如果使用这种配置方法,这台路由器所有路由协议的 Router ID 都被指定。相关命令为

```
[H3C] router id router-id
```

(2) 配置 OSPF 协议的 Router ID。如果使用这种配置方法,仅仅指定这台路由器上 OSPF 协议的 Router ID。一般情况下,推荐使用这种配置方法。相关命令为

```
[H3C] ospf process-id router-id router-id
```

如果两种配置方法同时使用,而且配置的 Router ID 不一致,系统会采用 OSPF 协议配置的 Router ID。

8.2.3 OSPF 单区域配置示例

常见的 OSPF 网络有单区域和多区域两种。顾名思义,单区域就是指 OSPF 网络中仅仅存在一个区域,而多区域就是指 OSPF 网络中存在多个区域。以下为 OSPF 单区域配置示例。

如图 8-1 所示,RTA 和 RTB 运行 OSPF,并划分在同一区域内。

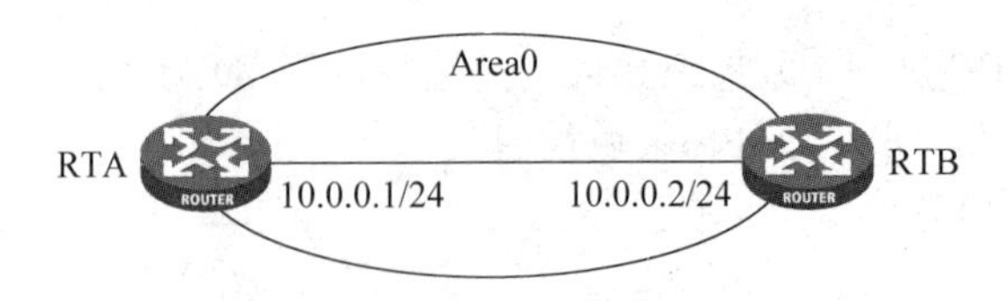

图 8-1 OSPF 单区域配置示例

RTA 使用 Loopback 接口 0 的 IP 地址 1.1.1.1 作为 Router ID,并且将接口加入 OSPF 的 Area0。RTB 使用 Loopback 接口 0 的 IP 地址 2.2.2.2 作为 Router ID,并且将接口加入 OSPF 的 Area0。完成上述配置后,由于 RTA 的 Ethernet0/0 与 RTB 的 Ethernet0/0 共享同一条数据链路,并且在同一个网段内,故它们互为邻居。

RTA 上配置如下:

```
[RTA] interface loopback 0
[RTA-loopback-0] ip address 1.1.1.1 255.255.255.255
```

```
[RTA-loopback-0] quit
[RTA] ospf 1 router-id 1.1.1.1
[RTA-ospf-1] area 0
[RTA-ospf-1-area-0.0.0.0] network 10.0.0.0 0.0.0.255
```

RTB 上配置如下：

```
[RTB] interface loopback 0
[RTB-loopback-0] ip address 2.2.2.2 255.255.255.255
[RTB-loopback-0] quit
[RTB] ospf 1 router-id 2.2.2.2
[RTB-ospf-1] area 0
[RTB-ospf-1-area-0.0.0.0] network 10.0.0.0 0.0.0.255
```

8.2.4 OSPF 多区域配置示例

以下为 OSPF 多区域配置示例。

如图 8-2 所示，RTA、RTB 和 RTC 运行 OSPF，规划 RTA 和 RTC 属于不同的区域，RTB 是区域边界路由器，负责在不同区域之间转发报文。

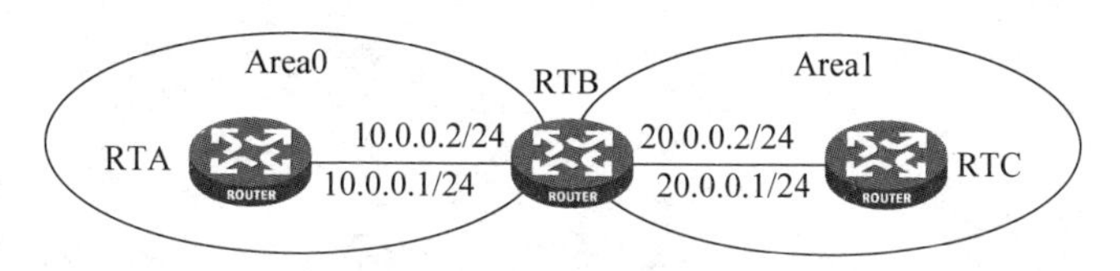

图 8-2 OSPF 多区域配置示例

RTA、RTB 和 RTC 使用 Loopback 接口地址作为 Router ID。RTB 作为 ABR，在 Area0 内与 RTA 建立邻居，在 Area1 内与 RTC 建立邻居。RTA 和 RTC 的配置与单区域情况下相比没有变化，只需重点关注 RTB 的配置。

RTA 上配置如下：

```
[RTA] interface loopback 0
[RTA-loopback-0] ip address 1.1.1.1 255.255.255.255
[RTA-loopback-0] quit
[RTA] ospf 1 router-id 1.1.1.1
[RTA-ospf-1] area 0
[RTA-ospf-1-area-0.0.0.0] network 10.0.0.0 0.0.0.255
```

RTB 上配置如下：

```
[RTB] interface loopback 0
[RTB-loopback-0] ip address 2.2.2.2 255.255.255.255
[RTB-loopback-0] quit
[RTB] ospf 1 router-id 2.2.2.2
[RTB-ospf-1] area 0
[RTB-ospf-1-area-0.0.0.0] network 10.0.0.0 0.0.0.255
[RTB-ospf-1-area-0.0.0.0] quit
[RTB-ospf-1] area 1
[RTB-ospf-1-area-0.0.0.1] network 20.0.0.0 0.0.0.255
```

RTC 上配置如下：

```
[RTC] interface loopback 0
[RTC-loopback-0] ip address 3.3.3.3 255.255.255.255
[RTC-loopback-0] quit
[RTC] ospf 1 router-id 3.3.3.3
[RTC-ospf-1] area 1
[RTC-ospf-1-area-0.0.0.1] network 20.0.0.0 0.0.0.255
```

8.2.5 OSPF 显示与调试

完成 OSPF 协议相关配置后，在任意视图下执行 display 命令可以显示配置后的 OSPF 协议的运行情况，以便于通过查看显示信息验证配置的效果。

使用 display ospf peer 命令可以显示 OSPF 协议邻居信息，以下是输出示例。

```
[H3C] display ospf peer

          OSPF Process 1 with Router ID 2.2.2.2
               Neighbor Brief Information

Area: 0.0.0.0
Router ID     Address       Pri  Dead-Time     State        Interface
1.1.1.1       10.0.0.1      1    33            Full/DR      GE0/0

Area: 0.0.0.1
Router ID     Address       Pri  Dead-Time     State        Interface
3.3.3.3       20.0.0.2      1    30            Full/BDR     GE0/1
```

从输出示例中可以看到本台路由器的 Router ID 是 2.2.2.2。

其中各参数含义如表 8-1 所示。

表 8-1 display ospf peer 命令显示信息描述表

字 段	描 述
Area	邻居所属的区域
Router ID	邻居路由器 ID
Address	邻居接口 IP 地址
Pri	路由器优先级
Dead-Time	OSPF 的邻居失效时间
State	邻居状态(Down、Init、Attempt、2-way、ExStart、Exchange、Loading、Full)
Interface	与邻居相连的接口

使用 display ospf interface 命令可以显示 OSPF 接口信息，以下是输出示例。

```
[H3C] display ospf interface
                  OSPF Process 100 with Router ID 2.2.2.2
                       Neighbor Brief Information
Area: 0.0.0.0
IP Address     Type        State     Cost    Pri    DR          BDR
10.0.0.2       PTP         P-2-P     1562    1      0.0.0.0     0.0.0.0

Area: 0.0.0.1
IP Address     Type        State     Cost    Pri    DR          BDR
```

```
20.0.0.2        Broadcast   BDR       1         1        20.0.0.1    20.0.0.2
```

其中各参数含义如表 8-2 所示。

表 8-2 display ospf interface 命令显示信息描述表

字 段	描 述
Area	接口所属的区域
IP Address	接口 IP 地址(不管是否使能了流量工程)
Type	接口的网络类型(PTP、PTMP、Broadcast 或 NBMA)
State	根据 OSPF 接口状态机确定的当前接口状态(Down、Waiting、P-2-P、DR、BDR、DRother)
Cost	接口开销
Pri	路由器优先级
DR	接口所属网段的 DR
BDR	接口所属网段的 BDR

使用 display ospf routing 命令可以显示 OSPF 路由信息,以下是输出示例。

```
[H3C] display ospf routing

          OSPF Process 100 with Router ID 2.2.2.2
                  Routing Tables

Routing for Network
Destination      Cost      Type      NextHop       AdvRouter      Area
20.0.0.0/24      1         Transit   20.0.0.2      3.3.3.3        0.0.0.1
10.0.0.0/24      1         Transit   10.0.0.2      2.2.2.2        0.0.0.0
10.0.1.1/32      1         Stub      10.0.0.1      1.1.1.1        0.0.0.0
```

其中各参数含义如表 8-3 所示。

表 8-3 display ospf routing 命令显示信息描述表

字 段	描 述
Destination	目的网络
Cost	到达目的地址的开销
Type	路由类型(Intra-Area、Transit、Stub、Inter-Area、Type1 External 和 Type2 External)
NextHop	下一跳地址
AdvRouter	发布路由器
Area	区域 ID

使用 display ip routing-table 命令可以显示 IP 路由信息,以下是输出示例。

```
[H3C] display ip routing-table

Destinations : 8        Routes : 8

Destination/Mask    Proto     Pre     Cost        NextHop         Interface
1.1.1.1/32O_INTRA   10        1       10.0.0.1    GE0/0
2.2.2.2/32          Direct    0       0           127.0.0.1       InLoop0
3.3.3.3/32O_INTRA   10        1       20.0.0.1    GE0/1
```

```
10.0.0.0/24          Direct  0      0           10.0.0.2         GE0/0
10.0.1.1/32O_INTRA   10      1      10.0.0.1    GE0/0
20.0.0.0/24          Direct  0      0           20.0.0.2         GE0/1
127.0.0.0/8          Direct  0      0           127.0.0.1        InLoop0
127.0.0.1/32         Direct  0      0           127.0.0.1        InLoop0
```

从输出示例中可以看出,1.1.1.1/32、3.3.3.3/32 和 10.0.1.1/32 这 3 条路由都是通过 OSPF 协议学习而来的,其中 OSPF 协议的优先级为 10,到达目的地的度量值为 1。

其中各参数含义如表 8-4 所示。

表 8-4 display ip routing-table 命令显示信息描述表

字 段	描 述
Destinations	目的地址个数
Routes	路由条数
Destination/Mask	目的地址/掩码长度
Proto	发现该路由的路由协议
Pre	路由的优先级
Cost	路由的度量值
NextHop	此路由的下一跳地址
Interface	输出接口,即到该目的网段的数据包将从此接口发出

表 8-5 列出了其他常用的 OSPF 显示命令。

表 8-5 其他常用的 OSPF 显示命令

操 作	命 令
显示 OSPF 的进程信息	display ospf [*process-id*] [verbose]
显示 OSPF 的统计信息	display ospf [*process-id*] statistics
显示 OSPF 的 LSDB 信息	display ospf [*process-id*] lsdb
显示 OSPF 的错误信息	display ospf [*process-id*] statistics [error]

在 OSPF 的维护过程中,有时需要重置 OSPF 的进程或计数器。

在用户视图下执行 reset 命令可以复位 OSPF 计数器或连接,命令如表 8-6 所示。

表 8-6 OSPF 维护命令

操 作	命 令
清除 OSPF 计数器	reset ospf [*process-id*] statistics
重启 OSPF 进程	reset ospf [*process-id*] process

除了上文介绍的显示命令和维护命令外,系统还提供丰富的调试命令,来显示 OSPF 协议动态过程。其中 debugging ospf event 是最常使用的命令之一。

如图 8-3 所示,RTA 和 RTB 运行 OSPF 协议。在 RTA 上的用户视图下用 debugging ospf event 命令打开 OSPF 协议的事件调试信息开关,以下是输出示例。

```
< H3C> debugging ospf event

OSPF 1: Neighbor 10.0.0.2 received HelloReceived and its state from DOWN -> INIT.
OSPF 1: Neighbor 10.0.0.2 received 2-WayReceived and its state from INIT -> 2-WAY.
```

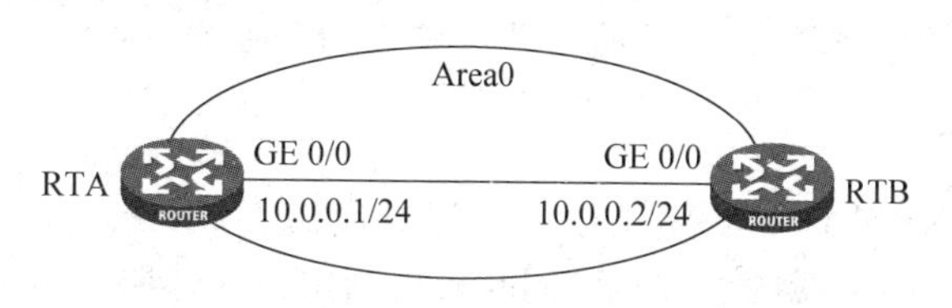

图 8-3 OSPF 调试命令

```
OSPF 1: Neighbor 10.0.0.2 received AdjOk? and its state from 2-WAY -> EXSTART.
OSPF 1: Neighbor 10.0.0.2 received NegotiationDone and its state from EXSTART ->
EXCHANGE.
OSPF 1: Neighbor 10.0.0.2 received ExchangeDone and its state from EXCHANGE ->
LOADING.
OSPF 1: Neighbor 10.0.0.2 received LoadingDone and its state from LOADING -> FULL.
```

经过命令输出，可以看到 OSPF 邻居间建立邻接关系的全过程：邻居状态从 Down 开始，经过 Init、2-way、ExStart、Exchange、Loading，直到 Full。

另外，OSPF 协议还具有其他大量的调试命令，如表 8-7 所示，可以用来观察 OSPF 协议的链路状态调试信息、报文调试信息、OSPF 路由计算调试信息以及进程调试信息等。

表 8-7 其他 OSPF 协议显示命令

操　作	命　令
OSPF 链路状态通告调试信息	debugging ospf lsa
OSPF 报文调试信息	debugging ospf packet
OSPF 路由计算调试信息	debugging ospf spf
OSPF 进程调试信息	debugging ospf *INTEGER*<*1-65535*>

一般情况下，建议根据需要输入相应的调试命令，观察 OSPF 协议的报文交互。在正常状态下，不建议配置任何调试命令，以防止其对系统运行造成不必要的影响。

8.3 优化 OSPF 网络

8.3.1 配置 OSPF 网路类型

默认情况下，OSPF 协议根据接口的链路层协议来确定接口网络类型。在不同的网络类型下，OSPF 工作机制会有所不同。可以根据链路层协议和网络拓扑来配置相应的网络类型。

在接口视图下，配置 OSPF 接口网络类型的命令如下：

```
ospf network-type { broadcast | nbma | p2mp [ unicast ] | p2p [ peer-address-check ] }
```

在 ATM、帧中继等 NBMA 网络中，如果任意两台路由器之间都有一条虚电路直接可达，那么可以把 OSPF 接口的网络类型配置为 NBMA；否则，需要把 OSPF 接口的网络类型配置为 P2MP。如果路由器在 NBMA 网络中只有一个对端，也可将接口类型改为 P2P 方式。

另外，在配置广播网络和 NBMA 网络时，还可以指定各接口的路由器优先级，以此来影响网络中的 DR/BDR 选择。一般情况下，应该选择性能和可靠性较高的路由器作为 DR 和 BDR。

当网络类型为广播网或 NBMA 类型时，可以通过配置接口的路由器优先级来影响网络中 DR/BDR 的选择。默认的路由器优先级为 1，可以根据需要将性能和可靠性较高的路由器优先级调整得较高。

在接口视图下，配置 OSPF 接口的路由器优先级的命令如下：

```
ospf dr-priority priority
```

对于接口类型为 NBMA 的网络，由于无法通过广播 Hello 报文的形式发现相邻路由器，所以必须手动指定相邻路由器的 IP 地址，同时可以指定该相邻路由器是否有选举权。

在 OSPF 视图下，配置 NBMA 邻居的命令如下：

```
peer ip-address [dr-priority dr-priority]
```

使用 ospf dr-priority 命令和使用 peer 命令设置的优先级具有不同的用途，区别如下。

(1) ospf dr-priority 命令设置的优先级用于实际的 DR 选举。

(2) peer 命令设置的优先级用于表示邻居是否具有选举权。如果在配置邻居时将优先级指定为 0，则本地路由器认为该邻居不具备选举权，不向该邻居发送 Hello 报文。这种配置可以减少在 DR 和 BDR 选举过程中网络上的 Hello 报文数量，但如果本地路由器是 DR 或 BDR，它也会向优先级为 0 的邻居发送 Hello 报文，以建立邻接关系。

在图 8-4 所示网络中，RTA、RTB 与 RTC 之间通过帧中继链路相互连接，任意两台路由器之间都有虚电路直接可达。在 3 台路由器上运行 OSPF，并且设置区域为 0。

由于任意两台路由器都有虚电路，逻辑拓扑是全互联的，所以可以设定 OSPF 网络类型为 NBMA。在 MSR 路由器上，如果接口的链路层协议是帧中继，OSPF 网络类型默认就是 NBMA，所以无须设定。但由于帧中继链路层没有广播能力，因此需要在路由器上手动指定相邻路由器的 IP 地址，这样才能分别建立起 OSPF 邻居。

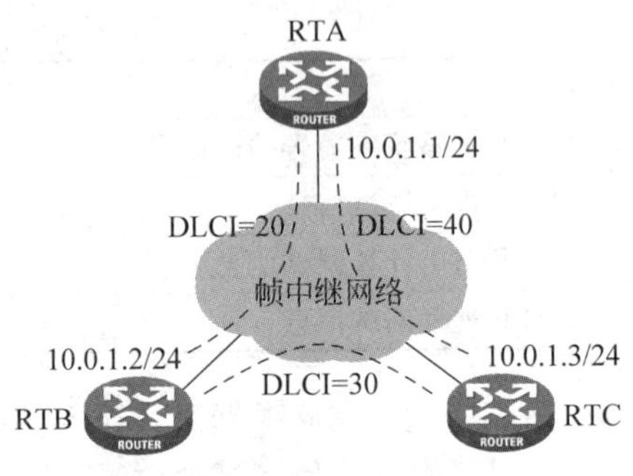

图 8-4 NBMA 网络类型配置示例

RTA 上配置如下：

```
[RTA] ospf 1 router-id 1.1.1.1
[RTA-ospf-1] peer 10.0.1.2
[RTA-ospf-1] peer 10.0.1.3
[RTA-ospf-1] area 0
[RTA-ospf-1-area-0.0.0.0] network 10.0.1.0 0.0.0.255
```

RTB 上配置如下：

```
[RTB] ospf 1 router-id 2.2.2.2
[RTB-ospf-1] peer 10.0.1.1
[RTB-ospf-1] peer 10.0.1.3
[RTB-ospf-1] area 0
[RTB-ospf-1-area-0.0.0.0] network 10.0.1.0 0.0.0.255
```

RTC 上配置如下：

```
[RTC] ospf 1 router-id 3.3.3.3
[RTC-ospf-1] peer 10.0.1.1
[RTC-ospf-1] peer 10.0.1.2
[RTC-ospf-1] area 0
[RTC-ospf-1-area-0.0.0.0] network 10.0.1.0 0.0.0.255
```

完成以上配置后，3 台路由器间就以单播方式交互 Hello 报文，进行 DR/BDR 选举，然后建立邻居关系，并完成 LSA 的交换。

在图 8-5 所示网络中，RTA 作为中心路由器，通过帧中继网络分别连接 RTB 和 RTC。由于 RTB 与 RTC 之间没有虚电路，路由器之间并不是全连通，所以必须将接口网络类型修改为 P2MP。

同时，在帧中继的配置命令中，必须添加 **fr map ip** *ip-address* [*mask*] *dlci-number* **broadcast** 这条命令，使得该路由器在帧中继的虚电路上可以发送广播和组播报文，否则不能正常建立 OSPF 的邻居。

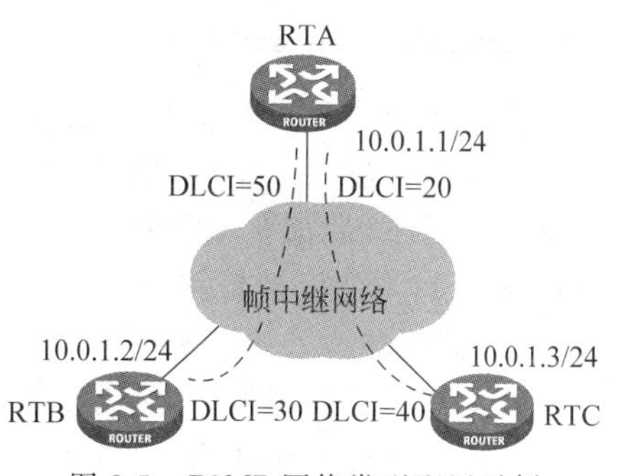

图 8-5 P2MP 网络类型配置示例

RTA 上配置如下：

```
[RTA-Serial5/0] fr map ip 10.0.1.3 20 broadcast
[RTA-Serial5/0] fr map ip 10.0.1.2 50 broadcast
[RTA-Serial5/0] ospf network-type p2mp
[RTA] ospf 1 router-id 1.1.1.1
[RTA-ospf-1] area 0
[RTA-ospf-1-area-0.0.0.0] network 10.0.1.0 0.0.0.255
```

RTB 上配置如下：

```
[RTB-Serial5/0] fr map ip 10.0.1.1 30 broadcast
[RTB-Serial5/0] ospf network-type p2mp
[RTB] ospf 1 router-id 2.2.2.2
[RTB-ospf-1] area 0
[RTB-ospf-1-area-0.0.0.0] network 10.0.1.0 0.0.0.255
```

RTC 上配置如下：

```
[RTC-Serial5/0] fr map ip 10.0.1.1 40 broadcast
[RTC-Serial5/0] ospf network-type p2mp
[RTC] ospf 1 router-id 3.3.3.3
[RTC-ospf-1] area 0
[RTC-ospf-1-area-0.0.0.0] network 10.0.1.0 0.0.0.255
```

完成上述配置后，RTA 会通过组播方式与 RTB、RTC 分别交互 Hello 报文，从而建立邻居关系，交换 LSA。

注意：在 P2MP 网络类型的接口上，路由器间不会进行 DR/BDR 的选举。

8.3.2 配置 OSPF 接口开销

OSPF 路由以到达目的地的开销作为度量值，而到达目的地的开销是路径上所有路由器接口开销之和。所以，通过配置路由器接口开销，可以改变 OSPF 路由开销，从而达到控制路由选路的目的。

配置 OSPF 接口开销有以下两种方式。

(1) 在接口视图下，配置 OSPF 接口的开销值。配置命令如下：

```
ospf cost value
```

使用上述命令后，OSPF 协议仅对当前接口的开销值进行了修改。此配置命令简单易用，是推荐的方式。

(2) 在 OSPF 视图下,配置 OSPF 接口的参考带宽。配置命令如下:

```
bandwidth-reference value
```

使用上述命令后,OSPF 协议会根据该接口的带宽自动计算其开销值,计算公式为

接口开销=带宽参考值÷接口带宽

默认情况下,带宽参考值为 100Mbps。这意味着所有链路带宽大于 100Mbps 的接口开销都被计算为 1,不能反馈链路带宽的真实情况。所以,可以根据网络情况将参考带宽修改为 1000Mbps 或者更大。推荐配置带宽参考值为网络中所有链路带宽中的最大值。

配置了 OSPF 参考带宽之后,路由器上所有接口的开销都将被重新计算。

在图 8-6 所示网络中,RTA、RTB、RTC 之间通过 GE 接口互联。默认情况下,GE 接口的开销值为 1。所以,在 RTC 上进行路由查看时,可以发现路由 1.1.1.1/32 的开销值为 2。如果要改变此路由的开销,可以在 RTC 上修改接口 G0/0 的接口开销。

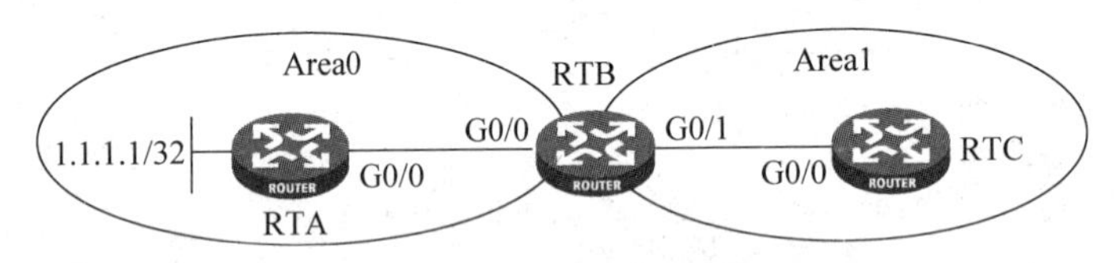

图 8-6 OSPF 接口开销配置示例

RTC 上配置如下:

```
[RTC] interface GigabitEthernet0/0
[RTC-GigabitEthernet0/0] ospf cost 100
```

这时在 RTC 上路由 1.1.1.1/32 的开销值已经变为 101:

```
[RTC] display ip routing-table

Destinations :4       Routes : 4

Destination/Mask      Proto     Pre     Cost        NextHop       Interface
1.1.1.1/320_INTRA     10        101     20.0.0.2    GE0/0
20.0.0.0/24           Direct    0       0           20.0.0.2      GE0/0
127.0.0.0/8           Direct    0       0           127.0.0.1     InLoop0
127.0.0.1/32          Direct    0       0           127.0.0.1     InLoop0
```

如果在 RTB 上配置接口 G0/0 的接口开销值为 100,则可以发现 RTC 上路由 1.1.1.1/32 的开销值变为 200。

8.3.3 配置 OSPF 报文定时器

OSPF 协议的 Hello 定时器是指接口发送 Hello 报文的时间间隔。OSPF 邻居的失效时间是指在该时间间隔内,若未收到邻居的 Hello 报文,就认为该邻居已失效。

除此之后,还有以下其他的定时器。

(1) Poll 定时器:在 NBMA 网络中,路由器向状态为 Down 的邻居路由器发送轮询 Hello 报文的时间间隔。

(2) 接口重传 LSA 的时间间隔:路由器向它的邻居通告一条 LSA 后,需要对方进行确认。若在重传间隔时间内没有收到对方的确认报文,就会向邻居重传这条 LSA。

配置 OSPF 定时器的命令如表 8-8 所示。

表 8-8　配置 OSPF 定时器的命令

操　　作	命　　令
配置 Hello 定时器	ospf timer hello *seconds*
配置 Poll 定时器	ospf timer poll *seconds*
配置邻居失效时间	ospf timer dead *seconds*
配置接口重传 LSA 的时间间隔	ospf timer retransmit *interval*

修改了网络类型后，Hello 定时器与邻居失效时间都将恢复默认值。另外，相邻路由器重传 LSA 时间间隔的值不要设置得太小，否则将会引起不必要的重传。该时间间隔通常应该大于一个报文在两台路由器之间传送一个来回的时间。

如表 8-9 所示，默认情况下，P2P、Broadcast 类型接口发送 Hello 报文的时间间隔为 10s；P2MP、NBMA 类型接口发送 Hello 报文的时间间隔为 30s。Hello 定时器的值越小，发现网络拓扑改变的速度越快，对系统资源的开销也就越大。同一网段上的接口的 Hello 定时器的值必须相同。

表 8-9　报文定时器默认值

网络类型	Hello 定时器(s)	邻居失效时间(s)
Broadcast	10	40
P2P	10	40
NBMA	30	120
P2MP	30	120

默认情况下，P2P、Broadcast 类型接口的 OSPF 邻居失效的时间为 40s；P2MP、NBMA 类型接口的 OSPF 邻居失效的时间为 120s。邻居失效时间值至少应为 Hello 计时器值的 4 倍，同一网段上的接口的邻居失效时间也必须相同。

在 OSPF 中，如果双方的 Hello 定时器和邻居失效时间不一致，就不能建立邻居。因此，一般情况下不建议对于 OSPF 协议的 Hello 计时器和邻居失效时间进行修改。

8.3.4　配置 OSPF 引入默认路由

在 OSPF 协议中，使用 import-route 命令不能引入默认路由，如果要引入默认路由，必须使用 default-route-advertise 命令。配置 OSPF 引入默认路由的命令如下：

default-route-advertise [[[**always** | **permit-calculate-other**] | **cost** *cost* | **route-policy** *route-policy-name* | **type** *type*] * | **summary cost** *cost*]

其中的主要参数含义如下。

- **always**：如果当前路由器的路由表中没有默认路由，使用此参数可产生一个描述默认路由的 Type5 LSA 发布出去。如果没有指定该关键字，仅当本地路由器的路由表中存在默认路由时，才可以产生一个描述默认路由的 Type5 LSA 发布出去。
- **cost** *cost*：该默认路由的度量值，取值范围为 0～16777214，如果没有指定，默认路由的度量值将取 **default cost** 命令配置的值。
- **route-policy** *route-policy-name*：路由策略名，为 1～63 个字符的字符串，区分大小写。只有当前路由器的路由表中存在默认路由，并且有路由匹配 *route-policy-name* 指定的路由策略，才可以产生一个描述默认路由的 Type5 LSA 发布出去，指定的路由策略会影响 Type5 LSA 中的值。如果同时指定 **always** 参数，不论当前路由器的路由表中是否有默认路由，只要有路由匹配指定的路由策略，就将产生一个描述默认路由的 Type5 LSA 发布出去，指定的路由策略会影响 Type5 LSA 中的值。

- **type** *type*：该 Type5 LSA 的类型，取值范围为 1～2，如果没有指定，Type5 LSA 的默认类型将取 **default type** 命令配置的值。
- **summary**：发布指定默认路由的 Type3 LSA。在选用该参数时，必须首先使能 VPN，否则路由不能发布。

在图 8-7 所示网络中，RTA 作为 ASBR，希望可以引入默认路由，以便 RTB 和 RTC 使用访问外部网络。由于在 RTA 上已经配置一条默认静态路由，因此在 OSPF 协议中引入默认路由的时候，不需要使用 **always** 参数。

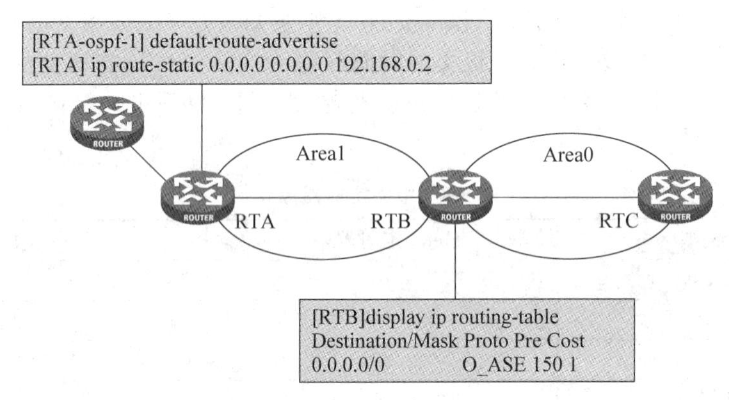

图 8-7 配置 OSPF 引入默认路由示例(1)

RTA 上配置如下：

```
[RTA] ospf 1 router-id 1.1.1.1
[RTA-ospf-1] default-route-advertise
[RTA] ip route-static 0.0.0.0 0.0.0.0 192.168.0.2
```

这时，在 RTB 上发现 OSPF 协议中已经学习到了一条默认路由。

```
[RTB] display ip routing-table

         Destinations :4       Routes : 4

Destination/Mask    Proto   Pre    Cost        NextHop      Interface
0.0.0.0/0           O_ASE   150    1           20.0.0.2     GE0/0
20.0.0.0/24         Direct  0      0           20.0.0.2     GE0/0
127.0.0.0/8         Direct  0      0           127.0.0.1    InLoop0
127.0.0.1/32        Direct  0      0           127.0.0.1    InLoop0
```

类似地，在图 8-8 所示网络中，需要 RTA 引入默认路由并在自治系统中发布。由于 RTA 上没有默认路由，因此需要在配置时使用 **always** 参数来使 OSPF 强制生成默认路由。

RTA 上配置如下：

```
[RTA] ospf 1 router-id 1.1.1.1
[RTA-ospf-1] default-route-advertisealways
```

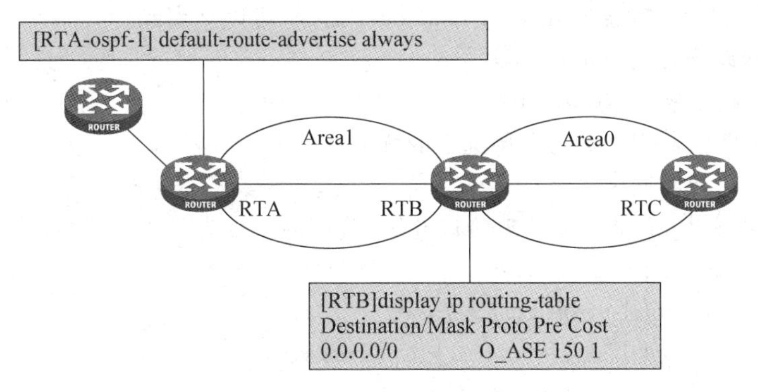

图 8-8　配置 OSPF 引入默认路由示例(2)

这时，在 RTB 上同样发现 OSPF 协议中已经学习到了一条默认路由。

```
[RTB] display ip routing-table

        Destinations :4      Routes : 4

Destination/Mask    Proto    Pre    Cost      NextHop       Interface
0.0.0.0/0           O_ASE    150    1         20.0.0.2      GE0/0
20.0.0.0/24         Direct   0      0         20.0.0.2      GE0/0
127.0.0.0/8         Direct   0      0         127.0.0.1     InLoop0
127.0.0.1/32        Direct   0      0         127.0.0.1     InLoop0
```

8.4　本章总结

(1) OSPF 协议单区域和多区域的基本配置。

(2) OSPF 协议的查看和调试命令。

(3) 调整 OSPF 协议相关参数以优化网络。

(4) OSPF 协议默认路由的配置。

8.5　习题和解答

8.5.1　习题

(1) 在 OSPF 协议中，用来在指定网段的接口上使能 OSPF 协议的命令是(　　)。

A. [**Router**] **network** *network-address wildcard-mask*

B. [**Router-ospf-1**] **network** *network-address wildcard-mask*

C. [**Router-ospf-1-area-0.0.0.0**] **network** *network-address wildcard-mask*

D. [**Router-ospf-1-area-0.0.0.0**] **network** *network-address* **mask** *wildcard-mask*

(2) 在 OSPF 协议中，用来配置 Router ID 的命令是(　　)。

A. [**Router**] **routerid** *router-id*

B. [**Router**] **router-id** *router-id*

C. [**Router**] **router-id** *router-id* **ospf** *process-id*

D. [**Router**] **ospf** *process-id* **router-id** *router-id*

(3) 在 OSPF 协议中，接口默认的路由器优先级为(　　)。

A. 0　　　　B. 1　　　　C. 100　　　　D. 256

(4) 在 OSPF 协议中，通过 display ospf peer 命令，可以观察到(　　)。

A. 本台路由器的 Router ID

B. 邻居路由器的 Router ID

C. 本台路由器用来参加 DR 选举的优先级

D. 邻居失效时间

(5) OSPF 协议中，如果需要调整接口开销，使用的命令为(　　)。

A. [Router] **ospf cost** *value*

B. [Router-ospf-1] **ospf cost** *value*

C. [Router-ospf-1-area-0.0.0.0] **ospf cost** *value*

D. [Router-GigabitEthernet0/0] **ospf cost** *value*

8.5.2 习题答案

(1) C　(2) A、D　(3) B　(4) A、B、C、D　(5) D

第9章

配置OSPF协议高级特性

要深入地掌握 OSPF 协议原理，就必须对于 OSPF 协议的 LSA 和各种区域有一定的了解。本章主要是讲述了 OSPF 协议中虚连接的应用，着重介绍了各种 LSA 类型以及相应的特点，并且结合 LSA 的传播也讲解了各种区域的特性，最后还阐述了在 OSPF 协议中如何做路由选择和路由控制，以及部分的安全特性。

9.1 本章目标

学习完本章，应该能够：

(1) 掌握 OSPF 虚连接的应用；

(2) 掌握 OSPF 协议的 LSA 类型及特点；

(3) 掌握 OSPF 特殊区域的配置与应用；

(4) 掌握如何控制 OSPF 路由选路；

(5) 掌握 OSPF 安全特性的配置和应用。

9.2 OSPF 虚连接

9.2.1 区域划分时存在的问题和解决方法

在 OSPF 网络中，通过划分区域能够减少区域中的 LSA 数量，降低拓扑变化导致的路由振荡。在区域划分时，为了保证路由学习正常，需要注意遵守以下两个规则。

(1) 骨干区域必须连续。

(2) 所有非骨干区域都必须和骨干区域相连接。

如果骨干区域不是连续的，则会导致骨干区域路由无法正常学习。在图 9-1 所示网络中，骨干区域被分割后，RTB 和 RTC 都认为自己是 ABR。而 OSPF 协议为了防止路由环路，规定 ABR 从骨干区域学到的路由不能再向骨干区域传播。因此，RTB 不会向 RTA 传播从 RTD 学来的路由，RTC 也不会向 RTD 传播从 RTA 学来的路由，这样同处于骨干区域的 RTA 与 RTD 之间就无法交换路由信息，导致 OSPF 学习路由不正常。

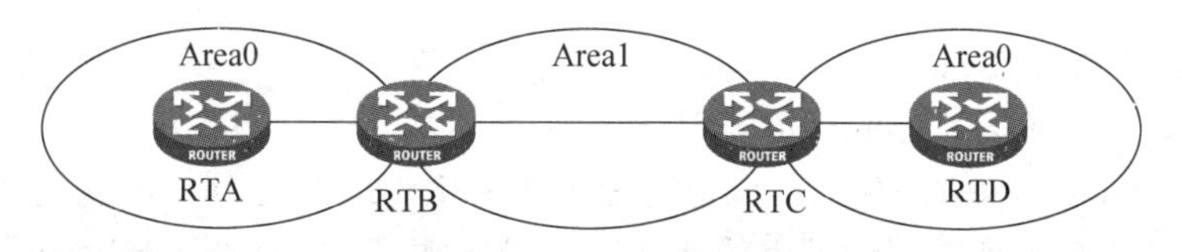

图 9-1 骨干区域被分割

如果非骨干区域没有与骨干区域相连接，也会导致 OSPF 无法正常学习路由。OSPF 协议规定，所有非骨干区域的路由转发必须通过骨干区域进行。所以，在图 9-2 所示网络中，RTC 不会在两个非骨干区域间交换路由，导致 RTD 无法学习到 Area0 和 Area1 中的路由，

RTA 和 RTB 也无法学习到 Area2 中的路由。

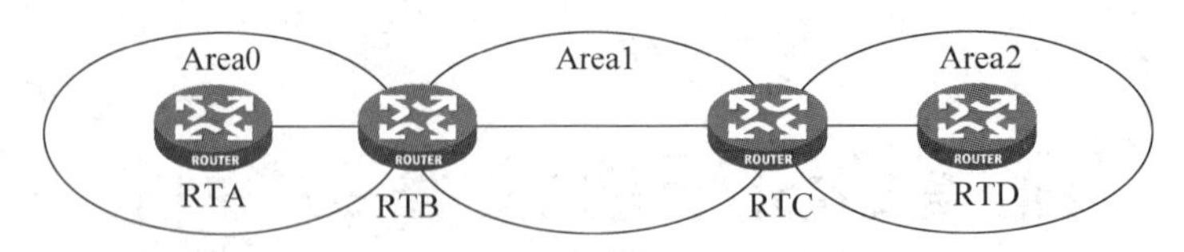

图 9-2 非骨干区域被分割

如果出现骨干区域被分割，或者非骨干区域无法和骨干区域保持连通的问题，可以通过配置 OSPF 虚连接(Virtual Link)予以解决，如图 9-3 所示。

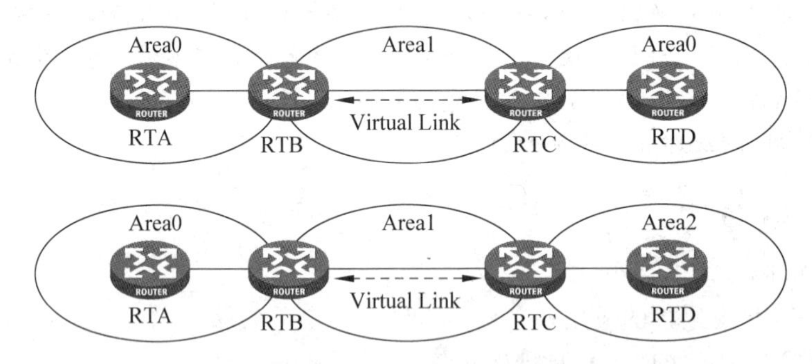

图 9-3 虚连接解决区域被分割问题

虚连接是指在两台 ABR 之间通过一个非骨干区域而建立一条逻辑连接通道。它的两端必须是 ABR，而且必须在两端同时配置方可生效。为虚连接两端提供一条非骨干区域内部路由的区域称为传输区域(Transit Area)。

虚连接相当于在两个 ABR 之间形成了一个点到点的逻辑连接。在这个连接上，和物理接口一样可以配置接口的各参数，如发送 Hello 报文间隔等。虚连接建立后，两台 ABR 间通过单播方式直接传递 OSPF 协议报文。对于传输区域内的路由器来说，虚连接所传输的协议报文是透明的，只是当作普通的 IP 报文来转发。

虚连接的另外一个应用是提供冗余的备份链路。当骨干区域因链路故障不能保持连通时，通过虚连接仍然可以保证骨干区域在逻辑上的连通性。

9.2.2 配置 OSPF 虚连接

在 OSPF 系统视图下，配置虚连接的命令如下：

vlink-peer *router-id* [**dead** *seconds* | **hello** *seconds* | { { **hmac-md5** | **md5** } *key-id* { **cipher** *cipher-string* | **plain** *plain-string* } | **simple** { **cipher** *cipher-string* | **plain** *plain-string* } } | **retransmit** *seconds* | **trans-delay** *seconds*]

其中的主要参数含义如下。

- *router-id*：虚连接邻居的路由器 ID。
- **dead** *seconds*：失效时间间隔，取值范围为 1～32768，单位为 s，默认值为 40s。该值必须和与其建立虚连接路由器上的 **dead** *seconds* 值相等，并至少为 **hello** *seconds* 值的 4 倍。
- **hello** *seconds*：接口发送 Hello 报文的时间间隔，取值范围为 1～8192，单位为 s，默认值为 10s。该值必须和与其建立虚连接路由器上的 **hello** *seconds* 值相等。
- **hmac-md5**：HMAC-MD5 验证模式。
- **md5**：MD5 验证模式。

- **simple**：简单验证模式。
- *key-id*：MD5/HMAC-MD5 验证字标识符，取值范围为 1～255。
- **cipher**：表示输入的密码为密文。
- *cipher-string*：表示设置的密文密码，对于简单验证模式，为 33～41 个字符的字符串；对于 MD5/HMAC-MD5 验证模式，为 33～53 个字符的字符串。
- **plain**：表示输入的密码为明文。
- *plain-string*：表示设置的明文密码，对于简单验证模式，为 1～8 个字符的字符串；对于 MD5/HMAC-MD5 验证模式，为 1～16 个字符的字符串。
- **retransmit** *seconds*：接口重传 LSA 报文的时间间隔，取值范围为 1～3600，单位为 s，默认值为 5s。
- **trans-delay** *seconds*：接口延迟发送 LSA 报文的时间间隔，取值范围为 1～3600，单位为 s，默认值为 1s。

在图 9-4 所示网络中，Area2 没有和 Area0 直接连接，导致路由学习不正常。可以在 RTB 和 RTC 上配置虚连接来解决。配置时，要注意虚连接的目的地址必须是传输区域内可达。

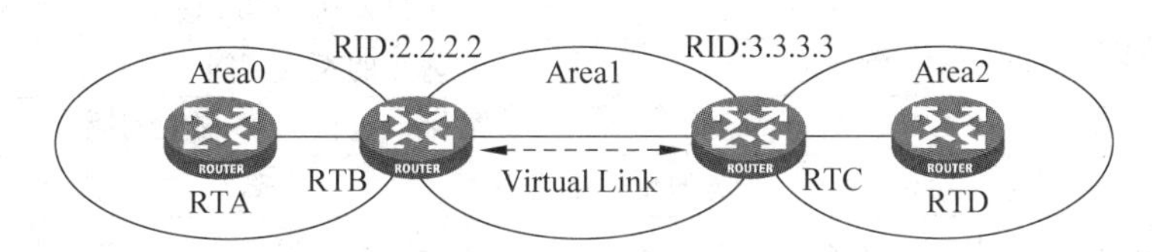

图 9-4 OSPF 虚连接配置示例

RTB 上配置如下：

```
[RTB] ospf 1 router-id 2.2.2.2
[RTB-ospf-1] area 1
[RTB-ospf-1-area-0.0.0.1] vlink-peer 3.3.3.3
```

RTC 上配置如下：

```
[RTC] ospf 1 router-id 3.3.3.3
[RTC-ospf-1] area 1
[RTC-ospf-1-area-0.0.0.1] vlink-peer 2.2.2.2
```

9.2.3 OSPF 虚连接显示

使用 display ospf vlink 命令可以显示 OSPF 虚连接信息，以下是输出示例。

```
[H3C-ospf-1] display ospf vlink

          OSPF Process 100 with Router ID 3.3.3.3
                  Virtual Links

Virtual-link Neighbor-ID  -> 2.2.2.2, Neighbor-State: Full
Interface: 20.0.0.1 (GigabitEthernet0/1)
Cost: 1  State: P-2-P  Type: Virtual
Transit Area: 0.0.0.1
Timers: Hello 10, Dead 40, Retransmit 5, Transmit Delay 1
MD5 authentication enabled.
    The last key is 3.
```

```
The rollover is in progress, 2 neighbor(s) left.
```

其中各参数含义如表 9-1 所示。

表 9-1 display ospf vlink 命令显示信息描述表

<table>
<tr><th>字　段</th><th colspan="2">描　述</th></tr>
<tr><td>Virtual-link Neighbor-ID</td><td colspan="2">通过虚连接相连的邻居路由器的 Router ID</td></tr>
<tr><td>Neighbor-State</td><td colspan="2">邻居状态，包括 Down、Init、2-way、ExStart、Exchange、Loading 和 Full</td></tr>
<tr><td>Interface</td><td colspan="2">此虚连接的本端接口的 IP 地址和名称</td></tr>
<tr><td>Cost</td><td colspan="2">接口的路由开销</td></tr>
<tr><td>State</td><td colspan="2">接口状态</td></tr>
<tr><td>Type</td><td colspan="2">类型：虚连接</td></tr>
<tr><td>Transit Area</td><td colspan="2">传输区域 ID(如果当前接口为虚连接，则显示)</td></tr>
<tr><td rowspan="4">Timers</td><td colspan="2">OSPF 定时器，分别定义如下</td></tr>
<tr><td>Hello</td><td>接口发送 Hello 报文的时间间隔</td></tr>
<tr><td>Dead</td><td>邻居的失效时间</td></tr>
<tr><td>Retransmit</td><td>接口重传 LSA 时间间隔</td></tr>
<tr><td>Transmit Delay</td><td colspan="2">接口对 LSA 的传输延迟时间</td></tr>
<tr><td>MD5 authentication enabled</td><td colspan="2">验证模式</td></tr>
<tr><td>The last key</td><td colspan="2">最新的 MD5 验证字标识符</td></tr>
<tr><td>neighbor(s)</td><td colspan="2">尚未完成 MD5 验证平滑迁移的邻居个数</td></tr>
</table>

9.3 OSPF 的 LSA 和路由选择

9.3.1 LSA 报文头格式

OSPF 协议作为典型的链路状态协议，邻居之间传递的并不是路由表，而是链路状态描述信息。

所有的 LSA 都有相同的报文头，其格式如图 9-5 所示。

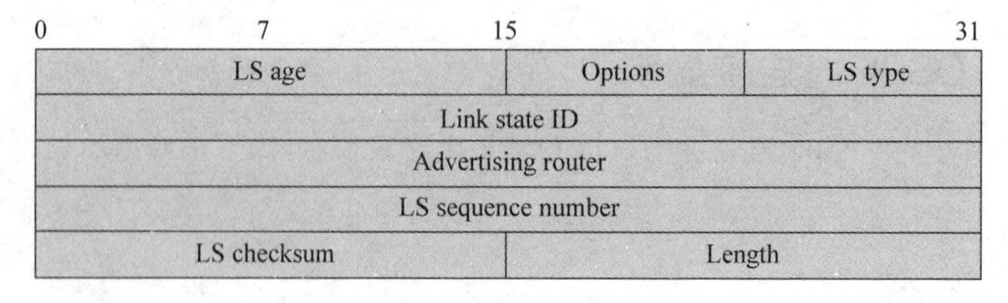

图 9-5 LSA 头部格式

LSA 头部中，主要字段含义如下。

- LS age：LSA 产生后所经过的时间，以 s 为单位。LSA 在本路由器的链路状态数据库(LSDB)中会随时间老化(每秒钟加 1)，但在网络的传输过程中却不会。
- LS type：LSA 的类型。
- Link state ID：具体数值根据 LSA 的类型而定。
- Advertising router：始发 LSA 的路由器的 ID。

- LS sequence number：LSA 的序列号，其他路由器根据这个值可以判断哪个 LSA 是最新的。
- LS checksum：除了 LS age 字段外，关于 LSA 的全部信息的校验和。
- Length：LSA 的总长度，包括 LSA Header，以字节为单位。

上述各字段中，LS type、Link state ID 和 Advertising router 3 个字段最为重要，可以唯一地标识一条 LSA。

9.3.2 LSA 类型

OSPF 协议中定义了不同类型的 LSA。OSPF 协议就是通过这些不同类型的 LSA 来完成 LSDB 同步，并且做出路由选择的。

通常情况下，我们使用较多的 LSA 类型有第一类 LSA、第二类 LSA、第三类 LSA、第四类 LSA、第五类 LSA 和第七类 LSA。

(1) 第一类 LSA：描述区域内部与路由器直连的链路的信息。

(2) 第二类 LSA：记录了广播或者 NBMA 网段上所有路由器的 Router ID。

(3) 第三类 LSA：将所连接区域内部的链路信息以子网的形式传播到邻区域。

(4) 第四类 LSA：描述的目标网络是一个 ASBR 的 Router ID。

(5) 第五类 LSA：描述到 AS 外部的路由信息。

(6) 第七类 LSA：只在 NSSA 区域内传播，描述到 AS 外部的路由信息。

这 6 类 LSA 是 OSPF 协议最重要的 LSA 类型。

另外，其他的 LSA 类型仅仅在协议中被定义，但很少被使用。

(1) 第六类 LSA：在 MOSPF(组播扩展 OSPF)协议中使用的组播 LSA。

(2) 第八类 LSA：在 OSPF 域内传播 BGP 属性时使用的外部属性 LSA。

(3) 第九类 LSA：本地链路范围内的 opaque(不透明)LSA。

(4) 第十类 LSA：本地区域范围内的 opaque LSA。

(5) 第十一类 LSA：本自治系统范围内的 opaque LSA。

9.3.3 Type1 LSA(Router LSA)

第一类 LSA，即 Router LSA，描述了区域内部与路由器直连的链路的信息。每一台路由器都会产生这种类型的 LSA，它的内容中包括了这台路由器所有直连的链路类型和链路开销等信息，并且向它的邻居传播。

这台路由器的所有链路信息都被放在一个 Router LSA 内，并且只在此台路由器始发的区域内传播。Router LSA 封装格式如图 9-6 所示。

Router LSA 封装格式中，主要字段的解释如下。

- Link state ID：产生此 LSA 的路由器的 Router ID。
- V(Virtual Link)：如果产生此 LSA 的路由器是虚连接的端点，则置为 1。
- E(External)：如果产生此 LSA 的路由器是 ASBR，则置为 1。
- B(Border)：如果产生此 LSA 的路由器是 ABR，则置为 1。
- #Links：LSA 中所描述的链路信息的数量，包括路由器上处于某区域中的所有链路和接口。
- Link ID：链路标识，具体的数值根据链路类型而定。
- Link data：链路数据，具体的数值根据链路类型而定。

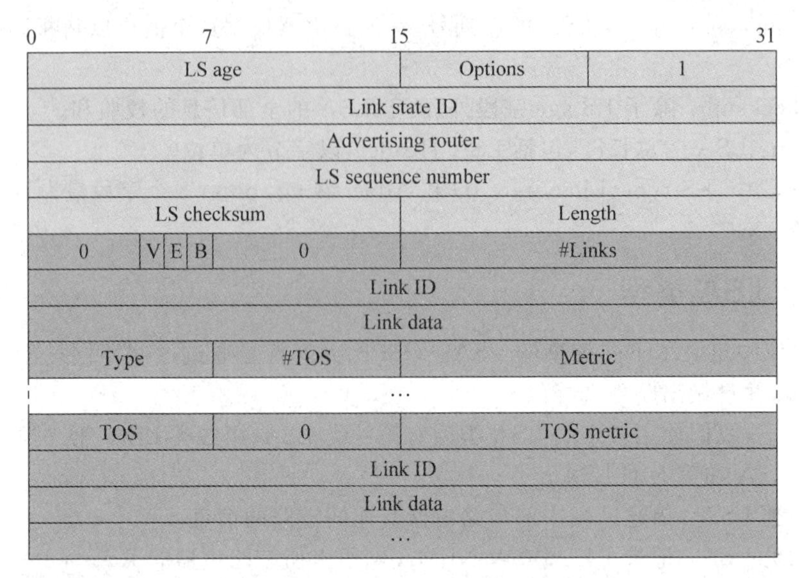

图 9-6 Router LSA 封装格式

- Type：链路类型，取值为 1 表示通过点对点链路与另一路由器相连；取值为 2 表示连接到传送网络；取值为 3 表示连接到 Stub 网络；取值为 4 表示虚连接。
- ＃TOS：描述链路的不同方式的数量。
- Metric：链路的开销。
- TOS：服务类型。
- TOS metric：指定服务类型的链路的开销。

如图 9-7 所示，RTB 有 Link1、Link2 和 Link3 这 3 条链路，因此它需要产生一条包含 Link1、Link2 和 Link3 这 3 条链路的信息，以及它们的链路标识、链路数据和链路开销等的 Router LSA，并向它的直连邻居 RTA、RTC 和 RTD 发送。

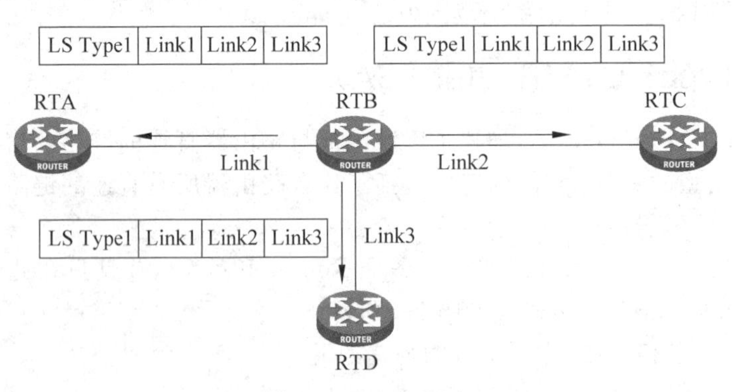

图 9-7 Type1 LSA

9.3.4 Type2 LSA（Network LSA）

第二类 LSA，即 Network LSA，由 DR 产生。它描述的是连接到一个特定的广播网络或者 NBMA 网络的所有路由器的链路状态。与 Router LSA 不同，Network LSA 的作用是保证广播网络或者 NBMA 网络只产生一条 LSA。

这条 LSA 描述了 DR 在该网络上连接的所有路由器以及网段掩码信息，记录了这一网段上所有路由器的 Router ID，甚至包括 DR 自己的 Router ID。Network LSA 也只在区域内传播。

由于 Network LSA 是由 DR 产生的描述网络信息的 LSA，因此对于 P2P 和 P2MP 网络类型的链路，不产生 Network LSA。Network LSA 封装格式如图 9-8 所示。

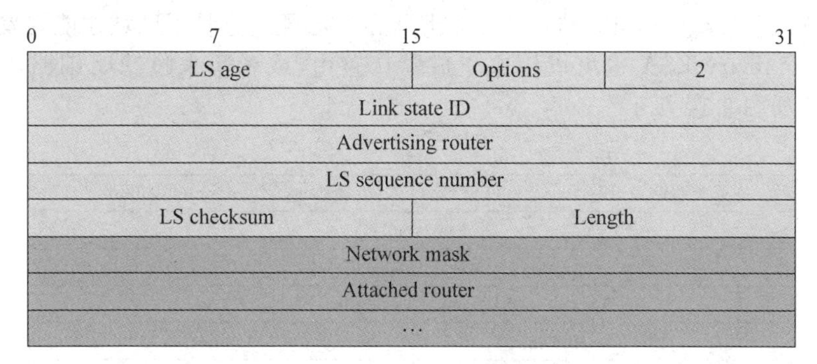

图 9-8　Network LSA 封装格式

Network LSA 封装中，主要字段的解释如下。

- Link state ID：DR 的 IP 地址。
- Network mask：广播网络或 NBMA 网络地址的掩码。
- Attached router：连接在同一个网段上的所有与 DR 形成了完全邻接关系的路由器的 Router ID，也包括 DR 自身的 Router ID。

如图 9-9 所示，在 10.0.1.0/24 这个网络中，存在 RTA、RTB 和 RTC 这 3 条路由。其中，RTC 作为这个网络的 DR。所以，RTC 负责产生 Network LSA，包括这条链路的网段掩码信息，以及 RTA、RTB 和 RTC 的 Router ID。

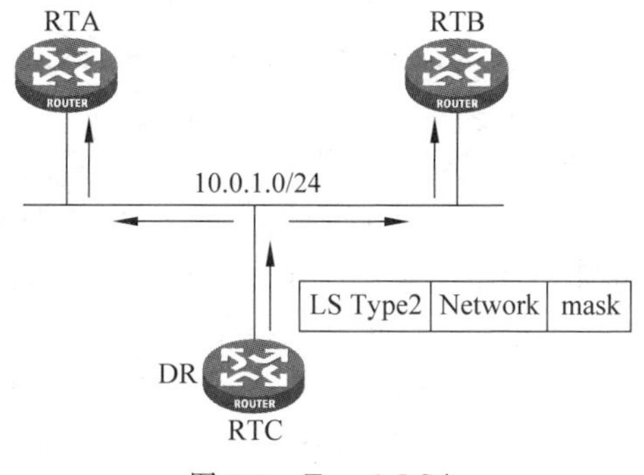

图 9-9　Type2 LSA

9.3.5　Type3 LSA（Summary LSA）

第三类 LSA，即 Summary LSA，由 ABR 生成。Summary LSA 将所连接区域内部的链路信息以子网的形式传播到相邻区域，实际上就是将区域内部的 Type1 和 Type2 的 LSA 信息收集起来以路由子网的形式进行传播。

ABR 收到来自同区域其他 ABR 传来的 Summary LSA 后，重新生成新的 Summary LSA（Advertising Router 改为自己），并继续在整个 OSPF 系统内传播。一般情况下，第三类 LSA 的传播范围是除了生成这条 LSA 的区域外的其他区域。例如，一台 ABR 路由器连接着 Area0 和 Area1，在 Area1 里面有一个网段 192.168.1.0/24，则 ABR 生成的描述 192.168.1.

0/24 这个网段的第三类 LSA 只会在 Area0 里面传播。

在第三类 LSA 中，由于直接传递的是路由条目，而不是链路状态描述，因此，路由器在处理第三类 LSA 的时候，并不是运用 SPF 算法进行计算，而且直接作为路由条目加入路由表中，沿途的路由器也仅仅是修改链路开销，这就导致了在某些设计不合理的情况下，同样可能导致路由环路。这也就是 OSPF 协议要求非骨干区域必须通过骨干区域才能转发的原因。在某些情况下，Summary LSA 也可以用来生成默认路由，或者用来过滤明细路由。Summary LSA 封装格式如图 9-10 所示。

0	7	15	31
LS age		Options	3or4
Link state ID			
Advertising router			
LS sequence number			
LS checksum		Length	
Network mask			
0	Metric		
TOS	TOS metric		
…			

图 9-10　Summary LSA 封装格式

Summary LSA 封装中，主要字段的解释如下。

- 3or4：第三类 LSA 和第四类 LSA 格式一致。第三类 LSA 使用 3 来表示，第四类 LSA 使用 4 来表示。
- Link state ID：对于 Type3 LSA 来说，它是所通告的区域外的网络地址；对于 Type4 LSA 来说，它是所通告区域外的 ASBR 的 Router ID。
- Network mask：Type3 LSA 的网络地址掩码。对于 Type4 LSA 来说没有意义，设置为 0.0.0.0。
- Metric：到目的地址的路由开销。

如图 9-11 所示，Area1 中的 RTA 运行了 OSPF 协议；RTB 作为 ABR，产生一条描述该网段的第三类 LSA。该 LSA 携带有路由 10.0.0.0/24，并设置 Advertising router 字段为 RTB 的 Router ID，然后发送到骨干区域中。当这条 LSA 传播到 RTC 时，RTC 作为 ABR，同样会重新产生一条第三类 LSA，并将 Advertising router 改为 RTC 的 Router ID，然后发送到 Area2 中。这样，路由 10.0.0.0/24 以第三类 LSA 的形式传播到整个 OSPF 系统内。

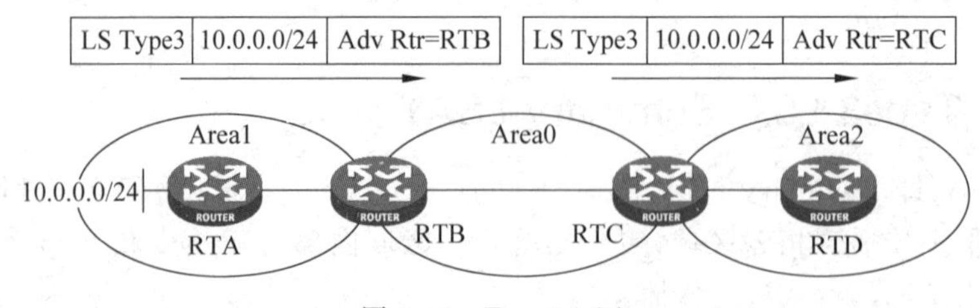

图 9-11　Type3 LSA

9.3.6　Type4 LSA（ASBR Summary LSA）

第四类 LSA，即 ASBR Summary LSA，由 ABR 生成。第四类 LSA 格式与第三类 LSA 相

同，描述的目标网络是一个 ASBR 的 Router ID。它不会主动产生，触发条件为 ABR 收到一个第五类 LSA，意义在于让区域内部路由器知道如何到达 ASBR。

第三类 LSA 和第四类 LSA 在结构上非常类似。第三类 LSA 描述的是区域外的网络地址和网络掩码，而第四类 LSA 在相应的字段填充的是 ASBR 的 Router ID，网络掩码字段全部设置为 0。

如图 9-12 所示，Area1 中的 RTA 作为 ASBR，引入了外部路由 10.0.0.0/24，并以第五类 LSA 的形式向 OSPF 系统内传播。当这条第五类 LSA 到达 RTB 后，RTB 作为 ABR，会产生一条描述 RTA 这个 ASBR 的第四类 LSA，并使其在 Area0 中传播。其中，这条 LSA 的 Advertising router 字段设置为 RTB 的 Router ID。当这条 LSA 在传播到 RTC 时，RTC 作为 ABR，会重新产生一条第四类 LSA，并将 Advertising router 改为 RTC 的 Router ID，使其在 Area2 中继续传播。位于 Area2 中的 RTD 在收到这条 LSA 之后，就能知道可以通过 RTA 访问 OSPF 系统以外的外部网络了。

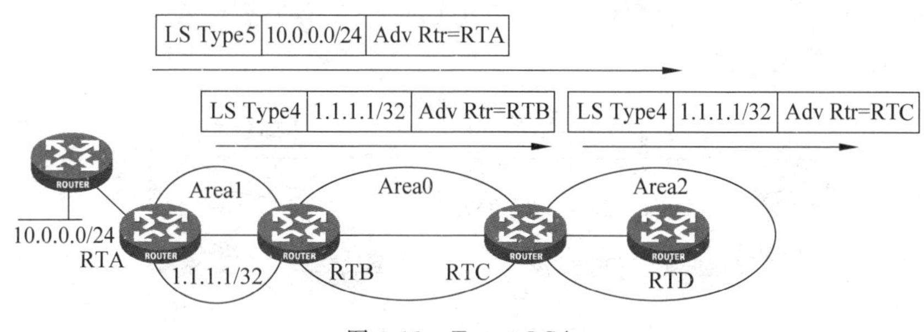

图 9-12 Type4 LSA

9.3.7 Type5 LSA(AS External LSA)

第五类 LSA，即 AS External LSA，由 ASBR 产生，用于描述到 AS 外部的路由信息。它一旦生成，将在整个 OSPF 系统内扩散，除非个别特殊区域做了相关配置。AS 外部的路由信息来源一般是通过路由引入的方式，将外部路由在 OSPF 区域内部发布。AS External LSA 封装格式如图 9-13 所示。

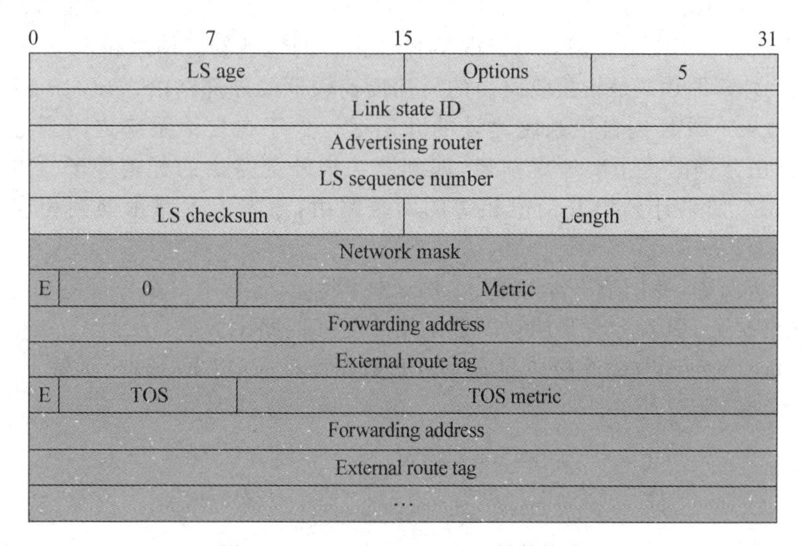

图 9-13 AS External LSA 封装格式

AS External LSA 封装中，主要字段的解释如下。

- Link state ID：链路状态 ID。如果所要通告的其他外部 AS 的目的地址是一条默认路由，那么链路状态 ID(Link state ID)和网络掩码(Network mask)字段都将设置为 0.0.0.0。
- Network mask：所通告的目的地址的掩码。
- E(External metric)：外部度量值的类型。如果是第二类外部路由就设置为 1；如果是第一类外部路由则设置为 0。关于第一类和第二类外部路由，下文将详细描述。
- Metirc：路由开销。
- Forwarding address：到达所通告的目的地址的报文将被转发到的地址。
- External route tag：添加到外部路由上的标记。OSPF 本身并不使用这个字段，它可以用来对外部路由进行管理。

如图 9-14 所示，Area1 中的 RTA 作为 ASBR，引入了外部路由。由 RTA 产生了第五类 LSA，描述的是 AS 外部的路由信息。这条第五类的 LSA 会传播到 Area1、Area0 和 Area2，沿途的路由器都会收到这条 LSA。

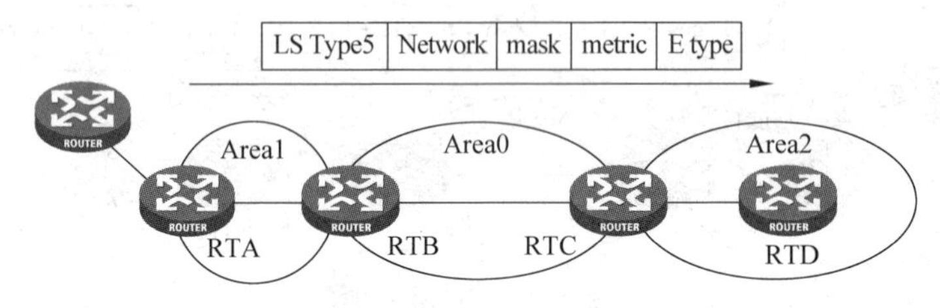

图 9-14 Type5 LSA

第五类 LSA 和第三类 LSA 非常类似，传递的内容也都是路由信息，而不是链路状态信息。同样地，路由器在处理第五类 LSA 的时候，也不会运用 SPF 算法，而是作为路由条目加入路由表中。

第五类 LSA 携带的外部路由信息中所代表的外部路由可以分为以下两类。

(1) 第一类外部路由：是指接收路由的可信程度较高，并且和 OSPF 协议自身路由的开销具有可比性的外部路由，如 RIP 路由或者静态路由等。因此，到第一类外部路由的开销等于本路由器到相应的 ASBR 的开销与 ASBR 到该路由目的地址的开销之和。

(2) 第二类外部路由：是指接收路由的可信度比较低的外部路由，如 BGP 路由等。因此，OSPF 协议认为从 ASBR 到自治系统之外的开销远远大于在自治系统之内到达 ASBR 的开销，从而计算路由开销时将主要考虑前者，即到第二类外部路由的开销等于 ASBR 到该路由目的地址的开销。如果计算出开销值相等的两条路由，再考虑本路由器到相应的 ASBR 的开销。

在第五类 LSA 中，专门有一个字段 E，用于标识引入的是第一类外部路由还是第二类外部路由。默认情况下，引入 OSPF 协议的都是第二类外部路由。

使用 display ospf lsdb 命令可以显示 OSPF 数据库信息，以下是输出示例。

```
< H3C> display ospf lsdb
            OSPF Process 1 with Router ID 2.2.2.2
                       Link State Database
                                  Area: 0.0.0.0
Area: 0.0.0.1
Type              Link state ID      AdvRouter          Age      Len    Sequence       Metric
```

```
Router      3.3.3.3          3.3.3.3          986     36    8000001B     0
Router      2.2.2.2          2.2.2.2          1064    36    80000018     0
Network     20.0.0.2         3.3.3.3          1254    32    80000011     0
Sum-Net     10.0.0.0         2.2.2.2          424     28    80000012     1
Sum-Net     1.1.1.1          2.2.2.2          1224    28    8000000A     1
Sum-Asbr    1.1.1.1          2.2.2.2          1160    28    80000009     1
                AS External Database
Type        Link state ID    AdvRouter        Age     Len   Sequence     Metric
External    0.0.0.0          1.1.1.1          934     36    80000009     1
```

其中 Type 参数下，可以观察到 Router、Network、Sum-Net、Sum-Asbr、External 5 种类型，分别对应第一类 LSA 到第五类 LSA。

其中各参数含义如表 9-2 所示。

表 9-2 display ospf lsdb 命令显示信息描述表

字 段	描 述	字 段	描 述
Area	显示 LSDB 信息的区域	Age	LSA 的老化时间
Type	LSA 类型	Len	LSA 的长度
Link state ID	LSA 链路状态 ID	Sequence	LSA 序列号
AdvRouter	LSA 发布路由器	Metric	度量值

9.3.8 OSPF 选路原则

对于相同的目的地，不同的路由协议(包括静态路由)可能会发现不同的路由，但这些路由并不都是最优的。事实上，在某一时刻，到某一目的地的当前路由仅能由唯一的路由协议来决定。为了判断最优路由，各路由协议(包括静态路由)都被赋予了一个优先级。当存在多个路由信息源时，具有较高优先级的路由协议发现的路由将成为当前路由。其中，OSPF 内部路由的协议优先级为 10，外部路由的协议优先级为 150。

如果都是 OSPF 路由，那么将按照以下的原则进行选路。

(1) 按照路由类型的优先级选择，优先级从高到低的顺序：

- 区域内路由(Intra Area)。
- 区域间路由(Inter Area)。
- 第一类外部路由(Type1 External)。
- 第二类外部路由(Type2 External)。

区域内路由和区域间路由描述的是 AS 内部的网络结构，外部路由则描述了应该如何选择到 AS 以外目的地址的路由。OSPF 协议将引入的 AS 外部路由分为 Type1 和 Type2 两类，也就是上文介绍的第一类外部路由和第二类外部路由。第一类外部路由是指接收的是 IGP 路由，其开销等于本路由器到相应的 ASBR 的开销与 ASBR 到该路由目的地址的开销之和。第二类外部路由是指接收的是 EGP 路由，其开销等于 ASBR 到该路由目的地址的开销。

(2) 在类型相同的情况下，选择路由开销值较小的路由。

(3) 如果路由类型和链路开销都相同，那么这两条或者多条路由就形成等价路由。

如图 9-15 所示，RTA 位于 Area0，RTB 和 RTC 分别作为 Area0 和 Area1 的 ABR。在 RTA 上，使用 network 命令将其 Loopback 地址 1.1.1.1/32 发布到 Area0 中。

此时，在 RTC 上可以学习到两条 1.1.1.1/32 的路由，一条是 RTA 通过 Area0 直接发送给 RTC 的区域内路由，开销为 1563；另一条是 RTA 先发送给 RTB，然后由 RTB 通过 Area1

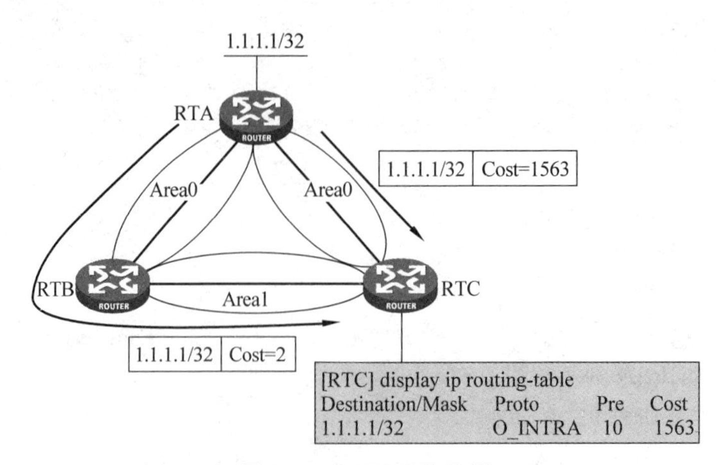

图 9-15 OSPF 选路示例

再转发至 RTC 的区域间路由，链路开销为 2。虽然通过 RTA 学到的路由开销较大，但是由于其为区域内路由，所以在 RTC 上仍然会优选 RTA 进行报文转发。

RTC 上路由表如下：

```
[RTC] display ip routing-table

Destinations :5       Routes : 5

Destination/Mask    Proto      Pre    Cost      NextHop       Interface
1.1.1.1/32          O_INTRA    10     1563      10.0.0.1      GE0/0
10.0.0.0/24         Direct     0      0         10.0.0.2      GE0/0
20.0.0.0/24         Direct     0      0         20.0.0.2      GE0/1
127.0.0.0/8         Direct     0      0         127.0.0.1     InLoop0
127.0.0.1/32        Direct     0      0         127.0.0.1     InLoop0
```

如要解决以上问题，可以在 RTA 上将 Loopback 地址 1.1.1.1/32 通过外部路由的方式引入。这样，RTC 学到的路由 1.1.1.1/32 的类型会相同，此时会优选开销值小的路径转发。

9.3.9 OSPF 引入外部路由时导致的问题及解决方法

在早期的 OSPF 协议网络中，如果同时引入两条前缀相同但掩码不同的路由，可能会存在路由学习错误。

在图 9-16 所示网络中，RTA 作为 ASBR，同时向 OSPF 中引入两条路由，分别是 10.0.0.0/16 和 10.0.0.0/24。这两条路由前缀一样，但是网络掩码长度不一样。RTA 作为 ASBR，会为这两条路由分别产生两条第五类 LSA，并且其 LS ID 都是 10.0.0.0，Advertising router 也都是 RTA。OSPF 区域内的其他路由器在接收到这两条 LSA 的时候，会认为它们是同一条 LSA，这样就会导致在路由学习中出现错误。

随着 OSPF 协议的自身演进，这个问题已经得到了很好的解决。在 RFC 2328 的附录 E 中规定，当 OSPF 协议同时引入多条前缀相同，但掩码不同的外部路由时，需要将掩码较长的 LSA 进行特殊处理，将它的主机位全部置 1，以子网广播地址作为它的 LS ID。这样，在图 9-16 所示网络中，RTA 所产生的两条第五类 LSA 的 LS ID 就会分别是 10.0.0.0 和 10.0.0.255。其他 OSPF 路由器收到 LSA 后，因其 LS ID 不同，就可以认为是两条不同的 LSA 而进行分别处理。

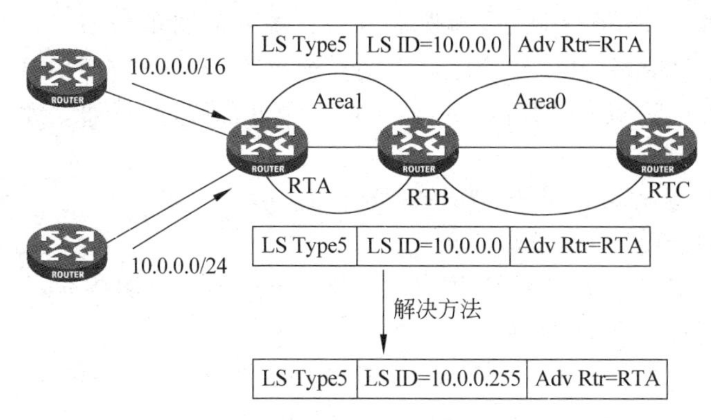

图 9-16　OSPF 引入外部路由时导致的问题及解决方法

9.4　OSPF 特殊区域

9.4.1　概述

OSPF 协议中，除了常见的骨干区域和非骨干区域之外，还定义了一些特殊区域。

常见的特殊区域有以下几种。

(1) Stub 区域：在这个区域内，不允许注入第四类 LSA 和第五类 LSA。

(2) Totally Stub 区域：是 Stub 区域的一种改进区域，不仅不允许注入第四类 LSA 和第五类 LSA，连第三类 LSA 也不被允许注入。

(3) NSSA 区域：也是 Stub 区域的一种改进区域，也不允许第五类 LSA 注入，但是允许第七类 LSA 注入。

这些区域具有以下的优势。

(1) 控制外部路由。

(2) 可以减少区域内 LSDB 的规模，降低区域内路由器的路由表的大小和容量，并且减少区域内路由器对于存储器的需求，降低设备的压力。

(3) 网络的安全性有所增强。

9.4.2　配置 Stub 区域

在 Stub 区域中，ABR 不允许注入第五类 LSA，所以区域中路由器的路由表规模以及路由信息传递的数量都会大大减少。因为没有第五类 LSA，因此第四类 LSA 也没有必要存在，所以同样不允许注入，如图 9-17 所示。

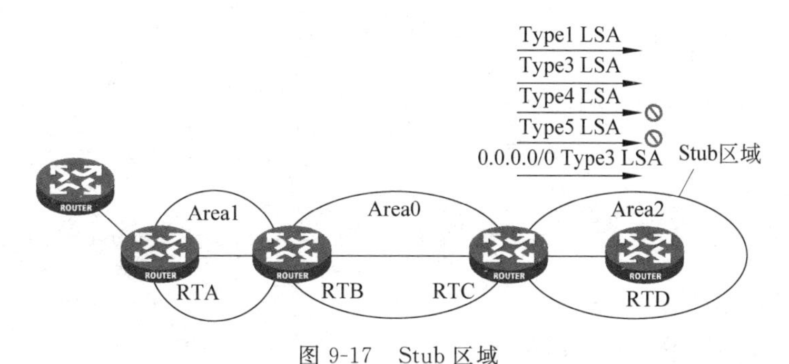

图 9-17　Stub 区域

在配置某区域成为 Stub 区域后，为保证自治系统外的路由依旧可达，ABR 会产生一条 0.0.0.0/0的第三类 LSA，将其发布给区域内的其他路由器，通知它们如果要访问外部网络，可以通过 ABR。因此，区域内的其他路由器不用记录外部路由，从而大大地降低了对于路由器的性能要求。

在配置 OSPF 区域成为 Stub 区域时，需要注意：

(1) 骨干区域不能配置成 Stub 区域。

(2) Stub 区域内不能存在 ASBR，即自治系统外部的路由不能在本区域内传播。

(3) 虚连接不能穿过 Stub 区域。

(4) 区域内如果有多个 ABR，可能会产生次优路由。

在 OSPF 区域视图下，配置 Stub 区域的命令如下：

```
stub
```

需要注意的是，如果使用 Stub 区域，区域内部的所有路由器都必须同时配置为 Stub 区域。因为在路由器交互 Hello 报文时，会检查 Stub 属性是否设置，如果有部分路由器没有配置 Stub 属性，就将无法和其他路由器建立邻居。

如图 9-18 所示，要将 Area2 配置成为 Stub 区域，就需要在 RTC 和 RTD 上分别配置。

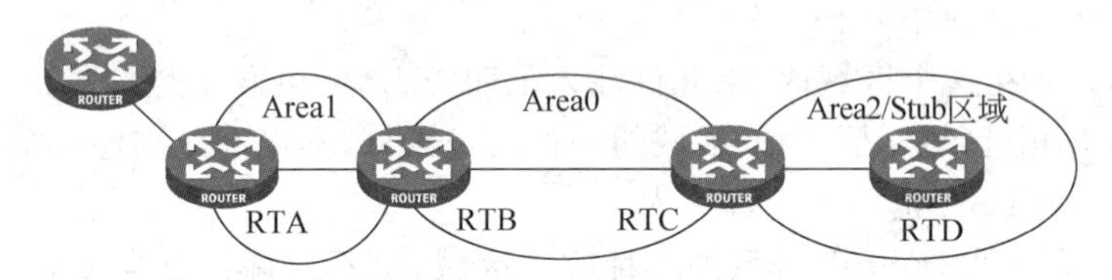

图 9-18 Stub 区域配置示例

RTC 上配置如下：

```
[RTC] ospf 1 router-id 3.3.3.3
[RTC-ospf-1] area 2
[RTC-ospf-1-area-0.0.0.2] stub
```

RTD 上配置如下：

```
[RTD] ospf 1 router-id 4.4.4.4
[RTD-ospf-1] area 2
[RTD-ospf-1-area-0.0.0.2] stub
```

未配置 Stub 区域时，RTD 的链路状态数据库如下：

```
[RTD] display ospf lsdb

          OSPF Process 1 with Router ID 4.4.4.4
                  Link State Database

                          Area: 0.0.0.2
Type        Link state ID    AdvRouter      Age    Len    Sequence    Metric
Router      4.4.4.4          4.4.4.4        307    48     80000004    0
Network     10.0.3.2         4.4.4.4        305    32     80000002    0
Sum-Net     10.0.2.0         3.3.3.3        356    28     80000001    1
Sum-Net     10.0.1.0         3.3.3.3        356    28     80000001    2
Sum-Net     1.1.1.1          3.3.3.3        356    28     80000001    2
```

```
Sum-Asbr   1.1.1.1        3.3.3.3       356   28     80000001    2

                AS External Database
Type       Link state ID  AdvRouter     Age   Len    Sequence    Metric
External   192.168.1.0    1.1.1.1       1369  36     80000002    1
```

从本链路状态数据库中可以观察到,存在第四类 LSA 和第五类 LSA。配置 Stub 区域后,RTD 的链路状态数据库如下:

```
[RTD] display ospf lsdb

         OSPF Process 1 with Router ID 4.4.4.4
                Link State Database

                        Area: 0.0.0.2
Type       Link state ID  AdvRouter     Age   Len    Sequence    Metric
Router     4.4.4.4        4.4.4.4       57    48     80000004    0
Network    10.0.3.2       4.4.4.4       57    32     80000001    0
Sum-Net    0.0.0.0        3.3.3.3       98    28     80000001    1
Sum-Net    10.0.2.0       3.3.3.3       93    28     80000001    1
Sum-Net    10.0.1.0       3.3.3.3       93    28     80000001    2
Sum-Net    1.1.1.1        3.3.3.3       93    28     80000001    2
```

从本链路状态数据库中可以观察到,第四类 LSA 和第五类 LSA 已经不存在,取而代之的是新增加了一条 ABR 产生的第三类 LSA,LS ID 是 0.0.0.0,用于将数据转发到本 OSPF 自治系统之外的外部网络。

9.4.3 配置 Totally Stub 区域

为了进一步减少 Stub 区域中路由器的路由表规模以及路由信息传递的数量,可以将该区域配置为 Totally Stub(完全 Stub)区域,该区域的 ABR 不会将区域间的路由信息和外部路由信息传递到本区域。Totally Stub 区域不仅类似于 Stub 区域,不允许注入第四类 LSA 和第五类 LSA,为了进一步降低链路状态库的大小,还不允许注入第三类 LSA。同样地,ABR 会重新产生一条 0.0.0.0/0 的第三类 LSA,以保证到本自治系统的其他区域或者自治系统外的路由依旧可达,如图 9-19 所示。

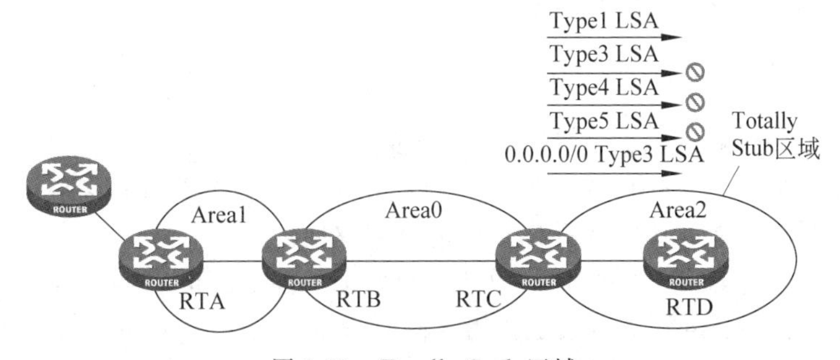

图 9-19 Totally Stub 区域

在 OSPF 区域视图下,配置 Totally Stub 区域的命令如下:

```
stub no-summary
```

如图 9-20 所示，为了减小 LSDB 的规模，需要将 Area2 配置成为 Totally Stub 区域，就需要在 RTC 和 RTD 上分别配置。

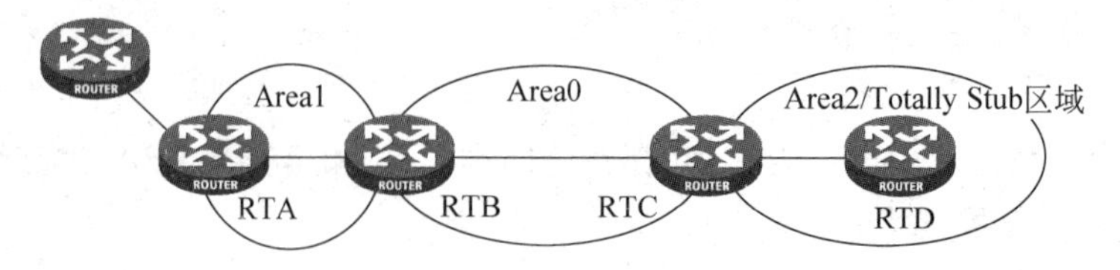

图 9-20 Totally Stub 区域配置示例

RTC 上配置如下：

```
[RTC] ospf 1 router-id 3.3.3.3
[RTC-ospf-1] area 2
[RTC-ospf-1-area-0.0.0.2] stub no-summary
```

RTD 上配置如下：

```
[RTD] ospf 1 router-id 4.4.4.4
[RTD-ospf-1] area 2
[RTD-ospf-1-area-0.0.0.2] stub no-summary
```

配置了 Totally Stub 区域之后，RTD 的链路状态数据库如下：

```
[RTD] display ospf lsdb

          OSPF Process 1 with Router ID 4.4.4.4
                  Link State Database

                          Area: 0.0.0.2
Type      Link state ID   AdvRouter       Age    Len    Sequence    Metric
Router    4.4.4.4         4.4.4.4         79     48     80000009    0
Network   10.0.3.2        4.4.4.4         78     32     80000002    0
Sum-Net   0.0.0.0         3.3.3.3         541    28     80000001    1
```

从本链路状态数据库中可以观察到，第三类 LSA、第四类 LSA 和第五类 LSA 都已经不存在，取而代之的是新增加了一条 ABR 产生的第三类 LSA，LS ID 是 0.0.0.0，用于将数据转发到其他区域和自治系统之外的外部网络。

9.4.4 配置 NSSA 区域

NSSA（Not-So-Stubby Area）区域产生的背景：

（1）该区域存在一个 ASBR，其产生的外部路由需要在整个 OSPF 区域内扩散。

（2）该区域不希望接收其他 ASBR 产生的外部路由。

要满足第一个条件，标准区域即可，但此时第二个条件不满足；要满足第二个条件，区域必须为 Stub，但此时第一个条件又不满足。为了同时满足两个条件，OSPF 设计了 NSSA 区域。

NSSA 区域是 Stub 区域的变形，与 Stub 区域有许多相似的地方。NSSA 区域也不允许注入第五类 LSA，但允许注入第七类 LSA。来源于外部路由的第七类 LSA 由 NSSA 区域的 ASBR 产生，在 NSSA 区域内传播。当第七类 LSA 到达 NSSA 区域的 ABR 时，由 ABR 将第七类 LSA 转换成第五类 LSA，并传播到其他区域，如图 9-21 所示。

同时，ABR 会产生一条 0.0.0.0/0 的第七类 LSA，并在 NSSA 区域内传播。第七类 LSA

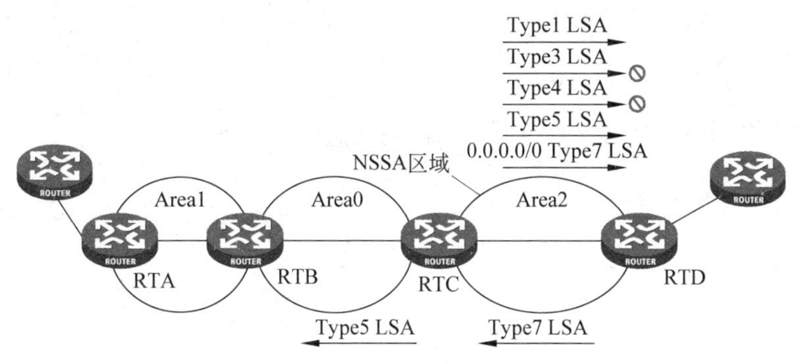

图 9-21　NSSA 区域

的封装格式和第五类 LSA 也是一样的。

与 Stub 区域一样，虚连接也不能穿过 NSSA 区域。

在 OSPF 区域视图下，配置 NSSA 区域的命令如下：

nssa [**default-route-advertise** [**cost** *cost* | **nssa-only** | **route-policy** *route-policy-name* | **type** *type*] * | **no-import-route** | **no-summary** | **suppress-fa** | [**translate-always** | **translate-never**] | **translator-stability-interval** *value*] *

其中的主要参数含义如下。

- **default-route-advertise**：该参数只用于 NSSA 区域的 ABR 或 ASBR，配置后，对于 ABR，不论本地是否存在默认路由，都将生成一条 Type7 LSA，并向区域内发布默认路由；对于 ASBR，只有当本地存在默认路由时，才会生成一条 Type7 LSA 并向区域内发布默认路由。
- **no-import-route**：该参数用于禁止将 AS 外部路由以 Type7 LSA 的形式引入 NSSA 区域中。这个参数通常只用在同时作为 NSSA 区域的 ABR 和 OSPF 自治系统的 ASBR 的路由器上，以保证所有外部路由信息能正确地进入 OSPF 路由域。
- **no-summary**：该参数只用于 NSSA 区域的 ABR。配置后，NSSA ABR 只通过 Type3 的 Summary LSA 向区域内发布一条默认路由，不再向区域内发布任何其他 Summary LSA。

如图 9-22 所示，为了能够减小 LSDB 的规模，同时又允许 RTD 将外部路由引入 OSPF 域内，需要将 Area2 配置成为 NSSA 区域，就需要在 RTC 和 RTD 上分别配置。

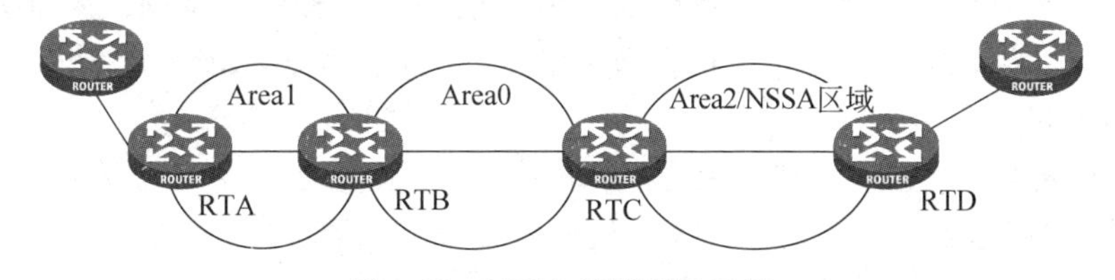

图 9-22　NSSA 区域配置示例

RTC 上配置如下：

```
[RTC] ospf 1 router-id 3.3.3.3
[RTC-ospf-1] area 2
[RTC-ospf-1-area-0.0.0.2]nssa default-route-advertise
```

RTD 上配置如下：

```
[RTD] ospf 1 router-id 4.4.4.4
[RTD-ospf-1] area 2
[RTD-ospf-1-area-0.0.0.2]nssa
```

配置了 Totally Stub 区域之后，RTD 的链路状态数据库如下：

```
[RTD] display ospf lsdb

         OSPF Process 1 with Router ID 4.4.4.4
                 Link State Database

                        Area: 0.0.0.2
Type       Link state ID   AdvRouter      Age   Len   Sequence   Metric
Router     4.4.4.4         4.4.4.4        146   48    80000005   0
Network    10.0.3.2        4.4.4.4        208   32    80000001   0
Sum-Net    10.0.2.0        3.3.3.3        244   28    80000001   1
Sum-Net    10.0.1.0        3.3.3.3        244   28    80000001   2
Sum-Net    2.2.2.2         3.3.3.3        244   28    80000001   1
Sum-Net    1.1.1.1         3.3.3.3        244   28    80000001   2
NSSA       192.168.2.0     4.4.4.4        146   36    80000001   1
NSSA       0.0.0.0         3.3.3.3        74    36    80000001   1
```

从本链路状态数据库中可以观察到，第四类 LSA 和第五类 LSA 已经不存在，取而代之的是新增加了一条 ABR 产生的第七类 LSA，LS ID 是 0.0.0.0，用于将数据转发到其他区域和自治系统之外的外部网络。另外，还有一条第七类 LSA，LS ID 为 192.168.2.0，这就是 RTD 注入的外部路由。由 RTD 产生的第七类 LSA，在 Area2 内传播。

9.5 OSPF 路由聚合

9.5.1 概述

路由聚合是指将 ABR 或 ASBR 中具有相同前缀的路由信息聚合，只发布聚合后路由到其他区域。AS 被划分成不同的区域后，区域间可以通过路由聚合来减少路由信息，从而减小路由表的规模，提高路由器的运算速度。

OSPF 路由的聚合有以下两种。

(1) ABR 聚合：ABR 向其他区域发送路由信息时，以网段为单位生成 Type3 LSA。如果该区域中存在一些连续的网段，则可以将这些连续的网段聚合成一个网段。这样 ABR 只发送一条聚合后的 LSA，所有属于聚合网段范围的 LSA 将不再会被单独发送出去，从而减少其他区域中 LSDB 的规模。

(2) ASBR 聚合：配置引入路由聚合后，如果本地路由器是自治系统边界路由器 ASBR，将对引入的聚合地址范围内的 Type5 LSA 进行聚合。当配置了 NSSA 区域时，还可以对引入的聚合地址范围内的 Type7 LSA 进行聚合。

如图 9-23 所示，Area1 内有 4 条区域内路由 192.168.0.0/24、192.168.1.0/24、192.168.2.0/24 和 192.168.3.0/24。如果此时在 RTB 上配置了路由聚合，即将 4 条路由聚合成一条 192.168.0.0/22，则 RTB 就只生成一条聚合后的 LSA，并发布给 Area0 中的其他路由器。RTC 作为 ASBR，也可以配置路由聚合，即将注入 OSPF 域内的 4 条外部路由 192.168.4.0/24、192.168.5.0/24、192.168.6.0/24 和 192.168.7.0/24 进行聚合，生成一条聚合后的路由 192.168.4.0/22，并发布给 Area0 的其他路由器。

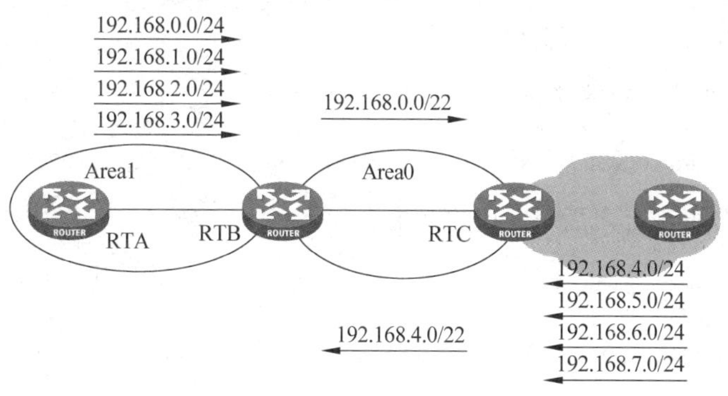

图 9-23 OSPF 路由聚合

9.5.2 在 ABR 上配置路由聚合

在 OSPF 区域视图下，ABR 上配置路由聚合的命令如下：

abr-summary *ip-address* { *mask* | *mask-length* } [**advertise** | **not-advertise**] [**cost** *cost*]

本命令只适用于区域边界路由器(ABR)，用于对某一个区域内的路由信息进行聚合。对于落入该聚合网段的路由，ABR 向其他区域只发送一条聚合后的路由。一个区域可配置多条聚合网段，这样 OSPF 就可以对多个网段进行聚合了。其中的主要参数含义如下。

- *ip-address*：聚合路由的目的 IP 地址。
- *mask*：聚合路由的网络掩码，采用点分十进制形式。
- *mask-length*：聚合路由的网络掩码长度，取值范围为 0～32。
- **advertise** | **not-advertise**：是否发布这条聚合路由。默认为发布聚合路由。
- **cost** *cost*：聚合路由的开销，取值范围为 1～16777215，默认值为所有被聚合的路由中最大的开销值。

如图 9-24 所示，Area1 内有 4 条区域内路由 192.168.0.0/24、192.168.1.0/24、192.168.2.0/24 和 192.168.3.0/24。此时在 RTB 上配置了路由聚合，将 4 条路由聚合成一条 192.168.0.0/22，则 RTB 就只生成一条聚合后的 LSA，并发布给 Area0 中的其他路由器。

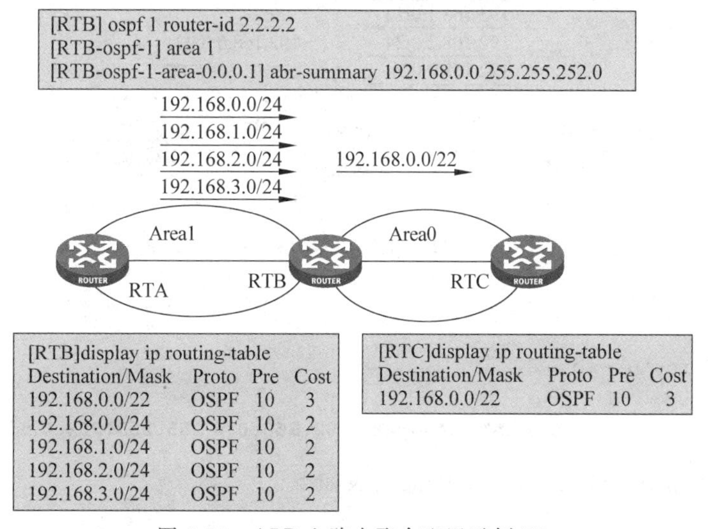

Destination/Mask	Proto	Pre	Cost
192.168.0.0/22	OSPF	10	3
192.168.0.0/24	OSPF	10	2
192.168.1.0/24	OSPF	10	2
192.168.2.0/24	OSPF	10	2
192.168.3.0/24	OSPF	10	2

Destination/Mask	Proto	Pre	Cost
192.168.0.0/22	OSPF	10	3

图 9-24 ABR 上路由聚合配置示例(1)

RTB 上配置如下：

```
[RTB] ospf 1 router-id 2.2.2.2
[RTB-ospf-1] area 1
[RTB-ospf-1-area-0.0.0.1] abr-summary 192.168.0.0 255.255.252.0
```

配置了 ABR 路由聚合之后，RTB 的路由表如下：

```
[RTB] display ip routing-table

Destination/Mask     Proto     Pre    Cost     NextHop       Interface
192.168.0.0/22       O_SUM     255    0        0.0.0.0       NULL0
192.168.0.1/32       O_INTRA   10     1        20.0.0.2      GE0/1
192.168.1.1/32       O_INTRA   10     1        20.0.0.2      GE0/1
192.168.2.1/32       O_INTRA   10     1        20.0.0.2      GE0/1
192.168.3.1/32       O_INTRA   10     1        20.0.0.2      GE0/1
```

从 RTB 的路由表中，不仅可以观察到 192.168.0.0/22 这条聚合路由，还可以观察到 4 条明细路由。RTC 的路由表如下：

```
[RTC] display ip routing-table

Destination/Mask     Proto     Pre    Cost     NextHop       Interface
20.0.0.0/24          O_INTER   10     2        10.0.0.2      GE0/0
127.0.0.0/8          Direct    0      0        127.0.0.1     InLoop0
127.0.0.0/32         Direct    0      0        127.0.0.1     InLoop0
127.0.0.1/32         Direct    0      0        127.0.0.1     InLoop0
127.255.255.255/32   Direct    0      0        127.0.0.1     InLoop0
192.168.0.0/22       O_INTER   10     2        10.0.0.2      GE0/0
```

从 RTC 的路由表中，可以观察到 RTC 已经收到了这条聚合路由。

如图 9-25 所示，Area1 内有 4 条区域内路由 192.168.0.0/24、192.168.1.0/24、192.168.2.0/24 和 192.168.3.0/24。此时在 RTB 上配置了路由聚合，将 4 条路由聚合成一条 192.168.0.0/22，并且在 RTB 上对于聚合后的路由进行抑制，不发布给 Area0 中的其他路由器。

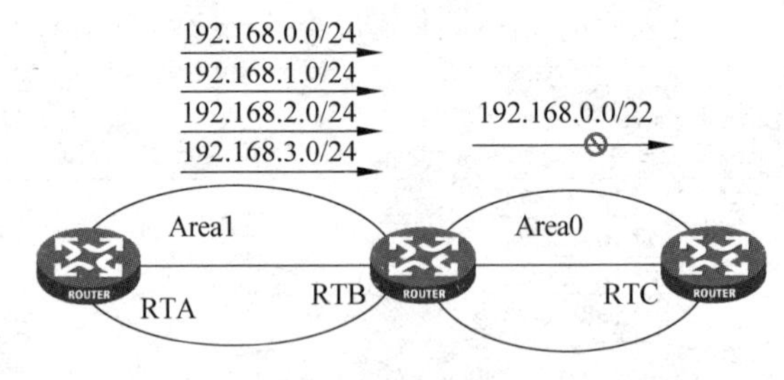

图 9-25 ABR 上路由聚合配置示例(2)

RTB 上配置如下：

```
[RTB] ospf 1 router-id 2.2.2.2
[RTB-ospf-1] area 1
[RTB-ospf-1-area-0.0.0.1] abr-summary 192.168.0.0 255.255.252.0 not-advertise
```

配置了 ABR 路由聚合之后，RTB 的路由表如下：

```
[RTB] display ip routing-table
```

```
Destination/Mask    Proto    Pre   Cost        NextHop        Interface
192.168.0.1/32      O_INTRA  10    1           20.0.0.2       GE0/1
192.168.1.1/32      O_INTRA  10    1           20.0.0.2       GE0/1
192.168.2.1/32      O_INTRA  10    1           20.0.0.2       GE0/1
192.168.3.1/32      O_INTRA  10    1           20.0.0.2       GE0/1
```

从 RTB 的路由表中观察到 4 条明细路由。

RTC 的路由表如下：

```
[RTC] display ip routing-table

Destination/Mask    Proto    Pre   Cost        NextHop        Interface
127.0.0.0/8         Direct   0     0           127.0.0.1      InLoop0
127.0.0.0/32        Direct   0     0           127.0.0.1      InLoop0
127.0.0.1/32        Direct   0     0           127.0.0.1      InLoop0
127.255.255.255/32  Direct   0     0           127.0.0.1      InLoop0
```

从 RTC 的路由表中可以观察到，RTC 无法收到聚合路由和明细路由，所有相关网段的路由都被过滤掉。

通常，上述的配置聚合路由但并不发布的方法在 OSPF 路由过滤中较常用来在 ABR 上过滤区域间路由。

9.5.3 在 ASBR 上配置路由聚合

在 OSPF 区域视图下，ASBR 上配置路由聚合的命令如下：

asbr-summary *ip-address* { *mask-length* | *mask* } [**cost** *cost* | **not-advertise** | **nssa-only** | **tag** *tag*]

如果本地路由器是自治系统边界路由器(ASBR)，使用 asbr-summary 命令可对引入的聚合地址范围内的第五类 LSA 描述的路由进行聚合；当配置了 NSSA 区域时，还要对引入的聚合地址范围内的第七类 LSA 描述的路由进行聚合。

如果本地路由器是区域边界路由器(ABR)，且是 NSSA 区域的转换路由器，则对由第七类 LSA 转化成的第五类 LSA 描述的路由进行聚合处理；对于不是 NSSA 区域的转换路由器，则不进行聚合处理。

在 ASBR 上配置路由的命令中，主要参数含义如下。

- *ip-address*：聚合路由的目的 IP 地址。
- *mask-length*：聚合路由的网络掩码长度，取值范围为 0～32。
- *mask*：聚合路由的网络掩码，采用点分十进制格式。
- **cost** *cost*：聚合路由的开销，取值范围为 1～16777214。如果未指定本参数，对于 Type1 外部路由，*cost* 取所有被聚合的路由中最大的开销值作为聚合路由的开销；对于 Type2 外部路由，*cost* 取所有被聚合的路由中最大的开销值加 1 作为聚合路由的开销。
- **not-advertise**：不通告聚合路由。如果未指定本参数，则将通告聚合路由。
- **nssa-only**：设置 Type7 LSA 的 P 比特位为不置位，即在对端路由器上不能转为 Type5 LSA。默认时，Type7 LSA 的 P 比特位被置位，即在对端路由器上可以转为 Type5 LSA(如果本地路由器是 ABR，则会检查骨干区域是否存在 FULL 状态的邻居，当

FULL 状态的邻居存在时，产生的 Type7 LSA 中 P 比特位不置位）。

- **tag** *tag*：聚合路由的标识，可以通过路由策略控制聚合路由的发布，取值范围为 0～4294967295，默认值为 1。

如图 9-26 所示，在 Area1 内的 RTA 作为 ASBR，被注入 4 条路由 192.168.0.0/24、192.168.1.0/24、192.168.2.0/24 和 192.168.3.0/24。此时在 RTA 上配置了路由聚合，将 4 条路由聚合成一条路由 192.168.0.0/22，则 RTA 就只生成一条聚合后的 LSA，并发布给其他路由器。

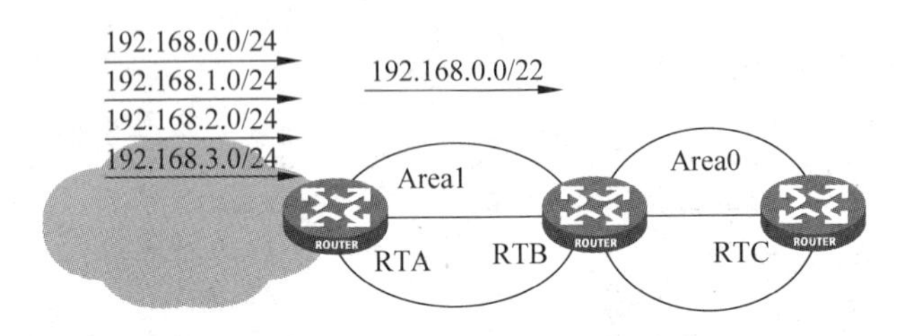

图 9-26 ASBR 上路由聚合配置示例(1)

RTA 上配置如下：

```
[RTA] ospf 1 router-id 1.1.1.1
[RTA-ospf-1] asbr-summary 192.168.0.0 255.255.252.0
```

配置了 ASBR 路由聚合之后，RTA 的路由表如下：

```
[RTA] display ip routing-table

Destination/Mask     Proto    Pre   Cost       NextHop      Interface
192.168.0.0/22       O_SUM    255   0          0.0.0.0      NULL0
192.168.0.0/24       Direct   0     0          0.0.0.0      Loop1
192.168.1.0/24       Direct   0     0          0.0.0.0      Loop2
192.168.2.0/24       Direct   0     0          0.0.0.0      Loop3
192.168.3.0/24       Direct   0     0          0.0.0.0      Loop4
```

从 RTA 的路由表中，不仅可以观察到 192.168.0.0/22 这条聚合路由，还可以观察到 4 条明细路由。

RTB 的路由表如下：

```
[RTB] display ip routing-table

Destination/Mask     Proto    Pre   Cost       NextHop      Interface
192.168.0.0/22       O_ASE2   150   1          20.0.0.2     GE0/1
20.0.0.0/24          Direct   0     0          20.0.0.1     GE0/1
127.0.0.0/8          Direct   0     0          127.0.0.1    InLoop0
127.0.0.1/32         Direct   0     0          127.0.0.1    InLoop0
```

从 RTB 的路由表中可以观察到，RTB 已经收到了这条聚合路由。

如图 9-27 所示，在 Area1 内的 RTA 作为 ASBR，被注入 4 条路由 192.168.0.0/24、192.168.1.0/24、192.168.2.0/24 和 192.168.3.0/24。此时在 RTA 上配置了路由聚合，将 4 条路由聚合成一条路由 192.168.0.0/22，并且配置 RTA 对于聚合后的路由进行抑制，不发布给其他路由器。

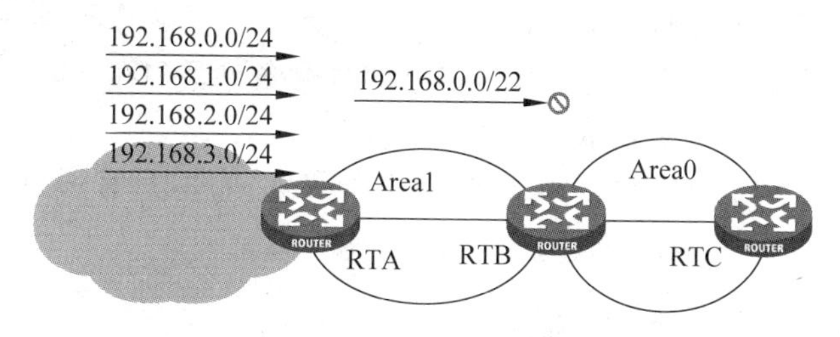

图 9-27　ASBR 上路由聚合配置示例(2)

RTA 上配置如下：

```
[RTA] ospf 1 router-id 1.1.1.1
[RTA-ospf-1] asbr-summary 192.168.0.0 255.255.252.0 not-advertise
```

配置了 ASBR 路由聚合之后，RTA 的路由表如下：

```
[RTA] display ip routing-table

Destination/Mask      Proto    Pre    Cost       NextHop      Interface
192.168.0.0/24        Direct   0      0          0.0.0.0      Loop1
192.168.1.0/24        Direct   0      0          0.0.0.0      Loop2
192.168.2.0/24        Direct   0      0          0.0.0.0      Loop3
192.168.3.0/24        Direct   0      0          0.0.0.0      Loop4
```

从 RTA 的路由表中可以观察到 4 条明细路由。

RTB 的路由表如下：

```
[RTB] display ip routing-table

Destination/Mask      Proto    Pre    Cost       NextHop      Interface
20.0.0.0/24           Direct   0      0          20.0.0.1     GE0/1
127.0.0.0/8           Direct   0      0          127.0.0.1    InLoop0
127.0.0.1/32          Direct   0      0          127.0.0.1    InLoop0
```

从 RTB 的路由表中可以观察到，RTB 无法收到聚合路由和明细路由，所有相关网络的路由都被过滤掉。

通常，上述配置聚合路由但并不发布的方法在 OSPF 路由过滤中常用来在 ASBR 上过滤外部引入的路由。

9.6　OSPF 安全特性

9.6.1　概述

随着越来越多的用户接入 Internet，以及公司扩展他们的网络，网络安全特性变得尤为重要。OSPF 作为路由协议，它并不保护通过网络的数据报文，仅仅对 OSPF 协议本身进行保护，以及对 OSPF 路由进行过滤。

常见的 OSPF 安全特性主要包括以下方面。

(1) 协议报文验证：OSPF 协议支持报文验证功能，只有通过验证的 OSPF 报文才能被接收并正常建立邻居关系。

(2) 禁止端口发送 OSPF 报文：禁止端口发送 OSPF 报文后，端口将成为被动接口

(Passive Interface),不再发送 Hello 报文。

(3) 过滤计算出的路由:可以设置路由信息的过滤条件。经过 SPF 计算后,只有通过过滤条件的路由信息才可以加入路由表。

(4) 过滤 Type3 LSA:可以设置第三类 LSA 的过滤条件,只有通过过滤的 LSA 才能被接收或者发送。

9.6.2 配置 OSPF 报文验证

从安全性角度来考虑,为了避免路由信息外泄或者 OSPF 路由器遭受恶意攻击,OSPF 协议提供了报文验证功能。

OSPF 路由器建立邻居关系时,在发送的报文中会携带配置好的密码,以便接收报文时进行密码验证。只有通过验证的报文才能接收,否则将不会接收报文,不能正常建立邻居关系。

要配置 OSPF 报文验证,同一个区域的所有路由器上都需要配置区域验证模式,且配置的验证模式必须相同;同一个网段内的路由器需要配置相同的接口验证模式和密码。

每种验证模式都可以分为以下两种。

(1) Simple:使用这种方法,设备将会在链路上直接发送预配置的验证密码。接收路由器在处理报文时,会比较报文中自己的验证密码与配置的是否相同。如果相同,就接收报文;否则直接丢弃报文。

(2) MD5:使用这种方法,设备不会在链路上直接发送预配置的验证密码,而是根据预配置的密钥生成一个散列值,在链路上发送的仅仅是这个散列值。接收路由器处理报文时,会根据自己的密钥也生成一个散列值,并与报文携带的散列值比较异同。如果相同,就接收报文;否则就丢弃报文。

配置接口验证模式如下。

在接口视图下,配置 OSPF 接口的验证模式(简单验证)命令如下:

ospf authentication-mode simple { **cipher** *cipher-string* | **plain** *plain-string* }

在接口视图下,配置 OSPF 接口的验证模式(MD5)命令如下:

ospf authentication-mode { **hmac-md5** | **md5** } *key-id* { **cipher** *cipher-string* | **plain** *plain-string* }

其中的主要参数含义如下。

- **simple**:简单验证模式。
- **hmac-md5**:HMAC-MD5 验证模式。
- **md5**:MD5 验证模式。
- *key-id*:验证字标识符,取值范围为 1~255。
- **cipher**:表示输入的密码为密文。
- *cipher-string*:表示设置的密文密码,区分大小写。对于简单验证模式,可以是长度为 33~41 个字符的字符串;对于 MD5/HMAC-MD5 验证模式,可以是长度为 33~53 个字符的字符串。
- **plain**:表示输入的密码为明文。
- *plain-string*:表示设置的明文密码,区分大小写。对于简单验证模式,可以是长度为 1~8 个字符的字符串;对于 MD5/HMAC-MD5 验证模式,可以是长度为 1~16 个字符的字符串。

如图 9-28 所示，在 OSPF 协议的骨干区域 Area0 中，运行了 RTA、RTB 和 RTC 3 台路由器。出于安全性的考虑，需要在 Area0 中启用 OSPF 验证。其验证模式采用简单验证，但不同接口采用不同的验证密码。RTA 与 RTB 之间的接口验证密码为 123，RTB 与 RTC 之间的接口验证密码为 456。

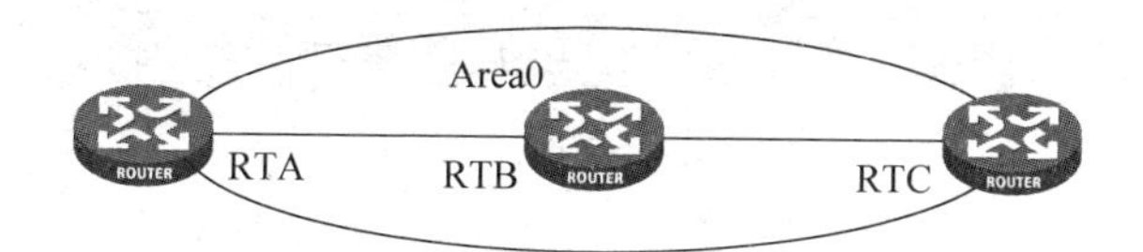

图 9-28 OSPF 验证配置示例

RTA 上配置如下：

```
[RTA] ospf 1 router-id 1.1.1.1
[RTA-ospf-1] area 0
[RTA-ospf-1-area-0.0.0.0] authentication-mode simple
[RTA] interface GigabitEthernet0/0
[RTA-GigabitEthernet0/0] ospf authentication-mode simple plain 123
```

RTB 上配置如下：

```
[RTB] ospf 1 router-id 2.2.2.2
[RTB-ospf-1] area 0
[RTB-ospf-1-area-0.0.0.0] authentication-mode simple
[RTB] interface GigabitEthernet0/0
[RTB-GigabitEthernet0/0] ospf authentication-mode simple plain 123
[RTB] interface GigabitEthernet0/1
[RTB-GigabitEthernet0/1] ospf authentication-mode simple plain 456
```

RTC 上配置如下：

```
[RTC] ospf 1 router-id 3.3.3.3
[RTC-ospf-1] area 0
[RTC-ospf-1-area-0.0.0.0] authentication-mode simple
[RTC] interface GigabitEthernet0/0
[RTC-GigabitEthernet0/0] ospf authentication-mode simple plain 456
```

配置结束后，可以在路由器上通过 display ospf peer 命令观察邻居是否已经建立。

9.6.3 配置禁止接口发送 OSPF 报文

为了使 OSPF 路由信息不被其他路由器获得，可以禁止接口发送 OSPF 报文。接口被禁止发送协议报文后，此接口便称为静默接口，也称为被动接口(Passive Interface)

在 OSPF 区域视图下，禁止接口发送 OSPF 报文的配置命令如下：

silent-interface { *interface-type interface-number* | **all** }

其中的主要参数含义如下。

- *interface-type interface-number*：指定接口类型和接口号。
- **all**：指定所有 OSPF 接口。

在图 9-29 所示网络中，路由器 RTA 禁止接口 G0/0 发送 OSPF 报文。此时，RTA 不在接口 G0/0 上发送 OSPF 的 Hello 报文，这样就无法与其他路由器建立邻居关系，更无法发送

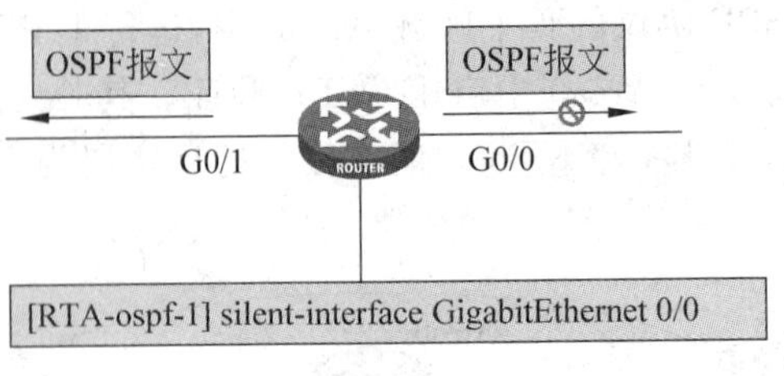

图 9-29 禁止接口配置

LSA 出去。

注意：在运行 OSPF 协议的接口禁止发送 OSPF 报文后，该接口的直连路由仍可以由路由器的其他接口发布出去。

9.6.4 配置过滤 OSPF 协议的路由和 LSA

由于 OSPF 协议是基于链路状态的动态路由协议，邻居之间传递的仅仅是链路状态通告，而不是路由信息，所以不能简单地在邻居之间对发布和接收的 LSA 进行过滤。过滤计算出的路由的方法实际上是对 SPF 算法计算后的路由进行过滤，只有通过过滤的路由才能被添加到路由表中。

如图 9-30 所示，RTB 收到了 LSA 更新报文。该 LSA 更新报文包含 192.168.0.0/24、192.168.1.0/24、192.168.2.0/24 和 192.168.3.0/24 这 4 条新增的路由。RTB 更新 LSDB，将这 4 条 LSA 增加进来。但经过 SPF 计算，准备将这 4 条路由加入路由表时，之前定义的过滤规则生效，将 192.168.1.0/24、192.168.2.0/24 和 192.168.3.0/24 这 3 条路由过滤，仅仅将 192.168.0.0/24 这条路由加入路由表。因此，在 RTB 上观察路由表，只能够观察到 192.168.0.0/24 这条路由。

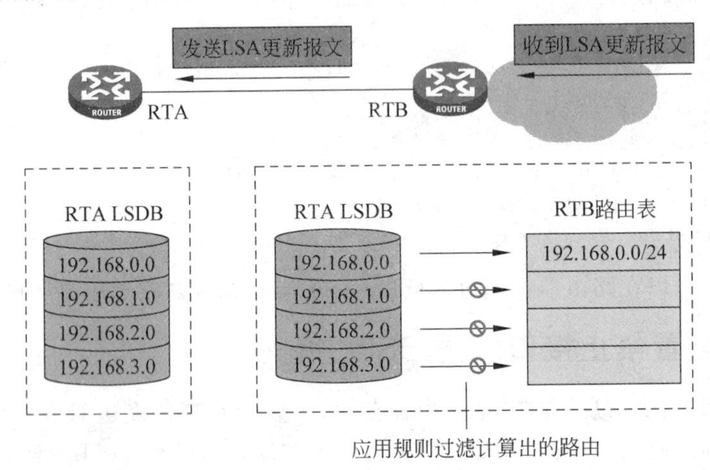

图 9-30 过滤计算出的路由

RTA 和 RTB 相互之间交换链路状态通告，RTB 将自己的 LSA 更新报文发送给 RTA。因为过滤规则是应用于计算后的路由中，而不影响 LSDB，所以在发送更新报文的时候，RTB 会将这 4 条 LSA 都发送给 RTA。这样 RTA 的 LSDB 也会存在这 4 条 LSA，而 RTA 的路由表也存在 192.168.0.0/24 等 4 条路由。

OSPF 协议虽然在区域内传递的是链路状态信息，但是在区域之间传递的第三类 LSA 中仅仅包含相关的路由信息。因此，第三类 LSA 在区域之间传递的时候，是可以通过规则对其进行过滤的。

如图 9-31 所示，RTB 作为 Area0 和 Area1 的 ABR，在 Area1 内收到了 LSA 更新报文。该 LSA 更新报文包含 192.168.0.0/24、192.168.1.0/24、192.168.2.0/24 和 192.168.3.0/24 这 4 条新增的路由。RTB 更新 LSDB，将这 4 条 LSA 添加到 LSDB 中。在这些 LSA 从 Area1 向 Area0 传递时，应用规则过滤第三类 LSA，仅仅允许 192.168.0.0/24 这条 LSA 通过，而将其他的第三类 LSA 过滤掉。因此，在 Area0 中就不会存在这些被过滤的 LSA。

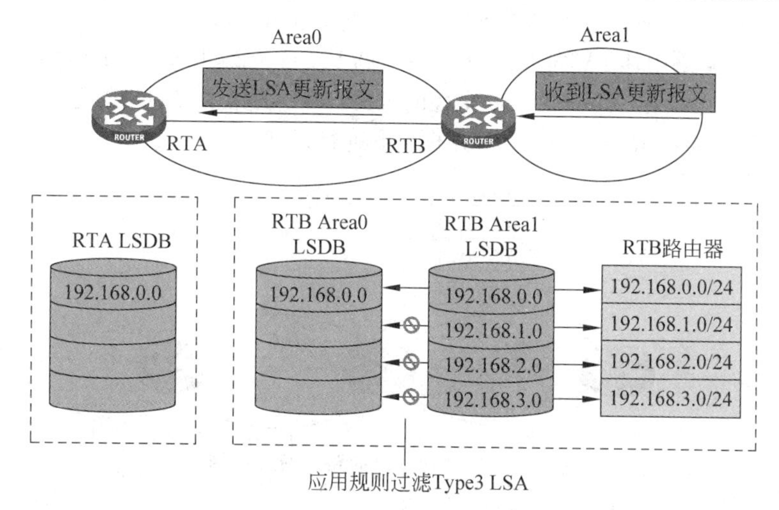

图 9-31　过滤 Type3 的路由

RTA 作为 Area0 的区域内路由器，在与 RTB 交换链路状态通告时，由于 RTB 向 Area0 中仅仅传播了一条 192.168.0.0/24 的 LSA，因此在 RTA 的 LSDB 中也只能学习到这一条 LSA，从而 RTA 的路由表中也仅存在 192.168.0.0/24 这一条路由。

在 OSPF 区域视图下，配置 OSPF 对于计算出的路由进行过滤的命令如下：

```
filter-policy { acl-number [gateway prefix-list-name] | gateway prefix-list-name |
prefix-list prefix-list-name [gateway prefix-list-name] | route-policy route-
policy-name } import
```

其中的主要参数含义如下。

- *acl-number*：用于过滤路由信息目的地址的基本或高级访问控制列表编号，取值范围为 2000～3999。
- **gateway** *prefix-list-name*：指定的地址前缀列表，基于要加入路由表的路由信息的下一跳进行过滤。*prefix-list-name* 为 1～63 个字符的字符串，区分大小写。
- **prefix-list** *prefix-list-name*：指定的地址前缀列表，基于目的地址对接收的路由信息进行过滤。*prefix-list-name* 为 1～63 个字符的字符串，区分大小写。
- **route-policy** *route-policy-name*：指定路由策略名，基于路由策略对接收的路由信息进行过滤。*route-policy-name* 为 1～63 个字符的字符串，区分大小写。

在 OSPF 区域视图下，配置 OSPF 对于 Type3 LSA 进行过滤的命令如下：

```
filter { acl-number | prefix-list prefix-list-name | route-policy route-policy-
name } { export | import }
```

其中的主要参数含义如下。

- *acl-number*：指定的基本或高级访问控制列表，用于对进出本区域的 Type3 LSA 进行过滤，取值范围为2000～3999。

- *prefix-list-name*：指定的地址前缀列表，用于对进出本区域的Type3 LSA进行过滤，为1～63个字符的字符串，区分大小写。
- *route-policy-name*：指定的路由策略，用于对进出本区域的Type3 LSA进行过滤，为1～63个字符的字符串，区分大小写。
- **export**：对ABR向其他区域发布的Type3 LSA进行过滤。
- **import**：对ABR向本区域发布的Type3 LSA进行过滤。

在图9-32所示网络中，RTA向RTB发送了192.168.0.0/24、192.168.1.0/24、192.168.2.0/24和192.168.3.0/24这4条LSA。出于安全性的考虑，RTB的路由表中只能存在192.168.0.0/24这一条路由。所以，要在RTB上对计算出的路由进行过滤。

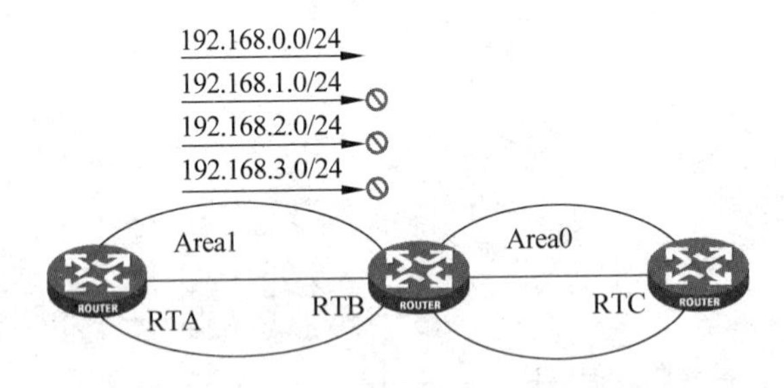

图9-32 过滤计算出的路由配置示例

RTB上配置如下：

```
[RTB] acl number 2000
[RTB-acl-basic-2000] rule 0 permit source 192.168.0.0 0.0.0.255
[RTB] ospf 1 router-id 2.2.2.2
[RTB-ospf-1] filter-policy 2000 import
```

此时RTB的LSDB中存在所有的4条LSA。

```
[RTB] display ospf ldsb
AS External Database
Type        Link state ID     AdvRouter       Age
External    192.168.2.0       1.1.1.1         188
External    192.168.3.0       1.1.1.1         188
External    192.168.0.0       1.1.1.1         186
External    192.168.1.0       1.1.1.1         184
```

但是RTB的路由表中仅存在一条新学习到的路由。

```
[RTB] display ip routing-table

Destination/Mask    Proto     Pre     Cost      NextHop       Interface
127.0.0.0/8         Direct    0       0         127.0.0.1     InLoop0
127.0.0.1/32        Direct    0       0         127.0.0.1     InLoop0
192.168.0.0/24      O_ASE2    150     1         10.0.0.1      GE0/0
```

在图9-33所示网络中，RTA向RTB发送了192.168.0.0/24、192.168.1.0/24、192.168.2.0/24和192.168.3.0/24这4条LSA。出于安全性的考虑，RTB只能向RTC发送一条192.168.0.0/24的LSA。此时，应当对Type3 LSA进行过滤。

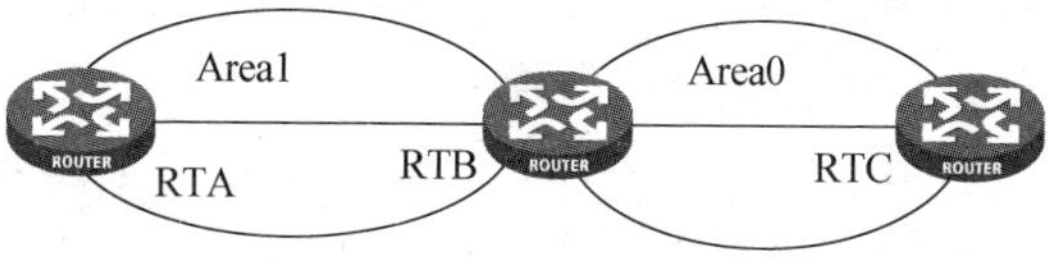

图 9-33 过滤 Type3 LSA 的路由配置示例

RTB 上配置如下：

```
[RTB] acl number 2000
[RTB-acl-basic-2000] rule 0 permit source 192.168.0.0 0.0.0.255
[RTB] ospf 1 router-id 2.2.2.2
[RTB-ospf-1] area 1
[RTB-ospf-1-area-0.0.0.1] filter 2000 export
```

此时 RTB 的 LSDB 中，Area0 中仅存在一条新学习到的 LSA。

```
[RTB] display ospf ldsb
Area: 0.0.0.0
Type          Link state ID     AdvRouter       Age
Sum-Net       192.168.0.0       2.2.2.2         226
```

相应地，在 RTC 的路由表中仅存在一条新学习到的路由。

```
[RTC] display ip routing-table

Destination/Mask     Proto      Pre   Cost     NextHop      Interface
127.0.0.0/8          Direct     0     0        127.0.0.1    InLoop0
127.0.0.1/32         Direct     0     0        127.0.0.1    InLoop0
192.168.0.0/24       O_INTER    10    2        10.0.0.1     GE0/0
```

9.7 本章总结

(1) OSPF 协议中虚连接的配置和应用。
(2) OSPF 协议中的 LSA 类型及作用。
(3) OSPF 协议中路由的选路原则。
(4) OSPF 协议中特殊区域的配置和应用。
(5) OSPF 协议中的验证、过滤等安全特性。

9.8 习题和解答

9.8.1 习题

(1) 第二类 LSA 是由(　　)设备产生的。

A. DR　　B. BDR　　C. ABR　　D. ASBR

(2) 在 OSPF 协议中，内部路由的协议优先级为(　　)，外部路由的协议优先级为(　　)。

A. 10,10　　B. 10,150　　C. 150,150　　D. 10,60

(3) 在 OSPF 协议中，常见的特殊区域包括(　　)。

A. Stub 区域　　B. Totally Stub 区域
C. NSSA 区域　　D. 骨干区域

(4) 在 OSPF 协议中,在 ABR 上将 192.168.0.0/24、192.168.1.0/24、192.168.2.0/24 和 192.168.3.0/24 这 4 条路由进行聚合的配置命令为( )。

A. [Router-ospf-1] abr-summary 192.168.0.0 255.255.252.0

B. [Router-ospf-1-area-0.0.0.1] abr-summary 192.168.0.0 255.255.252.0

C. [Router-ospf-1-area-0.0.0.1] abr-summary 192.168.0.0 mask 255.255.252.0

D. [Router] abr-summary 192.168.0.0 255.255.252.0

(5) 在 OSPF 协议中常见的安全特性有( )。

A. 报文验证　　B. 禁止端口发送 OSPF 报文

C. 过滤 Type3 LSA　　D. 过滤计算出的路由

9.8.2 习题答案

(1) A　(2) B　(3) A、B、C　(4) B　(5) A、B、C、D

第4篇

IS-IS协议

第10章　IS-IS基本概念

第11章　IS-IS协议原理

第12章　配置IS-IS

第10章

IS-IS基本概念

随着Internet技术在全球范围的飞速发展，OSPF已成为目前企业网应用最广泛的路由协议之一。除OSPF协议外，还有另一种强大的路由协议——IS-IS。该协议以前只在OSI网络中被广泛采用，随着TCP/IP的迅速发展，IS-IS也被应用到Internet网络中，也已经成为当前IP网络的主流路由协议之一。

IS-IS是ISO发布的一套内部路由协议，由ISO/IEC 10589推荐定义，并在RFC 1195中定义了IP路由扩展。IS-IS是链路状态协议，它采用最短路径优先(Shortest Path First，SPF或者Dijsktra)算法来计算通过网络的最佳路径。

IS-IS协议提供两级路由——Level-1和Level-2路由。Level-1路由区域之间通过Level-2路由进行互联，Level-2路由域有时也被称为骨干区域。IS-IS协议用有层次的地址分配来将一个自治域分为多个Level-1路由区域，并以此来区分Level-1和Level-2之间的路由。同一区域内的所有节点都使用Level-1路由互通，不同区域里的节点之间使用Level-2路由互通。路由器向其所在区域(Level-1或Level-2)内的其他路由器扩散与之相连的链路状态，从而传递拓扑信息。每台路由器会对接收到的其他路由器发来的链路状态数据包运用SPF算法找到网络里每个目的地的最短路径。由于链路状态协议中的任何路由器都依赖于路由区域中所有其他的路由器，所以IS-IS本身不能够对链路状态信息进行过滤。

本章介绍IS-IS路由协议的原理，包括IS-IS的基本概念和术语、区域划分、层次结构等。然后介绍IS-IS协议与OSPF协议的异同。

10.1 本章目标

学习完本章，应该能够：

(1) 掌握IS-IS协议中的基本概念和术语；

(2) 掌握集成IS-IS协议的概念；

(3) 掌握IS-IS协议的分层网络结构；

(4) 了解IS-IS协议与OSPF协议的异同。

10.2 IS-IS概述

IS-IS(Intermediate System-to-Intermediate System intra-domain routing information exchange protocol，中间系统到中间系统的域内路由信息交换协议)最初是国际标准化组织(International Organization for Standardization，ISO)为它的无连接网络协议(Connection Less Network Protocol，CLNP)设计的一种动态路由协议。该协议由DEC(数字设备公司)第一次作为产品开发，并于1987年作为ANSI(美国国家标准协会)的OSI的IGP路由协议。当时，IS-IS只能工作在OSI环境中，给CLNP提供路由服务。

为了提供对IP的路由支持，IETF(Internet Engineering Task Force，互联网工程任务组)

在 RFC 1195 中对 IS-IS 进行了扩充和修改，使它能够同时应用在 TCP/IP 和 OSI 环境中，称为集成化 IS-IS(Integrated IS-IS 或 Dual IS-IS)。

IS-IS 属于内部网关协议(Interior Gateway Protocol，IGP)，用于自治系统内部。IS-IS 是一种链路状态协议，使用最短路径优先(Shortest Path First，SPF)算法进行路由计算。

IS-IS 可支持大中型网络，而且路由收敛速度快，因此可以作为除 OSPF 协议外的另一选择。在 20 世纪 90 年代中期，一些运营商选择 IS-IS 作为其网络的 IGP 路由协议，主要是因为集成 IS-IS 能够同时支持 CLNP 和 IP，易于从早期的 OSI 网络平滑过渡到 IP 网络。

10.2.1 OSI 和 TCP/IP

OSI 参考模型和 TCP/IP 参考模型如图 10-1 所示。

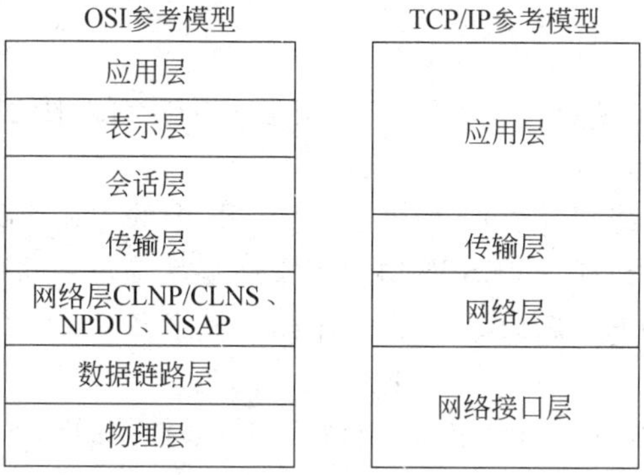

OSI参考模型	TCP/IP参考模型
应用层	应用层
表示层	
会话层	
传输层	传输层
网络层CLNP/CLNS、NPDU、NSAP	网络层
数据链路层	网络接口层
物理层	

图 10-1 OSI 参考模型和 TCP/IP 参考模型

ISO 定义了 OSI 七层参考模型作为计算机网络框架设计的标准，并在此基础上定义了两种网络层服务：CONS(Connection-Oriented Network Service，面向连接的网络服务)和 CLNS(Connectionless Network Service，无连接网络服务)。首先被定义的是 CONS，它要求通信节点之间在进行数据传输前首先要建立连接。其后定义的 CLNS 则不需要通信节点在传输数据前预先建立端到端的连接，而是允许每个数据包被沿途网络设备独立转发。

在 ISO 设计的 OSI 参考模型中，IS-IS 处于网络层，对应于 TCP/IP 参考模型的 Internet 层。其所涉及的协议及服务如下。

(1) CLNP(Connectionless Network Protocol，无连接网络协议)：OSI 中的网络层协议，类似于 TCP/IP 的 IP 协议。

(2) CLNS(Connectionless Network Service，无连接网络服务)：类似于 IP 所提供的“尽力而为”的服务，OSI 就是通过 CLNP 来完成 CLNS 的。

(3) NPDU(Network Protocol Data Unit，网络协议数据单元)：OSI 中的网络层协议报文，相当于 TCP/IP 中的 IP 报文。

(4) NSAP(Network Service Access Point，网络服务接入点)：即 OSI 中网络层的地址，用来标识一个抽象的网络服务访问点，描述 OSI 参考模型的网络地址结构。

就像 OSPF 协议是专门为 IP 协议设计的路由选择协议一样，IS-IS 就是 OSI 专门为 CLNP 协议所设计的路由选择协议。

CLNS 所定义的无连接数据传输服务包含以下 3 个标准。

(1) ISO 8473—Protocol for providing the connectionless-mode network service (CLNP)。

(2) ISO 9542—End System to Intermediate system (ES-IS) routing exchange protocol for use in conjunction with the Protocol for providing the connectionless-mode network service。

(3) ISO 10589—Intermediate System to Intermediate System (IS-IS) intra-domain routing information exchange protocol for use in conjunction with the protocol for providing the connectionless-mode network service。

10.2.2 IS-IS 基本概念与术语

ISO 所提议的 OSI 协议栈在很多地方体现了与 TCP/IP 协议栈相同的思想,ISO 和 TCP/IP 也定义了很多相同的概念实体,尽管所采用的术语不同。本节将介绍 IS-IS 协议涉及的基本概念和术语。

IS-IS 的几个基本术语如下。

(1) IS(Intermediate System,中间系统):相当于 TCP/IP 中的路由器,是 IS-IS 中生成路由和传播路由信息的基本单元。

(2) ES(End System,终端系统):相当于 TCP/IP 中的主机系统。由于 ES 不参与 IS-IS 协议的处理,所以 ISO 使用专门的 ES-IS 协议定义终端系统与中间系统间的通信。

(3) RD(Routing Domain,路由域):在一个路由域中多个 IS 通过相同的路由协议来交换路由信息。

(4) Area(区域):路由域的细分单元,类似于 OSPF 协议,IS-IS 允许将整个路由域划分为多个区域。

(5) ES-IS(End System to Intermediate System Routing Exchange Protocol,终端系统到中间系统路由选择交换协议):负责 ES 与 IS 之间的通信。

将这些基本概念和术语用图表示,如图 10-2 所示。

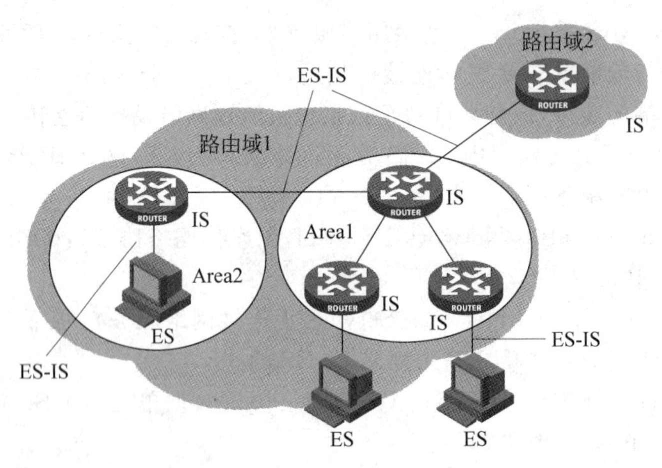

图 10-2 IS-IS 基本概念与术语

在路由域中,路由器与终端系统间使用 ES-IS 协议来进行主机和网关发现,而路由器之间使用 IS-IS 协议来进行邻居关系建立及路由信息交换。

在 ES-IS 中,ES 通过发送 ESH(End System Hello)来告知 IS 自己的存在,同时 IS 通过监听 ESH 来确定本网段是否存在 ES;IS 通过发送 ISH(Intermediate System Hello)来告知 ES 自己的存在。同时 ES 通过监听 ISH 来确定网络中存在的 IS,并选择其中一个 IS 作为自己的网关。如果 ES 要发送报文到另外一个 ES,需要先把报文发送给网关 IS,IS 再负责报文转发。

在 IS-IS 中,路由器间通过 IIH(IS-to-IS Hello PDUs)来建立邻居关系。每一个 IS 都会生成 LSPDU(Link State Protocol Data Unit,链路状态协议数据单元),此 LSP 包含了本 IS 的所有链路状态信息。通过在 IS-IS 邻居间交换 LSP,网络中的每一个 IS 都生成了 LSDB(Link State Database,链路状态数据库),且所有 IS 的 LSDB 中所包含的链路状态信息都是相同的。

与 OSPF 协议类似,IS-IS 协议中的路由器使用 SPF 算法来计算自己的路由。

10.3 IS-IS 分层网络

OSI 给路由定义了 4 个路由级别,分别从 Level-0～Level-3,如图 10-3 所示。

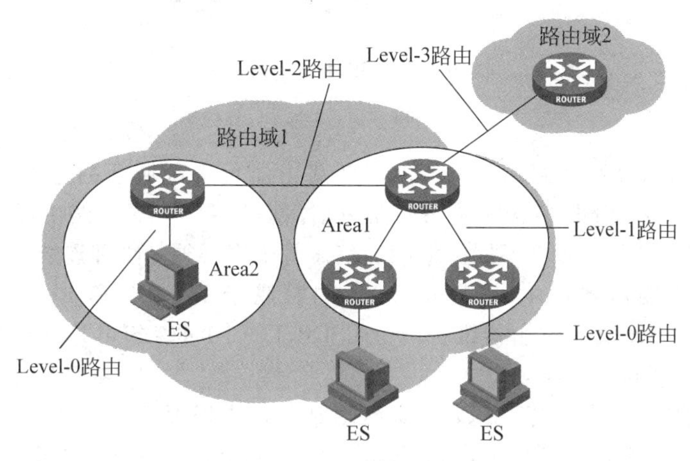

图 10-3 OSI 路由分级

(1) Level-0 路由。Level-0 路由存在于 ES 和 IS 之间,由 ES-IS 来完成。在 ES 发现了最近的 IS 后,主要完成的任务包括确定相连的区域地址,在 ES 和 IS 之间建立邻居,以及完成网络地址到数据链路层地址的转换等。

(2) Level-1 路由。Level-1 路由存在于同一区域内的不同 IS 之间,所以又称为区域内路由。当 IS 要发送报文到另外一个 IS 时,查看报文中的目的地址,如果发现其位于区域内的不同子网,则 IS 会选择最优的路径进行转发;如果目的地址不在同一区域,则 IS 把数据转发到本区域内最近的 Level-1-2 路由器上,然后由 Level-1-2 路由器负责数据转发。

(3) Level-2 路由。Level-2 路由存在于同一路由域内的区域间,所以又称为区域间路由。当目的地址在不同区域时,IS 发送报文到最近的一个 Level-2 IS,由 Level-2 IS 负责将其转发到另一个区域。

(4) Level-3 路由。Level-3 路由存在于路由域间。每个路由域就相当于一个自治系统,彼此间通过 IDRP(Inter Domain Routing Protocol,域间路由协议)相连接。IS-IS 协议涉及 Level-1 路由和 Level-2 路由。

为了支持大规模网络的路由,IS-IS 在路由域内采用两级的分层结构,一个大的路由域通常被分成多个区域,区域内的路由通过 Level-1 路由器管理,区域间的路由通过 Level-2 路由器管理,如图 10-4 所示。

(1) Level-1 路由器(L1 路由器)。Level-1 路由器负责区域内的路由,并且只维护一个 Level-1 的 LSDB。该 LSDB 包含本区域的路由信息。到区域外的报文转发给最近的 Level-1-2

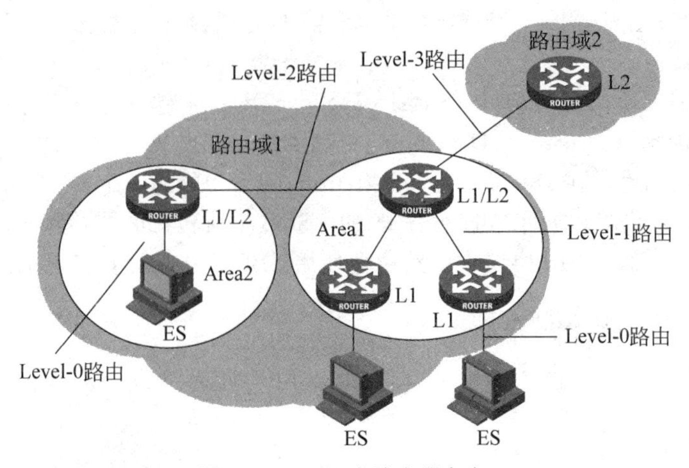

图 10-4 IS-IS 中路由器角色

路由器。

(2) Level-2 路由器(L2 路由器)。Level-2 路由器负责区域间的路由,并且只维护一个 Level-2 的 LSDB。该 LSDB 包含区域间的路由信息。所有 Level-2 路由器和 Level-1-2 路由器组成路由域的骨干网,负责在不同区域间通信。骨干网必须是物理连续的。

(3) Level-1-2 路由器(L1/L2 路由器)。同时属于 Level-1 和 Level-2 的路由器称为 Level-1-2 路由器,Level-1-2 路由器维护两个 LSDB,Level-1 的 LSDB 用于区域内路由,Level-2 的 LSDB 用于区域间路由。

为了提供对 IP 的路由支持,IETF 在 RFC 1195 中对 IS-IS 进行了扩充和修改,使它能够同时应用在 TCP/IP 和 OSI 环境中,称为集成化 IS-IS(Integrated IS-IS 或 Dual IS-IS)。

集成化 IS-IS 可以支持以下 3 种形式的路由域。

(1) 纯 OSI。

(2) 纯 IP。

(3) IP 和 OSI 的混合。

在 IP 网络中,集成化 IS-IS 仍然使用 CLNS 的方式构造报文,建立 IS-IS 邻居关系,进行 IP 可达信息的传递等。

如图 10-5 所示,在 IP 网络中,主机与路由器之间不运行 ES-IS,取而代之的是 ICMP、

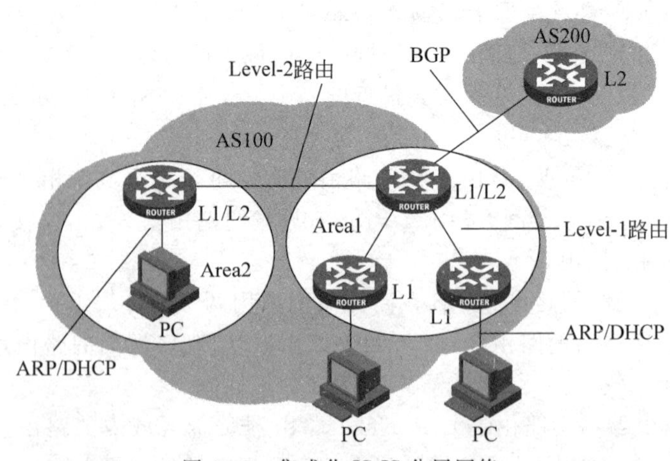

图 10-5 集成化 IS-IS 分层网络

ARP、DHCP 等。Level-0 路由的作用由 ARP 等协议取代，主机和路由器之间通过 ARP 地址解析协议完成网络地址到链路层地址的转换。Level-3 路由的作用由 BGP 路由协议取代，不同自治系统之间的路由学习由 BGP 路由协议完成。

由于目前的主流网络都运行了 TCP/IP 协议，所以通常在这些网络中运行的是集成化 IS-IS。

10.4 IS-IS 协议与 OSPF 协议的比较

IS-IS 协议与 OSPF 协议都采用两级的分层结构，将自治系统划分出不同的区域，但它们之间还是有区别的，如图 10-6 所示。

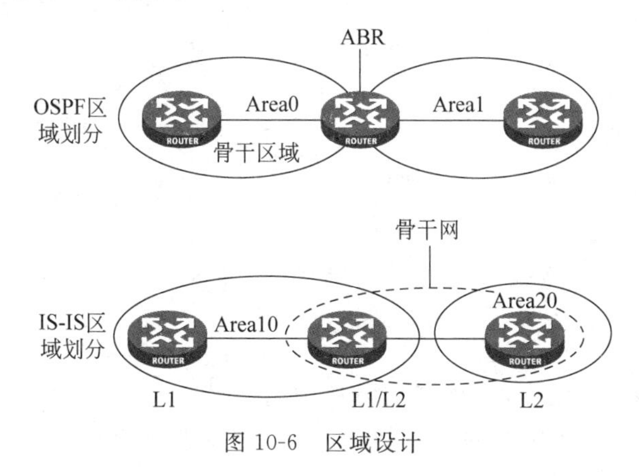

图 10-6 区域设计

(1) 区域边界不同。在 OSPF 协议中，区域的分界点在路由器上，一台路由器的不同接口可属于不同区域；用来连接骨干区域和非骨干区域的路由器称为 ABR(Area Border Router，区域边界路由器)。而在集成化 IS-IS 协议中，区域的分界点在链路上，一台路由器只能属于一个区域；没有 ABR 的概念。

(2) 骨干区域不同。在 OSPF 协议中，只有 Area0 是骨干区域，其他区域均为非骨干区域，所有非骨干区域必须直接连接到骨干区域；骨干区域必须是连续的。而在集成化 IS-IS 协议中，并没有规定哪个区域是骨干区域。所有 Level-2 路由器和 Level-1-2 路由器构成了 IS-IS 协议的骨干网，它们可以属于不同的区域，但必须是物理连续的。

集成化 IS-IS 协议和 OSPF 协议有很多相似点，比如，它们都是基于链路状态的动态路由协议，它们的工作机制相似(LSA 的通告、同步 LSDB、老化等)，它们的收敛速度都较快，它们都有区域分层的概念，它们都是应用较成功的路由协议等。

但它们之间也有一些细微区别。集成化 IS-IS 协议可同时支持 IP 和 OSI，这样在多协议网络中有优势；而 OSPF 协议是专为 IP 而设计的协议。集成化 IS-IS 协议的协议报文采用了 TLV 格式，易于扩展而支持新的特性，如 IPv6 等；而 OSPF 协议与 IP 结合非常紧密，扩展性要差一些。当然，OSPF 协议应用非常广泛，技术文档与经验积累较多，也为广大网络管理员所熟知，这是 OSPF 协议最大的优势。

10.5 本章总结

(1) IS-IS 协议的起源和发展。

(2) IS-IS 协议术语。

(3) 集成化 IS-IS 协议可同时支持 IP 和 OSI。

(4) IS-IS 协议分层网络和 OSPF 协议分层网络的比较。

10.6 习题和解答

10.6.1 习题

(1) ISO 定义了 OSI 协议。在 OSI 协议簇中,与 TCP/IP 协议中的 IP 协议具有类似作用的协议是( )。

A. CLNS B. NPDU C. CLNP D. NSAP

(2) 在 OSI 的 IS-IS 网络中,存在于同一区域内的不同 IS 间的路由是( )。

A. Level-0 路由 B. Level-1 路由 C. Level-2 路由 D. Level-3 路由

(3) 在 OSI 的 IS-IS 网络中,同时维护两个 LSDB 的路由器是( )。

A. Level-1 路由器 B. Level-2 路由器

C. Level-1-2 路由器 D. Level-3 路由器

(4) 集成化 IS-IS 能够支持( )协议。

A. TCP/IP B. IPX/SPX C. OSI CLNS D. AppleTalk

(5) 以下( )是 IS-IS 协议与 OSPF 协议的相同点。

A. 都采用分层架构

B. 都是链路状态型协议

C. 都有区域边界路由器的概念

D. 非骨干区域都必须直接连接到骨干区域上

10.6.2 习题答案

(1) C (2) B (3) C (4) A、C (5) A、B

第11章

IS-IS协议原理

不同于TCP/IP,IS-IS是ISO定义的路由协议,工作在OSI网络中,所以其采用OSI地址结构。另外,作为一种动态路由协议,IS-IS也有路由发现、计算、维护等过程。本章将对IS-IS协议的OSI地址、路由发现与计算过程、LSDB数据库的维护等进行介绍。

11.1 本章目标

学习完本章,应该能够:

(1) 掌握OSI地址结构;

(2) 掌握IS-IS协议报文;

(3) 掌握IS-IS协议所支持的网络类型;

(4) 掌握IS-IS协议的数据库同步与路由计算。

11.2 OSI地址

在不同的网络层次或网络结构中,需要使用地址来标识每一个网络节点,以完成寻址功能。比如,在二层交换网络中使用MAC地址来标识,在三层IP网络中使用IP地址来标识,在OSPF、BGP等路由协议拓扑中使用Router ID(IP地址)来标识等。同样,在OSI协议体系结构中,OSI地址标识了一台支持OSI协议的设备。

在IS-IS协议中,IS间建立邻居、交换路由信息所使用的Hello、LSP等协议报文,均直接承载在OSI数据链路帧中,而不是像OSPF一样由IP来承载。这些协议报文的格式是OSI报文格式,报文中包含有OSI地址。IS-IS使用这些OSI地址来识别不同的IS,并构建网络拓扑数据库,计算到达各节点的最短路径树。

OSI地址使用的是NSAP地址格式,它的作用相当于IP网络中的IP地址和上层协议号的组合,用来标识设备和设备所启用的服务。

NSAP即OSI中网络层的地址,用来标识一个抽象的网络服务访问点,描述OSI参考模型的网络地址结构。

如图11-1所示,NSAP由IDP(Initial Domain Part)和DSP(Domain Specific Part)组成。IDP相当于IP地址中的主网络号,DSP相当于IP地址中的子网号和主机地址。

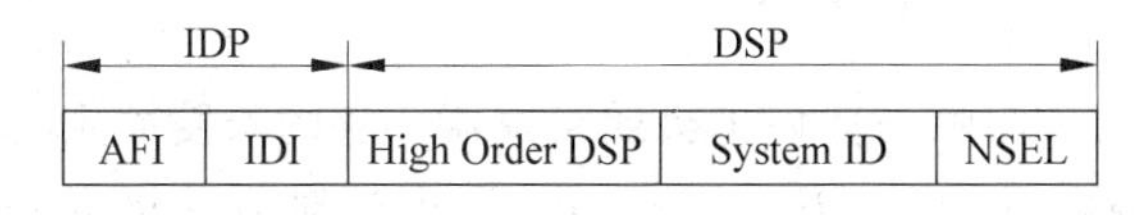

图11-1 NSAP地址格式

IDP部分是ISO规定的,它由AFI(Authority and Format Identifier)与IDI(Initial Domain Identifier)组成。其中,AFI表示地址分配机构和地址格式,IDI用来标识地址域。常

见的 AFI 值及相关地址域如表 11-1 所示。

表 11-1 常见的 AFI 值及相关地址域

AFI 值	地 址 域
39	ISO Data Country Code (DCC)
45	E.164
47	ISO 6523 International Code Designator (ICD)
49	Locally administered (private)

DSP 由 HO-DSP(High Order Part of DSP)、System ID 和 SEL 3 个部分组成。其中,HO-DSP 用来分割区域,System ID 用来区分主机,SEL 用来指示服务类型。

IDP 和 DSP 的长度都是可变的,但 NSAP 总长最多为 20B,最少为 8B。

在集成化 IS-IS 中,NSAP 地址被划分成 3 部分:可变长区域地址、System ID 和 NSEL,如图 11-2 所示。

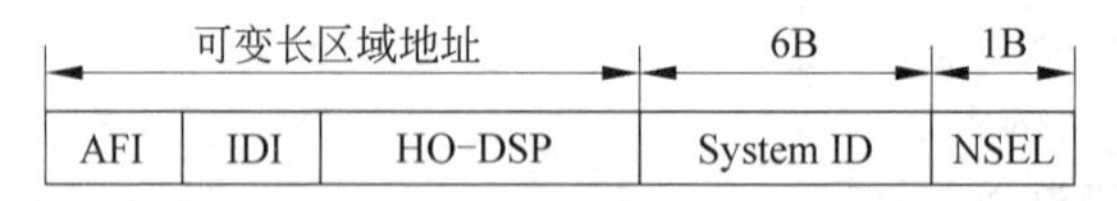

图 11-2 IS-IS 中的 NSAP 地址格式

IDP 和 DSP 的 HO-DSP 一起用来标识路由域中的区域,因此将 IDP 和 HO-DSP 一起称为区域地址(Area Address)。一般情况下,一台路由器只需配置一个区域地址,且同一区域中所有节点的区域地址都相同。同时,为支持区域的平滑合并、分裂、迁移,一台路由器最多可配置 3 个区域地址。

System ID 用来在区域内唯一标识终端系统或路由器,它的长度固定为 6B(48b)。System ID 的指定可以有不同的方法,但要保证其能够唯一标识终端系统或路由器。通常,System ID 由 Router ID 或者 MAC 地址转换而成。

NSEL(NSAP Selector,有时也写成 N-SEL)的作用类似于 IP 中的“协议标识符”。不同的传输协议对应不同的 NSEL。在 IP 中,NSEL 均为 00。

NET(Network Entity Title,网络实体名称)指示的是 IS 本身的网络层信息,但不包括传输层信息,因而可以看作是一类特殊的 NSAP,即 SEL 为 0 的 NSAP 地址。从而,NET 的长度与 NSAP 的相同,最多为 20B,最少为 8B。

通常情况下,一台路由器配置一个 NET 即可。当区域需要重新划分时,例如,将多个区域合并,或者将一个区域划分为多个区域,这种情况下配置多个 NET 在重新配置时仍然能够保证路由的正确性。由于一台路由器最多可配置 3 个区域地址,所以最多也只能配置 3 个 NET。在配置多个 NET 时,必须保证它们的 System ID 都相同。

例如,若 NET 为 ab.cdef.1234.5678.9abc.00,则其中 Area 为 ab.cdef;System ID 为 1234.5678.9abc;NSEL 为 00。

System ID 用来在区域内唯一标识主机或路由器。它的长度固定为 48b。

为了便于管理,一般将 Router ID 与 System ID 进行对应。将 Router ID 转换为 System ID 的方法如下。

(1) 将 IP 地址的每一部分都扩展为 3 位,不足 3 位的在前面补 0。

(2) 将扩展后的地址重新划分为 3 部分,每部分由 4 位数字组成,得到的就是 System ID。

最后，将区域号和NSEL添加后，就得了路由器的NET地址。典型NET生成方法如图11-3所示。

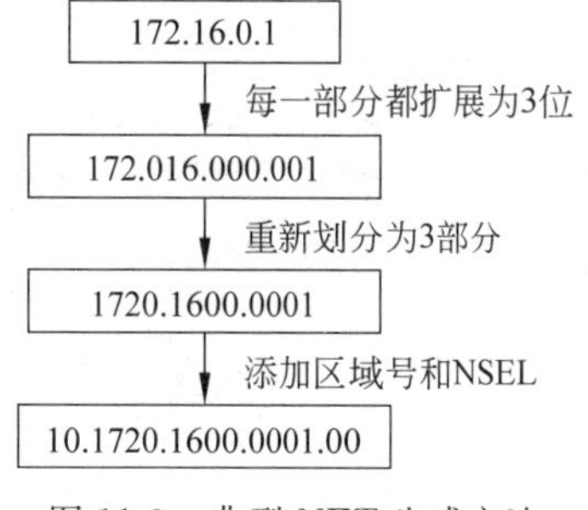

图11-3 典型NET生成方法

NET地址除了由Router ID生成外，还可以根据MAC地址生成。比如，一台设备某个接口的MAC地址为00e0-fe00-3100，可以将其直接映射为System ID：00e0.fe00.3100。假设其所在的区域为0100，那么它所对应的NET地址为0100.00e0.fe00.3100.00。

这样看起来，由MAC地址生成NET比使用Router ID更方便，因为MAC地址的长度与System ID的长度相同，都是6B。但是MAC地址不像IP地址一样可以随意改变，且其具有全局性，管理不方便，所以一般还是使用Router ID来进行System ID的映射。

通过Router ID或MAC地址生成System ID的最大的好处是易于维护和管理，并且可以保证网络中System ID的唯一性。如果在分配System ID时没有统一规划，可能会造成网络中System ID冲突，并且不易被发现。

在进行IS-IS网络设计的时候，需要关注以下两点。

(1) 在同一区域中的IS必须包含相同的区域地址。

(2) 每台IS拥有所在区域内唯一的System ID。

因为在同一区域内，IS使用System ID标识不同的设备来构造拓扑数据库，因此其System ID必须唯一；而IS使用区域地址来进行路由转发的判断，所以同一区域中IS的区域地址需要相同。

因为所有Level-2路由器和Level-1-2路由器组成路由域的骨干网，所以它们的System ID也不能相同。

另外，还有一点需要注意的是，因为IS-IS路由域中可能存在区域合并和区域迁移的情况，所以不同区域中的System ID也尽量不要相同，否则可能会给将来的区域重新划分造成困难。

11.3 IS-IS协议报文

11.3.1 PDU头格式

在IS-IS协议中定义了IS-IS所使用的协议报文，这些报文直接封装在数据链路层的帧中，称为PDU(Protocol Data Unit，协议数据单元)，如图11-4所示。

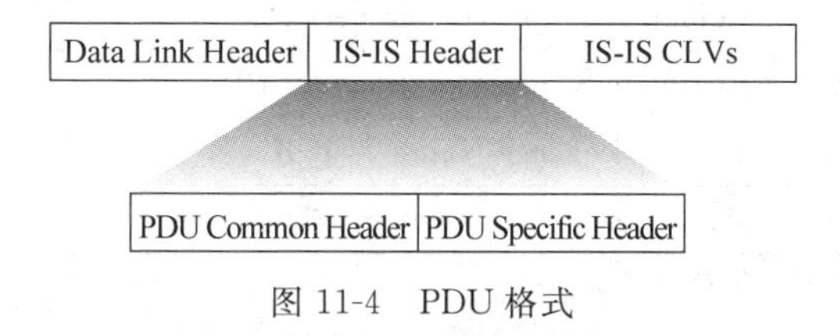

图11-4 PDU格式

PDU可以分为报文头和变长字段两个部分。其中，报文头又可分为通用报头和专用报头。对于所有的PDU来说，通用报头都是相同的，但专用报头根据PDU类型不同而有所差别。

11.3.2 通用报头格式

所有的 PDU 都有相同的通用报头格式，如图 11-5 所示。

字段	No. of Octets
Intradomain Routing Protocol Discriminator	1
Length Indicator	1
Version/Protocol ID Extension	1
ID Length	1
R | R | R | PDU Type	1
Version	1
Reserved	1
Maximum Area Address	1

图 11-5 PDU 通用报头格式

PDU 通用报头中的主要字段的解释如下。

- Intradomain Routing Protocol Discriminator(域内路由协议鉴别符)：设置为 0x83。
- Length Indicator(长度标识符)：PDU 头部的长度(包括通用报头和专用报头)，以字节为单位。
- Version/Protocol ID Extension(版本/协议标识扩展)：设置为 1(0x01)。
- ID Length(标识长度)：NSAP 地址和 NET 的 ID 长度。
- R(Reserved，保留)：设置为 0。
- PDU Type(PDU 类型)：详细信息如表 11-2 所示。
- Version(版本)：设置为 1(0x01)。
- Maximum Area Address(最大区域地址数)：支持的最大区域个数。

表 11-2 PDU 类型对应关系表

类型值	PDU 类型	简　称
15	Level-1 LAN IS-IS Hello PDU	L1 LAN IIH
16	Level-2 LAN IS-IS Hello PDU	L2 LAN IIH
17	Point-to-Point IS-IS Hello PDU	P2P IIH
18	Level-1 Link State PDU	L1 LSP
20	Level-2 Link State PDU	L2 LSP
24	Level-1 Complete Sequence Numbers PDU	L1 CSNP
25	Level-2 Complete Sequence Numbers PDU	L2 CSNP
26	Level-1 Partial Sequence Numbers PDU	L1 PSNP
27	Level-2 Partial Sequence Numbers PDU	L2 PSNP

11.3.3 IS-IS 协议报文类型及作用

在数据链路层头部中定义了所使用的 MAC 地址为 0180-c200-0014(Level-1 报文)和 0180-c200-0015(Level-2 报文)，在数据链路层上 IS-IS 报文的协议号为 0x83。

IS-IS 协议报文共有 4 类，如表 11-3 所示。

表 11-3　IS-IS 协议报文类型

简　称	全　　称	作　　用
IIH	IS-IS Hello PDU	建立和维护邻接关系
LSP	Link State PDU	传播链路状态信息
CSNP	Complete Sequence Numbers PDU	通告链路状态数据库(LSDB)中所有摘要信息
PSNP	Partial Sequence Numbers PDU	请求和确认链路状态信息

1. Hello 报文格式

Hello 报文用于建立和维持邻居关系，也称为 IIH(IS-to-IS Hello PDU)。其中，广播网络中的 Level-1 路由器使用 Level-1 LAN IIH，广播网络中的 Level-2 路由器使用 Level-2 LAN IIH，点到点网络中的路由器则使用 P2P IIH。它们的报文格式有所不同。广播网络中的 Hello 报文格式如图 11-6 所示(灰色部分是通用报文头)。

Field	No.of Octets
Intradomain Routing Protocol Discriminator	1
Length Indicator	1
Version/Protocol ID Extension	1
ID Length	1
R | R | R | PDU Type	1
Version	1
Reserved	1
Maximum Area Address	1
Reserved/Circuit Type	1
Source ID	ID Length
Holding Time	2
PDU Length	2
R | Priority	1
LAN ID	ID Length+1
Variable Length Fields	

图 11-6　L1/L2 LAN IIH 报文格式

L1/L2 LAN IIH 报文格式中，主要字段的解释如下。

- Reserved/Circuit Type：高位的 6b 保留，值为 0。低位的 2b 表示路由器的类型(00 保留，01 表示 L1，10 表示 L2，11 表示 L1/2)。
- Source ID：发送 Hello 报文的路由器的 System ID。
- Holding Time：保持时间。在此时间内如果没有收到邻居发来的 Hello 报文，则中止已建立的邻居关系。
- PDU Length：PDU 的总长度，以字节为单位。
- Priority：选举 DIS 的优先级。
- LAN ID：包括 System ID 和一个字节的伪节点 ID。

点到点网络中的 Hello 报文格式如图 11-7 所示(灰色部分是通用报文头)。

从图 11-7 中可以看出，P2P IIH 中的多数字段与 LAN IIH 相同。不同的是没有 Priority 和 LAN ID 字段，而多了一个 Local Circuit ID 字段，表示本地链路 ID。

Field				No. of Octets
Intradomain Routing Protocol Discriminator				1
Length Indicator				1
Version/Protocol ID Extension				1
ID Length				1
R	R	R	PDU Type	1
Version				1
Reserved				1
Maximum Area Address				1
Reserved/Circuit Type				1
Source ID				ID Length
Holding Time				2
PDU Length				2
Local Circuit ID				1
Variable Length Fields				

图 11-7 P2P IIH 报文格式

2. LSP 报文格式

LSP(Link State PDU,链路状态报文)用于交换链路状态信息。LSP 分为两种：Level-1 LSP 和 Level-2 LSP。Level-1 路由器传送 Level-1 LSP,Level-2 路由器传送 Level-2 LSP,Level-1-2 路由器则可传送以上两种 LSP。

两种 LSP 有相同的报文格式,如图 11-8 所示(灰色部分是通用报文头)。

Field				No. of Octes
Intradomain Routing Protocol Discriminator				1
Length Indicator				1
Version/Protocol ID Extension				1
ID Length				1
R	R	R	PDU Type	1
Version				1
Reserved				1
Maximum Area Address				1
PDU Length				2
Remaining Lifetime				2
LSP ID				ID Length+2
Sequence Number				4
Checksum				2
P	ATT	OL	IS Type	1
Variable Length Fields				

图 11-8 L1/L2 LSP 报文格式

L1/L2 LSP 报文格式中,主要字段的解释如下。

- PDU Length：PDU 的总长度,以字节为单位。
- Remaining Lifetime：LSP 的存活时间,以 s 为单位。
- LSP ID：由 System ID、伪节点 ID(1B)和 LSP 的分片号(1B)3 个部分组成。

- Sequence Number：LSP 的序列号。
- Checksum：LSP 的校验和。
- P(Partition Repair)：仅与 L2 LSP 有关，表示路由器是否支持自动修复区域分割。
- ATT(Attachment)：由 L1/L2 路由器产生，但仅与 L1 LSP 有关，表示产生此 LSP 的路由器(L1/L2 路由器)与多个区域相连接。
- OL(LSDB Overload)：表示本路由器因内存不足而导致 LSDB 不完整。其他路由器在得知这一信息后，就不会把需要此路由器转发的报文发给它，但到此路由器直连地址的报文仍然可以被转发。如图 11-9 所示，假设正常情况下 RouterA 到 RouterC 的报文都是经过 RouterB 转发，但如果 RouterB 的 OL 位置 1，则 RouterA 会认为 RouterB 的路由不完整，从而将报文通过 RouterD、RouterE 转发给 RouterC，但到 RouterB 直连地址的报文不受影响。

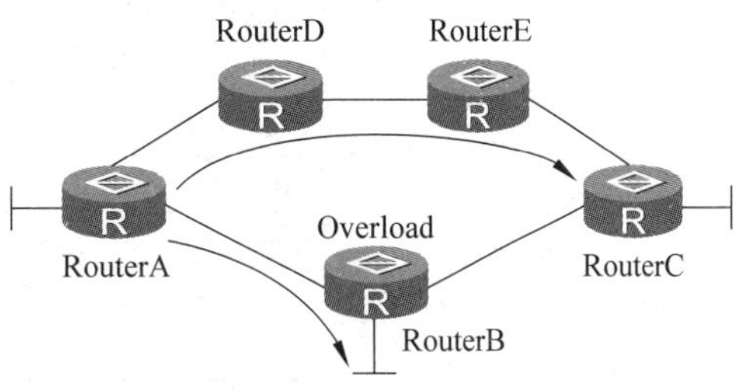

图 11-9 LSDB Overload 示意图

- IS Type：生成 LSP 的路由器的类型。

3. SNP 报文格式

时序报文 SNP(Sequence Numbers PDU)用于确认邻居之间最新接收的 LSP，作用类似于确认(Acknowledge)报文，但更有效。

SNP 包括 CSNP(Complete SNP，全时序报文)和 PSNP(Partial SNP，部分时序报文)，进一步又可分为 Level-1 CSNP、Level-2 CSNP、Level-1 PSNP 和 Level-2 PSNP。

CSNP 包括 LSDB 中所有 LSP 的摘要信息，从而可以在相邻路由器间保持 LSDB 的同步。在广播网络上，CSNP 由 DIS 定期发送(默认的发送周期为 10s)；在点到点链路上，CSNP 只在第一次建立邻接关系时发送。

L1/L2 CSNP 报文格式如图 11-10 所示(灰色部分是通用报文头)。

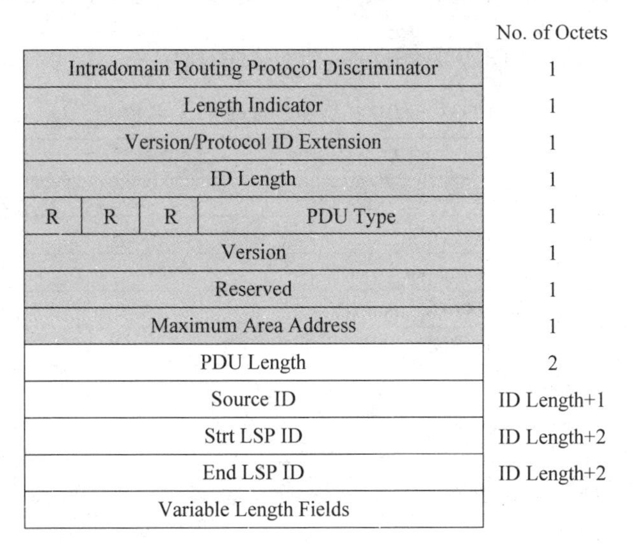

图 11-10 L1/L2 CSNP 报文格式

PSNP 只列举最近收到的一个或多个 LSP 的序号，它能够一次对多个 LSP 进行确认。当发现 LSDB 不同步时，也用 PSNP 来请求邻居发送新的 LSP。

L1/L2 PSNP 报文格式如图 11-11 所示。

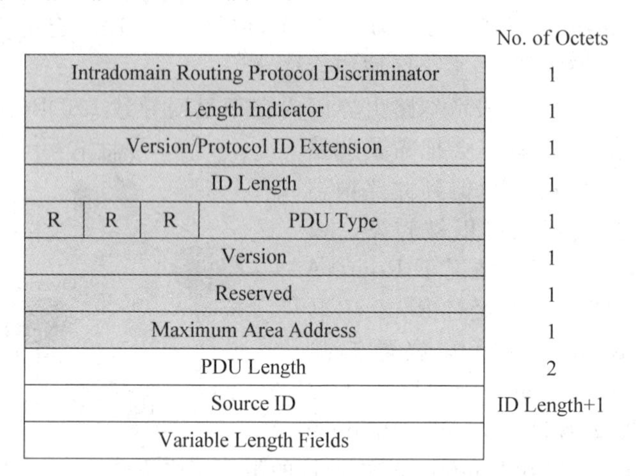

图 11-11　L1/L2 PSNP 报文格式

4. CLV 格式

PDU 中的变长字段部分是多个 CLV(Code-Length-Value)3 元组。CLV 的作用主要是传递协议报文中所包含的各种属性，包括网络中的链路信息、拓扑信息和前缀信息等，如图 11-12 所示。

字段	No. of Octets
Code	1
Length	1
Value	Length

图 11-12　IS-IS 协议报文中的 CLV

不同 PDU 类型所包含的 CLV 是不同的，如表 11-4 所示。

表 11-4　PDU 类型和包含的 CLV 名称

CLV Code	CLV 名称	所应用的 PDU 类型
1	Area Addresses	IIH、LSP
2	IS Neighbors(LSP)	LSP
4	Partition Designated Level-2 IS	L2 LSP
6	IS Neighbors(MAC Address)	LAN IIH
7	IS Neighbors(SNPA Address)	LAN IIH
8	Padding	IIH
9	LSP Entries	SNP
10	Authentication Information	IIH、LSP、SNP
128	IP Internal Reachability Information	LSP
129	Protocols Supported	IIH、LSP
130	IP External Reachability Information	L2 LSP
131	Inter-Domain Routing Protocol Information	L2 LSP
132	IP Interface Address	IIH、LSP

表 11-4 中,Code 值从 1～10 的 CLV 在 ISO 10589 中定义(有两类未在表 11-4 中列出),是基本的 CLV。为了使协议支持更多的功能,可以对 CLV 进行扩展,定义新的 CLV 以增加协议功能。例如,IETF 在 RFC 1195 中定义了对 IPv4 的扩展,使 IS-IS 协议能够完全支持 IP 网络。表 11-4 中,Code 值从 128～132 的 CLV 就是在 RFC 1195 中定义的。后来,又分别定义了对 IPv6 和 MPLS TE 的相关扩展。

几个典型 CLV 的作用如表 11-5 所示。

表 11-5 典型 CLV 的作用

CLV Code	CLV 名称	CLV 的作用
1	Area Addresses	区域地址 CLV 在 IIH 报文中主要作用是判断同网段的 IS 是否在相同的区域,如果区域相同则建立 L1 或 L2 邻居,否则只能建立 L2 邻居
2	IS Neighbors(LSP)	IS 邻居 CLV 主要应用在 LSP 报文中描述网络拓扑,Value 字段中填写的是邻居的 System ID+00 或者 DIS ID
6	IS Neighbors(MAC Address)	该 CLV 主要用在广播网上邻居建立过程中,通过它确认邻居之间的双向关系,Value 字段中填写的是对端邻居接口的 MAC 地址
128	IP Internal Reachability Information	该 CLV 主要用于在 LSP 报文中携带 IP 前缀信息,包括使能了 IS-IS 的所有接口的 IP 地址
132	IP Interface Address	该 CLV 的主要作用是在邻居建立过程中,检查对端地址是否在同一网段,还可以通过该字段获得路由下一跳的地址

11.4 IS-IS 网络类型

11.4.1 网络类型

与 OSPF 协议不同,IS-IS 协议只支持如图 11-13 所示的两种类型的网络,即广播网络和点到点网络。

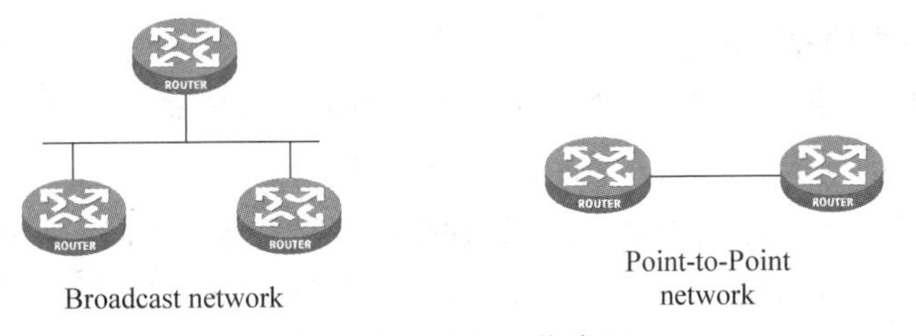

图 11-13 IS-IS 网络类型

默认情况下,路由器接口网络类型由物理链路决定。在广播型的链路(如 Ethernet、Token-Ring)上,接口的默认网络类型为广播网络;而在点对点链路(如 PPP、HDLC)上,接口的默认网络类型为点到点网络。对于 NBMA(Non-Broadcast Multi-Access)网络,如 ATM,需对其配置子接口,并将子接口类型配置为点到点网络或广播网络。IS-IS 不能在点到多点(Point to MultiPoint,P2MP)链路上运行。

接口网络类型不同,其工作机制也略有不同。例如,当网络类型为广播网络时,需要选举 DIS,通过泛洪 CSNP 报文来实现 LSDB 同步;当网络类型为 P2P 时,不需要选举 DIS,LSDB

同步机制也不同。

当只有两台路由器接入同一个广播网络时，通过将接口网络类型配置为P2P可以使IS-IS按照P2P而不是广播网络的工作机制运行，从而避免DIS选举以及CSNP的泛洪，这样既可以节省网络带宽，又可以加快网络的收敛速度。

在IS-IS中，路由器类型有Level-1、Level-2和Level-1-2这3种，所能够建立的邻居关系有Level-1和Level-2两种。属于不同区域的Level-1路由器不能形成邻居关系，而Level-2路由器是否能形成邻居关系则与区域无关。

11.4.2 邻居关系的建立

在点到点网络上，当IS的端口物理层Up后，邻居的初始状态为Init。当收到对端发出的P2P IIH报文后，IS检查报文中的相关参数，如果参数一致，则邻居状态会转化为Up。

在广播网络上，邻居关系的建立需要三次握手过程。具体过程如图11-14所示。

图11-14 邻居关系的建立

(1) RTA的物理端口Up后，发送LAN IIH报文，报文中的Neighbor字段为空。

(2) RTB收到RTA的Hello报文后，将RTA的MAC地址放在邻居字段中，发送出去，邻居状态变为Init。

(3) RTA收到RTB的Hello报文后，发现自己的MAC地址在邻居列表中，双向关系确认，邻居状态变为Up，并将RTB的接口MAC地址放在邻居列表中发送出去；RTB收到该Hello报文后，发现自己的MAC地址在邻居列表中，双向关系确认，邻居状态变为Up。

11.4.3 邻接关系的建立

1. 点到点网络中的邻接关系

在IS-IS中，只要邻居关系建立，则意味着邻接关系同时建立了。邻居之间可以进行LSP的交换，达到LSDB的同步。图11-15显示了点到点网络中哪些路由器能够建立邻接关系。

在图11-15中，Level-1路由器负责区域内的路由，它只与属于同一区域的Level-1路由器和Level-1-2路由器形成邻接关系。分属不同区域间的Level-1路由器之间不会形成邻接关系，而同一区域中的Level-1路由器和Level-2路由器间也不会形成邻接关系。

Level-2路由器负责区域间的路由，可以与同一区域或者其他区域的Level-2路由器和Level-1-2路由器形成邻接关系。

Level-1-2路由器可以与同一区域的Level-1路由器和Level-1-2路由器形成Level-1邻接关系，也可以与同一区域或者其他区域的Level-2路由器和Level-1-2路由器形成Level-2邻接关系。

2. DIS和伪节点

在广播网络中，如果所有IS之间均交换路由信息，将导致路由信息的重复传播。因此，在

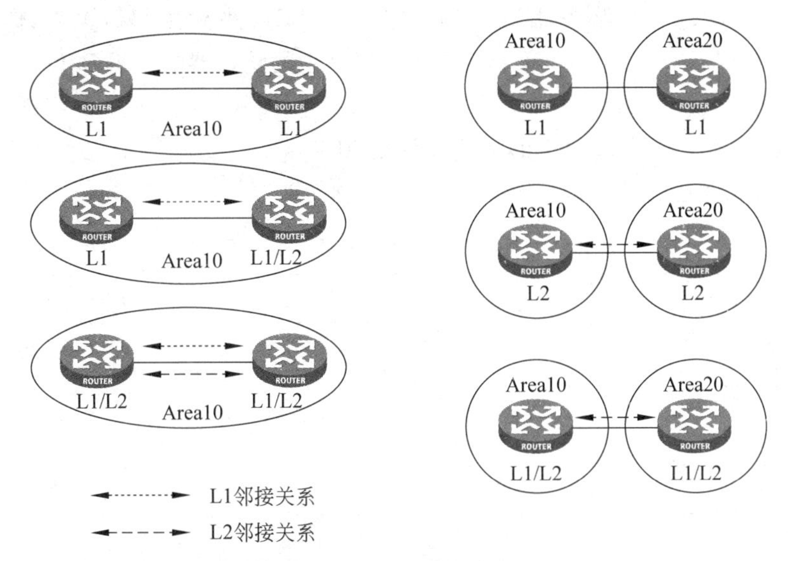

图 11-15 点到点网络中的邻接关系

广播网络中,IS-IS 需要在所有的路由器中选举一个路由器作为 DIS(Designated IS,指定中间系统)。DIS 负责来创建和更新伪节点(Pseudo Nodes),并负责生成伪节点的 LSP 来描述这个网络上有哪些路由器。所有其他路由器都只与 DIS 进行路由信息交换。

与 OSPF 协议不同,IS-IS 协议只要求选举一台 DIS,不需要备份,而且允许抢占。

伪节点是用来模拟广播网络的一个虚拟节点,并非真实的路由器。在 IS-IS 协议中,伪节点用 DIS 的 System ID 和一个字节的 Circuit ID(非 0 值)标识。使用伪节点可以简化网络拓扑,减少 SPF 的资源消耗。

Level-1 和 Level-2 的 DIS 是分别选举的,用户可以为不同级别的 DIS 选举设置不同的优先级。DIS 优先级数值越高,被选中的可能性就越大。如果优先级最高的路由器有多台,则其中 SNPA(Sub Network Point of Attachment,子网连接点)地址(广播网络中的 SNPA 地址是 MAC 地址)最大的路由器会被选中。不同级别的 DIS 可以是同一台路由器,也可以是不同的路由器。

3. 广播网络中的邻接关系

在 IS-IS 广播网络中,同一链路上的同一级别的路由器之间都会形成邻接关系,包括所有的非 DIS 路由器之间也会形成邻接关系,如图 11-16 所示。

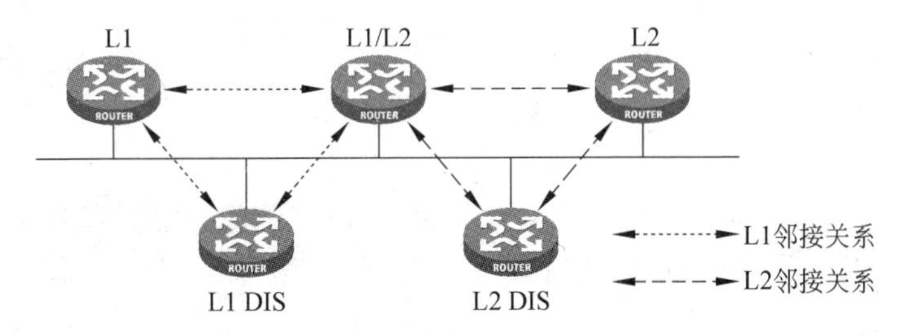

图 11-16 广播网络中的邻接关系

表 11-6 总结了在点到点网络上与在广播网络上建立邻接关系过程中的异同。

广播网络中的 Level-1 路由器使用 Level-1 LAN IIH 来建立邻居关系，广播网络中的 Level-2 路由器使用 Level-2 LAN IIH，而点到点网络中的路由器则使用 P2P IIH。

在广播网络上，Hello 报文以组播形式发送。Level-1 LAN IIH 报文的组播地址是 0180. C200. 0014，Level-2 LAN IIH 报文的组播地址是 0180. C200. 0015。而在点到点网络上，IIH 报文是以单播形式发送的。

表 11-6 两种网络上邻接关系建立过程比较

比　　较	点到点网络	广 播 网 络
Hello 报文	P2P IIH	Level-1/Level-2 LAN IIH
Hello 报文形式	单播	组播
Hello Timer	10s	10s，DIS 是 3. 3s
有无 DIS	无	有
邻接关系数量	1 个	多个

Hello Timer 定时器都是一样的，默认为 10s，与网络类型无关。但在广播网络中，DIS 的 Hello Timer 只有其他 IS 的 1/3，这样可以更快地探测到 DIS 失效，加快网络收敛。

在广播网络上，IS-IS 协议使用 DIS 来创建和更新伪节点，以简化网络拓扑，减少 SPF 的资源消耗；而在点到点网络上没有 DIS 机制。

在广播网络上，所有同一级别的 IS 之间都形成邻接关系，总的邻接关系数量为 $n(n-1)/2$；而在点到点网络上，相邻的同一级别 IS 之间只建立一个邻接关系。

11.5 LSDB 的同步

邻接关系建立后，邻居 IS 之间进行 LSDB 的同步。同步过程主要由邻居间交互 LSP 和 SNP 协议报文完成的。

LSP 用于描述链路状态信息。每一个 IS 产生一个(或多个)LSP 来描述它与周围邻居 IS 的连接；LSP 报文中包含了发送者的 System ID 和序列号。如果 LSP 中包含的链路信息量太多，报文太大，则可以进行分片。Level-1 路由器产生 Level-1 LSP，仅在区域内传播；Level-2 路由器产生 Level-2 LSP，在骨干网内传播。

SNP 用于描述 LSDB 中 LSP 的摘要信息，并对邻居之间最新接收的 LSP 进行确认。

PSNP 只列举最近收到的一个或多个 LSP 的序号，它能够一次对多个 LSP 进行确认。

1. 广播网络 LSDB 的同步

在广播网络中，路由器之间的邻居状态变为 Up 后，为了加快链路状态数据库(LSDB)的同步过程，会先向邻居发送自己 LSDB 中的所有 LSP。这样，所有邻居的 LSDB 快速进入同步状态。

在同步状态下，DIS 会周期性地发送 CSNP 报文，以维护区域中所有 IS 具有相同的 LSDB 数据库信息。如果某一个邻居路由器收到 CSNP 报文后，发现自己的 LSDB 与 DIS 没有达到同步状态，它会发送 PSNP 来请求 DIS 发送相应的 LSP。如图 11-17 所示，RTB 发现自己的 LSDB 中没有 LSP_K，则它会发送 PSNP 请求 DIS 重新发布该 LSP。DIS 收到请求后，单独发送这个 LSP。RTB 收到后，以 PSNP 进行回应以确认收到此 LSP。

如果网络拓扑发生变化，则路由器直接发送描述该变化的 LSP。如果某种原因导致

DIS未收到该LSP,则在周期性的CSNP中没有该LSP。路由器根据从DIS接收到的CSNP,发现没有该LSP,则路由器会再次发送该LSP,直到DIS发送的CSNP中包含该LSP为止。

如图11-17所示,RTB因为链路变化产生新的LSP_L,会直接发送该LSP。RTA没有收到,因此在定期发送的CSNP中不包含LSP_L;RTB根据CSNP发现DIS没有收到自己的LSP_L,会再次发送LSP_L,直到CSNP中包含了LSP_L为止。

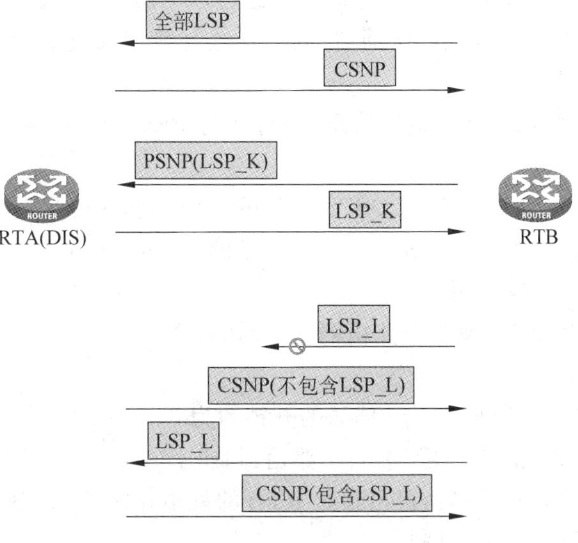

图11-17 广播网络LSDB的同步

2. 点到点网络LSDB的同步

在点对点网络上,路由器之间的邻居状态变为Up后,先向邻居发送自己LSDB中的所有LSP以快速进入同步状态,如图11-18所示。

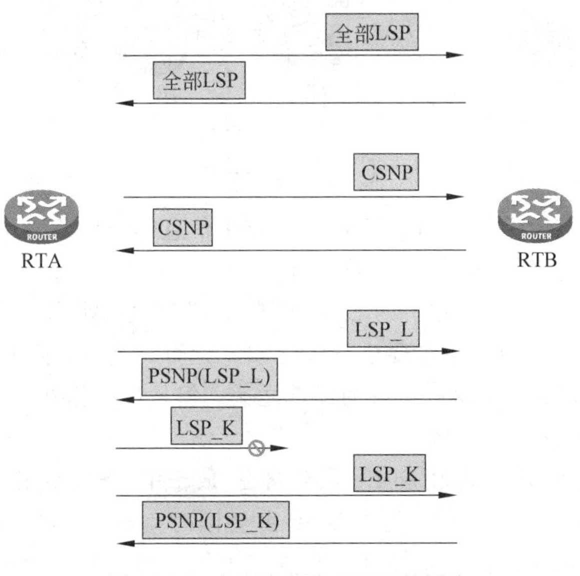

图11-18 点到点网络LSDB的同步

与广播网络不同的是，CSNP 只是在邻居建立后发送一次，而不是周期性发送。此后，路由器之间相互发送各自 LSDB 中的 LSP，并使用 PSNP 对收到的所有 LSP 进行确认。

如果某种原因导致路由器所发送的 LSP 未到达对端，则不会收到对端的 PSNP 报文。路由器会重传该 LSP，直到收到对端的对应 PSNP 确认为止。

11.6　拓扑计算与 IP 路由的生成

在集成化 IS-IS 中，最终 IP 路由的生成需要经过以下两个步骤。

(1) 根据 LSDB 中的 LSP 信息，通过 SPF 算法计算出到达拓扑中所有节点的路径和开销。

(2) 根据 LSP 中携带的 IP 可达性信息，通过执行 PRC(Partial Route Computing)，得出 IP 路由转发信息表。

在计算拓扑信息时，IS-IS 协议与 OSPF 协议的区别有以下几点。

(1) Level-1 和 Level-2 路由器分别构建了自己的 LSDB，所以在 Level-1-2 路由器上，SPF 算法要针对不同的 LSDB 执行两次。

(2) IS-IS 协议使用 NET 来标识路由器，所以拓扑数据库中的目的地址是 NET 地址，而非像 OSPF 协议中的 IP。

(3) 对于广播网络，DIS 到所有 IS 邻居的开销值为 0。

在图 11-19 中，RTA 和 RTB 是 Level-1 路由器，属于 Area1；RTC 和 RTD 是 Level-1-2 路由器。RTC 经过 SPF 算法计算后，得出到达 RTB 的最小开销是 20，到达 RTC 的最小开销是 20＋10＝30，到达 RTD 的最小开销是 10。

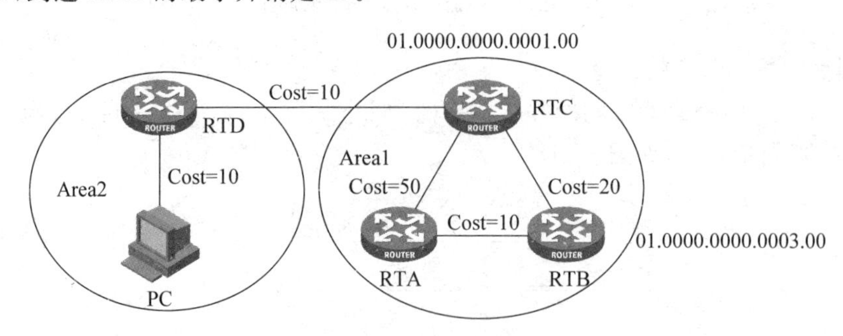

图 11-19　IS-IS 的拓扑计算

IS-IS 路由器接口启动 IP 协议后，相关的 IP 路由信息作为 CLV 附在 LSP 中，以叶节点的形式传递。IP 信息的变化不会影响到网络拓扑。

如果链路新增加了 IP 地址，相关的 LSP 传播到区域中后，则所有路由器只需执行 RPC，将计算出的路由插入路由表中，不需要重新执行 SPF 运算。这可以降低网络变化对设备 CPU 的影响，是 IS-IS 协议相对于 OSPF 协议的优点之一。但是如果拓扑信息发生变化，则需要重新计算到达特定网段的路径和开销。

IS-IS 会分别生成 Level-1 路由和 Level-2 路由，放于 IS-IS 协议路由表中，如图 11-20 所示。对于 Level-1-2 链路来说，链路上的 IP 路由会同时生成 Level-1 路由和 Level-2 路由，Level-1 路由优先。如果路由器上同时运行了多路由协议，则经过路由优先级比较后，IS-IS 协议路由表中的路由才会进入 IP 路由表中，作为有效路由来指导 IP 报文转发。

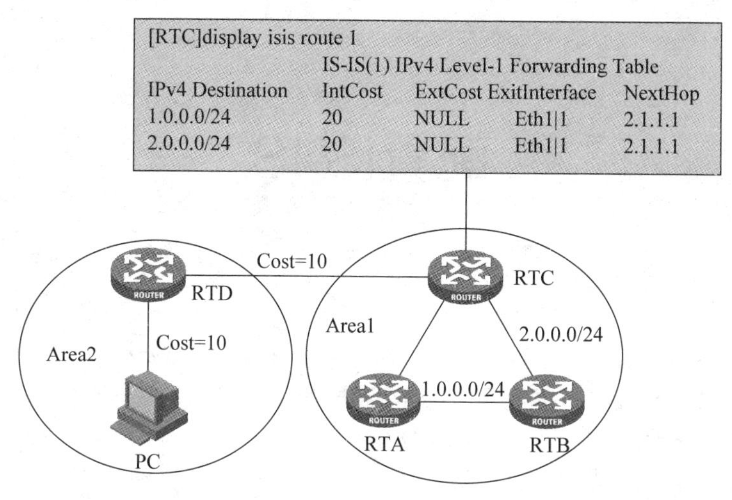

图 11-20 IP 路由的形成

11.7 本章总结

(1) OSI 地址格式。

(2) IS-IS 协议报文包含了 4 类。

(3) IS-IS 网络类型只有两种。

(4) LSDB 同步和 IP 路由计算。

11.8 习题和解答

11.8.1 习题

(1) NET 地址包含(　　)。

A. Area　　B. System ID　　C. NSEL　　D. IDP

(2) 一个 IS-IS 进程最多可以配置 3 个 NET 地址，它们拥有相同的(　　)。

A. Area ID　　B. DSP　　C. IDP　　D. System ID

(3) IS-IS 中的 PDU 包含(　　)。

A. Hello　　B. DSP　　C. IDP　　D. PSNP

E. CSNP　　F. LSP　　G. IP

(4) PSNP 报文的作用是(　　)。

A. 对收到的 LSP 进行确认　　B. 交换链路状态信息

C. 保持 LSDB 的同步　　D. 建立邻居关系

(5) IS-IS 支持(　　)网络类型。

A. Broadcast　　B. P2P　　C. NBMA　　D. P2MP

11.8.2 习题答案

(1) A、B、C　(2) D　(3) A、D、E、F　(4) A、C　(5) A、B

第12章

配置IS-IS

IS-IS是一种链路状态协议，其配置与OSPF协议有类似的地方。本章介绍常用的IS-IS相关配置命令，配置IS-IS单区域和多区域的方法，配置路由泄露和验证的方法，并在最后介绍如何使用命令来查看IS-IS的邻居和LSDB。

12.1 本章目标

学习完本章，应该能够：

(1) 掌握IS-IS协议的基本配置；

(2) 掌握IS-IS协议的高级配置；

(3) 掌握IS-IS协议的显示维护。

12.2 IS-IS基本配置

12.2.1 配置IS-IS基本功能

在配置IS-IS之前需要提前规划好IS-IS区域和IS-IS的网络实体名称。使能IS-IS必需的3条基本命令分别是创建IS-IS进程、配置IS-IS进程的网络实体名称以及在指定接口上使能IS-IS路由进程的命令。使能IS-IS的具体过程如下所示。

(1) 在系统视图下创建IS-IS路由进程，并进入IS-IS视图，命令如下：

```
[RTA] isis [process-id] [vpn-instance vpn-instance-name]
```

由于同一台设备上可以支持多个IS-IS进程同时运行，所以需要用IS-IS进程号来区别不同的IS-IS进程。创建IS-IS进程时，如果不指定其进程号，则系统采用默认的进程号1。另外，还可以用**vpn-instance**参数来指定IS-IS所属的VPN。

(2) 在IS-IS进程视图下配置该IS-IS进程的网络实体名称，命令如下：

```
[RTA-isis-1] network-entity net
```

*net*参数的格式为X...X.XXXXXXXXXXXX.00。其中，前面的“X...X”是区域地址；中间的12个“X”是路由器的System ID；最后的“00”是SEL。

网络实体名称包括区域ID、系统ID、网络服务访问点3部分。其中，区域ID的长度可以是1～8个8位组字节；系统ID的长度必须为6个8位组字节，其值在Level-1域以及Level-2域中必须唯一；网络服务访问点的长度为1个8位组字节，其值必须为0。

(3) 在指定接口上使能IS-IS进程：

```
[RTA-Ethernet0/0] isis enable [process-id]
```

只有在配置该命令之后，IS-IS进程才能在该接口上发送协议报文进行邻居建立以及路由学习。在使能 IS-IS 进程时，如果不指定进程号，系统则取 IS-IS 进程 1。

12.2.2 配置 IS-IS 路由器类型及接口邻接关系

对 IS-IS 协议进行适当优化可以提高其工作效率，减少其资源消耗。

在 IS-IS 默认配置中，路由器类型默认是 Level-1-2。Level-1-2 类型路由器可以同时建立 Level-1 和 Level-2 邻居关系，维护 Level-1 和 Level-2 数据库。这种默认配置的缺点是消耗路由器 CPU、内存去处理和维护两个链路状态数据库，而且要消耗大量的缓存和带宽去处理每一台路由器始发的 Level-1、Level-2 类型的 IS-IS Hello 报文与 PDU 报文。所以路由器应该在满足其基本功能应用的情况下，尽量选择节约资源、节约带宽的优化配置。

如果路由器只是一台区域内部路由器，可以把它配置为 Level-1 类型；如果路由器是一台骨干区域路由器，可以把它配置为 Level-2 类型；如果一台路由器需要承当不同区域内路由的交换工作，那么该路由器就需要保持其默认配置 Level-1-2 类型。

配置 IS-IS 路由器类型的命令如下：

```
[RTA-isis-1] is-level { level-1 | level-1-2 | level-2 }
```

其中主要的参数含义如下。

- **level-1**：配置路由器类型为 Level-1，则它只计算区域内路由，维护 Level-1 的 LSDB。
- **level-1-2**：配置路由器工作在 Level-1-2，同时参与 Level-1 和 Level-2 的路由计算，同时维护 Level-1 和 Level-2 链路状态数据库。
- **level-2**：配置路由器工作在 Level-2，只参加 Level-2 的 LSP 交换和 Level-2 的路由计算，维护 Level-2 的链路状态数据库。

尽管区域边界路由器需要 Level-1-2 类型，但是并不要求其所有接口都建立 Level-1-2 邻接关系。如果其接口相连的路由器是 Level-1 类型，则可以在该接口下把 IS-IS 邻接关系配置为 Level-1，则与对端只建立 Level-1 邻接关系；如果其接口相连的路由器是 Level-2 类型，则可以在该接口下把 IS-IS 邻接关系配置为 Level-2，则与对端只建立 Level-2 邻接关系；如果其接口相连的路由器是 Level-1-2 类型，则取其默认配置，建立 IS-IS Level-1-2 邻接关系。

配置 IS-IS 接口邻接关系类型的命令如下：

```
[RTA-Ethernet0/0] isis circuit-level [level-1 | level-1-2 | level-2]
```

其中主要的参数含义如下。

- **level-1**：配置本接口链路邻接关系类型为 Level-1。
- **level-1-2**：配置本接口链路邻接关系类型为 Level-1-2。
- **level-2**：配置本接口链路邻接关系类型为 Level-2。

12.2.3 配置 IS-IS 链路开销

由于 IS-IS 当初是为 CLNS 设计的，导致其 cost 类型字段长度比较小，只能表示 0～63 的度量值；当 IS-IS 通过扩展应用到 TCP/IP 网络时，该度量值不能满足 TCP/IP 网络的需要，所以对度量值对应的字段进行了扩展，增大到 32b，度量值最大可以达到 16777215。不同的链路度量值范围把 IS-IS 链路开销类型分为 wide 和 narrow 两种类型，为了使 wide 和 narrow 类型的路由器能够互通就定义了 compatible、narrow-compatible 和 wide-compatible 类型。

配置 IS-IS 开销值的类型的命令如下：

```
[RTA-isis-1] cost-style { narrow | wide | wide-compatible | { compatible | narrow-
```

```
compatible } [relax-spf-limit] } }
```

其中主要的参数含义如下。

- **narrow**：表示只可以接收和发送采用了 narrow 方式(取值范围为 0～63)来表示到达目的地路径开销的报文。
- **wide**：表示只可以接收和发送采用了 wide 方式(取值范围为 0～16777215)来表示到达目的地路径开销的报文。
- **wide-compatible**：表示可以接收采用了 narrow 和 wide 方式来表示到达目的地路径开销的报文，却只能发送采用了 wide 方式来表示到达目的地路径开销的报文。
- **compatible**：表示可以接收和发送采用了 narrow 与 wide 方式来表示到达目的地路径开销的报文。
- **narrow-compatible**：表示可以接收采用了 narrow 和 wide 方式来表示到达目的地路径开销的报文，却只能发送采用了 narrow 方式来表示到达目的地路径开销的报文。
- **relax-spf-limit**：表示允许接收到达目的地路径开销值大于 1023 的报文。如果不指定该参数，则在收到开销值大于 1023 的报文时，将丢弃。只有当指定了 **compatible** 或 **narrow-compatible** 时该参数可选。

与 OSPF 协议不同，在 IS-IS 协议中，默认情况下它并不考虑接口的链路带宽，而是直接把所有接口的链路开销值设置为 10。可以通过配置命令来修改 IS-IS 接口的链路开销值。该配置命令可以分别就 Level-1、Level-2 设置不同的链路开销值。如果不指定 Level 参数，则默认对 Level-1、Level-2 都设置相同的链路开销值。

配置 IS-IS 接口的链路开销值的命令如下：

```
[RTA-Ethernet0/0] isis cost value[ level-1 | level-2]
```

其中主要的参数含义如下。

- *value*：链路开销值。
- **level-1**：配置在计算 Level-1 路由时使用的链路开销值。
- **level-2**：配置在计算 Level-2 路由时使用的链路开销值。

如果不想通过手动配置接口的链路开销值，还可以选择配置根据链路带宽自动计算接口的链路开销值功能；在路由器上使能 IS-IS 自动计算接口的链路开销值的命令如下：

```
[RTA-isis-1] auto-cost enable
```

使能 IS-IS 自动计算接口的链路开销值功能后，系统将根据带宽参考值自动计算接口的链路度量值。

12.3 IS-IS 单区域配置示例

如图 12-1 所示，RTA 与 RTB 处于同一区域中，之间建立 IS-IS 邻接关系，通过 IS-IS 协议达到 IP 网络互联。规划区域号为 10，RTA 和 RTB 为 Level-1 路由器，RTA 的 System ID 为 0001.0001.0001，RTB 的 System ID 为 0001.0001.0002。

RTA 上配置如下：

```
[RTA] isis 1
[RTA-isis-1] is-level level-1
[RTA-isis-1] network-entity 10.0001.0001.0001.00
[RTA-Ethernet0/1] isis enable 1
```

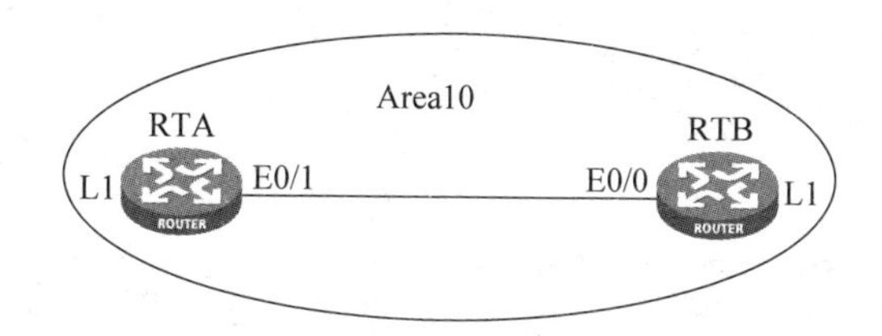

图 12-1 IS-IS 单区域配置示例

RTB 上配置如下：

```
[RTB] isis 1
[RTB-isis-1] is-level level-1
[RTB-isis-1] network-entity 10.0001.0001.0002.00
[RTB-Ethernet0/0] isis enable 1
```

完成配置后，RTA 与 RTB 之间建立了 IS-IS 邻接关系并交换 IS-IS 链路状态信息。

12.4 IS-IS 多区域配置示例

如图 12-2 所示，4 台路由器构建了 IS-IS 网络，网络中有两个区域，编号分别为 10 和 20。

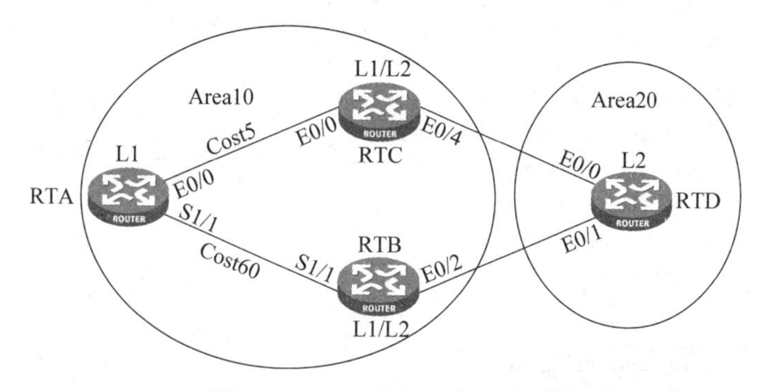

图 12-2 IS-IS 多区域配置示例

规划 RTA 为区域 10 的内部路由器，它不和其他区域的路由器相连，所以可以把其类型配置为 Level-1，只与邻居路由器建立 Level-1 邻接关系。规划 RTD 为骨干网路由器，把其类型配置为 Level-2，只与邻居路由器建立 Level-2 邻接关系。

RTB 和 RTC 在连接区域 10 内部路由器 RTA 的同时还连接骨干网路由器 RTD，所以 RTB 和 RTC 要配置为 Level-1-2 类型路由器。

RTB 和 RTC 没有必要向内部路由器 RTA 发送 Level-2 类型的 Hello 报文，所以在 RTB 和 RTC 上把与 RTA 相连的接口配置为 Level-1 邻接关系；同样，在 RTB 和 RTC 上把与 RTD 相连的接口配置为 Level-2 邻接关系。

RTA 有两条路径到达骨干网，设定其优选从 RTC 到达骨干网。

RTA 上配置如下：

```
[RTA] isis 1
[RTA-isis-1] network-entity 10.0001.0001.0001.00
[RTA-isis-1] is-level level-1
[RTA-Ethernet0/0] isis enable 1
[RTA-Ethernet0/0] isis cost 5
[RTA-Serial1/1] isis enable 1
```

```
[RTA-Serial1/1] isis cost 60
```

RTB 上配置如下：

```
[RTB] isis 1
[RTB-isis-1] network-entity 10.0001.0001.0002.00
[RTB-Serial1/1] isis enable 1
[RTB-Serial1/1] isis circuit-level level-1
[RTB-Ethernet0/2] isis enable 1
[RTB-Ethernet0/2] isis circuit-level level-2
```

RTC 上配置如下：

```
[RTC] isis 1
[RTC-isis-1] network-entity 10.0001.0001.0003.00
[RTC-Ethernet0/0] isis enable 1
[RTC-Ethernet0/0] isis circuit-level level-1
[RTC-Ethernet0/4] isis enable 1
[RTC-Ethernet0/4] isis circuit-level level-2
```

RTD 上配置如下：

```
[RTD] isis 1
[RTD-isis-1] network-entity 20.0001.0001.0004.00
[RTD-isis-1] is-level level-2
[RTD-Ethernet0/0] isis enable 1
[RTD-Ethernet0/1] isis enable 1
```

12.5 IS-IS 高级配置

12.5.1 配置 IS-IS 验证

在 IS-IS 协议中，可以配置 3 个级别的认证，分别是邻居关系验证、区域范围验证和域验证。它们可以单独使用，也可以一起使用。每一级别的认证都可以使用明文密码或者 MD5。

邻居关系验证是对邻居建立的 Hello 报文进行认证。如果认证不通过，邻居不能建立。配置 IS-IS 邻居关系验证方式和验证密码的命令如下：

```
[RTA-Ethernet0/0] isis authentication-mode { md5 | simple | gca key-id { hmac-sha-1 | hmac-sha-224 | hmac-sha-256 | hmac-sha-384 | hmac-sha-512 } } { cipher cipher-string | plain plain-string } [level-1 | level-2] [ip | osi]
```

其中主要的参数含义如下。

- **md5**：指定验证方式为密文，且加密方式为 MD5。
- **simple**：指定验证方式为明文。
- **gca**：GCA 验证模式(Generic Cryptographic Authentication)。
- *key-id*：唯一标识一个认证项(SA)，取值范围为 1～65535。发送方将 Key ID 放入认证 TLV 中，接收方根据报文中提取的 Key ID 选择 SA 对报文进行认证。
- **hmac-sha-1**：支持 HMAC-SHA-1 算法。
- **hmac-sha-224**：支持 HMAC-SHA-224 算法。
- **hmac-sha-256**：支持 HMAC-SHA-256 算法。

- **hmac-sha-384**：支持 HMAC-SHA-384 算法。
- **hmac-sha-512**：支持 HMAC-SHA-512 算法。
- **cipher**：表示输入的密码为密文。
- *cipher-string*：表示设置的密文密码，为 33～53 个字符的字符串，区分大小写。
- **plain**：表示输入的密码为明文。
- *plain-string*：表示设置的明文密码，为 1～16 个字符的字符串，区分大小写。
- **level-1**：为 Level-1 配置认证密码。
- **level-2**：为 Level-2 配置认证密码。
- **ip**：检查 SNP、LSP 中 IP 的相应字段的配置内容。
- **osi**：检查 SNP、LSP 中 OSI 的相应字段的配置内容。

区域范围验证是对接收到的 Level-1 报文（LSP、CSNP、PSNP）进行认证，认证不通过，相关信息不能加到 Level-1 数据库中。配置 IS-IS 区域验证方式和验证密码的命令如下：

```
[RTA-isis-1] area-authentication-mode { md5 | simple | gca key-id { hmac-sha-1 |
hmac-sha-224 | hmac-sha-256 | hmac-sha-384 | hmac-sha-512 } } { cipher cipher-
string | plain plain-string } [ip | osi]
```

域验证是对接收到的 Level-2 报文进行认证，认证不通过，相关信息不能加到 Level-2 数据库中。配置 IS-IS 路由域验证方式和验证密码的命令如下：

```
[RTA-isis-1] domain-authentication-mode { md5 | simple | gca key-id { hmac-sha-1 |
hmac-sha-224 | hmac-sha-256 | hmac-sha-384 | hmac-sha-512 } } { cipher cipher-
string | plain plain-string } [ip | osi]
```

12.5.2 配置 IS-IS 路由聚合

通过路由聚合，不但可以减小路由表规模，还可以减少本路由器生成的 LSP 报文大小和 LSDB 的规模，同时还可以隐藏区域内部网络振荡的影响。其中，被聚合的路由可以是 IS-IS 协议发现的路由，也可以是引入的外部路由。另外，聚合后路由的开销值取所有被聚合路由中最小的开销值。

配置 IS-IS 路由聚合的命令如下：

```
[RTA-isis-1] summary ip-address { mask | mask-length } [avoid-feedback | generate_
null0_route | [level-1 | level-1-2 | level-2] | tag tag]
```

其中主要的参数含义如下。

- *ip-address*：聚合路由的目的 IP 地址。
- *mask*：聚合路由的网络掩码，点分十进制格式。
- *mask-length*：聚合路由的网络掩码长度，取值范围为 0～32。
- **generate_null0_route**：为防止路由循环而生成 NULL0 路由。
- **level-1**：只对引入 Level-1 区域的路由进行聚合。
- **level-1-2**：对引入 Level-1 和 Level-2 区域的路由都进行聚合。
- **level-2**：只对引入 Level-2 区域的路由进行聚合。
- **tag** *tag*：管理标记。

默认情况下，只对引入 Level-2 区域的路由进行聚合。

12.6 IS-IS 路由聚合和验证配置示例

在图 12-3 所示网络中，RTA 和 RTC 之间配置邻居关系验证，采用明文验证方式，密码为 test1；区域 10 内配置区域验证方式，采用明文验证方式，验证密码是 test2；在骨干网即区域 20 内配置域验证方式，采用密文验证方式，验证密码是 test3。

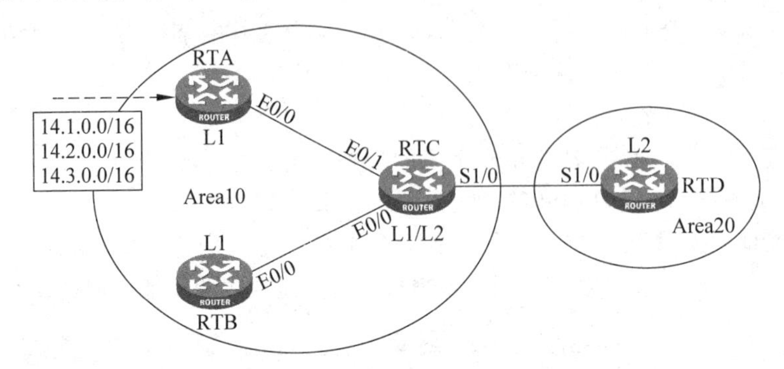

图 12-3 IS-IS 路由聚合和验证配置示例

在 RTA 上有路由 14.1.0.0/16、14.2.0.0/16 和 14.3.0.0/16 这 3 条路由，这些路由在 RTC 上转化为 Level-2 类型路由后在骨干网中传播。为了减少骨干网中 LSP 的数量，可以在 RTC 上进行路由聚合，把上述连续地址聚合为 14.0.0.0/8，聚合后的路由为 Level-2 类型。

RTA 上配置如下：

```
[RTA-Ethernet0/0] isis authentication-mode simple plain test1
[RTA-isis-1] area-authentication-mode simple plain test2
```

RTB 上配置如下：

```
[RTB-isis-1] area-authentication-mode simple plain test2
```

RTC 上配置如下：

```
[RTC-Ethernet0/1] isis authentication-mode simple plain test1
[RTC-isis-1] area-authentication-mode simple plain test2
[RTC-isis-1] domain-authentication-mode md5 plain test3
[RTC-isis-1] summary 14.0.0.0 255.0.0.0 level-2
```

RTD 上配置如下：

```
[RTD-isis-1] domain-authentication-mode md5 plain test3
```

12.7 次优路由的产生和解决方法

12.7.1 区域外次优路由的产生和解决方法

在 IS-IS 协议中，区域内的路由信息通过 Level-1 路由器进行管理，区域内的路由信息通过 Level-1-2 路由器发布到 Level-2 区域，Level-2 路由器知道整个 IS-IS 路由域的路由信息。但是，在默认情况下，Level-2 路由器并不将自己知道的其他 Level-1 区域以及 Level-2 区域的路由信息发布到 Level-1 区域。这样，Level-1 路由器将不了解本区域以外的路由信息，Level-1 路由器只将去往其他区域的报文发送到最近的 Level-1-2 路由器，所以可能导致对本区域之外的目的地址无法选择最佳的路由。

在图 12-4 所示网络中，RTA 可通过 RTB 或 RTC 到达 RTD。因为 RTA 到 RTB 的链路开销值为 5，而到 RTC 的链路开销值为 10，所以 RTA 会将去往 RTD 的报文发送给 RTB，由 RTB 进行转发。但这显然是不合理的，因为经由 RTC 到达 RTD 的路径总开销是 20，比经由 RTB 到达 RTD 的路径总开销 35 小，所以经由 RTC 到达 RTD 的路径应该是最优路径。由此可见，在 RTA 上，选择经由 RTB 到达 RTD 的路径并不是最优的，即出现了次优路由问题。

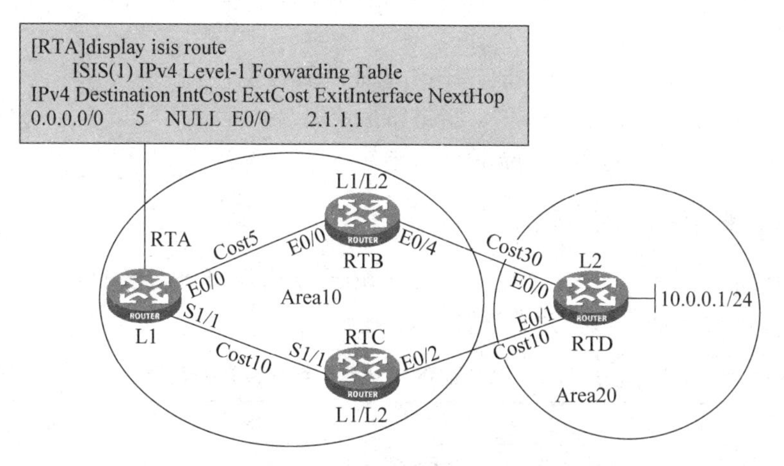

图 12-4 区域外次优路由的产生

说明：Level-1-2 路由器会发出 ATT(ATTach bit)置位的 LSP，Level-1 路由器据此能知道区域中有 Level-1-2 路由器。

为解决上述问题，IS-IS 协议提供了路由渗透功能，使 Level-1-2 路由器可以将已知的其他 Level-1 区域以及 Level-2 区域的路由信息发布到指定的 Level-1 区域。

在图 12-5 所示网络中，配置了路由渗透后，RTB 和 RTC 将 Level-2 区域的路由 10.0.0.0/24 和相关开销值发送到 RTA。RTA 经过比较开销值，选择经由下一跳 RTC 到达 RTD。

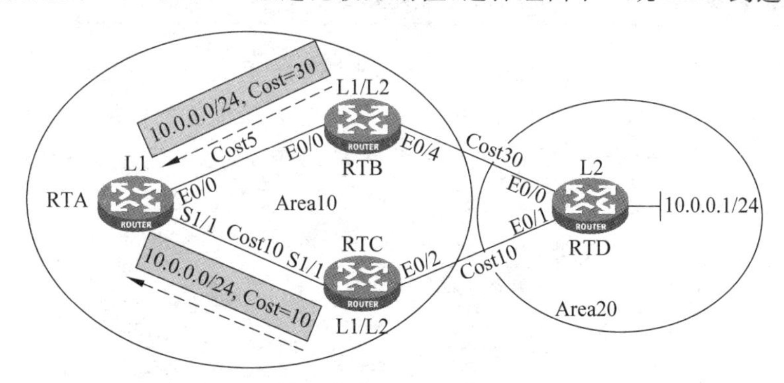

图 12-5 区域外次优路由的解决方法

12.7.2 配置 IS-IS 路由渗透

配置了路由渗透后，路由器将所维护的 Level-2 路由信息引入 Level-1 链路状态数据库中。所以，路由渗透的命令仅在 Level-1-2 路由器上有意义。

另外，如果只想将部分 Level-2 路由信息引入 Level-1 区域中，则可以配置路由过滤或路由策略，将不需要的路由过滤掉。同时，还可以指定引入的路由带有标记(Tag)值，以利于识别。

配置 IS-IS 路由渗透的命令如下：

[RTA-isis-1] **import-routeisis level-2 into level-1** [**filter-policy** { *acl-number* | **ip-prefix** *ip-prefix-name* | **route-policy** *route-policy-name* } | **tag** *tag*]

其中主要的参数含义如下。

- *acl-number*：指定访问控制列表序号，过滤从 Level-2 区域引入 Level-1 区域的路由信息。
- **ip-prefix** *ip-prefix-name*：指定 IPv4 地址前缀列表名。
- **route-policy** *route-policy-name*：指定路由策略名。
- **tag** *tag*：为引入路由设置 Tag 值。

12.8 IS-IS 显示和维护

完成 IS-IS 相关配置后，在任意视图下执行 display 命令可以显示配置后 IS-IS 的运行情况。常用的 IS-IS 显示和维护相关命令如表 12-1 所示。

表 12-1　常用的 IS-IS 显示和维护相关命令

操　作	命　令
显示 IS-IS 的进程信息	*display isis* [**process-id**]
显示 IS-IS 的邻居信息	*display isis peer* [*statistics* | *verbose*] [**process-id**]
显示 IS-IS 的 IPv4 路由信息	*display isis route* [*ipv4* [*topology* **topo-name**] [**ip-address mask-length**]] [[*level-1* | *level-2*] | *verbose*] [**process-id**]
显示 IS-IS 的链路状态数据	*display isis lsdb* [[*level-1* | *level-2*] | *local* | [lsp-id **lspid** | *lsp-name* **lspname**] | verbose] [**process-id**]
清除 IS-IS 特定邻居的数据信息	*reset isis peer* **system-id** [**process-id**]
清除所有 IS-IS 的数据结构信息	*reset isis all* [**process-id**] [*graceful-restart*]

在任意视图下使用 display isis 命令来显示 IS-IS 的进程信息。

由图 12-6 中输出可知，当前运行 IS-IS 的进程号是 1，所配置的网络实体名称为 01.0000.0000.0003.00，路由器类型为 Level-1-2，开销类型为 narrow，路由优先级默认值是 15。

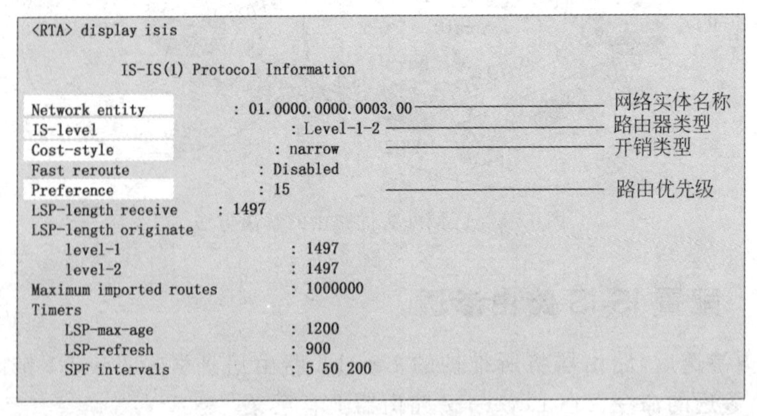
```
<RTA> display isis

          IS-IS(1) Protocol Information

Network entity            : 01.0000.0000.0003.00
IS-level                        : Level-1-2
Cost-style                      : narrow
Fast reroute                  : Disabled
Preference                    : 15
LSP-length receive      : 1497
LSP-length originate
     level-1                    : 1497
     level-2                    : 1497
Maximum imported routes         : 1000000
Timers
     LSP-max-age                : 1200
     LSP-refresh                : 900
     SPF intervals              : 5 50 200
```


图 12-6　IS-IS 进程信息显示

使用 display isis peer 命令来显示 IS-IS 的邻居信息。

由图 12-7 中输出可知，路由器与邻居路由器相连的链路状态为 Up，说明邻居关系建立成功。邻居路由器的系统 ID 为 0000.0000.0002，邻居路由器的类型为 Level-1-2，所以所建立的邻居关系为 Level-1 和 Level-2。

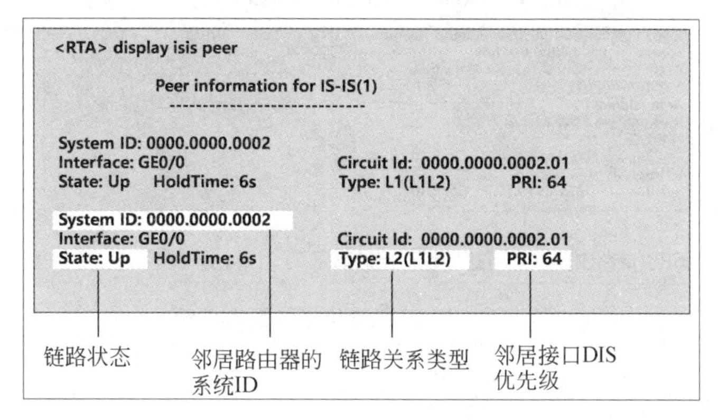

图 12-7 IS-IS 邻居信息显示

邻居路由器接口 Level-1 和 Level-2 的 DIS 优先级都是默认值 64。

对于 IS-IS，Level-1 和 Level-2 的 DIS 是分别选举的，可以为不同级别的 DIS 选举设置不同的优先级。优先级数值高者被选为 DIS。如果所有路由器的 DIS 优先级相同，将会选择 MAC 地址最大的路由器作为 DIS。

使用 display isis route 命令来显示 IS-IS 的路由信息。

由图 12-8 中输出可知，当前路由器维护了 Level-1 路由转发表，表中有 2.0.0.0/24 和 3.0.0.0/24这两条路由，但只有 2.0.0.0/24 被添加到 IP 路由表中，被作为报文转发的依据。

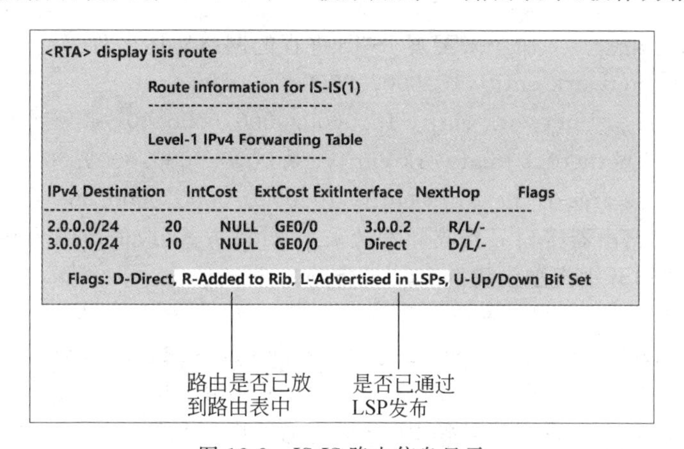

图 12-8 IS-IS 路由信息显示

如果路由器是 Level-1，则 display isis route 命令只会输出 Level-1 路由转发表；如果路由器是 Level-2，则只维护 Level-2 路由转发表。

使用 display isis lsdb 命令来显示 IS-IS 的链路状态数据库。

在图 12-9 中，通过执行 display isis lsdb level-1 verbose 命令来查看 Level-1 链路状态数据库详细信息。由输出可知，当前这个 LSP 是由 System ID 为 0000.0000.0001 的路由器生成的，其区域 ID 为 01。这条 LSP 所携带的 IP 路由信息为 2.0.0.0/24。

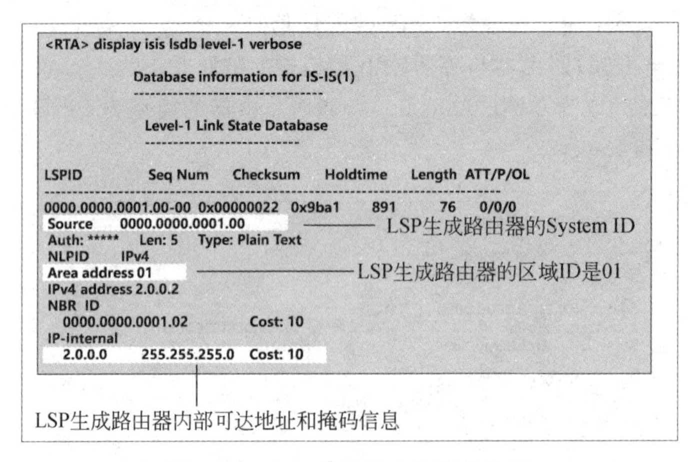

图 12-9　IS-IS 链路状态数据库显示

12.9　本章总结

（1）IS-IS 协议的基本配置。

（2）IS-IS 路由器类型、接口邻接关系和链路开销配置。

（3）IS-IS 路由验证和聚合配置。

（4）配置 IS-IS 路由渗透来解决次优路由。

（5）IS-IS 协议的显示和维护。

12.10　习题和解答

12.10.1　习题

（1）在路由器上用（　　）命令来配置 IS-IS 进程的网络实体名称。

A. [RTA] network-entity 10.0000.0000.0000.00

B. [RTA-isis-1] network-entity 10.0000.0000.0000.00

C. [RTA-Ethernet0/0] network-entity 10.0000.0000.0000.00

D. [RTA-isis-area-1] network-entity 10.0000.0000.0000.00

（2）如果需要使路由器接口只接收和发送采用 wide 方式（取值范围为 0～16777215）开销的报文，则需要将接口开销类型设置为（　　）类型。

A. narrow　　B. wide　　C. compatible　　D. wide-compatible

（3）在 IS-IS 协议中，如果要将 Level-2 路由发布到 Level-1 区域中，则需要采用（　　）方法。

A. 路由渗透　　B. 路由过滤　　C. 路由策略　　D. 基于策略的路由

（4）用（　　）命令来查看当前设备 IS-IS 进程的路由器类型。

A. [RTA] display isis brief　　B. [RTA] display isis

C. [RTA] display isis lsdb　　D. [RTA] display isis interface

（5）用（　　）命令来查看当前设备 IS-IS 进程的 LSP。

A. [RTA] display isis brief　　B. [RTA] display isis

C. [RTA] display isis lsdb　　D. [RTA] display isis interface

12.10.2　习题答案

（1）B　（2）B　（3）A　（4）B　（5）C

第5篇

控制IGP路由

第13章

路由过滤

路由器在发布与接收路由信息时，可能需要对路由信息进行过滤。常用的路由过滤工具有 ACL、地址前缀列表等。本章介绍路由过滤的目的、应用、工具及其相关的配置。

13.1　本章目标

学习完本章，应该能够：

(1) 了解路由过滤的目的和作用；

(2) 掌握路由过滤的原理；

(3) 掌握路由过滤工具的种类和特点；

(4) 掌握地址前缀列表的配置；

(5) 掌握 Filter-policy 的配置和应用。

13.2　路由过滤概述

13.2.1　路由过滤作用

路由器在运行路由协议后，通过路由协议进行路由信息的发布与接收。通常情况下，距离矢量路由协议(如 RIP 协议)会将自己的全部路由信息发布出去，同时也接收邻居路由器发来的所有路由信息；而链路状态路由协议(如 OSPF 协议)也会发送自己产生的 LSA，并接收邻居发来的 LSA，然后在本地构建 LSDB 数据库，根据 LSDB 计算出路由。

但是，有时为了控制报文的转发路径，路由器在发布与接收路由信息时，可能需要实施一些策略，以对路由信息进行过滤，使其只接收或发布满足一定条件的路由信息。

如图 13-1 所示，RTB 从 RTA 接收到 10.0.0.0/24、10.0.1.0/24 和 10.0.2.0/24 这 3 条路由后，出于安全方面的考虑，并不想将所有路由都发送给 ISP。所以，在 RTB 处实施路由过滤，仅将路由 10.0.0.0/24 发布出去，而其余路由不发布。

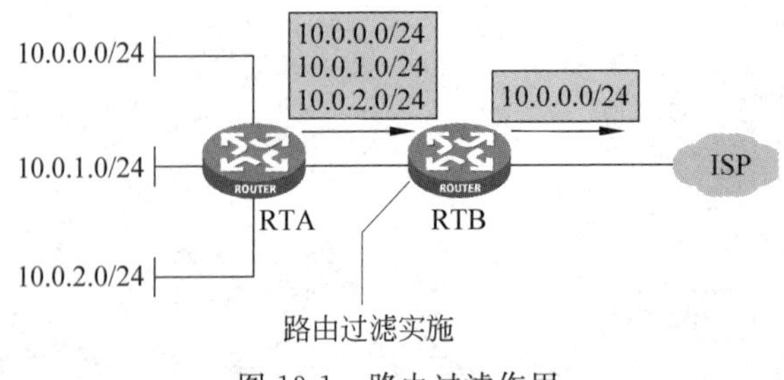

图 13-1　路由过滤作用

无论是在企业网络中，还是在运营商网络中，路由过滤的应用都比较普遍。例如，某公司内部网络运行了路由协议，某些内部的路由信息是不希望被外部所知道的，这时可以采用路由过滤方法把内部路由在网络边界上过滤掉。再如，某 ISP 因为某种原因只想把某条特定路由发送给其客户，就可以采用路由过滤的手段。

路由过滤的另一个好处是节省设备和链路资源，甚至保护网络安全。

广域网链路带宽是宝贵的网络资源，而大量的路由更新会占用网络带宽。如 ISP 间的 Internet 路由，多达十几万条，如果全部更新一次会占用大量带宽，并消耗大量的设备 CPU 资源；如果设备间链路是低速广域网链路，甚至可能引起链路拥塞。但如果采用路由过滤，仅将必要的路由发布，则会减少带宽的占用，减轻设备负担。

13.2.2 路由过滤方法

路由过滤主要有以下两种应用方法。

(1) 路由引入过滤。路由协议在引入其他路由协议发现的路由时，只引入满足条件的路由信息。

(2) 路由发布或接收过滤。路由协议在发布或接收路由信息时，对路由信息进行过滤，只接收或发布满足给定条件的路由信息。

本章主要讲述如何在路由协议发布或接收路由信息时进行过滤。

在进行路由过滤时，通常有以下几种过滤方法，如图 13-2 所示。

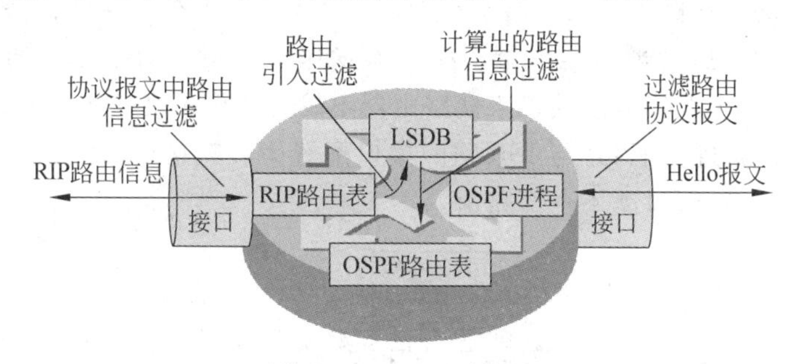

图 13-2 路由过滤方法

(3) 过滤路由协议报文。路由器间通过交换路由协议报文而学习路由。如果将路由协议报文过滤，则路由器间无法学习路由，也就达到过滤路由的目的。过滤路由协议报文后，所有的路由信息都被过滤了。

(4) 过滤路由协议报文中携带的部分路由信息。路由协议报文中包含了路由信息，路由信息携带了路由属性如目的地址、下一跳地址等。可以采取适当的过滤器来对其中某些路由信息进行过滤，而允许其他路由信息通过。

(5) 对从 LSDB 计算出的路由信息进行过滤。链路状态路由协议(如 OSPF 协议)首先交换 LSA 而生成本地 LSDB 数据库，然后通过 SPF 算法计算出路由，然后把路由加入路由表中。所以，可以对从 LSDB 计算出的路由信息进行过滤。

13.2.3 路由过滤工具

可以通过在路由器上使用静默接口来使路由器不发出协议报文，从而达到路由过滤的目的；也可以配置路由协议使用一些过滤器，来对协议报文中的路由信息进行过滤。

常见的过滤器有以下几种。

(1) ACL(访问控制列表)。通过使用 ACL，可以指定 IP 地址和子网范围，用于匹配路由信息的目的网段地址或下一跳地址。

(2) 地址前缀列表。地址前缀列表(prefix-list)的作用类似于 ACL,但比它更为灵活,且更易于被用户理解。使用地址前缀列表过滤路由信息时,其匹配对象为路由信息的目的地址信息域;另外,用户可以指定 gateway 选项,指明只接收某些路由器发布的路由信息。

(3) Filter-policy。通过配置 Filter-policy,可以指定入口或出口过滤策略,对接收和发布的路由进行过滤。在接收路由时,还可以指定只接收来自某个邻居的 RIP 报文。Filter-policy 可以使用地址前缀列表来定义自己的匹配规则。

(4) Route-policy。Route-policy 是一种比较复杂的过滤器,它不仅可以匹配路由信息的某些属性,还可以在条件满足时改变路由信息的属性。Route-policy 可以使用前面 ACL、地址前缀列表等过滤器来定义自己的匹配规则。

通常,ACL 和地址前缀列表仅对路由信息进行匹配,也就是指明哪些路由信息符合过滤的要求;而 Filter-policy 和 Route-policy 用来指明对符合过滤条件的路由信息执行过滤动作,并指明是对接收还是发送的路由进行过滤。

13.3 配置静默接口过滤路由

静默接口(Silent Interface)又称为被动接口(Passive Interface)。在路由器上配置静默接口是一种简单易用的过滤路由手段。通常在局域网内,主机并不需要接收路由器发出的协议报文;而且为了安全起见,管理员也不希望路由器发送协议报文给不相关的设备或区域。此时,可以通过在路由器上配置静默接口来使路由器不发送协议报文。

如图 13-3 所示,通过将 RTB 与 ISP 间的接口配置为静默接口,使 RTB 在接口上不发送路由协议报文,也就意味着过滤了全部路由。

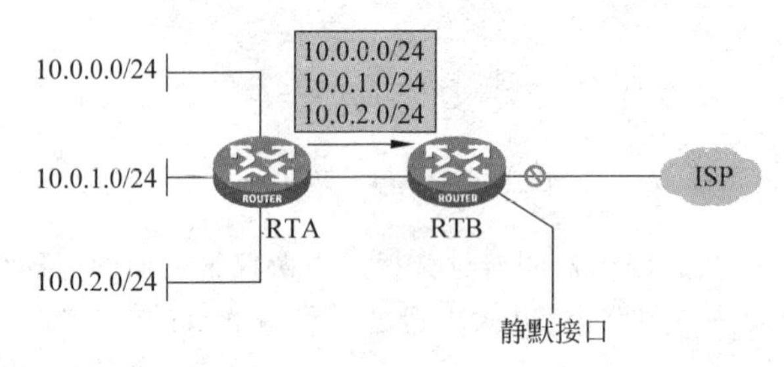

图 13-3　配置静默接口过滤路由

在 RIP 协议中,接口被配置为静默接口后,此接口不会发送路由更新;而在 OSPF 协议和 IS-IS 协议中,配置为静默接口的接口不发送 Hello 报文,即不建立邻居关系。

可以在 RIP、OSPF 视图下用以下命令配置静默接口。

```
silent-interface { all | interface-type interface-number }
```

而在 IS-IS 协议中,可以通过在接口视图下禁止接口发送和接收 IS-IS 报文来达到相同的效果。其配置命令如下:

```
isis silent
```

说明:某接口配置为静默接口后,协议仍然把该接口直连网络的路由信息从其他接口宣告出去。

13.4　地址前缀列表

地址前缀列表是常用的路由过滤工具，其配置简单易用，功能强大。通过使用地址前缀列表，可以很轻易地从大量的路由表项中区别出需要过滤的路由表项，从而配合其他的过滤工具实施过滤。

13.4.1　地址前缀列表匹配流程

一个地址前缀列表由前缀列表名标识。每个前缀列表可以包含多个表项，每个表项可以独立指定一个网络前缀形式的匹配范围，并用一个索引号来标识。索引号指明了在地址前缀列表中进行匹配检查的顺序，如图13-4所示。

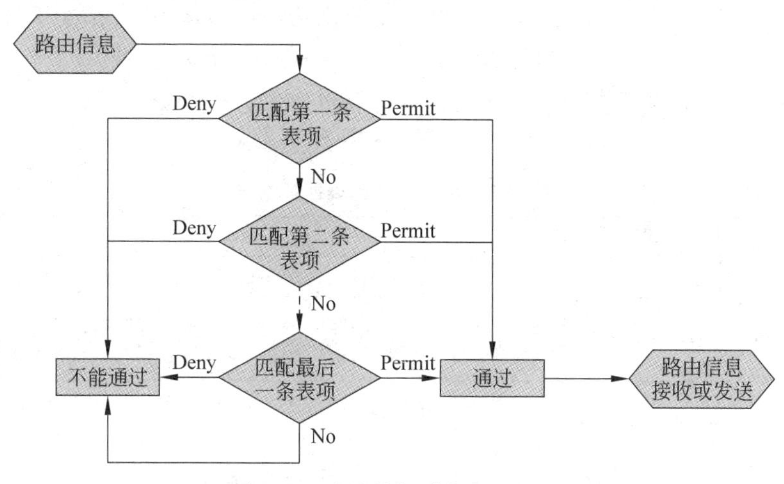

图13-4　地址前缀列表匹配流程

每个表项之间是"或"的关系，在匹配的过程中，路由器按升序依次检查由索引号标识的各个表项，只要有某一表项满足条件，就意味着通过该地址前缀列表的过滤，而不再去匹配其他表项。

每个表项都指定了相应的匹配模式，包括允许模式(Permit)和拒绝模式(Deny)。当指定为允许模式并且待过滤的IP地址在该表项指定的前缀范围内时，通过该表项的过滤而不需要再进入下一个节点的测试；如待过滤的IP地址不在该表项指定的前缀范围内，则进行下一个表项的测试。当指定为拒绝模式并且待过滤的IP地址在该表项指定的前缀范围内时，则该IP地址不能通过该表项的过滤，并且不会进行下一个表项的测试；否则进入下一个表项的测试。

从以上规则中可以看出，如果所有表项都是拒绝模式，则任何路由都不能通过该过滤列表。在这种情况下，需要在多条拒绝模式的表项后定义一条允许全部路由的表项，以允许其他IP路由信息通过。

13.4.2　配置地址前缀列表

配置地址前缀列表，需要在系统视图下使用以下命令。

ip prefix-list *prefix-list-name* [**index** *index-number*] { **deny** | **permit** } *ip-address mask-length* [**greater-equal** *min-mask-length*] [**less-equal** *max-mask-length*]

其中主要的参数含义如下。

- *prefix-list-name*：地址前缀列表名。
- *index-number*：标识地址前缀列表中的一个表项。
- **deny**：指定所定义的地址前缀列表表项的匹配模式为拒绝模式。
- **permit**：指定所定义的地址前缀列表表项的匹配模式为允许模式。
- *ip-address mask-length*：指定 IP 地址前缀和前缀长度，*mask-length* 的取值范围为 0～32。
- *min-mask-length*、*max-mask-length*：如果 IP 地址和前缀长度都已匹配，则使用该参数来指定地址前缀范围。**greater-equal** 的含义为"大于等于"，**less-equal** 的含义为"小于等于"，其取值范围为 *mask-length*≤*min-mask-length*≤*max-mask-length*≤32。如果只指定 *min-mask-length*，则前缀长度范围为[*min-mask-length*，32]；如果只指定 *max-mask-length*，则前缀长度范围为[*mask-length*，*max-mask-length*]；如果二者都指定，则前缀长度范围为[*min-mask-length*，*max-mask-length*]。

表 13-1 中列出了一些地址前缀列表配置后的匹配结果。

表 13-1 地址前缀列表匹配结果

配 置	结 果
Permit 10.0.0.0 24	仅匹配 10.0.0.0/24，不匹配任何其他网络
Permit 10.0.0.0 24 greater-equal 25	匹配 10.0.0.0/24 区间内的掩码大于等于 25b 的网络，如 10.0.0.0/26、10.0.0.16/28、10.0.0.5/32 等
Permit 10.0.0.0 24 greater-equal 25 less-equal 30	匹配 10.0.0.0/24 区间内的掩码大于等于 25b 但小于等于 30b 的网络，如 10.0.0.0/26、10.0.0.16/28 等
Permit 0.0.0.0 0 greater-equal 16 less-equal 24	匹配掩码大于等于 16b 但小于等于 24b 的任意网络
Permit 0.0.0.0 0	仅匹配默认路由
Permit 0.0.0.0 0 less-equal 32	匹配所有路由

以下为地址前缀列表配置示例及相应匹配结果。

（1）当配置如下时：

```
[Router] ip prefix-list test permit 10.0.0.0 24 less-equal 32
```

匹配的结果是所有 10.0.0.0/24 范围内的路由能够通过过滤，其他路由则不能通过。

（2）当配置如下时：

```
[Router] ip prefix-list test index 10 permit 10.0.0.0 24
[Router] ip prefix-list test index 20 permit 11.0.0.0 16
```

匹配的结果是只有路由 10.0.0.0/24 和 11.0.0.0/16 能够通过过滤，其他路由则都不能通过。

（3）当配置如下时：

```
[Router] ip prefix-list test index 10 deny 10.0.0.0 24
[Router] ip prefix-list test index 20 permit 0.0.0.0 0 less-equal 32
```

匹配的结果是只有 10.0.0.0/24 路由不能通过过滤，其他所有路由则能够通过过滤。

（4）当配置如下时：

```
[Router] ip prefix-list test index 10 deny 10.0.0.0 30
```

```
[Router] ip prefix-list test index 20 permit 10.0.0.0 24 less-equal 32
```

匹配的结果是除了10.0.0.0/30外，10.0.0.0/24区间内的其他路由能够通过过滤，10.0.0.0/24区间外的路由则不能通过过滤。

13.5 Filter-policy

13.5.1 Filter-policy概述

Filter-policy又称为过滤策略，是一种路由过滤器。在路由协议接收或发送路由时，通过在入口或出口使用Filter-policy，可以对接收和发布的路由进行过滤。Filter-policy可以使用访问控制列表或地址前缀列表来定义自己的匹配规则。

在图13-5所示网络中，RTD从RTA、RTB、RTC处分别收到10.0.0.0/24、10.0.1.0/24、10.0.2.0/24等路由更新，但因策略需要，RTD仅需要向ISP发送10.0.1.0/24和10.0.2.0/24。此时，可以在RTD上应用Filter-policy，通过入口过滤策略过滤从RTA接收的路由；也可以通过出口过滤策略在RTD发送路由时将10.0.0.0/24路由过滤掉。

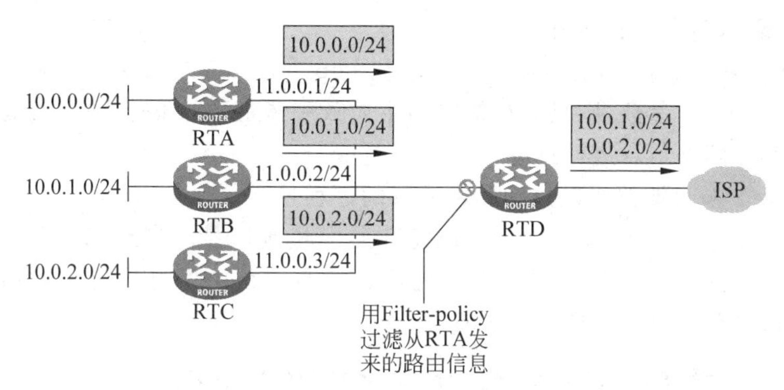

图13-5 使用Filter-policy过滤路由

13.5.2 配置Filter-policy过滤RIP路由

使用Filter-policy进行路由过滤时，要注意对于不同的路由协议，Filter-policy的过滤原理不同。

对于距离矢量路由协议，协议内路由过滤可以在以下两个阶段实施。

(1) 接收路由信息的时候进行过滤。

(2) 发送路由信息的时候进行过滤。

对于RIP协议，因接收到的路由需要放到RIP路由表中，所以接收路由过滤是对进入RIP路由表的路由信息进行过滤；而发送路由过滤是对所发送的所有RIP路由信息进行过滤，如图13-6所示。

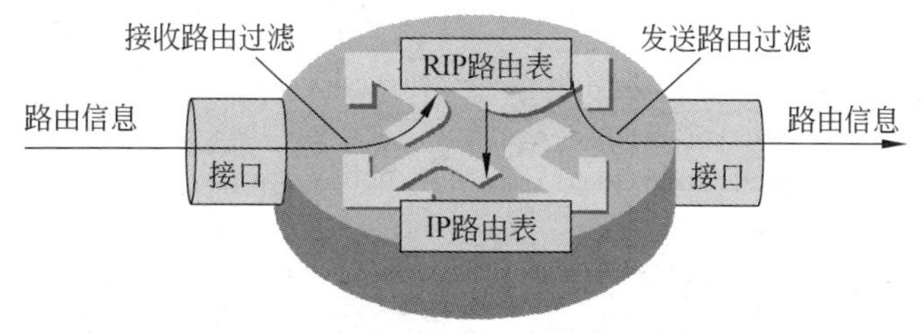

图13-6 配置Filter-policy过滤RIP路由

在 RIP 协议视图下配置对接收的路由进行过滤，其命令如下：

filter-policy { *acl-number* | **gateway** *prefix-list-name* | **prefix-list** *prefix-list-name* [**gateway** *prefix-list-name*] } **import** [*interface-type interface-number*]

其中主要的参数含义如下。

- *acl-number*：用于过滤接收的路由信息的访问控制列表号，取值范围为 2000～3999。
- **prefix-list** *prefix-list-name*：指定用于过滤接收路由信息的 IP 地址前缀列表名称。
- **gateway** *prefix-list-name*：基于发布网关过滤路由。
- **import**：表示对接收路由进行过滤。
- *interface-type interface-number*：接口类型和接口号。

在 RIP 协议视图下配置对发送的路由进行过滤，其命令如下：

filter-policy { *acl-number* | **prefix-list** *prefix-list-name* } **export** [*protocol* [*process-id*] | *interface-type interface-number*]

其中主要的参数含义如下。

- **export**：表示对发送的路由进行过滤。
- *protocol*：被过滤路由信息的路由协议，如 bgp、direct、isis、ospf、rip 和 static 等。如果指定了 *protocol* 参数，则只对从指定路由协议引入的路由信息进行过滤；否则将对所有要发布的路由信息进行过滤。
- *process-id*：被过滤路由信息的路由协议的进程号。
- *interface-type interface-number*：接口类型和接口号。如果指定了 *interface-type interface-number* 参数，则只对从指定接口发布的路由信息进行过滤；否则将对所有 RIP 接口发布的路由信息进行过滤。

13.5.3　配置 Filter-policy 过滤 RIP 路由示例

在图 13-7 所示网络中，RTA 向 RTB 发布路由更新，包含了 10.0.0.0/24、10.0.1.0/24 和 10.0.2.0/24 路由信息。在 RTB 上配置 Filter-policy，并使用地址前缀列表，使 RTB 拒绝接收其中的 10.0.1.0/24 和 10.0.2.0/24 路由，但是可以接收其他路由。

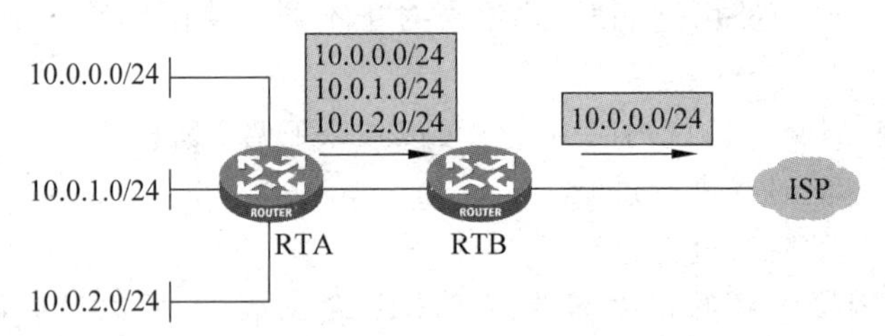

图 13-7　配置 Filter-policy 过滤接收路由示例

RTB 上配置如下：

```
[RTB] ip prefix-list abc index 10 deny 10.0.1.0 24
[RTB] ipprefix-list abc index 20 deny 10.0.2.0 24
[RTB] ipprefix-list abc index 30 permit 0.0.0.0 0 less-equal 32
[RTB] rip 100
[RTB-rip-100] filter-policy prefix-list abc import
```

如果用 Filter-policy 过滤发送路由来达到相同的效果，则相应的配置如下：

```
[RTB] acl number 2000
[RTB-acl-basic-2000] rule deny source 10.0.1.0 0.0.0.255
[RTB-acl-basic-2000] rule deny source 10.0.2.0 0.0.0.255
[RTB-acl-basic-2000] rule permit
[RTB] rip 100
[RTB-rip-100] filter-policy 2000 export
```

以上配置中，使用 ACL 来过滤发送的路由信息，拒绝 10.0.1.0/24 和 10.0.2.0/24 的路由信息，而其他路由信息能够被 RTB 发送出去。

13.5.4 配置 Filter-policy 过滤 OSPF 和 IS-IS 路由

OSPF 和 IS-IS 是链路状态路由协议，协议间交换的是 LSA 而非路由信息，所以无法对协议接收和发送的路由信息进行过滤。由于 LSDB 必须同步，因而也不能过滤 LSA，只能对依据 LSDB 计算出来的路由进行过滤。通过过滤的路由被添加到路由表中，如图 13-8 所示。

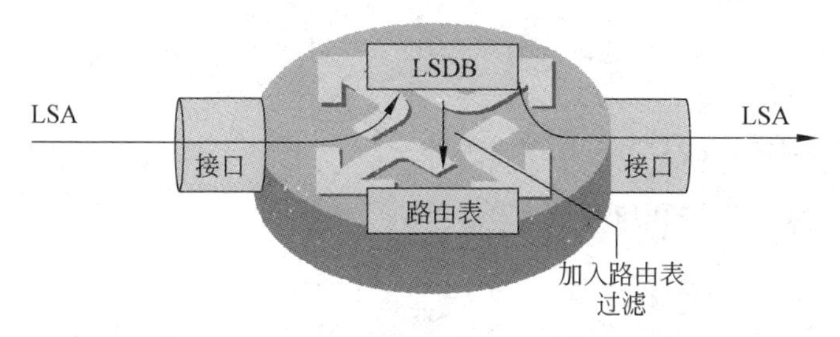

图 13-8 配置 Filter-policy 过滤计算出的路由

不过，如果路由器是 ABR（区域边界路由器），则可以通过在 ABR 上配置 Type3 LSA 过滤，对进入 ABR 所在区域或 ABR 向其他区域发布的 Type3 LSA 进行过滤。

说明：虽然链路状态路由协议无法过滤接收和发送的 LSA，但可以对通过路由引入方式产生的路由进行过滤。

在 OSPF 协议视图下配置对 OSPF 计算出的路由进行过滤，其命令如下：

```
filter-policy { acl-number [gateway prefix-list-name ] | gateway prefix-list-name | prefix-list prefix-list-name [gateway prefix-list-name ]} import
```

其中主要的参数含义如下。

- *acl-number*：用于过滤路由信息目的地址的基本或高级访问控制列表编号。
- **gateway** *prefix-list-name*：指定的地址前缀列表，基于要加入路由表的路由信息的下一跳进行过滤。
- **prefix-list** *prefix-list-name*：指定的地址前缀列表，基于要加入路由表的路由信息的目的地址进行过滤。

在 IS-IS 协议视图下配置对 IS-IS 计算出的路由进行过滤，其命令如下：

```
filter-policy { acl-number | prefix-list prefix-list-name } import
```

也是使用 ACL 或地址前缀列表对加入路由表中的路由信息进行过滤。

13.5.5 配置 Filter-policy 过滤 OSPF 路由示例

在图 13-9 所示网络中，RTA 向 RTB 发送了 192.168.0.0/24、192.168.1.0/24、192.168.2.0/24 和 192.168.3.0/24 这 4 条第五类 LSA。出于安全性的考虑，RTB 的路由表中只能存

在 192.168.0.0/24 这条路由。所以，在 RTB 上配置对计算出的路由进行过滤。

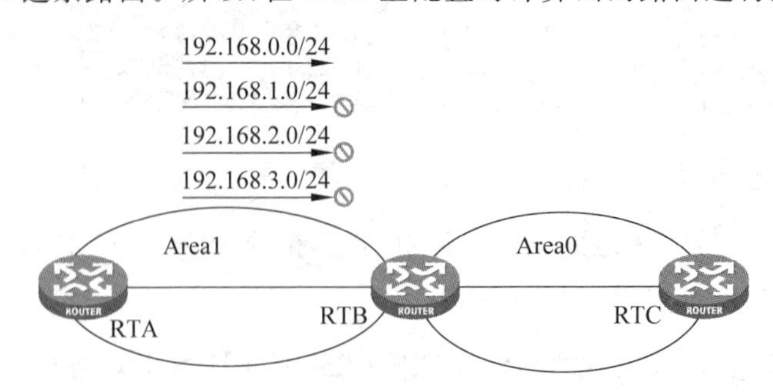

图 13-9 配置 Filter-policy 过滤 OSPF 路由示例

RTB 上配置如下：

```
[RTB] acl number 2000
[RTB-acl-basic-2000] rule 0 permit source 192.168.0.0 0.0.0.255
[RTB] ospf 1 router-id 2.2.2.2
[RTB-ospf-1] filter-policy 2000 import
```

此时 RTB 的 LSDB 中存在所有的 4 条 LSA。

```
[RTB] display ospf ldsb
AS External Database
Type         Link state ID    AdvRouter       Age
External     192.168.2.0      1.1.1.1         188
External     192.168.3.0      1.1.1.1         188
External     192.168.0.0      1.1.1.1         186
External     192.168.1.0      1.1.1.1         184
```

但是 RTB 的路由表中仅存在一条新学习到的路由。

```
[RTB] display ip routing-table

Destination/Mask       Proto      Pre    Cost      NextHop        Interface
127.0.0.0/8            Direct     0      0         127.0.0.1      InLoop0
127.0.0.1/32           Direct     0      0         127.0.0.1      InLoop0
192.168.0.0/24         O_ASE      150    1         10.0.0.1       GE0/0
```

但需要注意的是，因为这种过滤方法仅能够对计算出的路由进行过滤，不能过滤 LSA，所以 LSA 还在相应区域内传播。也就是说，这种过滤方法仅能够对本路由器的路由表进行过滤，而无法对其他路由器的路由表产生影响。

13.6 本章总结

(1) 利用路由过滤可控制路由在网络内传播。
(2) ACL 和地址前缀列表可用于路由信息的识别。
(3) 地址前缀列表比 ACL 更加灵活。
(4) 可利用 Filter-policy 工具在 RIP、OSPF、IS-IS 等协议内过滤路由。

13.7　习题和解答

13.7.1　习题

(1) 以下(　　)工具属于路由过滤器。

A. ACL　　B. Filter-policy　　C. Route-policy　　D. 地址前缀列表

(2) 在路由器上配置静默接口来使路由器不发送协议报文的命令是(　　)。

A. [RTA] silent-interface serial 2/0

B. [RTA-ospf-1] silent-interface serial 2/0

C. [RTA-ospf-1-area-0.0.0.2] silent-interface serial 2/0

D. [RTA-Serial2/0] silent-interface

(3) 下列匹配了默认路由地址前缀列表的是(　　)。

A. Permit 0.0.0.0 0 less-equal 32

B. Permit 0.0.0.0 0

C. Permit 0.0.0.0 255.255.255.255

D. Permit 0.0.0.0 255.255.255.255 less-equal 32

(4) 关于 Filter-policy 过滤器,以下说法正确的是(　　)。

A. 可以在 RIP 协议中使用 Filter-policy 对从邻居接收的 RIP 路由信息进行过滤

B. 可以在 RIP 协议中使用 Filter-policy 对发送给邻居的整个 IP 路由表进行过滤

C. 可以在 OSPF 协议中使用 Filter-policy 对 LSA 计算出来的 OSPF 路由信息进行过滤

D. 可以在 IS-IS 协议中使用 Filter-policy 对从邻居接收的 IS-IS 路由信息进行过滤

(5) 关于地址前缀列表中的各个表项,以下说法正确的是(　　)。

A. 只要有某一表项满足条件,就意味着通过该地址前缀列表的过滤

B. 只有所有表项满足条件,才意味着通过该地址前缀列表的过滤

C. 每一个表项都指定了相应的匹配模式,包括允许模式和拒绝模式

D. 如果所有表项都是拒绝模式,则任何路由都不能通过该过滤列表

13.7.2　习题答案

(1) A、B、C、D　　(2) B　　(3) B　　(4) A、B、C　　(5) A、C、D

第14章

路由策略

Route-policy是一种常用的、功能强大的路由策略工具。它不但能够过滤路由，还能对路由的属性进行改变。本章介绍Route-policy的目的、应用和特点，Route-policy中包含的节点匹配规则，以及相关的配置等。

14.1 本章目标

学习完本章，应该能够：

(1) 掌握Route-policy的作用；

(2) 掌握Route-policy的配置；

(3) 掌握Route-policy的应用。

14.2 路由策略概述

路由策略(Route-policy)是为了改变网络流量所经过的途径而修改路由信息的技术，主要通过改变路由属性(包括可达性)来实现。

路由器在发布与接收路由信息时，可能需要实施一些策略，以便对路由信息进行过滤，例如，只接收或发布满足一定条件的路由信息。一种路由协议可能需要引入其他的路由协议发现的路由信息，路由器在引入其他路由协议的路由信息时，可能只需引入一部分满足条件的路由信息，并控制所引入的路由信息的某些属性来使其满足本协议的要求。

为实现路由策略，首先要定义将要实施路由策略的路由信息的特征，即定义一组匹配规则。可以以路由信息中的不同属性作为匹配依据进行设置，如目的地址、发布路由信息的路由器地址等。匹配规则可以预先设置好，然后再将它们应用于路由的发布、接收和引入等过程的路由策略中。

Route-policy是实现路由策略的工具。它实际上是一种比较复杂的过滤器，不仅可以匹配路由信息的某些属性，还可以在条件满足时改变路由信息的属性。

14.3 Route-policy组成和原理

14.3.1 Route-policy组成

一个Route-policy可以由多个带有索引号的节点(node)构成，每个节点是匹配检查的一个单元，在匹配过程中，系统按节点索引号升序依次检查各个节点。

每个节点可以由一组if-match和apply子句组成。if-match子句定义匹配规则，匹配对象是路由信息的一些属性。apply子句指定动作，也就是在通过节点的匹配后，对路由信息的一些属性进行设置。

节点的匹配模式有允许模式（Permit）和拒绝模式（Deny）两种。允许模式表示当路由信息通过该节点的过滤后，将执行该节点的 apply 子句；而拒绝模式表示 apply 子句不会被执行。

14.3.2 Route-policy 匹配流程

Route-policy 的匹配流程如图 14-1 所示。

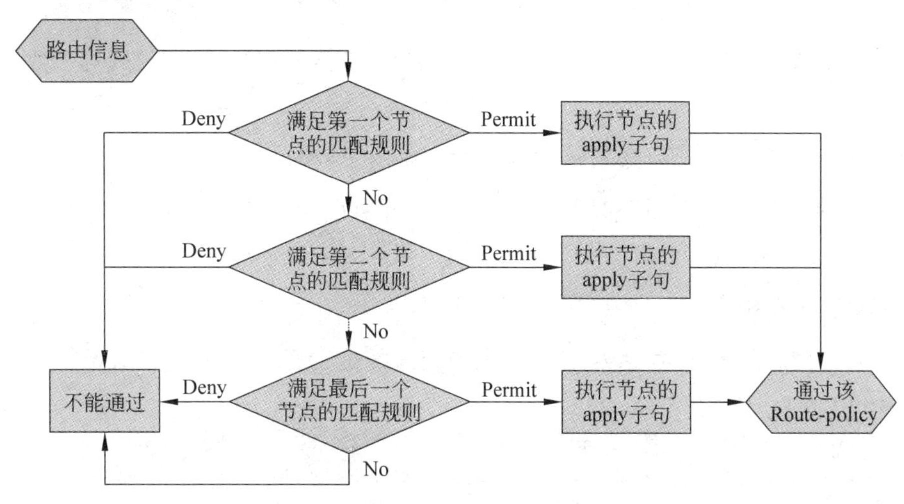

图 14-1 Route-policy 的匹配流程

一个 Route-policy 的不同节点间是“或”的关系，如果通过了其中一个节点，就意味着通过该路由策略，不再对其他节点进行匹配测试。

同一个节点中的不同 if-match 子句是“与”的关系，只有满足节点内所有 if-match 子句指定的匹配条件，才能通过该节点的匹配测试。

如果节点的匹配模式为允许模式，则当路由信息满足该节点的匹配规则时，将执行该节点的 apply 子句，不进入下一个节点的测试；如果路由信息没有通过该节点过滤，将进入下一个节点继续测试。

如果节点的匹配模式为拒绝模式，则当路由项满足该节点的所有 if-match 子句时，将被拒绝通过该节点，不进入下一个节点的测试；如果路由项不满足该节点的 if-match 子句，将进入下一个节点继续测试。

当 Route-policy 用于路由信息过滤时，如果某路由信息没有通过任一节点，则认为该路由信息没有通过该 Route-policy。如果 Route-policy 的所有节点都是 Deny 模式，则没有路由信息能通过该 Route-policy。所以，如果 Route-policy 中定义了一个以上的节点，则各节点中至少应该有一个节点的匹配模式是 Permit。

if-match 子句定义匹配规则，匹配对象是路由信息属性。最常用的路由信息属性包括目的 IP 地址范围、下一跳地址、出接口、开销（Cost）、标记（Tag）等。

对于 OSPF、IS-IS 等路由协议来说，路由属性还包括路由类型（route-type）。而对于 BGP 协议，路由属性还包括团体（community）、AS 路径（as-path）等。以上这些路由属性都可以作为匹配规则，由 if-match 子句所定义。

使用 apply 子句来指定动作，对通过节点的路由信息属性进行设置。

可以对通过节点的路由信息的下一跳地址、优先级、标记、开销等进行设定。对于 OSPF 路由，还可以设定路由开销类型，以将通过过滤的路由改变为 Type1 路由或 Type2 路由；对于

IS-IS 路由，通过设定路由开销类型可以将通过过滤的路由改变为 IS-IS 外部路由或内部路由。

14.4 Route-policy 配置与查看

在配置 Route-policy 之前，需要规划好 Route-policy 的名称、节点索引号，节点中子句的匹配规则，以及通过节点过滤后要执行的动作。

配置 Route-policy 的步骤如下。

（1）在系统视图下创建 Route-policy，并定义名称、节点索引号、匹配模式等参数。其命令如下：

```
route-policy route-policy-name { permit | deny } node node-number
```

（2）在 Route-policy 视图下使用 if-match 子句来设定路由信息的匹配条件。其命令如下：

```
if-match { 匹配规则 }
```

if-match 子句后是路由信息匹配规则的设定，可选的参数包括 ACL、prefix-list、cost、interface、route-type、tag、ip next-hop 等。

可通过 ACL、prefix-list 来对目的 IP 地址进行匹配，也可以使用 cost、interface、route-type、tag、ip next-hop 等参数分别对开销、出接口、路由类型、标记域、下一跳地址等路由属性进行匹配。

（3）在 Route-policy 视图下使用 apply 子句来指定通过过滤后所执行的动作。其命令如下：

```
apply { 动作 }
```

apply 子句后可选的动作参数包括 cost、cost-type、preference、tag、ip-address next-hop 等，可以分别对路由信息的开销、开销类型、优先级、标记域、下一跳地址等进行设定。

以下为 Route-policy 配置示例及相应过滤结果。

（1）当配置如下时：

```
[Router] route-policy policy_a permit node 10
[Router-route-policy] if-match ip address prefix-list prefix-a
[Router-route-policy] apply cost 100
```

结果是匹配地址前缀列表 prefix-a 的路由能够通过过滤，并设定其 cost 值为 100；其他路由不能通过过滤。

（2）当配置如下时：

```
[Router] route-policy policy_a permit node 10
[Router-route-policy] if-match ip address prefix-list prefix-a
[Router-route-policy] apply cost 100
[Router] route-policy policy_a permit node 20
[Router-route-policy] if-match acl 2002
[Router-route-policy] apply tag 20
```

结果是匹配地址前缀列表 prefix-a 的路由能够通过过滤，并设定其 cost 值为 100；符合访问控制列表 2002 的路由能够通过过滤，并设定其 tag 值为 20；其他路由不能通过过滤。

（3）当配置如下时：

```
[Router] route-policy policy_a deny node 10
```

```
[Router-route-policy] if-match acl 2002
[Router-route-policy] apply tag 20
```

因为此 Route-policy 仅有一个节点且节点的匹配模式是拒绝模式，所以结果是所有路由都不能通过过滤。

在完成 Route-policy 的配置后，在任意视图下执行 display 命令可以显示配置后 Route-policy 的运行情况，验证配置的效果。相关命令如下：

```
display route-policy [route-policy-name]
```

典型的 display route-policy 显示输出如下：

```
[Router] display route-policy policy1
Route-policy : policy1
  permit : 10
        if-match ip address prefix-list abc
        apply cost 120
```

以上输出表明，Route-policy 名称为 policy1，包含了 1 个节点，所设定的节点索引号为 10，节点的匹配模式是允许模式。节点的匹配条件是 IP-Prefix，名称为 abc；如果有路由信息通过此节点的过滤，则设定开销值为 120。

14.5 Route-policy 应用与示例

14.5.1 Route-policy 的常见应用

作为实现路由策略的工具，Route-policy 被广泛应用在路由过滤、路由属性改变等场合中。其中，最常用于 BGP 协议内路由学习的控制及改变接收和发送路由时的路由属性。

IGP 协议，如 RIP、OSPF，仅工作在自治系统内，路由数量较少，一般不需要进行路由学习的控制。与 IGP 协议相比，BGP 协议是在大规模网络上工作的路由协议，用来互联多个自治系统，如果没有路由学习控制，学习到的路由数量可能会极其巨大。另外，BGP 协议具有丰富的路由属性，对这些属性进行适当的调整，可以控制 BGP 的选路。

在图 14-2 所示网络中，RTA 通过 BGP 协议发布路由到 RTB。根据策略，RTB 仅需要发布 10.0.0.0/24 路由到 RTB，且在发布时修改此条路由的度量值为 100，以上需求可以使用 Route-policy 来实现。

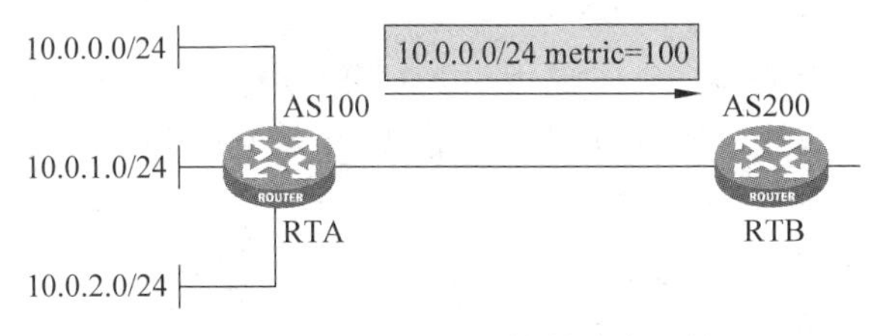

图 14-2 Route-policy 控制路由属性

Route-policy 的另一种常见应用是在路由引入时进行控制及路由属性的改变。

将路由从一种协议引入另一种协议中时，有时并不是需要把所有路由都引入，而是要有选择性地引入。此时，可以用 Route-policy 来设定匹配条件，以仅使符合匹配条件的路由能够被成功引入。比如，在从 BGP 向 OSPF 中引入路由时，可以设定仅符合某一部分地址前缀的路由被引入，以控制路由数量。

另外，在路由引入时，经常会使用 Route-policy 来改变引入后路由的属性，以达到控制路由、防止环路的目的。在图 14-3 所示网络中，RTB 作为边界路由器，负责把 IS-IS 内的路由引入 OSPF 中。根据策略，RTB 需要把 172.17.1.0/24、172.17.2.0/24、172.17.3.0/24 3 条路由引入 OSPF 中，并对 172.17.2.0/24 这条路由的标记域赋值 20，将 172.17.1.0/24 这条路由的开销值改为 100，以上需求可以使用 Route-policy 来实现。

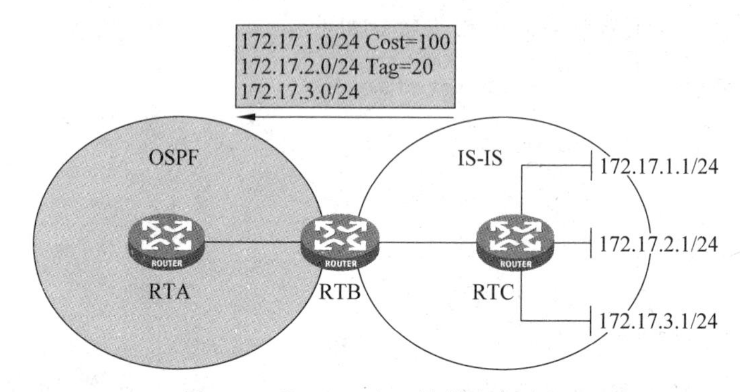

图 14-3 Route-policy 控制路由引入

14.5.2 Route-policy 配置示例

如图 14-4 所示，RTB 与 RTA 之间通过 OSPF 协议交换路由信息，与 RTC 之间通过 IS-IS 协议交换路由信息。

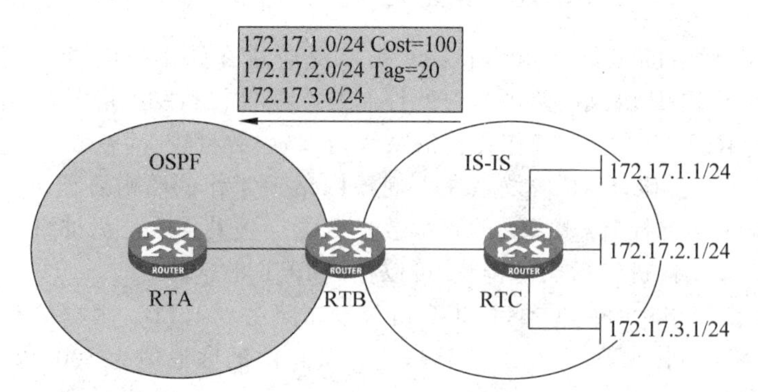

图 14-4 配置 Route-policy 控制路由引入示例

在 RTB 上配置路由引入，将 IS-IS 路由引入 OSPF 中去，并同时使用 Route-policy 设置路由的属性。其中，设置 172.17.1.0/24 的路由的开销为 100，设置 172.17.2.0/24 的路由的 Tag 属性为 20。

首先在 RTB 上配置路由引入：

```
[RTB-ospf-1] import-route isis 1
```

RTA 的 OSPF 路由表如下所示。

```
[RTA] display ospf routing

          OSPF Process 1 with Router ID 192.168.1.1
                  Routing Tables
```

```
Routing for Network
Destination        Cost     Type       NextHop       AdvRouter       Area
192.168.1.0/24     1        Transit    192.168.1.1   192.168.1.1     0.0.0.0

Routing for ASEs
Destination        Cost     Type       Tag           NextHop         AdvRouter
172.17.1.0/24      1        Type2      1             192.168.1.2     192.168.2.2
172.17.2.0/24      1        Type2      1             192.168.1.2     192.168.2.2
172.17.3.0/24      1        Type2      1             192.168.1.2     192.168.2.2
192.168.2.0/24     1        Type2      1             192.168.1.2     192.168.2.2

Total Nets: 5
Intra Area: 1  Inter Area: 0  ASE: 4  NSSA: 0
```

再使用 Route-policy 设置路由的属性，命令如下：

```
[RTB] acl number 2002
[RTB-acl-basic-2002] rule permit source 172.17.2.0 0.0.0.255
[RTB] ip ip-prefix prefix-a index 10 permit 172.17.1.0 24
[RTB] route-policy isis2ospf permit node 10
[RTB-route-policy] if-match ip-prefix prefix-a
[RTB-route-policy] apply cost 100
[RTB] route-policy isis2ospf permit node 20
[RTB-route-policy] if-match acl 2002
[RTB-route-policy] apply tag 20
[RTB] route-policy isis2ospf permit node 30
[RTB] ospf
[RTB-ospf-1] import-route isis 1 route-policy isis2ospf
```

配置完成后，再次查看 RTA 的 OSPF 路由表，可以看到路由属性有了变化。

```
[RTA] display ospf routing

         OSPF Process 1 with Router ID 192.168.1.1
                 Routing Tables

Routing for Network
Destination        Cost     Type       NextHop          AdvRouter       Area
192.168.1.0/24     1        Transit    192.168.1.1      192.168.1.1     0.0.0.0

Routing for ASEs
Destination        Cost     Type       Tag              NextHop         AdvRouter
172.17.1.0/24      100      Type2      1                192.168.1.2     192.168.2.2
172.17.2.0/24      1        Type2      20               192.168.1.2     192.168.2.2
172.17.3.0/24      1        Type2      1                192.168.1.2     192.168.2.2
192.168.2.0/24     1        Type2      1                192.168.1.2     192.168.2.2

Total Nets: 5
Intra Area: 1  Inter Area: 0  ASE: 4  NSSA: 0
```

14.6 本章总结

（1）Route-policy 由若干个节点组成，节点中包含了 if-match 子句和 apply 子句。

（2）节点之间的过滤关系是“或”的关系。

(3) 路由学习时,可使用 Route-policy 控制路由。
(4) 路由引入时,可使用 Route-policy 改变路由属性。

14.7 习题和解答

14.7.1 习题

(1) Route-policy 的作用包括( )。
A. 路由过滤　　B. 报文过滤
C. 改变路由的属性　　D. 改变报文的内容
(2) 关于 Route-policy,下列说法正确的是( )。
A. 一个 Route-policy 的不同节点间是"或"的关系
B. 同一节点中的不同 if-match 子句是"与"的关系
C. 节点的匹配模式包括允许模式和拒绝模式
D. 如果所有节点都是拒绝模式,则没有路由信息能通过该 Route-policy
(3) 在 Route-policy 配置中,下列可以由 if-match 子句来设定匹配规则的是( )。
A. 开销　　B. 出接口　　C. 路由类型　　D. 标记域
E. IP 目的地址　　F. 下一跳
(4) 在 Route-policy 配置中,下列可以由 apply 子句来执行动作的是( )。
A. 开销　　B. 出接口　　C. 路由类型　　D. 标记域
E. IP 目的地址　　F. 下一跳
(5) Route-policy 常应用在( )场合。
A. 路由引入时实行路由过滤　　B. IGP 路由学习时进行过滤控制
C. 路由引入时改变路由的属性　　D. BGP 路由学习时进行过滤控制

14.7.2 习题答案

(1) A、C　(2) A、B、C、D　(3) A、B、C、D、E、F　(4) A、C、D、F　(5) A、C、D

第15章

路由引入

进行网络设计时，一般都仅选择运行一种路由协议，以降低网络的复杂性，使易于维护。但是在现实中，当需要更换路由协议或需要对运行不同路由协议的网络进行合并时，有可能在网络中同时运行多种路由协议。本章介绍在多路由协议网络运行环境下，如何进行路由协议间的引入和部署。

15.1 本章目标

学习完本章，应该能够：

(1) 了解路由引入的背景；

(2) 掌握路由引入的作用；

(3) 掌握路由引入的规划；

(4) 掌握在 IGP 中配置路由引入。

15.2 多协议网络与路由引入

15.2.1 多协议网络

如果一个网络同时运行了两种以上路由协议，如同时运行了 OSPF 协议和 RIP 协议，或同时运行了路由协议和静态路由，则这个网络是多协议网络。

路由器维护了一张 IP 路由表，路由表中的路由来源于不同路由协议。由于不同路由协议之间算法不同，度量值不同，所以不同路由协议学习到的路由信息不能直接互通，一个路由协议学习的路由不能够直接传送到另一个路由协议中去。

在网络合并、升级、迁移的过程中，经常会出现多路由协议的情况。比如，早期网络中使用了 RIP 协议，但随着网络规模的扩大，路由器的数量超过了 15 台，RIP 协议就变得不再适用了。此时，管理员可以将 RIP 升级成 OSPF 协议。升级过程中可能会出现两种协议共同运行的情况。又比如，两个公司网络运行了不同的路由协议，两公司合并时，就会出现两种路由协议共同运行的情况。

网络中运行多个路由协议时，需要使用路由引入来将一种路由协议的路由信息引入另一种路由协议中去，以达到网络互通的目的。

在图 15-1 所示网络中，RTA 和 RTB 运行 OSPF 协议；RTB 和 RTC 运行 RIP 协议。RTA 连接到网络 172.0.0.0/16，RTC 连接到网络 10.0.0.0/24。因为 RTA 和 RTC 不是运行同一种路由协议，所以它们并不能相互学习路由信息，也就无法互通。但 RTB 既运行了 OSPF 协议，又运行了 RIP 协议，它能够学习到网络 172.0.0.0/16 和 10.0.0.0/24，所以可以在 RTB 上使用路由引入来使 RIP 协议和 OSPF 协议相互学习到对方的路由信息。

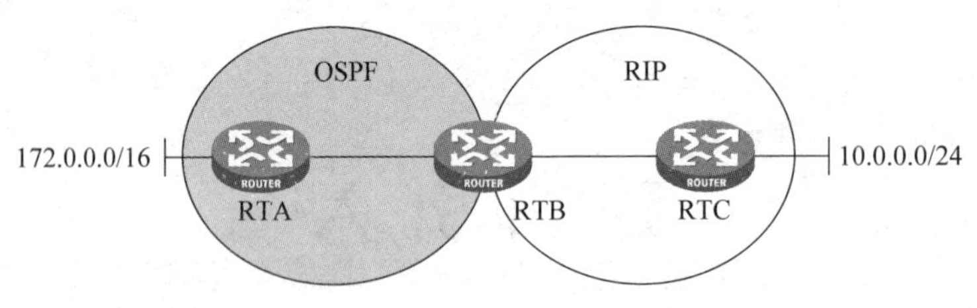

图 15-1 多协议网络

15.2.2 路由引入概述

通过使用路由引入，管理员可以把路由信息从一种路由协议导入另一种路由协议，或者在同种路由协议的不同进程之间导入。

路由引入通常在边界路由器上进行。边界路由器是同时运行两种以上路由协议的路由器，它作为不同路由协议之间的桥梁，负责不同路由协议间的路由引入操作。

如图 15-2 所示网络中，RTB 作为边界路由器，同时运行 OSPF 协议和 RIP 协议。它一方面与 RTA 通过 OSPF 协议交换路由信息；另一方面与 RTC 通过 RIP 协议交换路由信息。在 RTB 上实施路由引入后，它把通过 RIP 协议学习到的路由导入 OSPF 协议的 LSDB 中，然后以 LSA 的形式发送到 RTA。这样，RTA 的路由表中就有了 10.0.0.0/24 这条路由。同理，RTB 把 OSPF 路由引入 RIP 路由表中，所以 RTC 就学到了 172.0.0.0/16 这条路由。

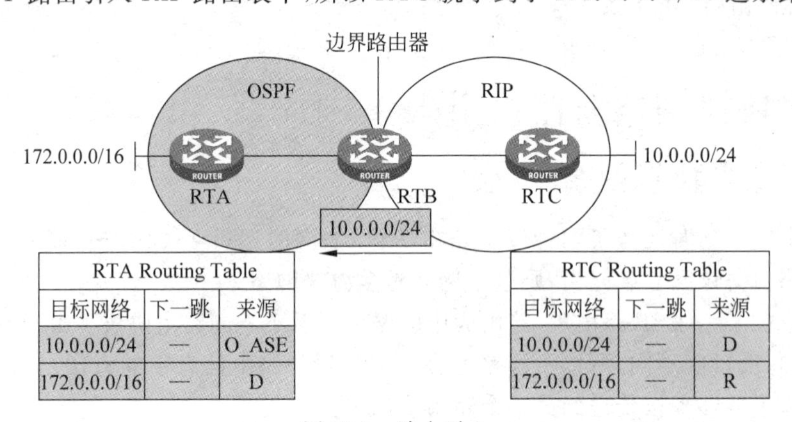

RTA Routing Table		
目标网络	下一跳	来源
10.0.0.0/24	—	O_ASE
172.0.0.0/16	—	D

RTC Routing Table		
目标网络	下一跳	来源
10.0.0.0/24	—	D
172.0.0.0/16	—	R

图 15-2 路由引入

注意：*只有协议路由表中的有效(Active)路由才能成功引入。*

在路由引入时，由于不同协议的路由属性表达方式不一样，所以原路由属性会发生变化，如图 15-3 所示。

不同协议的度量值算法不同，所以在路由引入时，无法将路由信息的原度量值也引入。此时，协议一般会给予路由信息一个新的默认度量值，又称种子度量值。路由信息在路由器间传播时，会以新的默认度量值为基础进行度量值的计算。默认度量值可以设置，以适应网络的实际情况，通常设置为大于路由域内已有路由信息的最大度量值，表示是从域外引入的路由，以避免可能出现的次优路由。

表 15-1 给出各不同协议路由引入时的默认度量值。

有些路由协议会对引入的路由给予特殊的标记，以表明此路由是从其他路由协议引来的。比如，OSPF 协议会把所有引入的外部路由标记为“第二类外部路由(Type2 External)”，并给予一个路由标记(Tag)值 1；而 IS-IS 协议会把引入的路由放到 Level-2 路由表中，并设定外部

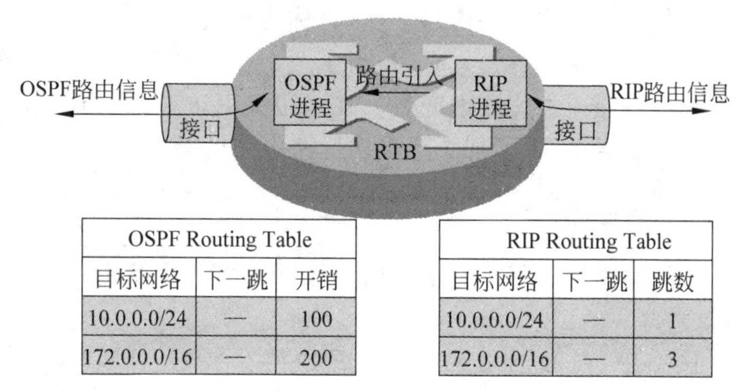

OSPF Routing Table		
目标网络	下一跳	开销
10.0.0.0/24	—	100
172.0.0.0/16	—	200

RIP Routing Table		
目标网络	下一跳	跳数
10.0.0.0/24	—	1
172.0.0.0/16	—	3

图 15-3 路由引入时属性的变化

路由开销值为 0。

表 15-1 不同协议路由引入时的默认度量值

路由协议	度量值类型	默认度量值
RIP	跳数	0
OSPF	开销(Cost)	1
IS-IS	开销(Cost)	0
BGP	MED	使用被引入路由的度量值作为引入 BGP 之后的 MED 值

15.3 路由引入规划

15.3.1 概述

在网络中运行多路由协议给网络带来了更高的复杂度。不同路由协议算法不同,路由属性不同,收敛速度不同,混合使用可能造成次优路由或路由收敛不一致。运行多路由协议对路由器的 CPU、内存等资源要求更高。所以,只是在必要的时候才运行多路由协议。

常见的运行多协议网络有以下 3 种情况。

(1) 网络升级、合并、迁移时会出现多协议共存。此时一般会采用两个路由协议共存,并逐步切换到新路由协议。在共存期间,会使用路由引入来使两种路由协议间相互学习到路由信息。

(2) 网络中不是所有设备都支持同一种路由协议。小的接入层设备可能会不支持复杂的路由协议,或某个厂家的设备运行自己的私有协议。在此种情况下,规划一部分设备运行一种路由协议,另一部分设备运行另一种路由协议,然后在边界路由器上实施路由引入。

(3) 在不同的路由域间进行路由控制。正因为不同路由协议间不能自动学习路由,所以可以在网络中实施多协议,以划分出不同的路由域,在域的边界进行路由引入时进行路由控制。

在多协议网络规划中,通常在核心网络运行链路状态路由协议,如 OSPF、IS-IS 等,以加快收敛速度,提高网络可靠性。在边缘网络运行简单的路由协议,如 RIP 或静态路由。此时,实施路由引入时,通常把路由从边缘网络引入核心网络,在边缘网络配置静态路由指向核心网络。而如果网络中同时运行 IGP 协议和 BGP 协议时,通常是把 IGP 协议引入 BGP 协议中,再通过 BGP 协议来与外界网络交换路由,以利用 BGP 协议丰富的属性来进行路由控制与选路。

路由引入时，可以仅在一台边界路由器上引入，称为单边界引入；也可以在多台边界路由器上引入，称为多边界引入。单边界引入时，相当于两个路由域间仅有一个连接点，可靠性相对较差，但优点是不会有环路或次优路由产生。在多边界引入时，不同路由域间有多条路径，可靠性增加了，但配置更加复杂，也增加了产生次优路由的可能性。

15.3.2 单向路由引入

路由引入时，如果把路由信息仅从一个路由协议引入另一个路由协议，没有反向引入，则称为单向路由引入。

在图 15-4 所示网络中，核心网络运行 OSPF 协议，边缘网络运行 RIP 协议。在核心网络的边界路由器上实施路由引入，把从边缘网络路由器学习到的路由信息引入核心网络所运行的路由协议 OSPF 中。这样，核心网络就知道了边缘网络的所有路由信息，一个边缘网络发出的数据报文可以经过核心网络转发到另外的边缘网络。

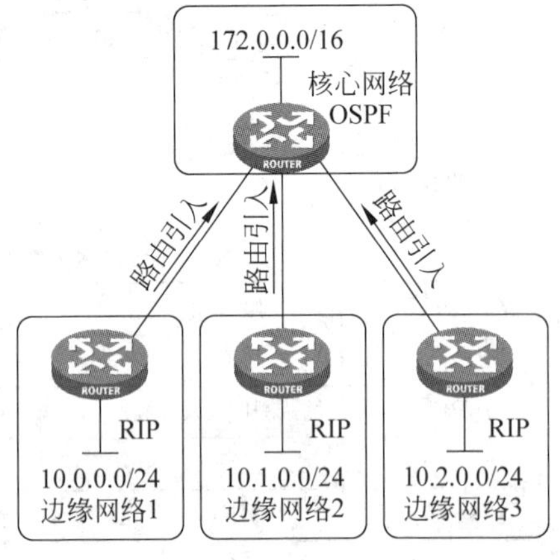

图 15-4 单向路由引入

单向路由引入会造成单向路由。如图 15-4 所示，核心网络通过路由引入知道了边缘网络的路由 10.0.0.0/24、10.1.0.0/24 和 10.2.0.0/24，但边缘网络并不知道核心网络的路由 172.0.0.0/16，也不知道其他边缘网络的路由。此时，需要在边缘网络路由器上配置静态或默认路由，下一跳指向核心网络的边界路由器；也可以由核心网络的边界路由器发布默认路由。

单向路由引入适用于星形拓扑网络。

15.3.3 双向路由引入

在边界路由器上把两个路由域的路由相互引入，称为双向路由引入。

在图 15-5 所示网络中，边界路由器 RTB 把 OSPF 路由域中的路由 172.0.0.0/16 引入 IS-IS 路由域中，同时把 IS-IS 路由域中的路由 10.0.0.0/24 引入 OSPF 路由域中。这样，RTA 和 RTC 就知道了彼此的具体路由。

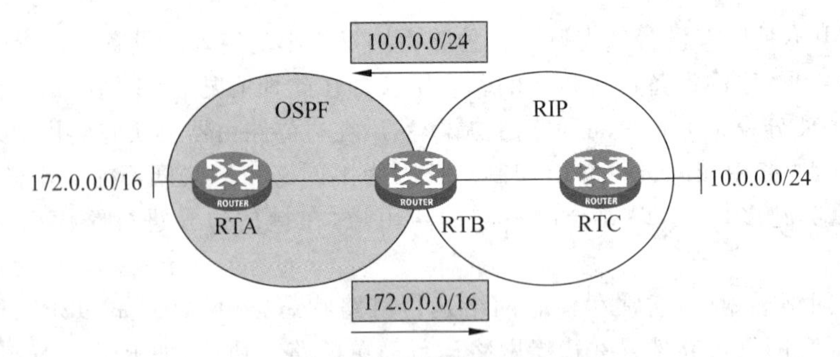

图 15-5 双向路由引入

系统在路由引入时，只会把路由表中的有效路由引入协议中，且引入后的路由不在本地路由表中出现，只传递给其他路由器。如图 15-5 所示，RTB 从 RTC 通过 IS-IS 协议学到路由 10.0.0.0/24，作为有效路由放置在 IP 路由表中。同时，RTB 把路由 10.0.0.0/24 引入 OSPF

协议。加入 OSPF 协议数据库后，RTB 把通过 OSPF 协议的 LSA 发送给 RTA。同理，RTB 把从 RTA 学到的路由 172.0.0.0/16 作为有效路由放置在 IP 路由表中，同时把它引入 IS-IS 协议数据库后，发送到 RTC。这样，在 RTB 的本地路由表中，路由 10.0.0.0/24 和 172.0.0.0/16 仍然携带有原路由属性。

需要知道对方的具体路由时，可以使用双向路由引入。比如，某公司与另一家公司合并，双方使用不同的路由协议，且路由数量众多，使用静态路由配置复杂；而且由于公司都连接到 Internet，所以不适合在边界路由器发布默认路由。此时，使用双向路由引入是较好的选择。

15.3.4 路由引入产生环路及解决方法

在多边界路由引入时，如果引入规划不当，可能会导致环路。

如图 15-6 所示，RTB 和 RTD 作为边界路由器，在 OSPF 协议和 IS-IS 协议间进行路由引入，RTD 配置为将 OSPF 协议路由引入 IS-IS 协议中，而 RTB 配置为将 IS-IS 协议路由引入 OSPF 协议中。RTD 从 RTA 学习到路由 172.0.0.0/16 后，将其引入 IS-IS 协议中，并发布到 RTC，由 RTC 再发布给 RTB；此时 RTB 并不知道这条路由是从 OSPF 区域中引来，所以会再次引入 OSPF 区域中。

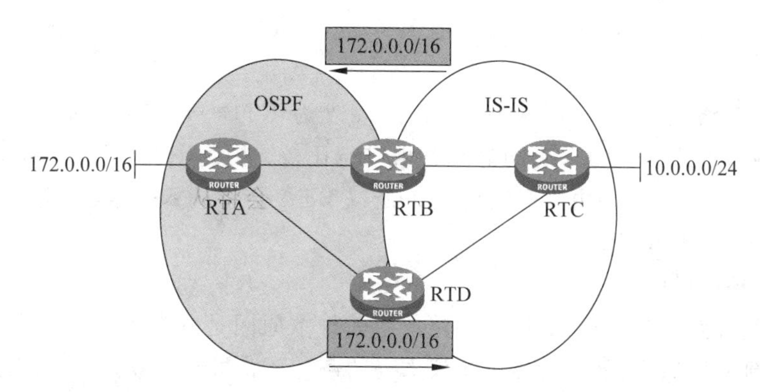

图 15-6 路由引入规划不当导致路由环路

下面具体分析为什么会产生路由环路。

如图 15-7 所示，RTA 配置将静态路由 172.0.0.0/16 引入 OSPF 区域内，然后通过 RTD 将路由引入 ISIS 区域内。其路由生成的具体过程如下。

(1) RTA 将静态路由 172.0.0.0/16 引入 OSPF 协议中。因为 RTA 配置有静态路由 172.0.0.0/16，且其为有效路由，从而此路由会被引入 OSPF 协议的 LSDB 中，并以 LSA 形式发布到 OSPF 区域中。从而，RTB 和 RTD 收到此 LSA 后，据此生成 OSPF 区域外路由，优先级为 150，下一跳指向 RTA。

(2) RTD 将 OSPF 区域外路由 172.0.0.0/16 引入 IS-IS 协议中。因为 RTD 从 RTA 学到区域外路由 172.0.0.0/16，且其为有效路由，放入 IP 路由表中。又因为 RTD 配置将 OSPF 协议路由引入 IS-IS 协议中，所以 RTD 将此路由以 IS-IS 协议中的 LSA 形式发布到 IS-IS 协议中，其优先级为 15。RTC 收到此 LSA 后，放入路由表中生成路由，下一跳指向 RTD。

(3) RTB 将 IS-IS 协议路由 172.0.0.0/16 引入 OSPF 协议中。RTB 同时从 OSPF 区域和 IS-IS 协议区域学到了同一条路由 172.0.0.0/16，根据路由比较原则，RTB 将比较路由来源的优先级。因为 IS-IS 协议的优先级为 15，而 OSPF 区域外路由的优先级为 150，所以 IS-IS

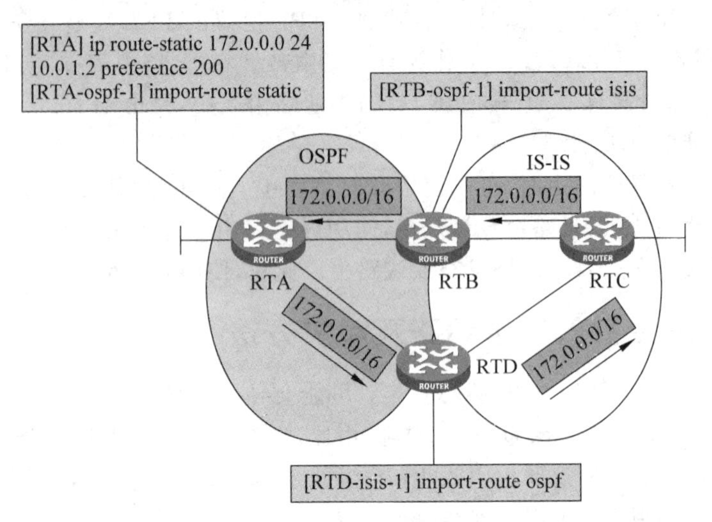

图 15-7 路由引入产生环路示例

协议路由优先。RTB 把来自 IS-IS 协议的路由 172.0.0.0/16 放入 IP 路由表中，作为有效路由，下一跳指向 RTC。因为 IS-IS 协议路由 172.0.0.0/16 是有效路由，所以 RTB 将此路由引入 OSPF 协议中。

(4) RTA 将路由 172.0.0.0/16 的下一跳改为 RTB。RTA 收到 RTB 发布的路由 172.0.0.0/16后，将此路由与自己的静态路由进行比较。因为 RTA 所配置的静态路由优先级为 200，而 OSPF 区域外路由优先级为 150，所以 RTA 会将从 RTB 收到的路由作为有效路由，同时修改下一跳为 RTB。

这样，路由环路形成了。

从以上产生环路的过程可以发现，环路产生的根本原因是原本为某区域内始发的路由又被错误地引回到此区域中，从而使路由协议本身的避免环路机制失效。由此可见，在多协议网络中避免路由引入环路发生的办法是，在边界路由器上有选择性地进行路由引入。

选择性路由引入可以使用路由属性中的标记值(Tag)来实现。

在图 15-8 所示网络中，RTD 将从 OSPF 区域中引入的路由加上 Tag 值等于 5 的标记，发布到 IS-IS 区域中。在 RTB 上，配置把 IS-IS 区域中除了 Tag 值等于 5 外的其他路由引入 OSPF 区域中。这样，RTB 就不会把路由 172.0.0.0/16 引入 OSPF 区域中，也就实现了选择性路由引入。

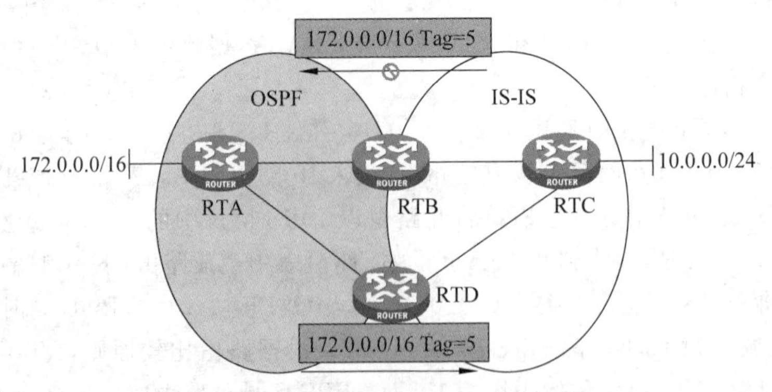

图 15-8 使用 Tag 进行选择性路由引入

使用 Tag 来选择性引入路由简单易用，所以得到了广泛的应用。

15.3.5　路由引入产生次优路由及解决方法

路由引入的另一个常见问题是导致次优路由的产生。路由引入时，原路由属性如度量值丢失，需要协议重新给定默认度量值或由管理员手动设定度量值，因而在网络规划不合理的情况下，会产生次优路由。

在图 15-9 所示网络中，从 RTA 到 RTC 有两条路径。假设在单路由协议环境中，RTA→RTD→RTC 的路径是最优路径。在运行多协议后，边界路由器 RTB 将路由 172.0.0.0/16 引入 IS-IS 协议中，并设定开销值为 2；同时 RTD 也将路由 172.0.0.0/16 引入 IS-IS 协议中，并设定开销值为 5。这样，RTC 经过开销值比较，认为经由 RTB 到达 172.0.0.0/16 的路径是最优路径，次优路由便产生了。

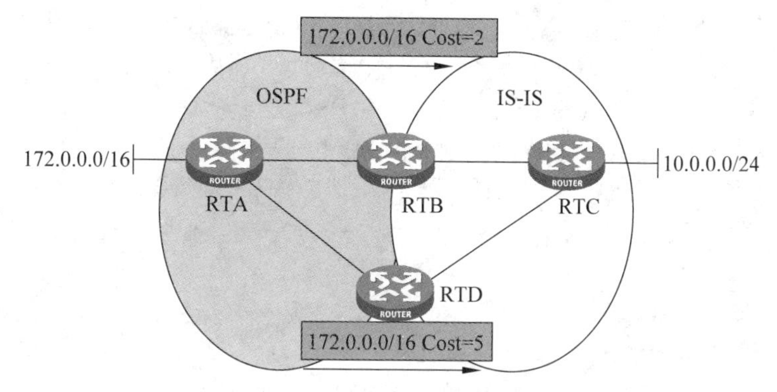

图 15-9　路由引入导致次优路由

为了尽量避免次优路由的产生，要进行合理的规划。通常在多边界引入时，给定所有引入的路由以相同的默认度量值，这样至少在域内范围能够避免次优路由。对于域外路由，由于原路由属性在引入时丢失了，所以协议本身并不能判断出原路由的度量值大小。这时通常由管理员手动调节路由引入后的度量值，使之反映原路由的度量值，从而避免次优路由的产生。

15.4　路由引入配置

15.4.1　配置 RIP 协议引入外部路由

首先进入 RIP 协议视图，在 RIP 协议视图下配置 RIP 协议引入外部路由。其命令如下：

import-route *protocol* [*process-id*] [**cost** *cost* | **route-policy** *route-policy-name* | **tag** *tag*]

其中主要的参数含义如下。

- *protocol*：可引入的源路由协议，目前 RIP 可引入的路由包括 bgp、direct、isis、ospf、rip 和 static。
- *process-id*：被引入路由协议的进程号，取值范围为 1～65535。当路由协议为 isis、ospf、rip 时有效。
- *cost*：要引入路由的度量值，取值范围为 0～16。如果没有指定度量值，则使用 default cost 命令设置的默认度量值。
- *route-policy-name*：路由策略名称，取值范围为 1～19 个字符。

• *tag*：要引入路由的标记值，取值范围为 0～65535，默认值为 0。

因为在默认情况下，引入路由的默认度量值为 0，所以可根据网络情况对默认度量值进行调整。其命令如下：

```
default cost value
```

建议默认度量值取路由域内度量值的最大值。

在图 15-10 所示网络中，RTA 和 RTB 运行 OSPF 协议，RTB 和 RTC 运行 RIP 协议。RTA 连接到网络 172.0.0.0/16，RTC 连接到网络 10.0.0.0/24。在 RTB 上配置路由引入，将 OSPF 协议路由引入 RIP 协议路由表中，并设定默认度量值为 3。

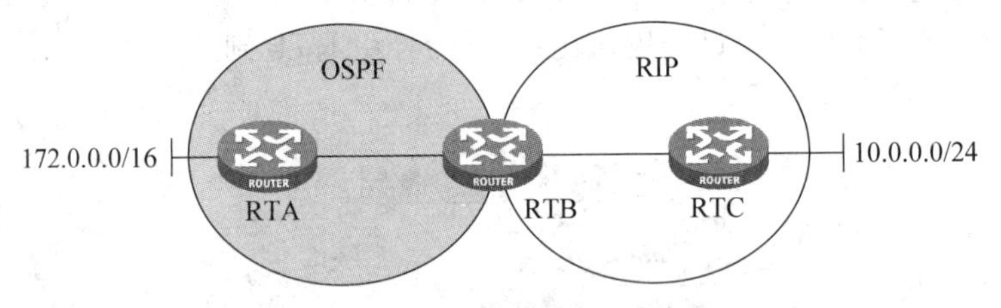

图 15-10 RIP 协议路由引入示例

RTB 上配置如下：

```
[RTB] rip 100
[RTB-rip-100] default cost 3
[RTB-rip-100] import-route ospf
```

配置完成后，可以在 RTC 的路由表中查看到引入的路由 172.0.0.0/16，其度量值为 4。

15.4.2 配置 OSPF 协议引入外部路由

进入 OSPF 协议视图后，配置 OSPF 协议引入其他协议的路由。其命令如下：

```
import-route protocol process-id [cost cost | type type | tag tag | route-policy route-policy-name]
```

其中主要的参数含义如下。

• *protocol*：引入的源路由协议，可以是 direct、static、rip、ospf、isis 或 bgp。
• *process-id*：路由协议进程号，取值范围为 1～65535。只有当 *protocol* 是 rip、ospf、isis 时该参数可选。
• **cost** *cost*：路由开销值，取值范围为 0～16777214，默认值为 1。
• **type** *type*：度量值类型，取值范围为 1～2，默认值为 2。
• **tag** *tag*：外部 LSA 中的标记，取值范围为 0～4294967295，默认值为 1。
• **route-policy**：配置只能引入符合指定路由策略的路由。
• *route-policy-name*：路由策略名称。

引入路由的默认开销值为 1，默认类型为 2，默认标记为 1。管理员可以用以下命令来调整这些参数的默认值：

```
default { cost cost | tag tag | type type }
```

在 OSPF 协议中，当使用 import-route 命令引入路由时，不能引入外部路由的默认路由。如果要引入默认路由，必须使用 default-route-advertise 命令。其命令如下：

default-route-advertise [**always** | **cost** *cost* | **type** *type* | **route-policy** *route-policy-name*]

其中主要的参数含义如下。

- **always**：如果本机没有配置默认路由，使用此参数可产生一个描述默认路由的 ASE LSA 发布出去。如果没有指定该关键字，仅当本地路由器的路由表中存在默认路由时，才可以产生一个描述默认路由的 Type5 LSA 发布出去。
- **cost** *cost*：该默认路由的度量值，取值范围为 0～16777214。如果没有指定，默认路由的度量值将取 default cost 命令配置的值。
- **type** *type*：该 ASE LSA 的类型，取值范围为 1～2，默认值为 2。
- **route-policy** *route-policy-name*：路由策略名，为 1～19 个字符的字符串。如果默认路由匹配 *route-policy-name* 指定的 Route-policy，那么 Route-policy 将影响 ASE LSA 中的值。

在图 15-11 所示网络中，RTA 和 RTB 运行 OSPF 协议，RTB 和 RTC 运行 RIP 协议。RTA 连接到网络 172.0.0.0/16，RTC 连接到网络 10.0.0.0/24。在 RTB 上配置路由引入，将 RIP 路由引入 OSPF 协议数据库中，并设定默认度量值为 20。为了区分引入的路由，设定所引入的路由标记值为 100。

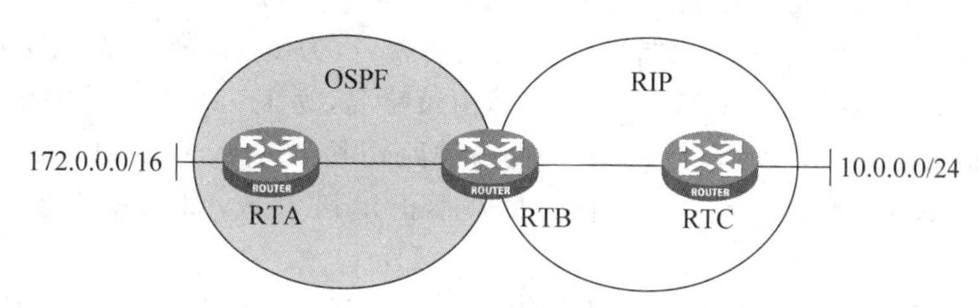

图 15-11　OSPF 协议路由引入示例

RTB 上配置如下：

```
[RTB] ospf
[RTB-ospf-1] default cost 20
[RTB-ospf-1] import-route rip 100 tag 100
```

配置完成后，可以在 RTA 的路由表中查看到引入的路由 10.0.0.0/24，其标记值是 100。

15.4.3　配置 IS-IS 协议引入外部路由

进入 IS-IS 协议视图后，配置 IS-IS 协议引入其他协议的路由。其命令如下：

import-route {**isis** [*process-id*] | **ospf** [*process-id*] | **rip** [*process-id*]} [**cost** *cost* | **cost-type** { **external** | **internal** } | [**level-1** | **level-1-2** | **level-2**] | **route-policy** *route-policy-name* | **tag** *tag*]

其中主要的参数含义如下。

- *process-id*：路由协议进程号，取值范围为 1～65535，默认值为 1。只有当 *protocol* 是 isis、ospf 或 rip 时该参数可选。
- *cost*：引入的路由的路径开销。
- **cost-type** {**external** | **internal**}：表示路径开销类型。internal 表示内部路由，external 表示外部路由。配置路径开销类型为 external 后，通过 LSP 发布路由时路径开销会在

配置的 Cost 值的基础上加上 64，从而保证内部路由优于外部路由。默认情况下为 external 类型。只有当开销类型为 narrow、narrow-compatible 或者 compatible 时，该参数有效。

- **level-1**：引入路由到 Level-1 的路由表中。
- **level-1-2**：同时引入路由到 Level-1 和 Level-2 的路由表中。
- **level-2**：引入路由到 Level-2 的路由表中。如果不指定引入的级别，默认为引入路由到 Level-2 的路由表中。
- **route-policy** *route-policy-name*：路由策略名称，为 1～19 个字符的字符串。只有满足指定路由策略匹配条件的路由才被引入。
- **tag** *tag*：为引入路由设置 Tag 值，取值范围为 1～4294967295。

在引入外部路由时，可以使用 Filter-policy 来对引入的路由进行过滤，以确保只引入需要的路由。其命令如下：

```
filter-policy { acl-number | ip-prefix ip-prefix-name | route-policy route-policy-name } export [ protocol [ process-id ]]
```

其中主要的参数含义如下。

- *acl-number*：指定访问控制列表序号，取值范围为 2000～3999。
- **ip-prefix** *ip-prefix-name*：指定地址前缀列表名，为 1～19 个字符的字符串。
- **route-policy** *route-policy-name*：指定路由策略名，为 1～19 个字符的字符串。
- *protocol*：路由协议名称，指定过滤从哪种路由协议引入的路由信息。目前可包括 bgp、direct、isis、ospf、rip 和 static。如果不指定该参数，将对所有引入的路由进行过滤。
- *process-id*：路由协议进程号，取值范围为 1～65535。只有当 *protocol* 为 isis、ospf、rip 时，该参数可选。

说明：在 RIP、OSPF 协议中，也可以使用 Filter-policy 来对引入的路由进行过滤。

15.4.4 路由引入示例

在图 15-12 所示网络中，RTA 和 RTB 运行 OSPF 协议，OSPF 协议进程号为 100；RTB 和 RTC 运行 IS-IS 协议。RTA 连接到 Internet，是自治系统边界路由器。在 RTA 上配置默认静态路由，下一跳指向连接到 Internet 的接口 S1/0，并且配置为将默认路由引入 OSPF 协议中。

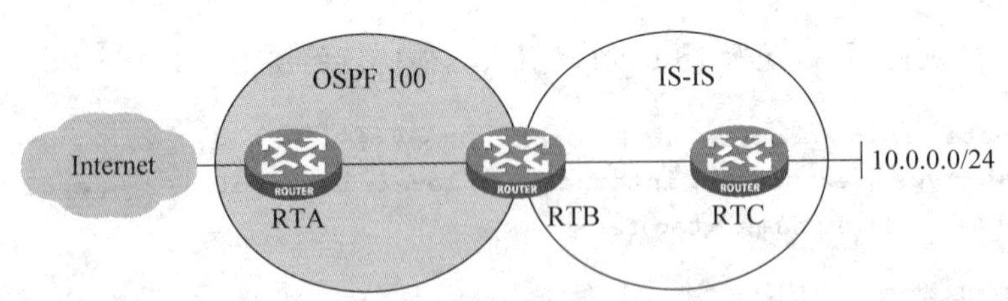

图 15-12 单边界路由引入示例

在 RTB 上配置双向路由引入。将 IS-IS 协议路由引入 OSPF 协议数据库中，设定默认度量值是 30，并设定引入的路由 10.0.0.0/24 的标记值为 10。同时，将 OSPF 协议进程 100 的路由引入 IS-IS 协议数据库中。

RTA 上配置如下：

```
[RTA] ip route-static 0.0.0.0 0.0.0.0 s1/0
[RTA-ospf-100] default-route-advertise
```

RTB 上配置如下：

```
[RTB] acl number 2000
[RTB-acl-basic-2000] rule permit source 10.0.0.0 0.0.0.255
[RTB] route-policy policy_a permit node 10
[RTB-route-policy] if-match acl 2000
[RTB-route-policy] apply tag 10
[RTB] ospf 100
[RTB-ospf-100] default cost 30
[RTB-ospf-100] import-route isis route-policy policy_a
[RTB] isis
[RTB-isis-1] import-route ospf 100
```

双边界情况下，可以使用 Tag 标记来防止环路产生。

在图 15-13 所示网络中，RTA 和 RTB 运行 OSPF 协议，RTB 和 RTC 运行 RIP 协议。RTA 连接到网络 172.0.0.0/16，RTC 连接到网络 10.0.0.0/24。在 RTB 上配置路由引入，将 RIP 路由引入 OSPF 协议数据库中，并设定默认度量值是 20，路由标记值为 100。

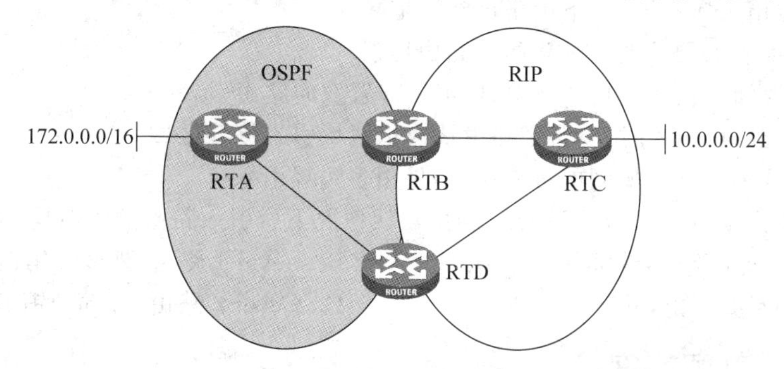

图 15-13 双边界路由引入示例

RTD 上配置为将 OSPF 协议路由引入 RIP 中，并使用 Route-policy 来设定拒绝引入标记值为 100 的路由，实际上也就是不会把从本 RIP 域始发的路由再引回 RIP 域中。

RTB 上配置如下：

```
[RTB] ospf
[RTB-ospf-1] import-route rip 100 tag 100 cost 20
```

RTD 上配置如下：

```
[RTD] route-policy ospftorip deny node 10
[RTD-route-policy] if-match tag 100
[RTD] route-policy ospftorip permit node 20
[RTD] rip 100
[RTD-rip-100] import-route ospf route-policy ospftorip
```

15.5 本章总结

(1) 路由引入可解决多协议网络中的路由学习问题。

(2) 引入的路由属性有变化，需进行合理规划。

(3) 单向引入可避免环路。

(4) 合理规划以在多边界引入时避免环路及次优路由。

15.6 习题和解答

15.6.1 习题

(1) 关于路由引入,以下说法正确的是( )。

A. 路由引入是指把路由信息从一种路由协议导入另一种协议

B. 路由引入也指在同种协议的不同进程之间导入路由信息

C. 可以把静态路由引入 OSPF 协议中

D. 可以把 OSPF 路由信息引入静态路由中

(2) 当把路由信息引入 OSPF 协议中时,默认度量值是( )。

A. 0　　B. 1　　C. 10　　D. 需要设定

(3) 在 RIP 中引入路由时设定默认度量值为 3 的命令是( )。

A. [RTA] default 3　　B. [RTA] default cost 3

C. [RTA-rip-100] default 3　　D. [RTA-rip-100] default cost 3

(4) 关于路由引入部署,以下策略正确的是( )。

A. 只是在必要的时候才运行多路由协议

B. 需要知道相互的具体路由时,可以部署双向路由引入

C. 实施路由引入时,通常把路由从边缘区域引入核心区域

D. 需要增加路由域间的可靠性时,采用多边界引入

(5) 当把路由信息引入 IS-IS 协议中时,默认情况下所引入路由的属性是( )。

A. Level-1 路由,外部开销值为 0　　B. Level-1 路由,外部开销值为 1

C. Level-2 路由,外部开销值为 0　　D. Level-2 路由,外部开销值为 1

15.6.2 习题答案

(1) A、B、C　　(2) B　　(3) D　　(4) A、B、C、D　　(5) C

第16章

PBR

通常，路由器仅根据 IP 报文中的目的地址来查看路由表并进行转发，报文中的其他信息不作为报文转发的依据。但在实际应用中，有时需要具有相同目的地址的数据流被分布到不同路径上。PBR(Policy-Based-Route，基于策略的路由，以下简称策略路由)是一种依据用户制定的策略进行路由选择的机制。通过合理应用 PBR，路由器可以根据到达报文的源地址、地址长度等信息灵活地进行路由选择。本章介绍 PBR 的适用场景、相关配置命令及维护。

16.1 本章目标

学习完本章，应该能够：

(1) 掌握 PBR 的作用；

(2) 掌握 PBR 的配置；

(3) 掌握 PBR 的应用。

16.2 PBR 概述

传统路由根据报文的目的地址来查找路由表并进行转发操作，因而在目的地址相同的情况下，传统路由无法进行报文的选路控制。

图 16-1 所示是一个典型例子。公司内网络有两台服务器，分别向公网提供 FTP 服务和 WWW 服务。边界路由器有两条链路连接到 ISP 路由器。为了合理利用带宽，管理员想要实现不同服务数据流经由不同链路转发。此时，由于从内网到外网的数据流具有相同的目的地址，传统路由无法对这两种数据流进行区分。

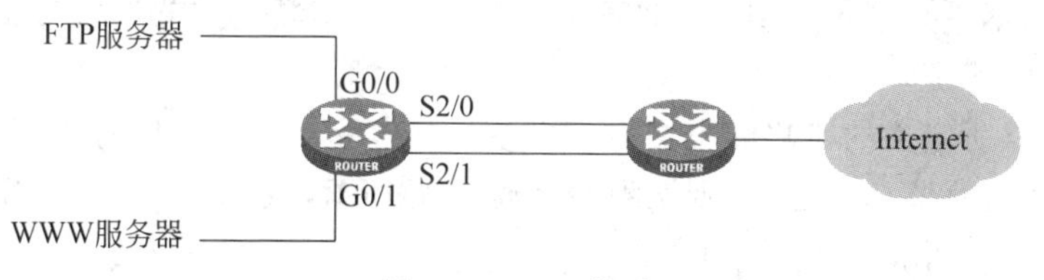

图 16-1　PBR 概述

策略路由是一种依据用户制定的策略进行路由选择的机制。与单纯依照 IP 报文的目的地址来查找路由表并进行转发不同，策略路由基于到达报文的源地址、长度等信息灵活地进行路由选择。

为实现策略路由，首先要定义将要实施策略路由的报文特征，即定义一组匹配规则。可以以报文中的不同特征(如源地址、长度等)作为匹配依据进行设置，然后将策略路由应用于接口，使路由器根据预先制定的策略对报文进行转发。

一个 PBR 可以由多个带有编号的节点(node)构成，每个节点是匹配检查的一个单元。在匹配过程中，系统按节点编号升序依次检查各个节点，如图 16-2 所示。

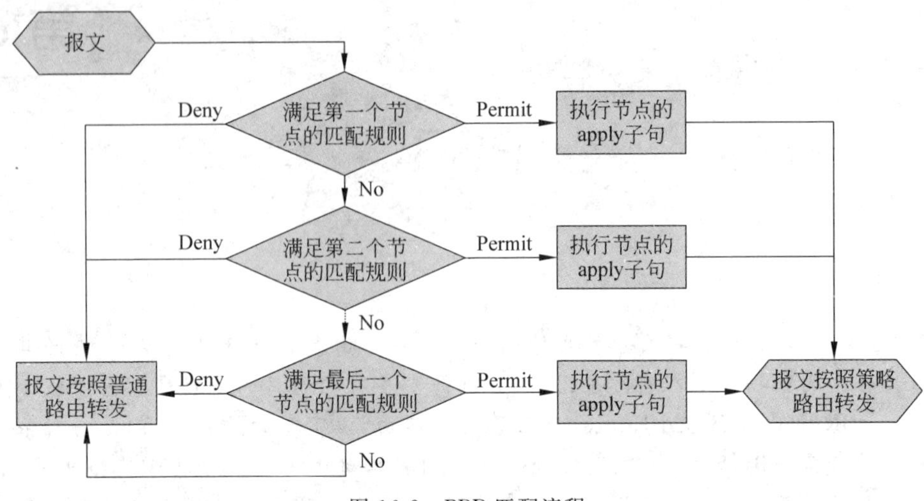

图 16-2 PBR 匹配流程

每个节点可以由一组 if-match 和 apply 子句组成。if-match 子句定义节点的匹配规则，匹配对象是报文的特征，如源 IP 地址、报文承载的协议、端口号、报文的长度等。apply 子句定义通过了该节点过滤后进行的动作。

节点的匹配模式有允许模式(Permit)和拒绝模式(Deny)两种。允许模式表示当 IP 报文通过了该节点的过滤后，将执行该节点的 apply 子句；而拒绝模式表示 apply 子句不会被执行。

一个 PBR 的不同节点间是"或"的关系，即只要通过了任一节点的过滤，就意味着通过了该 PBR 的过滤，不再对其他节点进行匹配。

每个节点的 if-match 子句之间的过滤关系是"与"的关系，即报文必须满足该节点的所有 if-match 子句才能执行该节点的 apply 子句。

如果节点的匹配模式为允许模式，则当 IP 报文满足该节点的所有 if-match 子句时，将执行该节点的 apply 子句，不进入下一个节点的匹配；如果 IP 报文不满足该节点的 if-match 子句，报文将会使用该条策略的下一个节点进行匹配。

如果节点的匹配模式为拒绝模式，则当 IP 报文满足该节点的所有 if-match 子句时，将被拒绝通过该节点，不进入下一个节点的匹配；如果 IP 报文不满足该节点的 if-match 子句，将进入下一个节点继续匹配。

通过一个节点所定义的策略的报文将不再参与其他节点策略的过滤和处理。如果报文不能通过一个 PBR 所有节点的过滤，则认为没有通过该 PBR，该报文按正常转发流程处理。

16.3 PBR 配置与查看

在配置 PBR 之前，需要规划 PBR 名称、节点编号、节点中 if-match 子句的匹配规则、通过节点过滤后要执行的动作等。

配置 PBR 的步骤如下。

(1) 在系统视图下创建 PBR，并定义名称、节点编号、匹配模式等参数。其命令如下：

policy-based-route *policy-name* { **permit** | **deny** } **node** *node-number*

(2) 在 PBR 视图下使用 if-match 子句来设定路由信息的匹配规则。其命令如下：

if-match { 匹配规则 }

if-match 子句后是报文匹配条件的设定，可选的参数包括 ACL 和 IP 报文长度。

(3) 在 PBR 视图下使用 apply 子句来指定报文通过过滤后所执行的动作。其命令如下：

```
apply { 动作 }
```

apply 子句后可选的参数包括 ip-precedence、output-interface、next-hop 等，可以分别对通过节点过滤的报文的优先级、出接口、下一跳地址等进行设定。

(4) 在接口视图下使能接口策略路由。其命令如下：

```
ip policy-based-route policy-name
```

策略路由可分为系统策略路由和接口策略路由。

- 系统策略路由作用于本地产生的报文，它只对本地产生的报文起作用，对转发的报文不起作用。
- 接口策略路由作用于到达该接口的报文，它只对转发的报文起作用，对本地产生的报文(比如本地的 ping 报文)不起作用。

一般情况下，使用接口策略路由。如果要使用系统策略路由，则需要在系统视图下使能，相应的配置命令如下：

```
ip local policy-based-route policy-name
```

配置 if-match 子句时，可选的参数包括 ACL 和 IP 报文长度。

在 PBR 视图下进行 ACL 匹配条件的配置，其命令如下：

```
if-match acl acl-number
```

同样，在 PBR 视图下进行 IP 报文长度匹配条件的配置，其命令如下：

```
if-match packet-length min-len max-len
```

其中主要的参数含义如下。

- *min-len*：最短 IP 报文长度，取值范围为 0～65535，单位为字节。
- *max-len*：最长 IP 报文长度，取值范围为 1～65535，单位为字节。*max-len* 应该不小于 *min-len*。

apply 子句定义了通过节点过滤后对报文所执行的动作，包括对报文的优先级、出接口、下一跳地址等进行设定。

apply 子句的具体配置如表 16-1 所示。

表 16-1 apply 子句的配置命令

操　作	命　令
设置报文的优先级	**apply precedence** { *type* | *value* }
设置报文的发送接口	**apply output-interface** *interface-type interface-number*
设置报文的下一跳	**apply next-hop** *ip-address*
设置报文默认发送接口	**apply default output-interface** *interface-type interface-number*
设置报文默认下一跳	**apply default-next-hop** *ip-address*

在配置出接口和下一跳时，可以同时配置两个发送接口或两个下一跳，这两个发送接口或下一跳同时有效，可以起到负载分担的作用。

注意：仅当报文目的 IP 地址在路由表中没有查到相应的路由时，路由器才会使用 PBR

所配置的默认下一跳或者出接口(命令为 apply default output-interface 和 apply default-next-hop)进行 IP 报文转发。

在完成 PBR 的配置后,在任意视图下执行 display policy-based-route 命令可以显示已经配置的 PBR。相关命令及输出如下:

```
[Router] display policy-based-route
policy-based-route : aaa
  Node  1  permit :
    apply output-interface Serial2/0
```

以上输出表明,PBR 名称为 aaa,包含了一个编号为 1 的节点,节点的匹配模式是允许模式。已经匹配的报文指定发送接口为 Serial2/0。

在任意视图下执行 display ip policy-based-route setup 命令可以显示所有配置并使能的 PBR 信息。相关命令及输出如下:

```
[Router] display ip policy-based-route setup
Policy Name          interface
pr02                 local
pr02                 Virtual-Template0
pr01                 GigabitEthernet 1/0
```

以上输出表明,目前共使能了 3 个 PBR,名称为 pr02 的 PBR 在本地和 Virtual-Template0 接口被应用;名称为 pr01 的 PBR 在接口 GigabitEthernet1/0 被应用。

在任意视图下执行 display ip policy-based-route statistic 命令可以显示已经使能的 PBR 的统计信息。相关命令及输出如下:

```
[Router] display ip policy-based-route statistic interface GigabitEthernet1/0
Interface GigabitEthernet1/0 policy based routing statistics information:
policy-based-route: aaa
   permit node 5
     apply output-interface Serial1/0
       Denied: 0,
       Forwarded: 0
Total denied: 0, forwarded: 0
```

以上输出表明,在接口 GigabitEthernet1/0 上应用了名称为 aaa 的 PBR,节点编号为 5,匹配模式为允许模式,已经匹配的报文指定发送接口为 Serial1/0。节点 5 匹配成功进行转发的次数为 0,转发失败的次数是 0;策略 aaa 所有节点匹配成功进行转发和转发失败的次数也均为 0。

16.4 PBR 的应用

PBR 被广泛应用在源地址路由、负载分担等场合中。

在图 16-3 所示网络中,RTA 通过两个接口连接到 Internet。RTA 的 G0/0 连接有 FTP 服务器和 WWW 服务器,其 IP 地址分别为 10.0.0.2 和 10.0.0.3。在 RTA 上配置 PBR,使 FTP 服务器到 Internet 的数据流经由接口 S2/0 发送,而 WWW 服务器到 Internet 的数据流经由接口 S2/1 发送。

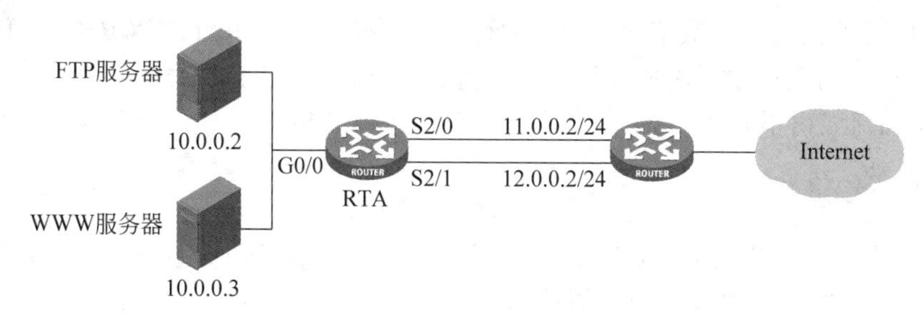

图 16-3 基于源地址的 PBR 应用

RTA 上配置如下：

```
[RTA] acl number 3101
[RTA-acl-adv-3101] rule permit ip source 10.0.0.2 0
[RTA] acl number 3102
[RTA-acl-adv-3102] rule permit ip source 10.0.0.3 0
[RTA] policy-based-route aaa permit node 5
[RTA-pbr-aaa-5] if-match acl 3101
[RTA-pbr-aaa-5] apply output-interface serial 2/0
[RTA] policy-based-route aaa permit node 10
[RTA-pbr-aaa-10] if-match acl 3102
[RTA-pbr-aaa-10] apply output-interface serial 2/1
[RTA] interfaceGigabitEthernet 1/0
[RTA-GigabitEthernet0/0] ip policy-based-route aaa
```

配置完成后，可以在 RTA 上执行 display ip policy-based-route 命令来观察 PBR 的运行效果。

在图 16-4 所示网络中，RTA 作为局域网出口路由器，通过两个接口连接到 Internet，其下一跳分别是 11.0.0.2/24 和 12.0.0.2/24。为了实现负载分担，在 RTA 上设置 PBR，将大小为 64～100B 的报文设置 11.0.0.2/24 和大小为 101～1000B 的报文设置 12.0.0.2/24 作为下一跳 IP 地址。其他长度的报文都按照查找路由表的方式转发。

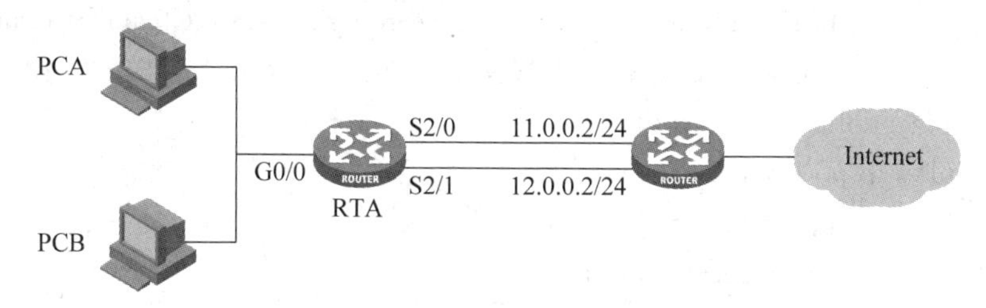

图 16-4 基于报文长度的 PBR 应用

RTA 上配置如下：

```
[RTA] policy-based-route abc permit node 10
[RTA-pbr-abc-10] if-match packet-length 64 100
[RTA-pbr-abc-10] apply next-hop 11.0.0.2
[RTA] policy-based-routeabc permit node 20
[RTA-pbr-abc-20] if-match packet-length 101 1000
[RTA-pbr-abc-20] apply next-hop 12.0.0.2
[RTA] interfaceGigabitEthernet 0/0
[RTA-GigabitEthernet0/0] ip policy-based-route abc
```

不同数据流的报文大小会有所不同，一般管理数据流如 Telnet、ICMP、SNMP 的报文较小，在 100B 以下；而业务数据流如 FTP 的报文较大。通过设定不同大小报文经由不同接口转发，可以使不同流经由不同接口转发，做到出接口的负载分担。

16.5 本章总结

(1) PBR 由若干个节点组成，节点中包含了 if-match 子句和 apply 子句。

(2) 节点之间的过滤关系是“或”的关系。

(3) 可使用 PBR 来实现源路由选择。

(4) 使用 PBR 来实现根据业务进行链路间的负载分担。

16.6 习题和解答

16.6.1 习题

(1) PBR 的优点是(　　)。

A. 可实现基于源地址的路由　　B. 可实现基于目的地址的路由

C. 可实现 QoS　　D. 可实现负载分担

(2) 在 PBR 配置中，下列可以由 if-match 子句来设定的匹配规则是(　　)。

A. 报文优先级　　B. 出接口　　C. 报文长度　　D. 报文源地址

E. 报文下一跳

(3) 在 PBR 配置中，下列可以由 apply 子句来执行的动作是(　　)。

A. 报文优先级　　B. 出接口　　C. 报文长度　　D. 报文源地址

E. 报文下一跳

(4) 定义了名为 aaa 的 PBR 后，应该使用下列(　　)命令在接口上使能之。

A. [RTA] ip policy-based-route aaa

B. [RTA] ip policy-based-route interface GigabitEthernet0/0 aaa

C. [RTA-GigabitEthernet0/0] ip policy-based-route aaa

D. [RTA-GigabitEthernet0/0] ip policy-based-route interface GigabitEthernet0/0 aaa

(5) 使用下列(　　)命令来查看有多少报文成功匹配 PBR 并进行转发。

A. display policy-based-route

B. display ip policy-based-route

C. display ip policy-based-route statistic

D. display policy-based-route statistic

16.6.2 习题答案

(1) A、B、D　　(2) C、D　　(3) A、B、E　　(4) C　　(5) C

第6篇

BGP-4协议

第17章

BGP基本原理

随着网络规模的不断扩大以及网络拓扑的复杂化，网络管理者需要对自治系统间的路由加强控制，于是 BGP 协议应运而生了。目前 BGP 的版本是 BGP-4，是运行在 Internet 上的唯一域间路由协议。

BGP 具有很多鲜明的特点，如可运行于 TCP 协议之上，支持 CIDR 和路由聚合，可以灵活地控制和选择路由以及具备丰富的属性和路由策略，等等。BGP 是运行在自治系统之间的域间路由协议，与 OSPF、RIP 等域内路由协议不同，BGP 的着重点不在于发现和计算路由，而在于路由的控制和选择。

17.1 本章目标

学习完本章，应该能够：

(1) 熟悉 BGP 协议的原理；

(2) 掌握 BGP 协议的特点；

(3) 掌握 BGP 协议的基本属性；

(4) 掌握 BGP 协议的路由选路策略；

(5) 掌握 BGP 协议的路由发布策略。

17.2 BGP 概述

17.2.1 BGP 起源

在早期的 ARPANet 网络时代，网络规模有限，路由数量也不大，因此所有的路由器运行较简单的路由协议如 RIP、OSPF 就可以满足需求。在 1980 年左右，网络规模扩大导致路由数量极大增长，路由协议不堪重负。为了解决此问题，管理者提出了自治系统（Autonomous System，AS）的概念，又称路由域。通过在域内运行内部路由协议以学习和维护路由，在域间运行另外一种路由协议进行域间的路由交换，这样可以减少域内路由数量，并有利于路由管理。这种在路由域间路由交换与管理的需求，推动产生了外部网关协议（Exterior Gateway Protocol，EGP）。EGP 的设计非常简单，只是单纯地发布网络可达信息，不做任何优选，也没有考虑环路避免，以至于很快就不能满足网络管理的需求，于是被边界网关协议（Border Gateway Protocol，BGP）所取代。

从 1989 年发布的第一个版本 BGP-1（RFC 1105）起，到目前 BGP 经历了 4 个版本，分别是 BGP-1（RFC 1105）、BGP-2（RFC 1163）、BGP-3（RFC 1267）和当前使用的版本 BGP-4（RFC 1771，已更新至 RFC 4271）。和 EGP 相比，BGP 具有很多新的特征，如可以进行路由优选，路由环路避免，高效率的传递机制，维护大量路由的能力，触发更新等。同时，因为 BGP 具有丰富的属性和良好的路由控制能力，并且易于扩展，因此 BGP 成为目前唯一的用于自治系统间的动态路由协议。

17.2.2 BGP协议特性

BGP是一种外部网关协议(EGP),与OSPF、RIP等内部网关协议(IGP)不同,其关心的重点不在于发现和计算路由,而在于AS之间传递路由信息以及控制优化路由信息。

BGP是一种“路径矢量”路由协议,其路由信息中携带了所经过的全部AS路径列表。这样,接收该路由信息的BGP路由器可以很明确地知道此路由信息是否源于自己的AS。如果路由源于自己的AS,BGP路由会丢弃此条路由,这样就可从根本上避免AS之间产生环路的可能性。

为了保证BGP协议的可靠传输,其使用TCP协议来承载,端口号为179。TCP协议天然的可靠传输、重传、排序等机制保证了BGP协议消息交互的可靠性。

BGP能够支持CIDR和路由聚合,可以将一些连续的子网聚合成较大的子网(突破了自然分类地址限制),从而可以在一定程度上控制路由表的快速增长,并降低了路由查找的复杂度。

在邻居关系建立后,BGP路由器会将自己的全部路由信息通告给邻居。此后,如果路由表有变化,则只将增量部分发送给邻居。这样可以大大减少BGP传播路由所占用的带宽,以利于在Internet上传播大量的路由信息,并降低路由器CPU与内存资源的消耗。

与IGP不同,BGP最重要的特性是丰富的路由属性以及强大的路由过滤和路由策略。通过使用路由策略等方法来更改路由属性,或根据路由更新信息中的属性来实现路由过滤和路由策略,从而使BGP的使用者可以非常灵活地对路由进行选路和控制。

17.3 BGP基本术语

相关的BGP基本术语如下。

(1) BGP发言者(BGP Speaker):发送BGP消息的路由器称为BGP发言者,它接收或产生新的路由信息,并发布给其他BGP发言者。如图17-1所示,RTA、RTB、RTD、RTE都运行了BGP,它们都发送BGP消息,所以都是BGP发言者。

(2) Router ID(RID):Router ID是一个32b无符号整数,用来在自治系统中唯一标识一台路由器。路由器如果要运行BGP,则必须存在Router ID。Router ID可由管理员手动指定或由协议自动选举。在图17-1中,RTB的RID是10.10.10.253,RTA的RID是192.168.0.253。

(3) BGP对等体(BGP Peer):相互之间存在TCP连接、相互交换路由信息的BGP发言者之间互称对等体(Peer)。在图17-1中,RTA和RTB是BGP对等体,RTB和RTD也是BGP对等体。

(4) IBGP对等体(Internal BGP Peer):如果BGP对等体处于同一自治系统内,称为IBGP对等体。在图17-1中,RTB和RTD是IBGP对等体。

(5) EBGP对等体(External BGP Peer):BGP对等体处于不同自治系统时,称为EBGP对等体。在图17-1中,RTA和RTB是EBGP对等体,RTD和RTE是EBGP对等体。

注意:有时,BGP对等体又称BGP邻居,EBGP对等体又称EBGP邻居,IBGP对等体又称IBGP邻居。

处于不同AS的BGP对等体称为EBGP对等体(或者EBGP邻居),如图17-2所示。尽管BGP连接是基于TCP的,但通常情况下,协议要求建立EBGP连接的路由器之间具有直连

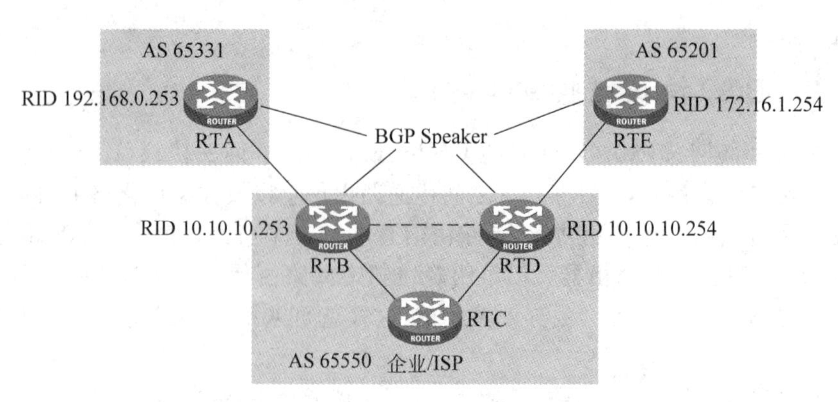

图 17-1 BGP 术语

的物理链路。如果路由器之间不是物理直达，则可以配置 BGP 以允许它们之间经过物理多跳而建立 EBGP 连接。在图 17-2 中，RTA 和 RTB 是 EBGP 对等体，RTD 和 RTE 是 EBGP 对等体，它们都是物理直达的。如果想在 RTA 与 RTE 之间建立 EBGP 连接，则必须在路由器 RTA 和 RTE 上增加配置以允许它们之间经过多跳而建立 EBGP 连接。

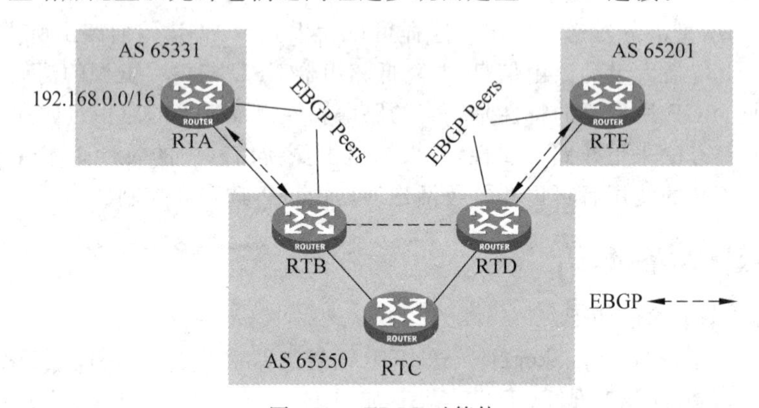

图 17-2 EBGP 对等体

BGP 发言者从 EBGP 对等体获得路由后，会向所有的 BGP 对等体(包括 EBGP 和 IBGP 对等体)通告这些路由，与此同时，为了防止环路，它不会将学习到的路由再向原发布者发布。在图 17-2 中，RTB 从对等体 RTA 获得路由信息 192.168.0.0/16 后，会把此路由信息发送给它的 IBGP 对等体 RTD；同理，RTD 也会把路由 192.168.0.0/16 发布给它的 EBGP 对等体 RTE，这样路由 192.168.0.0/16 就能在 AS 间传递。但是，RTB 不能告诉 RTA 这条路由信息。

处于同一个 AS 的 BGP 对等体称为 IBGP 对等体(或者 IBGP 邻居)，如图 17-3 所示。IBGP 对等体不一定是物理直连，但是一定要 TCP 可达。在图 17-3 中，RTA 和 RTC 是 IBGP 对等体，但 RTA 与 RTC 并不是物理上直连。

为了防止产生环路，BGP 协议规定，BGP 发言者从 IBGP 获得的路由不向它的 IBGP 对等体发布。在图 17-3 中，RTA 从其 IBGP 对等体 RTB 获得的路由信息不向 RTC 发布。

TCP 的可靠传输机制和滑动窗口机制可以确保承载于 TCP 之上的 BGP 可以可靠传递大量路由。但是，由于 TCP 连接是以点到点的单播方式来进行报文传输的，因而 BGP 连接只能是基于点到点的连接。同时，BGP 是一种距离矢量路由协议，为了防止产生路由环路，协议规定 BGP 发言者从 IBGP 对等体获得的路由不能向其他的 IBGP 对等体发布。这样，在运行

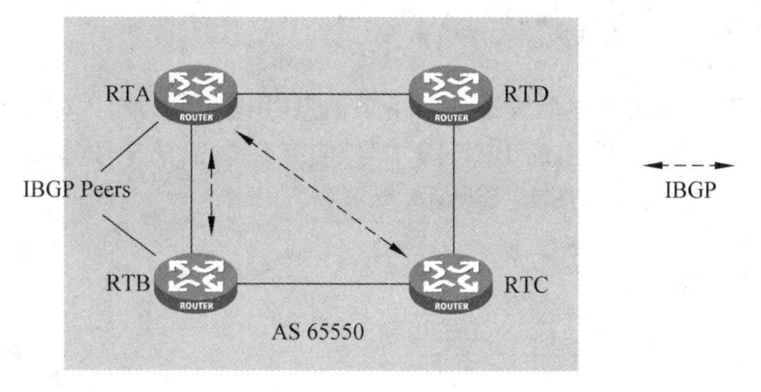

图 17-3 IBGP 对等体

了 BGP 协议的 AS 内，为了确保所有 BGP 路由器的路由信息相同，则需要使所有的 IBGP 路由器保持全连接。

在图 17-4 所示的 IBGP 部分连接中，RTA 从 RTB 接收到路由信息后，它不会将这些路由信息发布给另一个 IBGP 邻居 RTC。这样，RTB 与 RTC 就无法相互学习到路由。而在全连接方式下，RTB 与 RTC 间有 IBGP 连接建立，所以可以相互学习路由。

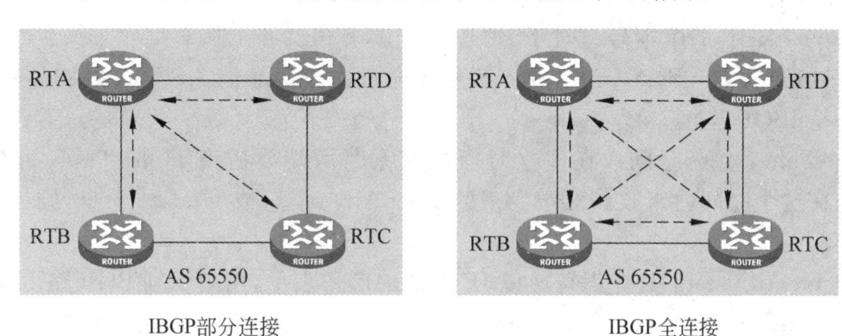

图 17-4 IBGP 部分连接与全连接

17.4 BGP 消息及状态机

1. 消息头格式

BGP 所有消息的格式都是“消息头＋消息体”的形式，其消息头的长度为 19B。其格式如图 17-5 所示。

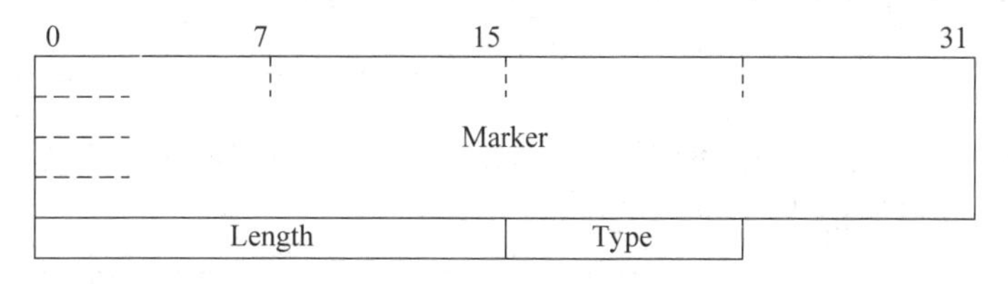

图 17-5 BGP 消息的报文头格式

BGP 消息的报文头格式中，主要字段的解释如下。

- Marker：16B，用于 BGP 验证的计算，不使用验证时所有比特均为“1”。
- Length：2B，BGP 消息总长度（包括报文头在内），以字节为单位。
- Type：1B，BGP 消息的类型。其取值范围从 1～5，分别表示 Open、Update、Notification、KeepAlive 和 Route-refresh 消息。其中，前 4 种消息是在 RFC 1771 中

定义，而 Type 为 5 的消息则是在 RFC 2918 中定义的。

2. Open 消息

Open 消息是 TCP 连接建立后发送的第一条消息，用于建立 BGP 对等体之间的连接关系并进行参数协商。内容包括使用的 BGP 版本号、自己所属的 AS 号、路由器 ID、Hold Time 值、认证信息等。其消息格式如图 17-6 所示。

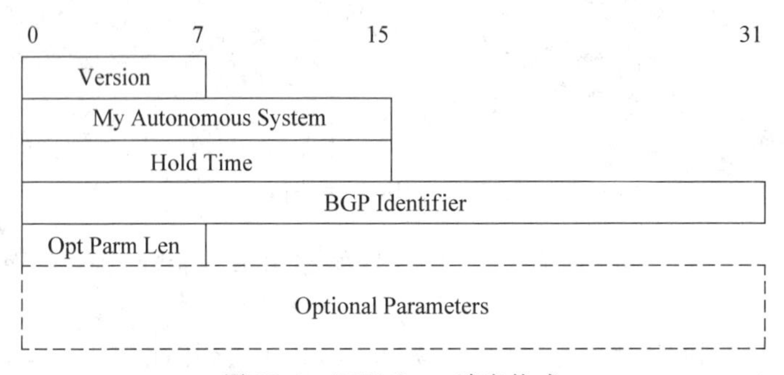

图 17-6　BGP Open 消息格式

BGP Open 消息格式中，主要字段的解释如下。

- Version：BGP 的版本号。对于 BGP-4 来说，其值为 4。
- My Autonomous System：本地 AS 号。通过比较两端的 AS 号可以确定是 EBGP 连接还是 IBGP 连接。
- Hold Time：保持时间。在建立对等体关系时两端要协商 Hold Time，并保持一致。如果在这个时间内未收到对端发来的 KeepAlive 消息或 Update 消息，则认为 BGP 连接中断。
- BGP Identifier：BGP 标识符。以 IP 地址的形式表示，用来识别 BGP 路由器。
- Opt Parm Len(Optional Parameters Length)：可选参数的长度。如果为 0 则没有可选参数。
- Optional Parameters：可选参数。用于 BGP 验证或多协议扩展(Multiprotocol Extensions)等功能。

3. KeepAlive 消息

BGP 会周期性地向对等体发出 KeepAlive 消息，主要作用是让 BGP 邻居知道自己的存在，保持邻居关系的稳定性；还有一个作用是对收到的 Open 消息进行回应。其消息格式中只包含消息头，没有附加其他任何字段。长度共 19B，消息中只有标记、长度、类型，不包括数据域。

4. Update 消息

Update 消息用于在对等体之间交换路由信息。它既可以发布可达路由信息，也可以撤销不可达路由信息。其消息格式如图 17-7 所示。

Withdrawn Routes Length (2B)
Withdrawn Routes (variable)
Total Path Attribute Length (2B)
Path Attributes (variable)
Network Layer Reachability Information (variable)

图 17-7　BGP Update 消息格式

一条 Update 消息报文可以通告一类具有相同路径属性的可达路由。这些路由放在网络层可达信息(Network Layer Reachable Information,NLRI)字段中,Path Attributes 字段携带了这些路由的属性。BGP 根据这些属性进行路由的选择,同时还可以携带多条不可达路由,被撤销的路由放在 Withdrawn Routes 字段中。

BGP Update 消息格式中,主要字段的解释如下。

- Withdrawn Routes Length:不可达路由字段的长度,以字节为单位。如果为 0 则说明没有 Withdrawn Routes 字段。
- Withdrawn Routes:不可达路由的列表。
- Total Path Attribute Length:路径属性字段的长度,以字节为单位。如果为 0 则说明没有 Path Attributes 字段。
- Path Attributes:与 NLRI 相关的所有路径属性列表,每个路径属性由一个 TLV(Type-Length-Value)三元组构成。BGP 正是根据这些属性值来避免环路,进行选路和协议扩展。
- NLRI(Network Layer Reachability Information):可达路由的前缀和前缀长度二元组。

5. Notification 消息

Notification 消息的作用为通知错误。BGP 发言者如果检测到对方发过来的消息有错误或者主动断开 BGP 连接,都会发出 Notification 消息来通知 BGP 邻居,并关闭连接且回到 Idle 状态;如果收到邻居发来的 Notification 消息,也会将连接状态变为 Idle。Notification 消息的内容包括差错码、差错子码和错误数据等信息。其消息格式如图 17-8 所示。

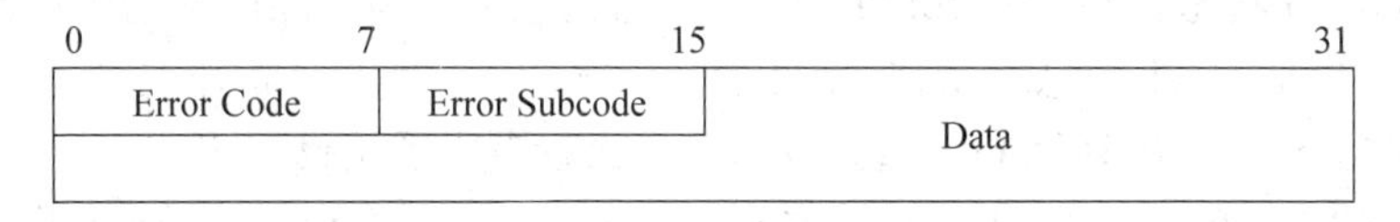

图 17-8 BGP Notification 消息格式

BGP Notification 消息格式中,主要字段的解释如下。

- Error Code:差错码,用于指定错误类型。
- Error Subcode:差错子码,用于提示错误类型的详细信息。
- Data:数据,用于辅助发现错误的原因,它的内容依赖于具体的差错码和差错子码,记录的是出错部分的数据,长度不固定。

注意:RFC 2918 中规定了 BGP 第 5 种消息 Route-refresh,该消息用来要求对等体重新发送指定地址簇的路由信息。

BGP 协议有限状态机共包含 6 个状态,如图 17-9 所示,它们之间的转换过程实际上描述了 BGP 对等体关系建立的过程。

(1) Idle 状态(空闲状态):此状态为初始状态,不接受任何 BGP 连接,等待 start 事件的产生。如果有 start 事件产生则系统开启 ConnectRetry 定时器,向邻居发起 TCP 连接,并将状态变为 Connect。

(2) Connect 状态(连接状态):在 Connect 状态,系统会等待 TCP 连接建立完成。如果 TCP 状态为 Established,则拆除 ConnectRetry 定时器,并发送 Open 消息,将状态变为 OpenSent;如果 TCP 连接失败则重置 ConnectRetry 定时器并转为 Active 状态;如果 ConnectRetry timer expired(重传定时器)超时,则重新连接,系统仍处于 Connect 状态。

(3) Active 状态(活跃状态):如果已经有启动事件但 TCP 连接未完成则处于 Active 状

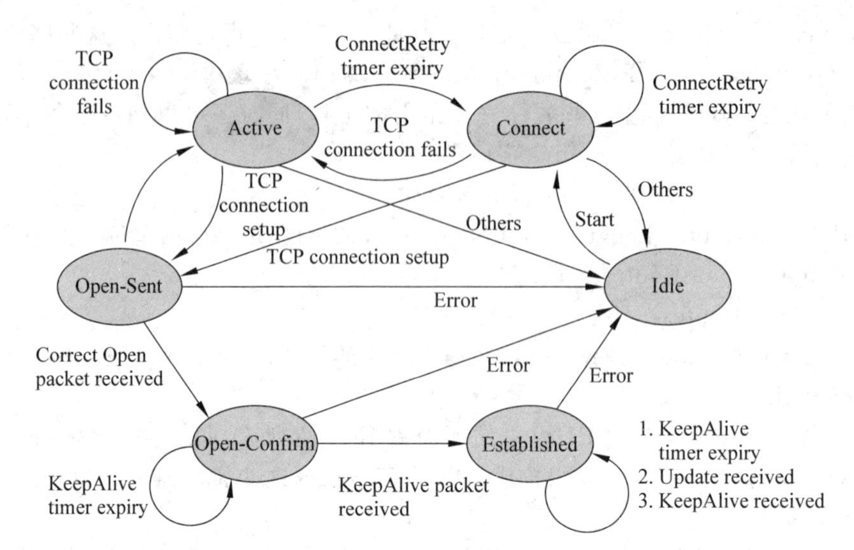

图 17-9 BGP 协议有限状态机

态。在 Active 状态时，系统会响应 ConnectRetry timer expiry 事件，重新进行 TCP 连接，同时重置 ConnectRetry 定时器，变为 Connect 状态；如果与对方的 TCP 连接成功建立，则发送 Open 消息，将状态变为 OpenSend，并清除 ConnectRetry 定时器，重置 HoldTime 定时器。

(4) Open-Sent 状态(Open 消息已发送)：此状态表明系统已经发出 Open 消息，在等待 BGP 邻居发给自己的 Open 消息。如果收到 BGP 邻居发来的 Open 消息且消息没有错误，则转向 Open-Confirm 状态，同时将 HoldTime 定时器的值置为协商值，发送 KeepAlive 消息并置 KeepAlive 定时器；如果消息有错误，则发送 Notification 消息并断开连接。

(5) Open-Confirm 状态(Open 消息确认)：此状态表明系统已经发出 KeepAlive 消息，并等待 BGP 邻居的 KeepAlive 消息。如果收到 KeepAlive 消息，则转向 Established 状态并重置 HoldTime 定时器；如果 KeepAlive 定时器超时，则重置并发送 KeepAlive 消息；如果收到 Notification 消息，则断开连接。

(6) Established 状态(连接建立)：如果处于 Established 状态，则说明 BGP 连接建立完成，可以发送 Update 消息交换路由信息；如果 KeepAlive 定时器超时，则重置 KeepAlive 定时器并发送 KeepAlive 消息；如果收到 KeepAlive 消息，则重置 HoldTime 定时器；如果检测到错误或收到 Notification 消息，则断开连接。

另外，在除 Idle 状态以外的其他 5 个状态出现任何错误的时候，BGP 状态就会退回到 Idle 状态。

17.5 BGP 路由属性

BGP 路由属性是路由信息所携带的一组参数，它对路由进行了进一步的描述，表达了每一条路由的各种特性。

路由属性是 BGP 协议区分于其他协议的重要特征。BGP 通过比较路由携带的属性，来完成路由选择、环路避免等工作。

BGP 的每个属性都有特定的含义，具有不同的用途并可以灵活地应用。BGP 路由属性是基于"TLV"架构的，易于扩展。这些特性使得 BGP 的功能十分强大。

BGP 路由属性包含以下 4 类。

(1) 公认必遵(Well-known mandatory)：所有 BGP 路由器都必须能够识别这种属性，且必须存在于 Update 消息中。如果缺少这种属性，路由信息就会出错。该种属性主要包含 ORIGIN 属性、AS_PATH 属性、NEXT_HOP 属性。

(2) 公认可选(Well-known discretionary)：所有 BGP 路由器都可以识别，但不要求必须存在于 Update 消息中，可以根据具体情况来选择。该种属性主要包含 LOCAL_PREF 属性、ATOMIC_AGGREGATE 属性。

(3) 可选传递(Optional transitive)：在 AS 之间具有可传递性的属性。BGP 路由器可以不支持此属性，但它仍然会接收带有此属性的路由，并通告给其他对等体。该种属性主要包含 COMMUNITY 属性、AGGREGATE 属性。

(4) 可选非传递(Optional non-transitive)：如果 BGP 路由器不支持此属性，该属性被忽略，且不会通告给其他对等体。该种属性主要包含 MED 属性、CLUSTER_LIST 属性、ORIGINATOR_ID 属性。

下面介绍几种常见的 BGP 属性。

1. AS_PATH 属性

AS_PATH 属性为公认必遵属性，该属性域指示出该路由更新信息经过了哪些 AS 路径，主要作用是保证 AS 之间无环路。

AS_PATH 属性按一定次序记录了某条路由从本地到目的地址所经过的所有 AS 号。当 BGP 将一条路由通告到其他 AS 时，便会把本地 AS 号添加在 AS_PATH 列表的最前面。收到此路由的 BGP 路由器根据 AS_PATH 属性就可以知道去目的地址所要经过的 AS。离本地 AS 最近的相邻 AS 号排在前面，其他 AS 号按顺序依次排列。如图 17-10 所示，路由先经过 AS 65101，记录为 99.0.3.0/22(65101)；再经过 AS 65330，记录为 99.0.3.0/22(65330, 65101)。

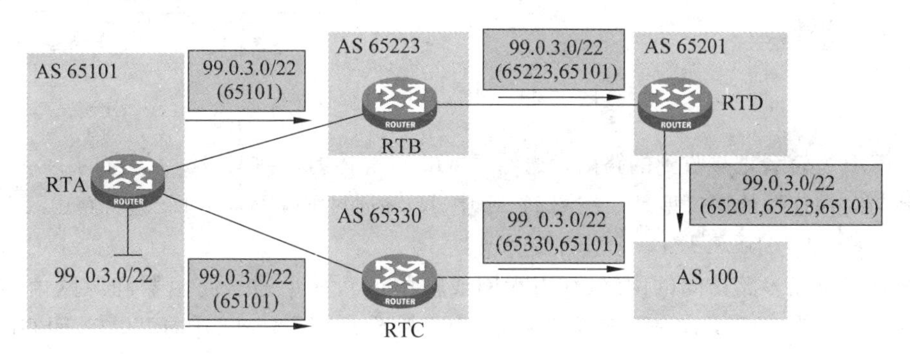

图 17-10　AS_PATH 属性

使用 AS 路径属性的目的是保证无路由环路。通常情况下，当一个路由更新到达一个 AS 的边界路由器时，如果边界路由器发现这个 AS 号在路由的 AS 路径属性中已经存在，边界路由器会丢弃这个路由。

同时，AS_PATH 属性也可用于路由的选择和过滤。在其他因素相同的情况下，BGP 会优先选择 AS_PATH 最短的路由(选择路径最短)。比如在图 17-10 中，AS 100 中的 BGP 路由器会选择经过 AS 65330 的路径作为到目的地址 99.0.3.0/22 的最优路由。

BGP 发言者在向 EBGP 邻居发送路由更新时修改 AS_PATH 属性，而在向 IBGP 邻居发送时不修改该属性。

在某些应用中，可以使用路由策略来人为地增加 AS 路径的长度，以便更为灵活地控制 BGP 路径的选择。例如，在图 17-10 中，可以在 RTA 上配置将路由 99.0.3.0/22 发往 RTC

时，在其AS_PATH列表中再加上65102、65103两个AS号。这样当这条路由经过AS 65330被传递到AS100的BGP路由器时，其AS_PATH列表为99.0.3.0/22(65330,65101,65102,65103)。此时，AS 100的路由器就会选择经过AS 65201的路径作为到目的地址99.0.3.0/22的最优路由，因为它的AS_PATH路径更短。

2. NEXT_HOP属性

下一跳(NEXT_HOP)属性是公认必遵属性，它为BGP发言者指示了去往目的地的下一跳。BGP的下一跳属性和IGP的有所不同，不一定就是邻居路由器的IP地址。下一跳属性取值情况分为以下4种。

(1) BGP发言者把自己产生的路由发给所有邻居时，将把该路由信息的下一跳属性设置为自己与对端连接的接口地址。

(2) BGP发言者把从EBGP邻居得到的路由发给IBGP邻居时，并不改变该路由信息的下一跳属性，将从EBGP得到的路由的NEXT_HOP直接传递给IBGP对等体。在图17-11中，RTA通过IBGP向RTF通告路由8.0.0.0/24时，NEXT_HOP为10.3.1.1。

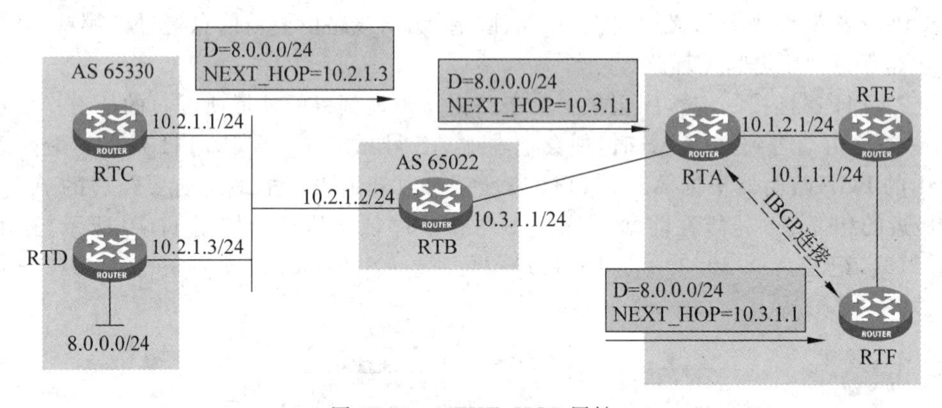

图17-11 NEXT_HOP属性

(3) BGP发言者把接收到的路由发送给EBGP对等体时，将把该路由信息的下一跳属性设置为本地与对端连接的接口地址。在图17-11中，RTB通过EBGP向RTA通告路由8.0.0.0/24时，NEXT_HOP为10.3.1.1。

(4) 对于可以多路访问的网络(如以太网或帧中继)，如果通告路由器和源路由器的接口处于同一网段，则BGP会向邻居通告路由的实际来源。在图17-11中，RTC向EBGP对等体RTB通告路由8.0.0.0/24时，则使用该路由的实际来源地址10.2.1.3作为NEXT_HOP。

3. ORIGIN属性

源(ORIGIN)属性是公认必遵属性，它指示该条路由的起源，也即这条路由是通过何种方式注入BGP中的。它有以下3种类型。

(1) IGP：优先级最高，说明路由产生于本AS内。

(2) EGP：优先级次之，说明路由通过EGP学到。

(3) Incomplete：优先级最低，它并不是说明路由不可达，而是表示路由的来源无法确定。例如，引入的其他路由协议的路由信息。

而一般情况下，把路由注入BGP中有以下3种途径。

(1) BGP把通过network命令指定注入BGP中的路由的ORIGIN属性设置为IGP。

(2) BGP把通过EGP注入BGP中的路由ORIGIN属性设置为EGP。

(3) BGP把由IGP协议引入BGP中的路由的ORIGIN属性设置为Incomplete。

BGP 在其路由判断过程中会考虑 ORIGIN 属性来判断多条路由之间的优先级。具体来说，其他因素相同的情况下，BGP 优先选用具有最小 ORIGIN 属性值的路由，即 IGP 优先于 EGP，EGP 优先于 Incomplete。

4. LOCAL_PREF 属性

本地优先(LOCAL_PREF)属性为公认可选属性，用于在一个 AS 有多个出口的情况下，判断流量离开 AS 时的最佳路由。

当 BGP 的路由器通过不同的 IBGP 对等体得到目的地址相同但下一跳不同的多条路由时，将优先选择 LOCAL_PREF 属性值较高的路由。

配置了 LOCAL_PREF 属性的 BGP 发言者或收到带有 LOCAL_PREF 属性的路由信息的 BGP 发言者只将该属性传给 IBGP 邻居，因此该属性只在本 AS 内传播，不传递到 AS 外。

在图 17-12 所示网络中，从 AS 65101 到达目的地 8.0.0.0/24 有两个出口，分别为 RTB 和 RTC。当 AS 外路由经过 RTB 时，它被赋予本地优先值 100；当经过 RTC 时，它被赋予本地优先值 200。因经过 RTC 的路由有较高的本地优先值，所以 RTD 会将到达目的地 8.0.0.0/24 的流量发送至 RTC，从而选择路由器 RTC 作为出口。

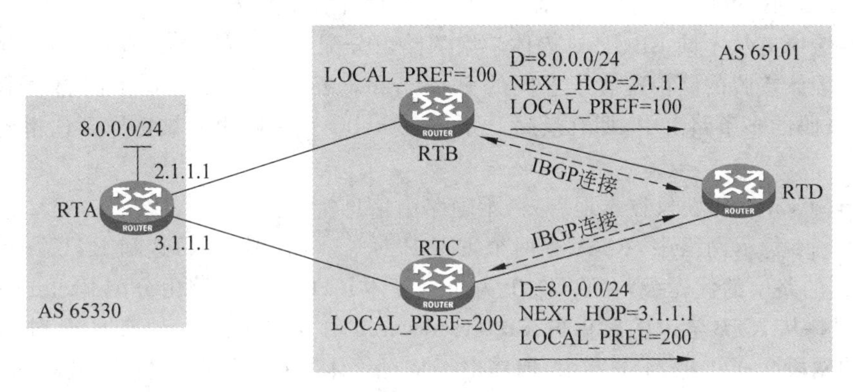

图 17-12 LOCAL_PREF 属性

需要注意的是，LOCAL_PREF 的属性值仅仅会影响离开该 AS 的流量，不会影响进入该 AS 的流量。

注意： *在 MSR 路由器上，默认情况下 LOCAL_PREF 属性值为 100。*

5. MED 属性

MED(MULTI_EXIT_DISC)属性为可选非传递属性。MED 属性相当于 IGP 使用的度量值(Metric)，用于 EBGP 邻居有多条路径到达本 AS 的情况，用途是告诉 EBGP 邻居进入本 AS 的较优路径。

当一个运行 BGP 的路由器通过不同的 EBGP 对等体得到目的地址相同但下一跳不同的多条路由时，在其他条件相同的情况下，将优先选择 MED 值较小者作为最佳路由。在图 17-13 所示网络中，RTB 向 RTA 发送关于 9.0.0.0/24 的路由更新时携带 MED 值为 0；RTC 向 RTA 发送关于 9.0.0.0/24 的路由更新时携带 MED 值为 100。BGP 在优选这条路由的时候将 MED 作为依据，MED 值最小的将被优先选中。因此，从 RTA 发向目的地址 9.0.0.0/24 的流量将被经由 RTB 而转发到 RTD。

MED 属性仅在相邻两个 AS 之间传递，收到此属性的 AS 不会再将其通告给任何第三方 AS。

通常情况下，BGP 只比较来自同一个 AS 的路由的 MED 属性值，不比较来自不同 AS 的

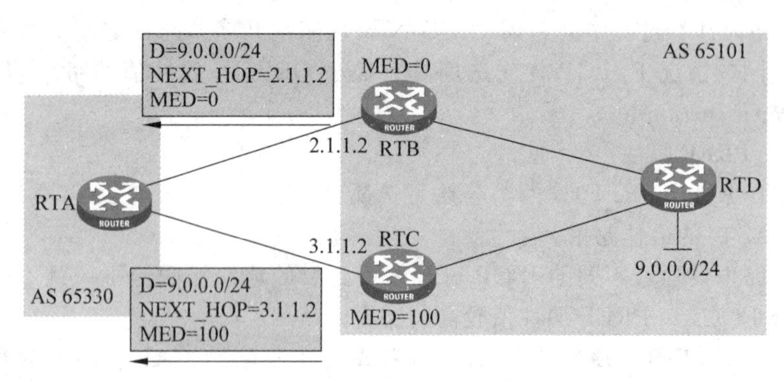

图 17-13 MED 属性

MED 值。若一定要比较,则需进行特别的配置。

6. Preferred-value 属性

首选值(Preferred-value)为私有 BGP 属性。为从不同对等体接收的路由分配不同的 Preferred-value 值,可以改变从指定对等体学到的路由的优先级。

系统会给所有从不同 EBGP 对等体学来的路由分配一个初始 Preferred-value 值 0。如果为从某些对等体接收的路由配置了不同的 Preferred-value 值,那么在从不同邻居学来的相同目的地址/掩码的多条路由中,拥有最高 Preferred-value 值的路由将被选作到达指定网络的路由。

Preferred-value 属性只在本地有效,不随路由信息传播。

在图 17-14 所示网络中,RTA 有两个 EBGP 对等体,分别为 RTB 和 RTC。为了提高从 RTC 学习到的路由的优先级,在 RTA 上为从对等体 RTC 学来的路由分配 Preferred-value 值为 100,而保持从 RTB 学来的路由的 Preferred-value 值为默认值。RTA 从 RTB、RTC 都学习到了目的网段 9.0.0.0/24 的路由,但是由于从对等体 RTC 学到的路由有较高的 Preferred-value 值,因此 RTA 选择 RTC 作为下一跳,从 RTA 发向目的地址 9.0.0.0/24 的流量将被经由 RTC 而转发到 RTD。

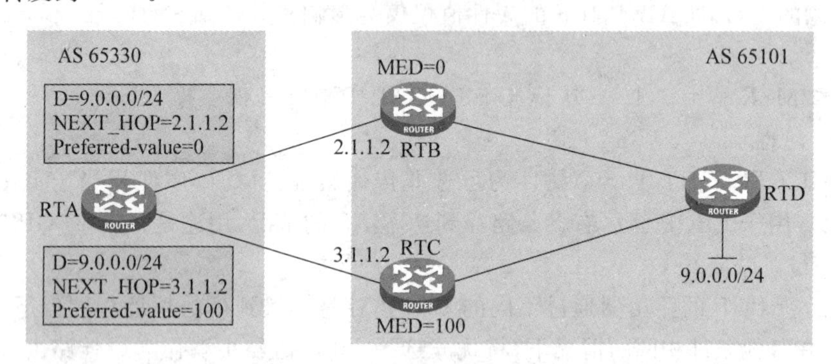

图 17-14 Preferred-value 属性

17.6 BGP 的选路规则

对于一个 BGP 路由器来说,其路由的来源有两种:从对等体接收和从 IGP 引入。

如图 17-15 所示,BGP 发言者从对等体接收到 BGP 路由后,其基本的操作过程:接收路由过滤与属性设置→路由聚合→路由优选→路由安装→发布策略→发布路由过滤、属性设置与路由聚合。

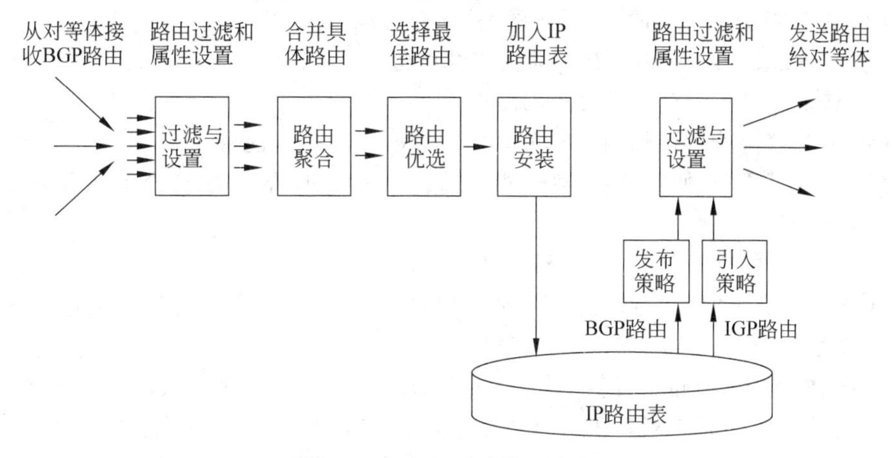

图 17-15 BGP 路由处理流程

(1) 接收路由过滤与属性设置是 BGP 发言者在对等体接收到路由后的第一步工作。BGP 接收到路由后，根据配置的接收策略对接收到的 BGP 路由进行匹配与过滤(根据路由携带的属性)，并对其设置相关的属性。

(2) 完成了接收策略的匹配后，如果有需要，BGP 发言者将对路由进行聚合，合并其中的具体路由，以此减少路由表的规模。

(3) 完成了接收策略的匹配具体路由合并后，BGP 将对接收到的路由进行优选。对于到达同一目的地址的多条 BGP 路由，BGP 发言者只选择最佳的路由给自己使用，并将此最佳路由安装到 IP 路由表中，成为有效路由。

(4) 在向 BGP 对等体发布路由的时候，BGP 发言者需要依据一定的发布策略，将对已经安装到自己 IP 路由表的部分有效路由进行发布。

(5) 同时，BGP 路由器需要执行发布路由过滤与属性设置，然后将通过过滤的 BGP 路由发送给自己的 BGP 对等体。如果有需要，BGP 发言者将对路由进行聚合，合并其中的具体路由，以此减少路由表的规模。

而对于 IGP 路由，则需要先经过引入策略的过滤和属性设置，将 IGP 路由表中的有效路由引入 BGP 路由表中，然后才能进行发布路由过滤与属性设置，并将过滤后的路由发送给自己的 BGP 对等体。

在 MSR 上，BGP 会丢弃下一跳不可达的路由。如果到相同目的有多条路由，BGP 会按照以下顺序选择最优路由。

(1) 首先丢弃下一跳(NEXT_HOP)不可达的路由。

(2) 优选 Preferred-value 值最大的路由。

(3) 优选本地优先级(LOCAL_PREF)最高的路由。

(4) 依次选择 network 命令生成的路由、import-route 命令引入的路由、聚合路由。

(5) 优选 AS 路径(AS_PATH)最短的路由。

(6) 依次选择 ORIGIN 属性为 IGP、EGP、Incomplete 的路由。

(7) 优选 MED 值最低的路由。

(8) 依次选择从 EBGP、联盟 EBGP、联盟 IBGP、IBGP 学来的路由。

(9) 优选下一跳度量值最低的路由。

(10) 优选 CLUSTER_LIST 长度最短的路由。

(11) 优选 ORIGINATOR_ID 最小的路由。

(12) 优选 Router ID 最小的路由器发布的路由。

(13) 优选地址最小的对等体发布的路由。

依据 BGP 选择路由的策略可以得知,BGP 协议本身一定能够选出唯一一条到达目的网段的最优路由,那么要实现 BGP 负载分担,就需要在 MSR 路由器配置允许 BGP 进行负载分担。

BGP 的负载分担与 IGP 的负载分担有所不同。

(1) IGP 通过协议定义的路由算法,对到达同一目的地址的不同路由,根据计算结果,将度量值相等的(如 RIP、OSPF)路由进行负载分担。

(2) BGP 本身并没有路由计算的算法,它只是一个选路的路由协议,因此,BGP 不能根据一个明确的度量值决定是否对路由进行负载分担,但 BGP 有丰富的选路规则,可以在对路由进行一定的选择后,有条件地进行负载分担,也就是将负载分担加入 BGP 的选路规则中去。

另外,在 BGP 中,由于协议本身的特殊性,它产生的路由的下一跳地址可能不是当前路由器直接相连的邻居。常见的一个原因是,IBGP 之间发布路由信息时不改变下一跳。这种情况下,为了能够将报文正确转发出去,路由器必须先找到一个直接可达的地址(查找 IGP 建立的路由表项),通过这个地址到达路由表中指示的下一跳。在上述过程中,去往直接可达地址的路由被称为依赖路由,BGP 路由依赖于这些路由指导报文转发。根据下一跳地址找到依赖路由的过程就是路由迭代(recursion)。路由器支持基于迭代的 BGP 负载分担,即如果依赖路由本身是负载分担的(假设有 3 个下一跳地址),则 BGP 也会生成相同数量的下一跳地址来指导报文转发。需要说明的是,基于迭代的 BGP 负载分担并不需要命令配置,这一特性在系统上始终启用。

注意:如果有多条到达同一目的地的路由,则根据配置的路由条数选择多条路由进行负载分担。

BGP 发布路由时采用以下策略。

(1) 存在多条有效路由时,BGP 发言者只将最优路由发布给对等体,如果配置了 advertise-rib-active 命令,则 BGP 发布 IP 路由表中的最优路由;否则,发布 BGP 路由表中的最优路由。

(2) BGP 发言者只将自己使用的路由发布给对等体。

(3) BGP 发言者从 EBGP 获得的路由会向它所有的 BGP 对等体发布(包括 EBGP 对等体和 IBGP 对等体)。

(4) BGP 发言者从 IBGP 获得的路由不向它的 IBGP 对等体发布。

(5) BGP 发言者从 IBGP 获得的路由会发布给它的 EBGP 对等体。

(6) BGP 连接一旦建立,BGP 发言者将把满足上述条件的所有 BGP 路由发布给新对等体。之后,BGP 发言者只在路由变化时,向对等体发布更新的路由。

17.7 本章总结

(1) BGP 基本概念以及常用术语。

(2) BGP 消息与协议状态机。

(3) BGP 属性分类与定义。

(4) BGP 路由优选策略。

(5) BGP 路由发布策略。

17.8 习题和解答

17.8.1 习题

(1) 用 network 命令将 OSPF 协议路由注入 BGP 后，其 ORIGIN 属性为(　　)。

A. IGP　　B. EGP　　C. Incomplete　　D. ASE

(2) 对 BGP 特性的描述，正确的是(　　)。

A. 支持 CIDR　　B. 属于 IGP

C. 支持 VLSM　　D. 主要用于两个 Area 之间

(3) BGP 的 AS_PATH 属性是(　　)属性。

A. 公认必遵　　B. 公认可选　　C. 可选传递　　D. 可选非传递

(4) 以下说明 BGP 发言者没有到达 BGP 对等体 IP 地址的路由的是(　　)BGP 邻居状态。

A. Active　　B. Idle　　C. Establish　　D. Full

(5) BGP 路由选优原则正确的是(　　)。

A. LOCAL_PREF→AS_PATH→ORIGIN→MED

B. ORIGIN→AS_PATH→LOCAL_PREF→MED

C. LOCAL_PREF→AS_PATH → MED →ORIGIN

D. ORIGIN→LOCAL_PREF→MED→AS_PATH

17.8.2 习题答案

(1) A　(2) A、C　(3) A　(4) B　(5) A

第18章

BGP基本配置

本章介绍BGP协议的基本配置步骤、BGP对等体和路由信息查看以及BGP的维护调试命令。

18.1 本章目标

学习完本章，应该能够：

(1) 掌握BGP协议的基本功能配置；

(2) 掌握如何调整和优化BGP网络；

(3) 掌握BGP协议的显示维护。

18.2 配置BGP协议基本功能

18.2.1 配置BGP连接

在路由器上启用BGP协议时，首先需要在路由器上创建BGP连接。创建BGP连接的配置任务包括配置该路由器所在的AS号即启动BGP，配置Router ID，配置对等体的AS编号等。

可以在系统视图下启动BGP进程并进入BGP视图。该配置命令如下：

```
bgp as-number
```

其中，*as-number* 为指定的本地AS号，用于指明本路由器属于哪个自治系统。一个路由器只能位于一个AS内，因此一台路由器只能运行一个BGP进程。

Router ID用来在一个自治系统中唯一地标识一台路由器。一台路由器如果要运行BGP协议，则必须存在Router ID。

用户可以在启动BGP并进入BGP视图后指定Router ID配置时，必须保证自治系统中任意两台路由器的ID都不相同。通常的做法是将路由器的ID配置为与该路由器某个接口的IP地址一致。但是，为了增加网络的可靠性，建议将Router ID配置为Loopback接口的IP地址。

如果没有在BGP协议视图下配置Router ID，则默认使用全局Router ID。

在BGP协议视图下配置路由器Router ID。该配置命令如下：

```
router-id router-id
```

因为BGP连接是基于TCP的点到点单播连接，所以必须显式指定BGP连接的对等体，同时要指定对等体的AS号。系统通过该AS号可以判断对等体是IBGP对等体还是EBGP对等体。

在BGP协议视图下用peer命令配置指定对等体及其AS号。该配置命令如下：

```
peer ip-address as-number as-number
```

创建 BGP IPv4 单播地址簇，并进入相应的地址簇视图。该配置命令如下：

```
address-family ipv4 unicast
```

使能本地路由器与指定对等体交换 IPv4 单播路由信息的能力。该配置命令如下：

```
peer ip-address enable
```

默认情况下，BGP 使用到达对等体最佳路由的出接口作为与对等体建立 TCP 连接的源接口。当建立 BGP 连接的路由器之间存在冗余链路时，如果路由器上的一个接口发生故障而不能工作，建立 TCP 连接的源接口可能会随之发生变化，导致 BGP 需要重新建立 TCP 连接，造成网络振荡。

将建立 TCP 连接使用的源接口配置为 Loopback 接口，在网络中存在冗余链路时不会因为其中某个接口或链路的故障而使 BGP 连接中断，从而提高 BGP 连接的可靠性和稳定性。

在 BGP 协议视图下指定建立 TCP 连接使用的源接口。该配置命令如下：

```
peer ip-address connect-interface interface-type interface-number
```

其中主要的参数含义如下。

- *ip-address*：对等体创建 BGP 会话的 IP 地址。
- *interface-type interface-number*：建立 TCP 连接使用的源接口类型和接口号。

默认情况下，BGP 认为 EBGP 邻居是直连可达的。如果 EBGP 邻居间不是直连可达，则必须在 BGP 协议视图下配置允许同非直接相连网络上的邻居建立 EBGP 连接。该配置命令如下：

```
peer { group-name | ip-address } ebgp-max-hop [hop-count]
```

其中，参数 *hop-count* 表示所配置 EBGP 连接的最大路由器跳数。

18.2.2 配置 BGP 生成路由

BGP 协议本身并不能生成路由。它主要通过配置来将本地路由进行发布或引入其他路由协议产生的路由。

在 BGP 地址簇视图下通过 network 命令将本地路由发布到 BGP 路由表中。该配置命令如下：

```
network ip-address [mask | mask-length] route-policy route-policy-name
```

在使用 network 命令来通告本地路由时，需要注意以下 3 点。

(1) 要发布的网段路由必须存在于本地的 IP 路由表中且为有效路由。

(2) 所发布路由的 ORIGIN 属性为 IGP。

(3) 前缀和掩码必须完全匹配才能正常发布，使用路由策略可以更为灵活地控制所发布的路由。

在 BGP 地址簇视图下通过 import 命令引入其他协议路由信息并通告。该配置命令如下：

```
import-route protocol [{ process-id | all-processes }[ allow-direct | med med-value
| route-policy route-policy-name] * ]
```

引入其他协议路由时，需要注意以下 3 点。

(1) 被引入的路由必须存在于本地的 IP 路由表中且为有效路由。

(2) 通过引入方式发布的路由的 ORIGIN 属性为 Incomplete。

(3) 可以通过路由策略来对所引入的路由进行过滤及改变路由属性。

18.3 调整和优化 BGP 网络

BGP 网络的调整和优化主要包括以下 3 个方面。

1. BGP 时钟

当对等体间建立了 BGP 连接后,它们定时向对端发送 KeepAlive 消息,以防止路由器认为 BGP 连接已中断。若路由器在设定的连接保持时间(Holdtime)内未收到对端的 KeepAlive 消息或任何其他类型的报文,则认为此 BGP 连接已中断,从而断开此 BGP 连接。

路由器在与对等体建立 BGP 连接时,将比较双方的保持时间,以数值较小者作为协商后的保持时间。

可以在 BGP 协议视图下配置 BGP 的存活时间间隔与保持时间。该配置命令如下:

timer keepalive *keepalive* **hold** *holdtime*

默认情况下,存活时间间隔为 60s,保持时间为 180s。

配置时需要注意以下两点。

(1) 设置的保持时间应该至少为存活时间间隔的 3 倍。

(2) timer 命令配置后影响所有的 BGP 对等体,必须根据需要复位相应的 BGP 连接才能生效。

2. 复位 BGP 连接

BGP 的选路策略改变后,为了使新的策略生效,必须复位 BGP 连接,但这样会造成短暂的 BGP 连接中断。在目前的 MSR 路由器上,BGP 支持 Route-refresh 功能。在所有 BGP 路由器使能路由刷新的情况下,如果 BGP 的路由策略发生了变化,本地路由器会向对等体发布路由刷新消息,收到此消息的对等体会将其路由信息重新发给本地 BGP 路由器。这样,在不中断 BGP 连接的情况下,就可以对 BGP 路由表进行动态更新,并应用新的策略。

如果网络中存在不支持 Route-refresh 的路由器,则需要配置 peer keep-all-routes 命令,将其所有路由更新保存在本地,当选路策略发生改变后,对保存在本地的所有路由使用新的路由策略重新进行过滤。

也可以通过执行 refresh bgp 命令手动对 BGP 连接进行软复位,采用这种方式时,要求当前路由器和对等体都支持 Route-refresh 功能。BGP 软复位可以在不中断 BGP 连接的情况下重新刷新 BGP 路由表,并应用新的策略。

可以在 BGP 地址簇视图下配置使用路由器保存所有来自对等体/对等体组的原始路由信息。该配置命令如下:

peer { *group-name* | *ip-address* } **keep-all-routes**

可以在用户视图下手动对 BGP 连接进行软复位。其命令如下:

refresh bgp { *ip-address* [*mask-length*] | **all** | **external** | **group** *group-name* | **internal** } { **export** | **import** } **ipv4** { **multicast** | [**unicast**] [**vpn-instance** *vpn-instance-name*] }

其中主要的参数含义如下。

- *ip-address*:对等体的 IP 地址。
- *mask-length*:网络掩码,取值范围为 0~32。如果指定本参数,则表示指定网段内的动态对等体。

- **all**：软复位指定地址簇下的所有 BGP 会话。
- **external**：软复位指定地址簇下的所有 EBGP 会话。
- *group-name*：对等体组的名称。
- **internal**：软复位指定地址簇下的所有 IBGP 会话。
- **export**：触发输出方向的软复位。
- **import**：触发输入方向的软复位。
- **ipv4**：软复位 IPv4 地址簇下的 BGP 会话。
- **multicast**：软复位组播地址簇下的 BGP 会话。
- **unicast**：软复位单播地址簇下的 BGP 会话。
- **vpn-instance**：软复位指定 VPN 实例内指定地址簇下的 BGP 会话。

3. BGP 验证

BGP 使用 TCP 作为传输层协议。为提高 BGP 的安全性，可以在建立 TCP 连接时进行 MD5 认证。但 BGP 的 MD5 认证并不能对 BGP 报文认证，它只是为 TCP 连接设置 MD5 认证密码，由 TCP 完成认证。如果认证失败，则不建立 TCP 连接。

可以在 BGP 视图下配置 BGP 建立 TCP 连接时进行 MD5 认证。该命令如下：

```
peer { group-name | ip-address } password { cipher | simple } password
```

其中主要的参数含义如下。

- *group-name*：对等体组的名称。
- *ip-address*：对等体的 IP 地址。
- **cipher**：以密文形式设置的密码。
- **simple**：以明文形式设置的密码。

18.4 BGP 基本配置示例

在图 18-1 所示网络中，AS 65223 内运行 OSPF 协议，AS 65223 与 AS 65101 间运行 BGP 协议。RTA 与 RTB 之间建立 EBGP 连接，RTB 与 RTC 之间建立 IBGP 连接。在 RTA 上，使用 network 命令将 IGP 路由发布到 BGP 协议中；在 RTB 上，使用 import 命令将 OSPF 协议路由引入 BGP 协议中；同时，为了确保 IGP 协议与 IBGP 协议之间是同步的，在 RTB 上将 BGP 协议路由引入 OSPF 协议中。RTA、RTB、RTC 上的相关 BGP 协议配置如下(此处省略了 IP 地址与 OSPF 协议的相关配置)。

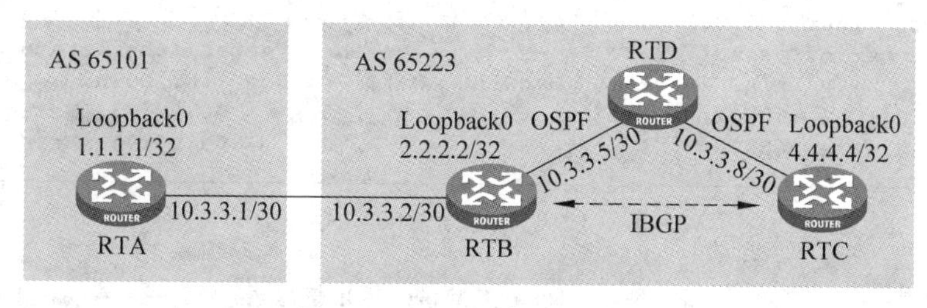

图 18-1 BGP 基本配置示例

RTA 上配置如下：

```
[RTA] bgp 65101
[RTA-bgp] router-id 1.1.1.1
```

```
[RTA-bgp] peer 10.3.3.2 as-number 65223
[RTA-bgp] address-family ipv4 unicast
[RTA-bgp-ipv4] network 10.3.3.0 255.255.255.252
[RTA-bgp-ipv4] network 1.1.1.1 255.255.255.255
[RTA-bgp-ipv4] peer 10.3.3.2 enable
```

RTB上配置如下：

```
[RTB] bgp 65223
[RTB-bgp] router-id 2.2.2.2
[RTB-bgp] peer 10.3.3.1 as-number 65101
[RTB-bgp] peer 4.4.4.4 as-number 65223
[RTB-bgp] peer 4.4.4.4 connect-interface LoopBack 0
[RTB-bgp] address-family ipv4 unicast
[RTB-bgp-ipv4] import-route ospf 1
[RTB-bgp-ipv4] peer 10.3.3.1 enable
[RTB-bgp-ipv4] peer 4.4.4.4 enable
[RTB-ospf-1] import-route bgp
```

RTC上配置如下：

```
[RTC] bgp 65223
[RTC-bgp] router-id 4.4.4.4
[RTC-bgp] peer 2.2.2.2 as-number 65223
[RTC-bgp] peer 2.2.2.2 connect-interface LoopBack 0
[RTC-bgp] address-family ipv4 unicast
[RTC-bgp-ipv4] peer 2.2.2.2 enable
```

配置完成后，AS 65223与AS 65101之间通过BGP协议来学习路由信息；同时，RTB作为ASBR，负责BGP与IGP之间的交互。

18.5 BGP协议的基本显示和维护

在任意视图下可以使用display bgp peer命令来查看BGP对等体/对等体组的信息。

从图18-2所示的命令输出中可以得知，本地路由器RID是172.16.3.130，本地AS号是65002，对等体10.10.10.1所在的AS号是65001，已经稳定建立了BGP会话的时长是2min23s。另外，图18-2中常用的信息及其含义如表18-1所示。

```
<RTB> display bgp peer
 BGP local router ID : 172.16.3.130
 Local AS number : 65002
 Total number of peers : 2                  Peers in established state : 2
  Peer         V    AS   MsgRcvd  MsgSent  OutQ  PrefRcv   Up/Down    State
  10.10.10.1   4  65001     4        4       0      0      00:02:23  Established
  10.10.10.6   4  65002     2        3       0      0      00:00:05  Established
```

图18-2 显示BGP对等体信息

表18-1 display bgp peer输出信息表

字　段	含　义
V	对等体运行的BGP版本号
MsgRcvd	从对等体接收的消息数目
MsgSent	向对等体发送的消息数目

续表

字　　段	含　　义
OutQ	等待发往对等体的消息数目
PrefRcv	从对等体接收到的加入本地 BGP 路由表中的前缀数目

在任意视图下可以使用 display bgp routing-table 命令来查看 BGP 路由信息。

从图 18-3 所示的命令输出中可以得知，去往目的网段 1.1.1.1/32 的下一跳地址为 10.10.10.1，其 MED 属性值是 0，AS_PATH 属性值为 65001，起点属性值为 i(IGP)，该条路由的路由状态代码显示该路由是一条有效的最优路由。另外，图 18-3 中常用的信息及其含义如表 18-2 所示。

```
<RTB> display bgp routing-table
 Total Number of Routes: 4
 BGP Local router ID is 172.16.3.130
 Status codes: * - valid, > - best, d - damped,
          h - history,  i - internal, s - suppressed, S - Stale
          Origin : i - IGP, e - EGP, ? - incomplete
    Network        NextHop        MED    LocPrf     PrefVal    Path/Ogn
 *>  1.1.1.1/32     10.10.10.1     0                    0      65001i
 *>i 4.4.4.4/32     10.10.10.6     0       100          0      ?
```

图 18-3　显示 BGP 路由信息

表 18-2　display bgp routing-table 输出信息表

字　　段	含　　义
Total Number of Routes	路由总数
BGP Local router ID	BGP 本地路由器标识符
Status codes	标识了路由状态代码
Path	路由的 AS 路径(AS_PATH)属性，记录了此路由所穿过的所有 AS 区域，可以避免路由环路的出现
Ogn	路由的起源(ORIGIN)属性，它有 3 种取值：i(IGP)、E(EGP)、?(Incomplete)

在用户视图下，可以使用 debugging 命令来查看 BGP 协议有限状态机的状态切换情况。该命令如下：

```
debugging bgp event
```

该命令的一个示例如下：

```
<Router>debugging bgp event
 *Dec 13 05:39:07:885 2014 RTA BGP/7/DEBUG:
BGP.: 10.3.3.2 State is changed from IDLE to CONNECT.
 *Dec 13 05:39:07:888 2014 RTA BGP/7/DEBUG:
BGP.: 10.3.3.2 Receive Tcp_CR_Acked event in CONNECT state.
 *Dec 13 05:39:07:888 2014 RTA BGP/7/DEBUG:
BGP.: Connected to 10.3.3.2.
 *Dec 13 05:39:07:888 2014 RTA BGP/7/DEBUG:
BGP.: 10.3.3.2 State is changed from CONNECT to OPENSENT.
 *Dec 13 05:39:07:892 2014 RTA BGP/7/DEBUG:
BGP.: 10.3.3.2 Receive ReceiveOpenMessage event in OPENSENT state.
```

```
*Dec 13 05:39:07:892 2014 RTA BGP/7/DEBUG:
BGP.: 10.3.3.2 State is changed from OPENSENT to OPENCONFIRM.
*Dec 13 05:39:07:894 2014 RTA BGP/7/DEBUG:
BGP.: 10.3.3.2 Receive ReceiveKeepAliveMsg event in OPENCONFIRM state.
*Dec 13 05:39:07:894 2014 RTA BGP/7/DEBUG:
BGP.: 10.3.3.2 State is changed from OPENCONFIRM to ESTABLISHED.
```

从 debugging 输出信息中可以看到，BGP 状态从 IDLE 到 CONNECT 然后到 ACTIVE，最后一直到 ESTABLISHED 的切换过程，以及在状态切换过程中接收或者发送的 BGP 消息报文类型。

18.6 本章总结

(1) 配置 BGP 建立连接。
(2) 配置 BGP 协议生成路由。
(3) 调整和优化 BGP 网络。
(4) BGP 对等体、路由信息查看。

18.7 习题和解答

18.7.1 习题

(1) 在路由器上配置与对方建立 BGP 连接，以下配置命令正确的是(　　)。
A. [RTA] peer 9.1.1.2 as-number 65009
B. [RTA] bgp Ipeer 9.1.1.2 as-number 65009
C. [RTA] peer 9.1.1.2
D. [RTA-bgp] peer 9.1.1.2

(2) 在将网段发布到 BGP 路由中时，以下配置命令正确的是(　　)。
A. network 10.0.0.00.0.255.255
B. network 10.0.0.0 mask 0.0.255.255
C. network 10.0.0.0 255.255.0.0
D. network 10.0.0.0 mask 255.255.0.0

(3) 表示 BGP 连接已建立的状态是(　　)。
A. IDLE
B. ACTIVE
C. ESTABLISHED
D. CONNECT

(4) 可以查看到到达目的网段 192.168.200.1 的路由的 AS_PATH 属性值的命令是(　　)。
A. display ip routing-table
B. display bgp peer
C. display bgp routing-table
D. display bgp neighbour 192.168.200.1

(5) 以下表示允许同非直接相连网络上的邻居建立 EBGP 连接的配置命令是(　　)。
A. peer 1.1.1.1 ebgp-max-hop
B. peer 1.1.1.1 enable
C. peer 1.1.1.1 next-hop-local
D. peer 1.1.1.1 ebgp-muti-hop enable

18.7.2 习题答案

(1) B　(2) C　(3) C　(4) C　(5) A

第19章

控制BGP路由

与IGP协议不同,BGP协议的着重点不在于计算和发现路由,而是通过其丰富的属性和策略以实现对路由的控制。本章首先讲述常见BGP属性的配置和应用示例,然后结合几种路由过滤器的配置来讲述如何实现对BGP路由的控制。

19.1 本章目标

学习完本章,应该能够:

(1) 掌握常见BGP属性的配置和应用;

(2) 掌握Filter-policy在BGP中的配置;

(3) 掌握Route-policy在BGP中的配置;

(4) 掌握AS路径访问列表的配置。

19.2 控制BGP路由概述

BGP路由是构成Internet路由的核心,目前的规模已经达到十几万条。在实际应用中,经常需要对BGP路由进行过滤控制,以实现只接收或者发送对本身业务有用的路由。而BGP协议与IGP协议最大的不同就在于其着眼点不在于发现和计算路由,而在于在不同的AS之间控制路由的传播和选择最佳路由。

控制BGP路由可以通过两种方式实现。一是通过BGP的基本属性实现对BGP选路的控制。这种方式比较简单,主要是通过配置、修改BGP基本属性值以影响协议的选路,从而实现控制BGP路由的目的。二是通过配置过滤器来实现对BGP选路的控制和过滤。通过定义过滤器,来匹配路由的IP网段、BGP属性、AS路径列表等参数,从而实现对接收的路由、发送的路由以及本地发布的路由控制。在使用过滤器的过程中,常见的过滤器主要有Filter-policy、Route-policy、AS路径访问列表等。

19.3 配置BGP基本属性控制BGP路由

BGP协议具有丰富的路由属性。通过配置这些路由属性,协议可以影响选路。常见的用于影响选路的属性如下。

(1) 路由首选值(Preferred-value)。BGP选择路由时,会首先丢弃下一跳不可达的路由,其次再优选Preferred-value值最大的路由。而默认情况下,从对等体学到的路由的首选值为0,通过为从某个对等体接收的路由配置首选值,来提高从指定对等体学到的路由的优先级。

(2) 本地优先级(Local-Preference)。Local-Preference用来判断流量离开AS时的最佳路由。当BGP的路由器通过不同的IBGP对等体得到目的地址相同但下一跳不同的多条路由时,将优先选择Local-Preference值较高的路由。通过配置来改变BGP路由器向IBGP对等体发送的路由Local-Preference的值,从而影响IBGP对等体的选路。

(3) MED(MULTI_EXIT_DISC)。MED用来判断流量进入AS时的最佳路由。当一个运行BGP的路由器通过不同的EBGP对等体得到目的地址相同但下一跳不同的多条路由时，在其他条件相同的情况下，将优先选择MED值较小者作为最佳路由。通过配置来改变BGP路由器向EBGP对等体发送的路由的MED值，从而影响EBGP对等体的选路。

(4) 下一跳(NEXT_HOP)。默认情况下，路由器向IBGP对等体发布路由时，不将自身地址作为下一跳。但有的时候为了保证IBGP邻居能够找到下一跳，可以配置将自身地址作为下一跳。

可以在BGP地址簇视图下配置为从对等体接收的路由分配首选值，相关命令如下：

peer { *group-name* | *ip-address* } **preferred-value** *value*

其中，参数 *value* 是要分配的路由首选值，该值范围为0～65535。该值越大，路由的优先级越高。如果没有配置，则路由的首选值为0。路由首选值只用于本地路由器的路由选择，不会通告给对等体，只具有本地意义。

可以在BGP地址簇视图下配置向IBGP对等体发送的路由的Local-Preference的默认值，相关命令如下：

default local-preference *value*

其中，参数 *value* 是所配置的Local-Preference的值，取值范围为0～4294967295，该值越大，则优先级越高。如果没有配置，则路由的本地优先级的值为100。

可以在BGP地址簇视图下配置系统MED的默认值，相关命令如下：

default med *med-value*

其中，参数 *med-value* 是所配置的MED的值，取值范围为0～4294967295，该值越小，则优先级越高。如果没有配置，则路由的MED值为0。

可以在BGP地址簇视图下配置发布路由时将自身地址作为下一跳，相关命令如下：

peer { *group-name* | *ip-address* } **next-hop-local**

19.3.1 配置Preferred-value控制BGP路由示例

在图19-1所示网络中，RTA与RTB、RTC分别建立了EBGP对等体关系，RTA可以从RTB、RTC上学习到AS 100内的路由100.100.10.0/24。在RTA上配置从RTB接收到的路由首选值为100，而从RTC接收到的路由首选值是0，由此可以提高从RTB学习到的路由的优先级，从而实现RTA优先选择RTB到达目的网段100.100.10.0/24。

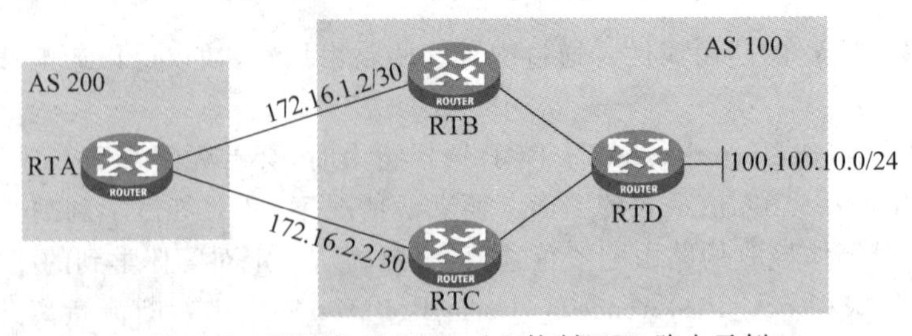

图19-1 配置Preferred-value控制GBP路由示例

配置 RTA 与 RTB、RTC 建立 EBGP 对等体关系并提高从 RTB 对等体接收到路由的首选值，相关命令如下：

```
[RTA] bgp 200
[RTA-bgp] peer 172.16.1.2 as-number 100
[RTA-bgp] peer 172.16.2.2 as-number 100
[RTA-bgp] address-family ipv4 unicast
[RTA-bgp-ipv4] peer 172.16.1.2 enable
[RTA-bgp-ipv4] peer 172.16.1.2 preferred-value 100
[RTA-bgp-ipv4] peer 172.16.2.2 enable
```

配置完成后，在 RTA 上通过 display bgp routing-table ipv4 命令查看路由信息，相关命令如下：

```
[RTA] display bgp routing-table ipv4
Total number of routes: 2
BGP local router ID is 1.1.1.1
Status codes: * -valid, > -best, d -dampened, h -history,
              s -suppressed, S -stale, i -internal, e -external
              Origin: i -IGP, e -EGP, ? -incomplete
   Network                NextHop       MED     LocPrf   PrefVal  Path/Ogn

 * >e 100.100.10.0/24     172.16.1.2                     100      100i
 *   e                    172.16.2.2                     0        100i
```

从输出的信息可以看到，从对等体 172.16.1.2 也即 RTB 接收到的到达目的网段 100.100.10.0/24 的路由首选值是 100，因此该路由被 RTA 认为是最优路由而优选。

19.3.2 配置 Local-Preference 控制 BGP 路由示例

在图 19-2 所示网络中，RTD 与 RTB、RTC 分别建立了 IBGP 对等体关系，而 RTB、RTC 都和 RTA 建立了 EBGP 对等体关系。RTD 可以通过对等体 RTB、RTC 离开 AS 200 而到达目的地 8.0.0.0/24，可以通过修改 RTB、RTC 的默认本地优先属性值来控制 RTD 离开 AS 100 的选路路径。

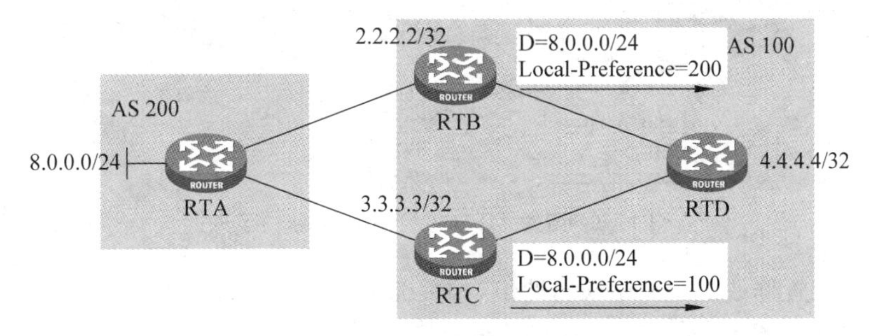

图 19-2 配置 Local-Preference 控制 BGP 路由示例

在 RTB 上配置修改默认本地优先属性值，相关命令如下：

```
[RTB] bgp 100
[RTB-bgp] peer 4.4.4.4 as-number 100
[RTB-bgp] peer 4.4.4.4 connect-interface LoopBack0
[RTA-bgp] address-family ipv4 unicast
```

```
[RTB-bgp-ipv4] peer 4.4.4.4 as-number 100
[RTB-bgp-ipv4] peer 4.4.4.4 next-hop-local
[RTB-bgp-ipv4] default local-preference 200
```

RTC 的默认本地优先属性不做修改，其默认值为 100。

配置完成后，在 RTD 上通过 display bgp routing-table ipv4 命令查看路由信息，相关命令如下：

```
[RTD] display bgp routing-table ipv4
Total number of routes: 2
BGP local router ID is 4.4.4.4
Status codes: * -valid, > -best, d -dampened, h -history,
              s -suppressed, S -stale, i -internal, e -external
              Origin: i -IGP, e -EGP, ? -incomplete
     Network          NextHop       MED       LocPrf     PrefVal    Path/Ogn
 * >i 8.0.0.0/24      2.2.2.2       0         200        0          200i
 *   i                3.3.3.3       0         100        0          200i
```

从输出的信息可以看到，RTD 从对等体 RTB(2.2.2.2)接收到的路由 8.0.0.0/24 的本地优先属性值是 200，比从对等体 RTC(3.3.3.3)上接收到的路由 8.0.0.0/24 的本地优先属性值大，因此 RTD 优选从 RTB 离开 AS 100 到达目的网段 8.0.0.0/24。

19.3.3 配置 MED 值控制 BGP 路由示例

如图 19-3 所示网络中，RTB 与 RTC 通过 IGP 协议从 RTD 学习到网段 9.0.0.0/24 的路由，RTB、RTC 都和 RTA 建立了 EBGP 对等体关系。在 RTB 和 RTC 分别通过 network 命令发布网段 9.0.0.0/24 的路由。RTA 可以通过对等体 RTB、RTC 进入 AS 100，从而到达目的网段 9.0.0.0/24。通过修改 RTB、RTC 的默认 MED 属性值，来控制 RTA 进入 AS 100 的选路路径。

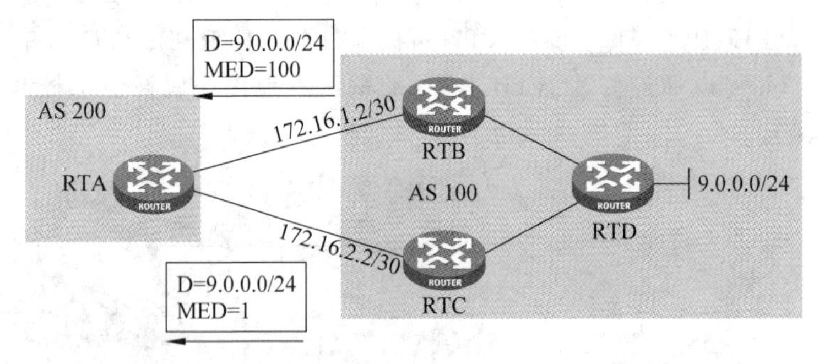

图 19-3 配置 MED 值控制 BGP 路由示例

在 RTB 上配置修改默认 MED 属性值，相关命令如下：

```
[RTB] bgp 100
[RTB-bgp] address-family ipv4 unicast
[RTB-bgp-ipv4] default med 100
```

RTC 的默认 MED 属性值不做修改，默认值为 0。

配置完成后，在 RTA 上通过 display bgp routing-table ipv4 命令查看路由信息，相关命令如下：

```
[RTA] display bgp routing-table ipv4
Total number of routes: 2

BGP local router ID is 1.1.1.1
Status codes: * -valid, >-best, d -dampened, h -history,
              s -suppressed, S -stale, i -internal, e -external
              Origin: i -IGP, e -EGP, ? -incomplete
    Network          NextHop        MED     LocPrf   PrefVal    Path/Ogn
 * >e 9.0.0.0/24     172.16.2.2     1                0          100i
 *   e               172.16.1.2     100              0          100i
```

从输出的信息可以看到，从对等体 RTC(172.16.2.2)接收到的路由 9.0.0.0/24 的 MED 属性值是 1(RTC 默认 MED 值为 0，通过 IGP 接收到的路由 9.0.0.0/24 的 Metric 值为 1，此时传递给 RTD 的 MED 值等于 IGP 的 Metric 值)，该值比从对等体 RTB(172.16.1.2)接收到的路由 9.0.0.0/24 的 MED 属性值小，因此 RTA 优选从 RTC 进入 AS 100 到达目的网段 9.0.0.0/24。

19.3.4 配置 next-hop-local 控制 BGP 路由示例

在图 19-4 所示网络中，RTA 与 RTB 建立 IBGP 对等体关系，RTB 和 RTC 建立 EBGP 对等体关系。RTC 把网段 3.1.1.0/24 的路由通告给其 EBGP 对等体 RTB 时，该路由的下一跳为 2.1.1.2；而 RTB 把从 RTC 得到的路由 3.1.1.0/24 发送给其 IBGP 对等体 RTA 的时候，并不修改该路由的下一跳。此时 RTA 学习到的 3.1.1.2/24 网段的路由下一跳依然是 2.1.1.2。其 BGP 路由表如下：

```
[RTA] display bgp routing-table ipv4
Total number of routes: 1
BGP local router ID is 1.1.1.1
Status codes: * -valid, > -best, d -dampened, h -history,
              s -suppressed, S -stale, i -internal, e -external
              Origin: i -IGP, e -EGP, ? -incomplete
    Network         NextHop      MED      LocPrf     PrefVal     Path/Ogn

  i 3.1.1.0/24      2.1.1.2      0        100        0           200i
```

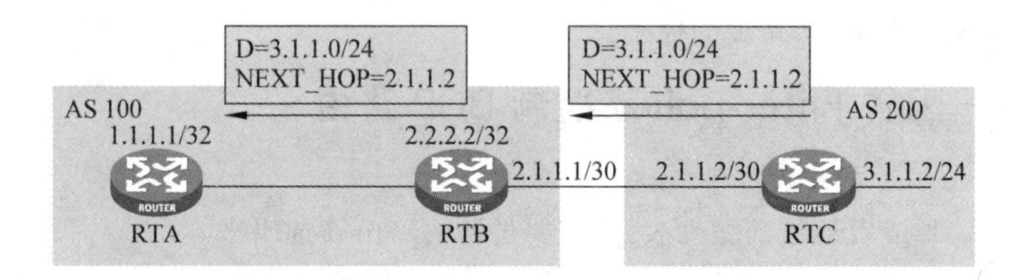

图 19-4 配置 next-hop-local 控制 BGP 路由示例

如果在 AS 100 内没有到达网段 2.1.1.2/30 的 IGP 路由，那么很有可能在 RTA 上出现找不到下一跳的情况。这种情况下可以配置 RTB 向 IBGP 对等体发布路由时将自身地址作为下一跳。

配置向 IBGP 对等体发布路由时，将 RTB 自身作为下一跳，相关命令如下：

```
[RTB] bgp 100
```

```
[RTB-bgp] peer 1.1.1.1 as-number 100
[RTB-bgp] peer 1.1.1.1 connect-interface LoopBack0
[RTB-bgp] peer 2.1.1.2 as-number 200
[RTB-bgp] address-family ipv4 unicast
[RTB-bgp-ipv4] peer 1.1.1.1 enable
[RTB-bgp-ipv4] peer 1.1.1.1 next-hop-local
[RTB-bgp-ipv4] peer 2.1.1.2 enable
```

配置完成后，在 RTA 上通过 display bgp routing-table ipv4 命令查看路由信息，相关命令如下：

```
[RTA] display bgp routing-table ipv4
Total number of routes: 1
BGP local router ID is 1.1.1.1
Status codes: * -valid, > -best, d -dampened, h -history,
              s -suppressed, S -stale, i -internal, e -external
              Origin: i -IGP, e -EGP, ? -incomplete
    Network         NextHop      MED      LocPrf     PrefVal     Path/Ogn
 * > i 3.1.1.0/24   2.2.2.2      0        100        0           200i
```

从输出信息可以看到，RTA 学习到的 3.1.1.2/24 网段的路由下一跳改变为 2.2.2.2。说明 RTB 在将从 EBGP 对等体学到的路由 3.1.1.2/24 通告给 RTA 时，将其自身地址 2.2.2.2 作为路由的下一跳。

19.4 使用过滤器控制 BGP 路由

通过配置过滤器可以在路由的发布、接收和引入过程中应用策略对路由进行控制。几种常见过滤器的主要作用和应用场景有所不同。

(1) Filter-policy：Filter-policy 可以对接收到的路由或者发布的路由进行过滤，从而实现控制 BGP 路由的目的，但是无法修改 BGP 的属性值。

(2) Route-policy：Route-policy 是功能最强大的过滤器，不但可以在路由的发布、接收和引入环节对路由进行过滤，而且可以对符合规则的路由增加或修改相关的路由属性。

(3) AS 路径访问列表：AS 路径访问列表多用在多 AS 的网络环境中，是针对 AS 而不是具体的路由来进行路由控制的。通过 AS 路径访问列表能够轻易地筛选出和指定 AS 相关的路由信息，从而实现对 BGP 路由的控制。

19.4.1 配置 Filter-policy 控制 BGP 路由

配置 Filter-policy 的步骤如下。

(1) 定义 ACL 或者地址前缀列表，将需要过滤的路由筛选出来。

(2) 配置 Filter-policy 对匹配 ACL 或者地址前缀列表的路由在发布或者接收方向进行过滤。

如果需要配置 BGP 对从所有对等体接收的路由进行过滤，则需要在 BGP 地址簇视图下配置 filter-policy import 命令，相关命令如下：

filter-policy { *acl-number* | **prefix-list** *prefix-list-name* } **import**

其中主要的参数含义如下。

- *acl-number*：指定用于匹配路由信息目的地址域的访问列表号。

• *prefix-list-name*：指定用于匹配路由信息目的地址域的地址前缀列表。

如果需要配置 BGP 对引入的路由在向所有对等体发布时进行过滤，则需要在 BGP 地址簇视图下配置 filter-policy export 命令，相关命令如下：

```
filter-policy { acl-number | prefix-list prefix-list-name } export [ direct | isis
process-id | ospf process-id | rip process-id | static]
```

其中主要的参数含义如下。

• **direct**：直连路由。
• **isis** *process-id*：协议进程号为 *process-id* 的 **IS-IS** 路由。
• **ospf** *process-id*：协议进程号为 *process-id* 的 **OSPF** 路由。
• **rip** *process-id*：协议进程号为 *process-id* 的 **RIP** 路由。
• **static**：静态路由。

19.4.2 配置 Filter-policy 控制 BGP 路由示例

在图 19-5 所示网络中，RTA 和 RTB 建立了 EBGP 对等体关系，RTB 会把自己使用的 BGP 路由通告给自己的 EBGP 对等体 RTA。RTA 学习到这些 BGP 路由后，经过路由选择过程，将这些有效路由导入 IP 路由表中。在 RTA 上通过 display ip routing-table 命令可以看到 RTA 上学习到了 BGP 路由，如下所示。

```
[RTA] display ip routing-table
Routing Tables: Public
       Destinations : 7        Routes : 7
Destination/Mask   Proto    Pre    Cost    NextHop       Interface
10.10.1.0/24       BGP      255    0       10.10.10.2    GE0/0
10.10.5.0/24       BGP      255    0       10.10.10.2    GE0/0
10.10.10.0/30      Direct   0      0       10.10.10.1    GE0/0
```

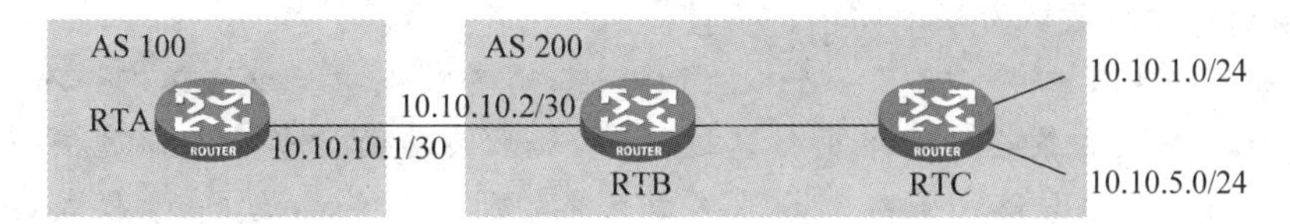

图 19-5 配置 Filter-policy 控制 BGP 路由示例

如果希望把目的网段为 10.10.1.0/24、10.10.5.0/24 的路由在从 BGP 路由导入 IP 路由表的过程中过滤掉，那么可以通过在 RTA 上配置 Filter-policy 对接收的 BGP 路由进行过滤来实现。

配置 RTA 过滤路由 10.10.1.0/24、10.10.5.0/24，相关命令如下：

```
[RTA] bgp 100
[RTA-bgp] peer 10.10.10.2 as-number 200
[RTA-bgp] address-family ipv4 unicast
[RTA-bgp-ipv4] filter-policy prefix-list 1 import
[RTA-bgp-ipv4] peer 10.10.10.2 enable
[RTA] ip prefix-list 1 index 10 deny 10.10.1.0 24
[RTA] ip prefix-list 2 index 20 deny 10.10.5.0 24
```

配置完成后，再次在 RTA 上查看 IP 路由表，可以看到目的网段为 10.10.1.0/24、10.10.5.0/24

的路由已经被过滤掉。

19.4.3 配置 Route-policy 控制 BGP 路由

Route-policy 是实现路由策略的工具。它不仅可以匹配路由信息的某些属性,还可以在条件满足时改变路由信息的属性。

配置 Route-policy 控制 BGP 路由的一般步骤如下。

(1) 配置过滤列表,如 ACL、地址前缀列表。通过该列表可以根据路由信息挑选出要进行修改、控制或者过滤的路由。也可以将路由信息中的不同属性作为匹配依据进行设置,如目的地址、发布路由信息的路由器地址等。

(2) 定义 Route-policy,其内容如下。

- 定义 Route-policy 节点以及工作模式。一个路由策略可以由多个节点(node)构成,每个节点是匹配检查的一个单元。在匹配过程中,系统按节点序号升序依次检查各个节点。节点有两种工作模式:Permit 和 Deny。Permit 指定节点的匹配模式为允许模式,Deny 指定节点的匹配模式为拒绝模式。一个路由策略的不同节点间是"或"的关系,如果通过了其中一个节点,就意味着通过该路由策略,不再对其他节点进行匹配测试(配置了 continue 子句的情况除外)。
- 定义 if-match 子句,指明匹配规则。匹配对象是路由信息的一些属性,即路由信息通过当前 Route-policy 所需满足的条件。同一节点中的不同 if-match 子句是"与"的关系,只有满足节点内所有 if-match 子句指定的匹配条件,才能通过该节点的匹配测试。
- 定义 apply 子句,指定动作。也就是在满足由 if-match 子句指定的过滤条件后所执行的一些配置命令,对路由的某些属性进行修改。

(3) 应用 Route-policy 实现路由过滤或者路由信息属性修改。常见的应用有以下 3 种。

- 对由 network 命令发布的路由进行控制。
- 对引入其他路由协议的路由进行控制。
- 对从对等体接收或发送的路由进行控制。

注意:如果路由策略中定义了一个以上的节点,则各节点中至少应该有一个节点的匹配模式是 Permit。当路由策略用于路由信息过滤时,如果某路由信息没有通过任一节点,则认为该路由信息没有通过该路由策略。如果路由策略的所有节点都是 Deny 模式,则没有路由信息能通过该路由策略。

在一个节点中,可以没有 if-match 子句,也可以有多个 if-match 子句。当不指定 if-match 子句时,如果该节点的匹配模式为允许模式,则所有路由信息都会通过该节点的过滤;如果该节点的匹配模式为拒绝模式,则所有路由信息都会被拒绝。

19.4.4 定义 Route-policy

在定义 Route-policy 之前,需要规划好 Route-policy 的名称、节点索引号、节点中子句的匹配规则,以及通过节点过滤后要执行的动作。

定义 Route-policy 的步骤如下。

(1) 在系统视图下创建 Route-policy,并设定名称、节点索引号、匹配模式等参数。该命令如下:

```
route-policy route-policy-name { permit | deny } node node-number
```

(2) 在 Route-policy 视图下使用 if-match 子句来设定路由信息的匹配条件。该命令如下：

```
if-match { 匹配规则 }
```

if-match 子句后是路由信息匹配规则的设定，可选的参数包括 ACL、prefix-list、AS 路径、团体等。

可通过 ACL、prefix-list 来对目的 IP 地址进行匹配，也可以使用 AS 路径、团体参数分别对 AS 路径、团体等路由属性进行匹配。

(3) 在 Route-policy 视图下使用 apply 子句来指定通过过滤后所执行的动作。该命令如下：

```
apply { 动作 }
```

apply 子句后可选的动作参数包括 AS 路径、团体、ORIGIN、本地优先级、首选值等，可以分别对路由信息的 AS 路径、团体、ORIGIN、本地优先级、首选值等进行设定。

配置 if-match 子句时，可选的匹配规则包括 ACL、prefix-list、AS 路径、团体等。

在 Route-policy 视图下配置路由信息的目的 IP 地址范围的匹配条件，该命令如下：

```
if-match ip { address | next-hop | route-source } { acl acl-number }
```

其中主要的参数含义如下。

- **address**：匹配 IPv4 路由信息的目的地址。
- **next-hop**：匹配下一跳地址。
- **route-source**：匹配路由发布的源地址。
- *acl-number*：表示用于过滤的访问控制列表号。

同样地，也可以在 Route-policy 视图下使用地址前缀列表(prefix-list)来配置路由信息的目的 IP 地址范围的匹配条件，该命令如下：

```
if-match ip { address | next-hop | route-source } { prefix-list prefix-list-name }
```

其中，参数 *prefix-list-name* 表示用于过滤的地址前缀列表名，为 1～63 个字符的字符串，区分大小写。

在 Route-policy 视图下配置 BGP 路由信息的 AS 路径域的匹配条件，该命令如下：

```
if-match as-path as-path-number
```

其中，参数 *as-path-number* 表示 AS 路径过滤列表号。

在 Route-policy 视图下配置 BGP 路由信息的团体属性的匹配条件，该命令如下：

```
if-match community { { basic-community-list-number | name comm-list-name } [whole-match ] | adv-community-list-number }
```

其中主要的参数含义如下。

- *basic-community-list-number*：为基本团体属性列表号。
- *comm-list-name*：团体属性列表名。
- **whole-match**：为确切匹配，即所有团体而且仅有这些团体必须出现。
- *adv-community-list-number*：为高级团体属性列表号。

配置 apply 子句，也就是在通过节点的匹配后，对路由信息的一些属性进行设置。

在 Route-policy 视图下配置 BGP 路由信息 AS_PATH 属性的匹配条件，相关命令如下：

```
apply as-path as-number [replace]
```

如果不指定 replace 参数，则在原 AS 路径前加入 AS 序号；否则，用配置的 AS 号替换原 AS 号。

在 Route-policy 视图下配置 BGP 路由信息团体属性的匹配条件，相关命令如下：

```
apply community { none | additive | { community-number | aa:nn | internet | no-export-subconfed | no-export | no-advertise } [additive] }
```

其中主要的参数含义如下。

- **none**：删除路由的团体属性。
- *community-number*：团体序号。
- *aa*:*nn*：团体号，*aa* 和 *nn* 的取值范围为 0～65535。
- **internet**：向所有 BGP 对等体发送匹配路由。
- **no-export-subconfed**：不向子自治系统外发送匹配路由。
- **no-export**：不向自治系统或联盟外部通告路由，但可以发布给联盟中其他子自治系统。
- **no-advertise**：不向任何对等体发送匹配路由。
- **additive**：附加至原有路由的团体属性。

在 Route-policy 视图下配置 BGP 路由信息 ORIGIN 属性的匹配条件，相关命令如下：

```
apply origin { igp | egp as-number | incomplete }
```

在 Route-policy 视图下配置 BGP 路由信息本地优先级属性的匹配条件，相关命令如下：

```
apply local-preference preference
```

在 Route-policy 视图下配置 BGP 路由信息的首选值的匹配条件，相关命令如下：

```
apply preferred-value preferred-value
```

创建了 Route-policy 后，根据需要应用 Route-policy。Route-policy 的应用范围广泛，可以在路由发布、路由引入、路由接收时使用。

可以在 BGP 地址簇视图下，配置对 network 命令发布的路由进行控制，相关命令如下：

```
network ip-address [mask | mask-length ] route-policy route-policy-name
```

也可以在 BGP 地址簇视图下配置对引入其他路由协议的路由进行控制，相关命令如下：

```
import-route protocol [process-id | all-processes ] [med med-value | route-policy route-policy-name ]
```

也可以通过对对等体应用路由策略，控制从对等体接收或发送的路由，相关命令如下：

```
peer { group-name | ip-address } route-policy route-policy-name { export | import }
```

其中主要的参数含义如下。

- **export**：对发送的路由进行过滤。
- **import**：对接收的路由进行过滤。

19.4.5 配置 Route-policy 控制 BGP 路由示例

在图 19-6 所示网络中，RTA 和 RTB 建立 EBGP 对等体关系，RTC 与 RTB 之间建立 IBGP 对等体关系。RTC 将路由 10.10.1.0/24 和 10.10.5.0/24 发布给 RTB，然后由 RTB 发

布到 RTA。在 RTA 的路由表中，从 RTB 接收到的这两条 BGP 路由的 ORIGIN 属性为 IGP（路由信息是通过 network 命令引入的），如下所示。

```
[RTA-bgp] display bgp routing-table ipv4
    Network          NextHop      MED     LocPrf   PrefVal  Path/Ogn
 *>  10.10.1.0/24    10.10.10.2                    0        200i
 *>  10.10.5.0/24    10.10.10.2                    0        200i
```

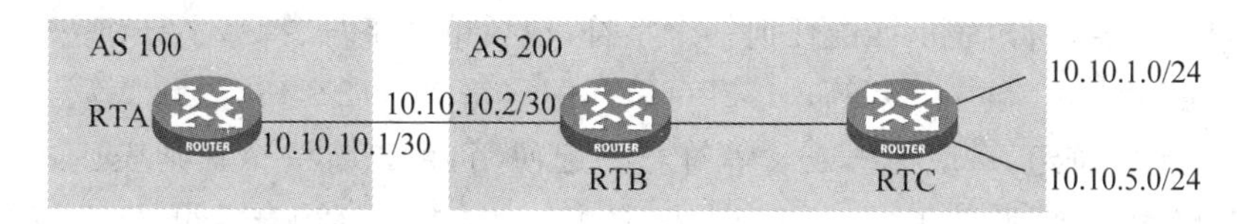

图 19-6　配置 Route-policy 控制 BGP 路由示例

如果管理员希望把从 AS 200 学习到的 BGP 路由起点属性修改为 Incomplete，那么可以通过在 RTA 上配置 Route-policy 对接收的 BGP 路由信息修改其起点属性来完成。

配置 RTA 修改来自 AS 200 的 BGP 路由的起点属性，相关命令如下：

```
[RTA] ip as-path 200 permit ^200$
[RTA] bgp 100
[RTA-bgp] peer 10.10.10.2 as-number 200
[RTA-bgp] address-family ipv4 unicast
[RTA-bgp-ipv4] peer 10.10.10.2 enable
[RTA-bgp-ipv4] peer 10.10.10.2 route-policy 1 import
[RTA] route-policy 1 permit node 10
[RTA-route-policy-1-10] if-match as-path 200
[RTA-route-policy-1-10] apply origin incomplete
```

配置完成后，在 RTA 上通过 display bgp routing-table ipv4 命令可以看到 RTA 从 RTB 接收到的 BGP 路由的 ORIGIN 属性标识为?，也即 Incomplete。

19.4.6　配置 AS 路径过滤列表

运行在 Internet 上的路由器负责维护整个 Internet 路由，其 BGP 路由数量目前已达到十几万条。面对如此庞大的路由表，仅通过 ACL 或者地址前缀来过滤 BGP 路由，配置烦琐而且不易维护。

在 BGP 的路由信息中，包含自治系统路径域（在 BGP 交换路由信息的过程中，路径信息经过的自治系统路径会记录在这个域中）。AS 路径过滤列表（AS_PATH list）是针对自治系统路径域指定匹配条件，从而进行路由控制的过滤器。实际上，可以认为 AS 路径过滤列表是一个基于 AS_PATH 的 ACL，它仅用于 BGP。

AS 路径过滤列表使用正则表达式（regular expression）来对路由所携带的 AS 路径属性进行匹配。正则表达式按照一定的模板来匹配字符串的公式。例如，定义一个字符串公式 ^200. * 100 $，用来表示匹配所有 AS 200 开始、以 AS 100 结束的 AS 路径域。

一个 AS 路径过滤列表可以包含多个表项。在匹配过程中，各表项之间是“或”的关系，即只要路由信息通过该列表中的一条表项，就认为通过该 AS 路径过滤列表。

正则表达式可以通过多种字符来表达，常见的操作符如下。

- ^：匹配输入字符串的开始。如“^200”表示只匹配第一个值为“200”的字符串。

- $：匹配输入字符串的结束。如“200$”表示只匹配最后一个值为“200”的字符串；“200 10$”可以匹配字符串“200 10”“100 200 10”等。
- *：星号表示匹配此前的字符或字符组 0 次或多次。如“zo*”可以匹配“z”以及“zoo”等，“90*”可以匹配字符串“9”“90”“900”等。
- +：加号表示匹配此前的字符或字符组一次或多次。如“zo+”可以匹配“zo”和“zoo”，但不能匹配“z”；“90+”可以匹配字符串“90”“900”等，不匹配“9”。
- .：句点为通配符，表示匹配任何一个字符，包括单个字符、特殊字符和空格等。如“.l”可以匹配“vlan”和“mpls”等，“1.2”可以匹配字符串“112”“182”“1 2”等。
- ()：表示字符组，一般与+或*等符号一起使用，可以将一个正则表达式组成一个字符匹配组以便形成更大的正则表达式。如“408(12)+”可以匹配“40812”或“408121212”等字符串，但不能匹配“408”。
- []：将以此括号内的任意一个字符为条件进行匹配，用于限制字符串中的单个字符的取值范围。如[16A]表示可以匹配的字符串只需包含 1、6 或 A 中任意一个字符，[123456]与[1～6]都表示单个数字符的取值范围为 1～6。

常用的正则表达式示例如下。

- ^$：表示匹配的字符串为空，即 AS_PATH 为空，只匹配本地路由。
- .*：表示匹配任意字符串，即 AS_PATH 为任意，可以匹配所有路由。
- ^100：表示匹配以“100”为开始的字符串，即 AS_PATH 最左边(最后一个 AS)的前 3 个字符为“100”，可以匹配 AS 100、1001、1002 等邻居发送的路由。
- ^100$：表示源自 AS 100，中间不经过其他 AS 的路由。

在路由器上进行 AS 路径过滤列表配置的基本步骤如下。

(1) 在系统视图下定义 AS 路径过滤列表。其配置命令如下：

```
ip as-path as-path-number { deny | permit } regular-expression
```

其中主要的参数含义如下。

- *as-path-number*：指定的 AS 路径过滤列表号，取值范围为 1～256。
- **deny**：指定 AS 路径过滤列表的匹配模式为拒绝模式。
- **permit**：指定 AS 路径过滤列表的匹配模式为允许模式。
- *regular-expression*：AS 路径正则表达式，为 1～50 个字符的字符串。

(2) 在 BGP 地址簇视图下，为对等体设置基于 AS 路径过滤列表的 BGP 路由过滤策略。其配置命令如下：

```
peer { group-name | ip-address } as-path-acl as-path-acl-number { export |import }
```

19.4.7 配置 AS 路径过滤列表控制 BGP 路由示例

如图 19-7 所示，AS 100 可以从 AS 200、AS 300 分别获得外部的路由。AS 100 的管理员发现最近 AS 200 始发的路由振荡频繁，对 AS 100 的路由器影响很大。因此，AS 100 的管理员决定暂时屏蔽所有 AS 200 始发的路由。

可以通过在 AS 100 出口路由器 RTB 上配置 AS 路径过滤列表来过滤 AS 200 始发的路由。其配置命令如下：

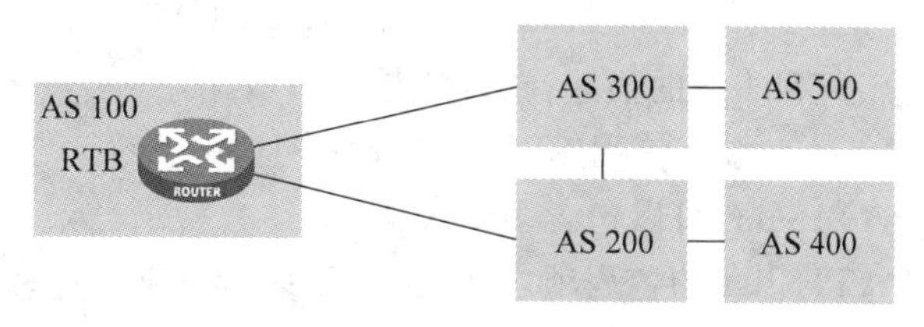

图 19-7 配置 AS 路径过滤列表控制 BGP 路由示例

```
[RTB] bgp 100
[RTB-bgp] router-id 10.10.10.1
[RTB-bgp] peer 10.10.10.2 as-number 200
[RTB-bgp] peer 10.10.10.10 as-number 300
[RTB-bgp] address-family ipv4 unicast
[RTB-bgp-ipv4] peer 10.10.10.2 enable
[RTB-bgp-ipv4] peer 10.10.10.2 as-path-acl 2 import
[RTB-bgp-ipv4] peer 10.10.10.10 as-path-acl 2 import
[RTB] ip as-path 2 deny 200$
[RTB] ip as-path 2 permit .*
```

AS 200 始发的路由可以通过 AS 200 直接传递到 AS 100，也可以通过 AS 300 传递到 AS 100，因此需要对从这两个 AS 来的路由进行过滤。

19.5 本章总结

(1) 通过配置 BGP 的基本属性来影响 BGP 路由优选。
(2) 使用 Filter-policy 来过滤 BGP 路由。
(3) 使用 Route-policy 来过滤及改变路由属性。
(4) 使用 AS 路径过滤列表能够更简便地过滤 AS 间的 BGP 路由。

19.6 习题和解答

19.6.1 习题

(1) 关于 Preferred-value 属性的作用，描述正确的是(　　)。

A. 用于控制 AS 路由的选路路径
B. 降低从指定对等体学到的路由的优先级
C. 在从不同邻居学来的相同目的地址/掩码的多条路由中，拥有最高首选值的路由将被选作到达指定网络的路由
D. 在从不同邻居学来的相同目的地址/掩码的多条路由中，拥有最低首选值的路由将被选作到达指定网络的路由

(2) 一个 AS 中有多台出口路由器，下列可以用来控制 AS 中路由离开本 AS 的选路路径的 BGP 属性是(　　)。

A. Local preference　　B. MED
C. NextHop　　D. AS_PATH

(3) 可以实现对 BGP 路由的控制和过滤的过滤器是(　　)。

A. Filter-policy　　B. Route-policy

C. AS_PATH list　　D. IP AS-ACL

(4) 以下关于 AS_PATH list 的描述,错误的是(　　)。

A. AS_PATH list 一般在使用 EBGP 的网络中应用

B. 一个 AS_PATH list 可以包含多个表项

C. 一个 AS_PATH list 的各表项之间是"或"的关系,即只要路由信息通过该列表中的一条表项,就认为通过该 AS 路径过滤列表

D. AS_PATH list 的匹配顺序和基本 ACL 类似,分为 Auto 模式和 Config 模式

(5) 要实现匹配 AS 100 始发的路由,可以实现的正则表达方式是(　　)。

A. 100　　B. ^100 $　　C. ^100　　D. 100 $

19.6.2 习题答案

(1) A、C　(2) A　(3) A、B、C　(4) D　(5) D

第20章

BGP增强配置

作为主要应用于AS之间的路由协议，BGP更经常地被应用和部署于大规模的网络中。而在这些大规模的网络中存在BGP对等体众多、路由表庞大等问题，基本的BGP属性并不能满足在大规模网络中的路由需求。本章将讲解通过BGP增强配置来解决在大规模网络中遇到的BGP对等体众多、BGP路由表庞大、IBGP全连接以及路由表振荡等问题，同时也将简要介绍在多出口网络中BGP的部署策略。

20.1 本章目标

学习完本章，应该能够：

(1) 理解大规模BGP网络中的问题和解决办法；

(2) 掌握对等体组和团体属性的配置；

(3) 掌握BGP路由聚合的配置；

(4) 掌握BGP反射的配置；

(5) 掌握BGP联盟的配置；

(6) 掌握多出口BGP网络的3种部署方式。

20.2 大规模BGP网络概述

在大规模BGP网络中，部署BGP可能会面临以下的问题。

(1) BGP对等体众多：大规模的BGP网络的突出特点就是对等体数目众多。如图20-1所示，位于北京的出口BGP路由器RTA不仅需要和其他城市的出口路由器建立大量的EBGP对等体关系，还要和位于北京AS内的城区以及郊县路由器建立大量的IBGP对等体关系，数目庞大的对等体配置必然导致配置烦琐，后期维护难度大。

(2) BGP路由表庞大：对等体数目的众多，必然导致大量的BGP连接数目和规模庞大的BGP路由表。大量的BGP连接和路由占用了大量的BGP路由器内存资源，对BGP路由器的性能提出挑战。

(3) IBGP全连接：为了防止AS内部的路由环路，不允许BGP发言者将从IBGP对等体学习到的路由发布给其他IBGP对等体，从而要求一个AS内部的所有BGP发言者必须构成全网状连接。在大规模的网络中，逻辑全网状连接实现起来不但非常不易，而且实现全网状连接使得应用和管理BGP的难度增加，也对BGP路由器的性能提出挑战。

(4) 网络中路由变化频繁：在大规模网络路由中，因链路不稳定、人为增删路由等因素导致的路由频繁变化对路由器资源消耗巨大。因为BGP连接基于TCP，所以这种路由变化会以单播形式向所有对等体传播，路由器会消耗相当数量的资源来进行路由信息的交互和路由表的更新。

为解决大规模网络中部署BGP遇到的问题，BGP提供了以下解决办法。

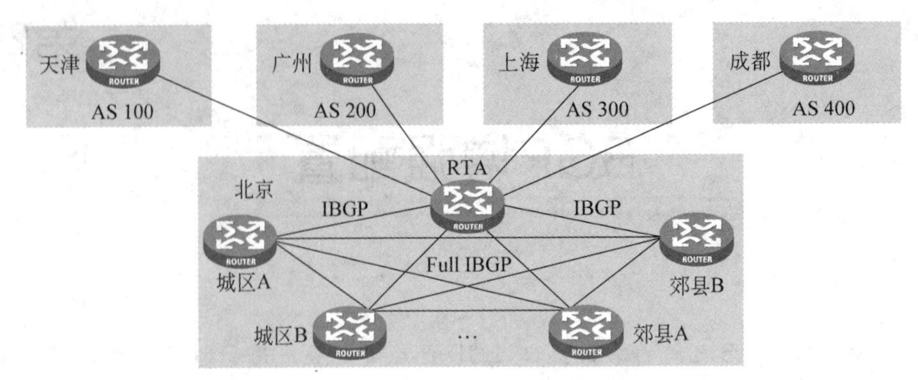

图 20-1 大规模 BGP 网络面临的问题

(1) BGP 对等体众多的解决办法：可以通过在 BGP 上配置对等体组(Peer Group)和团体来解决。BGP 对等体组是一种简化大量对等体配置的方法，而 BGP 团体是一种路由属性，可以大大简化路由策略的配置工作。

(2) BGP 路由表庞大的解决办法：可以通过配置 BGP 路由聚合，减少 BGP 路由数量来解决。同时，实施 BGP 路由聚合后，一些子网路由信息被屏蔽，从而在一定程度上避免路由变化引起的路由振荡，增强了路由的稳定性。

(3) IBGP 全连接的解决办法：可以通过配置 BGP 路由反射以及 BGP 联盟来解决。BGP 路由反射通过在 IBGP 对等体内部建立一个 BGP 反射器解决 IBGP 路由传递的问题，而 BGP 联盟则通过将一个大的自治系统划分为若干个小的自治系统来解决 AS 内 IBGP 路由传递的问题。

(4) 路由变化频繁的解决办法：可以通过配置 BGP 衰减，对路由的稳定性进行评估，将某段时间内表现不稳定的路由进行抑制，从而使网络摆脱路由振荡的影响。

20.3 配置 BGP 对等体组

BGP 对等体组是一些具有某些相同属性的对等体的集合。当一个对等体加入对等体组中时，此对等体将获得与所在对等体组中相同的配置。当对等体组的配置改变时，组内成员的配置也相应改变。

在大型 BGP 网络中，对等体的数量会很多，其中很多对等体具有相同的策略，在配置时会重复使用一些命令，利用对等体组在很多情况下可以简化配置。

例如，路由器 RTA 与 10 个 BGP 发言者建立了对等体关系，RTA 希望在向其中的 6 个对等体发布路由的时候将 MED 属性值设置为 100。如果没有配置 BGP 对等体组，那么就需要对每一个对等体都重复相同的配置。有了对等体组后，可以将这 6 个 BGP 对等体加入同一个 BGP 对等体组，然后统一对此 BGP 对等体组配置即可。

根据所在的 AS，对等体组可以这样划分。

- IBGP 对等体组：对等体组中的对等体与当前路由器位于同一个 AS。
- EBGP 对等体组：对等体组中的对等体与当前路由器位于不同 AS。

配置 IBGP 对等体组的步骤如下。

(1) 在 BGP 视图下创建 IBGP 对等体组。其配置命令如下：

```
group group-name internal
```

其中，**internal** 表示创建的是 IBGP 对等体组。

（2）在 BGP 视图下配置将对等体加入对等体组。其配置命令如下：

```
peer ip-address group group-name [as-number as-number]
```

配置 EBGP 对等体组的步骤如下。

（1）在 BGP 视图下创建 EBGP 对等体组。其配置命令如下：

```
group group-name external
```

其中，**external** 表示创建的是 EBGP 对等体组。

（2）在 BGP 视图下设置对等体组的 AS 号。其配置命令如下：

```
peer group-name as-number as-number
```

（3）在 BGP 视图下配置将对等体加入对等体组。其配置命令如下：

```
peer ip-address group group-name [as-number as-number]
```

在图 20-2 所示网络中，RTA 与 RTB、RTC、RTD 建立了 IBGP 对等体关系，RTA 在向这 3 个 IBGP 对等体发布路由的时候使用统一的过滤策略 3000。

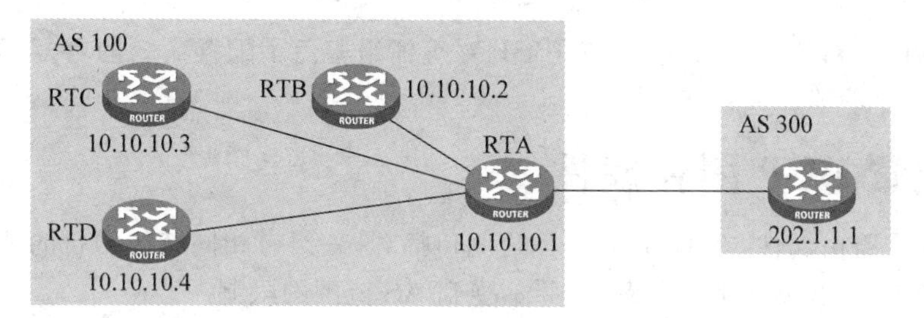

图 20-2　BGP 对等体组配置示例

以下是不使用对等体组时在 RTA 上的相关配置。其配置命令如下：

```
[RTA] bgp 100
[RTA-bgp] peer 202.1.1.1 as-number 300
[RTA-bgp] peer 10.10.10.2 as-number 100
[RTA-bgp] peer 10.10.10.3 as-number 100
[RTA-bgp] peer 10.10.10.4 as-number 100
[RTA-bgp] peer 10.10.10.2 connect-interface LoopBack0
[RTA-bgp] peer 10.10.10.3 connect-interface LoopBack0
[RTA-bgp] peer 10.10.10.4 connect-interface LoopBack0
[RTA-bgp] address-family ipv4 unicast
[RTA-bgp-ipv4] peer 202.1.1.1 enable
[RTA-bgp-ipv4] peer 202.1.1.1 filter-policy 3001 export
[RTA-bgp-ipv4] peer 10.10.10.2 enable[RTA-bgp-ipv4] peer 10.10.10.2 filter-policy
3000 export
[RTA-bgp-ipv4] peer 10.10.10.2 next-hop-local

[RTA-bgp-ipv4] peer 10.10.10.3 enable
[RTA-bgp-ipv4] peer 10.10.10.3 filter-policy 3000 export
[RTA-bgp-ipv4] peer 10.10.10.3 next-hop-local

[RTA-bgp-ipv4] peer 10.10.10.3 enable
[RTA-bgp-ipv4] peer 10.10.10.4 filter-policy 3000 export
```

```
[RTA-bgp-ipv4] peer 10.10.10.4 next-hop-local
```

使用对等体组后 RTA 上的相关配置如下：

```
[RTA] bgp 100
[RTA-bgp] group AS100 internal
[RTA-bgp] peer AS100 connect-interface LoopBack0
[RTA-bgp] group AS300 external
[RTA-bgp] peer AS300 as-number 300
[RTA-bgp] peer 10.10.10.2 group AS100
[RTA-bgp] peer 10.10.10.3 group AS100
[RTA-bgp] peer 10.10.10.4 group AS100
[RTA-bgp] peer 202.1.1.1 group AS300
[RTA-bgp] address-family ipv4 unicast
[RTA-bgp-ipv4] peer AS100 enable
[RTA-bgp-ipv4] peer AS100 next-hop-local
[RTA-bgp-ipv4] peer AS100 filter-policy 3000 export
[RTA-bgp-ipv4] peer AS300 enable
[RTA-bgp-ipv4] peer AS300 filter-policy 3001 export
```

从以上的配置对比可以看到，配置 IBGP 对等体组避免了配置命令的重复，简化了配置复杂度。

20.4 配置 BGP 团体属性

团体是一个路由属性，在 BGP 对等体之间传播，是一组有相同特征的目的地址的集合，没有物理上的边界，与其所在的 AS 无关，并不受到 AS 范围的限制。

包含有团体属性的路由，表示该路由是一个路由团体中的一员，该路由团体具有某种或者多种相同特征。根据这些特征区分不同的路由，可以大大简化路由策略的配置工作，同时也增强路由策略的能力。例如，一个 ISP 可以给自己所有的客户路由指定一个具体的团体属性，这样学习到该路由的路由器想要给这些路由指定 MED 或者 LOCAL_PREF 等属性时，可以直接基于该团体属性进行操作，而不需要逐条路由地去操作指定。

一条路由可以具有一个以上的团体属性值，就像一条路由可以在其 AS_PATH 属性中含有一个以上的 AS 号一样。在一条路由中看到多个团体属性值的 BGP 发言者可以根据一个、一些或所有这些属性值采取行动。路由器在将路由传递给其他对等体之前可以增加或者修改团体属性值。

团体属性是可选传递属性。RFC 1997 定义了一些公认团体属性，具有全球意义。公认团体属性有以下 4 种。

(1) INTERNET：默认情况下，所有的路由都属于 INTERNET 团体。具有此属性的路由可以被通告给所有的 BGP 对等体。

(2) NO_EXPORT：具有此属性的路由在收到后，不能被发布到本地 AS 之外。如果使用了联盟，则不能被发布到联盟之外，但可以发布给联盟中的其他子 AS。

(3) NO_ADVERTISE：具有此属性的路由被接收后，不能被通告给任何其他的 BGP 对等体。

(4) NO_EXPORT_SUBCONFED：具有此属性的路由被接收后，不能被发布到本地 AS 之外，也不能发布到联盟中的其他子 AS。

除了以上这些公认的团体属性值外，可以依据网络需求自己定义团体属性值，一般这些团体属性值使用一些数字来标识。

在路由策略中通过团体来进行路由过滤，可以提高路由策略配置的灵活度，并简化路由策略的管理，从而降低维护管理的难度。

配置团体属性时，用户可以先通过路由策略定义一组目的地址属于某个指定团体，然后配置向对等体/对等体组发布团体属性。向对等体/对等体组发布团体属性的命令如下：

peer { *group-name* | *ip-address* } **advertise-community**

在图 20-3 所示网络中，RTA 与 RTB 之间建立了 EBGP 邻居，RTA 要对所有 20.1.1.1/24 范围内的路由设置团体属性为 200：1 并传送到 RTB；然后，RTB 就可以对接收到的团体属性值为 200：1 的路由统一应用策略。如 RTB 收到带有 200：1 团体属性值的路由后，强制设置其下一跳为 10.10.10.1。

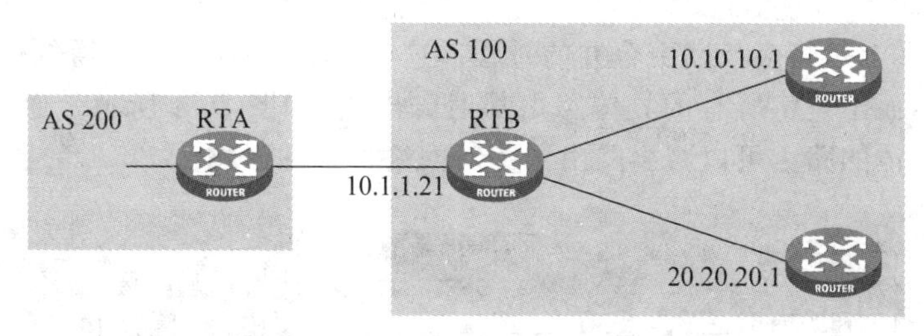

图 20-3　BGP 团体属性配置示例

配置 RTA 如下：

```
[RTA] acl basic 2000
[RTA-acl-ipv4-basic-2000] rule 0 permit source 20.1.1.0 0.0.0.255
[RTA] route-policy rta permit node 10
[RTA-route-policy-rta-10] if-match ip address acl 2000
[RTA-route-policy-rta-10] apply community 200:1
[RTA] route-policy rta permit node 20
[RTA] bgp 200
[RTA-bgp] peer 10.1.1.21 as-number 100
[RTA-bgp] address-family ipv4 unicast
[RTA-bgp-ipv4] peer 10.1.1.21 enable
[RTA-bgp-ipv4] peer 10.1.1.21 route-policy rta export
[RTA-bgp-ipv4] peer 10.1.1.21 advertise-community
```

在 RTB 上查看是否接收到带有团体属性值为 200：1 的路由，相关命令如下：

```
[RTB] display bgp routing-table ipv4 20.1.1.0 24
BGP local router ID: 2.2.2.2
Local AS number: 100
Paths:   1 available, 1 best

BGP routing table information of 20.1.1.0/24:
From              : 10.1.1.20 (1.1.1.1)
Rely nexthop      : 10.1.1.20
Original nexthop  : 10.1.1.20
OutLabel          : NULL
Community         : <200:1>
AS-path           : 200
```

```
Origin             : igp
Attribute value    : MED 0, pref-val 0
State              : valid, external, best
IP precedence      : N/A
QoS local ID       : N/A
Traffic index      : N/A
```

可以看到，路由 20.1.1.0 的团体属性值已经被修改为 200：1。

20.5 配置 BGP 聚合

在大规模的网络中，BGP 路由表十分庞大，存储路由表占用大量的路由器内存资源，路由器传送与处理路由信息也需要大量的资源。使用路由聚合(Routes Aggregation)可以大大减小路由表的规模。

路由聚合实际上是将多条路由合并的过程。这样 BGP 在向对等体通告路由时，可以只通告聚合后的路由，而不是将所有的具体路由都通告出去，如图 20-4 所示。通过对路由条目的聚合，隐藏一些具体的路由可以减少路由振荡对网络带来的影响。

图 20-4 配置 BGP 聚合

BGP 路由聚合除了达到减少路由数量的作用外，还可以结合灵活的路由策略，从而使 BGP 更有效地传递和控制路由。

MSR 路由器提供两种 BGP 聚合方式——自动聚合与手动聚合。

可以在 BGP 地址簇视图下配置 BGP 自动聚合。其配置命令如下：

summary automatic

可以在 BGP 地址簇视图下配置 BGP 手动聚合。其配置命令如下：

aggregate *ip-address* { *mask* | *mask-length* }[**as-set** | **attribute-policy** *route-policy-name* | **detail-suppressed** | **origin-policy** *route-policy-name* | **suppress-policy** *route-policy-name*]

其主要的参数含义如下。

- *ip-address*：聚合路由的目的 IP 地址。
- *mask*：聚合路由的网络掩码，点分十进制格式。
- *mask-length*：聚合路由的网络掩码长度，取值范围为 0～32。
- **as-set**：指定聚合路由的 AS_PATH 属性中包含所有具体路由的 AS 路径信息，该 AS_PATH 属性为 AS_SET 类型，即属性中的 AS 号没有顺序要求。如果没有指定本参数，则聚合路由的 AS_PATH 属性中不会包含具体路由的 AS 路径信息，只包含当前路由器所在的 AS 号。
- **attribute-policy** *route-policy-name*：根据指定的路由策略 *route-policy-name* 设置聚合路由的属性。

- **detail-suppressed**：仅通告聚合路由。
- **origin-policy** *route-policy-name*：根据指定的路由策略 *route-policy-name* 选择用于聚合的源路由，即仅选择符合路由策略的具体路由来生成聚合路由。
- **suppress-policy** *route-policy-name*：根据指定的路由策略 *route-policy-name* 抑制选定的具体路由，不通告部分具体路由。

配置自动聚合后，BGP 发言者将不会向它的 BGP 对等体发布子网路由，而仅发布自然网段的路由，也即按照 A、B、C 类地址进行聚合。

自动聚合只能对引入的 IGP 子网路由进行聚合，对从 BGP 邻居学习来的路由和通过 network 命令发布的路由不能进行自动聚合。

在 BGP 发言者自身不具备一个完整的自然网段路由的情况下，自动聚合的方式存在引入路由黑洞的潜在危险，所以通常不建议采取该方式进行 BGP 路由聚合。

在图 20-5 中，RTA 的 BGP 进程中引入了 IGP 子网路由 172.16.0.0/24～172.16.15.0/24，RTA 在向自己的 EBGP 对等体发布路由的时候不希望发布这些明细路由而只想发布聚合路由，那么可以在 RTA 上配置自动聚合。

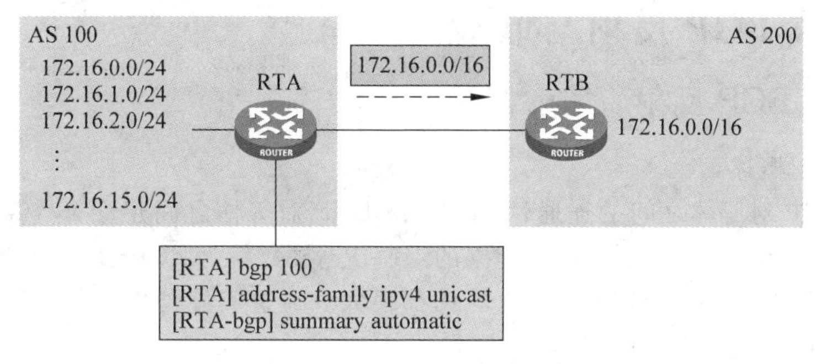

图 20-5 配置 BGP 自动聚合

RTA 上的配置如下：

```
[RTA] bgp 100
[RTA] address-family ipv4 unicast[RTA-bgp-ipv4] summary automatic
```

配置完成后，RTB 上将只接收到按照自然掩码进行聚合后的路由。由于 172.16.0.0 属于 B 类地址范围，因此 RTB 的路由器接收到的聚合路由为 172.16.0.0/16。

相对于自动聚合，手动聚合允许网络管理者采取灵活的路由聚合和发布策略，以在不同的网络拓扑条件下达到最优的路由收敛效果。MSR 路由器支持的手动聚合策略包括以下内容。

(1) 同时发布聚合的路由及具体的路由。

(2) 抑制具体路由，仅发布聚合的路由。

(3) 发布聚合路由同时抑制部分具体路由。

(4) 将指定的具体路由生成聚合路由。

配置手动聚合，不仅可以对 IGP 引入的子网路由和用 network 命令发布的路由进行聚合，还可以根据需要定义聚合路由的子网掩码长度。

在图 20-6 所示网络中，RTA 的 BGP 路由表中有路由 172.16.0.0/24～172.16.15.0/24 等多条具体路由，网络管理者希望 RTA 向其对等体发布路由的时候只发布聚合路由而抑制具体路由，那么在 RTA 上配置如下：

```
[RTA] bgp 100
```

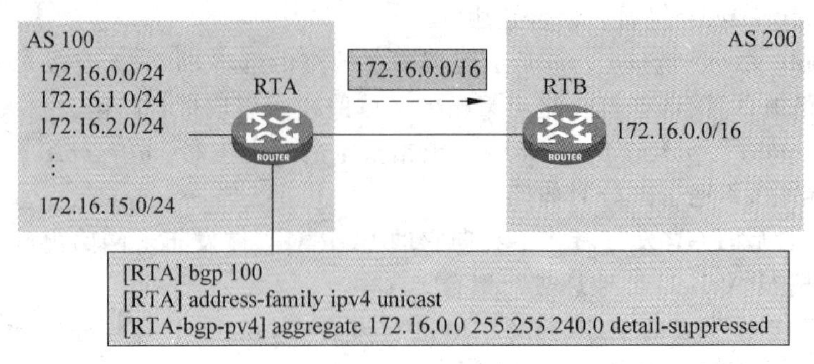

图 20-6 配置 BGP 手动聚合

```
[RTA] address-family ipv4 unicast[RTA-bgp-ipv4] aggregate 172.16.0.0 255.255.240.0
detail-suppressed
```

经过上述配置,聚合后路由 172.16.0.0/20 包含了 172.16.0.0/24～172.16.15.0/24 的所有具体路由。参数 detail-suppressed 则表示抑制具体路由,仅发布聚合路由。

20.6 配置 BGP 反射与联盟

20.6.1 BGP 反射

1. BGP 反射概述

为保证 IBGP 对等体之间的连通性,需要在 IBGP 对等体之间建立全连接关系。假设在一个 AS 内部有 n 台路由器,那么应该建立的 IBGP 连接数就为 $n(n-1)/2$。当 IBGP 对等体数目很多时,对网络资源和 CPU 资源的消耗都很大。通过实施路由反射,IBGP 对等体之间可以不需要全连接也能够保证连通性。

路由反射原理就是允许某些网络设备将从 IBGP 对等体处接收到的路由信息发布给其他特定的 IBGP 对等体,这些网络设备被称为路由反射器(Route Reflector,RR)。路由反射器扮演了一个路由汇集点,客户机只需和路由反射器建立 IBGP 连接,如此有效地减少了 IBGP 连接数。

如图 20-7 所示,在配置了路由反射器后,IBGP 连接数变为 5,相比较 IBGP 全连接的连接数,不仅减少了 IBGP 连接,更简化了配置,减少了维护难度。

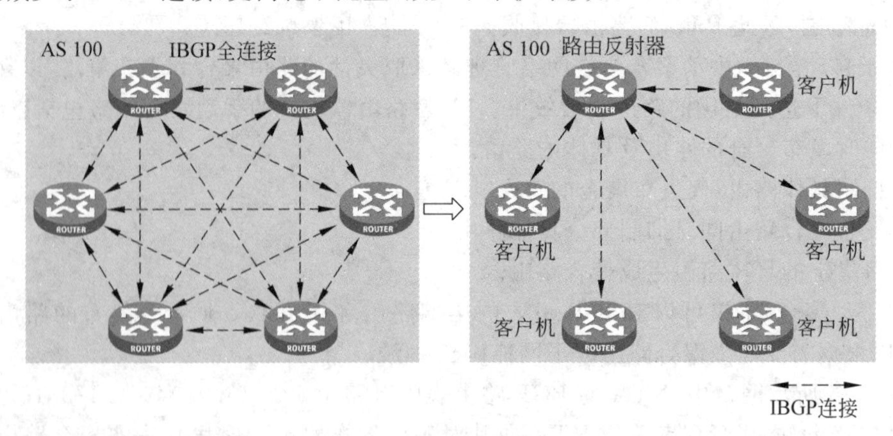

图 20-7 BGP 反射的作用

2. BGP 反射原理

路由反射器的 IBGP 对等体被分为两类：客户机(Client)和非客户机(Non-Client)。

路由反射器与客户机(Client)之间建立 IBGP 连接并传递(反射)路由信息，而客户机之间不需要建立 IBGP 连接。

在同一 AS 内，既不是反射器也不是客户机的 BGP 路由器被称为非客户机(Non-Client)。非客户机与路由反射器之间，以及所有的非客户机之间仍然必须建立全连接关系。

路由反射器和它的所有客户机构成一个群(Cluster)。默认情况下，路由反射器是使用自己的 Router ID 作为集群 ID 来识别该集群。

在图 20-8 所示网络中，RTA、RTB、RTC、RTD、RTE、RTF 都属于 AS 65002，但是只有 RTB、RTC、RTD 与 RTA 一起构成一个群。其中，RTA 是路由反射器，RTB、RTC、RTD 是客户机，它们分别与 RTA 建立 IBGP 连接关系，而 RTB、RTC、RTD 之间不需要建立 IBGP 连接。RTE、RTF 不属于 RTA 所属的反射群，从而它们都属于非客户机，那么 RTE、RTF 与 RTA 之间需要建立 IBGP 全连接。

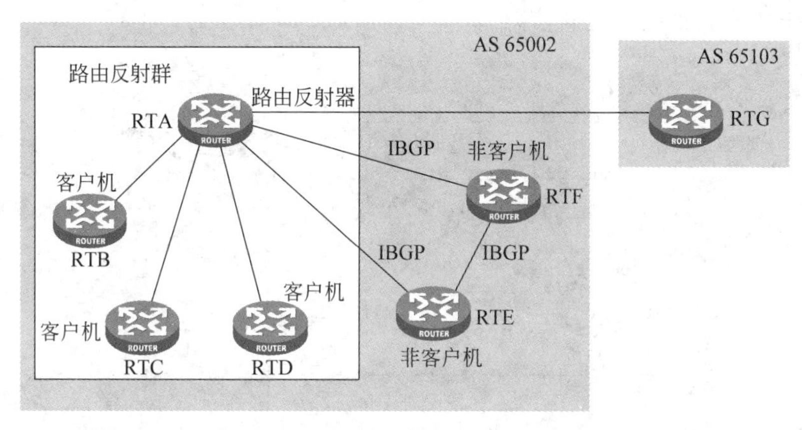

图 20-8 BGP 路由反射器

路由反射器在它的客户机与非客户机之间传送路由更新原则如下。

(1) 如果路由更新是从非客户机收到的，则仅反射给客户机；在图 20-8 中，如果 RTA 收到来自 RTE 的路由更新，那么 RTA 将会把路由更新反射给 RTB、RTC、RTD，但是不发送给 RTF。

(2) 如果路由更新是从客户机收到的，会反射给所有非客户机以及客户机，除了这个路由更新的始发者外；在图 20-8 中，如果 RTA 收到来自 RTB 的路由更新，那么 RTA 会把路由更新信息发送给 RTC、RTD、RTE、RTF，但是不发送给此信息的始发者 RTB。

(3) 如果路由更新是从 EBGP 对等体收到的，会反射给所有的客户机和非客户机；在图 20-8 中，如果 RTA 收到来自 EBGP 对等体 RTG 的路由更新，那么 RTA 会把此路由更新信息发送给 RTB、RTC、RTD、RTE、RTF，即所有的客户机和非客户机。

路由反射器能够将从 IBGP 对等体学习到的路由信息发布给其他的 IBGP 对等体，这可能使从某个群发出的路由在经过多次反射后又回到该群。为了防止 AS 内部的路由环路，路由反射器使用了 ORIGINATOR_ID 和 CLUSTER_LIST 两个属性。

ORIGINATOR_ID 属性用于记录到本地 AS 内部路由发起者的路由器 ID，CLUSTER_LIST 用于记录一条路由经过群的群 ID 来跟踪它的反射路径。BGP 发言者将丢弃 ORIGINATOR_ID 中与自己路由器 ID 相同的路由信息；而路由反射器会检查接收到的路由信息中的 CLUSTER_LIST,如果在其中发现了自己集群的集群 ID,那么就会丢弃此路由信息。

3. BGP 路由反射器冗余

BGP 路由反射器作为一个群的路由汇集点出现,将 AS 内部的拓扑由全网状连接变为了部分星形结构,这也引入了潜在的单点故障。如果路由反射器出现了故障,其客户机将被隔离。为了增强网络的健壮性以及防止单点故障,在一个集群中可以布置多个路由反射器,客户机的群里的每一个路由反射器之间均建立对等关系。

为了避免 AS 内部的路由环路,在一个集群中的每个路由反射器都要配置相同的 Cluster_ID。

考虑到冗余的实际意义,在部署多个路由反射器的应用中,应该尽量保证客户机和每个路由反射器之间存在直接的物理连接。如图 20-9 所示,在一个集群中布置了 RTA 和 RTB 两个路由反射器,客户机 RTC 和 RTD 分别与 RTA 和 RTB 建立 IBGP 连接。此拓扑同时考虑了路由器和物理链路的冗余备份,使客户机在某个反射器或者某条物理链路失效时仍能学习到来自其他 BGP 发言者的路由更新信息。

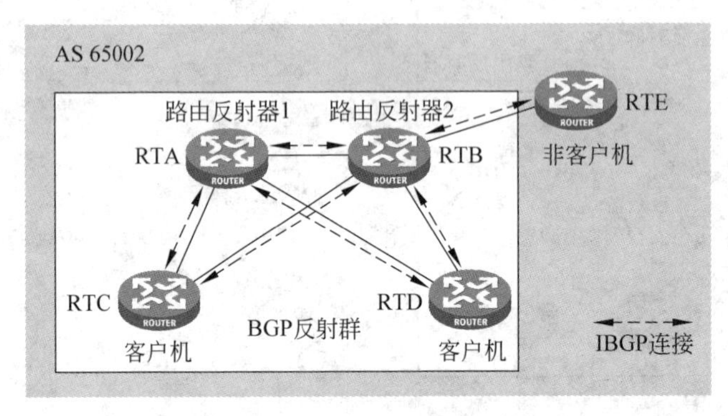

图 20-9 BGP 路由反射器冗余

4. BGP 反射的配置

在配置 BGP 反射时,通常只需配置路由反射器负责路由反射,并不需要对客户机和非客户机进行配置。客户机和非客户机并不知道路由反射。

在 BGP 地址簇视图下配置将本机作为路由反射器,并将对等体/对等体组作为路由反射器的客户。其配置命令如下:

peer { *group-name* | *ip-address* } **reflect-client**

通常,一个集群里只有一个路由反射器,此时是由反射器的路由器 ID 来识别该集群的。设置多个路由反射器可提高网络的稳定性。如果一个集群中配有多个路由反射器,则需要在 BGP 地址簇视图下配置路由反射器的集群 ID。其配置命令如下:

reflector cluster-id *cluster-id*

默认情况下,每个路由反射器是使用自己的 Router ID 作为集群 ID。

通常情况下,路由反射器的客户机之间不要求是全连接的,路由默认通过反射器从一个客户机反射到其他客户机;如果客户机之间是全连接的,可以禁止客户机间的反射,以便减少开销。在 BGP 地址簇视图下配置禁止客户机到客户机的路由反射。其配置命令如下:

undo reflect between-clients

默认情况下,允许客户机到客户机的路由反射。

在图 20-10 所示网络中,路由器 RTA、RTB、RTC 是 AS 200 内的一个反射群,其中 RTA 是 BGP 路由反射器,RTB、RTC 是客户机,而同处在 AS 200 内的 RTD 是非客户机。

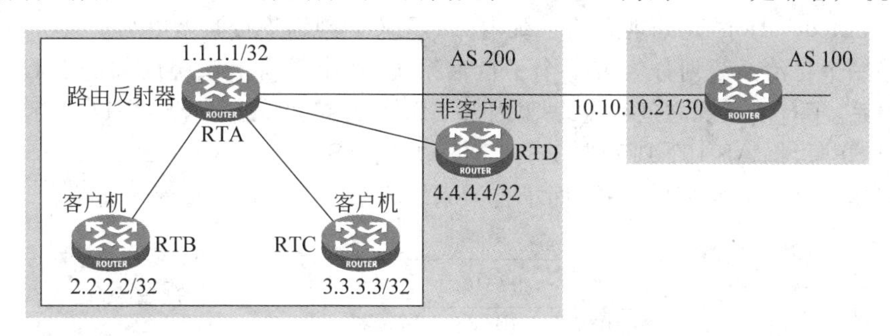

图 20-10 BGP 反射配置示例

配置路由反射器 RTA 如下:

```
[RTA] bgp 200
[RTA-bgp] group RR internal
[RTA-bgp] peer RR connect-interface LoopBack0
[RTA-bgp] peer 2.2.2.2 group RR
[RTA-bgp] peer 3.3.3.3 group RR
[RTA-bgp] peer 4.4.4.4 as-number 200
[RTA-bgp] peer 4.4.4.4 connect-interface LoopBack0
[RTA-bgp] peer 10.10.10.21 as-number 100
[RTA-bgp] address-family ipv4 unicast
[RTA-bgp-ipv4] peer 4.4.4.4 enable
[RTA-bgp-ipv4] peer 4.4.4.4 next-hop-local
[RTA-bgp-ipv4] peer RR enable
[RTA-bgp-ipv4] peer RR next-hop-local
[RTA-bgp-ipv4] peer RR reflect-client
[RTA-bgp-ipv4] peer 10.10.10.21 enable
```

客户机与非客户机并不需要特别配置。

配置客户机 RTC 如下:

```
[RTC] bgp 200
[RTC-bgp] peer 1.1.1.1 as-number 200
[RTC-bgp] peer 1.1.1.1 connect-interface LoopBack0
[RTC-bgp] address-family ipv4 unicast
[RTC-bgp-ipv4] peer 1.1.1.1 enable
```

配置非客户机 RTD 如下:

```
[RTD] bgp 200
[RTD -bgp] peer 1.1.1.1 as-number 200
[RTD -bgp] peer 1.1.1.1 connect-interface LoopBack0
[RTD-bgp] address-family ipv4 unicast
[RTD-bgp-ipv4] peer 1.1.1.1 enable
```

配置完成后,可以在路由器上通过查看 BGP 邻居状态以及路由表确认路由反射器能够正确地反射路由信息。

20.6.2 BGP 联盟

1. BGP 联盟概述

联盟(Confederation)是处理自治系统内部的 IBGP 网络连接激增的另一种方法。

联盟将一个自治系统划分为若干个子自治系统,每个子自治系统内部的 IBGP 对等体建立全连接关系,子自治系统之间建立联盟内部 EBGP 连接关系。如图 20-11 所示,在 AS 101 内建立 BGP 联盟,将 AS 101 划分为 3 个子自治系统 AS 65101、AS 65201、AS 65301,在子自治系统之间建立 EBGP 对等体连接,而子自治系统内部建立 IBGP 对等体连接。

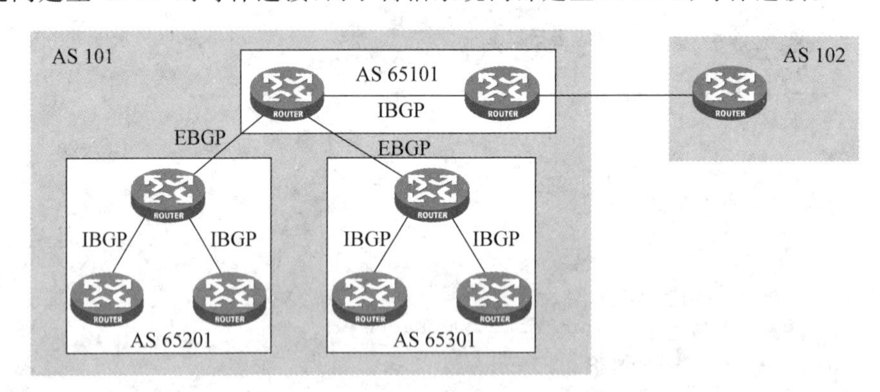

图 20-11 BGP 联盟

在不属于联盟的 BGP 发言者看来,属于同一个联盟的多个子自治系统是一个整体,外界不需要了解内部的子自治系统情况,每个联盟使用联盟 ID(Confederation ID)作为其自治系统号向联盟外部的 BGP 对等体宣告,也即联盟 ID 就是标识联盟这一整体的自治系统号。

在联盟内,各个子系统使用 AS 号标识自己,该 AS 号仅在联盟内部可见。

一个联盟最多可包括 32 个子自治系统。

联盟改变了标准的 AS 内部结构,BGP 通过扩展 AS_PATH 属性来避免在联盟内部出现环路。不仅联盟中的 AS_PATH 属性的处理方式发生了变化,对于 MED、NEXT_HOP、LOCAL_PREF 属性的处理也与标准的 BGP 不同,它们被允许附加在路由更新信息中发送至属于联盟内部不同子自治系统 AS 的 EBGP 对等体。

与路由反射器环境中仅要求反射器支持路由反射功能不同,联盟内部的所有 BGP 发言者都必须支持联盟功能。

联盟的缺陷是,从非联盟方案向联盟方案转变时,要求路由器重新进行配置,逻辑拓扑也要改变。

2. BGP 联盟的配置

在路由器上配置联盟的步骤如下。

(1) 在系统视图下启动 BGP,并指定该路由器所属的子自治系统号。其配置命令如下:

```
bgp as-number
```

(2) 在 BGP 地址簇视图下配置联盟 ID。其配置命令如下:

```
confederation id as-number
```

(3) 如果该路由器与该联盟的其他子自治系统建立 EBGP 邻居关系,则需要在 BGP 地址簇视图下指定一个联盟体中包含了哪些子自治系统联盟 ID。其配置命令如下:

confederation peer-as *as-number-list*

其中 *as-number-list* 为子自治系统号列表，在同一条命令中最多可配置 32 个子自治系统。

在图 20-12 所示网络中，为了减少 IBGP 的连接数，将 AS 200 划分为 AS 65001 和 AS 65002 两个子自治系统。通过配置联盟，使路由器间能够相互学习路由。

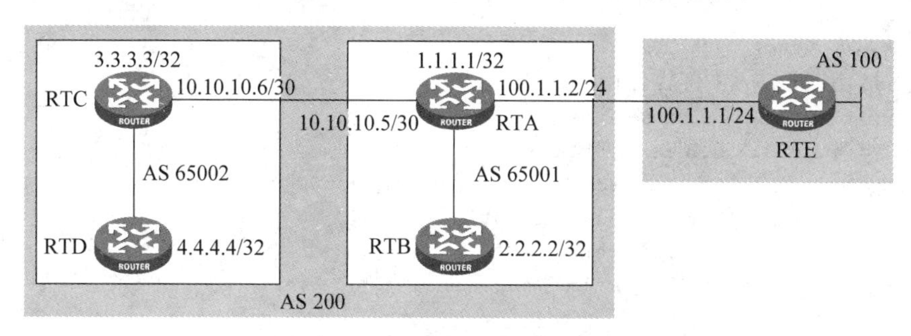

图 20-12 BGP 联盟配置示例

配置路由器 RTA 如下：

```
[RTA] bgp 65001
[RTA-bgp] router-id 1.1.1.1
[RTA-bgp] confederation id 200
[RTA-bgp] confederation peer-as 65002
[RTA-bgp] peer 100.1.1.1 as-number 100
[RTA-bgp] peer 2.2.2.2 as-number 65001
[RTA-bgp] peer 10.10.10.6 as-number 65002
[RTA-bgp] peer 2.2.2.2 connect-interface LoopBack0
[RTA-bgp] address-family ipv4 unicast
[RTA-bgp-ipv4] peer 100.1.1.1 enable
[RTA-bgp-ipv4] peer 2.2.2.2 enable
[RTA-bgp-ipv4] peer 2.2.2.2 next-hop-local
[RTA-bgp-ipv4] peer 10.10.10.6 enable
```

配置路由器 RTB 如下：

```
[RTB] bgp 65001
[RTB-bgp] router-id 2.2.2.2
[RTB-bgp] confederation id 200
[RTB-bgp] peer 1.1.1.1 as-number 65001
[RTB-bgp] peer 1.1.1.1 connect-interface LoopBack0
[RTB-bgp] address-family ipv4 unicast
[RTB-bgp-ipv4] peer 1.1.1.1 enable
[RTB-bgp-ipv4] peer 1.1.1.1 next-hop-local
```

配置路由器 RTC 如下：

```
[RTC] bgp 65002
[RTC-bgp] router-id 3.3.3.3
[RTC-bgp] confederation id 200
[RTC-bgp] confederation peer-as 65001
[RTC-bgp] peer 4.4.4.4 as-number 65002
[RTC-bgp] peer 10.10.10.5 as-number 65001
```

```
[RTC-bgp] peer 4.4.4.4 connect-interface LoopBack0
[RTC-bgp] address-family ipv4 unicast
[RTC-bgp-ipv4] peer 4.4.4.4 enable
[RTC-bgp-ipv4] peer 4.4.4.4 next-hop-local
[RTC-bgp-ipv4] peer 10.10.10.5 enable
```

配置路由器 RTD 如下：

```
[RTD] bgp 65002
[RTD-bgp] router-id 4.4.4.4
[RTD-bgp] confederation id 200
[RTD-bgp] peer 3.3.3.3 as-number 65002
[RTD-bgp] peer 3.3.3.3 connect-interface LoopBack0
[RTD-bgp] address-family ipv4 unicast
[RTD-bgp-ipv4] peer 3.3.3.3 enable
[RTD-bgp-ipv4] peer 3.3.3.3 next-hop-local
```

20.7 配置 BGP 路由衰减

BGP 路由衰减(Route Dampening)用来解决路由不稳定的问题。路由不稳定的主要表现形式是路由振荡(Route Flaps)，即路由表中的某条路由反复消失和重现。

发生路由振荡时，路由协议就会向邻居发布路由更新，收到更新报文的路由器需要重新计算路由并修改路由表。所以频繁的路由振荡会消耗大量的带宽资源和 CPU 资源，严重时会影响到网络的正常工作。

在多数情况下，BGP 协议都应用于复杂的网络环境中，路由变化十分频繁。为了防止持续的路由振荡带来的不利影响，BGP 使用衰减来抑制不稳定的路由。

如图 20-13 所示，BGP 衰减使用惩罚值来衡量一条路由的稳定性，惩罚值越高则说明路由越不稳定。路由每次从可达状态变为不可达状态，或者可达路由的属性每次发生变化时，BGP 便会给此路由增加一定的惩罚值(1000，此数值为系统固定，不可修改)。当惩罚值超过抑制阈值时，此路由被抑制，不参与路由优选。

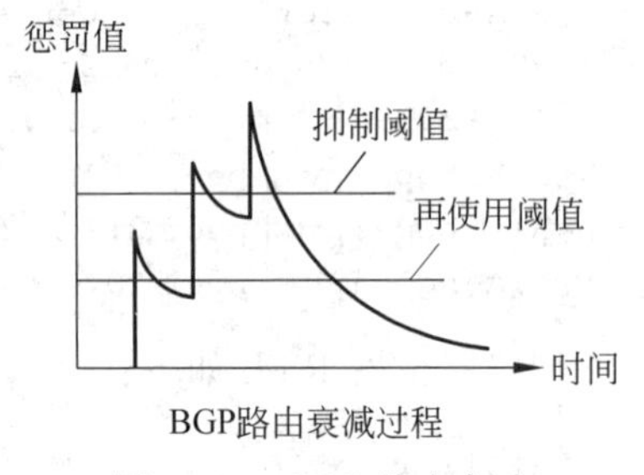

图 20-13 BGP 路由衰减

被抑制的路由每经过一段时间，惩罚值便会减少一半，这个时间称为半衰期(Half-life)。当惩罚值降到再使用阈值时，此路由变为可用并参与路由优选。

在 BGP 地址簇视图下配置 BGP 衰减，其命令如下：

```
dampening [half-life-reachable half-life-unreachable reuse suppress ceiling |
route-policy route-policy-name]
```

其中主要的参数含义如下。

- *half-life-reachable*：发生振荡的可达路由的半衰期。
- *half-life-unreachable*：发生振荡的不可达路由的半衰期。
- *reuse*：指定路由解除抑制状态的阈值。当惩罚值降低到该值以下，路由就被再使用。
- *suppress*：指定路由进入抑制状态的阈值。当惩罚值超过该极限时，路由受到抑制。
- *ceiling*：惩罚上限值，即惩罚值最多达到该值，则不再增加。

half-life-reachable、half-life-unreachable、reuse、suppress 和 ceiling 都是相互依存的，因此

配置了以上参数中的任何一个，那么所有参数都必须指定。

该命令只对从EBGP邻居学到的路由进行衰减，对IBGP路由不进行衰减。

20.8 部署多出口BGP网络

企业网一般会通过选择一个价格、带宽、链路稳定性满足自己需求的ISP作为上行Internet出口。使用这种连接方式，企业网出口路由器上并不需要部署BGP，只需配置一条默认路由。但是出于网络可靠性的考虑，越来越多的企业网更愿意选择多个ISP上连到Internet，如图20-14所示。这种多出口的连接方式具有以下好处。

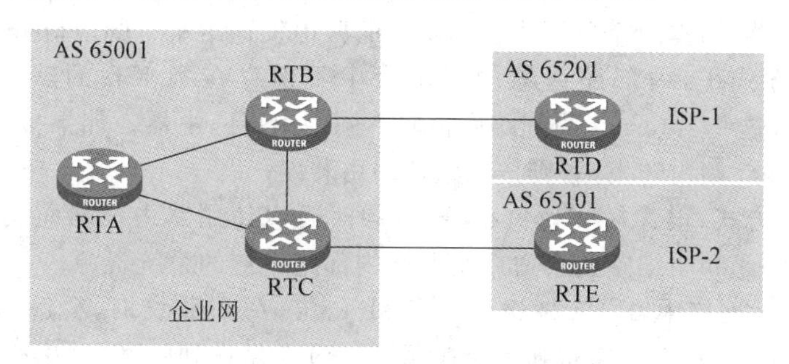

图20-14 多出口网络与BGP

(1) 增强了网络可靠性：上连至两个ISP意味着有了冗余的物理链路。如果其中一条连接出现问题，还可以从其他出口访问Internet。

(2) 实现流量的负载分担：通过应用路由策略，可以将访问Internet的流量分布到不同的链路上，从而实现负载分担，更加高效地利用带宽。

在使用了多个ISP上连至Internet后，企业网络可以选择部署BGP路由协议与ISP交互。与部署静态路由相比，部署BGP的好处在于，如果企业网内路由有变化，ISP侧的接入路由器会自动通过EBGP更新路由，无须手动改变。另外，与其他动态路由协议相比，BGP协议具有强大的路由管理功能，可以实现更加合理的路由优选，更加高效地实现负载分担与备份。

在多出口网络上部署BGP来学习外部路由，一般有以下3种方式。

(1) 每个ISP只发布默认路由。

(2) 每个ISP都发布一条默认路由和部分Internet明细路由。

(3) 每个ISP都发布全部Internet明细路由。

可以根据不同的实际需求来选择上述3种方式之一完成多出口网络BGP部署。

多出口网络BGP部署方式一是ISP边界路由器只发布默认路由给企业网的出口路由器，而出口路由器将本地所有的路由通过BGP发布给ISP，如图20-15所示。

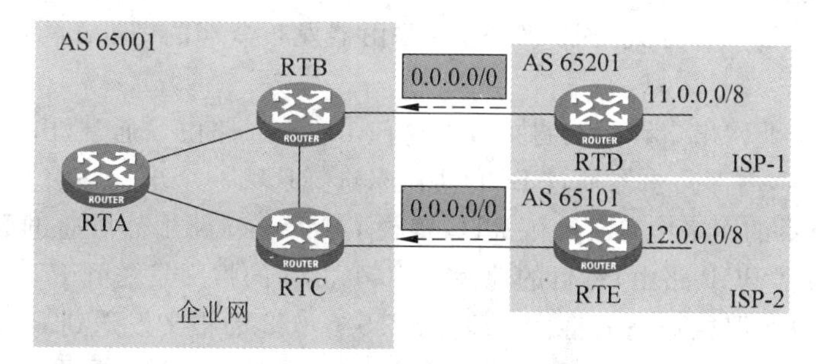

图20-15 多出口网络BGP部署方式一

企业网出口路由器与 ISP 边界路由器建立 EBGP 连接后，通过实施策略，ISP 边界路由器仅将默认路由发布到企业网络，再由企业网出口路由器在企业网内部进行发布。企业网内部路由器的路由表中会存在多条默认路由，分别指向不同的出口路由器。内部路由器通过 IGP 协议对多条默认路由进行优选，选择花费最小的作为最优路由，将数据向 ISP 转发。

这种部署方式对出口路由器的要求较低，且配置简单、实施容易。但是，因内部路由器根据默认路由进行报文转发，必然会导致所有的数据流会发往某一出口路由器，无法实现负载分担。

多出口网络 BGP 部署方式二是 ISP 边界路由器发布部分 Internet 明细路由和默认路由给企业网出口路由器，而本地企业网将自己所有的路由发送给所有的出口 ISP。

在这种部署方式下，内部路由器的路由表中不但存在到 ISP 的默认路由，还有部分 Internet 明细路由，这些 Internet 明细路由指向不同的出口路由器。如果报文匹配了 Internet 路由，则按照 Internet 路由转发；否则按照默认路由转发。

采用这种部署方式，很容易实现负载分担，同时可以使用路由策略而实现部分路由的选路。不过，发布 Internet 明细路由会占用企业网内部路由器的系统资源。

在图 20-16 所示网络中，RTA 发送到网络 11.0.0.0/8 的报文时，会选择 RTB 作为出口，因为 RTB 将路由 11.0.0.0/8 发布到了企业网；而 RTA 发送到网络 12.0.0.0/8 的报文时，会选择 RTC 作为出口，因为 RTC 将路由 12.0.0.0/8 发布到了企业网。

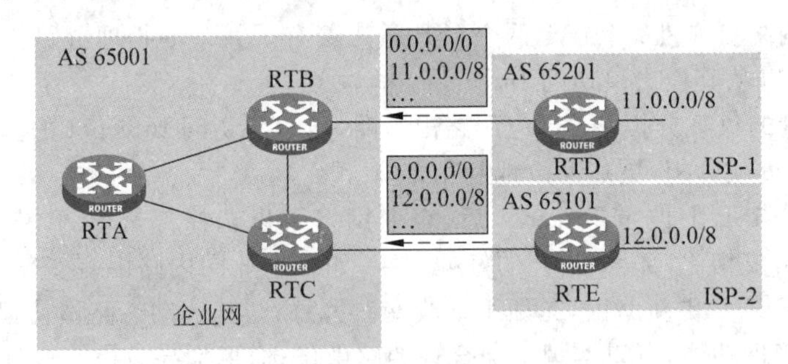

图 20-16 多出口网络 BGP 部署方式二

采用这种部署方式时，出口路由器可以选择以下两种方式将外部路由发布到企业网中。

(1) 将外部路由以引入 IGP 的方式发布，此时出口路由器与内部路由器间运行 IGP。

(2) 通过 BGP 协议来发布外部路由，此时出口路由器与内部路由器间建立 IBGP 连接，运行 BGP 协议。此时需要内部路由器能够支持 BGP。

两种方式各有利弊，推荐使用后一种方式。因为可以利用 BGP 丰富的属性来进行精确的路由控制，易于实现负载分担。

多出口网络 BGP 部署方式三是 ISP 边界路由器发布全部的 Internet 路由给企业网出口路由器。

这种方式下，企业网出口路由器将接收到全部 Internet 路由。通常，出口路由器与内部路由器之间运行 IBGP，内部路由器通过 BGP 协议来选择从哪一个出口路由器到外部网络。

在图 20-17 所示的网络中，RTB 和 RTC 接收了 Internet 路由然后通过 IBGP 连接发布至 RTA 处。RTA 根据 BGP 路由，将目的地为 11.0.0.0/8 的报文发送到 RTB（路由 11.0.0.0/8 在 AS 65201 内，AS 路径短）；而将目的地为 12.0.0.0/8 的报文发送到 RTC 处。

也可以在出口路由器和内部路由器间运行 IGP，在出口路由器上采取路由策略，将部分外部路由及默认路由引入到 IGP 中。内部路由器以 IGP 路由的方式完成到出口路由器的选路。

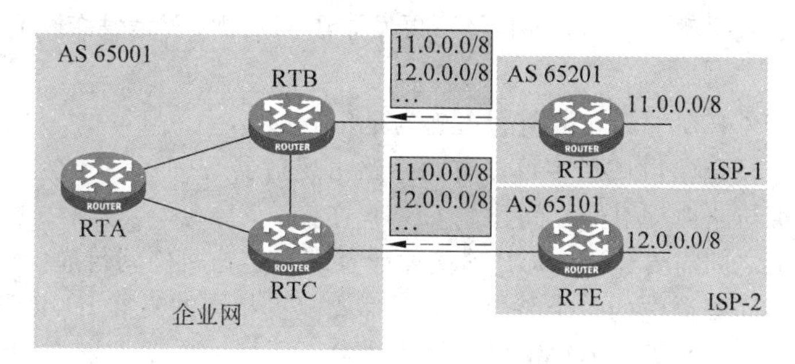

图 20-17 多出口网络 BGP 部署方式三

但这并不是一个推荐的方式,因为引入路由时丢失了原路由的属性,可能会造成次优路由。

多出口网络 BGP 部署的 3 种方式各有利弊,总结如下。

(1) 部署方式一:ISP 只发布默认路由给企业网。这种方式配置简单,实施容易,对路由器系统资源占用少,管理维护容易;但是缺点也非常明显,该方式不能充分发挥多出口多路径的优势实现流量的负载分担,也不能对不同的目的网段实施灵活的策略。

(2) 部署方式二:ISP 发布部分明细路由和默认路由给企业网。这种方式一定程度上弥补了方式一的不足,既可以实施丰富的路由策略,也可以节省路由器系统资源,但是对于大量未知的 Internet 路由,该方式还不能实现最佳路径的选路而且该方式配置相对复杂。3 种方式中,该方式是较常用的部署方式。

(3) 部署方式三:ISP 发布全部 Internet 路由。这种方式可以实施最丰富路由策略,比较容易实施带宽的负载分担,对每一个目的地都可以找到最佳路径。但是该方式的缺点也非常明显,由于要学习大量的 Internet 路由,占用大量的系统资源,对于企业网路由器要求很高,而且后期的管理维护难度很大。

20.9 本章总结

(1) 配置对等体组和团体解决对等体众多的问题。

(2) 配置 BGP 路由聚合解决路由表庞大的问题。

(3) 配置 BGP 反射和联盟解决 IBGP 全连接的问题。

(4) 配置 BGP 路由衰减解决路由变化频繁的问题。

(5) 在多出口网络中部署 BGP 的 3 种方式。

20.10 习题和解答

20.10.1 习题

(1) 以下不属于 BGP 公认的团体属性的是(　　)。

A. NO_EXPORT　　B. NO_ADVERTISE

C. NO_IMPORT_SUBCONFED　　D. INTERNET

(2) 以下关于 BGP 聚合的说法错误的是(　　)。

A. 配置路由聚合,可以减小对等体路由表中的路由数量

B. BGP 支持自动聚合和手动聚合两种聚合方式

C. 自动聚合是按照自然网段进行聚合,且只能对 IGP 引入的子网路由进行聚合

D. 通过配置手动聚合后，BGP 将不再发布子网路由，而是发布聚合后的自然网段的路由

(3) 以下关于 BGP 反射的相关概念正确的是(　　)。

A. 在一个反射集群中最多可以有两个路由反射器

B. 客户机与路由反射器之间建立 EBGP 连接

C. 客户机之间需要建立 IBGP 连接才能实现在客户机之间传递(反射)路由信息

D. 位于相同集群中的每个路由反射器都要配置相同的集群 ID，以避免路由环路

(4) 以下关于 BGP 联盟的说法错误的是(　　)。

A. 每个子自治系统内部的 IBGP 对等体建立全连接关系

B. 子自治系统之间建立联盟内部 EBGP 连接关系

C. 联盟内部并不需要所有 BGP 发言者都支持联盟功能

D. 在大型 BGP 网络中，路由反射器和联盟可以被同时使用

(5) 多出口网络 BGP 部署方式一(每个 ISP 只发布默认路由)的特点是实施简单，而且可以很容易实现带宽负载分担以及灵活的路由策略。(　　)

A. True　　B. False

20.10.2 习题答案

(1) C　(2) D　(3) D　(4) C　(5) B

第21章

BGP综合配置

BGP丰富的属性赋予了BGP强大的路由选路功能，在应用中能够灵活应用BGP的属性完成复杂路由选路与策略应用是BGP的精华所在。本章通过应用中的案例，结合配置来讲解在应用中如何使用BGP的属性完成复杂的选路工作。

21.1 本章目标

学习完本章，应该能够：

(1) 掌握BGP的配置；

(2) 掌握BGP属性的配置；

(3) 掌握路由策略的应用。

21.2 BGP综合配置案例

21.2.1 网络概况

如图21-1所示，H公司的内部网络由RTA、RTB、RTC 3台路由器组成。为了增强可靠性，使用两条广域网链路连接到不同的ISP，分别为AS 400和AS 500。

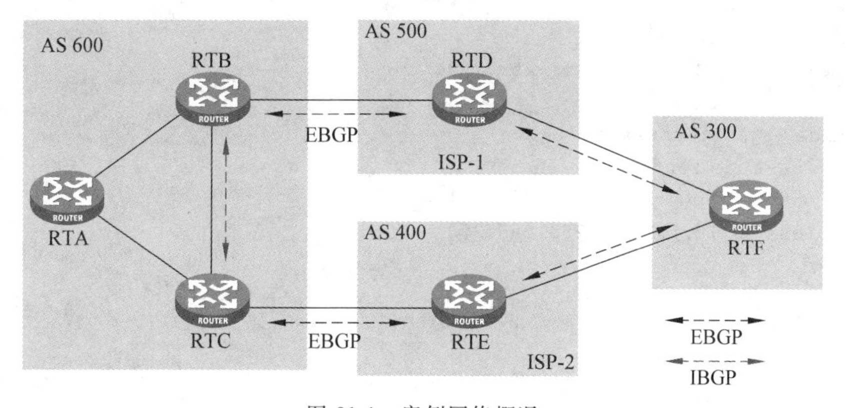

图21-1 案例网络概况

因为到ISP有两条链路，两个出口，所以有必要实施负载分担，合理利用广域网链路带宽，并兼有备份功能。基于以上考虑，管理员决定在本地网络与ISP间部署BGP，以利用BGP这种动态路由协议的备份功能实现可靠性，并利用BGP强大的属性来控制路由，实现负载分担。

同时，BGP协议易于实施路由策略，能够过滤来自ISP的路由或将其路由属性改变，从而为日后网络的扩展留有余地。

在网络内部，选择OSPF作为路由协议。因为OSPF协议简单易用，基本支持所有的路由器，降低了部署成本。

21.2.2 网络基本配置

RTA 与 RTB、RTC 之间运行 OSPF 协议完成内部选路，RTB 与 RTC 之间建立 IBGP 对等体连接。RTB 和 RTC 作为出口路由器以建立 EBGP 对等体的方式连接到不同的 ISP(AS 500 和 AS 400)，然后再连接到 AS 300。

依据以上要求，完成所有设备的基本配置，如图 21-2 所示。

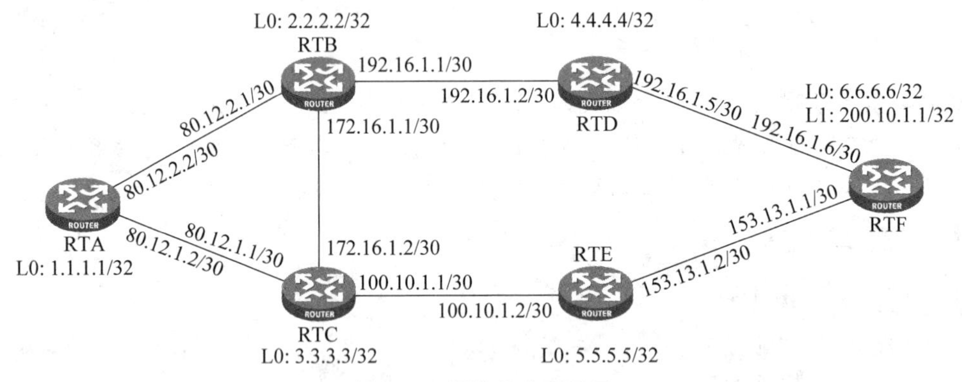

图 21-2 网络基本配置图

配置 RTA 如下：

```
#
interface LoopBack0
  ip address 1.1.1.1 255.255.255.255
#
interface GigabitEthernet0/0
  port link-mode route
  combo enable copper
  ip address 80.12.2.2 255.255.255.252
#
interface GigabitEthernet0/1
  port link-mode route
  combo enable copper
  ip address 80.12.1.2 255.255.255.252

ospf 1
  area 0.0.0.0
  network 1.1.1.1 0.0.0.0
  network 80.12.1.0 0.0.0.255
  network 80.12.2.0 0.0.0.255
```

配置 RTB 如下：

```
ospf 1
  area 0.0.0.0
  network 2.2.2.2 0.0.0.0
  network 80.12.2.0 0.0.0.3
  network 172.16.1.0 0.0.0.3

#
```

```
interface LoopBack0
  ip address 2.2.2.2 255.255.255.255
#
interface GigabitEthernet0/0
  port link-mode route
  combo enable copper
  ip address 80.12.2.1 255.255.255.252
#
interface GigabitEthernet0/1
  port link-mode route
  combo enable copper
  ip address 172.16.1.1 255.255.255.252
#
interface GigabitEthernet0/2
  port link-mode route
  combo enable copper
  ip address 192.16.1.1 255.255.255.252
#
bgp 600
  peer 3.3.3.3 as-number 600
  peer 3.3.3.3 connect-interface LoopBack0
  peer 192.16.1.2 as-number 500
#
  address-family ipv4 unicast
  network 1.1.1.1 255.255.255.255
  network 2.2.2.2 255.255.255.255
  network 80.12.2.0 255.255.255.252
  network 172.16.1.0 255.255.255.252
  network 192.16.1.0 255.255.255.252
  peer 3.3.3.3 enable
  peer 3.3.3.3 next-hop-local
  peer 192.16.1.2 enable
```

配置 RTC 如下：

```
ospf 1
  area 0.0.0.0
  network 3.3.3.3 0.0.0.0
  network 80.12.1.0 0.0.0.3
  network 172.16.1.0 0.0.0.3
#
interface LoopBack0
  ip address 3.3.3.3 255.255.255.255
#
interface GigabitEthernet0/0
  port link-mode route
  combo enable copper
  ip address 80.12.1.1 255.255.255.252
#
interface GigabitEthernet0/1
  port link-mode route
  combo enable copper
  ip address 172.16.1.2 255.255.255.252
```

```
#
interface GigabitEthernet0/2
  port link-mode route
  combo enable copper
  ip address 100.10.1.1 255.255.255.252
#
bgp 600
  peer 2.2.2.2 as-number 600
  peer 2.2.2.2 connect-interface LoopBack0
  peer100.10.1.2 as-number 400
#
address-family ipv4 unicast
  network 1.1.1.1 255.255.255.255
  network 3.3.3.3 255.255.255.255
  network 80.12.1.0 255.255.255.252
  network 100.10.1.0 255.255.255.252
  network 172.16.1.0 255.255.255.252
  peer 2.2.2.2 enable
  peer100.10.1.2 enable
```

RTD 位于 ISP-1 所在的 AS 500，RTE 位于 ISP-2 所在的 AS 400，RTF 代表 Internet，为 AS 300，AS 之间通过建立 EBGP 连接完成路由学习与选路。在 RTD、RTE、RTF 上进行基本配置。

配置 RTD 如下：

```
interface LoopBack0
  ip address 4.4.4.4 255.255.255.255
#
interface GigabitEthernet0/0
  port link-mode route
  combo enable copper
  ip address 192.16.1.2 255.255.255.252
#
interface GigabitEthernet0/1
  port link-mode route
  combo enable copper
  ip address 192.16.1.5 255.255.255.252
#
bgp 500
  peer 192.16.1.1 as-number 600
  peer 192.16.1.6 as-number 300
#
address-family ipv4 unicast
  network 4.4.4.4 255.255.255.255
  network 192.16.1.0 255.255.255.252
  network 192.16.1.4 255.255.255.252
  peer 192.16.1.1 enable
  peer 192.16.1.6 enable
```

配置 RTE 如下：

```
interface LoopBack0
```

```
  ip address 5.5.5.5 255.255.255.255
#
interface GigabitEthernet0/0
  port link-mode route
  combo enable copper
  ip address 100.10.1.2 255.255.255.252
#
interface GigabitEthernet0/1
  port link-mode route
  combo enable copper
  ip address 153.13.1.2 255.255.255.252
#
bgp 400
  peer 100.10.1.1 as-number 600
  peer 153.13.1.1 as-number 300
#
address-family ipv4 unicast
  network 5.5.5.5 255.255.255.255
  network 100.10.1.0 255.255.255.252
  network 153.13.1.0 255.255.255.252
  peer 100.10.1.1 enable
  peer 153.13.1.1 enable
```

配置 RTF 如下：

```
interface LoopBack0
  ip address 6.6.6.6 255.255.255.255
#
interface LoopBack1
  ip address 200.10.1.1 255.255.255.255
#
interface GigabitEthernet0/0
  port link-mode route
  combo enable copper
  ip address 192.16.1.6 255.255.255.252
#
interface GigabitEthernet0/1
  port link-mode route
  combo enable copper
  ip address 153.13.1.1 255.255.255.252
#
bgp 300
  peer 153.13.1.2 as-number 400
  peer 192.16.1.5 as-number 500
#
address-family ipv4 unicast
  network 6.6.6.6 255.255.255.255
  network 153.13.1.0 255.255.255.252
  network 192.16.1.4 255.255.255.252
  peer 153.13.1.2 enable
  peer 192.16.1.5 enable
```

以上配置完成后，路由器之间完成 OSPF、BGP 的邻居建立并完成初始的路由学习。然后分别查看各路由器上的路由学习信息。

RTA 相关路由信息如下：

```
<RTA>display ip routing-table

Destinations : 20       Routes : 21

Destination/Mask      Proto       Pre    Cost      NextHop       Interface
0.0.0.0/32            Direct      0      0         127.0.0.1     InLoop0
1.1.1.1/32            Direct      0      0         127.0.0.1     InLoop0
2.2.2.2/32            O_INTRA     10     1         80.12.2.1     GE0/0
3.3.3.3/32            O_INTRA     10     1         80.12.1.1     GE0/1
80.12.1.0/30          Direct      0      0         80.12.1.2     GE0/1
80.12.1.0/32          Direct      0      0         80.12.1.2     GE0/1
80.12.1.2/32          Direct      0      0         127.0.0.1     InLoop0
80.12.1.3/32          Direct      0      0         80.12.1.2     GE0/1
80.12.2.0/30          Direct      0      0         80.12.2.2     GE0/0
80.12.2.0/32          Direct      0      0         80.12.2.2     GE0/0
80.12.2.2/32          Direct      0      0         127.0.0.1     InLoop0
80.12.2.3/32          Direct      0      0         80.12.2.2     GE0/0
127.0.0.0/8           Direct      0      0         127.0.0.1     InLoop0
127.0.0.0/32          Direct      0      0         127.0.0.1     InLoop0
127.0.0.1/32          Direct      0      0         127.0.0.1     InLoop0
127.255.255.255/32    Direct      0      0         127.0.0.1     InLoop0
172.16.1.0/30         O_INTRA     10     2         80.12.1.1     GE0/1
                                                   80.12.2.1     GE0/0
224.0.0.0/4           Direct      0      0         0.0.0.0       NULL0
224.0.0.0/24          Direct      0      0         0.0.0.0       NULL0
255.255.255.255/32    Direct      0      0         127.0.0.1     InLoop0
```

在 RTA 的路由表中只能看到，RTA 与 RTB、RTC 互联网段的 OSPF 路由，没有来自 AS 600 外部的路由，说明此时 RTA 无法到达 AS 600 外部。

RTB 的 IP 路由表以及 BGP 路由表信息如下：

```
<RTB>display ip routing-table

Destinations : 30       Routes : 31

Destination/Mask      Proto      Pre    Cost     NextHop         Interface
0.0.0.0/32            Direct     0      0        127.0.0.1       InLoop0
1.1.1.1/32            O_INTRA    10     1        80.12.2.2       GE0/0
2.2.2.2/32            Direct     0      0        127.0.0.1       InLoop0
3.3.3.3/32            O_INTRA    10     1        172.16.1.2      GE0/1
4.4.4.4/32            BGP        255    0        192.16.1.2      GE0/2
5.5.5.5/32            BGP        255    0        100.10.1.2      GE0/1
6.6.6.6/32            BGP        255    0        192.16.1.2      GE0/2
80.12.1.0/30          O_INTRA    10     2        80.12.2.2       GE0/0
                                                 172.16.1.2      GE0/1
80.12.2.0/30          Direct     0      0        80.12.2.1       GE0/0
80.12.2.0/32          Direct     0      0        80.12.2.1       GE0/0
80.12.2.1/32          Direct     0      0        127.0.0.1       InLoop0
80.12.2.3/32          Direct     0      0        80.12.2.1       GE0/0
```

```
100.10.1.0/30          BGP        255   0    3.3.3.3        GE0/1
127.0.0.0/8            Direct     0     0    127.0.0.1      InLoop0
127.0.0.0/32           Direct     0     0    127.0.0.1      InLoop0
127.0.0.1/32           Direct     0     0    127.0.0.1      InLoop0
127.255.255.255/32     Direct     0     0    127.0.0.1      InLoop0
153.13.1.0/30          BGP        255   0    100.10.1.2     GE0/1
172.16.1.0/30          Direct     0     0    172.16.1.1     GE0/1
172.16.1.0/32          Direct     0     0    172.16.1.1     GE0/1
172.16.1.1/32          Direct     0     0    127.0.0.1      InLoop0
172.16.1.3/32          Direct     0     0    172.16.1.1     GE0/1
192.16.1.0/30          Direct     0     0    192.16.1.1     GE0/2
192.16.1.0/32          Direct     0     0    192.16.1.1     GE0/2
192.16.1.1/32          Direct     0     0    127.0.0.1      InLoop0
192.16.1.3/32          Direct     0     0    192.16.1.1     GE0/2
192.16.1.4/30          BGP        255   0    192.16.1.2     GE0/2
224.0.0.0/4            Direct     0     0    0.0.0.0        NULL0
224.0.0.0/24           Direct     0     0    0.0.0.0        NULL0
255.255.255.255/32     Direct     0     0    127.0.0.1      InLoop0

<RTB>display bgp routing-table ipv4

Total number of routes: 18

BGP local router ID is 2.2.2.2
Status codes: * -valid, >-best, d -dampened, h -history,
              s -suppressed, S -stale, i -internal, e -external
              Origin: i -IGP, e -EGP, ? -incomplete

     Network            NextHop       MED      LocPrf     PrefVal   Path/Ogn

 * >1.1.1.1/32          80.12.2.2     1                   32768       i
 *   i                  3.3.3.3       1        100        0           i
 * >  2.2.2.2/32        127.0.0.1     0                   32768       i
 * >i 3.3.3.3/32        3.3.3.3       0        100        0           i
 * >e 4.4.4.4/32        192.16.1.2    0                   0           500i
 * >i 5.5.5.5/32        100.10.1.2    0        100        0           400i
 * >e 6.6.6.6/32        192.16.1.2    0        500        300i
 *   i                  100.10.1.2    100      0          400         300i
 * >i 80.12.1.0/30      3.3.3.3       0        100        0           i
 * >  80.12.2.0/30      80.12.2.1     0                   32768       i
 * >i 100.10.1.0/30     3.3.3.3       0        100        0           i
 * >i 153.13.1.0/30     100.10.1.2    0        100        0           400i
 *   e                  192.16.1.2             0          500         300i
 * >172.16.1.0/30       172.16.1.1    0                   32768       i
 *   i                  3.3.3.3       0        100        0           i
 * >  192.16.1.0/30     192.16.1.1    0                   32768       i
 *   e                  192.16.1.2    0                   0           500i
 * >e 192.16.1.4/30     192.16.1.2    0                   0           500i
```

从 RTB 的 BGP 路由表中可以看到，RTB 已经正确学习到了外部网段的路由。路由表中路由 6.6.6.6/32 有两个下一跳，分别指向了 RTD、RTE。

RTF 的 BGP 路由表以及 IP 路由表信息如下：

```
<RTF>display ip routing-table

Destinations : 28       Routes : 28

Destination/Mask     Proto    Pre    Cost      NextHop        Interface
0.0.0.0/32           Direct   0      0                        127.0.0.1 InLoop0
1.1.1.1/32           BGP      255    0         192.16.1.5     GE0/0
2.2.2.2/32           BGP      255    0         192.16.1.5     GE0/0
3.3.3.3/32           BGP      255    0         192.16.1.5     GE0/0
4.4.4.4/32           BGP      255    0         192.16.1.5     GE0/0
5.5.5.5/32           BGP      255    0         153.13.1.2     GE0/1
6.6.6.6/32           Direct   0      0         127.0.0.1      InLoop0
80.12.1.0/30         BGP      255    0         192.16.1.5     GE0/0
80.12.2.0/30         BGP      255    0         192.16.1.5     GE0/0
100.10.1.0/30        BGP      255    0         153.13.1.2     GE0/1
127.0.0.0/8          Direct   0      0         127.0.0.1      InLoop0
127.0.0.0/32         Direct   0      0         127.0.0.1      InLoop0
127.0.0.1/32         Direct   0      0         127.0.0.1      InLoop0
127.255.255.255/32   Direct   0      0         127.0.0.1      InLoop0
153.13.1.0/30        Direct   0      0         153.13.1.1     GE0/1
153.13.1.0/32        Direct   0      0         153.13.1.1     GE0/1
153.13.1.1/32        Direct   0      0         127.0.0.1      InLoop0
153.13.1.3/32        Direct   0      0         153.13.1.1     GE0/1
172.16.1.0/30        BGP      255    0         192.16.1.5     GE0/0
192.16.1.0/30        BGP      255    0         192.16.1.5     GE0/0
192.16.1.4/30        Direct   0      0         192.16.1.6     GE0/0
192.16.1.4/32        Direct   0      0         192.16.1.6     GE0/0
192.16.1.6/32        Direct   0      0         127.0.0.1      InLoop0
192.16.1.7/32        Direct   0      0         192.16.1.6     GE0/0
200.10.1.1/32        Direct   0      0         127.0.0.1      InLoop0
224.0.0.0/4          Direct   0      0         0.0.0.0        NULL0
224.0.0.0/24         Direct   0      0         0.0.0.0        NULL0
255.255.255.255/32   Direct   0      0         127.0.0.1      InLoop0

<RTF>display bgp routing-table ipv4

Total number of routes: 25

BGP local router ID is 6.6.6.6
Status codes: * -valid, >-best, d -dampened, h -history,
              s -suppressed, S -stale, i -internal, e -external
              Origin: i -IGP, e -EGP, ? -incomplete

     Network            NextHop       MED       LocPrf     PrefVal     Path/Ogn

 * >e 1.1.1.1/32        192.16.1.5              0          500         600i
 *   e                  153.13.1.2              0          400         600i
 * >e 2.2.2.2/32        192.16.1.5              0          500         600i
 *   e                  153.13.1.2              0          400         600i
 * >e 3.3.3.3/32        192.16.1.5    0                    500         600i
 *   e                  153.13.1.2              0          400         600i
 * >e 4.4.4.4/32        192.16.1.5              0          400         500i
```

```
*   e                 153.13.1.2              0          600        500i
* >e 5.5.5.5/32       153.13.1.2              0          500        400i
*   e                 192.16.1.5              0          600        400i
* >  6.6.6.6/32       127.0.0.1       0                  32768      i
* >e 80.12.1.0/30     192.16.1.5              0          500        600i
*   e                 153.13.1.2              0          400        600i
* >e 80.12.2.0/30     192.16.1.5              0          500        600i
*   e                 153.13.1.2              0          400        600i
* >e 100.10.1.0/30    153.13.1.2      0                  0          400i
*   e                 192.16.1.5              0          500        600i
* >  153.13.1.0/30    153.13.1.1      0                  32768      i
*   e                 153.13.1.2              0          0          400i
* >e 172.16.1.0/30    192.16.1.5              0          500        600i
*   e                 153.13.1.2              0          400        600i
* >e 192.16.1.0/30    192.16.1.5      0                  0          500i
*   e                 153.13.1.2              0          400        600i
* >  192.16.1.4/30    192.16.1.6      0                  32768      i
*   e                 192.16.1.5      0       0                     500i
```

从 RTF 的 BGP 路由表中可以看到，RTF 已经正确学习到了来自 AS 600 以及其他相关 AS 的路由。那么在完成了基本的 OSPF、BGP 配置后，接下来就需要依据具体需求对网络配置进行优化。

网络中对路由选路的需求如下。

(1) RTA 访问外部的流量优先选择 RTB。

(2) RTA 去往 AS 500 本地内子网(也即 AS 500 始发路由)的路径为 RTA→RTB→AS 500，而访问其他任何目的网段的路径为 RTA→RTB→RTC→目的网段。

(3) RTD 不向 RTB 发布 153.13.1.0/30 网段的路由。

(4) RTF 只发布聚合路由 200.10.0.0/16。

21.2.3 选路配置

1. RTA 访问外部的流量优先选择 RTB

如果 RTA 与 RTB、RTC 之间运行了 BGP，那么可以通过修改 BGP 的 LOCAL_PREF 属性来满足需求。但是，出于成本考虑，RTA 与 RTB、RTC 之间运行了 OSPF。所以必须由 OSPF 来完成选路。

首先，需要在 OSPF 中引入外部路由，以指引 RTA 将数据转发给 RTB 或 RTC。但是，如果引入全部的外部路由，会给 RTA 的性能造成影响。所以，在 RTB 和 RTC 上引入默认路由，并设定 RTB 引入路由的开销值小于从 RTC 引入路由的开销值，以使 RTA 优选经 RTB 到外部网络，如图 21-3 所示。

配置 RTB 发布 Cost 为 1000 的默认路由如下：

```
[RTB] ospf
[RTB-ospf-1] default-route-advertise always cost 1000
```

配置 RTC 发布 Cost 为 2000 的默认路由如下：

```
[RTC] ospf
[RTC-ospf-1] default-route-advertise always cost 2000
```

配置完成后查看 RTA 的路由表，相关命令如下：

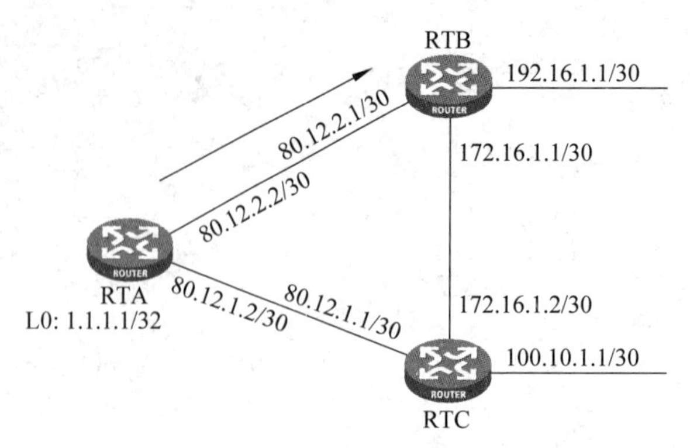

图 21-3 RTA 访问外部的流量优先选择 RTB

```
[RTA] display ip routing-table

Destinations : 21       Routes : 22

Destination/Mask      Proto     Pre    Cost     NextHop        Interface
0.0.0.0/0             O_ASE2    150    1000     80.12.2.1      GE0/0
0.0.0.0/32            Direct    0      0        127.0.0.1      InLoop0
1.1.1.1/32            Direct    0      0        127.0.0.1      InLoop0
2.2.2.2/32            O_INTRA   10     1        80.12.2.1      GE0/0
3.3.3.3/32            O_INTRA   10     1        80.12.1.1      GE0/1
80.12.1.0/30          Direct    0      0        80.12.1.2      GE0/1
80.12.1.0/32          Direct    0      0        80.12.1.2      GE0/1
80.12.1.2/32          Direct    0      0        127.0.0.1      InLoop0
80.12.1.3/32          Direct    0      0        80.12.1.2      GE0/1
80.12.2.0/30          Direct    0      0        80.12.2.2      GE0/0
80.12.2.0/32          Direct    0      0        80.12.2.2      GE0/0
80.12.2.2/32          Direct    0      0        127.0.0.1      InLoop0
80.12.2.3/32          Direct    0      0        80.12.2.2      GE0/0
127.0.0.0/8           Direct    0      0        127.0.0.1      InLoop0
127.0.0.0/32          Direct    0      0        127.0.0.1      InLoop0
127.0.0.1/32          Direct    0      0        127.0.0.1      InLoop0
127.255.255.255/32    Direct    0      0        127.0.0.1      InLoop0
172.16.1.0/30         O_INTRA   10     2        80.12.1.1      GE0/1
                                                80.12.2.1      GE0/0
224.0.0.0/4           Direct    0      0        0.0.0.0        NULL0
224.0.0.0/24          Direct    0      0        0.0.0.0        NULL0
255.255.255.255/32    Direct    0      0        127.0.0.1      InLoop0
```

在 RTA 的路由表中可以看一条 Cost 值为 1000、协议类型为 O_ASE2 的默认路由，路由的下一跳地址为 80.12.2.1，即 RTB 的接口 IP 地址。

2. 总部向外的流量要实现负载分担

如图 21-4 所示，要求 RTA 去往 AS 500 本地内子网(也即 AS 500 始发路由)的路径为 RTA→RTB→AS 500，而访问其他任何目的网段的路径为 RTA→RTB→RTC→目的网段。这样就能实现总部向外的流量负载分担。

BGP 的属性中，LOCAL_PREF 属性可用于判断流量离开 AS 时的最佳路由，所以通过对 AS 500 始发的路由以及其他的路由设置不同的 LOCAL_PREF 值来完成路径优选。

配置 RTB，设置 AS 500 始发路由的 LOCAL_PREF 的值为 300，相关命令如下：

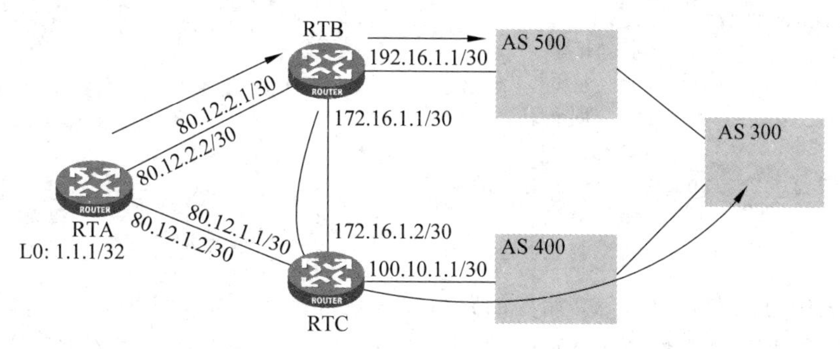

图 21-4 流量负载分担

```
[RTB] bgp 600
[RTB-bgp] address-family ipv4
[RTB-bgp-ipv4] peer 192.16.1.2 route-policy lp import
[RTB] route-policy lp permit node 10
[RTB-route-policy] if-match as-path 100
[RTB-route-policy] apply local-preference 300
[RTB] route-policy lp permit node 20
[RTB] ip as-path 100 permit ^500$
```

配置 RTC，设置从 EBGP 对等体学习到的路由的 LOCAL_PREF 值为 200，相关命令如下：

```
[RTC] route-policy lp permit node 10
[RTC-route-policy] apply local-preference 200
[RTC] bgp 600
[RTC-bgp] address-family ipv4 unicast
[RTC-bgp-ipv4] peer 100.10.1.2 route-policy lp import
```

配置完成后，在 RTB 上查看其 BGP 路由表，相关命令如下：

```
<RTB>display bgp routing-table ipv4

Total number of routes: 18

BGP local router ID is 2.2.2.2
Status codes: * -valid, >-best, d -dampened, h -history,
              s -suppressed, S -stale, i -internal, e -external
              Origin: i -IGP, e -EGP, ? -incomplete

     Network          NextHop        MED        LocPrf     PrefVal     Path/Ogn

* >   1.1.1.1/32      80.12.2.2      1                     32768       i
*  i                  3.3.3.3        1          100        0           i
* >   2.2.2.2/32      127.0.0.1      0                     32768       i
* >i 3.3.3.3/32       3.3.3.3        0          100        0           i
* >e 4.4.4.4/32       192.16.1.2     0          300        0           500i
* >i 5.5.5.5/32       100.10.1.2     0          200        0           400i
* >i 6.6.6.6/32       100.10.1.2                200        0           400 300i
*  e                  192.16.1.2                0          500         300i
* >i 80.12.1.0/30     3.3.3.3        0          100        0           i
* >   80.12.2.0/30    80.12.2.1      0                     32768       i
```

```
* >i 100.10.1.0/30   3.3.3.3       0          100       0        i
* >i 153.13.1.0/30   100.10.1.2    0          200       0        400i
*  e                 192.16.1.2               0         500      300i
* >  172.16.1.0/30   172.16.1.1    0                    32768    i
*  i                 3.3.3.3       0          100       0        i
* >  192.16.1.0/30   192.16.1.1    0                    32768    i
*  e                 192.16.1.2    0          300       0        500i
* >e 192.16.1.4/30   192.16.1.2    0          300       0        500i
```

从路由表中可以看到，AS 500 始发的路由下一跳都指向了 RTB(192.16.1.2)，因为这些路由的 LOCAL_PREF 属性值为 300；其他非 AS 500 始发的路由下一跳都指向 RTC(下一跳 100.10.1.2 迭代到 3.3.3.3)，因为其 LOCAL_PREF 属性值为 200。

3. RTD 不向 RTB 发布 153.13.1.0/30 网段的路由

对于不向自己的对等体发布某个网段路由，通常使用过滤器如 ACL 或者 prefix-list 来实现。但还有另外一种办法，就是利用 BGP 中的团体属性，如图 21-5 所示。

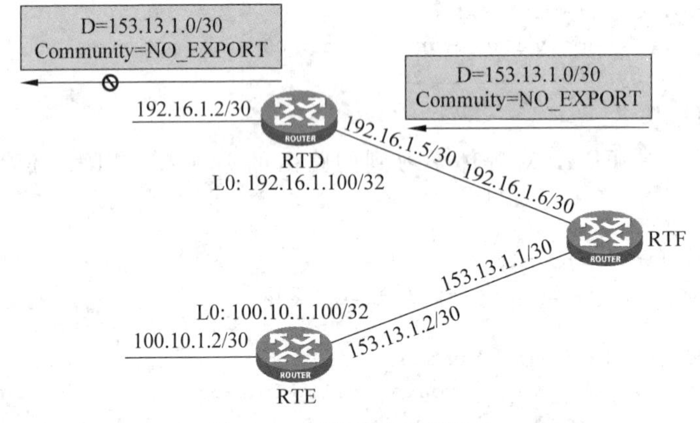

图 21-5 团体属性过滤路由

团体属性中的 NO_EXPORT 属性值的含义是具有此属性的路由不能被发布到本地 AS 之外。因此，可以在 RTF 上对路由 153.13.1.0/30 设置团体属性值为 NO_EXPORT，RTD 接收到带有团体属性值为 NO_EXPORT 的路由后，不会将该路由发布给其他 AS。

配置 RTF，对于路由 153.13.1.0/30 设置团体属性 NO_EXPORT，相关命令如下：

```
[RTF] acl basic 2000
[RTF-acl-ipv4-basic-2000] rule permit source 153.13.1.0 0.0.0.3
[RTF] route-policy tuanti permit node 10
[RTF-route-policy-tuanti-10] if-match ip address acl 2000
[RTF-route-policy-tuanti-10] apply community no-export
[RTF] route-policy tuanti permit node 20
[RTF] bgp 300
[RTF-bgp] address-family ipv4 unicast
[RTF-bgp-ipv4] peer 192.16.1.5 route-policy tuanti export
[RTF-bgp-ipv4] peer 192.16.1.5 advertise-community
```

完成以上配置后，在 RTD 上查看 BGP 路由表可以看到，RTD 从其对等体 RTF 接收到的路由 153.13.1.0/30 携带了团体属性，其值为 NO_EXPORT，相关命令如下：

```
[RTD] display bgp routing-table ipv4 153.13.1.0 30
```

```
BGP local router ID: 4.4.4.4
Local AS number: 500

Paths:   2 available, 1 best

BGP routing table information of 153.13.1.0/30:
From              : 192.16.1.6 (6.6.6.6)
Rely nexthop      : 192.16.1.6
Original nexthop  : 192.16.1.6
OutLabel          : NULL
Community         : NO_EXPORT
AS-path           : 300
Origin            : igp
Attribute value   : MED 0, pref-val 0
State             : valid, external, best
IP precedence     : N/A
QoS local ID      : N/A
Traffic index     : N/A

From              : 192.16.1.1 (2.2.2.2)
Rely nexthop      : 192.16.1.1
Original nexthop  : 192.16.1.1
OutLabel          : NULL
AS-path           : 600 400
Origin            : igp
Attribute value   : pref-val 0
State             : valid, external
IP precedence     : N/A
QoS local ID      : N/A
Traffic index     : N/A
```

然后在RTB的BGP路由表中查看路由153.13.1.0/30,相关命令如下:

```
<RTB>display bgp routing-table ipv4

Total number of routes: 17

BGP local router ID is 2.2.2.2
Status codes: * -valid, >-best, d -dampened, h -history,
              s -suppressed, S -stale, i -internal, e -external
              Origin: i -IGP, e -EGP, ? -incomplete

    Network         NextHop        MED      LocPrf     PrefVal    Path/Ogn

* >  1.1.1.1/32     80.12.2.2      1                   32768      i
*  i                3.3.3.3        1        100        0          i
* >  2.2.2.2/32     127.0.0.1      0                   32768      i
* >i 3.3.3.3/32     3.3.3.3        0        100        0          i
* >e 4.4.4.4/32     192.16.1.2     0        300        0          500i
```

```
* >i 5.5.5.5/32       100.10.1.2     0       200       0       400i
* >i 6.6.6.6/32       100.10.1.2     200     0         400     300i
*   e                 192.16.1.2             0         500     300i
* >i 80.12.1.0/30     3.3.3.3        0       100       0       i
* >  80.12.2.0/30     80.12.2.1      0                 32768   i
* >i 100.10.1.0/30    3.3.3.3        0       100       0       i
* >i 153.13.1.0/30    100.10.1.2     0       200       0       400i
* >  172.16.1.0/30    172.16.1.1     0                 32768   i
*   i                 3.3.3.3        0       100       0       i
* >  192.16.1.0/30    192.16.1.1     0                 32768   i
*   e                 192.16.1.2     0       300       0       500i
* >e 192.16.1.4/30    192.16.1.2     0       300       0       500i
```

可以看到，RTB 仅从 RTC（下一跳 100.10.1.2 迭代到 3.3.3.3）接收到此路由，而没有从其他对等体（RTD）接收到。

4. RTF 只发布聚合路由 200.10.0.0/16

如图 21-6 所示，要求 RTF 只向对等体 RTD、RTE 通告聚合后路由，而不通知具体路由。

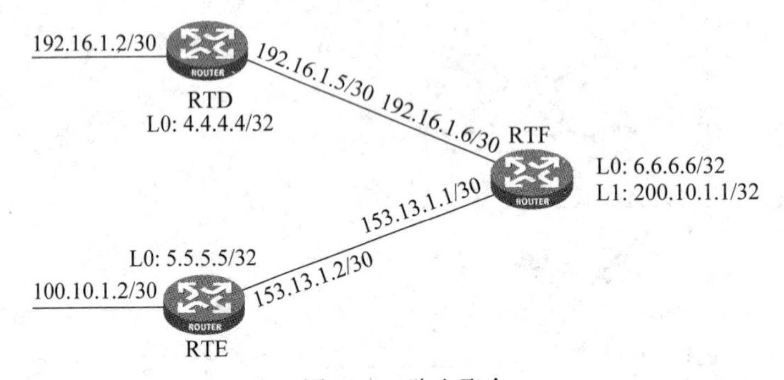

图 21-6 路由聚合

要实现路由聚合，需要配置 RTF 先将路由 200.10.1.1/32 发布到 BGP 路由表中，然后再对发布的路由进行聚合。

在 RTF 上配置发布 200.10.1.1/32 并配置路由聚合，相关命令如下：

```
[RTF] bgp 300
[RTF-bgp] address-family ipv4 unicast
[RTF-bgp-ipv4] network 200.10.1.1 255.255.255.255
[RTF-bgp-ipv4] aggregate 200.10.0.0 255.255.0.0 detail-suppressed
```

在 RTB 上查看路由表，确认 BGP 聚合配置成功，相关命令如下：

```
<RTB>display ip routing-table

Destinations : 31        Routes : 32

Destination/Mask    Proto     Pre    Cost     NextHop        Interface
0.0.0.0/32          Direct    0      0        127.0.0.1      InLoop0
1.1.1.1/32          O_INTRA   10     1        80.12.2.2      GE0/0
2.2.2.2/32          Direct    0      0        127.0.0.1      InLoop0
3.3.3.3/32          O_INTRA   10     1        172.16.1.2     GE0/1
4.4.4.4/32          BGP       255    0        192.16.1.2     GE0/2
```

```
5.5.5.5/32          BGP      255    0     100.10.1.2    GE0/1
6.6.6.6/32          BGP      255    0     100.10.1.2    GE0/1
80.12.1.0/30        O_INTRA  10     2     80.12.2.2     GE0/0
                                          172.16.1.2    GE0/1
80.12.2.0/30        Direct   0      0     80.12.2.1     GE0/0
80.12.2.0/32        Direct   0      0     80.12.2.1     GE0/0
80.12.2.1/32        Direct   0      0     127.0.0.1     InLoop0
80.12.2.3/32        Direct   0      0     80.12.2.1     GE0/0
100.10.1.0/30       BGP      255    0     3.3.3.3       GE0/1
127.0.0.0/8         Direct   0      0     127.0.0.1     InLoop0
127.0.0.0/32        Direct   0      0     127.0.0.1     InLoop0
127.0.0.1/32        Direct   0      0     127.0.0.1     InLoop0
127.255.255.255/32 Direct    0      0     127.0.0.1     InLoop0
153.13.1.0/30       BGP      255    0     100.10.1.2    GE0/1
172.16.1.0/30       Direct   0      0     172.16.1.1    GE0/1
172.16.1.0/32       Direct   0      0     172.16.1.1    GE0/1
172.16.1.1/32       Direct   0      0     127.0.0.1     InLoop0
172.16.1.3/32       Direct   0      0     172.16.1.1    GE0/1
192.16.1.0/30       Direct   0      0     192.16.1.1    GE0/2
192.16.1.0/32       Direct   0      0     192.16.1.1    GE0/2
192.16.1.1/32       Direct   0      0     127.0.0.1     InLoop0
192.16.1.3/32       Direct   0      0     192.16.1.1    GE0/2
192.16.1.4/30       BGP      255    0     192.16.1.2    GE0/2
200.10.0.0/16       BGP      255    0     100.10.1.2    GE0/1
224.0.0.0/4         Direct   0      0     0.0.0.0       NULL0
224.0.0.0/24        Direct   0      0     0.0.0.0       NULL0
255.255.255.255/32 Direct    0      0     127.0.0.1     InLoop0
```

21.3　本章总结

(1) LOCAL_PREF 属性的配置与应用。

(2) 团体属性的配置与应用。

(3) BGP 路由聚合属性的配置与应用。

(4) 正则表达式的配置与应用。

(5) BGP 路由策略的配置与应用。

21.4　习题和解答

21.4.1　习题

(1) 以下表示路由器不将路由通告给任何其他的 BGP 对等体的是(　　)BGP 团体属性值。

A. NO_EXPORT　　B. NO_ADVERTISE

C. NO_IMPORT_SUBCONFED　　D. INTERNET

(2) 配置 BGP 将聚合路由和具体路由发布的命令是(　　)。

A. [RTA-bgp-ipv4] aggregate 172.16.0.0 255.255.240.0 detail-suppressed

B. [RTA-bgp-ipv4] aggregate 172.16.0.0 255.255.240.0

C. [RTA] aggregate 172.16.0.0 255.255.240.0 detail-suppressed

D. [RTA] aggregate 172.16.0.0 255.255.240.0

(3) BGP 路由属性中,本地优先属性(LOCAL_PREF)的默认值是( )。

A. 0 B. 50 C. 100 D. 200

(4) BGP 路由属性中,MED(MULTI_EXIT_DISC)的默认值是( )。

A. 0 B. 50 C. 100 D. 200

(5) 正则表达式"^500 $"的含义是( )。

A. 表示只匹配本地路由 B. 表示匹配所有路由

C. 表示匹配经过 AS 500 的路由 D. 表示只匹配 AS 500 的路由

21.4.2 习题答案

(1) B (2) B (3) C (4) A (5) D

第7篇

IP组播

第22章

IP组播概述

IP 组播技术实现了数据在 IP 网络中点到多点的高效传送，能够节约大量网络带宽、降低网络负载。通过 IP 组播技术可以方便地在 IP 网络之上提供一些增值业务，包括在线直播、网络电视、远程教育、远程医疗、IP 监控、实时视频会议等对带宽和数据交互的实时性要求较高的信息服务。

本章对比组播和单播、广播的不同，并介绍组播技术体系架构和组播模型。

22.1 本章目标

学习完本章，应该能够：

(1) 了解组播概念；

(2) 了解组播的优缺点及典型应用；

(3) 掌握组播技术体系架构；

(4) 了解组播模型的分类。

22.2 组播介绍

在 IP 网络中，节点之间的通信通常采用点到点的方式，即在同一时刻，一个发送源只能发送数据给一个接收者，这种通信方式称为单播。单播以其简洁、实用的通信方式在 IP 网络中得到了广泛的应用，如图 22-1 所示。

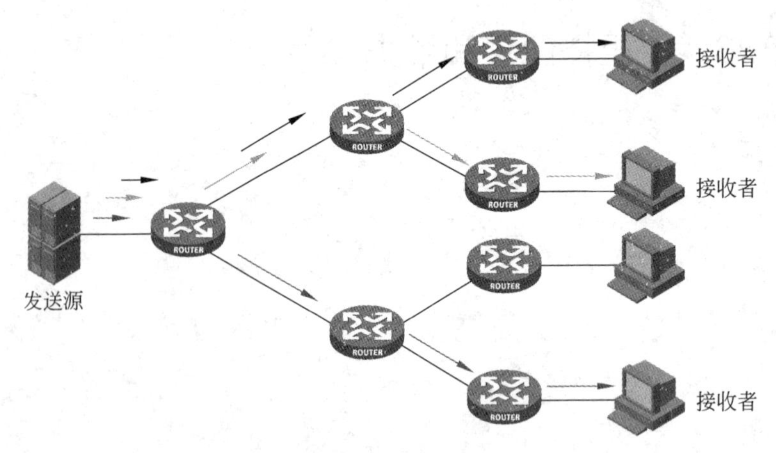

图 22-1 通过单播实现点到多点的传输

对于某些网络应用如多媒体会议、IP 视频监控，需要发送源将数据发送给网络中的部分接收者，不是一个也不是全部，这种传输方式称为点到多点的传输。

采用单播实现点到多点的传输时，发送源需要向每一个接收者单独发送一份数据，当接收者数量增加时,发送源复制数据的工作负荷也会成比例增加。此外,由于同一个时刻发送源只能发送数据给一个接收者,当接收者数量巨大时,一些接收者接收数据的延时会大大增加,这对于一些延时敏感的应用如多媒体会议、视频监控等,是不可接收的。

从图 22-1 中还可以看到,链路上可能会传输大量目的地址不同但内容完全相同的报文,这些内容相同的报文占用了大量的链路带宽,降低了链路带宽的有效利用率。

如图 22-2 所示,通过广播方式也可以实现网络中多个接收者收到发送源发送的数据,并且不管接收者数目是多少,发送源只需发送一份广播数据。

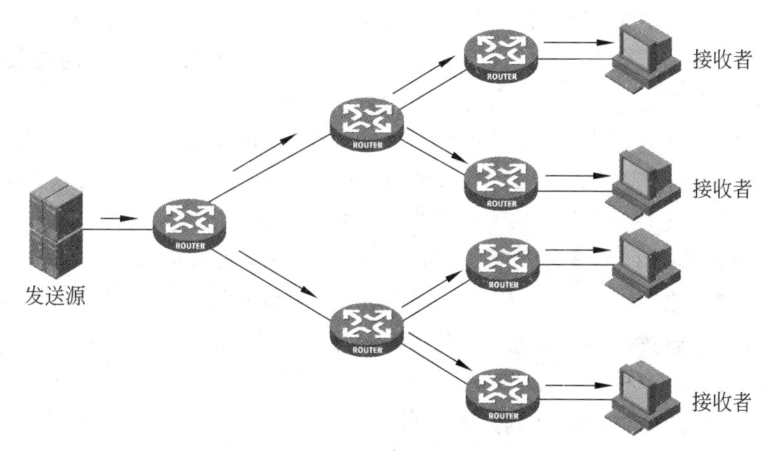

图 22-2　通过广播实现点到多点的传输

相对于单播,广播方式减少了发送源的处理,降低了发送源的负荷。但是采用广播方式,网络中的所有主机都会收到广播数据,而不管其是否需要接收。这样不但数据的安全性得不到保障,而且会造成网络中信息的泛滥,浪费大量带宽资源。

单播和广播均不能以最小的网络开销实现数据的单点发送、多点接收,IP 组播(以下简称组播)技术的出现解决了这个问题。

如图 22-3 所示,组播是指发送源将产生的单一 IP 数据包通过网络发送给一组特定接收者的网络传输方式。组播结合了单播和广播的优点,在进行点到多点传输时,发送源不需要关心接收者的数目,仅需要发送一份报文;路由器仅关心接口下是否有接收者,同样不需要关心接收者的数量,所以在路由器之间的链路上也仅传送一份报文。

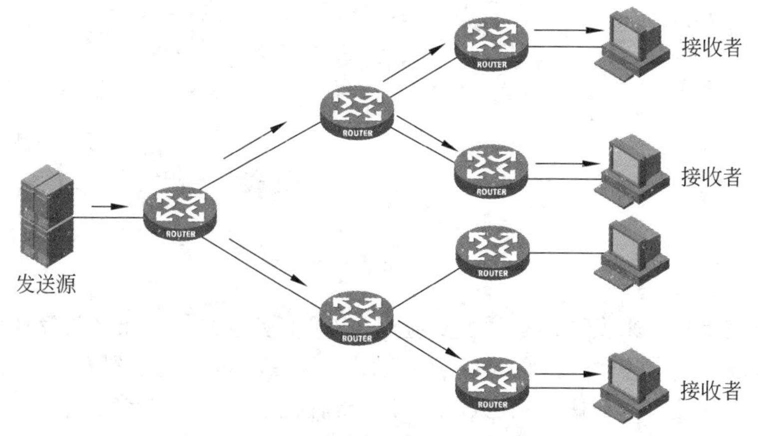

图 22-3　通过组播实现点到多点的传输

和单播相比,组播减轻了发送源的负担,并且提高了链路的有效利用率。此外,发送源可以同时发送报文给多个接收者,可以满足低延时应用的需求。

和广播相比,组播方式下路由器仅在有接收者的接口复制报文,报文最终仅传递给接收者而非网络中的所有主机,可以节省大量网络带宽。另外,广播只能在同一网段中进行,而组播可以实现跨网段的传输。

利用组播技术可以方便地提供一些新的增值业务,包括在线直播、网络电视、远程教育、远程医疗、网络电台、实时视频会议等对带宽和数据交互的实时性要求较高的信息服务。

从组播、单播和广播的对比可以总结出组播的优点。

(1) 组播可以增强报文发送效率,控制网络流量,减少服务器和 CPU 的负载。

(2) 组播可以优化网络性能,消除流量冗余。

(3) 组播可以适应分布式应用,当接收者数量变化时,网络流量的波动很平稳。

由于组播应用基于 UDP 而非 TCP,这就决定了组播应用存在 UDP 相应的缺点。

(1) 组播数据基于 Best Effort(尽力而为)发送,无法保证语音、视频等应用的优先传输,当报文丢失时,采用应用层的重传机制无法保证实时应用的低延时需求。

(2) 不提供拥塞控制机制,当网络出现拥塞时,无法为高优先级的应用保留带宽。

(3) 无法实现组播数据包重复检测,当网络拓扑发生变化时,接收者可能会收到重复的报文,需要应用层去剔除。

(4) 无法纠正组播数据包乱序到达的问题。

组播技术主要应用在多媒体会议、IP 视频监控、实时数据组播、游戏和仿真等方面。

多媒体会议是最早的组播应用。多媒体会议的工具最先在 UNIX 环境下被开发出来,这些工具允许通过组播实现多对多的多媒体会议,如图 22-4 所示。除多媒体工具外,还有基于 UNIX 的白板工具被开发出来,用于用户共享公共的电子白板,适合网络教学。

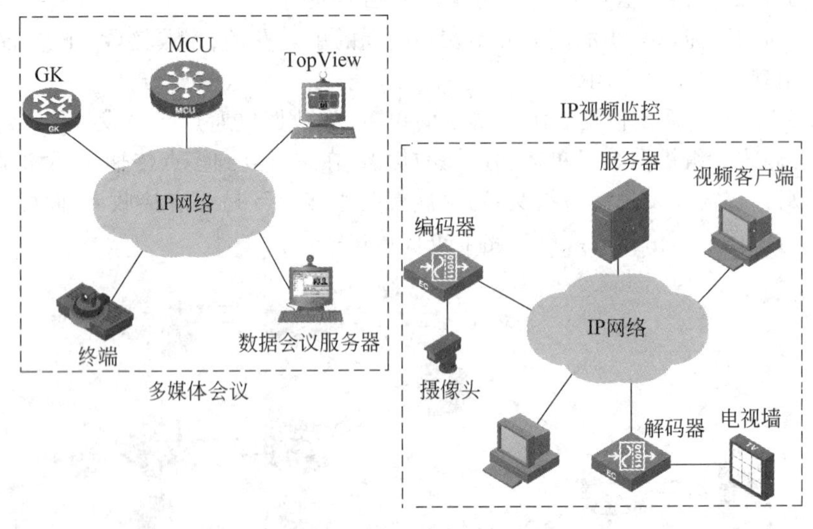

图 22-4 组播典型应用

IP 视频监控是近年来发展迅猛的安防应用,IP 视频监控系统中摄像头发送模拟视音频信号给编码器,编码器进行模/数转换、编码压缩、IP 封装后将报文发送到 IP 网络。解码器收到 IP 报文后进行解封装、解码、解压缩、数/模转换,然后将模拟视音频流送到电视墙显示。视频客户端也可以接收 IP 报文进行软解码本地播放。

如图 22-4 所示,在 IP 视频监控中,编码器可以通过组播方式发送监控视频,组播方式可以极大地降低编码器端的负荷，减少网络中的冗余视音频流，并且可以满足实时监控的需求。

实时数据传送是组播很受欢迎的一个应用领域，例如，股票、金融数据传送、实况足球播放、现场演唱会点播等。

组播还适合于网络游戏和仿真应用。如果采用单播方式，游戏玩家之间需要建立点到点的连接，对于PC或服务器的处理能力而言是*N*平方数量级的负荷。当玩家数量上升，PC或服务器将不堪重负。采用组播方式，某一个玩家不需要和其他每一个玩家都建立连接。例如，玩家A要发送数据给其他玩家，其他玩家仅需要加入组播组A，则玩家A发送到组播组A的数据所有其他玩家都可以收到。

22.3　组播技术体系架构

组播的实现机制较单播复杂，要实现组播，如图22-5所示，首先需要解决以下几个问题。

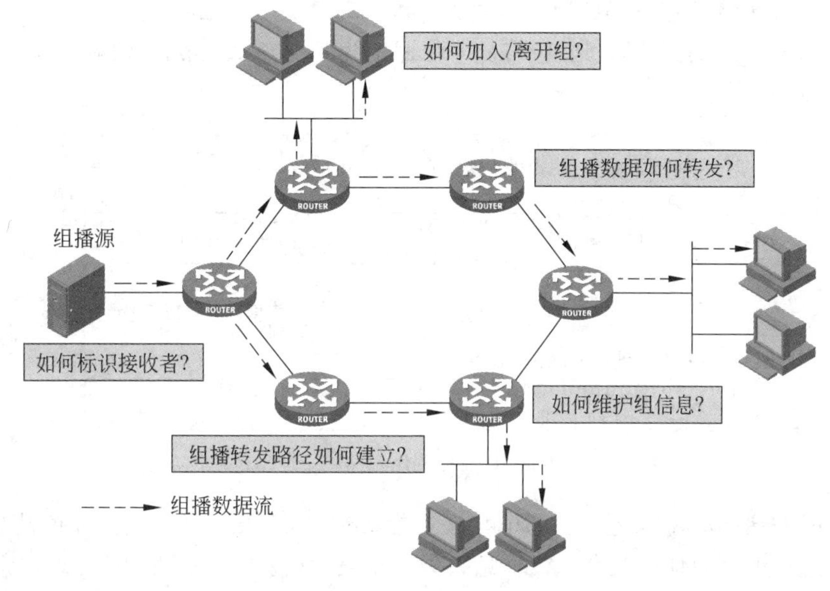

图22-5　组播技术需求

(1) 组播的接收者是数目不定的一组接收者，无法像单播一样使用主机IP地址来进行标识，所以首先要解决如何在网络中标识一组接收者。

(2) 如果实现了对组的标识，还需要解决接收者如何加入和离开这个组，路由设备又如何维护组成员信息。

(3) 组播接收者可能分散在网络中的任何角落，那么组播源和组播接收者之间的转发路径基于什么模型，组播数据如何在路径上转发？

(4) 组播数据转发路径如何建立和维护？

上述技术需求通过组播技术体系架构中的一些重要机制来实现，包括组播地址、组播组管理协议、组播分发树模型、组播转发机制和组播路由协议。

22.3.1　组播地址

组播通信中使用组播地址来标识一组接收者，使用组播地址标识的接收者集合称为组播组。

IANA(Internet Assigned Numbers Authority，互联网编号分配委员会)将D类地址空间

分配给 IPv4 组播使用，地址范围为 224.0.0.0～239.255.255.255，组播地址的分类和具体含义如下。

(1) 224.0.0.0～224.0.1.255：协议预留组播地址。除 224.0.0.0 保留不做分配外，其他地址供路由协议、拓扑查找和协议维护等使用。

(2) 224.0.2.0～238.255.255.255：用户组地址，全网范围内有效。

(3) 239.0.0.0～239.255.255.255：本地管理组地址，仅在本地管理域内有效。

组播地址解决了 IP 报文在网络层寻址的问题，但通信最终还要依赖于数据链路层和物理层，因此和单播一样，组播也需要考虑数据在数据链路层如何寻址。

以太网传输单播 IP 报文的时候，目的 MAC 地址使用的是接收者的 MAC 地址。由于组播目的地不再是一个具体的接收者，而是一个成员不确定的组，所以在数据链路层需要使用特定的组播 MAC 地址来标识一组接收者。

IANA 定义 IPv4 组播 MAC 地址格式为 01-00-5E-XX-XX-XX。

如图 22-6 所示，组播 MAC 地址中高 24 位固定为 0x01005E，第 25 位为 0，低 23 位来自组播 IP 地址的低 23 位。

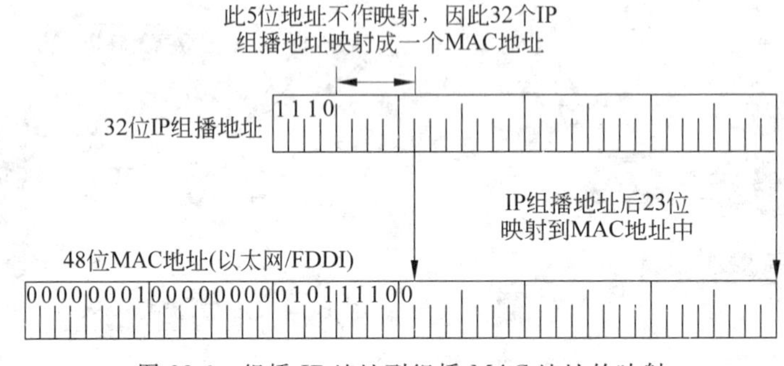

图 22-6 组播 IP 地址到组播 MAC 地址的映射

由于组播 IP 地址的高 4 位是 1110，代表组播标识，而低 28 位中只有 23 位被映射到组播 MAC 地址，这样组播地址中就有 5 位信息丢失。于是，就有 32 个组播 IP 地址映射到了同一个组播 MAC 地址上，因此在二层处理过程中，设备可能要接收一些本组播组以外的组播数据，而这些多余的组播数据就需要设备的上层进行过滤了。

例如，组播 IP 地址为 228.128.128.128，其对应的组播 MAC 地址为 01-00-5E-00-80-80；组播 IP 地址为 229.128.128.128，其对应的组播 MAC 地址仍然为 01-00-5E-00-80-80。

22.3.2 组播组管理协议

解决了如何标识组播组的问题，还需要考虑接收者怎样加入组播组，如何维护组播组以及由谁来维护组播组等问题。在组播技术体系架构中使用组播组管理协议来实现上述需求。

如图 22-7 所示，组播组管理协议是运行于主机和路由器之间的协议。主机通过组播组管理协议通知路由器加入或离开某个组播组；路由器通过组播组管理协议响应主机加入请求，建立相应的组播表项，并通过查询消息维护组播组信息。

常用的组播组管理协议为 IGMP(Internet Group Management Protocol，互联网组管理协议)。

22.3.3 组播转发机制

在单播通信中，发送源和接收者之间的路径是点到点的一条线，起点为发送源，目的地为

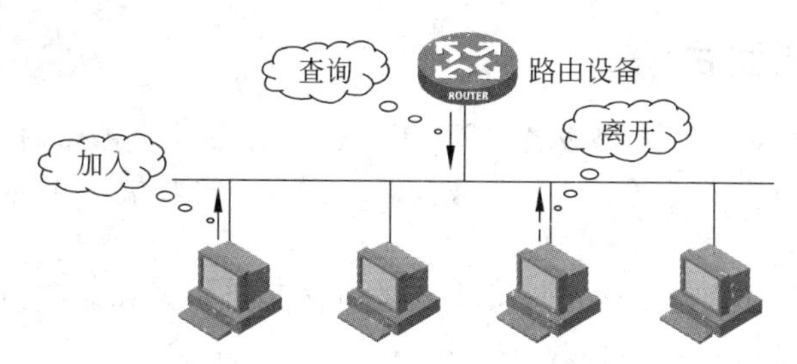

图 22-7 组播组管理协议简介

一个接收者,该路径由单播路由协议建立。

在组播中,目的地是数目不定的一组接收者,这就决定了组播报文转发路径和单播不同。

组播转发路径基于树形结构,称为组播分发树,接收者位于树形结构的叶子处,组播分发树由组播路由协议建立。

根据组播分发树树根位置的不同,组播分发树模型分为最短路径树(Shortest Path Tree, SPT)模型和共享树(Rendezvous Point Tree,RPT)模型。

SPT 模型树根为发送源,因此 SPT 也称为"源树",其从发送源到每一个接收者的路径都是最优的。

RPT 模型树根为网络中的某一台设备,称为汇聚点,从发送源到接收者的组播数据必须首先经过汇聚点,然后再由汇聚点发送到每一个接收者。因此 RPT 模型中,从发送源到接收者之间的路径不一定是最优路径。

在单播通信中,IP 报文转发的依据是报文的目的 IP 地址。目的 IP 地址在网络中唯一地标识了一台主机,网络中的路由器收到单播 IP 报文后只需通过目的 IP 地址查找单播路由表,确定报文对应的下一跳地址,得出报文的出接口,然后将报文从该出接口发出即可。沿途的每一台路由器都进行同样的操作,即可保证将报文准确无误地送到目的地,并且通过选择最优路径,可以消除网络中的路径环路。

组播不能简单地通过查看报文的目的 IP 地址就得到报文传送的最优路径以及对应的出接口,因为组播报文的目的地址不是一台明确的主机,有可能路由器每一个接口都存在接收者。

如图 22-8 所示,组播采用逆向路径转发的方式,判断组播报文是否从指向组播分发树树根的最短路径到达,只有来自最优路径的组播报文才会被转发,来自非最优路径的组播报文会被丢弃。沿途每一台组播路由器都进行同样的操作,可以保证报文从组播源到组播组中的每一个接收者所经过的路径都是最优的,并且可以消除组播路径环路。

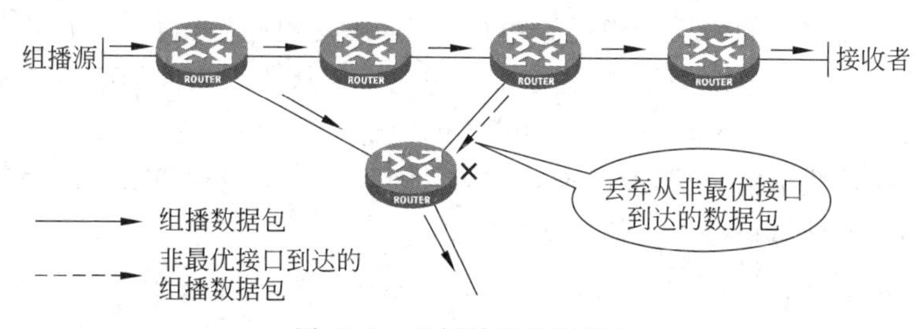

图 22-8 组播转发机制简介

综上所述,单播转发的时候主要关心报文往哪里去,而组播转发的时候主要关心报文从哪里来。

22.3.4 组播路由协议

组播路由协议运行在三层组播设备之间，用于建立和维护组播路由，并正确、高效地转发组播数据包。组播路由协议建立了从一个数据源端到多个接收端的无环(loop-free)数据传输路径，即组播分发树。

组播路由协议根据作用范围组可以分为域内组播路由协议和域间组播路由协议，其中域内组播路由协议主要包括 DVMRP(Distance Vector Multicast Routing Protocol，距离矢量组播路由协议)、MOSPF(Multicast Extensions to OSPF，组播扩展 OSPF 协议)和 PIM(Protocol Independent Multicast，协议无关组播)，域间组播路由协议主要包括 MSDP(Multicast Source Discovery Protocol，组播源发现协议)、MBGP(Multicast BGP，组播 BGP)。

域内组播路由协议根据建立的组播分发树的不同可以分为基于 SPT 的组播路由协议和基于 RPT 的组播路由协议，其中基于 SPT 的组播路由协议包括 PIM-DM(Protocol Independent Multicast-Dense Mode，协议无关组播-密集模式)、DVMRP、MOSPF，基于 RPT 的组播路由协议包括 PIM-SM(Protocol Independent Multicast-Sparse Mode，协议无关组播-稀疏模式)。

22.3.5 组播协议体系

组播协议主要包含主机和路由器之间的协议，路由器和路由器之间的协议，以及组播域之间的协议。组播协议体系如图 22-9 所示。

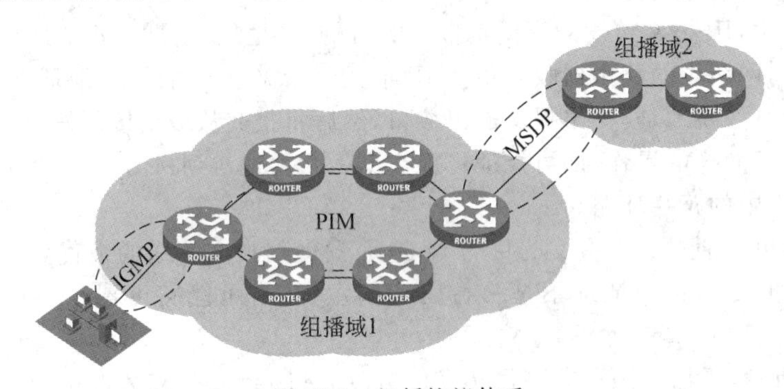

图 22-9 组播协议体系

主机和路由器之间的协议即组播组管理协议，IPv4 中通常使用 IGMP。通过 IGMP，路由器可以了解在本地网段中，哪些组播组存在接收者，并维护组成员信息。

路由器和路由器之间的协议为组播路由协议，常用的组播路由协议为 PIM。通过 PIM，可以将组成员信息扩散到整个网络，从而建立从发送源到接收者之间的组播分发树。

组播域的边界通常为单播域的边界。由于域之间组播路由信息有可能无法直接交互，导致接收者无法跨域接收组播数据，此时需要在域之间运行域间组播路由协议，解决域间组播通信的问题。常用的域间组播路由协议为 MSDP。

22.4 组播模型

根据接收者对组播源处理方式的不同，组播模型可以分为以下两类。

(1) ASM(Any-Source Multicast，任意信源组播)模型：在 ASM 模型中，组播接收者无法指定组播源，任意组播源发送到同一个组播组的数据，都会被网络设备传送到组播接收者。

(2) SSM(Source-Specific Multicast,指定信源组播)模型:在现实生活中,用户可能只对某些组播源发送的组播信息感兴趣,而不愿接收其他源发送的信息。SSM 模型为用户提供了一种能够在客户端指定组播源的传输服务。

SSM 模型与 ASM 模型的根本区别在于:SSM 模型中的接收者已经通过其他手段预先知道了组播源的具体位置。

ASM 模型中,当接收者通过组播组管理协议加入某组播组时,并不区分组播数据的发送源。

在图 22-10 中,发送源 A 发送组播数据,源地址为 1.1.1.1,目的组播地址为 228.1.1.1;发送源 B 发送组播数据,源地址为 1.1.1.2,目的组播地址也为 228.1.1.1。

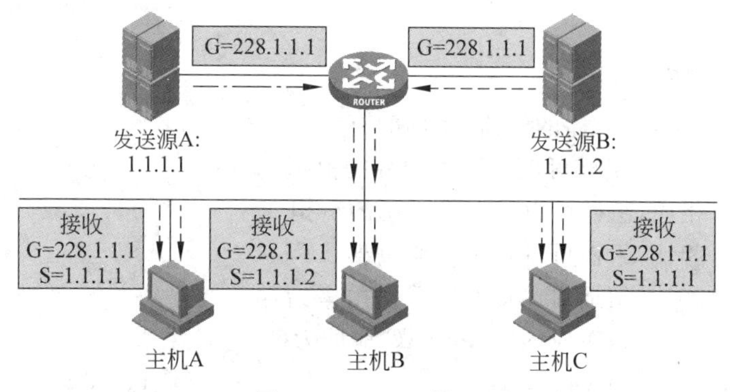

图 22-10 ASM 模型

主机 A、主机 C 希望接收发送源 A 发送的组播数据,主机 B 希望接收发送源 B 发送的组播数据,因此主机 A、主机 B、主机 C 通过组播组管理协议加入了组播组 228.1.1.1。但由于 ASM 模型无法指定发送源,此后,路由器会将发送源 A 和发送源 B 发送的组播数据均发送到主机 A、主机 B、主机 C 上。

ASM 模型无法满足主机接收指定发送源发送的组播数据,如果主机收到多份来自不同发送源的相同组播组的数据,需要上层应用进行区分。

和 ASM 模型不同,在 SSM 模型中接收者指定组播组的同时还可以指定发送源。

例如,在图 22-11 中,主机 A 和主机 C 要求接收发送源 A 发送的组播地址为 228.1.1.1 的组播数据,则仅有源地址为 1.1.1.1、目的组播地址为 228.1.1.1 的组播数据会发送到主机 A 和主机 C,发送源 B 发送的组播数据虽然组播地址也为 228.1.1.1,但由于源地址不是主机 A 和主机 C 所指定的,因此发送源 B 发送的组播报文不会被主机 A 和主机 C 接收。

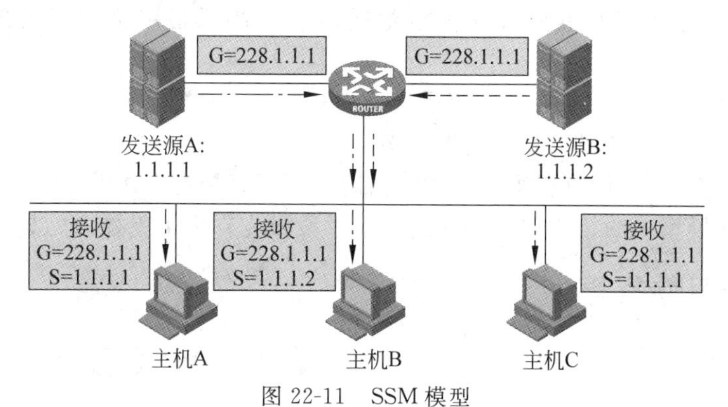

图 22-11 SSM 模型

同样,主机 B 指定接收源地址为 1.1.1.2、目的组播地址为 228.1.1.1 的组播数据,则仅有发送源 B 发送的组播报文会被主机 B 接收。

22.5 本章总结

(1) 引入组播,介绍组播概念并和单播、广播进行了对比。

(2) 介绍组播的优缺点和主要应用。

(3) 对组播技术体系架构进行介绍。

(4) 介绍了组播的模型。

22.6 习题和解答

22.6.1 习题

(1) 关于组播和单播、广播的对比,正确的有(　　)。

A. 和单播相比,组播可以减轻发送源的负担

B. 和广播相比,组播可以减轻发送源的负担

C. 和单播相比,组播可以减少链路负载

D. 和广播相比,组播可以提升链路使用率

(2) 228.129.129.129,对应的组播 MAC 地址为(　　)。

A. 01-00-5E-00-01-01　　B. 00-01-5E-11-81-81

C. 01-00-5E-01-81-81　　D. 00-01-5E-00-81-81

(3) 关于组播技术体系架构,以下说法正确的有(　　)。

A. 路由器和主机之间通常运行组播路由协议

B. 路由器和路由器之间通常运行组播组管理协议

C. 主机和路由器之间通常运行组播组管理协议

D. 常用的域间组播路由协议为 MSDP

(4) 关于组播体系架构,以下说法正确的有(　　)。

A. 组播组管理协议负责组播数据的转发

B. 组播分发树由组播路由协议建立

C. 组播组管理协议用于主机加入和离开组播组

D. 组播组管理协议用于路由器维护组播组信息

(5) 关于组播模型,正确的有(　　)。

A. ASM 模型中,接收者无法通过组播组管理协议指定接收某组播源发送的组播数据

B. ASM 模型中,如果有多个组播源发送相同的组播组数据,则会导致接收者收到多份组播数据,需要应用层进行区分

C. SSM 模型中,接收者指定组播组的同时还可以指定发送源

D. SSM 模型中的接收者已经通过其他手段预先知道了组播源的具体位置

22.6.2 习题答案

(1) A、C、D　(2) C　(3) C、D　(4) B、C、D　(5) A、B、C、D

第23章

组播组管理协议

组播组管理协议运行在主机和与其直接相连的三层组播设备之间。常用的组播组管理协议为 IGMP,该协议规定了主机与三层组播设备之间建立和维护组播组成员关系的机制。

在实际组播应用中,通常还需要二层组播协议来配合组播组管理协议的工作。二层组播协议包含 IGMP Snooping(IGMP 窥探)和组播 VLAN。通过 IGMP Snooping 可以解决组播报文在数据链路层广播的问题,通过组播 VLAN 可以节省网络带宽,降低三层组播设备的负担。

本章介绍 IGMP 各版本协议处理机制,并对二层组播协议 IGMP Snooping 和组播 VLAN 进行介绍。

23.1 本章目标

学习完本章,应该能够:

(1) 掌握 IGMP 协议原理;

(2) 掌握 IGMP 各版本间的互操作;

(3) 掌握 IGMP Snooping 和组播 VLAN。

23.2 组播组管理协议概述

组播组管理协议是运行于主机和路由器之间的协议。组播组管理协议的工作机制包括成员加入和离开组播组、路由器维护组播组、查询器选举机制以及成员报告抑制机制。

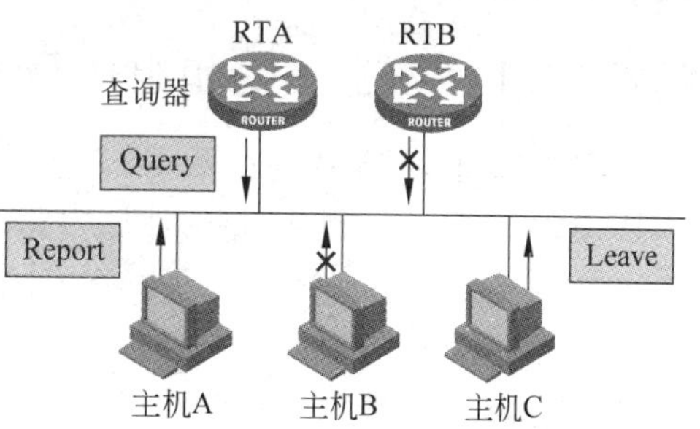

图 23-1 组播组管理协议工作机制

如图 23-1 所示,组播路由器周期性地发送查询报文,询问网段上是否有组播接收者。如果网段上有主机希望接收某个组播组的数据,则主机会向路由器回复成员报告报文,报告自己想要接收哪个组播组的数据。路由器收到主机发送的成员报告报文后,会为主机请求加入的组播组建立一个表项,表示该组播组在该网段有成员。

当主机需要接收某个组播组的数据时,也可以不必等待路由器发送查询报文,而直接发送成员报告报文请求加入某个组播组。同样,路由器收到成员报告报文后,会更新组播组信息。

当主机不再需要接收某个组播组的数据时,主机可以发送离开消息通知路由器离开该组播组,路由器会通过查询机制判断网段上该组播组是否有其他成员存在。如果还有其他成员存在,则路由器继续维护该组播组;如果没有成员存在,路由器会将该组播组信息删除。此后,路由器不再将该组播组的数据转发到该网段。

当局域网网段上有多台路由器时,网段上可能会出现重复的查询报文,也可能会有重复的组播数据发送到该网段，此时需要在这些路由器之间选举某台路由器负责该网段组播数据的转发以及组播组的维护，这台路由器即为该网段的查询器。查询器选举结束后，网段上只有查询器会发送查询报文，其他路由器仅在查询器发生故障，且经过新一轮的选举成为新的查询器后，才会发送查询报文。

对于某个网段，路由器仅需要知道是否有组播组成员存在，只要某个组播组有成员，路由器就会为该组播组维护相应信息，并将组播数据转发到该网段。路由器不需要确切地知道组播组在该网段有哪些组成员。因此如果一个网段有多台主机想要接收同一个组播组的数据，只需有一台主机发送成员报告报文即可，这就需要一种机制来抑制网段上同一个组播组的其他主机发送成员报告报文，这个机制就是成员报告抑制机制。

当主机需要发送成员报告报文时，首先会等待一段随机的延时。如果在这段延时期间，主机收到了其他主机发送的成员报告报文，并且和自身要求加入的组播组信息相同，则该主机会取消自身成员报告报文的发送。如果在延时期间没有收到要求加入相同组播组的成员报告报文，则主机会正常发送成员报告报文。通过成员报告抑制机制，可以减少网段上重复成员报告报文的发送。

组播组管理协议不负责通知主机加入哪些组播组，这是由主机上层应用决定的，组播组管理协议也不负责组播报文在路由器之间的转发，这由组播路由协议实现。

IPv4 常用的组播组管理协议为 IGMP。到目前为止，IGMP 有以下 3 个版本。

(1) IGMPv1 在 RFC 1112 中定义。

(2) IGMPv2 在 RFC 2236 中定义。

(3) IGMPv3 在 RFC 3376 中定义。

IGMPv1 定义了基本的查询和成员报告过程；IGMPv2 在此基础上添加了组成员快速离开机制和查询器选举机制；IGMPv3 又在 IGMPv2 基础上增加了指定组播源的功能。

所有版本的 IGMP 都支持 ASM 模型，IGMPv3 还可以支持 SSM 模型。

23.3 IGMPv2

23.3.1 普遍查询和组成员报告

在图 23-2 中，IGMP 查询器 RTA 周期性地以组播方式向本地网段内的所有主机发送 IGMP General Query 报文，目的地址为 224.0.0.1，TTL 为 1。

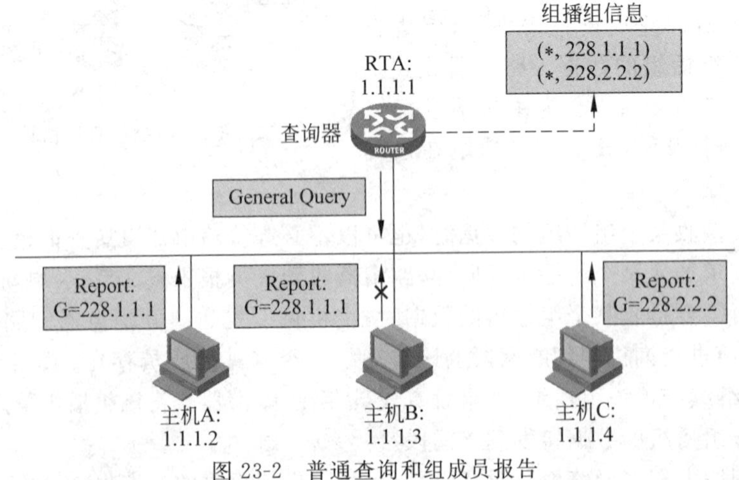

图 23-2 普通查询和组成员报告

收到 General Query 报文后，由于主机 A 和主机 B 希望接收组播组 228.1.1.1 的数据，所以会对 General Query 报文进行响应。为了防止 Membership Report 报文发生冲突，主机 A 和主机 B 会等待一段时间后，才发送 Membership Report 报文，延迟时间为[0，Max Reps Time]之间的一个随机值，Max Reps Time 为最大响应延时，由路由器在 General Query 报文中发布。

假设主机 B 的延迟时间大于主机 A 的延迟时间，则主机 A 会首先发送 Membership Report 报文，目的地址为主机 A 要加入的组播组地址 228.1.1.1。主机 B 收到主机 A 发送的 Membership Report 报文后，经过判断发现是关于同一个组 228.1.1.1 的 Membership Report 报文，则主机 B 会取消自己 Membership Report 报文的发送，从而减少本地网段的信息流量。

与此同时，由于主机 C 关注的是组播组 228.2.2.2，所以它仍将会发送关于组播组 228.2.2.2 的 Membership Report 报文，以向 RTA 宣告其属于组播组 228.2.2.2。

当然，如果主机有新的组播接收需求，可以主动向 RTA 发送 Membership Report 报文，而不必等待 RTA 周期性地发送 General Query 报文，从而节省了主机加入某组播组的时间。

经过以上的查询和响应过程，RTA 了解到本地网段中有组 228.1.1.1 和组 228.2.2.2 的成员，于是创建组播转发表项(*，228.1.1.1)和(*，228.2.2.2)，作为组播数据的转发依据，其中 * 代表任意组播源。

组播转发表项还包含组播报文的入接口列表和组播报文的出接口列表等信息，用于指导组播报文在本地路由器的转发，此时 RTA 会将连接主机 A、主机 B、主机 C 的接口加入对应组播组的出接口列表中。

当由组播源发往 228.1.1.1 或 228.2.2.2 的组播报文到达 RTA 时，由于 RTA 上存在(*，228.1.1.1)和(*，228.2.2.2)组播转发项，于是将该组播报文根据出接口信息转发到本地网段，接收者主机便能收到该组播数据了。

23.3.2　离开组和特定组查询

在 IGMPv2 中，当一台主机离开某组播组时会向本地网段内的所有组播路由器发送 Leave Group 报文，目的地址为 224.0.0.2，报文中包含要离开的组播组地址信息。

在图 23-3 中，主机 A 和主机 C 要分别离开组播组 228.1.1.1 与 228.2.2.2，则会向 RTA 发送 Leave Group 报文。

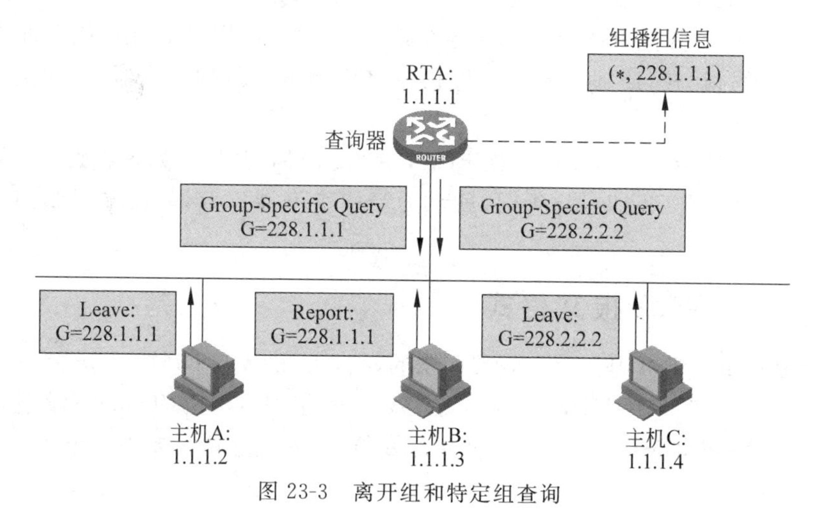

图 23-3　离开组和特定组查询

当IGMP查询器RTA收到Leave Group报文后，会发送另外一种查询报文——Group-Specific Query报文，用于确认该组播组在网段内是否还有成员存在。Group-Specific Query报文的目的地址为所要查询的指定组播组地址。

由于主机B仍然需要接收组播组228.1.1.1的数据，所以主机B收到Group-Specific Query报文后，会在[0,Max Reps Time]时间内回复Membership Report报文。

RTA在最大响应时间内收到了主机B的Membership Report报文，认为组播组228.1.1.1仍然有接收者，所以继续维护该组播组。由于主机C离开后，网段内不再有组播组228.2.2.2的成员，所以在最大响应时间内RTA无法收到关于组播组228.2.2.2的Membership Report报文，RTA将删除组播组228.2.2.2的表项，此后不会再将目的地址为228.2.2.2的报文发送到该网段。

23.3.3 查询器选举

在IGMPv1中没有定义查询器选举机制，当某共享网段上存在多个组播路由器时，需要通过组播路由协议(如PIM)选举的DR(Designate Router，指定路由器)充当查询器。

在IGMPv2中，增加了独立的查询器选举机制，如图23-4所示。其选举过程如下。

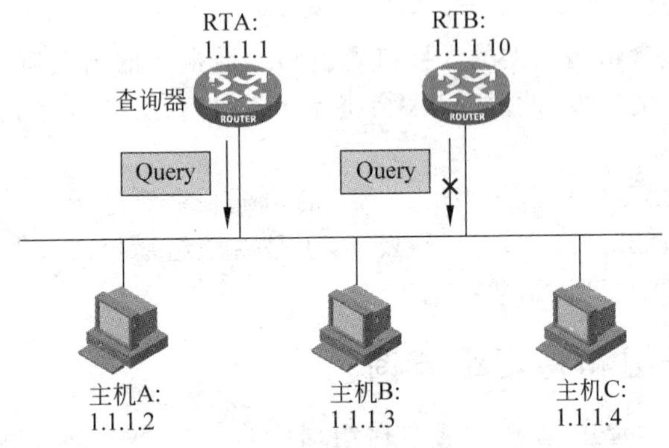

图23-4 IGMPv2查询器的选举

(1) 所有IGMPv2路由器在初始时都认为自己是查询器，并向本地网段内的所有主机和路由器发送IGMP General Query报文，目的地址为224.0.0.1。

(2) 本地网段中的其他IGMPv2路由器在收到该报文后，将报文的源IP地址与自己的接口地址作比较。通过比较，IP地址最小的路由器将成为本网段的查询器，其他路由器将成为非查询器(Non-Querier)。

(3) 所有非查询器上都会启动一个定时器，在该定时器超时前，如果收到了来自查询器的IGMP查询报文，则重置该定时器；否则，就认为当前查询器失效，从而发起新的查询器选举过程。

23.3.4 IGMPv2报文格式

IGMPv2是在IGMPv1基础之上发展而来的，其报文格式和IGMPv1报文格式基本相同。不同之处在于IGMPv2将IGMPv1中的4位Version字段与4位Type字段整合成为一个8位的Type字段。将IGMPv1预留没有使用的8位Unused字段设置为8位Max Reps Time字段，如图23-5所示。

IGMPv2的Type字段定义了4种报文类型。

0 1 2 3 4 5 6 7 8 9 0 1 2 3 4 5 6 7 8 9 0 1 2 3 4 5 6 7 8 9 0 1 2

Type	Max Reps Time	Checksum
Group Address		

图 23-5 IGMPv2 报文格式

(1) Membership Query 报文。Type 字段值为 0x11。

(2) IGMPv1 的 Membership Report 报文。Type 字段值为 0x12，该 Report 报文用于和 IGMPv1 兼容。

(3) IGMPv2 的 Membership Report 报文。Type 字段值为 0x16。

(4) Leave Group 报文。Type 字段值为 0x17。

Membership Query 报文又包含两种类型：General Query 和 Group-Specific Query。这两种查询报文由组地址字段进行区分：General Query 报文的组地址字段为 0，而 Group-Specific Query 报文的组地址字段为要查询的组播组的地址。

最大响应时间(Max Reps Time)字段仅在 Membership Query 报文中使用。该字段规定了主机在发送一个 Membership Report 报文时最大的延时时间，单位为 0.1s，默认值为 100(即 10s)。在 Membership Report 报文和 Leave Group 报文中，会由主机设置为 0。

校验和(Checksum)字段是 IGMP 报文长度的 16 位检测。

组地址(Group Address)字段在不同的报文类型中有不同的含义。在 General Query 报文中该字段设置为 0；在 Group-Specific Query 报文中该字段为被查询的组播组地址；在 Membership Report 报文和 Leave Group 报文中，组地址字段为主机想要加入或离开的组播组地址。

23.4 IGMPv3

23.4.1 IGMPv3 简介

IGMPv3 在兼容和继承 IGMPv1 与 IGMPv2 的基础上，进一步增强了主机的控制能力，并增强了 Membership Query 报文和 Membership Report 报文的功能。

IGMPv3 增加了对组播源过滤的支持，IGMPv3 主机不仅可以选择接收某个组播组的数据，还可以根据喜好选择接收或拒绝某些源发送到这个组播组的数据。

例如，网络中有两个频道都在播放 NBA 比赛，频道 1 的节目用组播流(1.1.1.1，228.1.1.1)表示，其中单播地址 1.1.1.1 代表频道 1 组播源，组播地址 228.1.1.1 代表 NBA 比赛节目。同样频道 2 的节目用组播流(2.2.2.2，228.1.1.1)表示。如果网络中的设备仅支持 IGMPv1/v2，就无法做到只接收频道 1 的节目而不接收频道 2 的节目。因为 IGMPv1/v2 无法区分组播源，只能区分组播组。而如果用户设备支持 IGMPv3 协议，就可以通知路由器只接收组播源为 1.1.1.1 的组播流，而不想接收组播源为 2.2.2.2 的组播流，这样路由器就可以只把频道 1 的 NBA 比赛转发给用户。

IGMPv3 增加了对特定源组查询的支持，在 Group-and-Source-Specific Query 报文中，既携带组地址，也携带一个或多个源地址。IGMPv3 取消了 Leave Group 报文类型，通过在 Membership Report 报文中申明不再接收任何源发送给某组播组的数据，即可实现离开这个组播组的功能。Membership Report 报文的目的地址使用组播地址 224.0.0.22，不再使用具体组播组的地址。

IGMPv3 中一个 Membership Report 报文可以携带多个源组信息，不同于 IGMPv1/v2 仅能包含一个组信息，因而大量减少了 Membership Report 报文的数量，不再需要成员报告抑制机制。取消成员报告抑制机制后，IGMPv3 主机不需要对收到的 Membership Report 报文进行解析，可以大量减少主机的工作量。

23.4.2 IGMPv3 主机侧维护信息

IGMPv3 主机为接口上每一个组播组都维护一个表项信息，其格式为（组地址，过滤模式，源列表）。

组播组的过滤模式包含 INCLUDE 和 EXCLUDE 两种类型。

(1) INCLUDE 模式表示只接收在源列表中列出的组播源发送的组播数据。

(2) EXCLUDE 模式表示只接收不在源列表中列出的组播源发送的组播数据。

源列表包含 0 个或多个 IP 单播地址，通常用集合形式来表示。通常使用 INCLUDE(S,G)表示接收来自源 S 的组播地址为 G 的数据，使用 EXCLUDE(S,G)表示不希望接收来自源 S 的组播地址为 G 的数据。

例如，主机 A 接收来自组播源 1.1.1.1 发送的目的地址为 228.1.1.1 的组播流，则主机 A 维护的组播组 228.1.1.1 的表项为 INCLUDE(1.1.1.1,228.1.1.1)。

如果主机 B 不希望接收来自组播源 2.2.2.2 发送的目的地址为 228.1.1.1 的组播流，则主机 B 维护的组播组 228.1.1.1 的表项为 EXCLUDE(2.2.2.2,228.1.1.1)。

IGMPv3 主机还为接口上每一个组播组维护状态信息。当收到路由器发送的 Membership Query 报文时，主机向路由器回应组播组的当前状态，当组播组的状态改变时主机主动向路由器发送 Membership Report 报文通知组播组的状态发生了变化。

IGMPv3 组播组有当前状态、过滤模式改变状态和源列表改变状态 3 种状态，这些状态信息在 Membership Report 报文的组记录字段(Group Record)中表示。

(1) 当前状态记录：用于响应接口上收到的 Membership Query 报文，向路由器报告组播组的当前状态。组播组的当前状态记录包括 MODE_IS_INCLUDE 和 MODE_IS_EXCLUDE。同一时刻一个组播组只能处于一种当前状态。

- MODE_IS_INCLUDE(S,G)表示接口对于组播组 G 的过滤模式是 INCLUDE，简写为 IS_IN(S,G)。源列表 S 表示对于该组播组，主机所有感兴趣的组播源。
- MODE_IS_EXCLUDE(S,G)表示接口对于组播组 G 的过滤模式是 EXCLUDE，简写为 IS_EX(S,G)。源列表 S 表示对于该组播组，主机所有不希望接收的组播源。

(2) 过滤模式改变状态记录：当接口维护的某个组播组的过滤模式发生变化时，主机会主动向路由器发送包含过滤模式改变状态记录的 Membership Report 报文。过滤模式改变状态记录包括 CHANGE_TO_INCLUDE_MODE 和 CHANGE_TO_EXCLUDE_MODE 两类。

- CHANGE_TO_INCLUDE_MODE(S,G)表示对于组播组 G 而言，接口的过滤模式已经从 EXCLUDE 模式变为 INCLUDE 模式。该组记录简写为 TO_IN(S,G)。
- CHANGE_TO_EXCLUDE_MODE(S,G)表示对于组播组 G 而言，接口的过滤模式已经从 INCLUDE 模式变为 EXCLUDE 模式。该组记录简写为 TO_EX(S,G)。

(3) 源列表改变状态记录：当接口维护的某个组播组的源列表发生变化时，主机会主动向路由器发送包含源列表改变状态记录的 Membership Report 报文。源列表改变状态记录包括 ALLOW_NEW_SOURCES 和 BLOCK_OLD_SOURCES 两类。

- ALLOW_NEW_SOURCES(S,G)表示对于组播组 G 而言，主机希望接收一些新的组播源 S 发送的组播数据。如果当前过滤模式为 INCLUDE，则 S 将被添加到源列表中；反之，如果当前过滤模式为 EXCLUDE，则 S 将被从源列表中删除。该组记录简写为 ALLOW(S,G)。

- BLOCK_OLD_SOURCES(S)表示对于组播组 G 而言，主机不再希望接收 S 发送的组播数据。如果当前过滤模式为 INCLUDE，则 S 被从源列表中删除；反之，如果当前过滤模式为 EXCLUDE，则 S 将被添加到源列表中。该组记录简写为 BLOCK(S,G)。

如果源列表发生了两种变化，一种是允许新的组播源；另一种是阻塞旧的组播源，则主机需要为同一个组播地址发送两个组记录，一个是 ALLOW(S1,G)；另一个是 BLOCK(S2,G)。

23.4.3 IGMPv3 路由器侧维护信息

IGMPv3 路由器侧也为接口上的每一个组播组维护状态信息。和 IGMPv3 主机侧相比，路由器还为每一个组播组以及源列表中的每一个组播源维护状态定时器。

路由器维护的组状态格式为(组地址，组定时器，过滤模式，源记录列表)，其中源记录的格式为(源地址，源定时器)。

路由器维护的每一个组播组只对应一种过滤模式。

(1) 对于 INCLUDE 模式，源记录列表包含该接口所属网段内的主机需要接收的所有组播源，表示为 INCLUDE(S,G)。

(2) 对于 EXCLUDE 模式，源记录列表包含两类源列表，第一类与过滤模式相反，是主机需要接收的组播源列表 S1；第二类是主机不需要接收的组播源列表 S2，表示为 EXCLUDE(S1,S2,G)。

例如，对于组播组 228.1.1.1，过滤模式为 EXCLUDE，接口所属网段上有主机希望接收组播源 1.1.1.1 的数据，有主机不希望接收组播源 2.2.2.2 和 3.3.3.3 的数据，则路由器维护的组播组状态为 EXCLUDE(1.1.1.1,2.2.2.2+3.3.3.3,228.1.1.1)。也就是说，当路由器维护的组播组为 EXCLUDE 模式时，路由器既要记录主机不想接收的组播源，也同时要记录主机需要接收的组播源。

组定时器只在 EXCLUDE 模式时有用。当组定时器老化时，如果所有源定时器也老化则路由器会删除该组记录；如果此时仍有源定时器运行，则组过滤模式从 EXCLUDE 变为 INCLUDE。

23.4.4 IGMPv3 普遍组查询

如图 23-6 所示，IGMPv3 路由器 RTA 周期性发送 General Query 报文，IGMPv3 主机收到 General Query 报文后，在接口设置定时器，定时器超时后发送 Membership Report 报文。

主机 A 希望接收组播组 228.1.1.1 的数据，但是不希望接收来自组播源 2.2.2.1 的数据，因此主机 A 回复的 Membership Report 报文中的组记录为 IS_EX(2.2.2.1,228.1.1.1)。

主机 B 希望接收组播组 228.1.1.2 的数据，且希望接收来自组播源 2.2.2.2 和 2.2.2.4 的数据，因此主机 B 回复的 Membership Report 报文中的组记录为 IS_IN(2.2.2.2+2.2.2.4,228.1.1.2)。

主机 C 希望接收组播组 228.1.1.1 的数据，但是不希望接收来自组播源 2.2.2.1 的数据，因此主机 C 回复的 Membership Report 报文中的组记录为 IS_EX(2.2.2.1,228.1.1.1)。

路由器收到 Membership Report 报文后，会为组播组 228.1.1.1 和 228.1.1.2 建立表项维护状态信息。其中，组播组 228.1.1.1，过滤模式为 EXCLUDE，排除的组播源为 2.2.2.1，表示为 EXCLUDE(NULL,2.2.2.1,228.1.1.1)；组播组 228.1.1.2，过滤模式为 INCLUDE，

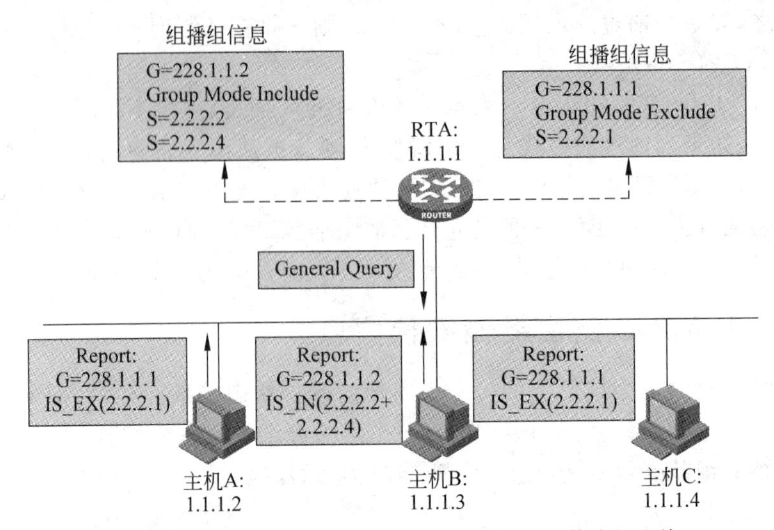

图 23-6 IGMPv3 主机和路由器交互过程——普遍组查询

需要接收的组播源为 2.2.2.2 和 2.2.2.4，表示为 INCLUDE(2.2.2.2+2.2.2.4,228.1.1.2)。

23.4.5 IGMPv3 特定源组查询

如图 23-7 所示，当主机 B 不再希望接收来自组播源 2.2.2.2 发送的组播数据时，会主动发送 Membership Report 报文，报文中包含的组记录为 BLOCK(2.2.2.2,228.1.1.2)。

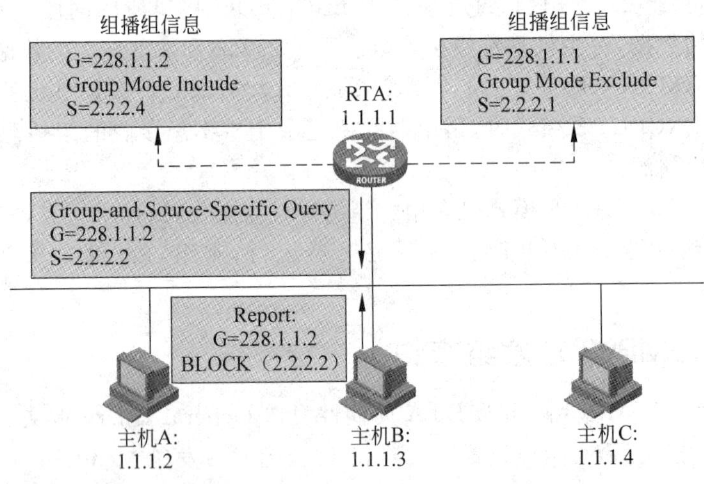

图 23-7 IGMPv3 主机和路由器交互过程——特定源组查询

路由器收到组记录为 BLOCK(2.2.2.2,228.1.1.2)的 Membership Report 报文后，会发送 Group-and-Source-Specific Query 报文，询问网段上还有没有主机希望接收组播源 2.2.2.2 发送的组播地址为 228.1.1.2 的组播数据。

如果网段上仍然有主机愿意接收该特定源发送的组播流，主机会回应 Membership Report 报文，报文中包含的组记录为 IS_IN(2.2.2.2,228.1.1.2)。

如果在 Max Reps Time 时间内，路由器没有收到任何对于该 Group-and-Source-Specific Query 报文的回应，则路由器会在组播组 228.1.1.2 对应的源列表中删除组播源 2.2.2.2，此时该组播组状态信息为 INCLUDE(2.2.2.4,228.1.1.2)。组播组 228.1.1.1 的源列表信息保持不变。

23.4.6 IGMPv3 特定组查询

当主机不愿意接收某组播组的数据时，可以发送离开组报文。IGMPv3 取消了 Leave Group 报文，使用特殊的组记录方式来表示主机离开某个组。

如图 23-8 所示，主机 B 希望离开组播组 228.1.1.2，则主机 B 会主动发送 Membership Report 报文，报文中包含的组记录为 TO_IN(NULL，228.1.1.2)，表示不想接收任何组播源发送到组播组 228.1.1.2 的数据。

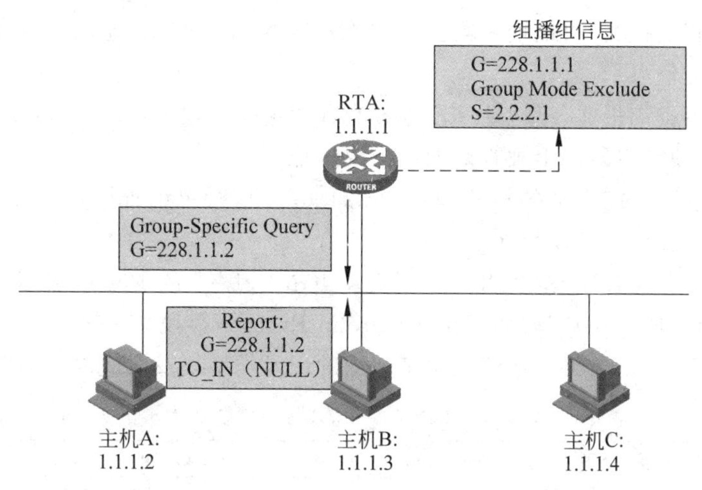

图 23-8 IGMPv3 主机和路由器交互过程——特定组查询

路由器收到组记录为 TO_IN(NULL，228.1.1.2)的报文，会为组播组 228.1.1.2 发送一个 Group-Specific Query 报文，如果在 Max Reps Time 时间内路由器没有收到任何关于该 Group-Specific Query 报文的回应，则路由器会删除整个组播组 228.1.1.2 的表项信息。

IGMPv3 还可以通过一种特殊的组记录来实现 IGMPv1/v2 中主机加入某组播组的功能。例如，当 IGMPv3 主机想要加入组播组 228.1.1.1 且不关心组播源时，可以发送组记录为 IS_EX(NULL，228.1.1.1)的 Membership Report 报文，表示不排除任意源发送到组播组 228.1.1.1 的数据。

23.4.7 IGMPv3 报文格式

IGMPv3 有 Membership Query 报文和 Membership Report 报文两种类型，Membership Query 报文类型号为 0x11，包含 General Query 报文、Group-Specific Query 报文和 Group-and-Source-Specific Query 报文。Membership Report 报文类型号为 0x22。

此外，IGMPv3 可以兼容 IGMPv1/v2 的报文，包含类型号为 0x12 的 IGMPv1 Membership Report 报文、类型号为 0x16 的 IGMPv2 Membership Report 报文和类型号为 0x17 的 IGMPv2 Leave Group 报文。

如图 23-9 所示，IGMPv3 的查询报文在 IGMPv1/v2 报文的基础上增加了源地址列表、源地址数以及一些标志位。

对于普遍组查询报文，组地址字段值为 0，源地址数字段也为 0，报文中不包含任何源地址信息。

0 1 2 3 4 5 6 7 8 9 0 1 2 3 4 5 6 7 8 9 0 1 2 3 4 5 6 7 8 9 0 1 2

Type=0x11			Max Reps Code	Checksum
Group Address				
Resv	S	QRV	QQIC	Number of Source(N)
Source Address[1]				
⋮				
Source Address[N]				

图 23-9 IGMPv3 Membership Query 报文格式

对于特定组查询报文，组地址字段为被查询的组播组地址，源地址数字段也为 0，报文中不包含任何源地址信息。

对于特定源组查询报文，组地址字段为被查询的组播组地址，源地址数字段为被查询的源地址的个数，在源地址字段列出被查询的各个源地址。

IGMPv3 普遍组查询报文的目的地址为 224.0.0.1，特定组查询报文和特定源组查询报文的目的地址为被查询的组播组地址。

如图 23-10 所示，IGMPv3 的 Report 报文比 IGMPv1/v2 的 Report 报文增加了组记录数(Number of Group Record)字段和组记录(Group Record)字段。一个 Report 报文可以携带多个组记录，每一个组记录单独地记录了某个组的记录类型以及对应的组播源信息。

0 1 2 3 4 5 6 7 8 9 0 1 2 3 4 5 6 7 8 9 0 1 2 3 4 5 6 7 8 9 0 1 2

Type=0x22	Reserved	Checksum
Reserved		Number of Group Record (M)
Group Record [1]		
Group Record [2]		
⋮		
Group Record [N]		

图 23-10 IGMPv3 Membership Report 报文格式

如图 23-11 所示，组记录格式主要包括组记录类型、组播组地址、组播源个数和组播源地址列表。组记录类型包含当前状态记录、过滤模式改变状态记录和源列表改变状态记录 3 种类型。其中当前状态记录又可以分为 IS_IN 和 IS_EX 两类，过滤模式改变状态记录分为 TO_IN 和 TO_EX 两类，源列表改变状态记录分为 ALLOW 和 BLOCK 两类。

0 1 2 3 4 5 6 7 8 9 0 1 2 3 4 5 6 7 8 9 0 1 2 3 4 5 6 7 8 9 0 1 2

Record Type	Aux Data Len	Number of Group Source (N)
Multicast Address		
Source Address [1]		
Source Address [2]		
⋮		
Source Address [N]		
Auxiliary Data		

图 23-11 组记录格式

23.5 IGMP 不同版本间的操作

当运行不同版本的 IGMP 路由器和主机协同工作时，通过比较 IGMP 报文中的类型字段以及报文的长度即可判断 IGMP 的版本。

IGMP 的 Membership Report 报文的版本可以直接通过类型字段进行区分，不同版本的 Membership Report 报文使用了不同的类型号。IGMP 的 Membership Query 报文的版本可以通过比较报文长度以及 Max Reps Code 字段的值来确定。

(1) IGMPv1：Membership Query 报文长度为 8B，且 Max Reps Code 字段值为 0。IGMPv1 中 Membership Report 报文的最大响应延时不是通过 Membership Query 报文获得，而是使用固定值 10s。收到 Membership Query 报文后，主机会在[0,10]s 间随机选择一个延时发送 Membership Report 报文。

(2) IGMPv2：Membership Query 报文长度为 8B，且 Max Reps Code 字段值不为 0。

(3) IGMPv3：Membership Query 报文长度大于 8B。

由表 23-1 可知，IGMP 各版本功能有较大差异。

表 23-1 IGMP 版本判定及版本功能差异

比较	IGMPv1	IGMPv2	IGMPv3
查询器选举	依靠上层路由协议	自己选举	自己选举
离开组方式	默默离开	主动发出离开报文	主动发出离开报文
特定组查询	无	有	有
特定源组加入	无	有	有

对于查询器选举、离开组方式、特定组查询、特定源组加入等功能，IGMP 各版本差别如下。

(1) IGMPv1 本身不支持查询器选举，这个工作需要组播路由协议配合支持；IGMPv1 中没有 Leave Group 报文，当主机离开某个组时，不会发送任何消息选择默默地离开，如果该主机为组播组的最后一位接收者，则路由器默认情况下需要最多两个普遍查询间隔即 2min 的时间才能得知组播组没有成员，在此期间路由器会继续将组播数据发送到该网段，浪费大量网络带宽；IGMPv1 无法支持特定组查询和特定源组加入。

(2) IGMPv2 在 IGMPv1 的基础上，增加了查询器选举机制，并且通过使用 Leave Group 报文和 Group-Specific Query 报文大大减少了路由器感知主机离开某个组的时间。IGMPv2 不支持针对特定源组加入。

(3) IGMPv3 在 IGMPv2 的基础上增加了对特定源组加入的支持，路由器也可以针对特定源组进行查询。

运行新 IGMP 版本的主机或路由器可以和运行老 IGMP 版本的主机或路由器兼容。当运行 IGMPv2 的主机或路由器和运行 IGMPv1 的主机或路由器协同工作时，分为以下两种场景。

(1) 与 IGMPv1 路由器的兼容。当 IGMPv2 主机和 IGMPv1 路由器一起运行时，由于 IGMPv1 路由器无法识别 IGMPv2 的 Membership Report 报文，所以 IGMPv2 的主机必须发送 IGMPv1 的 Membership Report 报文，且不再发送 Leave Group 报文。当 IGMPv2 路由器和 IGMPv1 路由器一起运行时，将由 IGMPv1 路由器充当查询器的角色。

(2) 与 IGMPv1 主机的兼容。IGMPv2 路由器如果发现 IGMPv1 主机，则必须忽略网段上收到的任何 Leave Group 报文。因为 IGMPv1 主机不能识别 Group-Specific Query 报文，如果发送 Group-Specific Query 报文，IGMPv1 主机将不作任何回应，可能导致路由器错误地删除组播表项。IGMPv2 主机的 Membership Report 报文会被 IGMPv1 主机发送的关于同一个组的 Membership Report 报文抑制。

当 IGMPv3 主机和 IGMPv1/v2 的路由器一起运行时，IGMPv3 主机会为网段上的 IGMPv1 或 IGMPv2 查询器维护一个定时器，IGMPv3 主机的工作模式由这些定时器状态决定，如表 23-2 所示。

表 23-2 IGMPv3 和 IGMPv1/v2 的兼容——主机操作

IGMPv3 主机工作模式	定时器状态
IGMPv3(默认)	IGMPv2/v1 查询器状态定时器没有运行
IGMPv2	IGMPv2 查询器状态定时器运行，IGMPv1 查询器状态定时器没有运行
IGMPv1	IGMPv1 查询器状态定时器运行

当 IGMPv1 查询器状态定时器运行时，说明网段上有 IGMPv1 路由器且充当查询器的角色，则 IGMPv3 主机将工作在 IGMPv1 模式上；当 IGMPv1 查询器状态定时器没有运行，而 IGMPv2 查询器状态定时器运行时，说明网段上有 IGMPv2 路由器且充当查询器的角色，则 IGMPv3 主机将工作在 IGMPv2 模式上；当没有 IGMPv1/v2 查询器状态定时器运行时，IGMPv3 主机工作在其默认模式即 IGMPv3 模式上。

当 IGMPv3 主机和 IGMPv1/v2 主机一同运行时，IGMPv3 主机的 Membership Report 报文可以被 IGMPv1/v2 主机发送的关于同一个组的 Membership Report 报文抑制。

当 IGMPv3 路由器和 IGMPv1/v2 路由器一起运行时，网段中的查询器必须为较低 IGMP 版本的路由器，即 IGMPv1/v2 路由器。

当 IGMPv3 路由器和 IGMPv1/v2 主机一起运行时，IGMPv3 路由器的工作模式由 IGMPv1/v2 主机状态定时器决定。

当 IGMPv1 主机状态定时器运行时，说明网段上有 IGMPv1 主机，则 IGMPv3 路由器将工作在 IGMPv1 模式上；当 IGMPv1 主机状态定时器没有运行，而 IGMPv2 主机状态定时器运行时，说明网段上有 IGMPv2 主机，则 IGMPv3 路由器将工作在 IGMPv2 模式上；当没有 IGMPv1/v2 主机状态定时器运行时，IGMPv3 路由器工作在其默认模式即 IGMPv3 模式上。

当 IGMPv3 路由器发送 Membership Query 报文，收到 IGMPv1/v2 的 Membership Report 报文时，会将其转换成包含组记录 IS_EX(NULL,G)的 IGMPv3 Membership Report 报文来处理；当 IGMPv3 路由器收到 IGMPv2 的 Leave Group 报文时，会将其转换成包含组记录 TO_IN(NULL,G)的 IGMPv3 Membership Report 报文来处理，如表 23-3 所示。

表 23-3 IGMPv3 和 IGMPv1/v2 的兼容——路由器操作

收到 IGMP 报文	IGMPv3 路由器操作
IGMPv1 Membership Report	转换成组记录类型为 IS_EX(NULL,G)的 IGMPv3 报文
IGMPv2 Membership Report	转换成组记录类型为 IS_EX(NULL,G)的 IGMPv3 报文
IGMPv2 Leave Group	转换成组记录类型为 TO_IN(NULL,G)的 IGMPv3 报文

23.6 IGMP Snooping

23.6.1 IGMP Snooping 概念

在实际网络中，由于路由器接口数有限，所以主机通常都是通过交换机连接到路由器。

当主机和路由器之间的交换机为二层交换机时，其无法识别路由器发来的组播报文，因此会作为未知报文在网段内广播，导致不属于该组播组成员的主机也收到了组播报文。如图 23-12 所示，主机 B 也将收到发往主机 A 和主机 C 的组播报文，由于主机 B 不是接收者，因此会将组播报文丢弃。

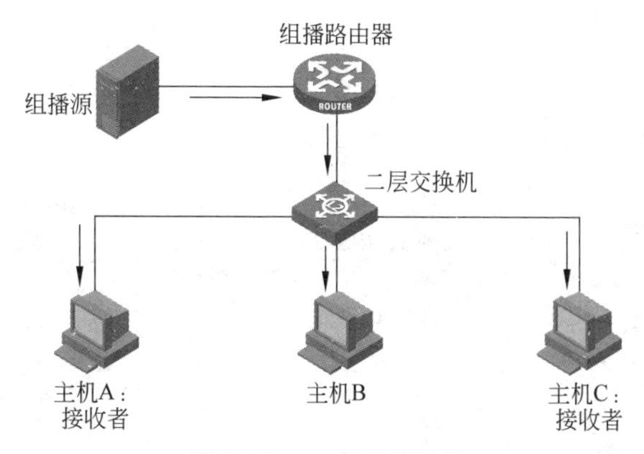

图 23-12 二层组播问题

可以看到这种情况浪费了网络带宽，并增加了非接收者主机的处理负担，偏离了组播设计的初衷。

通过在二层交换机上实现 IGMP Snooping 功能可以解决组播报文在二层被广播发送的问题。

IGMP Snooping 是运行在二层组播设备上的组播约束机制，用于管理和控制组播组。运行 IGMP Snooping 的二层组播设备通过对收到的 IGMP 报文进行分析，为端口和 MAC 组播地址建立起映射关系，并根据这样的映射关系转发组播数据。

在图 23-13 中，主机 A 和主机 C 是组播组 228.1.1.1 的接收者，则二层交换机会通过 IGMP Snooping 为组播组 228.1.1.1 记录一个表项，表项中包含连接路由器的端口、组播组地址以及连接接收者的端口。当有目的地址为 228.1.1.1 的组播报文到达时，二层交换机只会将组播报文从连接接收者的端口 E1/0/2 和 E1/0/4 发送出去，从而避免二层的广播。

IGMP Snooping 通过二层组播将信息只转发给有需要的接收者，可以带来以下好处。

(1) 减少了二层网络中的广播报文，节约了网络带宽。

(2) 增强了组播信息的安全性。

(3) 为实现对每台主机的单独计费带来方便。

在路由器和主机间运行 IGMP Snooping 的交换机上存在两种端口：路由器端口和成员端口。

路由器端口(Router Port)是指交换机上朝向三层组播设备(DR 或 IGMP 查询器)一侧的端口，如图 23-14 中 SWA 和 SWB 各自的 E1/0/1 端口。交换机将本设备上的所有路由器端口都记录在路由器端口列表中。

成员端口(Member Port)又称组播组成员端口，表示交换机上朝向组播组成员一侧的端

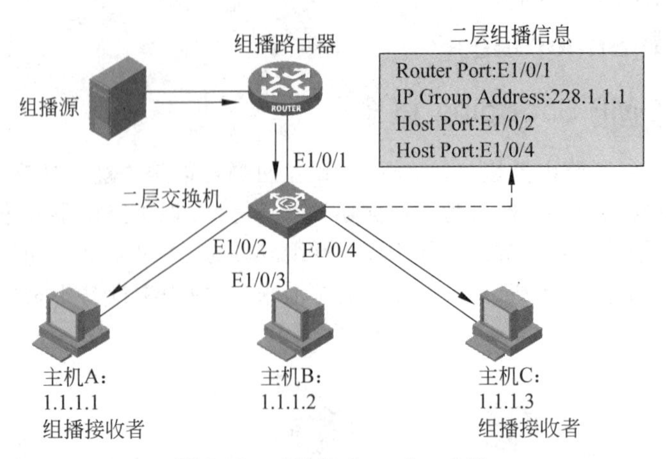

图 23-13 IGMP Snooping 功能

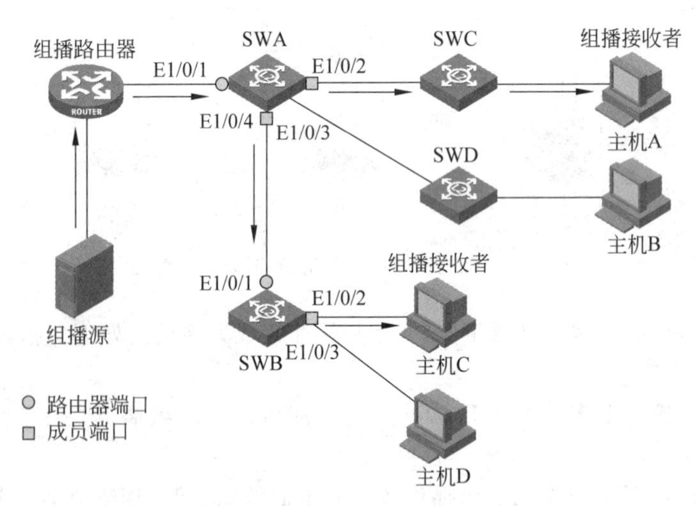

图 23-14 IGMP Snooping 基本概念和运行机制

口，如图 23-14 所示中 SWA 的 E1/0/2 和 E1/0/4 端口，以及 SWB 的 E1/0/2 端口。交换机将本设备上的所有成员端口都记录在 IGMP Snooping 转发表中。

23.6.2 IGMP Snooping 工作机制

IGMP Snooping 的工作机制包括 Membership Query 报文处理、Membership Report 报文处理和 Leave Group 报文处理。

IGMP 查询器定期向本地网段内的所有主机与路由器(224.0.0.1)发送 IGMP General Query 报文，以查询该网段有哪些组播组的成员。在收到 IGMP Membership Report 报文时，IGMP Snooping 交换机将其从 VLAN 内的所有路由器端口转发出去，并从该报文中解析出主机要加入的组播组地址，对报文的接收端口做以下处理。

(1) 如果不存在该组播组所对应的转发表项，则创建转发表项，将该端口作为动态成员端口添加到出端口列表中，并启动其老化定时器。

(2) 如果已存在该组播组所对应的转发表项，但其出端口列表中不包含该端口，则将该端口作为动态成员端口添加到出端口列表中，并启动其老化定时器。

(3) 如果已存在该组播组所对应的转发表项，且其出端口列表中已包含该动态成员端口，则重置其老化定时器。

IGMP Snooping 交换机不会将 IGMP Membership Report 报文通过非路由器端口转发出去，因为根据主机上的 IGMP 成员报告抑制机制，如果非路由器端口下还有该组播组的成员主机，则这些主机在收到该 Membership Report 报文后便抑制了自身 Membership Report 报文的发送，从而使 IGMP Snooping 交换机无法获知这些端口下还有该组播组的成员主机。

运行 IGMPv1 的主机离开组播组时不会发送 IGMP 离开组报文，因此交换机无法立即获知主机离开的信息，只能等待成员端口的老化定时器超时后，交换机会将该端口从转发表中删除。

运行 IGMPv2 或 IGMPv3 的主机离开组播组时，会通知路由器自己离开了某个组播组。当交换机从某动态成员端口上收到 IGMP 离开组报文时，首先判断要离开的组播组所对应的转发表项是否存在，以及该组播组所对应转发表项的出端口列表中是否包含该接收端口。

(1) 如果不存在该组播组对应的转发表项，或者该组播组对应转发表项的出端口列表中不包含该端口，交换机将该报文直接丢弃。

(2) 如果存在该组播组对应的转发表项，且该组播组对应转发表项的出端口列表中包含该端口，交换机会将该报文从 VLAN 内的所有路由器端口转发出去。同时，由于并不知道该接收端口下是否还有该组播组的其他成员，所以交换机不会立刻把该端口从该组播组所对应转发表项的出端口列表中删除，而是重置其老化定时器。

当 IGMP 查询器收到 IGMP Leave Group 报文后，从中解析出主机要离开的组播组的地址，并通过接收端口向该组播组发送 IGMP Group-Specific Query 报文。交换机在收到 IGMP Group-Specific Query 报文后，将其从 VLAN 内的所有路由器端口和该组播组的所有成员端口转发出去。

对于 IGMP Leave Group 报文的接收端口(假定为动态成员端口)，交换机在其老化时间内。

(1) 如果从该端口收到主机响应该特定组查询的 IGMP Membership Report 报文，则表示该端口下还有该组播组的成员，于是重置其老化定时器。

(2) 如果没有从该端口收到主机响应该特定组查询的 IGMP Membership Report 报文，则表示该端口下已没有该组播组的成员，则在其老化时间超时后，将其从该组播组所对应转发表项的出端口列表中删除。

23.7 组播 VLAN

在传统的组播点播方式下，当属于不同 VLAN 的主机同时点播同一组播组时，路由器需要把组播数据在每个用户 VLAN 内都复制一份发送给二层交换机。这样既造成了带宽的浪费，也给路由器增加了额外的负担。

在图 23-15 中，主机 A 位于 VLAN2，主机 B 位于 VLAN3，主机 C 位于 VLAN4，3 台主机都希望接收同一组播组的数据，则路由器在收到组播报文后，需要在 VLAN2、VLAN3 和 VLAN4 内各复制一份组播报文，然后发送给二层交换机。二层交换机从 Trunk 端口收到组播数据后，分别在对应的 VLAN 内发送。

当存在大量属于不同 VLAN 的接收者时，路由器和二层交换机之间的链路上将会传送大量内容相同的组播报文，而路由器也会增加很多处理负担。

使用组播 VLAN 功能可以解决这个问题。在二层交换机上配置了组播 VLAN 后，路由器只需把组播数据在组播 VLAN 内复制一份发送给二层交换机，而不必在每个用户 VLAN

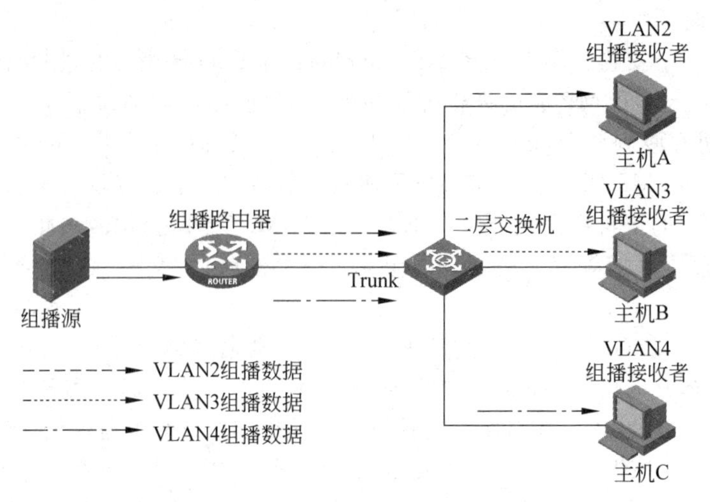

图 23-15 不同 VLAN 组播点播处理

内都复制一份，从而节省了网络带宽，也减轻了路由器的负担。

在图 23-16 中，接收者主机 A、主机 B 和主机 C 分属不同的用户 VLAN。在二层交换机上配置 VLAN10 为组播 VLAN，将所有的用户 VLAN 都配置为该组播 VLAN 的子 VLAN，并在组播 VLAN 内使能 IGMP Snooping。

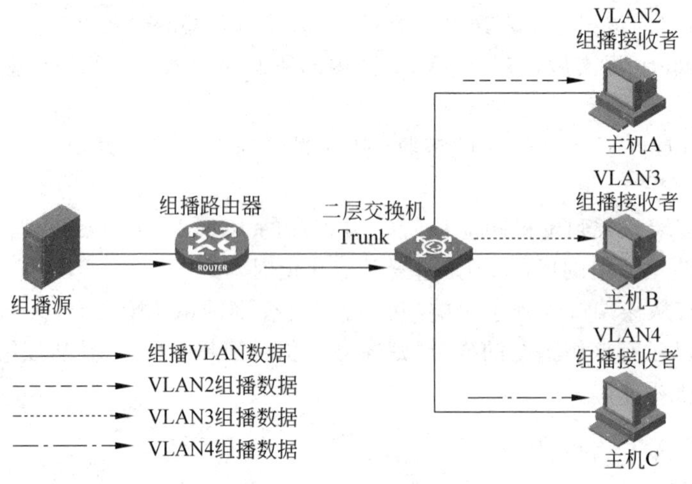

图 23-16 组播 VLAN 的功能

配置完成后，IGMP Snooping 将在组播 VLAN 中对路由器端口进行维护，而在各子 VLAN 中对成员端口进行维护。这样，路由器只需把组播数据在组播 VLAN 内复制一份发送给二层交换机，二层交换机会将其分发给该组播 VLAN 内那些有接收者的子 VLAN。

23.8 本章总结

(1) 对 IGMP 的协议机制进行介绍。

(2) 介绍 IGMP 不同版本间的互操作。

(3) 介绍二层组播协议 IGMP Snooping。

(4) 介绍组播 VLAN 功能。

23.9　习题和解答

23.9.1　习题

(1) 组播组管理协议的机制主要包含(　　)。

A. 主机加入和离开组播组　　B. 路由器维护组播组

C. 查询器的选举　　D. 成员报告抑制机制

(2) IGMPv2 协议报文包含(　　)。

A. General Query　　B. Group-Specific Query

C. Membership Report　　D. Leave Group

(3) IGMPv3 Membership Report 报文中的组记录字段有(　　)类型。

A. 当前状态记录　　B. 过滤模式改变状态记录

C. 源列表改变状态记录　　D. 组变化记录

(4) 以下关于 IGMP Snooping,正确的是(　　)。

A. IGMP Snooping 是三层组播协议

B. 路由器端口指交换机上朝向三层组播设备一侧的端口

C. 成员端口表示交换机上朝向组播组成员一侧的端口

D. 在收到 Membership Report 报文时,IGMP Snooping 交换机将其从 VLAN 内除接收端口以外的其他所有端口转发出去

(5) 以下关于组播 VLAN,正确的是(　　)。

A. 在传统的组播点播方式下,当属于不同 VLAN 的主机同时点播同一组播组时,路由器需要把组播数据在每个用户 VLAN 内都复制一份发送给二层交换机

B. 在二层交换机上配置了组播 VLAN 后,路由器只需把组播数据在组播 VLAN 内复制一份发送给二层交换机

C. IGMP Snooping 将在组播 VLAN 中对路由器端口进行维护

D. IGMP Snooping 将在各子 VLAN 中对成员端口进行维护

23.9.2　习题答案

(1) A、B、C、D　(2) A、B、C、D　(3) A、B、C　(4) B、C　(5) A、B、C、D

第24章

组播转发机制

与单播转发路径不同，组播数据转发路径基于树形结构，不同的组播路由协议计算生成的组播分发树不同。

由于组播报文的目的地址是一组接收者，无法从发送方向判断组播转发的最优路径，组播采用逆向路径转发检查机制确保组播数据沿正确路径传输。

本章介绍组播报文分发树模型以及组播报文转发时的RPF检查机制。

24.1 本章目标

学习完本章，应该能够：

(1) 掌握组播分发树模型；

(2) 掌握RPF机制。

24.2 组播分发树模型

单播传输中，接收者是唯一的，所以从发送源到接收者之间的路径是点到点的一条线。

组播传输中，接收者可能是一组分布于网络中任何角落的主机，这就决定了组播数据的转发路径是点到多点的一棵树，因此组播报文的转发路径称为组播分发树。

组播分发树由组播路由协议建立。根据树根节点的不同，组播分发树模型可分为以下两种。

(1) SPT(Shortest Path Tree，最短路径树)模型：树根为组播源，从树根出发到达每一个接收者所经过的路径都是最优的。

(2) RPT(Rendezvous Point Tree，共享树)模型：树根是网络中的某一台路由器，称为RP(Rendezvous Point，汇聚点)。网络中所有接收者共享RP，作为组播分发树的树根。组播源发出的组播数据必须首先到达RP，再由RP分发给各个组播接收者，这样就无法保证组播数据从组播源到组播接收者经过的是最优路径。

在SPT模型中，组播源到达任何一个接收者所经过的路径都是最优的。

SPT模型上的每一台路由器都会维护(S，G)表项，用于组播报文的转发，其中，S表示SPT模型的根即组播源，G指该SPT模型的组播组地址。

在图24-1中可以看到，从组播源到每一个接收者所经过的路径都是最优路径。不同组播源以自己为根，独立建立SPT模型。沿SPT模型传送组播报文可以将报文转发的路径延迟降到最低。

RPT模型由接收者端发起建立，由于接收者不了解组播源的位置，所以需要在网络中指定一个特殊的节点，作为所有接收者共享的树根，这个根节点就是RP。

RPT模型上的每一台路由器都会维护(*，G)表项，用于组播报文的转发，其中，*表示任意源，G指组播组地址。

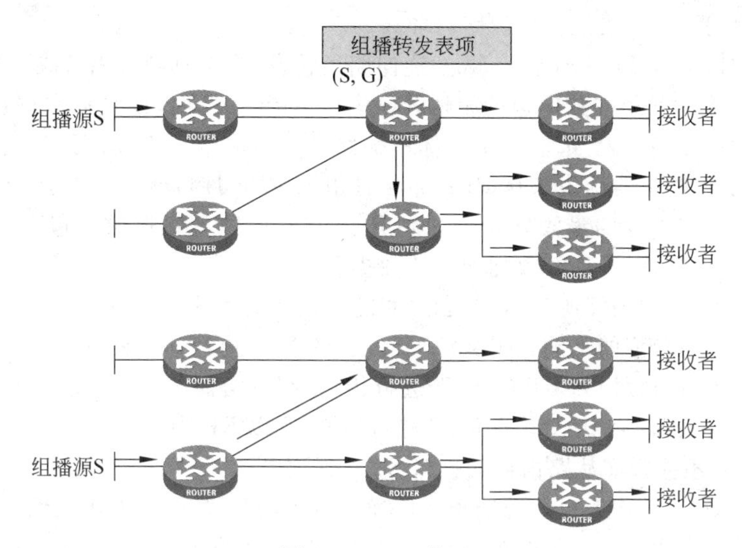

图 24-1 SPT 模型

在图 24-2 中，组播源分别发送组播报文给各自的接收者，在组播报文到达接收者之前首先需要经过 RP，然后再由 RP 分发给不同的接收者。可以看到组播报文在组播源和部分接收者之间没有走最优路径。

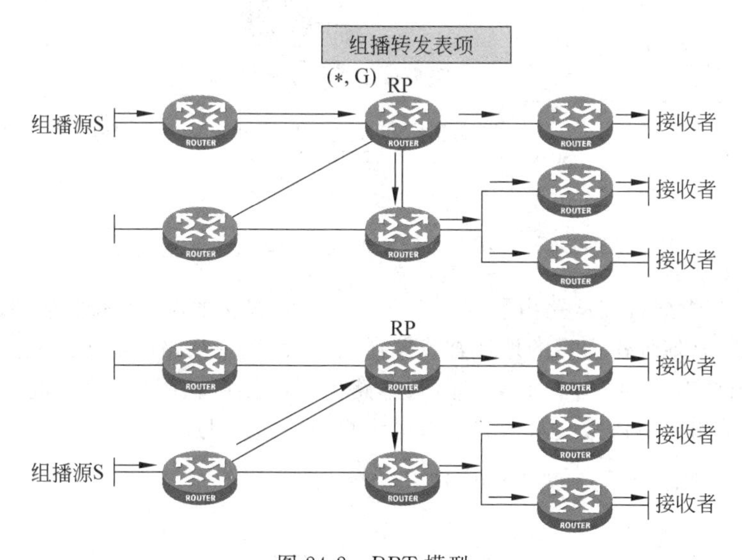

图 24-2 RPT 模型

和 SPT 模型相比，RPT 模型的路径不是最优的，组播报文转发时引入了额外的路径延迟。但是路由器维护的表项信息比较简单，可以节省路由器内存空间。

24.3 RPF 机制

单播数据包转发的依据是目的 IP 地址，该目的地址在网络中唯一地标识了一个节点的位置，所以根据目的地址即可以确定一条到达目的节点的最优路径。沿着确定的路径转发还可以避免环路的产生。

组播数据包的目的地址是组播地址，该组播地址标识了网络中的一组接收者，这些接收者可能处于网络中的任意位置，仅通过目的地址无法确保组播报文沿着正确的路径转发。此外，组播接收者位置的不确定可能会导致路径环路的产生。

通过 RPF(Reverse Path Forwarding,逆向路径转发)检查机制可以解决上述问题。

RPF 检查依据的是组播数据包的源地址。进行 RPF 检查时,以组播数据包的源 IP 地址为目的地址查找单播路由表,选取一条最优单播路由。对应表项中的出接口为 RPF 接口,下一跳为 RPF 邻居。路由器认为来自 RPF 邻居且由该 RPF 接口收到的组播数据包所经历的路径是从"报文源"到本地的最短路径。如果 RPF 检查失败即组播数据包不是从到达"报文源"的下一跳出接口到达,则丢弃收到的组播数据包。沿途每一台路由器都进行同样的检查,可以保证组播数据包从"报文源"到接收者之间的路径是最优的。

根据组播分发树模型的不同,"报文源"所代表的含义也不同。如果当前组播数据包沿着从组播源到接收者或组播源到 RP 的 SPT 进行传输,则以组播源为"报文源"进行 RPF 检查;如果当前报文沿着从 RP 到接收者的 RPT 进行传输,则以 RP 为"报文源"进行 RPF 检查。

在图 24-3 中,组播报文从路由器的接口 S0/0 到达,报文的源 IP 地址为 192.18.0.32。路由器将报文的源 IP 地址作为目的地址查找单播路由表,发现从路由器出发到达报文源的单播路由下一跳的出接口为 S0/1,不同于报文当前到达路由器的接口,说明该报文不是沿着最优的路径到达路由器,路由器丢弃该报文。

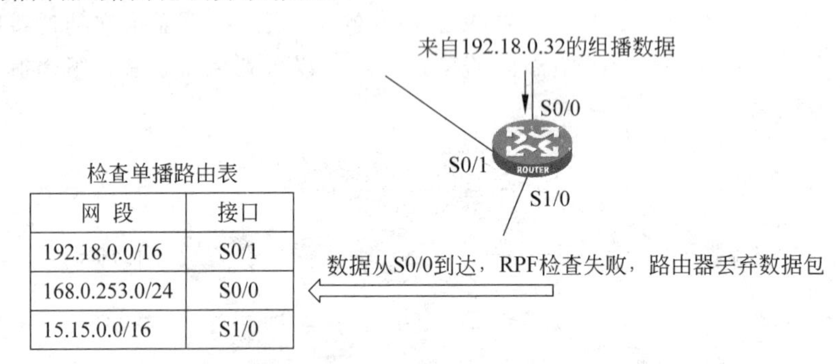

网 段	接口
192.18.0.0/16	S0/1
168.0.253.0/24	S0/0
15.15.0.0/16	S1/0

图 24-3　RPF 检查失败

在图 24-4 中,组播报文从路由器的接口 S0/1 到达,报文的源 IP 地址为 192.18.0.32。路由器将报文的源 IP 地址作为目的地址查找单播路由表,发现从路由器出发到达报文源的单播路由下一跳的出接口为 S0/1,和报文当前到达路由器的接口相同,说明该报文沿着正确的接口到达路由器,路由器将该报文从所有对应的出接口发送出去。

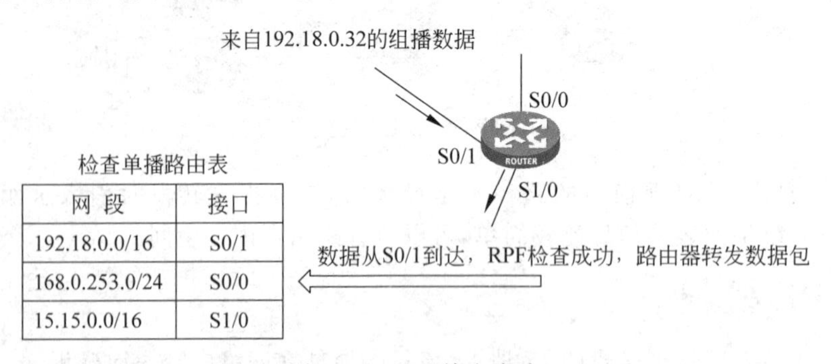

网 段	接口
192.18.0.0/16	S0/1
168.0.253.0/24	S0/0
15.15.0.0/16	S1/0

图 24-4　RPF 检查成功

组播报文的出接口列表中具体包含哪些接口,由组播路由协议确定。

对每一个收到的组播数据报文都进行 RPF 检查会给路由器带来较大负担,利用组播转发表可以解决这个问题,如图 24-5 所示。

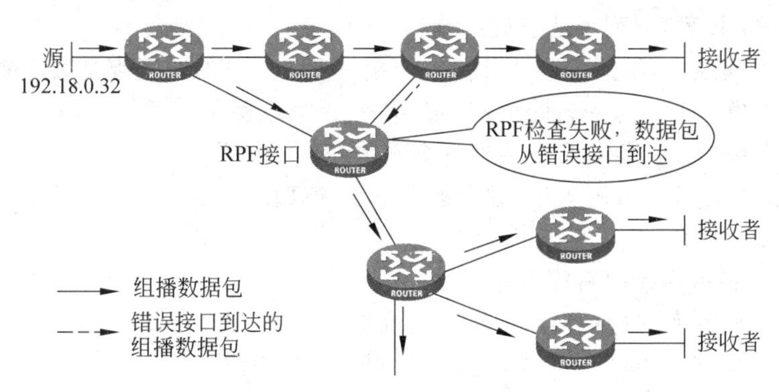

图 24-5 RPF 检查在组播转发中的应用

路由器转发组播报文基于的是组播转发表项，表项包含报文源、组播组地址、入接口列表和出接口列表等信息。对于 SPT，此处的报文源为组播源；对于 RPT，此处的报文源为 RP。为便于表示，此处统一使用(S,G)代表组播转发表项，S 代表报文源，G 代表组播组。

当路由器收到组播数据报文后，按以下方法查找组播转发表。

(1) 如果组播转发表中不存在对应的(S,G)表项，则对该报文执行 RPF 检查，将得到的 RPF 接口作为(S,G)表项的入接口列表，并结合路由信息得到(S,G)表项的出接口列表。若该报文实际到达的接口正是其 RPF 接口，则 RPF 检查通过，向出接口列表中的所有出接口转发该报文；若该报文实际到达的接口不是其 RPF 接口，则 RPF 检查失败，丢弃该报文。

(2) 如果组播转发表中已存在对应的(S,G)表项，且该报文实际到达的接口与入接口相匹配，则向出接口列表中的所有出接口转发该报文。

(3) 如果组播转发表中已存在对应的(S,G)表项，但该报文实际到达的接口与表项中的入接口不匹配，则对此报文执行 RPF 检查。

如果检查得到的 RPF 接口与表项中的入接口一致，则说明当前(S,G)表项正确，该报文 RPF 检查失败，丢弃这个来自错误路径的报文。

如果检查得到的 RPF 接口与表项中的入接口不符，则说明当前(S,G)表项已过时，于是把表项中的入接口更新为检查得到的 RPF 接口。如果该报文实际到达的接口正是该 RPF 接口，则向出接口列表中的所有出接口转发该报文，否则将其丢弃。

24.4 本章总结

(1) 介绍两种组播分发树模型。

(2) 介绍 RPF 检查机制。

24.5 习题和解答

24.5.1 习题

(1) 关于组播分发树模型，下列说法正确的是(　　)。

A. 组播分发树模型分为 SPT 和 RPT 两种

B. SPT 模型树根为组播源，从树根出发到达每一个接收者所经过的路径都是最优的

C. RPT 模型树根是网络中的 RP，从树根出发到达每一个接收者所经过的路径不一定是最优

D. RPT 中路由器维护的表项信息比较简单，可以节省路由器内存空间

(2) 关于 SPT 模型，下列说法正确的是（　　）。

A. SPT 模型中，组播源到达任何一个接收者所经过的路径都是最优的

B. SPT 模型上的每一台路由器都会维护（*，G）表项

C. SPT 模型上的每一台路由器都会维护（S，G）表项

D. 不同组播源以自己为根，独立建立 SPT 模型

(3) 关于 RPT 模型，下列说法正确的是（　　）。

A. RPT 模型由接收者端发起建立

B. RPT 模型上的每一台路由器都会维护（*，G）表项

C. RPT 模型上的每一台路由器都会维护（S，G）表项

D. 组播源分别发送组播报文给各自的接收者，在组播报文到达接收者之前首先需要经过 RP，然后再由 RP 分发给不同的接收者

(4) 关于 RPF，下列说法正确的是（　　）。

A. RPF 检查依据的是组播数据包的源地址

B. 进行 RPF 检查时，以组播数据包的源 IP 地址为目的地址查找单播路由表，选取一条最优单播路由

C. 如果当前组播数据包沿着从组播源到接收者或组播源到 RP 的 SPT 进行传输，则以组播源为“报文源”进行 RPF 检查

D. 如果当前报文沿着从 RP 到接收者的 RPT 进行传输，则以 RP 为“报文源”进行 RPF 检查

(5) 当路由器收到组播数据报文后，查找组播转发表，以下说法正确的是（　　）。

A. 路由器转发组播报文基于的是组播转发表项，表项包含报文源、组播组地址、入接口列表和出接口列表等信息

B. 如果组播转发表中不存在对应的（S，G）表项，则对该报文执行 RPF 检查，将得到的 RPF 接口作为（S，G）表项的入接口

C. 如果组播转发表中已存在对应的（S，G）表项，且该报文实际到达的接口与入接口相匹配，则向出接口列表中的所有出接口转发该报文

D. 如果组播转发表中已存在对应的（S，G）表项，且该报文实际到达的接口与入接口不匹配，则向出接口列表中的所有出接口转发该报文

24.5.2 习题答案

(1) A、B、C、D　(2) A、C、D　(3) A、B、D　(4) A、B、C、D　(5) A、B、C

第25章

组播路由协议

路由器在进行组播报文转发时，需要查找组播路由表，依照出接口列表将报文复制并发送。组播路由表是通过组播路由协议得到的。组播路由协议包含DVMRP、MOSPF、PIM等。

本章首先对组播路由协议进行概述，然后对常用的PIM-DM协议、PIM-SM协议、PIM-SSM协议的机制进行详细介绍。

25.1 本章目标

学习完本章，应该能够：

(1) 熟悉常用的组播路由协议；

(2) 掌握PIM-DM协议的原理；

(3) 掌握PIM-SM协议的原理；

(4) 掌握PIM-SSM协议的原理。

25.2 组播路由协议概述

组播路由协议运行在三层组播设备之间，用于建立和维护组播路由表，并正确、高效地转发组播报文。

组播路由协议为组播源和组播接收者建立了无环的传输路径，即组播分发树，不同的组播路由协议基于的组播分发树可能不同。

组播路由协议根据不同的组播模型可以分为基于ASM(任意信源模型)的组播路由协议和基于SSM(指定信源模型)的组播路由协议。对于ASM组播模型，组播路由协议又可以分为域内组播路由协议和域间组播路由协议。域内组播路由协议用于在AS内部发现组播源并构建组播分发树，域间组播路由协议用于实现组播信息在AS间的传递。

根据组播应用环境中组播接收者疏密程度的不同，组播路由协议有密集和稀疏两种模式，如图25-1所示。

(1) 在密集模式下，组播数据流采用“推”的方式从组播源泛洪发送到网络中的每一个角落，组播接收者采用被动接收的方式接收组播报文。如果某路由器所负责的所有网段均不存在接收者，则该路由器会向上游路由器发送请求，停止上游向自己泛洪组播报文。密集模式实现非常简单，但是泛洪机制会浪费大量网络带宽。密集模式适用于网络环境中成员众多的场合，如股票交易大厅、学校网上教学等。

(2) 在稀疏模式下，组播数据流采用“拉”的方式从组播源发送到组播接收者，组播接收端路由器主动向组播源发送接收请求，组播报文只会发送到真正有接收需求的网段。

稀疏模式实现较为复杂，但是节省了大量网络带宽。稀疏模式适用于网络环境中接收成员较少的场合，如小区音/视频点播、IP智能监控等。

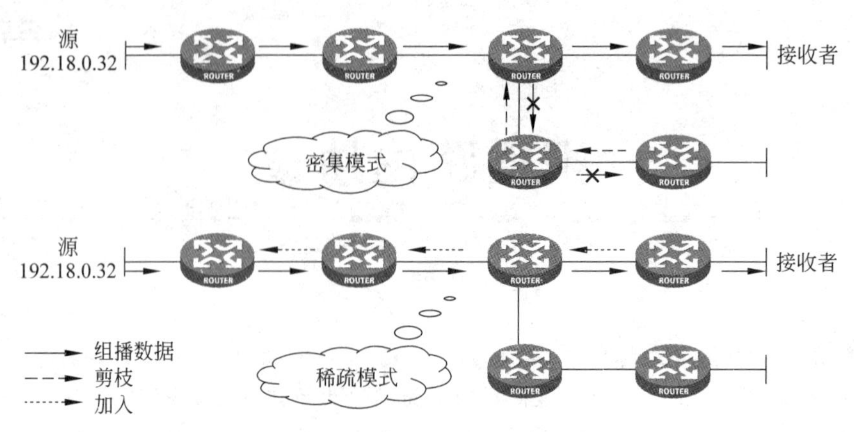

图 25-1 组播路由协议的模式

域内组播路由协议主要包含 DVMRP、MOSPF 和 PIM。

DVMRP(Distance Vector Multicast Routing Protocol,距离矢量组播路由协议)基于距离矢量算法,即“RIP 模式”。DVMRP 路由协议运行时首先通过交互组播路由信息,得到一棵经过裁剪的泛洪广播树,树根为组播源,所有 DVMRP 路由器都为叶子节点。所有路由器都拥有唯一的上游路由器指向组播源,组播报文沿着这棵经过裁剪的广播树,通过泛洪/剪枝机制到达组播接收者。DVMRP 具有 RIP 的所有缺点并且需要交互特定的组播路由信息,实际应用中使用很少。

MOSPF(Multicast Extensions to OSPF,组播扩展 OSPF 协议)是 OSPF 协议支持组播的扩展模式。MOSPF 基于链路状态算法,通过交互特殊的 LSA——组成员 LSA,使得路由器了解各组播组成员的位置,当收到组播报文时可以沿最短路径树将组播报文发送到每一个组播接收者。MOSPF 采用链路状态算法,可以清楚地了解每一个接收者的具体位置,所以不会产生大量的泛洪组播流,但是其运行环境受限,只能运行在 OSPF 网络中,实际应用中使用较少。

PIM(Protocol Independent Multicast,协议无关组播)需要使用单播路由表进行 RPF 检查,但是不依赖于某种具体的单播路由协议来生成单播路由表。PIM 具有 DVMRP 和 MOSPF 无法比拟的优点,相对于 DVMRP,PIM 不需要交互组播路由信息;相对于 MOSPF,PIM 灵活简单,因此 PIM 在实际组播应用中使用非常广泛。本章主要对 PIM 协议进行介绍。

PIM 协议报文基于 UDP 协议,端口号是 103,使用专门的组播 IP 地址 224.0.0.13。根据实现机制的不同,PIM 协议可以分为 PIM-DM、PIM-SM 和 PIM-SSM 3 种。

25.3 PIM-DM

PIM-DM(Protocol Independent Multicast-Dense Mode,协议无关组播-密集模式)在 RFC 3973 中定义,通常适用于组播组成员相对比较密集的小型网络。

PIM-DM 使用“推(Push)模式”传送组播数据,其基本原理如下。

(1) PIM-DM 假设网络中的每个子网都存在至少一个组播组成员,因此组播数据将被扩散(Flooding)到网络中的所有节点。然后,PIM-DM 对没有组播数据转发的分支进行剪枝(Prune),只保留包含接收者的分支。这种“扩散-剪枝”现象周期性地发生,被剪枝的分支也可以周期性地恢复成转发状态。

(2) 当被剪枝分支的节点上出现了组播组的成员时,为了减少该节点恢复成转发状态所

需的时间,PIM-DM 使用嫁接(Graft)机制主动恢复其对组播数据的转发。

PIM-DM 还包含邻居发现、断言(Assert)、状态刷新等处理机制。

PIM-DM 基于 SPT 模型,通过 PIM-DM 可以构建以组播源为根、接收者为叶子的组播分发树,组播报文沿最优路径到达每一个接收者。

25.3.1 邻居发现机制

PIM 路由器周期性地以组播方式发送 PIM Hello 消息,目的组播地址为 224.0.0.13,所有 PIM 路由器都是该组播组的成员。通过 Hello 消息,路由器可以发现 PIM 邻居并建立和维护各路由器之间的 PIM 邻居关系,如图 25-2 所示。

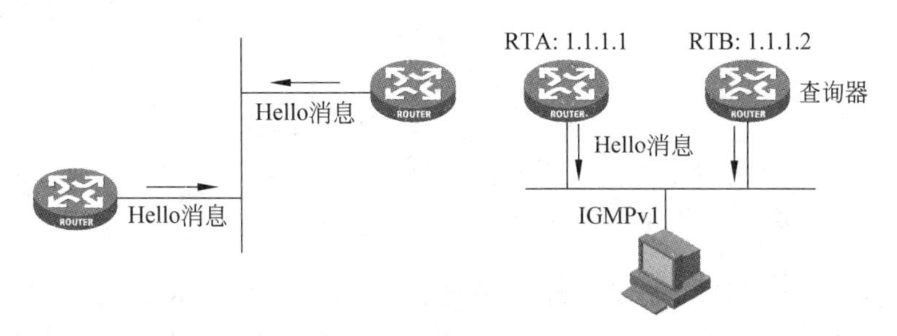

图 25-2 邻居发现机制

当连接组播接收者的共享网段上有多台路由器,且路由器运行 IGMPv1 时,路由器可以通过 PIM 的 Hello 消息为该网段的接收者主机选举 DR,并由 DR 充当 IGMPv1 的查询器。PIM-DM 只有此时才需要选举 DR。

选举 DR 时,首先比较 Hello 消息的优先级,拥有最高 Hello 消息优先级的路由器将称为该网段的 DR;如果 Hello 消息的优先级相同,则通过比较路由器接口 IP 地址来竞选 DR,IP 地址最大的路由器将成为 DR。当 DR 出现故障时,其余路由器在超时后没有收到 DR 发送的 Hello 消息,则会触发新的 DR 选举过程。

25.3.2 扩散过程

当收到组播报文时,PIM-DM 路由器首先进行 RPF 检查,确定报文是否从正确的接口到达。如果 RPF 检查正确,路由器会为该组播报文建立组播转发表项(S,G),S 代表发送源,G 代表组播组。该组播转发表项还包含一个入接口列表和出接口列表,组播转发表项的入接口列表即为 RPF 接口,出接口列表包含除 RPF 接口外的所有连接 PIM-DM 邻居的接口以及直接连接组播组 G 成员主机的接口。

网络中的每一台 PIM 路由器都进行同样的处理,经过扩散(Flooding)过程,PIM-DM 域内的每台路由器都会收到来自源 S 的组播报文,并创建(S,G)表项。

如图 25-3 所示,假设所有路由器均运行 PIM-DM,组播源 192.168.0.32 发送组播报文到直连的路由器,路由器经过 RPF 检查后,将组播报文从非 RPF 接口发送出去,沿途每一台路由器都进行了同样的处理过程。最后,网络中每一台路由器都收到了来自 192.168.0.32 的组播报文,并建立(192.168.0.32,G)表项。如果路由器本地有组播组 G 的成员,则路由器会将组播报文发送给接收者。

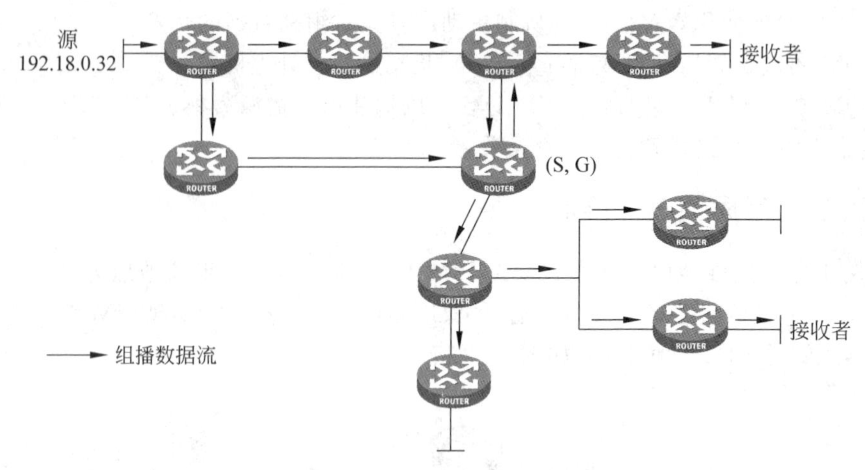

图 25-3 组播报文扩散过程

25.3.3 剪枝/加入过程

如果路由器不需要 PIM 邻居发送组播报文给自己，则发送 Prune 消息给 PIM 邻居，PIM 邻居收到 Prune(剪枝)消息后将不再转发该组播组的报文到本路由器。

路由器有以下两种情况需要发送 Prune 消息。

(1) 如果路由器维护的(S,G)表项中出接口列表为空，表示路由器下游没有组播接收者，则路由器会向上游 RPF 邻居发送 Prune 消息。例如，RTD 和 RTF 会向 RPF 邻居 RTC 发送 Prune 消息，剪掉不需要的组播流。

(2) 如果路由器从非 RPF 接口收到组播报文，则会触发 Assert(断言)过程，Assert 失败的一方也会向获胜的一方发送 Prune 消息。例如，RTB 从非 RPF 接口(连接 RTA 的接口)收到组播报文，会向 RTA 发送 Prune 消息。Assert 机制在后续内容中会详细介绍。

如果有多台路由器通过共享网段互联，则一台路由器发送的 Prune 消息可能会错误地导致其他路由器无法收到组播报文。例如，RTD 下游没有接收者，所以 RTD 向 RPF 邻居 RTC 发送 Prune 消息，但是同一网段的路由器 RTE 的下游存在接收者，如果 RTC 停止向该网段发送组播报文，将导致 RTE 无法收到并转发报文给接收者。

针对这种问题，PIM-DM 定义了加入机制：如果路由器从 RPF 接口收到 Prune 消息，且路由器下游存在接收者时，路由器要向 RPF 邻居发送 Join 消息，使得上游 RPF 邻居继续维持组播报文在该共享网段的转发。在本例中，RTE 从 RPF 接口收到 RTD 发送的 Prune 消息，则 RTE 会从 RPF 接口发送 Join 消息给 RTC，使得 RTC 继续转发组播报文到共享网段。这是 PIM-DM 中唯一使用到 Join 消息的地方。

剪枝/加入过程可形象表示为图 25-4。

经过“扩散-剪枝”过程，最终形成组播源和组播接收者之间的 SPT，如图 25-5 所示。

网络中的所有路由器都会一直维护(S,G)表项，只有当组播源 S 不再发送组播流之后，路由器才会删除该组播源对应的(S,G)表项信息。

PIM-DM 的“扩散-剪枝”过程是周期性发生的。各个被剪枝的接口提供超时机制，当剪枝超时后接口会重新向下游发送组播报文，这个“扩散-剪枝”过程会一直持续下去。

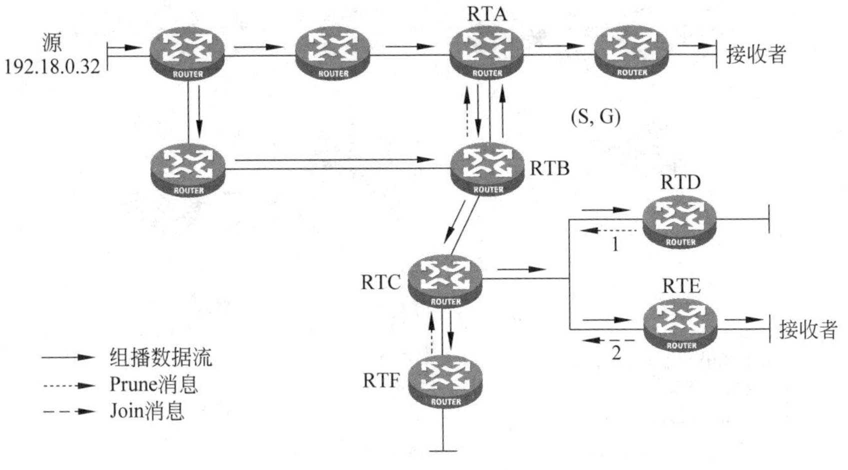

图 25-4 剪枝/加入过程

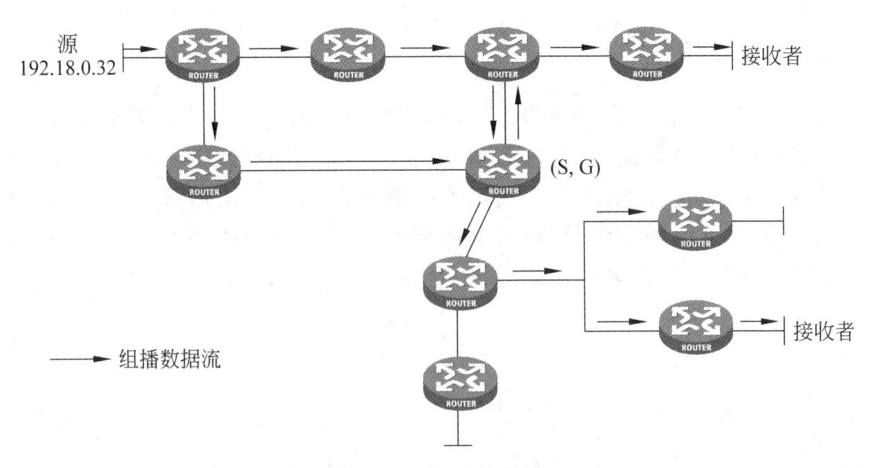

图 25-5 SPT 的形成

25.3.4 嫁接过程

当被剪枝的路由器上出现组播接收者时，路由器不必等待下一次扩散的到来，而可以通过嫁接(Graft)机制快速地恢复上游 RPF 邻居对组播报文的转发。

如图 25-6 所示，RTF 下有接收者想要加入组播组 G，则该接收者会向 RTF 发送 IGMP Membership Report 报文，RTF 收到 Membership Report 报文后会建立组播组成员表项，并向 RPF 邻居 RTC 发送 Graft 消息，请求 RTC 发送组播流。RTC 收到 RTF 发送的 Graft 消息后，向 RTF 回复 Graft ACK，告诉 RTF 已经收到了 Graft 消息。然后，RTC 会将收到 Graft 消息的接口添加到(S,G)表项的出接口列表中。之后，组播数据就会被 RTC 转发到 RTF，而接收者也就能从 RTF 收到组播数据了。

嫁接过程中，Graft 消息和 Graft ACK 都是单播方式发送的，其中 Graft 消息的单播目的地址为 RPF 邻居的 IP 地址，RPF 邻居回复的 Graft ACK 的目的地址为本路由器发送嫁接消息的源 IP 地址。

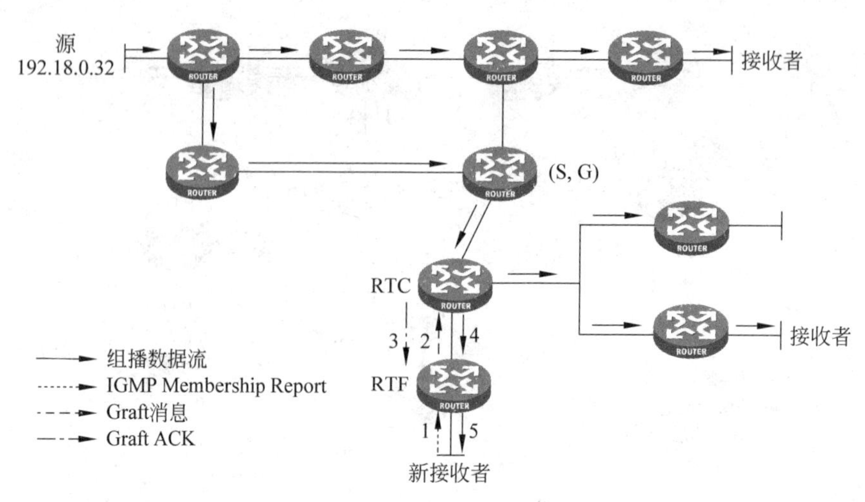

图 25-6 嫁接过程

25.3.5 断言机制

在一个网段内如果存在多台组播路由器，则相同的组播报文可能会被重复发送到该网段。为了避免出现这种情况，需要通过断言（Assert）机制来选择网段上唯一的组播数据转发者。

在图 25-7 中，当 RTA 和 RTB 从上游节点收到来自源 S 的组播报文后，都会向本地网段转发该报文，于是处于下游的节点 RTC 就会收到两份相同的组播报文，RTA 和 RTB 也会从各自的本地接口收到对方转发来的该组播报文。

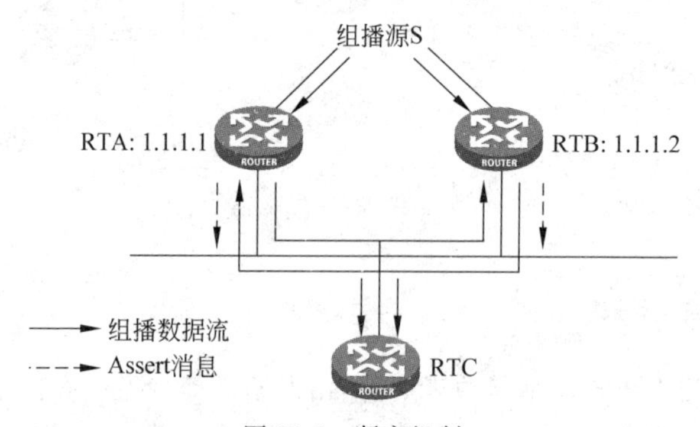

图 25-7 断言机制

此时，RTA 和 RTB 会在收到重复组播报文的接口上发送 Assert 消息，Assert 消息中携带组播源地址 S、组播组地址 G、到达组播源的单播路由的优先级和 Metric。通过比较 Assert 消息后，RTA 和 RTB 中的获胜者将成为组播报文在该网段的唯一转发者。Assert 消息的比较规则如下。

（1）到组播源 S 的单播路由的优先级较高者获胜。

（2）如果到组播源 S 的单播路由的优先级相等，那么到组播源的 Metric 值较小者获胜。

（3）如果到组播源 S 的 Metric 值也相等，则本地接口 IP 地址较大者获胜。

假设 RTA 和 RTB 到达组播源 S 的单播路由优先级与度量值都相同，因为 RTB 的 IP 地址大于 RTA 的 IP 地址，RTB 为断言获胜者。作为断言失败者，RTA 会向 RTB 发送 Prune 消息，由于该网段上存在接收者 RTC，当 RTC 收到 Prune 消息后，会发送 Join 消息，使得

RTB 继续向该网段转发组播报文。

当 RTB 上游接口中断时，为避免组播业务长期中断，RTB 会立即发送 Metric 值为无穷大的 Assert 消息，从而引发新一轮的断言过程，使得 RTA 成为该网段新的断言获胜者。

25.3.6 PIM-DM 的状态刷新机制

通过“扩散-剪枝”过程可以快速、简便地建立从组播源到组播接收者之间的 SPT。但是由于该过程是周期进行的，每隔一段时间，网络中就会充斥组播报文，而不需要接收组播报文的路由器就需要再次申请剪枝。重复的“扩散-剪枝”过程浪费了大量的网络带宽，增加了路由器的处理负担。

针对上述问题，PIM-DM 提供了状态刷新机制。如图 25-8 所示，和组播源直接相连的路由器发出 State Refresh 消息，其他路由器收到 State Refresh 消息后会重置剪枝超时定时器，同时向入接口之外的所有连接 PIM 邻居的接口发送 State Refresh 消息。其中，对于当前处于转发状态的接口，State Refresh 消息中的剪枝标志位置 0；对于当前处于剪枝状态的接口，State Refresh 消息中的剪枝标志位置 1。

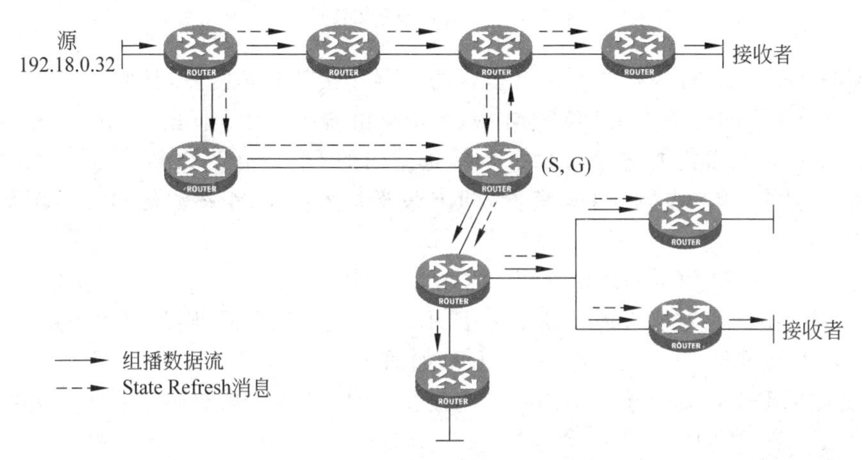

图 25-8 PIM-DM 的状态刷新机制

通过周期性地发送 State Refresh 消息，可以使得处于剪枝状态的接口维持在当前状态，从而减少不必要的扩散。

状态刷新机制，使用周期性的协议报文替代周期性的组播数据扩散，可以减少网络消耗，优化网络资源。

25.4 PIM-SM

PIM-SM(Protocol Independent Multicast-Sparse Mode，协议无关组播-稀疏模式)在 RFC 4601 中定义，在实际应用中适用于任何形式的网络。

PIM-SM 使用“拉(Pull)模式”传送组播数据，其基本原理如下。

(1) PIM-SM 假设所有主机都不需要接收组播数据，只向明确提出需要组播数据的主机转发。

(2) 使用 RP 作为共享树的根。连接接收者的 DR 向某组播组对应的 RP 发送加入消息(Join)，该消息被逐跳送达 RP，所经过的路径就形成了 RPT 的分支。

(3) 组播源如果要向某组播组发送组播数据，首先由组播源侧 DR 负责向 RP 进行注册，然后组播源把组播数据发向 RP，当组播数据到达 RP 后，被复制并沿着 RPT 发送给接收者。

25.4.1 邻居发现和DR选举

PIM-SM邻居发现过程和PIM-DM相同，都是通过组播方式发送Hello报文，从而建立和维护PIM邻居关系，如图25-9(a)所示。

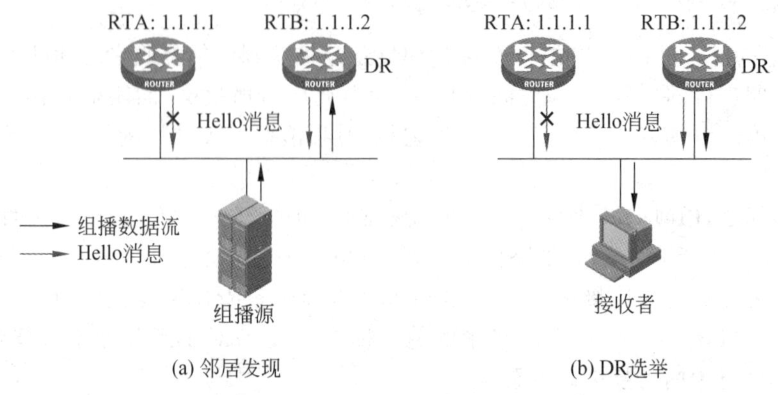

图25-9 邻居发现和DR选举

在PIM-DM中，只有当接收者侧有多台路由器连接到共享网段，且路由器运行IGMPv1时，才需要进行DR的选举。在PIM-SM中，无论路由器运行什么样的IGMP版本，接收者侧或发送源侧的路由器都需要进行DR的选举，选举出的DR将作为该共享网络中组播数据的唯一转发者。其中，接收者侧的DR负责向RP发送加入报文，组播源侧的DR负责向RP发送注册报文。

DR的选举方式和PIM-DM中介绍的选举方式相同。首先，比较Hello报文中的优先级，拥有最高Hello报文优先级的路由器将成为DR；如果优先级相同，则需要比较路由器接口IP地址的大小，IP地址最大的路由器将成为DR，如图25-9(b)所示。

接收者侧的DR必须运行IGMP，否则连接在该DR上的接收者将不能通过该DR加入组播组。

25.4.2 加入过程

如图25-10所示，接收者首先通过IGMP Membership Report报文通知DR加入某组播组，DR会在本地建立(*,G)表项，然后向RPF邻居发送Join消息，此时DR会将连接接收者的接口加入(*,G)表项的出接口列表中，同时将指向RP的单播路由的下一跳出接口作为该(*,G)表项的入接口。由于接收者并没有指定组播源，因此(*,G)表项中的组播源为任意组播源。

Join消息将沿着DR指向RP的单播路由逐跳发送，最后到达RP。沿途每一台路由器包括RP都会建立对应的(*,G)表项。网络中每一个接收者侧的DR都进行相同的操作，最终形成以RP为根的RPT。

当RP收到组播组G的报文时，从(*,G)表项的出接口将报文转发出去，组播报文沿RPT传送，最终由接收者侧的DR转发给接收者。

只要DR本地有组播组G的接收者，DR就会周期性地向上游发送加入消息，保证上游路由器正常发送组播报文到本地。当DR相连的所有网段都没有组播组G的接收者时，DR会向上游路由器发送剪枝消息，通知上游停止向自己发送组播组G的报文。

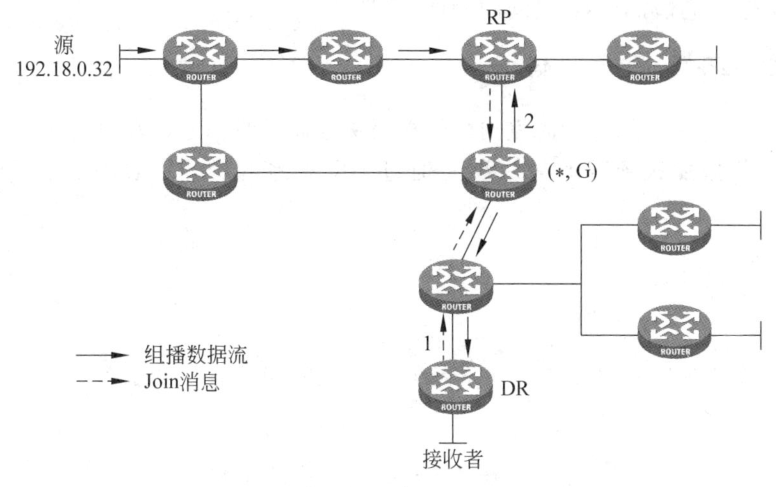

图 25-10 加入过程

25.4.3 组播源注册

组播源不关心有没有接收者，会一直向某组播组 G 发送组播数据。如图 25-11 所示，当组播源侧的 DR 收到组播组 G 的报文时，会建立(S,G)表项，同时将连接组播源的接口作为(S,G)表项的入接口。

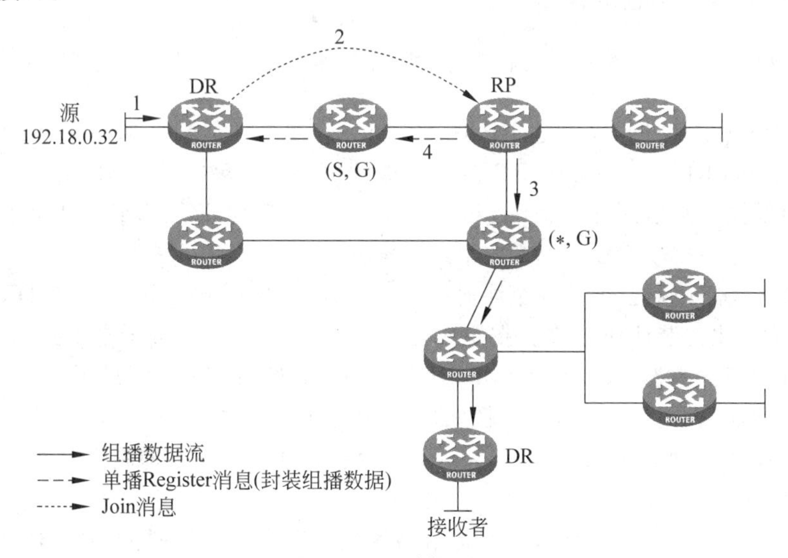

图 25-11 组播源注册

DR 将收到的组播报文封装在 Register 消息中，单播发送到对应的 RP。RP 收到单播 Register 消息后，判断本地是否存在对应的(＊,G)表项。如果存在(＊,G)表项，RP 将 Register 消息中封装的组播报文取出，然后从(＊,G)表项的出接口列表发送出去。

RP 会为该组播源创建对应的(S,G)表项，入接口为收到单播 Register 报文的接口，出接口和(＊,G)表项中的出接口相同。然后，RP 向组播源方向发送特定源和组的 Join 消息，Join 消息将沿着 RP 指向组播源的单播路由逐跳发送，最后到达组播源侧的 DR。沿途每一台路由器都会建立(S,G)表项。

组播源侧的 DR 收到 Join 消息后，将接收 Join 消息的接口添加到(S,G)表项的出接口列表中，此时，形成了组播源到 RP 之间的一棵 SPT。

25.4.4 组播源注册停止

如图 25-12 所示，此时，组播源发出的组播报文会通过两种方式发送到 RP。一种是由 DR 进行注册封装，单播发送到 RP；另一种是通过 DR 本地的(S,G)表项沿着 SPT 组播发送到 RP。

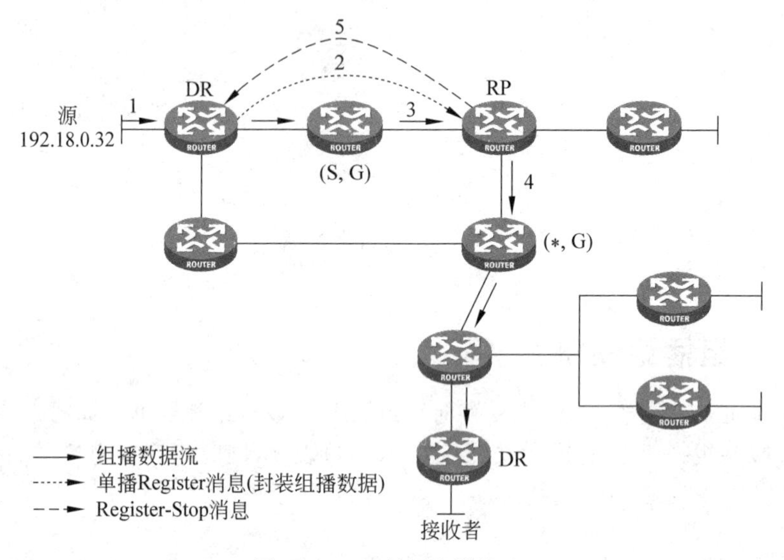

图 25-12 组播源注册停止

当单播和组播发送的报文到达 RP 时，RP 将丢弃单播注册封装的报文，而将以组播方式接收的报文发送到 RPT 上。同时，RP 会向组播源侧的 DR 单播发送 Register-Stop 消息，通知 DR 停止单播注册封装过程。此后，组播报文将仅沿着 SPT 发送到 RP，再由 RP 发送到 RPT 上。

组播源的 DR 路由器会维护一个注册抑制定时器，在定时器时间范围内，DR 都以组播方式发送数据，而不去封装注册报文。在定时器超时前，DR 会发送若干空 Register 消息，该消息没有封装任何组播数据，仅仅用来提醒 RP“该发送 Register-Stop 消息了”，否则 DR 会重新通过单播发送注册封装报文。RP 收到空 Register 消息后会发送 Register-Stop 消息，同时更新本地的(S,G)表项，而 DR 收到 Register-Stop 消息后会更新注册抑制定时器，并继续以组播方式发送数据。

至此为止，网络中形成两棵树，一棵是组播源到 RP 的 SPT；一棵是从 RP 到组播接收者的 RPT。可以看到，组播源到 RP 所经过的路径是最优的，但是从组播源到接收者之间的路径不一定是最优的，因为必须通过 RP 转发。当网络中组播源和接收者数量众多时，RP 将会成为网络性能的瓶颈，并且降低了网络带宽使用率，增加了报文转发的路径延迟。

25.4.5 RPT 向 SPT 的切换

为了获得更小的报文延迟，接收者侧的 DR 会发起从 RPT 到 SPT 的切换，如图 25-13 所示。

当 DR 收到第一个组播报文时，就可以获取组播源的地址，然后向组播源方向发送特定源组的 Join 消息，Join 消息将沿着 DR 指向组播源的单播路由逐跳发送，最后到达组播源侧的

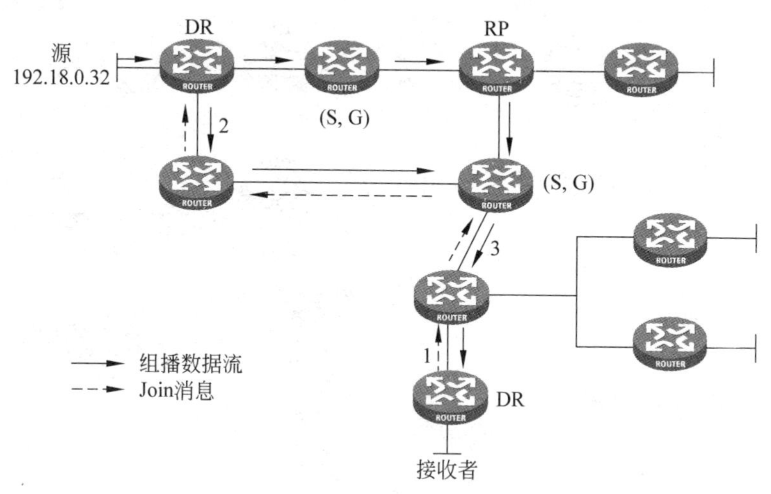

图 25-13 RPT 向 SPT 的切换(1)

DR 或已经存在(S,G)表项的路由器。沿途每一台路由器都会建立(S,G)表项。

此后,组播源发送的报文将会沿两个方向到达接收者侧的 DR 或 DR 上游的某台路由器。其中,一封报文沿 SPT 到达,一封报文沿 RPT 到达,收到两封报文的路由器会丢弃从 RP 方向收到的组播报文,并向 RP 发送 Prune 消息,如图 25-14 所示。

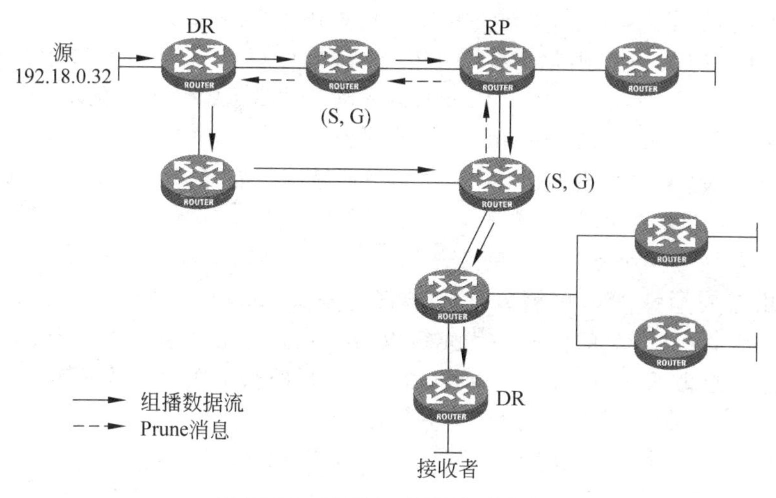

图 25-14 RPT 向 SPT 的切换(2)

如果 RP 本地(S,G)表项的出接口列表为空,则 RP 向组播源侧的 DR 发送 Prune 消息,剪掉不需要的组播流。

最终,网络中形成组播源和接收者之间的 SPT,如图 25-15 所示。

和 PIM-DM 相比,PIM-SM 中的 SPT 基于接收者主动地加入,所以不需要泛洪报文到网络中的每一个角落,节省了大量的网络带宽。和 RPT 相比,组播报文经过最优路径到达接收者,不需要 RP 的中转,提高了报文转发的效率。

25.4.6 RP 的选择

PIM-SM 中,组播组加入请求是由接收者端主动发起的,而接收者初始时候,并不知道组播源的位置,因此需要 RP 作为接收者加入某组播组的汇聚点;组播源起始的时候也不知道接

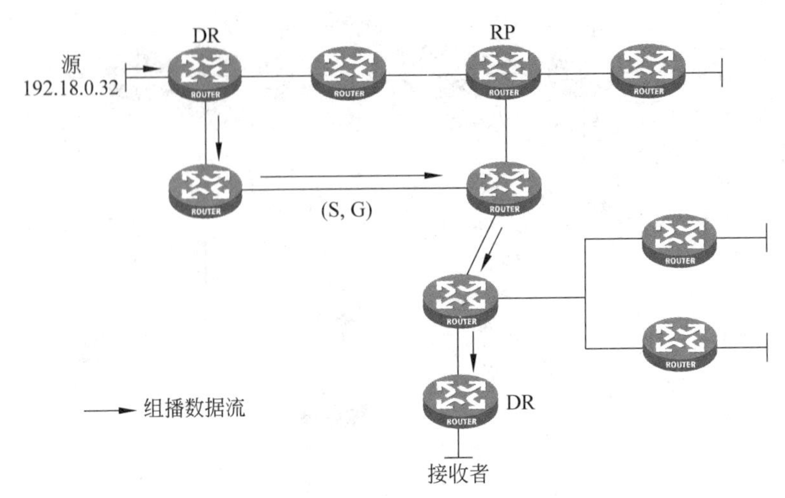

图 25-15 RPT 向 SPT 的切换(3)

收者在什么地方,所以也将组播报文发给 RP,由 RP 中转。由此可见,RP 是 PIM-SM 中的核心设备,RP 的选择是 PIM-SM 运行的关键。

在结构简单的小型网络中,组播信息量少,整个网络仅依靠一个 RP 进行组播信息的转发即可,此时可以在 PIM-SM 域中的各路由器上静态指定 RP 的位置。但是在更多的情况下,PIM-SM 域的规模都很大,通过 RP 转发的组播信息量巨大。

为了缓解 RP 的负担并优化 RPT 的拓扑结构,可以在 PIM-SM 域中配置多个 C-RP(Candidate-RP,候选 RP),通过 BootStrap 机制来动态选举 RP,使不同的 RP 服务于不同的组播组,此时需要配置 BSR(BootStrap Router,自举路由器)。

BSR 是 PIM-SM 域的管理核心,一个 PIM-SM 域内只能有一个 BSR,但可以配置多个 C-BSR(Candidate-BSR,候选 BSR)。这样,一旦 BSR 发生故障,其余 C-BSR 能够通过自动选举产生新的 BSR,从而确保业务免受中断。

C-RP 路由器周期性地以单播方式发送宣告报文(Advertisement)给 PIM-SM 域中的 BSR,该报文中携带有 C-RP 的地址和优先级以及其服务的组播组范围。BSR 收到宣告报文后,将这些信息汇总为 RP-Set(RP 集,即组播组与 RP 的映射关系数据库),封装在自举报文(BootStrap)中并以组播方式发布到整个 PIM-SM 域。

网络中的各路由器将依据 RP-Set 提供的信息,使用相同的规则从众多 C-RP 中为特定组播组选择其对应的 RP,具体规则如下。

(1) 首先比较 C-RP 的优先级,优先级较高者获胜。

(2) 若优先级相同,则使用哈希(Hash)函数计算哈希值,该值较大者获胜。

(3) 若优先级和哈希值都相同,则 C-RP 地址较大者获胜。

在一个 PIM-SM 域中只能有一个 BSR,由 C-BSR 通过自动选举产生。C-BSR 间的自动选举机制描述如下。

(1) 最初,每个 C-BSR 都认为自己是本 PIM-SM 域的 BSR,并使用接口的 IP 地址作为 BSR 地址,发送自举报文。

(2) 当某 C-BSR 收到其他 C-BSR 发来的自举报文时,首先比较自己与后者的优先级,优先级较高者获胜;在优先级相同的情况下,再比较自己与后者的 BSR 地址,拥有较大 IP 地址者获胜。

实际应用中,RP 和 BSR 可以是同一台路由器。

在图 25-16 中，PIM-SM 域有 3 台路由器作为 C-RP，C-RP 周期性地向网络中的 BSR 单播发送宣告报文。BSR 收到宣告报文后，将宣告报文中的 C-RP 地址、优先级以及其服务的组播组范围等信息汇总为 RP-Set，通过自举报文以组播方式发布给 PIM-SM 中的所有路由器。

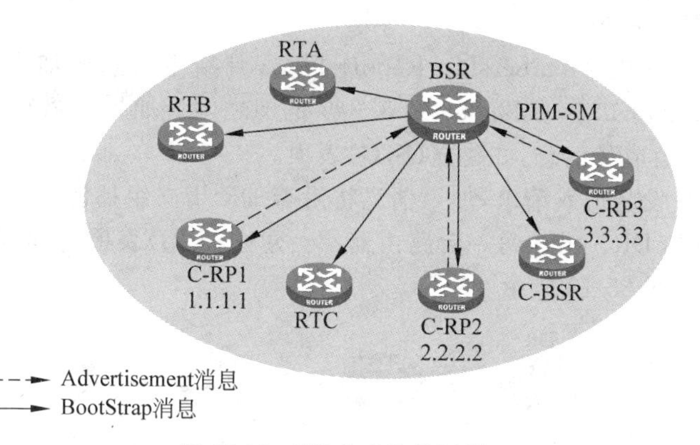

图 25-16 RP 动态选举过程

其他路由器收到自举报文后为组播组选择对应的 RP。一个 RP 可以为多个组播组服务，而一个组播组只能选择一个 RP。

最后 RTA 选择 C-RP1 作为组播组 228.1.1.1 的 RP，RTB 选择 C-RP2 作为组播组 228.2.2.2 的 RP，RTC 选择 C-RP3 作为组播组 228.3.3.3 的 RP，实现了 RP 间的负载分担。

25.5 PIM-SSM

组播的 SSM 模型在 RFC 4607 中定义，SSM 模型为指定源组播提供了解决方案。IANA 为 SSM 分配了特定的组播地址段：232.0.0.0～232.255.255.255。

PIM-SSM 通过 PIM-SM 的一部分机制来实现，可以看作是 PIM-SM 的子集。PIM-SSM 的机制包含邻居发现和 DR 选举机制以及加入过程。

PIM-SSM 的邻居发现和 DR 选举机制与 PIM-SM 的对应机制相同。由于接收者事先已经通过某种途径知道了组播源的 IP 地址，所以 PIM-SSM 的加入过程和 PIM-SM 的加入过程相比有所区别。

如图 25-17 所示，主机端的 DR 周期性地发送 IGMPv3 查询报文，如果网段上有主机想要

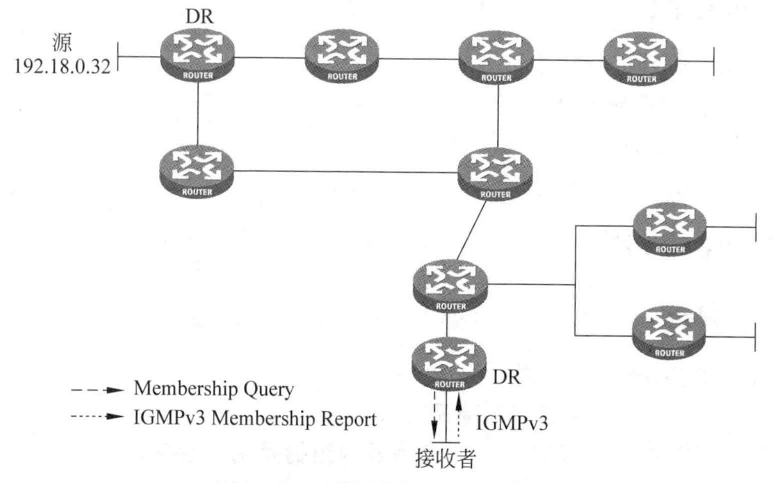

图 25-17 PIM-SSM 加入过程(1)

接收某特定源的组播报文，则主机回复 IGMPv3 Membership Report 报文，包含想要接收的组播源地址 S 以及组播组地址 G。

当主机想要接收某组播源发送的组播报文时，也可以主动发送 IGMPv3 Membership Report 报文，向 DR 发起请求。

DR 收到主机发送的 Membership Report 报文，判断主机想要加入的组播组 G 是否在 SSM 模型规定的 232.0.0.0～232.255.255.255 范围之内。如果组播组 G 在 SSM 模型范围之内，则 DR 会维护组成员信息，并建立(S,G)表项。

DR 向组播源 S 发起加入请求，加入消息将沿着 DR 指向组播源 S 的单播路由逐跳发送，最后到达组播源侧的 DR。沿途每一台路由器都会建立(S,G)表项，从而构建了一棵从组播源到接收者的 SPT，如图 25-18 所示。

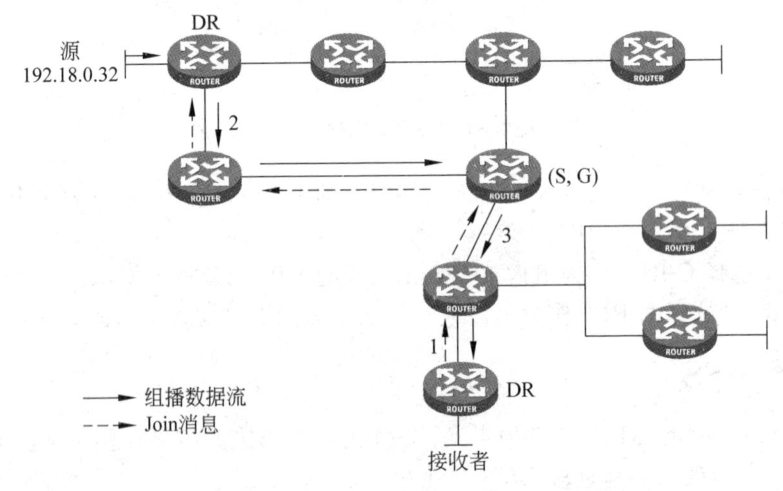

图 25-18 PIM-SSM 加入过程(2)

此后，组播报文就会沿着组播源到接收者之间的 SPT 到达接收者。

PIM-SSM 模式中，由于主机事先知道了组播源的位置，可以直接向组播源发起加入，所以不需要在网络中选举 RP，简化了协议的处理。同时，组播报文开始就沿着 SPT 传送，不需要 RPT 到 SPT 的切换，提高了报文转发的效率。

25.6 本章总结

(1) 对组播路由协议进行概述。

(2) 详细介绍 PIM-DM 协议原理。

(3) 详细介绍 PIM-SM 协议原理。

(4) 详细介绍 PIM-SSM 协议原理。

25.7 习题和解答

25.7.1 习题

(1) 关于组播路由协议分类，以下说法正确的有(　　)。

A. 组播路由协议有密集和稀疏两种模式

B. 根据应用范围，组播路由协议分为域内组播路由协议和域间组播路由协议

C. 域内组播路由协议有 DVMRP、MOSPF、PIM

D. 域间组播路由协议有 MSDP

(2) PIM-DM 的机制包含(　　)。

A. 扩散-剪枝机制
B. 嫁接机制
C. 断言机制
D. 状态刷新机制

(3) PIM-SM 的机制包含(　　)。

A. 加入机制
B. 组播源注册机制
C. RPT 向 SPT 切换机制
D. RP 发现机制

(4) RP 动态选举规则为(　　)。

A. 首先比较 C-RP 的优先级,优先级较高者获胜
B. 若优先级相同,则使用哈希(Hash)函数计算哈希值,该值较大者获胜
C. 若优先级和哈希值都相同,则 C-RP 地址较大者获胜
D. 若优先级和哈希值都相同,则 C-RP 地址较小者获胜

(5) 关于 PIM-SSM,以下说法正确的有(　　)。

A. 组播的 SSM 模型在 RFC 4607 中定义,SSM 模型为指定源组播提供了解决方案
B. PIM-SSM 的机制包含邻居发现和 DR 选举以及加入过程
C. PIM-SSM 的邻居发现和 DR 选举机制与 PIM-SM 的对应机制相同
D. PIM-SSM 需要和 IGMPv3 配合使用

25.7.2　习题答案

(1) A、B、C、D　(2) A、B、C、D　(3) A、B、C、D　(4) A、B、C　(5) A、B、C、D

第26章

组播配置和维护

本章介绍组播的配置命令、维护命令并给出配置实例。

26.1 本章目标

学习完本章，应该能够：

(1) 掌握组播配置命令；

(2) 掌握组播维护命令。

26.2 组播配置命令

26.2.1 全局使能组播

在配置各项三层组播功能之前，必须首先使能 IP 组播路由。没有使能 IP 组播路由前，设备不转发任何组播报文。

全局使能组播的命令如下：

```
multicast routing
```

26.2.2 IGMP 配置

igmp 命令用来进入 IGMP 视图，需要注意的是，只有先使能了 IP 组播路由，本命令才能生效。

在系统视图下进入 IGMP 视图的命令如下：

```
igmp
```

IGMP 默认使能的版本为 IGMPv2，可在接口视图下指定 IGMP 版本。在接口视图下指定 IGMP 版本的命令如下：

```
igmp version version-number
```

只有在接口上使能了 IGMP，在该接口上对其他 IGMP 特性所做的配置才能生效，所以首先需要使能接口的 IGMP 功能。

在接口使能 IGMP 的命令如下，只有先使能了 IP 组播路由，本命令才能生效。

```
igmp enable
```

当 IGMP 查询器启动后，会周期性地发送 IGMP 普遍组查询报文，以判断网络上是否有组播组成员，可以根据网络的实际情况来修改周期性发送 IGMP 普遍组查询报文的时间间隔。在接口视图下配置普遍查询报文发送时间间隔的命令如下：

```
igmp query-interval interval
```

在收到 IGMP 普遍查询报文后，主机会为其所加入的每个组播组都启动一个延迟定时器，其值在 0 到最大响应时间(该时间值从 IGMP 查询报文的最大响应时间字段获得)中随机选定。当定时器的值减为 0 时，主机就会向该定时器对应的组播组发送 IGMP 成员关系报告报文。

合理配置 IGMP 查询的最大响应时间，既可以使主机对 IGMP 查询报文做出快速响应，又可以减少由于定时器同时超时，造成大量主机同时发送报告报文而引起的网络拥塞。

配置普遍查询报文的最大响应时间的命令如下：

```
max-response-time interval
```

26.2.3 IGMP Snooping 配置

配置 IGMP Snooping 时，必须首先全局使能 IGMP Snooping，然后在 IGMP Snooping 视图下指定使能 IGMP Snooping 功能的 VLAN，对应的配置命令如下：

```
igmp-snooping
enable vlan vlan-id
```

也可以在需要配置 IGMP Snooping 的 VLAN 上使能 IGMP Snooping，对应的配置命令如下：

```
igmp-snooping enable
```

在组播设备上，如果端口下只连接有一个接收者，则可以通过使能端口快速离开功能以节约带宽和资源。

端口快速离开是指当组播设备从某端口收到主机发送的离开某组播组的 IGMP 离开组报文时，直接把该端口从对应转发表项的出端口列表中删除。此后，当组播设备收到对该组播组的 IGMP 特定组查询报文时，组播设备将不再向该端口转发。

端口快速离开功能配置命令如下：

```
igmp-snooping fast-leave
```

通常情况下，运行 IGMP 的主机会对 IGMP 查询器发出的查询报文进行响应。如果主机由于某种原因无法响应，就可能导致组播路由器认为该网段没有该组播组的成员，从而取消相应的转发路径。

为避免这种情况的发生，可以将组播设备的某个端口配置成为组播组成员(即配置模拟主机加入)。当收到 IGMP 查询报文时由模拟主机进行响应，从而保证该组播设备能够继续收到组播报文。

模拟主机加入的配置命令如下：

```
igmp-snooping host-join group-address [source-ip source-address] vlan vlan-id
```

未知组播数据报文是指在 IGMP Snooping 转发表中不存在对应转发表项的那些组播数据报文，组播设备收到未知组播数据报文时将在未知组播数据报文所属的 VLAN 内广播该报文，这样会占用大量的网络带宽，影响转发效率。

可以在组播设备上启动丢弃未知组播数据报文功能，当组播设备收到未知组播数据报文时，只向其路由端口转发，不在 VLAN 内广播。如果组播设备没有路由端口，数据报文会被丢弃，不再转发。

配置未知组播丢弃的命令如下：

```
igmp-snooping drop-unknown
```

在运行了IGMP的组播网络中，会有一台三层组播设备充当IGMP查询器，负责发送IGMP查询报文，使三层组播设备能够在网络层建立并维护组播转发表项，从而在网络层正常转发组播数据。

但是，在一个没有三层组播设备的网络中，由于二层组播设备并不支持IGMP，因此无法实现IGMP查询器的相关功能。为了解决这个问题，可以在二层组播设备上使能IGMP Snooping查询器，使二层组播设备能够在数据链路层建立并维护组播转发表项，从而在数据链路层正常转发组播数据。

二层组播设备查询器的配置包含配置查询器、配置普遍查询报文的源地址、配置特定组查询报文的源地址等配置。

配置查询器的命令如下：

```
igmp-snooping querier
```

配置普遍查询报文的源地址的命令如下：

```
igmp-snooping general-query source-ip ip-address
```

配置特定组查询报文的源地址的命令如下：

```
igmp-snooping special-query source-ip ip-address
```

26.2.4 组播VLAN配置

配置组播VLAN时，首先需要把某个VLAN配置为组播VLAN，再将用户VLAN添加到该组播VLAN内，使其成为组播VLAN的子VLAN。

在系统视图下配置组播VLAN，其相关的命令如下：

```
multicast-vlan vlan-id
```

在VLAN视图下向组播VLAN内添加子VLAN，其相关的命令如下：

```
subvlan vlan-list
```

26.2.5 PIM配置

配置PIM-DM通常只需在接口下使能PIM-DM即可，对应的配置命令如下：

```
pim dm
```

PIM-SM的配置包含使能PIM-SM、RP的相关配置、C-BSR的相关配置。如果需要指定某台设备作为共享网段上的DR设备，还需要配置Hello报文的优先级选项。

使能PIM-SM的配置命令如下：

```
pim sm
```

配置DR优先级的命令如下：

```
pim hello-option dr-priority priority
```

PIM-SM 中 RP 可以通过手动指定，也可以通过动态选举。

在 PIM 视图下配置 RP 和 C-BSR 的相关信息，进入 PIM 视图的配置命令如下：

```
pim
```

当网络内仅有一个动态 RP 时，通过手动配置静态 RP 可以避免因单一节点故障而引起的通信中断，同时也可以避免 C-RP 与 BSR 之间频繁的信息交互而占用带宽。当网络中同时存在动态 RP 和静态 RP 时，如果指定了 preferred 参数，则优先选择静态 RP，只有当静态 RP 失效时，动态 RP 才能生效。如果未指定 preferred 参数，则表示优先选择动态 RP，只有当未配置动态 RP 或动态 RP 失效时，静态 RP 才能生效。

手动指定 RP 的配置命令如下：

```
static-rp rp-address [acl-number | bidir | preferred] *
```

配置 RP 通过动态选举时，可以把有意成为 RP 的路由器配置为 C-RP。建议在骨干网的路由器上配置 C-RP。

配置候选 RP 的命令如下：

```
c-rp interface-type interface-number priority priority
```

在一个 PIM-SM 域中只能有一个 BSR，但需要配置至少一个 C-BSR。任意一台路由器都可以被配置为 C-BSR。在 C-BSR 之间通过自动选举产生 BSR，BSR 负责在 PIM-SM 域中收集并发布 RP 信息。C-BSR 应配置在骨干网的路由器上，C-BSR 的 IP 地址必须有对应的本地接口，且该接口上必须使能 PIM。

配置候选 BSR 的命令如下：

```
c-bsr ip-address [scope group-address { mask-length | mask }] [hash-length hash-length | priority priority ] *
```

26.3　组播维护命令

组播路由和转发信息的查看主要包括查看组播路由表、查看组播转发表和查看组播源的 RPF 信息。

组播路由表是进行组播数据转发的基础，通过查看该表可以了解(S,G)表项等的建立情况。查看组播路由表的命令如下：

```
display multicast routing-table
```

组播转发表直接用于指导组播数据的转发，通过查看该表可以了解组播数据的转发状态。查看组播转发表的命令如下：

```
display multicast forwarding-table
```

通过查看组播源的 RPF 信息可以了解 RPF 接口、RPF 邻居等信息。查看组播源的 RPF 信息命令如下：

```
display multicast rpf-info source-address
```

通过查看 IGMP 组信息可以了解接口维护的某组播组的相关信息，如 Report 报文个数、最后一个发送 Report 报文的主机地址、组播组超时时间等。查看命令如下：

```
display igmp group group-address
```

通过查看 IGMP Snooping 组信息可以了解路由端口、成员端口、组地址等信息。查看命令如下：

```
display igmp-snooping group
```

通过查看 PIM 路由表项，可以了解(S,G)或(＊,G)表项的入接口、(S,G)或(＊,G)表项的上游邻居、(S,G)或(＊,G)表项的下游接口的信息。其相关命令如下：

```
display pim routing-table
```

使用 PIM-SM 时，通过查看 RP 信息，可以了解当前 RP 的地址、RP 所服务的组播组、RP 优先级、RP 超时时间等信息。其相关命令如下：

```
display pim rp-info
```

26.4 组播配置示例

26.4.1 三层组播配置示例

如图 26-1 所示，本例要求配置组播路由协议 PIM-SM，IGMP 使用版本 2。

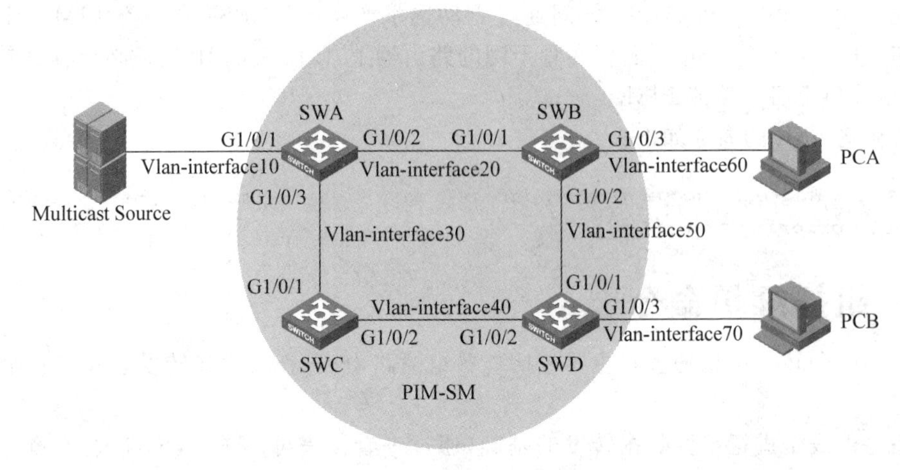

图 26-1 三层组播配置示例

配置过程如下。

(1) 配置 IP 地址和单播路由协议。

配置 VLAN 接口以及各接口的 IP 地址和子网掩码，具体配置过程略。

配置 PIM-SM 域内的各组播设备之间采用 OSPF 协议进行互联，确保在网络层互通，并且各组播设备之间能够借助单播路由协议实现动态路由更新，具体配置过程略。

(2) 使能三层组播功能。

在各组播设备上使用命令 multicast routing-enable 使能三层组播。

```
[SWA] multicast routing
[SWB] multicast routing
[SWC] multicast routing
```

```
[SWD] multicast routing
```

(3) 配置 IGMP。

在组播设备连接组播接收者的 VLAN 接口上使用命令 igmp enable 使能 IGMP。

```
[SWB-Vlan-interface60] igmp enable
[SWD-Vlan-interface70] igmp enable
```

(4) 配置 PIM-SM。

在各组播设备的三层接口上使能 PIM-SM。

```
[SWA-Vlan-interface10] pim sm
[SWA-Vlan-interface20] pim sm
[SWA-Vlan-interface30] pim sm
```

SWB、SWC、SWD 的配置和 SWA 相同,配置过程略。

指定 SWC 作为 PIM 域中的 C-RP 和 C-BSR。

```
[SWC-LoopBack0] pim sm
[SWC-pim] c-rp3.3.3.3
[SWC-pim] c-bsr3.3.3.3
```

配置组播源发送组播流,主机接收组播流。

组播流接收正常后使用命令 display pim routing-table 可以查看 PIM 路由表的内容。和 PIM-DM 相比,PIM-SM 的 PIM 路由表增加了 RP 信息,PIM 模式为 PIM-SM。例如,查看 SWB 的 PIM 路由表,信息如下:

```
<SWB>display pim routing-table
Total 2 (*, G) entries; 2 (S, G) entries

(*, 225.0.0.2)
    RP: 3.3.3.3
    Protocol: pim-sm, Flag: WC
    UpTime: 00:00:06
    Upstream interface: Vlan-interface50
        Upstream neighbor: 50.50.50.2
        RPF prime neighbor: 50.50.50.2
    Downstream interface(s) information:
    Total number of downstreams: 1
        1: Vlan-interface60
            Protocol: igmp, UpTime: 00:00:06, Expires: -

(10.10.10.2, 225.0.0.2)
    RP: 3.3.3.3
    Protocol: pim-sm, Flag: RPT SPT ACT
    UpTime: 00:00:05
    Upstream interface: Vlan-interface20
        Upstream neighbor: 20.20.20.1
        RPF prime neighbor: 20.20.20.1
    Downstream interface(s) information:
    Total number of downstreams: 1
```

```
        1: Vlan-interface60
            Protocol: pim-sm, UpTime: 00:00:05, Expires: -

(*, 239.255.255.250)
     RP: 3.3.3.3
     Protocol: pim-sm, Flag: WC
     UpTime: 00:02:38
     Upstream interface: Vlan-interface50
         Upstream neighbor: 50.50.50.2
         RPF prime neighbor: 50.50.50.2
     Downstream interface(s) information:
     Total number of downstreams: 1
         1: Vlan-interface60
             Protocol: igmp, UpTime: 00:02:38, Expires: -

(10.10.10.2, 239.255.255.250)
     RP: 3.3.3.3
     Protocol: pim-sm, Flag: SWT ACT
     UpTime: 00:02:29
     Upstream interface: Vlan-interface50
         Upstream neighbor: 50.50.50.2
         RPF prime neighbor: 50.50.50.2
     Downstream interface(s) information:
     Total number of downstreams: 1
         1: Vlan-interface60
             Protocol: pim-sm, UpTime: 00:02:29, Expires: -
```

使用命令 display multicast routing-table 可以查看组播路由表的内容，组播路由表的内容和选择的组播路由协议无关，所以使用 PIM-DM 和使用 PIM-SM 时，组播路由表内容相同。

例如，SWA 的组播路由表如下，其余路由器相似。

```
<SWA>display multicast routing-table
Total 2 entries

00001. (10.10.10.2, 225.0.0.2)
       Uptime: 00:01:50
       Upstream Interface: Vlan-interface10
       List of 1 downstream interface
           1:  Vlan-interface20

00002. (10.10.10.2, 239.255.255.250)
       Uptime: 00:03:13
       Upstream Interface: Vlan-interface10
       List of 3 downstream interfaces
           1:  Register-Tunnel0
           2:  Vlan-interface20
           3:  Vlan-interface30
```

使用命令 display multicast forwarding-table 可以查看组播转发表的内容。查看 SWA 的组播转发表如下：

```
<SWA>display multicast forwarding-table
Total 2 entries, 2 matched

00001. (10.10.10.2, 225.0.0.2)
     Flags: 0x0
     Uptime: 00:02:21, Timeout in: 00:03:27
     Incoming interface: Vlan-interface10
     List of 1 outgoing interfaces:
       1: Vlan-interface20
     Matched 9 packets(1352 bytes), Wrong If 0 packets
     Forwarded 9 packets(1352 bytes)

00002. (10.10.10.2, 239.255.255.250)
     Flags: 0x20
     Uptime: 00:03:44, Timeout in: 00:02:27
     RP: 3.3.3.3
     Incoming interface: Vlan-interface10
     List of 3 outgoing interfaces:
       1: Register-Tunnel0
       2: Vlan-interface20
       3: Vlan-interface30
     Matched 4 packets(164 bytes), Wrong If 0 packets
     Forwarded 3 packets(3 bytes)
```

使用命令 display pim rp-info 可以查看网络中 RP 的信息，包含 RP 地址、RP 优先级以及相关定时器。其相关命令如下：

```
<SWA>display pim rp-info
BSR RP information:
   Scope: non-scoped
     Group/MaskLen: 224.0.0.0/4
       RP address          Priority      HoldTime      Uptime      Expires
       3.3.3.3             192           180           01:26:49    00:02:11
```

使用命令 display pim bsr-info 可以查看网络中的 BSR 的信息，包含 BSR 地址、BSR 优先级、哈希掩码长度和相关定时器等参数。其相关命令如下：

```
<SWA>display pim bsr-info
Scope: non-scoped
     State: Accept Preferred
     Bootstrap timer: 00:01:14
     Elected BSR address: 3.3.3.3
       Priority: 64
       Hash mask length: 30
       Uptime: 01:26:55
```

26.4.2 二层组播配置示例

如图 26-2 所示，本例要求配置 IGMP Snooping，并在 SWA 上配置 IGMP Snooping 查询器。

配置过程如下。

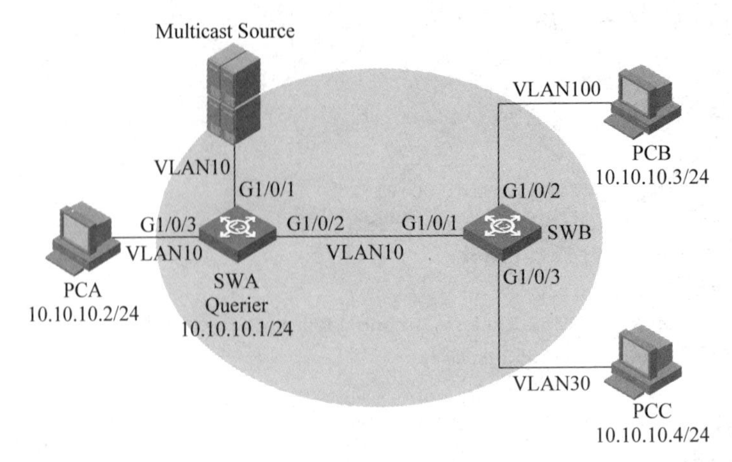

图 26-2 二层组播配置示例

(1) 基本配置。

在 SWA 和 SWB 上配置 VLAN10 并按照组网图将对应接口加入 VLAN10。配置 SWA 的 VLAN10 接口 IP 地址为 10.10.10.1。

(2) 配置 IGMP。

在 SWA 和 SWB 的全局与 VLAN10 内使能 IGMP Snooping。其相关命令如下：

```
[SWA] igmp-snooping
[SWA-vlan10] igmp-snooping enable
[SWB] igmp-snooping
[SWB-vlan10] igmp-snooping enable
```

(3) 配置 IGMP 查询器。

在 SWA 的 VLAN10 内使能 IGMP Snooping 查询器，并配置查询报文的源地址。其相关命令如下：

```
[SWA-vlan10] igmp-snooping querier
[SWA-vlan10] igmp-snooping general-query source-ip 10.10.10.1
[SWA-vlan10] igmp-snooping special-query source-ip 10.10.10.1
```

(4) 配置未知组播丢弃。

在 SWA 和 SWB 的 VLAN10 内配置未知组播丢弃。其相关命令如下：

```
[SWA-vlan10] igmp-snooping drop-unknown
[SWB-vlan10] igmp-snooping drop-unknown
```

(5) 配置组播 VLAN。

将 SWB 的 VLAN10 设置为组播 VLAN，并将 VLAN20 和 VLAN30 设置为组播 VLAN 的子 VLAN。其相关命令如下：

```
[SWB] multicast-vlan 10
[SWB-mvlan-10] subvlan20 30
```

(6) 在组播 VLAN 的子 VLAN 内使能 IGMP Snooping。其相关命令如下：

```
[SWB-vlan20] igmp-snooping enable
[SWB-vlan30] igmp-snooping enable
```

(7) 配置组播源发送组播流,主机接收组播流。

在组播源上使用工具 VLC 发送组播流,在 PCA、PCB 和 PCC 上使用 VLC 接收组播流。

组播信息查看如下。

在设备上使用命令 display multicast-vlan 查看组播 VLAN 信息。其相关命令如下:

```
<SWB>display multicast-vlan
Total 1 multicast VLANs.

Multicast VLAN 10:
  Sub-VLAN list(2 in total):
    20, 30
  Port list(0 in total):
```

在 SWA 和 SWB 上使用命令 display igmp-snooping group 查看二层组播组信息,包含路由端口以及组成员端口等信息。其相关命令如下:

```
<SWA>display igmp-snooping group
Total 3 entries.

VLAN 10: Total 3 entries.
  (0.0.0.0, 225.0.0.2)
    Host slots (0 in total):
    Host ports (2 in total):
      GE1/0/2                                   (00:03:44)
      GE1/0/3                                   (00:03:49)
  (0.0.0.0, 226.81.9.8)
    Host slots (0 in total):
    Host ports (1 in total):
      GE1/0/1                                   (00:03:42)
  (0.0.0.0, 239.255.255.250)
    Host slots (0 in total):
    Host ports (3 in total):
      GE1/0/1                                   (00:03:42)
      GE1/0/2                                   (00:03:42)
      GE1/0/3                                   (00:03:50)

<SWB>display igmp-snooping group
Total 4 entries.

VLAN 20: Total 2 entries.
  (0.0.0.0, 225.0.0.2)
    Host slots (0 in total):
    Host ports (1 in total):
      GE1/0/2                                   (00:04:14)
  (0.0.0.0, 239.255.255.250)
    Host slots (0 in total):
    Host ports (1 in total):
      GE1/0/2                                   (00:02:08)

VLAN 30: Total 2 entries.
```

```
(0.0.0.0, 225.0.0.2)
  Host slots (0 in total):
  Host ports (1 in total):
    GE1/0/3                                    (00:02:09)
(0.0.0.0, 239.255.255.250)
  Host slots (0 in total):
  Host ports (1 in total):
    GE1/0/3
```

26.5 本章总结

(1) 介绍组播基本配置和维护命令。

(2) 给出三层组播和二层组播的配置实例。

26.6 习题和解答

26.6.1 习题

(1) 进行三层组播配置之前,首先需要进行的配置是(　　)。

A. 进入 IGMP 视图

B. 配置 IGMP 协议版本

C. 配置 PIM 协议

D. 使用命令 multicast routing-enable 全局启用组播

(2) 关于 IGMP Snooping 配置,以下说法正确的有(　　)。

A. 同一个 VLAN 下既可以配置 IGMP,也可以配置 IGMP Snooping

B. 端口快速离开是指当组播设备从某端口收到主机发送的离开某组播组的 IGMP 离开组报文时,直接把该端口从对应转发表项的出端口列表中删除

C. 可以在组播设备上启动丢弃未知组播数据报文功能,当组播设备收到未知组播数据报文时,只向其路由器端口转发,不在 VLAN 内广播

D. 二层组播设备上使能 IGMP Snooping 查询器,使二层组播设备能够在数据链路层建立并维护组播转发表项,从而在数据链路层正常转发组播数据

(3) 关于 PIM 协议配置,以下说法正确的有(　　)。

A. 配置 PIM-DM 通常只需在接口下使能 PIM-DM 即可

B. PIM-SM 的配置包含使能 PIM-SM、RP 的相关配置、C-BSR 的相关配置。如果需要指定某台设备作为共享网段上的 DR 设备,还需要配置 Hello 报文的优先级选项

C. PIM 协议在 VLAN 视图配置

D. PIM 协议在接口视图配置

(4) 关于 RP 和 BSR,下列说正确的有(　　)。

A. PIM-SM 中 RP 可以通过手动指定,也可以通过动态选举

B. 配置 RP 通过动态选举时,可以把有意成为 RP 的路由器配置为 C-RP。建议在骨干网的路由器上配置 C-RP

C. 在一个 PIM-SM 域中只能有一个 BSR

D. BSR 负责在 PIM-SM 域中收集并发布 RP 信息

(5) 关于组播维护命令，以下说法正确的有（　　）。

A. 组播路由表是进行组播数据转发的基础，通过查看该表可以了解(S,G)表项等的建立情况

B. 组播转发表直接用于指导组播数据的转发，通过查看该表可以了解组播数据的转发状态

C. 通过查看 IGMP 组信息可以了解接口维护的某组播组的相关信息，如 Membership Report 报文个数、最后一个发送 Membership Report 报文的主机地址、组播组超时时间等

D. 通过查看 PIM 路由表项，可以了解(S,G)或(*,G)表项的入接口、(S,G)或(*,G)表项的上游邻居、(S,G)或(*,G)表项的下游接口的信息

26.6.2　习题答案

(1) D　(2) B、C、D　(3) A、B、D　(4) A、B、C、D　(5) A、B、C、D

第8篇

IPv6路由技术

第27章

IPv6邻居发现

ND(Neighbor Discovery,邻居发现)协议是 IPv6 的一个关键协议,它综合了 IPv4 中的一些协议如 ARP、ICMP 路由器发现和 ICMP 重定向等,并对它们做了改进。本章介绍 IPv6 邻居发现协议中的地址解析、无状态地址自动配置等重要功能,并对如何配置 ND 协议进行讲解。

27.1 本章目标

学习完本章,应该能够:

(1) 了解邻居发现协议的功能;

(2) 掌握地址解析的功能和特点;

(3) 了解邻居不可达检测的功能;

(4) 掌握无状态地址自动配置的原理;

(5) 掌握邻居发现协议的配置。

27.2 邻居发现协议

ND 协议是 IPv6 中一个非常重要的基础协议,如图 27-1 所示。

IPv6 的 ND 协议实现了 IPv4 中的一些协议功能,如 ARP、ICMP 路由器发现和 ICMP 重定向等,并对这些功能进行了改进。同时,ND 协议还提供了其他许多非常重要的功能,如前缀发现、邻居不可达检测、重复地址检测、无状态地址自动配置等。

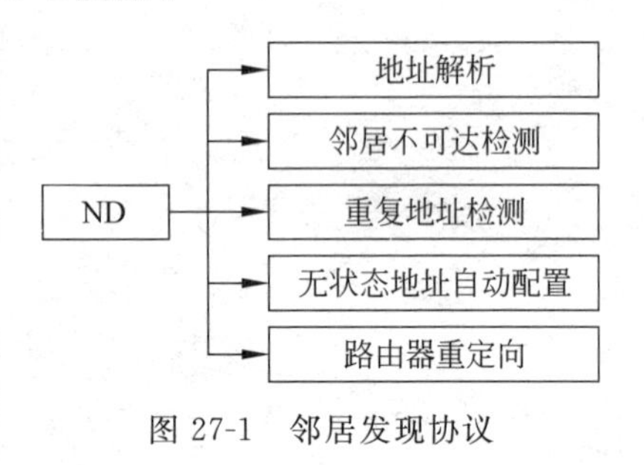

图 27-1 邻居发现协议

(1) 地址解析:已知目的节点的网络层地址,确定数据链路层地址的方法。ND 中的地址解析功能不仅替代了原 IPv4 中的 ARP 协议,同时还用邻居不可达检测(NUD)来维护邻居节点之间的可达性状态信息。

(2) 邻居不可达检测:在获取到邻居节点的数据链路层地址后,通过发送消息来验证邻居节点是否可达。

(3) 重复地址检测(DAD):根据前缀信息生成 IPv6 地址或手动配置 IPv6 地址后,为保证地址的唯一性,在这个地址可以使用之前,主机需要检验此 IPv6 地址是否已经被链路上其他节点所使用。

(4) 无状态地址自动配置:无状态地址自动配置指主机根据路由器发现/前缀发现所获取的信息,自动配置 IPv6 地址。包括路由器发现/前缀发现、接口 ID 自动生成、重复地址检测等过程。通过无状态地址自动配置机制,链路上的节点可以自动获得 IPv6 全球单播地址。

(5) 路由器重定向:当主机启动时,它的路由表中可能只有一条到默认网关的默认路由。

当在本地链路上存在一个到达目的网络的更好的路由器时，默认网关会向源主机发送ICMPv6重定向消息，通知主机选择更好的下一跳进行后续报文的发送。

在IPv4中，ARP报文直接封装在以太帧中，其以太网协议类型为0x0806。ARP被看作是工作在2.5层的协议。而ND协议使用了ICMPv6报文，是在第3层上实现的，如图27-2所示。这样，ND协议可以独立于数据链路层协议工作，不受下层的数据链路层协议的影响。

数据链路帧头	IPv6报头	ICMPv6报头	协议数据

图27-2 ND报文格式

ND协议使用了RS、RA、NS、NA和Redirect 5种报文，其所对应的ICMPv6报文类型如表27-1所示。

表27-1 ICMPv6报文类型

ICMPv6类型	报文名称
Type=133	RS(Router Solicitation，路由器请求)
Type=134	RA(Router Advertisement，路由器公告)
Type=135	NS(Neighbor Solicitation，邻居请求)
Type=136	NA(Neighbor Advertisement，邻居公告)
Type=137	Redirect(重定向报文)

上述报文中，NS/NA报文主要用于地址解析，RS/RA报文主要用于无状态地址自动配置，Redirect报文用于路由器重定向。

27.3 IPv6地址解析

在报文转发过程中，当一个节点要得到同一链路上另外一个节点的数据链路层地址时，需要进行地址解析。IPv4中使用ARP协议实现了这个功能。IPv6使用ND协议实现了这个功能，但功能有所增强。

IPv6的地址解析过程包括两部分，一部分解析了链路上目的IP地址所对应的数据链路层地址；另一部分是邻居可达性状态的维护过程，即邻居不可达检测。

相比于IPv4的ARP，IPv6地址解析工作在OSI参考模型的网络层，与数据链路层协议无关。这是一个很显著的优点，它的益处如下。

(1) 加强了地址解析协议与底层链路的独立性。对每一种数据链路层协议都使用相同的地址解析协议，无须再为每一种数据链路层协议定义一个新的地址解析协议。

(2) 增强了安全性。ARP攻击、ARP欺骗是IPv4中严重的安全问题。在第三层实现地址解析，可以利用三层标准的安全认证机制来防止这种ARP攻击和ARP欺骗。

(3) 减小了报文传播范围。在IPv4中，ARP广播必须泛滥到二层网络中每台主机。IPv6的地址解析利用三层组播寻址限制了报文的传播范围，通过将地址解析请求仅发送到待解析地址所属的被请求节点(Solicited-Node)组播组，减小了报文传播范围，节省了网络带宽。

ND协议通过在节点间交互NS和NA报文完成地址解析，并使用得到的数据链路层地址和IPv6地址等信息来建立相应的邻居缓存表项。在图27-3中，NodeA的数据链路层地址为00E0-FC00-0001，全局地址IPv6为1::1:A；NodeB的数据链路层地址为00E0-FC00-0002，全局地址IPv6为1::2:B。

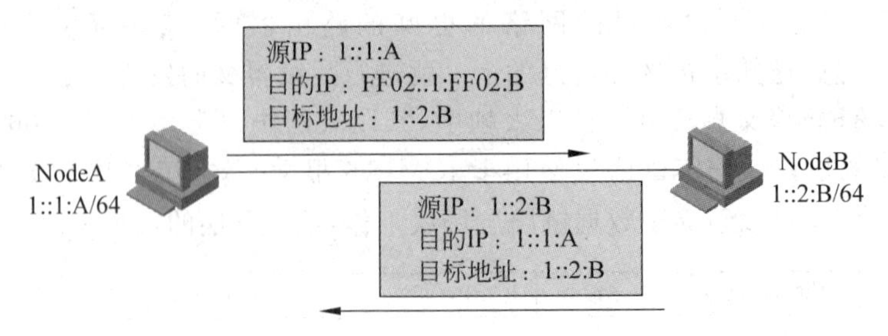

图 27-3 IPv6 地址解析过程

当 NodeA 要发送数据报文到 NodeB 时，其地址解析过程如下。

(1) NodeA 发送一个 NS 报文到链路上，目的 IPv6 地址为 NodeB 对应的被请求节点组播地址(FF02::1:FF02:B)，选项字段中携带了 NodeA 的数据链路层地址 00E0-FC00-0001。

(2) NodeB 接收到该 NS 报文后，由于报文的目的地址 FF02::1:FF02:B 是 NodeB 的被请求节点组播地址，所以 NodeB 会处理该报文；同时，根据 NS 报文中的源地址和源数据链路层地址选项更新自己的邻居缓存表项。

(3) NodeB 发送一个 NA 报文来应答 NS，同时在消息的目标数据链路层地址选项中携带自己的数据链路层地址 00E0-FC00-0002。

(4) NodeA 接收到 NA 报文后，根据报文中携带的 NodeB 数据链路层地址，创建一个到目标节点 NodeB 的邻居缓存表项。

通过交互，节点就获得了对方的数据链路层地址，建立起到达对方的邻居缓存表项，从而可以相互通信。

当一个节点的数据链路层地址发生改变时，以所有节点组播地址 FF02::1 为目的地址发送 NA 报文，通知链路上的其他节点更新邻居缓存表项。

NUD(Neighbor Unreachability Detection，邻居不可达检测)是节点确定邻居可达性的过程。邻居不可达检测机制通过邻居可达性状态机来描述邻居的可达性。邻居可达性状态机之间满足一定的条件时，可相互迁移。

邻居可达性状态机保存在邻居缓存表中，共有以下 5 种。

(1) INCOMPLETE(未完成)状态：表示正在解析地址，邻居的数据链路层地址尚未确定。当节点第一次发送 NS 报文到邻节点时，会同时在邻居缓存表中创建一个到此邻节点的新表项，此时表项状态就是 INCOMPLETE。

(2) REACHABLE(可达)状态：表示地址解析成功，该邻居可达。节点可以与处于可达状态的邻节点相互通信。不过可达状态伴随有一个 REACHABLE_TIME 定时器，在定时器超时后，会转化到 STALE(失效)状态。

(3) STALE(失效)状态：表示未确定邻居是否可达。STALE 状态是一个稳定的状态。

(4) DELAY(延迟)状态：表示未确定邻居是否可达。DELAY 状态也不是一个稳定的状态，而是一个延时等待状态。DELAY 状态下，节点需要收到"可达性证实信息"后，才能进入 REACHABLE 状态。

(5) PROBE(探测)状态：同样表示未确定邻居是否可达。节点会向处于 PROBE 状态的邻居持续发送 NS 报文，直到接收到"可达性证实信息"后，才能进入可达状态。

在 STALE 和 PROBE 状态时，节点收到"可达性证实信息"后，才能进入可达状态。"可达性证实信息"的来源有以下两种。

(1) 来自上层连接协议的暗示。如果邻节点之间有 TCP 连接,且收到了对端节点发出的确认消息,则表明邻节点之间可达。

(2) 来自不可达探测回应。节点发送 NS 报文后,收到邻节点响应 NA 报文,则会认为邻节点可达。

图 27-4 所示为一个典型的邻居状态机迁移过程示例。

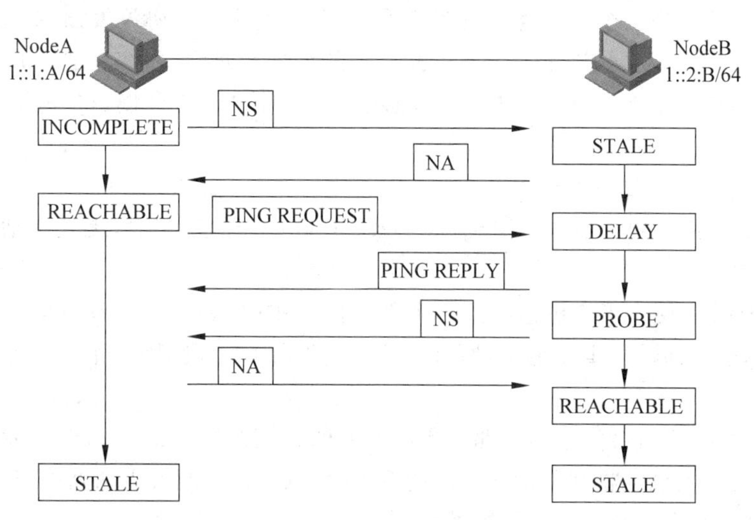

图 27-4 邻居状态机迁移过程示例

假设管理员在 NodeA 上执行 PING 操作,发送报文给 NodeB,则 NodeA 上有关 NodeB 的邻居状态变化过程如下。

(1) NodeA 第一次发送报文给 NodeB,所以它在邻居表中把 NodeB 的邻居状态置为 INCOMPLETE,同时发送 NS 报文以解析 NodeB 的数据链路层地址。

(2) 待 NodeB 返回 NA 报文应答后,它将 NodeB 的邻居状态置为 REACHABLE,同进发送 Echo Request 报文。

(3) 如果长时间不再发送报文,REACHABLE_TIME 定时器超时,NodeB 的邻居状态会进入 STALE 状态。

NodeB 上有关 NodeA 的邻居状态变化过程如下。

(1) NodeB 收到 NodeA 的 NS 报文后,将邻居表中的 NodeA 邻居状态置为 STALE。

(2) NodeB 向 NodeA 回应 NA 报文,并将邻居表中的 NodeA 邻居状态置为 DELAY,以等待收到"可达性证实信息"。

(3) 因为节点之间没有 TCP 连接,所以 NodeB 没有收到"可达性证实信息",于是该表项进入 PROBE 状态,并向 NodeA 发送 NS 报文。

(4) 待 NodeA 返回 NA 报文应答后,它将 NodeA 的邻居状态置为 REACHABLE 状态。

(5) REACHABLE_TIME 定时器超时,NodeA 的邻居状态进入 STALE 状态。

由以上过程会发现,STALE 状态是一个稳定状态,表示邻居的地址解析结果未得到证实;而其他状态都是非稳定状态。

IPv6 采用状态机来表示邻居的状态,并设计了状态机之间的迁移转化,目的是为了使邻居之间能够建立一种双向可信的连接,来避免类似 IPv4 网络中的"ARP 欺骗"等网络攻击。

27.4 IPv6 无状态地址自动配置

IPv6 同时定义了无状态地址自动配置与有状态地址自动配置机制。有状态地址自动配置使用 DHCPv6 协议来给主机动态分配 IPv6 地址，其工作机制与 IPv4 网络中的 DHCP 协议一样。而无状态地址自动配置是 IPv6 中独有的地址配置机制，其通过 ND 协议来实现。

在 IPv6 网络中，当一个节点连接到链路后，它首先使用 ND 协议发出 RS 报文，以请求链路上的路由器；路由器收到 RS 报文后，发送 RA 报文对其回应，内容包含了所在网络的前缀以及其他配置参数。节点收到 RA 报文后，根据其中的信息，结合接口的标识符来自动配置 IPv6 地址。

无状态地址自动配置的优点如下。

(1) 真正的即插即用。节点连接到没有 DHCP 服务器的网络时，无须手动配置地址等参数便可访问网络。

(2) 网络迁移方便。当主机连接到一个新的网络中时，路由器自动分配给主机新的网络前缀，主机根据前缀而进行重新编址，原有的地址仍旧保存一段时间，不会对原网络连接造成中断。

当主机启动时，主机会向本地链路范围内所有的路由器发送 RS 报文，触发链路上的路由器响应 RA 报文。主机接收到路由器发出的 RA 报文后，自动配置默认路由器，建立默认路由器列表、前缀列表和设置其他的配置参数。

图 27-5 显示了 RS 报文触发 RA 报文的过程。图中 PCA 的数据链路层地址为 0014-22D4-91B7，链路本地地址为 FE80::214:22FF:FED4:91B7；路由器 RTA 的数据链路层地址为 000F-E248-406A，链路本地地址为 FE80::20F:E2FF:FE48:406A。

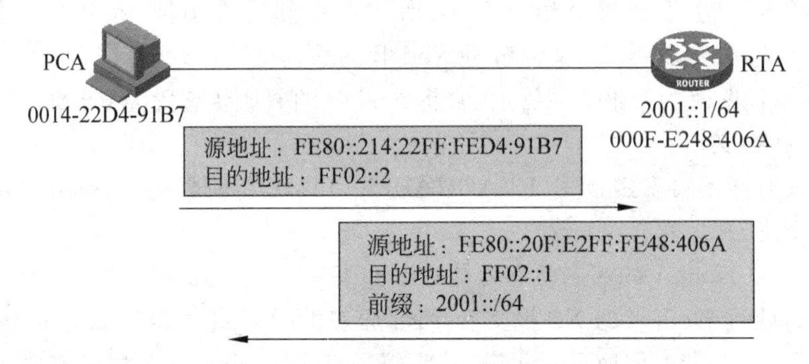

图 27-5 无状态地址自动配置过程

PCA 以自己的链路本地地址作为源地址，发送一个 RS 报文到所有路由器的组播地址 FF02::2；路由器 RTA 收到该报文后，用它的链路本地地址作为源地址，发送 RA 报文到所有节点的组播地址 FF02::1，报文中携带了前缀、默认路由器等有关地址配置的信息。

PCA 收到 RA 报文后，根据报文中携带的前缀，结合自己的接口 ID，生成全局地址；同时配置其他相关参数，如默认路由器、跳数等。

节点通过 ND 协议自动获得默认路由器时，默认路由器被赋予了有效时间，表明默认路由器能够被使用的时间。有效时间到期后，默认路由器就失效了。为了保持默认路由器有效，路由器需周期性发送路由器通告以刷新有效时间。

27.5 ND 协议配置

将邻居节点的 IPv6 地址解析为数据链路层地址，可以通过邻居请求消息 NS 及邻居通告消息 NA 来动态实现，也可以通过手动配置实现。

在全局视图下配置 IPv6 邻居静态表项，命令如下：

```
ipv6 neighbor ipv6-address mac-address
```

设备可以通过 NS 消息和 NA 消息来动态获取邻居节点的数据链路层地址。如果动态获取的邻居表过大，将可能导致设备的转发性能下降。为此，可以通过设置接口上允许动态学习的邻居的最大个数来进行限制。如果接口上动态学习的邻居个数达到所设置的最大值时，该接口将不再学习邻居信息。

在接口视图下配置接口上允许动态学习的邻居的最大个数，命令如下：

```
ipv6 neighbors max-learning-num number
```

用户可以根据实际情况，配置接口是否发送 RA 消息及发送 RA 消息的时间间隔，同时可以配置 RA 消息中的相关参数以通告给主机。当主机接收到 RA 消息后，就可以采用这些参数进行相应操作。

RA 消息中的常见参数及描述如表 27-2 所示。

表 27-2 RA 消息中的常见参数及描述

参　数	描　述
跳数限制(Cur Hop Limit)	主机在发送 IPv6 报文时，将使用该参数值填充 IPv6 报文头中的 Hop Limit 字段
前缀信息(Prefix Information)	在同一链路上的主机收到设备发布的前缀信息后，可以进行无状态自动配置等操作
被管理地址配置标志位(M flag)	用于确定主机是否采用有状态自动配置获取 IPv6 地址 如果设置该标志位为 1，主机将通过有状态自动配置来获取 IPv6 地址；否则，将通过无状态自动配置获取 IPv6 地址
其他配置标志位(O flag)	用于确定主机是否采用有状态自动配置获取除 IPv6 地址外的其他信息 如果设置其他配置标志位为 1，主机将通过有状态自动配置（如 DHCP 服务器）来获取除 IPv6 地址外的其他信息；否则，将通过无状态自动配置获取其他信息
路由器生存时间(Router Lifetime)	用于设置发布 RA 消息的路由器作为主机的默认路由器的时间

可以在接口视图下配置取消对 RA 消息发布的抑制，命令如下：

```
undo ipv6 nd ra halt
```

可以在接口视图下配置 RA 消息发布的时间间隔，命令如下：

```
ipv6 nd ra interval max-interval-value min-interval-value
```

其中，参数 *max-interval-value* 表示 RA 消息的最大时间间隔；参数 *min-interval-value* 表示 RA 消息的最小时间间隔。

为了避免链路上的突发流量，RA 消息周期性发布时，相邻两次的时间间隔是在最大时间间隔与最小时间间隔之间随机选取一个值作为周期性发布 RA 消息的时间间隔。

可以在接口视图下配置被管理地址标志位为 1,命令如下:

```
ipv6 nd autoconfig managed-address-flag
```

可以在接口视图下配置其他标志位为 1,命令如下:

```
ipv6 nd autoconfig other-flag
```

在完成 ND 配置后,在任意视图下执行 display 命令可以显示 IPv6 配置后的运行情况,以查看显示信息验证配置的效果。在用户视图下,执行 reset 命令可以清除相应的统计信息。

表 27-3 列出了常见的 3 个 IPv6 显示和维护命令。

表 27-3 IPv6 显示和维护

操 作	命 令
显示邻居信息	display ipv6 neighbors
显示可以配置 IPv6 地址的接口的 IPv6 信息	display ipv6 interface
清除 IPv6 邻居信息	reset ipv6 neighbors

使用 display ipv6 neighbors all 命令可以查看设备上 IPv6 邻居信息,以下是输出示例。

```
[RTB] display ipv6 neighbors all
Type: S-Static      D-Dynamic        O-Openflow    R-Rule       I-Invalid
IPv6 address        Link layer       VID           Interface    State T Age
2001::1             90a7-7292-0105   N/A           GE0/0        REACH D 4
```

其中各参数含义如表 27-4 所示。

表 27-4 display ipv6 neighbors all 命令显示信息描述表

字 段	描 述
IPv6 address	邻居的 IPv6 地址
Link layer	数据链路层地址(邻居的 MAC 地址)
VID	与邻居相连的接口所属的 VLAN
Interface	与邻居相连的接口
State	邻居的状态,包括: • INCMP:正在解析地址,邻居的数据链路层地址尚未确定 • REACH:邻居可达 • STALE:未确定邻居是否可达 • DELAY:未确定邻居是否可达,延迟一段时间发送邻居请求报文 • PROBE:未确定邻居是否可达,发送邻居请求报文来验证邻居的可达性
T	邻居信息的类型,S 表示静态配置;D 表示动态获取;O 表示从 OpenFlow 特性获取;I 表示无效
Age	静态项显示"—",动态项显示上次可达以来经过的时间(单位为 s),如果始终不可达则显示"#"(只适用于动态项)

27.6 本章总结

(1) 邻居发现协议是 IPv6 中的基础协议。

(2) 邻居发现协议包括地址解析、无状态地址自动配置等重要功能。

(3) 通过交互 NS 和 NA 报文完成地址解析。

(4) 通过交互 RS 和 RA 报文完成地址自动配置。

(5) ND 协议的配置和显示。

27.7 习题和解答

27.7.1 习题

(1) 以下(　　)是邻居发现协议所能够提供的功能。

A. 地址解析　　B. 邻居不可达检测

C. 重复地址检测　　D. 无状态地址自动配置

(2) IPv6 地址解析功能由 ND 协议的(　　)报文完成。

A. RS　　B. RA　　C. NS　　D. NA

E. Redirect

(3) IPv6 无状态地址自动配置功能由 ND 协议的(　　)报文完成。

A. RS　　B. RA　　C. NS　　D. NA

E. Redirect

(4) 在邻居不可达检测过程中,邻居的(　　)状态是稳定状态。

A. INCOMPLETE(未完成)　　B. REACHABLE(可达)

C. STALE(失效)　　D. DELAY(延迟)

E. PROBE(探测)

(5) 下列(　　)命令用来配置取消对 RA 消息发布的抑制。

A. [Router] ipv6 ndra halt　　B. [Router] undo ipv6 ndra halt

C. [Router-Serial2/0] ipv6 ndra halt　　D. [Router-Serial2/0] undo ipv6 ndra halt

27.7.2 习题答案

(1) A、B、C、D　(2) C、D　(3) A、B　(4) C　(5) D

第28章

IPv6路由协议

由于IP地址的缺乏，最终IPv4必将过渡到IPv6，而IPv6路由协议也将会取代IPv4路由协议。本章介绍IPv6路由协议分类，以及静态路由、RIPng、OSPFv3等常用IPv6路由协议的原理与配置。

28.1 本章目标

学习完本章，应该能够：

(1) 掌握IPv6路由协议分类；

(2) 掌握IPv6路由表显示与查看；

(3) 掌握RIPng协议的配置；

(4) 掌握OSPFv3协议的配置。

28.2 IPv6路由协议概述

与IPv4路由相同，IPv6路由可以通过3种方式生成，分别是通过数据链路层协议直接发现生成的直连路由，通过手动配置生成的静态路由和通过路由协议计算生成的动态路由。

IPv6路由协议共有4种，分别为RIPng、OSPFv3、IPv6-IS-IS和BGP4＋。

IPv6路由协议根据作用的范围，可分为以下两种。

(1) 在一个自治系统内部运行的内部网关协议，包括RIPng、OSPFv3和IPv6-IS-IS。

(2) 运行于不同自治系统之间的外部网关协议，包括BGP4＋。

根据使用的算法，又可分为以下两种。

(1) 距离矢量协议，包括RIPng和BGP4＋。其中，BGP也被称为路径矢量协议。

(2) 链路状态协议，包括OSPFv3和IPv6-IS-IS。

IPv6静态路由与IPv4静态路由类似，适合于一些结构比较简单的IPv6网络。

它们之间的主要区别是目的地址和下一跳地址有所不同，IPv6静态路由使用的是IPv6地址，而IPv4静态路由使用的是IPv4地址。

在配置IPv6静态路由时，如果指定的目的地址为::/0(前缀长度为0)，则表示配置了一条IPv6默认路由。

在系统视图下配置IPv6静态路由的命令如下：

```
ipv6 route-static ipv6-address prefix-length { interface-type interface-number
[next-hop-address] | next-hop-address | vpn-instance d-vpn-instance-name
nexthop-address} [permanent] [preference preference-value] [tag tag-value]
[description description-text ]
```

在图28-1所示网络中，RTA和RTB配置了IPv6默认路由，RTB和RTC配置了IPv6静态路由。

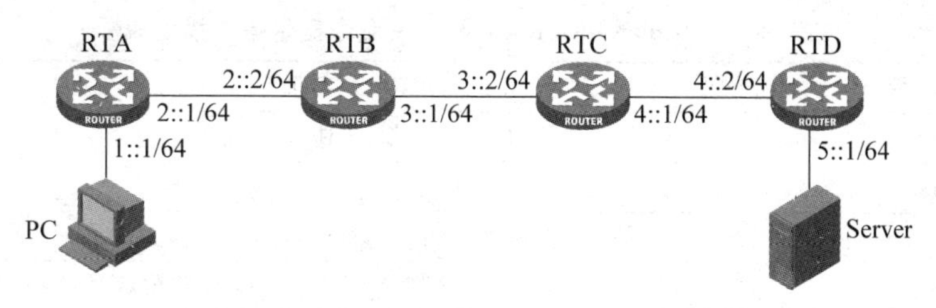

图 28-1 IPv6 静态路由配置示例

RTA 上配置如下：

```
[RTA] ipv6 route-static :: 0 2::2
```

RTB 上配置如下：

```
[RTB] ipv6 route-static 1:: 64 2::1
[RTB] ipv6 route-static 4:: 64 3::2
[RTB] ipv6 route-static 5:: 64 3::2
```

RTC 上配置如下：

```
[RTC] ipv6 route-static 1:: 64 3::1
[RTC] ipv6 route-static 2:: 64 3::1
[RTC] ipv6 route-static 5:: 64 4::2
```

RTD 上配置如下：

```
[RTD] ipv6 route-static :: 0 4::1
```

配置完成后，PC 可以通过 IPv6 来访问服务器。

在任意视图下使用命令 display ipv6 routing-table 可查看设备上 IPv6 路由表的信息。

```
[RTA] display ipv6 routing-table
Routing Table:
Destinations: 5                         Routes : 5
Destination: 3::/64                     Protocol: RIPng
NextHop: FE80::20F:E2FF:FE43:1136       Preference: 100
Interface: GE0/0                        Cost: 1
Destination: 4::1/128                   Protocol: O_INTRA
NextHop: FE80::20F:E2FF:FE50:4430       Preference: 10
Interface: GE0/0                        Cost: 10
Destination: 2::/64                     Protocol: Static
NextHop: 1::2                           Preference: 80
Interface: GE0/0                        Cost: 0
Destination: FE80::/10                  Protocol: Direct
NextHop: ::                             Preference: 0
Interface: InLoop0                      Cost: 0
```

其中重要的参数含义如表 28-1 所示。

在路由表输出中可以看到，IPv6 动态路由的下一跳是链路本地地址。这样做的好处是有利于保持路由表的稳定。因为链路本地地址是由接口的 MAC 地址经过 EUI-64 算法得出，其地址是固定的。路由器上接口全局 IP 的变化不会导致邻居路由器路由表中下一跳地址的变化。

表 28-1 display ipv6 routing-table 命令显示信息描述表

字 段	描 述
Destination	目的网络/主机的 IPv6 地址和前缀
NextHop	下一跳地址
Preference	路由优先级
Interface	出接口，即到该目的地址的数据包将从此接口发出

28.3 RIPng 协议

RIPng(RIP next generation，下一代 RIP 协议)是 RIP 协议针对 IPv6 网络而做的修改和增强。它与 RIPv2 同样是基于 D-V(Distance Vector，距离矢量)算法的路由协议，具有距离矢量路由协议的所有特点。为了在 IPv6 网络中应用，RIPng 对原有的 RIP 协议进行了以下修改。

- UDP 端口号：使用 UDP 的 521 端口发送和接收路由信息。
- 组播地址：使用 FF02::9 作为链路本地范围内的 RIPng 路由器组播地址。
- 前缀长度：目的地址使用 128b 的前缀长度。
- 下一跳地址：使用 128b 的 IPv6 地址。
- 源地址：使用链路本地地址 FE80::/10 作为源地址发送 RIPng 路由信息更新报文。

RIPng 的工作机制与 RIPv2 基本相同。

在配置 RIPng 基本功能之前，需要在路由器上启动 IPv6 报文转发功能，并配置接口的网络层地址，使相邻节点的网络层可达。

配置 RIPng 基本功能的步骤如下。

(1) 在系统视图下创建 RIPng 进程并进入 RIPng 视图。配置命令如下：

```
ripng [process-id]
```

默认情况下，没有 RIPng 进程在运行。所以，必须手动创建 RIPng 进程。如果没有指定进程 ID，系统的默认进程 ID 为 1。

(2) 在接口视图下在指定的网络接口上使能 RIPng。配置命令如下：

```
ripng process-id enable
```

此命令的作用是使 RIPng 进程在接口上收发 RIPng 路由。如果接口没有使能 RIPng，那么 RIPng 进程在该接口上既不发送也不接收 RIPng 路由。

在图 28-2 所示网络中，RTA 和 RTB 运行 RIPng 协议来交换路由信息；同时，RTA 和 RTB 连接有 PC，作为 PC 的网关。

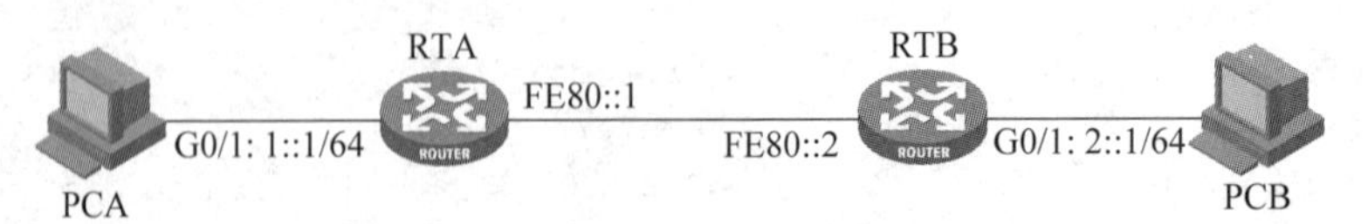

图 28-2 RIPng 协议配置示例

因为 RIPng 协议使用链路本地地址作为源地址发送路由更新报文，所以路由器间的互联地址可配置为链路本地地址。这样做的好处是减少不必要的全局地址，并有利于网络维护。

RTA 上配置如下：

```
[RTA] ripng 1
[RTA-GigabitEthernet0/0] ipv6 address FE80::1 link-local
[RTA-GigabitEthernet0/0] ripng 1 enable
[RTA] interface GigabitEthernet0/1
[RTA-GigabitEthernet0/1] ipv6 address 1::1 64
[RTA-GigabitEthernet0/1] ripng 1 enable
[RTA-GigabitEthernet0/1] undo ipv6 nd ra halt
```

RTB上配置如下：

```
[RTB] ripng 1
[RTB-GigabitEthernet0/0] ipv6 address FE80::2 link-local
[RTB-GigabitEthernet0/0] ripng 1 enable
[RTB] interface GigabitEthernet0/1
[RTB-GigabitEthernet0/1] ipv6 address 2::1 64
[RTB-GigabitEthernet0/1] ripng 1 enable
[RTB-GigabitEthernet0/1] undo ipv6 nd ra halt
```

说明：因为网络中PC需要自动获得IPv6全局地址，所以在接口视图下使用命令undo ipv6 nd ra halt来取消对RA消息发布的抑制。

在任意视图下执行display命令可以显示配置后RIPng的运行情况，从而通过查看显示信息验证配置的效果。

display ripng命令用来显示指定RIPng进程的当前运行状态及配置信息，以下是输出示例。

```
<Router>display ripng
Public VPN-instance name:
    RIPng process: 1
      Preference: 100
      Checkzero: Enabled
      Default cost: 0
      Maximum number of load balanced routes: 6
      Update time: 30 secs               Timeout time: 180 secs
      Suppress time: 120 secs            Garbage-collect time: 120 secs
      Update output delay: 20(ms)        Output count: 3
      Graceful-restart interval: 60 secs
      Triggered Interval: 5 50 200
      Number of periodic updates sent: 0
      Number of trigger updates sent: 0
```

其中重要的参数含义如表28-2所示。

表28-2 display ripng命令显示信息描述表

字　段	描　述
RIPng process	RIPng进程号
Preference	RIPng路由优先级
Update time	Update定时器的值，单位为s
Timeout time	Timeout定时器的值，单位为s
Suppress time	Suppress定时器的值，单位为s
Garbage-collect time	Garbage-collect定时器的值，单位为s

display ripng route命令用来显示指定RIPng进程的路由信息。

display ripng interface 命令用来显示指定 RIPng 进程的接口信息，以下是输出示例。

```
Interface: GigabitEthernet0/0
        Link-local address: FE80::1
        Split-horizon: On                Poison-reverse: Off
        MetricIn: 0                      MetricOut: 1
        Default route: Off
        Update output delay: 20 (ms)     Output count: 3
```

其中重要的参数含义如表 28-3 所示。

表 28-3 display ripng interface 命令显示信息描述表

字　段	描　述
Interface	运行 RIPng 协议的接口的名称
Link-local address	运行 RIPng 协议的接口的链路本地地址
Split-horizon	是否使能了水平分割(on 表示使能，off 表示关闭)
Poison-reverse	是否使能了毒性逆转(on 表示使能，off 表示关闭)

28.4 OSPFv3 协议

OSPFv2(Open Shortest Path First version 2，开放式最短路径优先协议版本 2)在报文格式、运行机制等方面与 IPv4 地址联系紧密，这大大制约了它的可扩展性。为了使 OSPF 协议能够很好地应用于 IPv6 同时保留其众多优点，IETF 在 1999 年制定了应用于 IPv6 的 OSPF 协议，即 OSPFv3(Open Shortest Path First version 3，开放式最短路径优先协议版本 3)。

OSPFv3 沿袭了 OSPFv2 的协议框架，其网络类型、邻居发现和邻接建立机制、协议状态机、协议报文类型和 OSPFv2 基本一致。为了很好地支持 IPv6 且增强可扩展性，OSPFv3 在以下方面有所修改。

(1) 运行机制变化。主要是针对 IPv6 的特点进行了相应的修订，并将拓扑描述与 IP 网络描述分开。

(2) 功能有所扩展。增加了单链路运行多 OSPF 协议实例的能力；增加了对不识别的 LSA 的处理能力，协议具备了更好的适用性。

(3) 报文格式变化。针对 IPv6 进行相应的报文修改，取消 OSPFv2 中的验证字段，增加了 Instance ID 字段用于区分同一链路上的不同 OSPF 协议实例。

(4) LSA 格式变化。新增加两种 LSA，并对 Type3 LSA 和 Type4 LSA 的名称进行了修改。OSPFv3 与 OSPFv2 中的 LSA 比较如表 28-4 所示。

表 28-4 OSPFv3 与 OSPFv2 中的 LSA 比较

OSPFv3	OSPFv2
Router-LSA	Router-LSA(Type1 LSA)
Network-LSA	Network-LSA(Type2 LSA)
Inter-Area-Prefix-LSA	Network-Summary-LSA(Type3 LSA)
Inter-Area-Router-LSA	ASBR-Summary-LSA(Type4 LSA)
AS-external-LSA	AS-external-LSA(Type5 LSA)
Link-LSA	—
Intra-Area-Prefix-LSA	—

在运行机制方面，OSPFv3 和 OSPFv2 在以下方面是相同的。

(1) 使用相同的 SPF 算法，根据开销来决定最佳路径。

(2) 区域和 Router ID 的概念没有变化。OSPFv3 中的 Router ID 与 Area ID 仍然是32b，与 OSPFv2 完全相同。

(3) 相同的邻居发现机制和邻接形成机制。

(4) 相同的 LSA 扩散机制和老化机制。

同时，它们也有以下不同之处。

(1) OSPFv3 是基于链路(Link)运行，OSPFv2 是基于网段(Network)运行。在 OSPFv2 中，协议的运行是基于子网的，路由器之间形成邻居关系的条件之一就是两端接口的 IP 地址必须属于同一网段。

OSPFv3 基于链路运行，同一个链路上可以有多个 IPv6 子网。OSPFv2 中的网段、子网等概念在 OSPFv3 中都被链路所取代。由于 OSPFv3 不受网段的限制，所以两个具有不同 IPv6 前缀的节点可以在同一条链路上建立邻居关系。

(2) OSPFv3 在同一条链路上可以运行多个实例。OSPFv3 在协议报文中增加了"Instance ID"字段，用于标识不同的实例。路由器在报文接收时对该字段进行判断，只有报文中的实例号和接口配置的实例号相匹配时报文才会处理，否则丢弃。这样，一条链路可以运行多个 OSPF 实例，且各实例独立运行，相互之间不受影响。

(3) OSPFv3 通过 Router ID 来标识邻接的邻居，OSPFv2 则通过 IP 地址来标识邻接的邻居。OSPFv3 中，Router ID、Area ID 和 Link State ID 仍保留为 32b，不以 IPv6 地址形式赋值；DR 和 BDR 也只通过 Router ID 来标识，不通过 IPv6 地址进行标识。这样做的好处是，OSPFv3 可以独立于网络层协议运行，大大提高了协议的扩展性。

(4) OSPFv3 取消了报文中的验证。OSPFv3 取消了报文中的验证字段，改为使用 IPv6 中的扩展头 AH 和 ESP 来保证报文的完整性与机密性。这在一定程度上简化了 OSPF 协议的处理。

OSPFv3 中，IPv6 地址信息仅包含在部分 LSA 的载荷中。其中 Router-LSA 和 Network-LSA 中不再包含地址信息，仅用来描述网络拓扑。增加了一种新的 LSA——Intra-Area-Prefix-LSA 来携带 IPv6 地址前缀，用于发布区域内的路由。

OSPFv3 还新增了另一种 LSA——Link-LSA，用于路由器向链路上其他路由器通告自己的链路本地地址以及本链路上的所有 IPv6 地址前缀。Link-LSA 只在本地链路范围内传播。

除了新增加两种 LSA 外，OSPFv3 还对 Type3 LSA 和 Type4 LSA 的名称进行了修改。在 OSPFv3 中 Type3 LSA 更名为 Inter-Area-Prefix-LSA，Type4 LSA 更名为 Inter-Area-Router-LSA。

表 28-5 列出了 OSPFv3 中 7 类 LSA 的名称和描述。

表 28-5 OSPFv3 中 7 类 LSA 的名称和描述

LSA 名称	作用描述
Router-LSA	由每台路由器生成，描述本路由器的链路状态和开销，只在路由器所处区域内传播
Network-LSA	由广播网络和 NBMA 网络的 DR 生成，描述本网段接口的链路状态，只在 DR 所处区域内传播

续表

LSA 名称	作用描述
Inter-Area-Prefix-LSA	和 OSPFv2 中的 Type3 LSA 类似，该 LSA 由区域边界路由器 ABR 生成，在与该 LSA 相关的区域内传播。每一条 Inter-Area-Prefix-LSA 描述了一条到达本自治系统内其他区域的 IPv6 地址前缀(IPv6 Address Prefix)的路由
Inter-Area-Router-LSA	和 OSPFv2 中的 Type4 LSA 类似，该 LSA 由区域边界路由器 ABR 生成，在与该 LSA 相关的区域内传播。每一条 Inter-Area-Router-LSA 描述了一条到达本自治系统内的自治系统边界路由器 ASBR 的路由
AS-external-LSA	由自治系统边界路由器 ASBR 生成，描述到达其他 AS(Autonomous System，自治系统)的路由，传播到整个 AS(Stub 区域除外)
Link-LSA	路由器为每一条链路生成一个 Link-LSA，在本地链路范围内传播。每一个 Link-LSA 描述了该链路上所连接的 IPv6 地址前缀及路由器的 Link-local 地址
Intra-Area-Prefix-LSA	每个 Intra-Area-Prefix-LSA 包含路由器上的 IPv6 前缀信息，Stub 区域信息或穿越区域(Transit Area)的网段信息，该 LSA 在区域内传播

OSPF 有 5 种协议报文，分别为 Hello、Database Description、LSR、LSU 和 LSAck。这 5 种报文都以一个 16B 的头部作为报文的开始。

OSPFv3 取消了 OSPFv2 中的验证字段，增加了 Instance ID 字段用于区分同一链路上的不同 OSPF 实例。此外，OSPFv3 的 Version 字段的值为 3，表示该报文是一个 OSPFv3 报文，其他字段和 OSPFv2 中的对应字段保持一致。

OSPFv3 协议号为 89，对应 IPv6 报文的 Next Header 字段为 0x59。OSPFv3 协议报文的源 IPv6 地址除了虚连接外，一律使用链路本地地址。虚连接使用全球单播地址作为协议报文的源地址。

目的 IPv6 地址则是根据不同应用场合选择 AllSPFRouters、AllDRouters 以及邻居路由器 IPv6 地址这 3 种地址中的一种。其中，AllSPFRouters 为 IPv6 组播地址 FF02::5，所有运行 OSPFv3 的路由器都需要接收目的地址为该地址的 OSPFv3 协议报文，如 Hello 报文；AllDRouters 为 IPv6 组播地址 FF02::6，DR 和 BDR 都需要接收目的地址为该地址的 OSPFv3 协议报文，如由于链路发生变化导致 DR-Other 发送的 LSU 报文。

配置 OSPFv3 基本功能的步骤如下。

(1) 在系统视图下创建 OSPFv3 进程并进入 OSPFv3 视图。配置命令如下：

ospfv3 [*process-id*]

OSPFv3 进程号在启动 OSPFv3 时进行设置，它只在本地有效，不影响与其他路由器之间的报文交换。如果没有指定进程 ID，则系统默认的进程 ID 为 1。

(2) 在 OSPFv3 视图配置路由器的 ID。配置命令如下：

router-id *router-id*

与 OSPFv2 不同，OSPFv3 的 Router ID 必须手动配置，如果没有配置 Router ID，OSPFv3 无法正常运行。

配置 Router ID 时，必须保证自治系统中任意两台路由器的 Router ID 都不相同。如果在同一台路由器上运行了多个 OSPFv3 进程，必须为不同的进程指定不同的 Router ID。

(3) 在接口视图下在指定的网络接口上使能 OSPFv3。配置命令如下：

ospfv3 *process-id* **area** *area-id* [**instance** *instance-id*]

配置此命令后，相应的接口将属于指定的区域，并能够与邻居路由器收发 OSPFv3 路由。同时，此命令也可以指定接口的实例 ID。

在图 28-3 所示的网络中，整个自治系统划分为两个区域。其中 RTA 属于 Area1，RTC 属于 Area0，RTB 作为 ABR 来转发区域之间的路由。

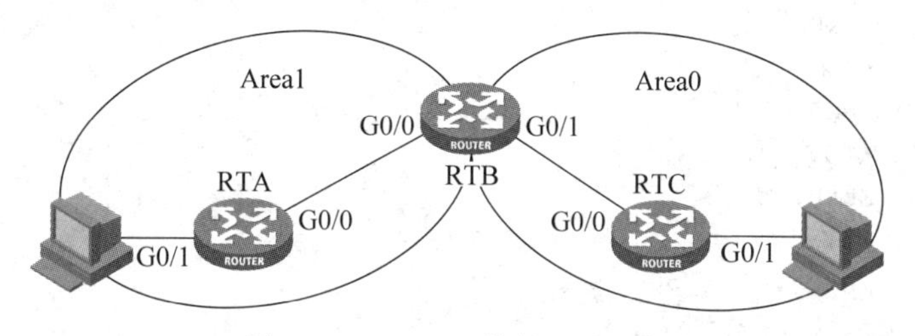

图 28-3　OSPFv3 协议配置示例

OSPFv3 基于链路运行，其协议报文源地址是链路本地地址。所以，路由器间的互联地址可配置为链路本地地址。

RTA 上配置如下：

```
[RTA] ospfv3 1
[RTA-ospfv3-1] router-id 1.1.1.1
[RTA-GigabitEthernet0/0] ipv6 address FE80::1 link-local
[RTA-GigabitEthernet0/0] ospfv3 1 area 1
[RTA-GigabitEthernet0/1] ipv6 address 1::1 64
[RTA-GigabitEthernet0/1] ospfv3 1 area 1
[RTA-GigabitEthernet0/1] undo ipv6 nd ra halt
```

RTB 上配置如下：

```
[RTB] ospfv3 1
[RTB-ospfv3-1] router-id 2.2.2.2
[RTB-GigabitEthernet0/0] ipv6 address FE80::2 link-local
[RTB-GigabitEthernet0/0] ospfv3 1 area 1
[RTB-GigabitEthernet0/1] ipv6 address FE80::1 link-local
[RTB-GigabitEthernet0/1] ospfv3 1 area 0
```

RTC 上配置如下：

```
[RTC] ospfv3 1
[RTC-ospfv3-1] router-id 3.3.3.3
[RTC-GigabitEthernet0/0] ipv6 address FE80::2 link-local
[RTC-GigabitEthernet0/0] ospfv3 1 area 0
[RTC-GigabitEthernet0/1] ipv6 address 4::1 64
[RTC-GigabitEthernet0/1] ospfv3 1 area 0
[RTC-GigabitEthernet0/1] undo ipv6 nd ra halt
```

在任意视图下执行 display 命令可以显示配置后 OSPFv3 的运行情况，通过查看显示信息验证配置的效果。

display ospfv3 命令用来查看 OSPFv3 进程的概要信息，其输出如下：

```
<Router>display ospfv3
OSPFv3 Process 1 with Router ID 1.1.1.1

RouterID: 1.1.1.1              Router type:
Route tag: 0
Route tag check: Disabled
Multi-VPN-Instance: Disabled
Type value of extended community attributes:
    Domain ID : 0x0005
    Route type: 0x0306
    Router ID : 0x0107
Domain-id: 0.0.0.0
DN-bit check: Enabled
DN-bit set: Enabled
SPF-schedule-interval: 5 50 200
LSA generation interval: 5
LSA arrival interval: 1000
Transmit pacing: Interval: 20 Count: 3
Default ASE parameters: Tag: 1
Route preference: 10
ASE route preference: 150
SPF calculation count: 25
External LSA count: 0
LSA originated count: 10
LSA received count: 5
SNMP trap rate limit interval: 10   Count: 7
Area count: 1   Stub area count: 0   NSSA area count: 0
ExChange/Loading neighbors: 0

Area: 0.0.0.1
Area flag: Normal
SPF scheduled count: 5
ExChange/Loading neighbors: 0
LSA count: 5
```

以上信息表明，路由器的 OSPFv3 进程 ID 是 1，Router ID 是 1.1.1.1。

display ospfv3 routing 命令用来显示 OSPFv3 路由表的信息，其输出如下：

```
<Router>display ospfv3 routing

              OSPFv3 Process 1 with Router ID 2.2.2.2
-------------------------------------------------------------------------
I  -Intra area route,  E1 -Type 1 external route,  N1 -Type 1 NSSA route
IA -Inter area route,  E2 -Type 2 external route,  N2 -Type 2 NSSA route
*   -Selected route

*Destination: 1::1/128
 Type: I                                          Cost: 1
 NextHop: FE80::1                                 Interface: GE0/0
 AdvRouter: 1.1.1.1                               Area: 0.0.0.1
 Preference : 10
```

```
Total: 1
Intra area: 1          Inter area: 0          ASE: 0          NSSA: 0
```

以上信息表明，路由表中有一条区域内路由 1：1/128，出接口为 GE0/0，其开销为 1。

display ospfv3 peer 命令用来显示 OSPFv3 邻居的信息，其输出如下：

```
<Router>display ospfv3 peer

                OSPFv3 Process 1 with Router ID 1.1.1.1

Area: 0.0.0.1
--------------------------------------------------------------------------
Router ID     Pri   State         Dead-Time     InstID     Interface
2.2.2.2       1     Full/DR       00:00:32      0          GE0/0
```

以上信息表明，路由器在接口 GE0/0 上与 ID 为 2.2.2.2 的路由器建立了邻居关系，其状态为 Full。

display ospfv3 lsdb 命令用来显示 OSPFv3 的链路状态数据库信息，其输出如下：

```
<Router>display ospfv3 lsdb

                OSPFv3 Process 1 with Router ID 1.1.1.1

                  Link-LSA (Interface GigabitEthernet2/0/1)
--------------------------------------------------------------------------
Link State ID   Origin Router   Age    SeqNum        CkSum     Prefix
0.15.0.8        2.2.2.2         0691   0x80000041    0x8315    1
0.0.0.3         1.1.1.1         0623   0x80000001    0x0fee    1

                  Router-LSA (Area 0.0.0.1)
--------------------------------------------------------------------------
Link State ID   Origin Router   Age    SeqNum        CkSum     Link
0.0.0.0         1.1.1.1         0013   0x80000068    0x5d5f    2
0.0.0.0         2.2.2.2         0024   0x800000ea    0x1e22    0

                  Network-LSA (Area 0.0.0.1)
--------------------------------------------------------------------------
Link State ID   Origin Router   Age    SeqNum        CkSum
0.15.0.8        2.2.2.2         0019   0x80000007    0x599e

                  Intra-Area-Prefix-LSA (Area 0.0.0.1)
--------------------------------------------------------------------------
Link State ID   Origin Router   Age    SeqNum        CkSum     PrefixReference
0.0.0.2         2.2.2.2         3600   0x80000002    0x2eed    2 Network-LSA
0.0.0.1         2.2.2.2         0018   0x80000001    0x1478    1 Network-LSA
```

以上信息表明，LSDB 中有两条 Link-LSA，两条 Router-LSA，一条 Network-LSA 和两条 Intra-Area-Prefix-LSA。

28.5 本章总结

(1) IPv6 路由协议包括 RIPng、OSPFv3、IPv6-IS-IS 和 BGP4+。

(2) RIPng 的工作机制与 RIPv2 基本相同。

(3) OSPFv3 针对 IPv6 进行了修改,并增加了两类 LSA。

(4) RIPng 的配置与维护。

(5) OSPFv3 的配置与维护。

28.6 习题和解答

28.6.1 习题

(1) 以下(　　)是链路状态的 IPv6 路由协议。

A. RIPng　　B. OSPF　　C. OSPFv3　　D. BGP4+

(2) 关于 RIPng 路由协议的描述,以下正确的是(　　)。

A. 使用 UDP 的 521 端口发送和接收路由信息

B. 使用 FF02::9 作为 RIPng 路由器组播地址

C. 使用链路本地地址 FE80::/10 作为源地址发送路由更新报文

D. 是一种距离矢量型的路由协议

(3) 下列(　　)是 OSPFv3 和 OSPFv2 之间的相同点。

A. OSPFv3 和 OSPFv2 具有相同的 LSA 类型

B. OSPFv3 和 OSPFv2 使用相同的 SPF 算法

C. OSPFv3 和 OSPFv2 使用相同的 Router ID 与 Area ID

D. OSPFv3 和 OSPFv2 具有相同的邻居发现机制和邻接形成机制

(4) 下列(　　)命令用来配置在接口上使能 RIPng 进程 1。

A. [RTA] ripng enable　　B. [RTA] ripng 1 enable

C. [RTA-Ethernet0/0] ripng enable　　D. [RTA-Ethernet0/0] ripng 1 enable

(5) 假定路由 RTA 的接口 Ethernet0/1 的 IPv6 地址为 2001::1/64,则下列(　　)命令用来配置在接口 Ethernet0/1 上使能 OSPFv3 并划分到区域 1。

A. [RTA] ospfv3 1 area 1

B. [RTA-ospfv3-0.0.0.1] Interface Ethernet0/1

C. [RTA-ospfv3-0.0.0.1] network 2001::0 64

D. [RTA-Ethernet0/1] ospfv3 1 area 1

28.6.2 习题答案

(1) C　(2) A、B、C、D　(3) B、C、D　(4) D　(5) D

第29章

IPv6过渡技术

现阶段，绝大多数网络仍然是IPv4，过渡到IPv6还要相当长的一段时间。在这段时间里，IPv4和IPv6是共同存在的。本章介绍常用的IPv6过渡技术，如隧道、NAT-PT等的原理和配置。

29.1 本章目标

学习完本章，应该能够：

(1) 了解IPv6过渡技术的分类；

(2) 掌握6to4隧道技术的原理和配置；

(3) 掌握ISATAP隧道技术的原理和配置。

29.2 IPv6过渡技术概述

29.2.1 IPv6过渡技术分类

IPv6过渡技术主要分为以下两类。

(1) 双协议栈技术。

(2) 隧道技术。

双协议栈技术是指在设备上同时启用IPv4和IPv6协议栈。IPv6和IPv4是功能相近的网络层协议，两者都基于相同的下层平台。如果网络中的一个节点同时支持IPv6和IPv4两种协议，那么该节点既能与支持IPv4协议的节点通信，又能与支持IPv6协议的节点通信，这就是双协议栈技术的工作机理。

双协议栈技术是IPv6过渡技术中应用最广泛的一种过渡技术。同时，它也是所有其他过渡技术的基础。

隧道是一种封装技术，它利用一种网络协议来传输另一种网络协议，即利用一种网络传输协议，将其他协议产生的数据报文封装在它自己的报文中，然后在网络中传输。IPv6隧道是将IPv6报文封装在IPv4报文中，这样IPv6协议报文就可以穿越IPv4网络进行通信。对于采用隧道技术的设备来说，在起始端(隧道的入口处)，将IPv6的数据报文封装入IPv4报文中，IPv4报文的源地址和目的地址分别是隧道入口与出口的IPv4地址。在隧道的出口处，再将IPv6报文取出转发给目的站点。它的特点是要求隧道两端的网络设备能够支持隧道及双栈技术，而对网络中其他设备没有要求，因而非常容易实现。但是隧道技术不能实现IPv4主机与IPv6主机的直接通信。

29.2.2 双协议栈技术

具有双协议栈的节点称作“IPv6/v4节点”，这些节点既可以收发IPv4报文，也可以收发

IPv6 报文。它们可以使用 IPv4 协议与 IPv4 节点互通,也可以使用 IPv6 协议与 IPv6 节点互通。

绝大多数情况下,用户给应用层提供的只是对端通信设备的名字而不是地址,这就要求系统提供名字与地址之间的映射。无论是在 IPv4 中还是在 IPv6 中,这个任务都是由 DNS 完成的。对于 IPv6 地址,定义了新的记录类型 A6 和 AAAA。由于 IPv4/v6 节点要能够直接与 IPv4 和 IPv6 节点通信,因此 DNS 必须能够同时支持对 IPv4 和 IPv6 的记录类型的解析。

另外,在查询到 IP 地址之后,解析库向应用层返回的 IP 地址可能是 IPv6 地址,也可能是 IPv4 地址,或者是同时返回 IPv6 和 IPv4 地址。因此,应用层必须选择使用哪个地址,即使用哪个 IP 协议。具体选择哪一个地址的结果与应用的环境有关(也就是与操作系统和应用程序相关)。

双协议栈技术的优点是互通性好,并且实现简单。其缺点是双协议栈节点需要维护两个协议栈,系统开销比原来增加了;且每个 IPv6 节点都需要使用一个 IPv4 地址,实际上并没有解决 IPv4 地址紧缺问题,所以只能作为一种临时过渡技术。

29.3 IPv6 隧道技术

IPv6 隧道可以建立在主机-主机、主机-设备、设备-主机、设备-设备之间。隧道的终点可能是 IPv6 报文的最终目的地,也可能需要进一步转发。如果隧道的终点不是 IPv6 报文的最终目的地,当 IPv6 报文通过隧道到达隧道终点后,隧道终点设备(通常为路由器)会对封装的 IPv6 报文进行解封装,并转发 IPv6 报文到最终目的地。

根据隧道终点的 IPv4 地址的获取方式不同,隧道分为以下两种。

(1) 手动隧道。如果设备不能从 IPv6 报文的目的地址中自动获取到隧道终点的 IPv4 地址,就需要对隧道终点进行手动配置。这种需要对隧道终点进行配置的隧道称为手动隧道。手动隧道是点到点之间的链路,一条链路就是一条单独的隧道,通常应用于路由器之间的稳定连接。

(2) 自动隧道。如果隧道的终点能够从 IPv6 报文的目的地址中自动获取,也就是说隧道终点不需要手动配置,则这种隧道就是自动隧道。通常,自动隧道的实现需要采用内嵌 IPv4 地址的特殊 IPv6 地址形式。

常见的自动隧道包括 IPv4 兼容 IPv6 自动隧道、6to4 隧道、ISATAP 隧道及 6PE 隧道。

6PE 隧道是建立在 MPLS/VPN 网络上的隧道技术。

6to4 隧道是点到多点的自动隧道,主要用于将多个 IPv6 孤岛通过 IPv4 网络连接到 IPv6 网络。6to4 隧道通过 IPv6 报文的目的地址中嵌入的 IPv4 地址,可以自动获取隧道的终点。

6to4 隧道必须采用特殊的 6to4 地址,其格式为 2002:abcd:efgh:子网号::接口 ID,其中,2002 表示固定的 IPv6 地址前缀;abcd:efgh 为用十六进制表示的 IPv4 地址(如 1.1.1.1 可以表示为 0101:0101),用来唯一标识一个 6to4 网络。通过这个嵌入的 IPv4 地址可以自动确定隧道的终点,使隧道的建立非常方便。

6to4 地址的网络前缀有 64b 长,其中前 48b(2002:abcd:efgh)被分配给路由器上的 IPv4 地址决定了,用户不能改变,而后 16b 是由用户自己定义的。这样,6to4 隧道可以实现 IPv6 网络的互联。

6to4 隧道是随报文建立的隧道,并不需要事先建立;并且,无论要和多少个对端设备建立隧道,本端只需一个隧道接口。这样可以节省路由器资源,方便路由器的维护,并且易于扩展。

图 29-1 显示了 6to4 隧道的工作原理。两台路由器 RTA 和 RTB 通过 6to4 隧道相连。

PCA 的 IPv6 地址为 2002:101:101:2::2,PCB 的 IPv6 地址为 2002:202:202:2::2。

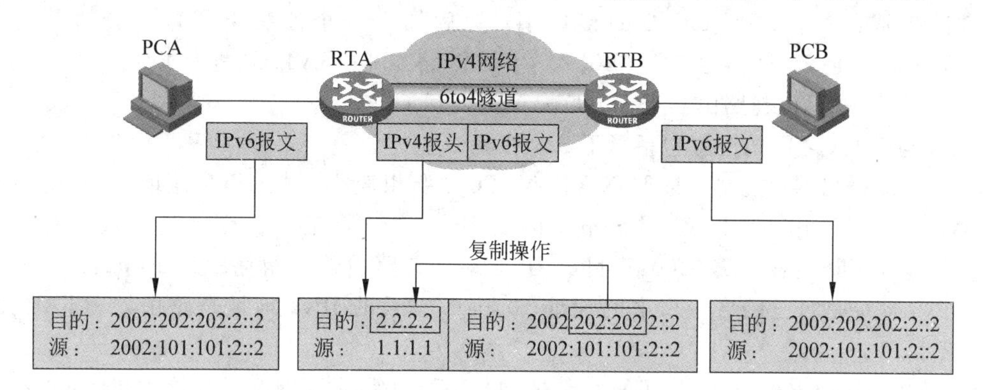

图 29-1　6to4 隧道的工作原理

当 PCA 发出的 IPv6 报文到达 RTA 后,RTA 查找路由表,发现报文所匹配的路由表项下一跳指向 6to4 隧道接口,于是对其进行报文封装。封装时的源地址就是物理接口的 IPv4 地址 1.1.1.1;目的地址是从 IPv6 报文目的地址 2002:202:202:2::2 中把 IPv4 的部分 202:202 提取出来,就是 2.2.2.2,作为 IPv4 报文的目的地址。封装后从 IPv4 网络转发到 RTB。

RTB 收到此 IPv4 报文后,进行解封装操作,将其中的 IPv6 报文取出,查找路由表后发送至 PCB。

ISATAP(Intra-Site Automatic Tunnel Addressing Protocol)不但是一种自动隧道技术,同时它可以进行地址自动配置。在 ISATAP 隧道的两端设备之间可以运行 ND 协议。配置了 ISATAP 隧道以后,IPv6 网络将底层的 IPv4 网络看作一个非广播的点到多点的链路(NBMA)。

ISATAP 隧道的地址也有特定的格式,ISATAP 地址格式为

```
Prefix:0:5EFE:abcd:efgh/64
```

在这里,64b 的 Prefix 为任何合法的 IPv6 单播地址前缀,0:5EFE 是 IANA 规定的格式,abcd:efgh 为用十六进制表示的 32b IPv4 地址(如 1.1.1.1 可以表示为 0101:0101)。ISATAP 地址的前 64b 前缀是通过向 ISATAP 路由器发送请求来得到的。

如图 29-2 所示,双栈主机 PCA 与路由器 RTA 通过 ISATAP 隧道相连。PCA 作为一个 ISATAP 主机,配置有 IPv4 地址 10.0.0.2,IPv6 地址由 ISATAP 路由器 RTA 自动分配。路由器 RTA 连接有 IPv4 网络和 IPv6 网络,IPv4 地址是 2.2.2.2,并配置有相应的 ISATAP 隧道接口,负责给 PCA 分配前缀,其前缀为 1::。PCB 是一台 IPv6 主机。

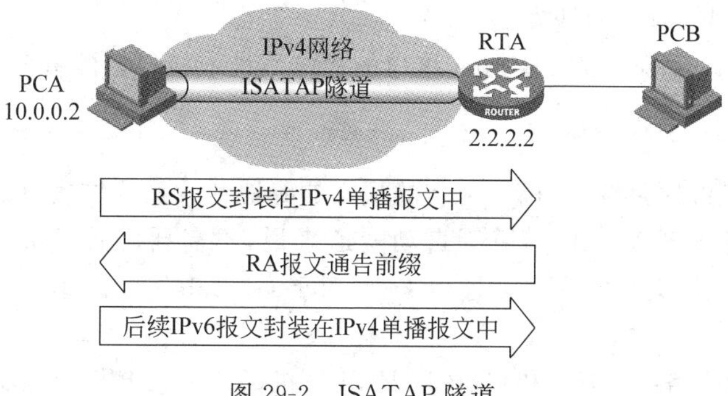

图 29-2　ISATAP 隧道

默认情况下,主机会生成链路本地 ISATAP 地址。它的生成方法如下:首先按照前面讲述的方法生成::0:5EFE:A00:2 的接口 ID,然后加上一个前缀 FE80,生成的链路本地 ISATAP 地址就是 FE80::5EFE:A00:2。生成链路本地 ISATAP 地址以后,PCA 就有了 IPv6 连接功能,就可以与路由器进行 ND 协议的交互了。

PCA 与 RTA 之间的交互包括以下 3 个步骤。

(1) PCA 发出 RS 报文。按照 ND 协议,PCA 要想获得全局 IPv6 地址,它首先需要向 ISATAP 路由器发出 RS 报文。RS 报文的源 IPv6 地址就是它自己预先生成的链路本地 ISATAP 地址 FE80::5EFE:A00:2,目的 IPv6 地址是路由器的组播地址 FF02::2。在封装时,源 IPv4 地址是自己网络接口卡的地址 10.0.0.2,目的 IPv4 地址是路由器 RTA 的地址 2.2.2.2。

(2) RTA 回应 RA 报文。RTA 收到 RS 报文后,需要回复 RA 报文给主机。RA 报文的目的 IPv6 地址是 PCA 的链路本地 ISATAP 地址 FE80::5EFE:A00:2。在封装时,源 IPv4 地址为 2.2.2.2,目的 IPv4 地址就是从目的 IPv6 地址中内嵌的 IPv4 地址得来的(A00:2→10.0.0.2),即为 10.0.0.2。

(3) 主机得到全局 IPv6 地址。ISATAP 路由器回应的 RA 报文中告诉主机 PCA 前缀为 1::。PCA 把此前缀加上接口 ID: ::0:5EFE:A00:2,得到一个全局 IPv6 地址 1:: 5EFE:A00:2。

PCA 得到全局 IPv6 地址后,就可以向 PCB 发起通信了。此时源地址就是自己的全局地址 1::5EFE:A00:2。

在路由器上配置隧道的基本步骤如下。

(1) 在系统视图下创建 Tunnel 接口,指定隧道模式,并进入 Tunnel 接口视图。配置命令如下:

```
interface tunnel number mode { ds-lite-aftr | gre [ipv6] | ipv4-ipv4 | ipv6 | ipv6-ipv4 [6to4 | auto-tunnel | isatap] | mpls-te }
```

默认情况下,设备上没有 Tunnel 接口,所以必须先创建 Tunnel 接口。

(2) 在接口视图设置 Tunnel 接口的 IPv6 单播地址。配置命令如下:

```
ipv6 address { ipv6-address prefix-length | ipv6-address/prefix-length }
```

如果隧道接口是 6to4 隧道或 ISATAP 隧道时,须注意单播地址的格式要符合 6to4 地址或 ISATAP 地址格式。

一般情况下,隧道两端 Tunnel 接口的地址需要配置为同一个网段。如果是不同网段,则必须配置通过隧道到达对端的转发路由。

(3) 在隧道接口视图下设置 Tunnel 接口的源端地址或接口。配置命令如下:

```
source{ ip-address | ipv6-address | interface-type interface-number }
```

配置 Tunnel 接口的源端接口后,封装的报文的源地址就是源端接口的地址。

对于 6to4 隧道和 ISATAP 隧道等自动隧道来说,不需要配置 Tunnel 接口的目的端地址,由系统根据 IPv6 报文中的内嵌地址得来;而对于 GRE 等手动隧道来说,需要配置 Tunnel 接口的目的端地址。

在图 29-3 所示网络中,PCA 和 PCB 是 IPv6 主机,RTA 和 RTB 是双栈路由器,之间通过 IPv4 网络进行连接。通过在路由器上配置 6to4 隧道接口,使路由器间通过 6to4 隧道而互联

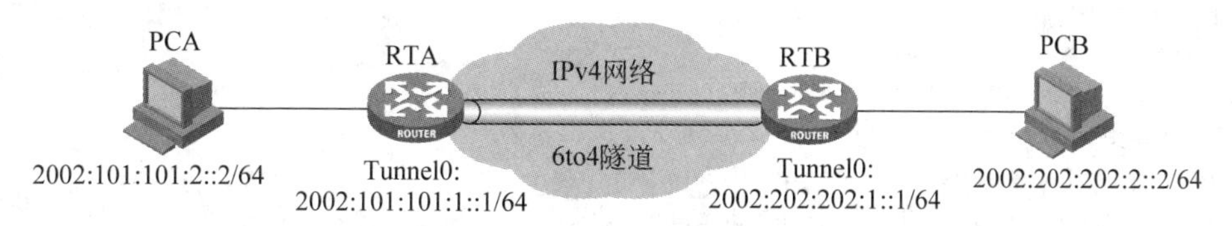

图 29-3 6to4 隧道配置示例

起来。

RTA 上配置如下：

```
[RTA] interface GigabitEthernet0/0
[RTA-GigabitEthernet0/0] ip address 1.1.1.1  24
[RTA] interface GigabitEthernet0/1
[RTA-GigabitEthernet0/1] ipv6 address 2002:101:101:2::1 64
[RTA] interface Tunnel0 mode ipv6-ipv4 6to4
[RTA-Tunnel0] ipv6 address 2002:101:101:1::1 64
[RTA-Tunnel0] source GigabitEthernet0/0
[RTA] ipv6 route-static 2002:: 16 Tunnel 0
```

RTB 上配置如下：

```
[RTB] interface GigabitEthernet0/0
[RTB-GigabitEthernet0/0] ip address 2.2.2.2  24
[RTB] interface GigabitEthernet0/1[RTB-GigabitEthernet0/1] ipv6 address 2002:202:
202:2::1 64
[RTB] interface Tunnel0 mode ipv6-ipv4 6to4
[RTB-Tunnel0] ipv6 address 2002:202:202:1::1 64
[RTB-Tunnel0] source GigabitEthernet0/0
[RTB] ipv6 route-static 2002:: 16 Tunnel 0
```

在以上配置中，在路由器间配置了 IPv6 静态路由，以使两端的 IPv6 路由可达。

在图 29-4 所示网络中，PCA 位于 IPv4 网络中，IP 地址为 10.0.0.2/24；PCB 位于 IPv6 网络中，地址为 2::2/64。RTA 是一个双栈路由器，配置 ISATAP 隧道，通过 ND 协议给 PCA 分配 ISATAP 地址。

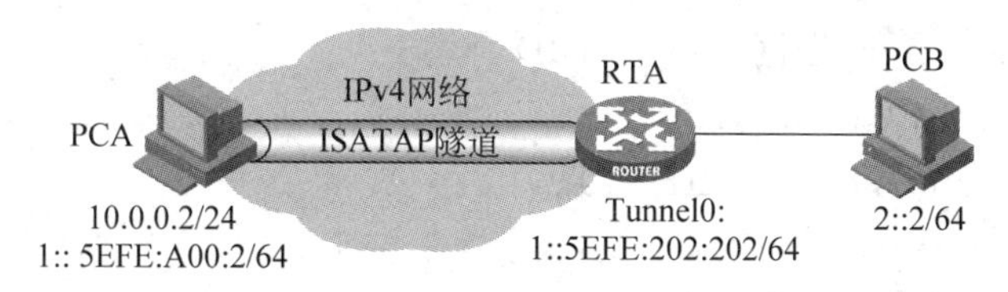

图 29-4 ISATAP 隧道配置示例

假设主机 PCA 的操作系统是 Windows 7，则在命令行视图下进行以下配置。

```
C:\Windows\system32>netsh interface ipv6 isatap set router 2.2.2.2
```

一般情况下，在 Windows 7 操作系统命令行视图下配置以下命令获取管理员权限。

```
C:\>runas /noprofile /user:Administrator cmd.exe
```

以上配置完成后，PCA 发出的 IPv6 报文进行封装时，其目的 IPv4 地址就是路由器 RTA 的地址 2.2.2.2。

RTA 上配置如下：

```
[RTA] interface GigabitEthernet0/0
[RTA-GigabitEthernet0/0] ip address 2.2.2.2  24
[RTA] interface GigabitEthernet0/1
[RTA-GigabitEthernet0/1] ipv6 address 2::1 64
[RTA] interface Tunnel0 mode ipv6-ipv4 isatap
[RTA-Tunnel0] ipv6 address 1::5EFE:202:202:1 64
[RTA-Tunnel0] GigabitEthernet0/0
[RTA-Tunnel0] undo ipv6 nd ra halt
```

配置完成后，如果 PCA 与 RTA 之间进行 ND 协议的交互，RTA 将会给 PCA 分配 1::/64 的前缀。PCA 得到前缀后，与自己的接口 ID 结合起来，生成全局 IPv6 地址 1::5EFE:A00:2/64。

29.4 本章总结

(1) IPv6 过渡技术包括双协议栈技术、隧道技术。

(2) 6to4 隧道和 ISATAP 隧道是自动隧道技术。

(3) 6to4 隧道和 ISATAP 隧道的配置与维护。

29.5 习题和解答

29.5.1 习题

(1) 以下(　　)描述是双协议栈技术的特点。

A. 既能与支持 IPv4 协议的节点通信，又能与支持 IPv6 协议的节点通信

B. 节点需要维护两个协议栈

C. 解决了 IPv4 地址紧缺问题

D. 将 IPv6 报文封装在 IPv4 报文中穿越 IPv4 网络

(2) 6to4 自动隧道地址格式是(　　)。

A. 2001:a. b. c. d:xxxx:xxxx:xxxx:xxxx:xxxx

B. 2001::0:5EFE:w. x. y. z

C. 2002:abcd:efgh:子网号::接口 ID

D. 2002::0:5EFE:w. x. y. z

(3) 以下(　　)是 ISATAP 隧道的优点。

A. 隧道终点不需要手动配置

B. 无须使用特定格式的地址

C. 可将 IPv4 报文转换成 IPv6 报文

D. 隧道两端设备之间可以运行 ND 协议从而实现地址自动配置

29.5.2 习题答案

(1) A、B　(2) C　(3) A、D

附录

课程实验

实验1

静态ECMP和浮动静态路由配置

1.1 实验目标

完成本实验,应该能够:

(1) 掌握如何在路由器上配置静态 ECMP;

(2) 掌握浮动静态路由配置。

1.2 实验组网图

本实验按照实验图 1-1 所示进行组网。

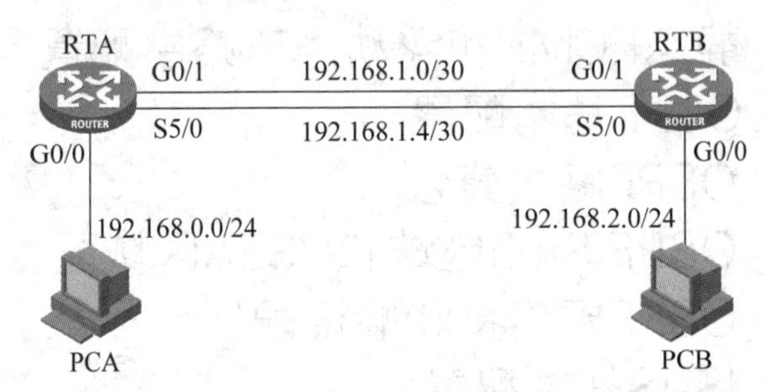

实验图 1-1　静态 ECMP 和浮动静态路由配置实验组网

1.3 实验设备和器材

本实验所需的主要设备和器材如实验表 1-1 所示。

实验表 1-1　实验设备和器材

名称和型号	版　本	数量	描　　述
MSR36-20	CMW 7.1.049-R0106 CMW5.20	2	
PC	Windows 7	2	
V.35 DTE 串口线	—	1	
V.35 DCE 串口线	—	1	
第 5 类 UTP 以太网连接线	—	3	

1.4 实验过程

实验任务 1　静态 ECMP 配置

在本实验任务中,需要在路由器上配置静态 ECMP,再验证等值路由的负载分担和备份功能。通过本实验任务,应该能够掌握静态等值路由的配置和应用场合。

步骤1：建立物理连接

按照实验图1-1进行连接，并检查设备的软件版本及配置信息，确保各设备软件版本符合要求，所有配置为初始状态。如果配置不符合要求，请在用户模式下擦除设备中的配置文件，然后重启设备以使系统采用默认的配置参数进行初始化。

以上步骤可能会用到以下命令。

```
<RTA>display version
<RTA>reset saved-configuration
<RTA>reboot
```

步骤2：IP地址配置

按实验表1-2所示在PC及路由器上配置IP地址。

实验表1-2 实验任务1 IP地址列表

设备名称	接 口	IP地址	网 关
PCA	—	192.168.0.2/24	192.168.0.1
PCB	—	192.168.2.2/24	192.168.2.1
RTA	G0/0	192.168.0.1/24	—
	G0/1	192.168.1.1/30	—
	S5/0	192.168.1.5/30	—
RTB	G0/0	192.168.2.1/24	—
	G0/1	192.168.1.2/30	—
	S5/0	192.168.1.6/30	—

步骤3：静态等值路由配置

在RTA上配置目的地址为192.168.2.0/24的两条静态路由，下一跳分别指向RTB的S5/0接口和G0/1接口；在RTB上配置目的地址为192.168.0.0/24的两条静态路由，下一跳分别指向RTA的S5/0接口和G0/1接口。

请在下面填入配置RTA的命令。

____

____

请在下面填入配置RTB的命令。

____

____

配置完成后，查看RTA和RTB的路由表。

RTA路由表中的等值路由是：

____

RTB路由表中的等值路由是：

____

步骤4：等值路由的备份功能验证

在PCA上用ping -t 192.168.2.2命令来测试到PCB的可达性，确保其可达。

现在从RTA到RTB有两条路径。但在默认情况下，路由器接口工作于基于流的负载分担模式，所以所有报文会通过一个接口转发。

在RTA上查看快速转发表。

请观察快速转发表的输出。从输出可以看出,从 192.168.0.2 到 192.168.2.2 的数据流从路由器 RTA 的接口________进入,从接口________流出。

在 PCA 上用 ping -t 192.168.2.2 命令来测试到 PCB 的可达性。在此期间,在 RTA 上使用 shutdown 命令来断开负责转发报文的接口 S5/0,并观察是否有报文丢失及路由变化,如下所示。

```
[RTA-Serial5/0] shutdown
```

在 PCA 上观察是否有 PING 报文丢失,并在下面填入结果。

____

同时,在 RTA 上查看路由表及快速转发表。根据路由表和快速转发表的输出回答以下问题:

RTA 路由表中还有等值路由吗?

____

在快速转发表中,从 192.168.0.2 到 192.168.2.2 的数据流是从哪一个接口被转发出去的?

____

由以上实验结果可见,静态 ECMP 能够起到备份的作用。在默认状态下,路由器的快速转发功能是起作用的。

实验任务 2　浮动静态路由配置

在本实验任务中,需要在路由器上配置浮动静态路由,再验证浮动静态路由的备份功能。通过本实验任务,应该能够掌握浮动静态路由的配置和应用场合。

步骤 1:建立物理连接

按照实验图 1-1 进行连接,并检查设备的软件版本及配置信息,确保各设备软件版本符合要求,所有配置为初始状态。如果配置不符合要求,请在用户模式下擦除设备中的配置文件,然后重启设备以使系统采用默认的配置参数进行初始化。

以上步骤可能会用到以下命令。

```
<RTA>display version
<RTA>reset saved-configuration
<RTA>reboot
```

步骤 2:IP 地址及 RIP 路由配置

本实验任务中的 IP 地址配置与实验任务 1 相同。按实验表 1-3 所示在 PC 及路由器上配置 IP 地址。

实验表 1-3　实验任务 2 IP 地址列表

设备名称	接　口	IP 地 址	网　关
PCA	—	192.168.0.2/24	192.168.0.1
PCB	—	192.168.2.2/24	192.168.2.1
RTA	G0/0	192.168.0.1/24	—
	G0/1	192.168.1.1/30	—
	S5/0	192.168.1.5/30	—

续表

设备名称	接　口	IP 地 址	网　　关
RTB	G0/0	192.168.2.1/24	—
	G0/1	192.168.1.2/30	—
	S5/0	192.168.1.6/30	—

本实验中使用 RIP 协议作为 RTA 和 RTB 之间运行的动态路由协议。在 RTA 和 RTB 上启用 RIP 协议，并设定仅在接口 G0/0 和 G0/1 上收发 RIP 路由更新；使用静默接口命令来使路由器不在接口 Serial 5/0 上发送路由更新。

请在下面填入配置 RTA 的命令。

____

____

____

____

____

请在下面填入配置 RTB 的命令。

____

____

____

____

____

____

配置完成后，请在路由器上查看路由表。

此时，路由表中路由 192.168.2.0/24 的来源是什么？下一跳是什么？

____

____

步骤 3：浮动静态路由配置

在 RTA 上配置目的地址为 192.168.2.0/24 的静态路由，下一跳指向 S5/0 接口，并设定优先级为 120；在 RTB 上配置目的地址为 192.168.0.0/24 的静态路由，下一跳指向 S5/0 接口，并设定优先级为 120。

请在下面填入配置 RTA 的命令。

____

请在下面填入配置 RTB 的命令。

____

配置完成后，在 RTA 上使用 display ip routing-table 命令来查看路由表。路由表有什么变化吗？为什么？

____

____

现在，在 RTA 上使用 display ip routing-table 192.168.2.0 verbose 命令来查看路由表的详细信息。从输出来看，有几条 192.168.2.0/24 的路由？它们的不同之处在哪里？

____

步骤4：浮动静态路由验证

在PCA上用 ping -t 192.168.2.2 命令来测试到PCB的可达性，确保可达。

在RTA上使用shutdown命令来断开负责转发报文的接口GE0/1，并观察是否有报文丢失及路由变化，如下所示。

```
[RTA-GigabitEthernet0/1] shutdown
```

在PCA上观察是否有PING报文丢失，并在下面填入结果。

____

在RTA上使用display ip routing-table命令来再次查看路由表。路由表中路由192.168.2.0/24的来源是什么？下一跳是什么？相比在shutdown接口前，路由有变化吗？为什么？

____

____

____

____

1.5 实验中的命令列表

本实验中用到的命令如实验表1-4所示。

实验表1-4 实验命令列表

命　　令	描　　述
display ip fast-forwarding cache [*ip-address*]	显示快速转发表信息
display ip routing-table *ip-address*	查看指定目的地址的路由信息
iproute-static *dest-address* {**mask** | ***mask-length***} {*next-hop-address* [**preference** *preference-value*]}	配置单播静态路由

1.6 思考题

实验任务中，设备会建议快转表项，如何清空设备上建立的快转表项？

答：通过reset ip fast-forwarding cache命令清空快转表项，配置命令如下：

```
<H3C>reset ip fast-forwarding cache
```

实验2

OSPF基本配置

2.1 实验目标

完成本实验,应该能够:

(1) 配置单区域的 OSPF 协议;

(2) 配置多区域的 OSPF 协议;

(3) 掌握 OSPF 协议 Router ID 的选取原理。

2.2 实验组网图

本实验按照实验图 2-1 所示进行组网。RTA、RTB 和 RTC 3 台路由器依次连接。

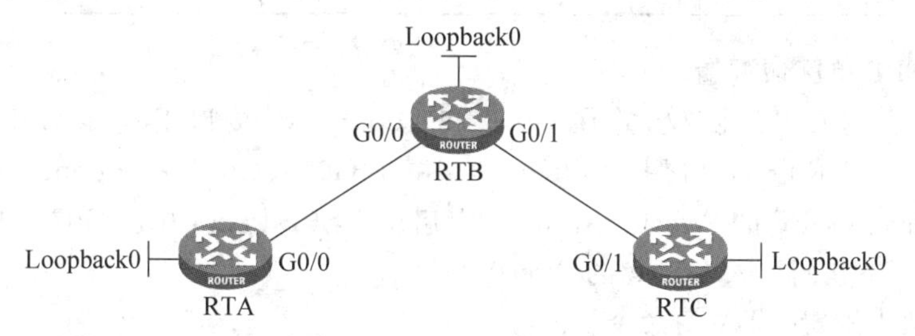

实验图 2-1　OSPF 基本配置实验组网

2.3 实验设备和器材

本实验所需的主要设备和器材如实验表 2-1 所示。

实验表 2-1　实验设备和器材

名称和型号	版　　本	数量	描　　述
MSR36-20	CMW 7.1.049-R0106	3	
第 5 类 UTP 以太网连接线	—	2	

2.4 实验过程

实验任务 1　OSPF 单区域配置

本实验任务的主要内容是通过 OSPF 单区域的配置,实现 RTA 与 RTB、RTB 与 RTC 之间建立 OSPF 邻居,并且相互可以学习到 Loopback 接口对应的路由信息。通过本实验内容,应该能够掌握 OSPF 单区域的配置和应用场合。

步骤 1:建立物理连接

按照实验图 2-1 进行连接,并检查设备的软件版本及配置信息,确保各设备软件版本符合要求，所有配置为初始状态。如果配置不符合要求，请在用户模式下擦除设备中的配置文件，然后重启设备以使系统采用默认的配置参数进行初始化。

以上步骤可能会用到以下命令。

```
<RTA>display version
<RTA>reset saved-configuration
<RTA>reboot
```

步骤 2：IP 地址配置

按实验表 2-2 所示在路由器上配置 IP 地址。

实验表 2-2 实验任务 1 IP 地址列表

设备名称	接 口	IP 地 址
RTA	G0/0	10.0.0.1/24
	Loopback0	1.1.1.1/32
RTB	G0/0	10.0.0.2/24
	G0/1	20.0.0.1/24
	Loopback0	2.2.2.2/32
RTC	G0/1	20.0.0.2/32
	Loopback0	3.3.3.3/32

步骤 3：OSPF 单区域配置

在 RTA 上启用 OSPF 协议，并在 G0/0 和 Loopback0 接口上使能 OSPF，将它们加入 OSPF 的 Area0。在 RTB 上启用 OSPF 协议，并在 G0/0、G0/1 和 Loopback0 接口上使能 OSPF，将它们加入 OSPF 的 Area0。在 RTC 上启用 OSPF 协议，并在 G0/0 和 Loopback0 接口上使能 OSPF，将它们加入 OSPF 的 Area0。

请在下面填入配置 RTA 的命令。

请在下面填入配置 RTB 的命令。

请在下面填入配置 RTC 的命令。

步骤 4：观察 OSPF 邻居表和路由表

配置结束后，请在 RTB 上查看 OSPF 邻居表。OSPF 邻居表中，RTB 与 RTA 之间的状态是________，RTB 与 RTC 之间的状态是________。

配置完成后，请在 RTA 上查看路由表，RTA 学习到了哪几条 OSPF 路由？

____

____

____

____

实验任务 2 OSPF 多区域配置

本实验任务的主要内容是通过 OSPF 多区域的配置，实现 RTA 与 RTB 在 Area0 上建立邻居、RTB 与 RTC 在 Area1 上建立 OSPF 邻居，并且相互可以学习到 Loopback 接口对应的路由信息。通过本实验内容，应该能够掌握 OSPF 多区域的配置和应用场合。

步骤 1：建立物理连接

按照实验图 2-1 进行连接，并检查设备的软件版本及配置信息，确保各设备软件版本符合要求，所有配置为初始状态。如果配置不符合要求，请在用户模式下擦除设备中的配置文件，然后重启设备以使系统采用默认的配置参数进行初始化。

以上步骤可能会用到以下命令。

```
<RTA>display version
<RTA>reset saved-configuration
<RTA>reboot
```

步骤 2：IP 地址配置

按实验表 2-3 所示在路由器上配置 IP 地址。

实验表 2-3 实验任务 2 IP 地址列表

设备名称	接　口	IP 地 址
RTA	G0/0	10.0.0.1/24
	Loopback0	1.1.1.1/32
RTB	G0/0	10.0.0.2/24
	G0/1	20.0.0.1/24
	Loopback0	2.2.2.2/32
RTC	G0/1	20.0.0.2/32
	Loopback0	3.3.3.3/32

步骤 3：OSPF 多区域配置

在 RTA 上启用 OSPF 协议，并在 G0/0 和 Loopback0 接口上使能 OSPF，将它们加入 OSPF 的 Area0。在 RTB 上启用 OSPF 协议，并在 G0/0、G0/1 和 Loopback0 接口上使能 OSPF，将 G0/0 加入 OSPF 的 Area0，将 G0/1、Loopback0 加入 OSPF 的 Area1。在 RTC 上启用 OSPF 协议，并在 G0/0 和 Loopback0 接口上使能 OSPF，将它们加入 OSPF 的 Area1。

请在下面填入配置 RTA 的命令。

____

____

____

____

请在下面填入配置 RTB 的命令。

请在下面填入配置 RTC 的命令。

步骤 4：观察 OSPF 邻居表和路由表

配置结束后，请在 RTB 上查看 OSPF 邻居表。RTB 在区域 0 中建立了哪几个邻居？在区域 1 中建立了哪几个邻居？

配置结束后，请在 RTC 上查看路由表，RTC 学习到了哪几条 OSPF 路由？

实验任务 3 Router ID 的选取

本实验任务的主要内容是通过观察 Router ID 的变化，掌握 Router ID 的选择方法。

步骤 1：观察 Loopback0 接口作为 Router ID

使用实验任务 2 的配置，观察 RTB 的 Router ID：

此时删除 RTB 的 Loopback0，请在下面填入相关配置命令。

再次观察 RTB 的 Router ID：

步骤 2：重启 OSPF 进程

通过命令重启 OSPF 进程，请在下面填入相关配置命令。

步骤 3：观察 Router ID 的变化

重启 OSPF 进程后，再次观察 RTB 的 Router ID：

2.5 实验中的命令列表

本实验中用到的命令如实验表 2-4 所示。

实验表 2-4 实验命令列表

命 令	描 述
ospf [*process-id* | **router-id** *router-id* | **vpn-instance** *instance-name*] *	启动 OSPF,进入 OSPF 视图
area *area-id*	配置 OSPF 区域,进入 OSPF 区域视图
network *ip-address wildcard-mask*	配置区域所包含的网段并在指定网段的接口上使能 OSPF
display ospf [*process-id*] **peer** [**verbose** | [*interface-type interface-number*] [*neighbor-id*]]	显示 OSPF 邻居的信息
reset ospf [*process-id*] **process** [**graceful-restart**]	重启 OSPF 进程

2.6 思考题

在单区域和多区域的配置下,RTB 的 LSDB 有无区别?

答: 在单区域配置下,RTB 只有 Area0 的 LSDB;而在多区域配置下,RTB 既有 Area0 的 LSDB,也有 Area1 的 LSDB。这就是 ABR 的特性和作用。

实验3

OSPF路由聚合

3.1 实验目标

完成本实验，应该能够：

(1) 掌握 OSPF 协议 ABR 上路由聚合的配置方法；

(2) 掌握 OSPF 协议 ASBR 上路由聚合的配置方法。

3.2 实验组网图

本实验按照实验图 3-1 所示进行组网。

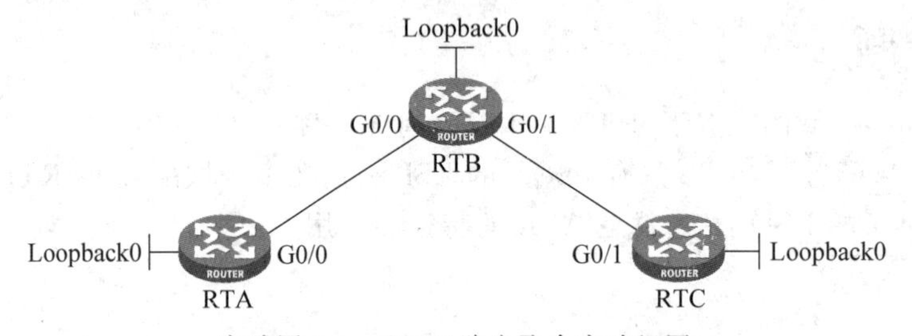

实验图 3-1 OSPF 路由聚合实验组网

3.3 实验设备和器材

本实验所需的主要设备和器材如实验表 3-1 所示。

实验表 3-1 实验设备和器材

名称和型号	版　本	数量	描　述
MSR36-20	CMW 7.1.049-R0106	3	
第 5 类 UTP 以太网连接线	—	2	

3.4 实验过程

实验任务 1 ABR 上的路由聚合

在本实验任务中，需要在 ABR 上配置路由聚合，并且观察 not-advertise 参数是否配置效果。通过本次实验任务，应该能够掌握 ABR 上路由聚合配置的方法和应用场合。

步骤 1：建立物理连接

按照实验图 3-1 进行连接，并检查设备的软件版本及配置信息，确保各设备软件版本符合要求，所有配置为初始状态。如果配置不符合要求，请在用户模式下擦除设备中的配置文件，然后重启设备以使系统采用默认的配置参数进行初始化。

以上步骤可能会用到以下命令。

```
<RTA>display version
<RTA>reset saved-configuration
<RTA>reboot
```

步骤 2：IP 地址配置

按实验表 3-2 所示在路由器上配置 IP 地址。

实验表 3-2　实验任务 1 IP 地址列表

设备名称	接　口	IP 地 址
RTA	G0/0	10.0.0.1/24
	Loopback0	1.1.1.1/32
	G0/1.1	192.168.0.1/24
	G0/1.2	192.168.1.1/24
	G0/1.3	192.168.2.1/24
	G0/1.4	192.168.3.1/24
RTB	G0/0	10.0.0.2/24
	G0/1	20.0.0.1/24
	Loopback0	2.2.2.2/32
RTC	G0/1	20.0.0.2/24
	Loopback0	3.3.3.3/32

步骤 3：配置 OSPF 协议

在 RTA 上启用 OSPF 协议，并在 G0/0、G0/1.1、G0/1.2、G0/1.3、G0/1.4 和 Loopback0 接口上使能 OSPF，将它们加入 OSPF 的 Area1。在 RTB 上启用 OSPF 协议，并在 G0/0、G0/1 和 Loopback0 接口上使能 OSPF，将 G0/0 加入 OSPF 的 Area1，将 G0/1、Loopback0 加入 OSPF 的 Area0。在 RTC 上启用 OSPF 协议，并在 G0/0 和 Loopback0 接口上使能 OSPF，将它们加入 OSPF 的 Area0。

请在下面填入配置 RTA 的命令。

____

____

____

____

请在下面填入配置 RTB 的命令。

____

____

____

____

请在下面填入配置 RTC 的命令。

____

____

____

配置结束后，请在 RTC 上观察路由表，RTC 路由表中存在哪几条 192.168.0.0/16 网段的路由？

步骤 4：在 ABR 上配置路由聚合

在 RTB 上配置路由聚合的命令，对于这 4 条明细路由执行聚合的操作。

请在下面填入在 RTB 上配置路由聚合的命令。

配置结束后，请在 RTC 上观察路由表，RTC 路由表中存在哪几条 192.168.0.0/16 网段的路由？

步骤 5：在 ABR 上配置路由聚合，加上 not-advertise 参数

在 RTB 上配置路由聚合的命令，并且加上 not-advertise 参数，对于这 4 条明细路由执行聚合的操作。

请在下面填入在 RTB 上配置路由聚合的命令。

配置结束后，请在 RTC 上观察路由表，RTC 路由表中存在哪几条 192.168.0.0/16 网段的路由？

实验任务 2 ASBR 上的路由聚合

在本实验任务中，需要在 ASBR 上配置路由聚合，并且观察 not-advertise 参数是否配置效果。通过本次实验任务，应该能够掌握 ASBR 上路由聚合配置的方法和应用场合。

步骤 1：建立物理连接

按照实验图 3-1 进行连接，并检查设备的软件版本及配置信息，确保各设备软件版本符合要求，所有配置为初始状态。如果配置不符合要求，请在用户模式下擦除设备中的配置文件，然后重启设备以使系统采用默认的配置参数进行初始化。

以上步骤可能会用到以下命令。

```
<RTA>display version
<RTA>reset saved-configuration
```

```
<RTA>reboot
```

步骤 2：IP 地址配置

按实验表 3-3 所示在路由器上配置 IP 地址。

实验表 3-3　实验任务 2 IP 地址列表

设备名称	接　口	IP 地 址
RTA	G0/0	10.0.0.1/24
	Loopback0	1.1.1.1/32
	G0/1.1	192.168.0.1/24
	G0/1.2	192.168.1.1/24
	G0/1.3	192.168.2.1/24
	G0/1.4	192.168.3.1/24
RTB	G0/0	10.0.0.2/24
	G0/1	20.0.0.1/24
	Loopback0	2.2.2.2/32
RTC	G0/1	20.0.0.2/32
	Loopback0	3.3.3.3/32

步骤 3：配置 OSPF 协议

在 RTA 上启用 OSPF 协议，并在 G0/0 和 Loopback0 接口上使能 OSPF，将它们加入 OSPF 的 Area1。另外，还需要在 RTA 上将 192.168.0.0/24、192.168.1.0/24、192.168.3.0/24 和 192.168.4.0/24 作为直连路由引入 OSPF 中。在 RTB 上启用 OSPF 协议，并在 G0/0、G0/1 和 Loopback0 接口上使能 OSPF，将 G0/0 加入 OSPF 的 Area1，将 G0/1、Loopback0 加入 OSPF 的 Area0。在 RTC 上启用 OSPF 协议，并在 G0/0 和 Loopback0 接口上使能 OSPF，将它们加入 OSPF 的 Area0。

请在下面填入配置 RTA 的命令。

____

____

____

____

请在下面填入配置 RTB 的命令。

____

____

____

____

请在下面填入配置 RTC 的命令。

____

____

____

____

配置结束后，请在 RTC 上观察路由表，RTC 路由表中存在哪几条 192.168.0.0/16 网段的路由？

步骤 4：在 ASBR 上配置路由聚合

在 RTA 上配置路由聚合的命令，对于这 4 条明细路由执行聚合的操作。

请在下面填入在 RTA 上配置路由聚合的命令。

配置结束后，请在 RTC 上观察路由表，RTC 路由表中存在哪几条 192.168.0.0/16 网段的路由？

步骤 5：在 ASBR 上配置路由聚合，加上 not-advertise 参数

在 RTA 上配置路由聚合的命令，并且加上 not-advertise 参数，对于这 4 条明细路由执行聚合的操作。

请在下面填入在 RTA 上配置路由聚合的命令。

配置结束后，请在 RTC 上观察路由表，RTC 路由表中存在哪几条 192.168.0.0/16 网段的路由？

3.5 实验中的命令列表

本实验中用到的命令如实验表 3-4 所示。

实验表 3-4 实验命令列表

命 令	描 述
ospf [*process-id* | **router-id** *router-id* | **vpn-instance** *instance-name*] *	启动 OSPF 协议，进入 OSPF 视图
area *area-id*	配置 OSPF 区域，进入 OSPF 区域视图
network *ip-address wildcard-mask*	配置区域所包含的网段并在指定网段的接口上使能 OSPF
abr-summary *ip-address* {*mask* | *mask-length*} [**advertise** | **not-advertise**] [**cost** *cost*]	配置 OSPF 的 ABR 路由聚合
asbr-summary *ip-address* {*mask* | *mask-length*} [**not-advertise** | **tag** *tag-value* | **cost** cost] *	配置 OSPF 的 ASBR 路由聚合

3.6 思考题

什么情况下在配置路由聚合的时候需要加上 not-advertise 参数呢?

答:由于 OSPF 是链路状态协议,不能直接在 OSPF 路由器之间过滤路由信息,如果需要对于多条连续的路由信息进行过滤,可以使用在 ABR 或者 ASBR 上配置路由聚合,同时使用 not-advertise 参数不发布聚合的路由,从而使所有路由信息都被抑制。

实验4

OSPF Stub区域和NSSA区域配置

4.1 实验目标

完成本实验，应该能够：

(1) 掌握 OSPF 协议的 Stub 区域配置方法；

(2) 掌握 OSPF 协议的 NSSA 区域配置方法。

4.2 实验组网图

本实验按照实验图 4-1 所示进行组网。

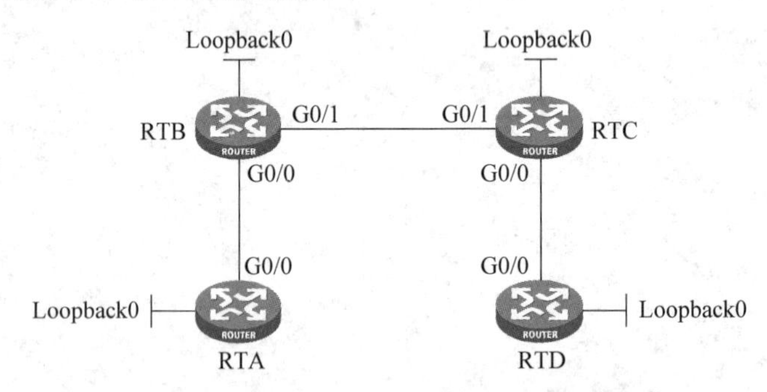

实验图 4-1　OSPF Stub 区域和 NSSA 区域配置实验组网

4.3 实验设备和器材

本实验所需的主要设备和器材如实验表 4-1 所示。

实验表 4-1　实验设备和器材

名称和型号	版　本	数量	描　述
MSR36-20	CMW 7.1.049-R0106	4	
第 5 类 UTP 以太网连接线	—	3	

4.4 实验过程

实验任务 1　Stub 区域配置

在本实验任务中，需要配置 Stub 区域，并且观察 Stub 区域配置前后，区域中路由器的路由表变化。通过本次实验任务，应该能够掌握 Stub 区域的配置方法和应用场合。

步骤 1：建立物理连接

按照实验图 4-1 进行连接，并检查设备的软件版本及配置信息，确保各设备软件版本符合要求，所有配置为初始状态。如果配置不符合要求，请在用户模式下擦除设备中的配置文件，然后重启设备以使系统采用默认的配置参数进行初始化。

以上步骤可能会用到以下命令。

```
<RTA>display version
<RTA>reset saved-configuration
<RTA>reboot
```

步骤2：IP地址配置

按实验表4-2所示在路由器上配置IP地址。

实验表4-2 实验任务1 IP地址列表

设备名称	接 口	IP 地 址
RTA	G0/0	10.0.0.1/24
	Loopback0	1.1.1.1/32
	G0/1.1	192.168.0.1/24
	G0/1.2	192.168.1.1/24
	G0/1.3	192.168.2.1/24
	G0/1.4	192.168.3.1/24
RTB	G0/0	10.0.0.2/24
	G0/1	20.0.0.1/24
	Loopback0	2.2.2.2/32
RTC	G0/1	20.0.0.2/24
	G0/0	30.0.0.1/24
	Loopback0	3.3.3.3/32
RTD	G0/0	30.0.0.2/24
	Loopback0	4.4.4.4/32

步骤3：配置OSPF协议

在RTA上启用OSPF协议，并在G0/0和Loopback0接口上使能OSPF，将它们加入OSPF的Area1。另外，还需要在RTA上将192.168.0.0/24、192.168.1.0/24、192.168.3.0/24和192.168.4.0/24作为直连路由引入OSPF中。在RTB上启用OSPF协议，并在G0/0、G0/1和Loopback0接口上使能OSPF，将G0/0加入OSPF的Area1，将G0/1、Loopback0加入OSPF的Area0。在RTC上启用OSPF协议，并在G0/0、G0/1和Loopback0接口上使能OSPF，将G0/1、Loopback0加入OSPF的Area0，将G0/0加入OSPF的Area2。在RTD上启动OSPF协议，并在G0/0和Loopback0接口上使能OSPF，将它们加入OSPF的Area2。

请在下面填入配置RTA的命令。

____

____

____

____

请在下面填入配置RTB的命令。

____

请在下面填入配置 RTC 的命令。

请在下面填入配置 RTD 的命令。

配置结束后，请在 RTD 上观察路由表，RTD 路由表中存在哪几条外部路由？哪几条 OSPF 路由？

步骤 4：配置 Stub 区域

在 RTC 和 RTD 上配置相关命令，将 Area2 配置成为 Stub 区域。

请在下面填入配置 RTC 的命令。

请在下面填入配置 RTD 的命令。

配置结束后，请在 RTD 上观察路由表，RTD 路由表中存在哪几条外部路由？哪几条 OSPF 路由？

步骤 5：配置 Totally Stub 区域

在 RTC 上配置相关命令，将 Area2 配置成为 Totally Stub 区域。

请在下面填入配置 RTC 的命令。

配置结束后，请在 RTD 上观察路由表，RTD 路由表中存在哪几条外部路由？哪几条 OSPF 路由？

实验任务 2 NSSA 区域配置

在本实验任务中,需要配置 NSSA 区域,并且观察 NSSA 区域配置前后,区域中路由器的路由表变化。通过本次实验任务,应该能够掌握 NSSA 区域的配置方法和应用场合。

步骤 1:建立物理连接

按照实验图 4-1 进行连接,并检查设备的软件版本及配置信息,确保各设备软件版本符合要求,所有配置为初始状态。如果配置不符合要求,请在用户模式下擦除设备中的配置文件,然后重启设备以使系统采用默认的配置参数进行初始化。

以上步骤可能会用到以下命令。

```
<RTA>display version
<RTA>reset saved-configuration
<RTA>reboot
```

步骤 2:IP 地址配置

按实验表 4-3 所示在路由器上配置 IP 地址。

实验表 4-3 实验任务 2 IP 地址列表

设备名称	接 口	IP 地 址
RTA	G0/0	10.0.0.1/24
	Loopback0	1.1.1.1/32
	G0/1.1	192.168.0.1/24
	G0/1.2	192.168.1.1/24
	G0/1.3	192.168.2.1/24
	G0/1.4	192.168.3.1/24
RTB	G0/0	10.0.0.2/24
	G0/1	20.0.0.1/24
	Loopback0	2.2.2.2/32
RTC	G0/1	20.0.0.2/24
	G0/0	30.0.0.1/24
	Loopback0	3.3.3.3/32
RTD	G0/0	30.0.0.2/24
	Loopback0	4.4.4.4/32
	G0/1.1	192.168.4.1/24
	G0/1.2	192.168.5.1/24
	G0/1.3	192.168.6.1/24
	G0/1.4	192.168.7.1/24

步骤 3:配置 OSPF 协议

在 RTA 上启用 OSPF 协议,并在 G0/0 和 Loopback0 接口上使能 OSPF,将它们加入

OSPF 的 Area1。另外，还需要在 RTA 上将 192.168.0.0/24、192.168.1.0/24、192.168.3.0/24 和 192.168.4.0/24 作为直连路由引入 OSPF 中。在 RTB 上启用 OSPF 协议，并在 G0/0、G0/1 和 Loopback0 接口上使能 OSPF，将 G0/0 加入 OSPF 的 Area1，将 G0/1、Loopback0 加入 OSPF 的 Area0。在 RTC 上启用 OSPF 协议，并在 G0/0、G0/1 和 Loopback0 接口上使能 OSPF，将 G0/0、Loopback0 加入 OSPF 的 Area0，将 G0/0 加入 OSPF 的 Area2。在 RTD 上启动 OSPF 协议，并在 G0/0 和 Loopback0 接口上使能 OSPF，将它们加入 OSPF 的 Area2。另外，还需要在 RTA 上将 192.168.0.0/24、192.168.1.0/24、192.168.3.0/24 和 192.168.4.0/24 作为直连路由引入 OSPF 中。

请在下面填入配置 RTA 的命令。

____

____

____

____

请在下面填入配置 RTB 的命令。

____

____

____

____

请在下面填入配置 RTC 的命令。

____

____

____

____

请在下面填入配置 RTD 的命令。

____

____

____

____

配置结束后，请在 RTD 上观察路由表，RTD 路由表中存在哪几条外部路由？

____

____

____

____

步骤 4：配置 NSSA 区域

在 RTC 和 RTD 上配置相关命令，将 Area2 配置成为 NSSA 区域。

请在下面填入配置 RTC 的命令。

____

____

请在下面填入配置 RTD 的命令。

____

____

配置结束后，请在 RTD 上观察路由表，RTD 路由表中存在哪几条外部路由？

____

____

____

____

4.5 实验中的命令列表

本实验中用到的命令如实验表 4-4 所示。

实验表 4-4 实验命令列表

命　令	描　述
ospf [*process-id* | **router-id** *router-id* | **vpn-instance** *instance-name*] *	启动 OSPF 协议，进入 OSPF 视图
area *area-id*	配置 OSPF 区域，进入 OSPF 区域视图
network *ip-address wildcard-mask*	配置区域所包含的网段并在指定网段的接口上使能 OSPF
stub [**no-summary**]	配置当前区域为 Stub 区域
nssa [**default-route-advertise** [**cost** *cost* | **nssa-only** | **route-policy** *route-policy-name* | **type** *type*] * | **no-import-route** | **no-summary** | **suppress-fa** | [**translate-always** | **translate-never**] | **translator-stability-inter** *valvalue*] *	配置一个区域为 NSSA 区域

4.6 思考题

在实验任务 2 中，在配置 NSSA 区域时，如果在 RTC 上配置 nssa no-summary 命令，可以在 RTD 上观察到路由表有何变化？

答：这个实验结果类似于实验任务 1 中 Totally Stub 区域配置后的结果。如果在配置 NSSA 区域时，使用了 nssa no-summary 参数，不仅过滤了外部路由，也会过滤了 OSPF 区域间路由。

实验5

OSPF虚连接和验证配置

5.1 实验目标

完成本实验,应该能够:

(1) 掌握 OSPF 协议的虚连接配置;

(2) 掌握 OSPF 协议的验证配置。

5.2 实验组网图

本实验按照实验图 5-1 所示进行组网。

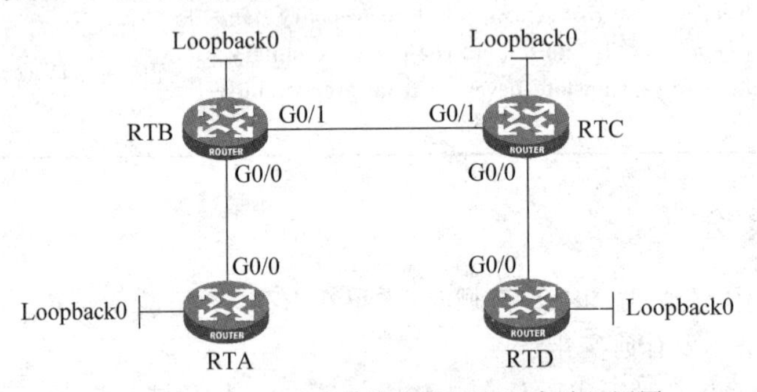

实验图 5-1 OSPF 虚连接和验证配置实验组网图

5.3 实验设备和器材

本实验所需的主要设备和器材如实验表 5-1 所示。

实验表 5-1 实验设备和器材

名称和型号	版 本	数量	描 述
MSR36-20	CMW 7.1.049-R0106	4	
第 5 类 UTP 以太网连接线	—	3	

5.4 实验过程

实验任务 1 虚连接的配置

OSPF 协议要求非骨干区域必须和骨干区域相连,但是在某些特殊情况下,非骨干区域无法和骨干区域物理上直接相连,这就要求使用虚连接实现逻辑上的连接。在本实验任务中,需要在路由器上配置虚连接,并且观察配置虚连接前后,非骨干区域中路由器的路由表变化。通过本次实验任务,应该能够掌握虚连接的配置方法和应用场合。

步骤 1：建立物理连接

按照实验图 5-1 进行连接，并检查设备的软件版本及配置信息，确保各设备软件版本符合要求，所有配置为初始状态。如果配置不符合要求，请在用户模式下擦除设备中的配置文件，然后重启设备以使系统采用默认的配置参数进行初始化。

以上步骤可能会用到以下命令。

```
<RTA>display version
<RTA>reset saved-configuration
<RTA>reboot
```

步骤 2：IP 地址配置

按实验表 5-2 所示在路由器上配置 IP 地址。

实验表 5-2 实验任务 1 IP 地址列表

设备名称	接 口	IP 地 址
RTA	G0/0	10.0.0.1/24
	Loopback0	1.1.1.1/32
RTB	G0/0	10.0.0.2/24
	G0/1	20.0.0.1/24
	Loopback0	2.2.2.2/32
RTC	G0/0	30.0.0.1/24
	G0/1	20.0.0.2/24
	Loopback0	3.3.3.3/32
RTD	G0/0	30.0.0.2/24
	Loopback0	4.4.4.4/32

步骤 3：配置 OSPF 协议

在 RTA 上启用 OSPF 协议，并在 G0/0 和 Loopback0 接口上使能 OSPF，将它们加入 OSPF 的 Area0。在 RTB 上启用 OSPF 协议，并在 G0/0、G0/1 和 Loopback0 接口上使能 OSPF，将 G0/0 加入 OSPF 的 Area0，将 G0/1、Loopback0 加入 OSPF 的 Area1。在 RTC 上启用 OSPF 协议，并在 G0/0、G0/1 和 Loopback0 接口上使能 OSPF，将 G0/1、Loopback0 加入 OSPF 的 Area1，将 G0/0 加入 OSPF 的 Area2。在 RTD 上启用 OSPF 协议，并在 G0/0 和 Loopback0 接口上使能 OSPF，将它们加入 OSPF 的 Area2。

请在下面填入配置 RTA 的命令。

____

____

____

____

请在下面填入配置 RTB 的命令。

____

____

____

____

请在下面填入配置 RTC 的命令。

请在下面填入配置 RTD 的命令。

配置结束后，请在 RTD 上观察路由表，RTD 路由表中是否存在 1.1.1.1/32 这条路由？为什么？

步骤 4：配置虚连接

在 RTB 和 RTC 上配置相关命令，建立 RTB 和 RTC 之间的虚连接。

请在下面填入配置 RTB 的命令。

请在下面填入配置 RTC 的命令。

配置结束后，请在 RTD 上观察路由表，RTD 路由表中是否存在 1.1.1.1/32 这条路由？为什么？

实验任务 2 验证的配置

处于安全性的考虑，有时要求 OSPF 协议必须使用验证。本实验任务的主要内容是通过验证的配置，实现 RTA 与 RTB 使用密码 123 建立邻居，RTB 和 RTC 使用密码 456 建立邻居。通过本实验内容，应该能够掌握 OSPF 验证的配置方法和应用场合。

步骤 1：建立物理连接

按照实验图 5-1 进行连接，并检查设备的软件版本及配置信息，确保各设备软件版本符合要求，所有配置为初始状态。如果配置不符合要求，请在用户模式下擦除设备中的配置文件，然后重启设备以使系统采用默认的配置参数进行初始化。

以上步骤可能会用到以下命令。

```
<RTA>display version
```

```
<RTA>reset saved-configuration
<RTA>reboot
```

步骤 2：IP 地址配置

按实验表 5-3 所示在路由器上配置 IP 地址。

实验表 5-3 实验任务 2 IP 地址列表

设备名称	接 口	IP 地 址
RTA	G0/0	10.0.0.1/24
	Loopback0	1.1.1.1/32
RTB	G0/0	10.0.0.2/24
	G0/1	20.0.0.1/24
	Loopback0	2.2.2.2/32
RTC	G0/1	20.0.0.2/32
	Loopback0	3.3.3.3/32

步骤 3：OSPF 多区域配置

在 RTA 上启用 OSPF 协议，并在 G0/0 和 Loopback0 接口上使能 OSPF，将它们加入 OSPF 的 Area0。在 RTB 上启用 OSPF 协议，并在 G0/0、G0/1 和 Loopback0 接口上使能 OSPF，将它们加入 OSPF 的 Area0。在 RTC 上启用 OSPF 协议，并在 G0/0 和 Loopback0 接口上使能 OSPF，将它们加入 OSPF 的 Area0。

请在下面填入配置 RTA 的命令。

请在下面填入配置 RTB 的命令。

请在下面填入配置 RTC 的命令。

步骤 4：配置验证

RTA、RTB 和 RTC 启动 OSPF 协议的区域验证，并且在相关接口下配置验证密码。RTA 的 G0/0 使用密码 123，RTB 的 G0/0 使用密码 123，G0/1 使用密码 456，RTC 的 G0/1 使用密码 456。

请在下面填入配置 RTA 的命令。

请在下面填入配置 RTB 的命令。

请在下面填入配置 RTC 的命令。

配置过程中,对于 OSPF 的邻居关系,可以观察到怎样的现象？为什么？

配置结束后,请在 RTB 上观察邻居信息,可以观察到几个邻居？如果不配置区域验证,情况又如何呢？

5.5 实验中的命令列表

本实验中用到的命令如实验表 5-4 所示。

实验表 5-4 实验命令列表

命 令	描 述
ospf [*process-id* | **router-id** *router-id* | **vpn-instance** *instance-name*] *	启动 OSPF 协议,进入 OSPF 视图
area *area-id*	配置 OSPF 区域,进入 OSPF 区域视图
network *ip-address wildcard-mask*	配置区域所包含的网段并在指定网段的接口上使能 OSPF
vlink-peer *outer-id* [**dead** *seconds* | **hello** *seconds* | {{**hmac-md5** | **md5**} *key-id* {**cipher** *cipher-string* | **plain** *plain-string*} | **simple** {**cipher** *cipher-string* | **plain** *plain-string*}} | **retransmit** *seconds* | **trans-delay** *seconds*] *	创建并配置虚连接
ospf authentication-mode simple{**cipher** *cipher-string* | **plain** *plain-string*}	配置 OSPF 接口的验证模式(简单验证)
ospfauthentication-mode {**hmac-md5** | **md5**} *key-id* {**cipher** *cipher-string* | **plain** *plain-string*}	配置 OSPF 接口的验证模式(MD5 验证)
ospf[*process-id* | **router-id** *router-id* | **vpn-instance** *instance-name*] *	启动 OSPF,进入 OSPF 视图

5.6 思考题

在实验任务 1 中,虚连接为什么需要在 RTB 和 RTC 之间建立,而不是在 RTC 和 RTD 之间建立呢?

答:虚连接是指在两台 ABR 之间通过一个非骨干区域而建立的一条逻辑上的连接通道。它的两端必须是 ABR,而且必须在两端同时配置方可生效。在这个实验中,RTB 和 RTC 是 ABR,而 Area1 就是所需要穿越的非骨干区域。

实验6

IS-IS基本配置

6.1 实验目标

完成本实验,应该能够:

(1) 掌握如何在路由器进行单区域 IS-IS 的基本配置;

(2) 掌握如何在路由器上查看 IS-IS 路由表、邻居信息;

(3) 掌握如何在路由器上查看 IS-IS 的 LSDB 信息组网

6.2 实验组网图

本实验按照实验图 6-1 所示进行组网。

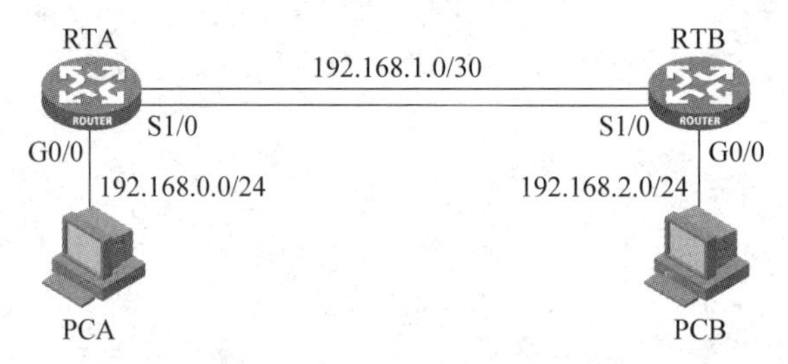

实验图 6-1　IS-IS 基本配置实验组网

6.3 实验设备和器材

本实验所需的主要设备和器材如实验表 6-1 所示。

实验表 6-1　实验设备和器材

名称和型号	版　本	数量	描　述
MSR36-20	Version 7.1	2	
PC	Windows XP SP2	2	
V.35 DTE 串口线	—	1	
V.35 DCE 串口线	—	1	
第 5 类 UTP 以太网连接线	—	2	

6.4 实验过程

实验任务　单区域配置

在本实验任务中,需要在路由器上配置单区域 IS-IS 路由,然后查看路由表、邻居和 LSDB

数据库。通过本实验任务,应该能够掌握 IS-IS 协议单区域的配置方法,IS-IS 邻居和 LSDB 的查看方法。

步骤 1:建立物理连接

按照实验图 6-1 进行连接,并检查设备的软件版本及配置信息,确保各设备软件版本符合要求,所有配置为初始状态。如果配置不符合要求,请在用户模式下擦除设备中的配置文件,然后重启设备以使系统采用默认的配置参数进行初始化。

以上步骤可能会用到以下命令。

```
<RTA>display version
<RTA>reset saved-configuration
<RTA>reboot
```

步骤 2:IP 地址配置

按实验表 6-2 所示在 PC 及路由器上配置 IP 地址。

实验表 6-2 实验任务 IP 地址列表

设备名称	接 口	IP 地 址	网 关
PCA	—	192.168.0.1/24	192.168.0.254
PCB	—	192.168.2.1/24	192.168.2.254
RTA	G0/0	192.168.0.254/24	—
	S1/0	192.168.1.1/30	—
RTB	G0/0	192.168.2.254/24	—
	S1/0	192.168.1.2/30	—

步骤 3:IS-IS 单区域配置

规划 RTA 和 RTB 为 Level-1 路由器,IS-IS 的区域号为 10(保证 RTA 和 RTB 在同一区域),RTA 的 NET 实体为 10.0000.0000.0001.00,RTB 的 NET 实体为 10.0000.0000.0002.00。

在配置 System ID 时,可以由 Router ID 转换而来,也可以随意指定。将 Router ID 转换为 System ID 的方法如下。

Router ID 为 1.1.1.1,先将每一部分扩展为 3 位:001.001.001.001,再均分为 3 个部分:0010.0100.1001 即可。这样的好处是可以将运行不同协议的同一台设备进行唯一标识。在实验中,没有给设备指定 Router ID。System ID 可以随意指定。

在 RTA 上使能 IS-IS,设置 NET 实体为 10.0000.0000.0001.00;设置 RTA 为 Level-1 路由器,并在接口上使能 IS-IS。请在下面填入配置 RTA 的命令。

____

____

____

____

____

____

在 RTB 上使能 IS-IS,设置 NET 实体为 10.0000.0000.0002.00;设置 RTB 为 Level-1 路由器,并在接口上使能 IS-IS。请在下面填入配置 RTB 的命令。

____

步骤 4：IS-IS 摘要信息及路由表查看

配置完成后，使用 display isis 命令来查看 IS-IS 摘要信息。

根据 IS-IS 摘要信息输出，可知两台路由器的网络实体名称分别是________和________，路由器类型为________，开销类型是________。

在路由器上使用 display isis route 命令查看 IS-IS 路由表。在 RTA 上，路由 192.168.2.0/24 的下一跳是________，出接口是________。

在 RTB 上，路由 192.168.0.0/24 的下一跳是________，出接口是________。

在 PCA 上用 ping 192.168.2.1 命令来测试到 PCB 的可达性。其结果应该是可达的。

步骤 5：IS-IS 邻居及 LSDB 查看

在 RTA 上使用 display isis peer 命令查看 IS-IS 邻居表。从输出可知，RTA 与________建立了邻居关系，其邻居状态是________，邻居类型为________。

在 RTA 上使用 display isis lsdb 命令查看 LSDB 数据库。从输出可知，RTA 共有________条 LSP 信息，其中 RTA 自己产生的有________，RTB 产生的有________。

6.5 实验中的命令列表

本实验中用到的命令如实验表 6-3 所示。

实验表 6-3 实验命令列表

命 令	描 述
isis [*process-id*]	创建一个 IS-IS 路由进程
network-entity *net*	配置 IS-IS 进程的网络实体名称（Network Entity Title，NET）
is-level {**level-1** | **level-1-2** | **level-2**}	配置路由器类型
isis enable [*process-id*]	在指定接口上使能 IS-IS 功能，并配置与该接口关联的 IS-IS 路由进程
display isis brief [*process-id*]	显示 IS-IS 的摘要信息
display isis peer [**statistics** | **verbose**] [*process-id*]	显示 IS-IS 的邻居信息
display isis route [**ipv4**] [[**level-1** | **level-2**] | **verbose**] [*process-id*]	显示 IS-IS 的 IPv4 路由信息
display isis lsdb[[**level-1** | **level-2**] | **local**| [**lsp-id** *lspid* | **lsp-name** *lspname*] | **verbose**] [*process-id*]	显示 IS-IS 的链路状态数据库

6.6 思考题

如果只有一个区域，路由器是配置成 Level-1、Level-2 好，还是配置成 Level-1-2 好呢？

答：如果只有一个区域，建议用户将所有路由器的 Level 配置为 Level-1 或者 Level-2，因为没有必要让所有路由器同时维护两个完全相同的数据库。在 IP 网络中使用时，建议将所有的路由器都配置为 Level-2，这样有利于以后的扩展。

IS-IS多区域配置

7.1 实验目标

完成本实验,应该能够:

(1) 掌握如何在路由器上配置 IS-IS 的路由聚合;

(2) 掌握如何在路由器上配置 IS-IS 的验证。

7.2 实验组网图

本实验按照实验图 7-1 所示进行组网。

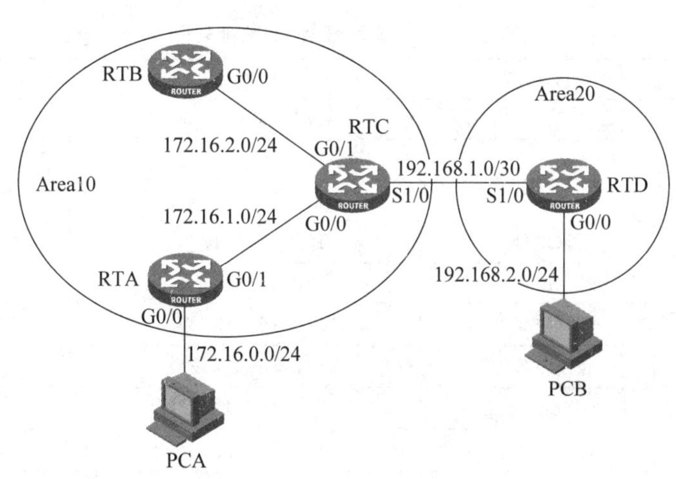

实验图 7-1　IS-IS 多区域配置实验组网

7.3 实验设备和器材

本实验所需的主要设备和器材如实验表 7-1 所示。

实验表 7-1　实验设备和器材

名称和型号	版　本	数量	描　述
MSR36-20	Version 7.1	4	
PC	Windows XP SP2	2	
V.35 DTE 串口线	—	1	
V.35 DCE 串口线	—	1	
第 5 类 UTP 以太网连接线	—	4	

7.4 实验过程

实验任务 IS-IS 路由聚合和验证配置

在本实验任务中，需要在路由器上配置 IS-IS 的多区域，再配置聚合和验证。通过本实验任务，应该能够掌握 IS-IS 中聚合和验证的配置方法。

步骤 1：建立物理连接

按照实验图 7-1 进行连接，并检查设备的软件版本及配置信息，确保各设备软件版本符合要求，所有配置为初始状态。如果配置不符合要求，请在用户模式下擦除设备中的配置文件，然后重启设备以使系统采用默认的配置参数进行初始化。

以上步骤可能会用到以下命令。

```
<RTA>display version
<RTA>reset saved-configuration
<RTA>reboot
```

步骤 2：IP 地址配置

按实验表 7-2 所示在 PC 及路由器上配置 IP 地址。

实验表 7-2 实验任务 IP 地址列表

设备名称	接 口	IP 地 址	网 关
PCA	—	172.16.0.1/24	172.16.0.254
PCB	—	192.168.2.1/24	192.168.2.254
RTA	G0/0	172.16.0.254/24	—
	G0/1	172.16.1.1/24	—
RTB	G0/0	172.16.2.1/24	—
RTC	G0/0	172.16.1.2/24	—
	G0/1	172.16.2.2/24	
	S1/0	192.168.1.1/30	—
RTD	G0/0	192.168.2.254/24	
	S1/0	192.168.1.2/30	

步骤 3：IS-IS 多区域配置

规划 RTA 和 RTB 为 Level-1 路由器，RTD 为 Level-2 路由器，RTC 作为 Level-1-2 路由器将两个区域相连。RTA、RTB 和 RTC 的区域号为 10，RTD 的区域号为 20。

RTA 的 NET 实体为 10.0000.0000.0001.00，RTB 的 NET 实体为 10.0000.0000.0002.00，RTC 的 NET 实体为 10.0000.0000.0003.00，RTB 的 NET 实体为 20.0000.0000.0004.00。

在 RTA 上使能 IS-IS，设置 NET 实体为 10.0000.0000.0001.00；设置 RTA 为 Level-1 路由器，并在接口上使能 IS-IS。请在下面填入配置 RTA 的命令。

____

____

在RTB上使能IS-IS，设置NET实体为10.0000.0000.0002.00；设置RTB为Level-1路由器，并在接口上使能IS-IS。请在下面填入配置RTB的命令。

____

____

____

____

____

____

在RTC上使能IS-IS，设置NET实体为10.0000.0000.0003.00；设置RTA为Level-1-2路由器，并在接口上使能IS-IS。请在下面填入配置RTC的命令。

____

____

____

____

____

____

在RTD上使能IS-IS，设置NET实体为20.0000.0000.0004.00；设置RTB为Level-2路由器，并在接口上使能IS-IS。请在下面填入配置RTD的命令。

____

____

____

____

____

____

如果一台路由器属于一个区域，那么在IS-IS进程视图下配置路由器类型为Level-1或Level-2即可；如果一台路由器需要与多个不同区域路由器建立邻居，则可以在接口上指定链路类型为Level-1或Level-2。

步骤4：IS-IS路由表及LSDB查看

配置完成后，在路由器RTA上使用display isis route命令查看IS-IS路由表。

在RTA上，共生成了________条IS-IS路由，其中有________条被放入全局IP路由表中。其中有一条默认路由，其下一跳是________，出接口是________。

在路由器RTC上使用display isis route命令查看IS-IS路由表。

在RTC上，共生成了________条IS-IS路由，其中有________条被放入全局IP路由表中。

提示： Flags为“R”的路由表明会被系统作为有效路由而放到IP路由表中。

RTC的路由表与RTA有什么区别？

____

____

步骤5：在PCA上用ping 192.168.2.1命令来测试到PCB的可达性

其结果应该是可达的。

步骤 6：配置 IS-IS 的开销值类型

首先在 RTA 上使用 display ip routing-table 命令来查看路由表。

在 RTA 上，路由 192.168.1.0/24 的开销值是________。

原因是：

____

____

配置 RTA、RTB、RTC、RTD 的 IS-IS 开销值类型为 wide，参考带宽 1000Mbps，使能自动计算接口链路度量值。请在下面填入相关的配置命令。

____

____

____

配置完成后，再次查看路由表。此时在 RTA 上，路由 192.168.1.0/24 的开销值是________。

原因是：

____

____

提示：在 IS-IS 中，当开销值的类型为 wide 时，协议所计算接口的链路度量值的规则与开销值类型为 narraw 是不一样的。

步骤 7：配置 IS-IS 的聚合与验证

首先查看 RTD 上的 IS-IS 路由表。

```
[RTD] display isis route

                    Route information for ISIS(1)
                    -----------------------------

                 ISIS(1) IPv4 Level-2 Forwarding Table
                 -------------------------------------

IPV4 Destination  IntCost  ExtCost  ExitInterface  NextHop      Flags
-------------------------------------------------------------------------------
172.16.0.0/24     156270   NULL     S1/0           192.168.1.1  R/-/-
172.16.1.0/24     156260   NULL     S1/0           192.168.1.1  R/-/-
172.16.2.0/24     156350   NULL     S1/0           192.168.1.1  R/-/-
192.168.1.0/30    156250   NULL     S1/0           Direct       D/L/-
192.168.2.0/24    10       NULL     GE0/0          Direct       D/L/-

Flags: D-Direct, R-Added to RM, L-Advertised in LSPs, U-Up/Down Bit Set
```

可以看到 RTD 学习到了 3 条路由，分别为 172.16.0.0/24、172.16.1.0/24、172.16.2.0/24。

在 RTC 上配置路由聚合，将 172.16.0.0/24、172.16.1.0/24、172.16.2.0/24 聚合成 172.16.0.0/22 并发布给 RTD。同时配置 IS-IS 路由域验证和 IS-IS 邻居关系验证，验证口令为 test。请在下面填入配置 RTC 的命令。

____

____

____

在 RTD 上配置 IS-IS 路由域验证和 IS-IS 邻居关系验证，验证口令为 test。请在下面填入配置 RTD 的命令。

注意：在配置完成后，需要使用命令 reset isis peer 来重置邻居关系，以使 IS-IS 进程重新建立邻居关系并同步 LSDB。

配置完成后，在 RTD 上再次查看 IS-IS 路由表并对比配置聚合前后的路由表。

7.5　实验中的命令列表

本实验中用到的命令如实验表 7-3 所示。

实验表 7-3　实验命令列表

命　令	描　述
isis [*process-id*]	创建一个 IS-IS 路由进程
network-entity *net*	配置 IS-IS 进程的网络实体名称
is-level {**level-1** | **level-1-2** | **level-2**}	配置路由器类型
isis enable [*process-id*]	在指定接口上使能 IS-IS 功能
cost-style {**narrow** | **wide** | **wide-compatible** | {**compatible** | **narrow-compatible**} [**relax-spf-limit**]}	配置 IS-IS 开销值的类型
bandwidth-reference *value*	配置 IS-IS 自动计算链路开销值时依据的带宽参考值
auto-cost enable	使能自动计算接口链路开销值功能
summary *ip-address* {mask | mask-length} [**avoid-feedback** | **generate_null0_route** | [**level-1** | **level-1-2** | **level-2**] | **tag** *tag*]	配置一条聚合路由
domain-authentication-mode {**md5** | **simple** | **gca** *key-id* {**hmac-sha-1** | **hmac-sha-224** | **hmac-sha-256** | **hmac-sha-384** | **hmac-sha-512** }} {**cipher** *cipher-string* | **plain** *plain-string*} [**ip** | **osi**]	配置路由域验证方式和验证密码
isis authentication-mode { **md5** | **simple** | **gca** *key-id* { **hmac-sha-1** | **hmac-sha-224** | **hmac-sha-256** | **hmac-sha-384** | **hmac-sha-512** }} {**cipher** *cipher-string* | **plain** *plain-string*} [**level-1** | **level-2**] [**ip** | **osi**]	配置邻居关系验证方式和验证密码

7.6　思考题

如果路由器间配置了路由域认证，且认证失败，可以建立邻居吗？

答：可以。由于域认证方式下，验证密码只在 Level-2 的 LSP、CSNP、PSNP 报文中携带，IIH 报文不携带，因此认证失败可以正常建立 IS-IS 邻居，但不能学习到路由信息。

实验8

使用Filter-policy过滤路由

8.1 实验目标

完成本实验，应该能够：

(1) 掌握如何在路由器上配置 RIP 手动聚合；

(2) 掌握如何使用 Filter-policy 对 RIP 路由进行过滤。

8.2 实验组网图

本实验按照实验图 8-1 所示进行组网。

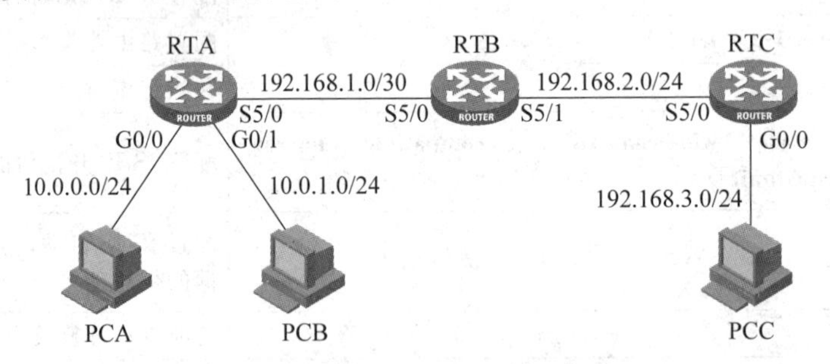

实验图 8-1 使用 Filter-policy 过滤路由实验组网

8.3 实验设备和器材

本实验所需的主要设备和器材如实验表 8-1 所示。

实验表 8-1 实验设备和器材

名称和型号	版 本	数量	描 述
MSR36-20	CMW7.1.049-R0106	3	
PC	Windows 7	3	
V.35 DTE 串口线	—	2	
V.35 DCE 串口线	—	2	
第 5 类 UTP 以太网连接线	—	3	

8.4 实验过程

实验任务 在 RIP 中过滤路由

在本实验任务中，需要在路由器上配置 RIPv2 的手动聚合，再配置 Filter-policy 对路由进行过滤。通过本实验任务，应该能够掌握如何在 RIP 协议中过滤路由。

步骤 1：建立物理连接

按照实验图 8-1 进行连接，并检查设备的软件版本及配置信息，确保各设备软件版本符合要求，所有配置为初始状态。如果配置不符合要求，请在用户模式下擦除设备中的配置文件，然后重启设备以使系统采用默认的配置参数进行初始化。

以上步骤可能会用到以下命令。

```
<RTA>display version
<RTA>reset saved-configuration
<RTA>reboot
```

步骤 2：IP 地址配置

按实验表 8-2 所示在 PC 及路由器上配置 IP 地址。

实验表 8-2 实验任务 IP 地址列表

设备名称	接 口	IP 地 址	网 关
PCA	—	10.0.0.2/24	10.0.0.1
PCB	—	10.0.1.2/24	10.0.1.1
PCC		192.168.3.2/24	192.168.3.1
RTA	G0/0	10.0.0.1/24	—
	S5/0	192.168.1.1/30	—
	G0/1	10.0.1.1/24	
RTB	S5/0	192.168.1.2/30	
	S5/1	192.168.2.1/30	—
RTC	G0/0	192.168.3.1/24	—
	S5/0	192.168.2.2/30	

步骤 3：RIPv2 路由配置

在路由器上配置 RIPv2。

配置 RTA 如下：

```
[RTA] rip
[RTA-rip-1] network 10.0.0.0
[RTA-rip-1] network 192.168.1.0
[RTA-rip-1] version 2
[RTA-rip-1] undo summary
```

配置 RTB 如下：

```
[RTB] rip
[RTB-rip-1] network 192.168.1.0
[RTB-rip-1] network 192.168.2.0
[RTB-rip-1] version 2
[RTB-rip-1] undo summary
```

配置 RTC 如下：

```
[RTC] rip
[RTC-rip-1] network 192.168.2.0
[RTC-rip-1] network 192.168.3.0
```

```
[RTC-rip-1] version 2
[RTC-rip-1] undo summary
```

配置完成后，在 RTC 上查看路由表，并记录相关路由表项。RTC 上来源是 RIP 的路由表项有________条，分别是____

____

然后在 RTA 上配置手动聚合，使 RTA 将路由 10.0.0.0/24 和 10.0.1.0/24 聚合成 10.0.0.0/23后再发送给 RTB。请在下面填入配置 RTA 的命令。

____

____

配置完成后，在 RTC 上查看路由表，并再次记录相关路由表项。RTC 上来源是 RIP 的路由表项有________条，分别是____

____

比较聚合前和聚合后 RTC 上的路由，它们有什么区别？

____

____

步骤 4：路由过滤配置

路由过滤的目的是减少链路上的路由更新，并增加网络安全性。在 RTB 上配置路由过滤，推荐使用地址前缀列表(prefix-list)，以使 RTB 不接收从 RTA 发来的聚合路由 10.0.0.0/23。

请在下面填入配置 RTB 的命令。

____

____

____

____

配置完成后，查看 RTB 及 RTC 的路由表，并比较过滤前和过滤后的路由表有什么区别。请在下面写出具体的区别。

____

____

____

在 RTB 上使用 display ip prefix-list 命令来查看前缀列表的匹配情况。

请在下面写出哪些路由被前缀列表所匹配，是拒绝还是允许通过。

____

____

____

8.5 实验中的命令列表

本实验中用到的命令如实验表 8-3 所示。

实验表 8-3 实验命令列表

命　令	描　述
rip summary-address *ip-address*{*mask* | *mask-length*}	配置发布一条聚合路由
ip prefix-list *prefix-list-name*[**index** *index-number*]{**permit** | **deny**} *ip-address mask-length*[**greater-equal** *min-mask-length*][**less-equal** *max-mask-length*]	配置一个 IPv4 地址前缀列表表项
filter-policy {*acl-number* | **gateway** *prefix-list-name* | **prefix-list** *prefix-list-name*[**gateway** *prefix-list-name*]} **import** [*interface-typeinterface-number*]	配置 RIP对接收的路由信息进行过滤
display ip prefix-list [*prefix-list-name*]	显示 IPv4 地址前缀列表的统计信息

8.6 思考题

1. 在实验任务中,在 RTB 上配置对接收的路由进行了过滤。能否在 RTA 上配置对发送路由进行过滤而达到相同目的?这两种方式各自的特点是什么?

答:可以。在 RIP 中,filter-policy import 命令对从邻居收到的 RIP 路由进行过滤,没有通过过滤的路由将不被加入路由表,也不向邻居发布该路由;filter-policy export 命令对本机所有路由的发布进行过滤,包括使用 import-route 引入的路由和从邻居学到的 RIP 路由。

2. 在实验任务中,能否配置前缀列表为 ip prefix-list abc index 20 permit 0.0.0.0 0,以允许所有其他路由通过过滤?

答:不行。permit 0.0.0.0 0 的含义是仅允许默认路由通过过滤。只有 permit 0.0.0.0 0 less-equal 32 才表示允许所有路由通过。

实验9

使用Route-policy控制路由

9.1 实验目标

完成本实验,应该能够:

(1) 掌握如何在路由器上配置 RIP 协议引入静态和 OSPF 路由;

(2) 掌握如何在路由器上配置 OSPF 协议引入静态和 RIP 路由;

(3) 掌握如何使用 Route-policy 对引入的路由进行控制。

9.2 实验组网图

本实验按照实验图 9-1 所示进行组网。

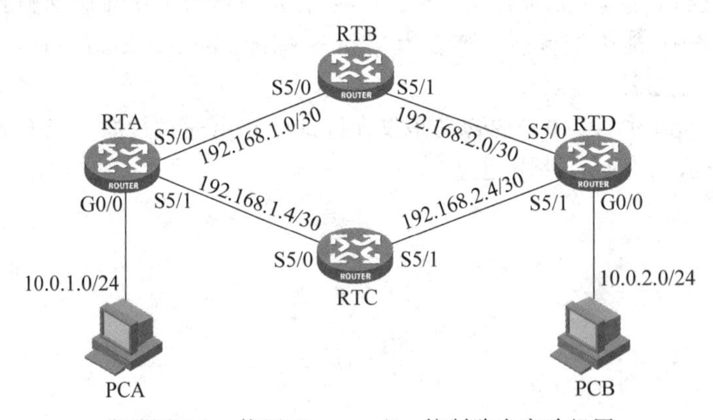

实验图 9-1 使用 Route-policy 控制路由实验组网

9.3 实验设备和器材

本实验所需的主要设备和器材如实验表 9-1 所示。

实验表 9-1 实验设备和器材

名称和型号	版　本	数量	描　述
MSR36-20	CMW7.1.049-R0106	4	
PC	Windows 7	2	
V.35 DTE 串口线	—	4	
V.35 DCE 串口线	—	4	
第 5 类 UTP 以太网连接线	—	2	

9.4 实验过程

实验任务 用 Route-policy 控制引入路由

在本实验任务中，需要在路由器上配置 Route-policy 来对引入 RIP 协议中的静态路由进行控制，然后配置 RIP 和 OSPF 相互引入路由，再在双边界的情况下配置利用 Tag 防止环路产生。通过本实验任务，应该能够掌握如何在 RIP 协议中使用 Route-policy 对引入的路由进行控制，并掌握如何在双边界引入情况下使用 Route-policy 对引入的路由进行控制，理解引入时 Tag 值的作用。

步骤 1：建立物理连接

按照实验图 9-1 进行连接，并检查设备的软件版本及配置信息，确保各设备软件版本符合要求，所有配置为初始状态。如果配置不符合要求，请在用户模式下擦除设备中的配置文件，然后重启设备以使系统采用默认的配置参数进行初始化。

以上步骤可能会用到以下命令。

```
<RTA>display version
<RTA>reset saved-configuration
<RTA>reboot
```

步骤 2：IP 地址配置

按实验表 9-2 所示在 PC 及路由器上配置 IP 地址。

实验表 9-2 实验任务 IP 地址列表

设备名称	接 口	IP 地 址	网 关
PCA	—	10.0.1.2/24	10.0.1.1
PCB	—	10.0.2.2/24	10.0.2.1
RTA	G0/0	10.0.1.1/24	—
	S5/0	192.168.1.1/30	—
	S5/1	192.168.1.5/30	—
RTB	S5/0	192.168.1.2/30	—
	S5/1	192.168.2.1/30	—
RTC	S5/0	192.168.1.6/30	—
	S5/1	192.168.2.5/30	—
RTD	G0/0	10.0.2.1/24	—
	S5/0	192.168.2.2/30	—
	S5/1	192.168.2.6/30	—

步骤 3：引入静态路由到 RIP 协议中

在路由器 RTA、RTB、RTC 上启用 RIPv2 进行路由学习，并仅将 RTB 和 RTC 的接口 S5/0 的路由发布。

配置 RTA 如下：

```
[RTA-rip-1] network 10.0.0.0
[RTA-rip-1] network 192.168.1.0
[RTA-rip-1] version 2
```

```
[RTA-rip-1] undo summary
```

配置 RTB 如下：

```
[RTB] rip
[RTB-rip-1] network 192.168.1.0
[RTB-rip-1] version 2
[RTB-rip-1] undo summary
```

配置 RTC 如下：

```
[RTC] rip
[RTC-rip-1] network 192.168.1.0
[RTC-rip-1] version 2
[RTC-rip-1] undo summary
```

配置完成后，在 RTB 和 RTC 上查看路由表，并记录相关路由表项。在 RTB 上来源是 RIP 的路由表项有________条，分别是____

____

在 RTC 上来源是 RIP 的路由表项有________条，分别是____________________________

____

____

在 RTA 上配置静态路由 10.1.0.0/24 和 10.1.1.0/24，并配置将静态路由引入 RIP 协议中，且将所引入的路由默认度量值设置为 2。请在下面填入配置 RTA 的命令。

____

____

____

配置完成后，再次在 RTB 和 RTC 上查看路由表，并记录相关路由表项。在 RTB 上来源是 RIP 的路由表项有________条，分别是____________________________________

____

在 RTC 上来源是 RIP 的路由表项有________条，分别是____________________________

____

____

步骤 4：使用 Route-policy 对引入的路由过滤

配置了路由引入后，所有的静态路由都被引入 RIP 路由表中。为了有选择性地引入所需的路由，在 RTA 上配置 Route-policy，仅引入路由 10.1.0.0/24。

请在下面填入配置 RTA 的命令。

____

____

____

____

配置完成后，查看 RTB 和 RTC 的路由表，并记录相关路由表项。在 RTB 上来源是 RIP 的路由表项有________条，分别是____

____

在 RTC 上来源是 RIP 的路由表项有________条，分别是____________________________

____

步骤 5：OSPF 路由配置

在 RTB、RTC 和 RTD 上配置 OSPF 单区域，规划为区域 0，并仅将 RTB 和 RTC 的接口 S5/1 的路由发布。

配置 RTB 如下：

```
[RTB] ospf
[RTB-ospf-1] area 0
[RTB-ospf-1-area-0.0.0.0] network 192.168.2.0 0.0.0.3
```

配置 RTC 如下：

```
[RTC] ospf
[RTC-ospf-1] area 0
[RTC-ospf-1-area-0.0.0.0] network 192.168.2.4 0.0.0.3
```

配置 RTD 如下：

```
[RTD] ospf
[RTD-ospf-1] area 0
[RTD-ospf-1-area-0.0.0.0] network 10.0.2.0 0.0.0.255
[RTD-ospf-1-area-0.0.0.0] network 192.168.2.0 0.0.0.3
[RTD-ospf-1-area-0.0.0.0] network 192.168.2.4 0.0.0.3
```

配置完成后，查看 RTA 和 RTD 的路由表，如下所示。

```
[RTA] display ip routing-table
Routing Tables: Public
        Destinations : 12       Routes : 12

Destination/Mask    Proto   Pre  Cost      NextHop        Interface

10.0.1.0/24         Direct 0     0         10.0.1.1       GE0/0
10.0.1.1/32         Direct 0     0         127.0.0.1      InLoop0
10.1.0.0/24         Static 60    0         10.0.1.2       GE0/0
10.1.1.0/24         Static 60    0         10.0.1.2       GE0/0
127.0.0.0/8         Direct 0     0         127.0.0.1      InLoop0
127.0.0.1/32        Direct 0     0         127.0.0.1      InLoop0
192.168.1.0/30      Direct 0     0         192.168.1.1    S5/0
192.168.1.1/32      Direct 0     0         127.0.0.1      InLoop0
192.168.1.2/32      Direct 0     0         192.168.1.2    S5/0
192.168.1.4/30      Direct 0     0         192.168.1.5    S5/1
192.168.1.5/32      Direct 0     0         127.0.0.1      InLoop0
192.168.1.6/32      Direct 0     0         192.168.1.6    S5/1

[RTD] display ip routing-table
Routing Tables: Public
        Destinations : 10       Routes : 10

Destination/Mask    Proto   Pre  Cost      NextHop        Interface

10.0.2.0/24         Direct 0     0         10.0.2.1       GE0/0
10.0.2.1/32         Direct 0     0         127.0.0.1      InLoop0
```

```
127.0.0.0/8          Direct 0    0         127.0.0.1       InLoop0
127.0.0.1/32         Direct 0    0         127.0.0.1       InLoop0
192.168.2.0/30       Direct 0    0         192.168.2.2     S5/0
192.168.2.1/32       Direct 0    0         192.168.2.1     S5/0
192.168.2.2/32       Direct 0    0         127.0.0.1       InLoop0
192.168.2.4/30       Direct 0    0         192.168.2.6     S5/1
192.168.2.5/32       Direct 0    0         192.168.2.5     S5/1
192.168.2.6/32       Direct 0    0         127.0.0.1       InLoop0
```

RTA 上没有路由 10.0.2.0/24,RTD 上也没有路由 10.0.1.0/24 和 10.1.0.0/24。

步骤 6：配置双边界引入

在 RTB 和 RTC 上配置双边界引入,分别将 OSPF 和 RIP 的路由引入对方。其中,配置 RTB 将 OSPF 路由引入 RIP 中,配置 RTC 将 RIP 引入 OSPF 中。

请在下面填入配置 RTB 的命令。

____

请在下面填入配置 RTC 的命令。

____

配置完成后,再查看 RTA 和 RTD 的路由表,并比较引入前和引入后的路由表有什么区别,请在下面写出具体的区别。

____

____

步骤 7：路由环路产生

配置了路由边界引入后,在某些情况下可能会导致路由环路或错误。下面我们人为地制造这个环路。在 RTA 上将静态路由 10.1.0.0/24 的优先级修改为 120,如下所示。

```
[RTA] ip route-static 10.1.0.0 24  10.0.1.2  preference 120
```

然后在 RTB 上将 RIP 协议的优先级修改为 200,以使 RTB 能够将从 RTD 学到的 10.1.0.0/24 路由向 RIP 域内发布,如下所示。

```
[RTB-rip-1] preference 200
```

分别在 RTA 和 RTB 上查看路由表。

```
[RTA] display ip routing-table
Routing Tables: Public
        Destinations : 14       Routes : 14

Destination/Mask      Proto     Pre    Cost     NextHop         Interface

10.0.1.0/24           Direct    0      0        10.0.1.1        GE0/0
10.0.1.1/32           Direct    0      0        127.0.0.1       InLoop0
10.0.2.0/24           RIP       100    1        192.168.1.2     S5/0
10.1.0.0/24           RIP       100    1        192.168.1.2     S5/0
10.1.1.0/24           Static    60     0        10.0.1.2        GE0/0
127.0.0.0/8           Direct    0      0        127.0.0.1       InLoop0
127.0.0.1/32          Direct    0      0        127.0.0.1       InLoop0
192.168.1.0/30        Direct    0      0        192.168.1.1     S5/0
192.168.1.1/32        Direct    0      0        127.0.0.1       InLoop0
192.168.1.2/32        Direct    0      0        192.168.1.2     S5/0
```

```
192.168.1.4/30        Direct    0     0      192.168.1.5      S5/1
192.168.1.5/32        Direct    0     0      127.0.0.1        InLoop0
192.168.1.6/32        Direct    0     0      192.168.1.6      S5/1
192.168.2.4/30        RIP       100   1      192.168.1.2      S5/0

[RTB] display ip routing-table
Routing Tables: Public
        Destinations : 13       Routes : 13

Destination/Mask      Proto     Pre   Cost   NextHop          Interface

10.0.1.0/24           O_ASE     150   1      192.168.2.2      S5/1
10.0.2.0/24           OSPF      10    1563   192.168.2.2      S5/1
10.1.0.0/24           O_ASE     150   1      192.168.2.2      S5/1
127.0.0.0/8           Direct    0     0      127.0.0.1        InLoop0
127.0.0.1/32          Direct    0     0      127.0.0.1        InLoop0
192.168.1.0/30        Direct    0     0      192.168.1.2      S5/0
192.168.1.1/32        Direct    0     0      192.168.1.1      S5/0
192.168.1.2/32        Direct    0     0      127.0.0.1        InLoop0
192.168.1.4/30        RIP       200   1      192.168.1.1      S5/0
192.168.2.0/30        Direct    0     0      192.168.2.1      S5/1
192.168.2.1/32        Direct    0     0      127.0.0.1        InLoop0
192.168.2.2/32        Direct    0     0      192.168.2.2      S5/1
192.168.2.4/30        OSPF      10    3124   192.168.2.2      S5/1
```

可见，错误出现了。RTA以为通过RTB能到10.1.0.0/24，而RTB以为通过RTD能到10.1.0.0/24，RTD以为通过RTC能到10.1.0.0/24，RTC又以为通过RTA能到10.1.0.0/24，于是路由环路发生了。在RTA上查看到达10.1.0.0/24的路径，如下所示。

```
<RTA>tracert 10.1.0.1
traceroute to 10.1.0.1(10.1.0.1) 30 hops max,40 bytes packet, press CTRL_C to break
1  192.168.1.2 17 ms 16 ms 16 ms
2  192.168.2.2 33 ms 33 ms 33 ms
3  192.168.2.5 31 ms 31 ms 31 ms
4  192.168.1.5 29 ms 29 ms 29 ms
5  192.168.1.2 46 ms 47 ms 46 ms
6  192.168.2.2 61 ms 61 ms 62 ms
7  192.168.2.5 59 ms 60 ms 60 ms
8  192.168.1.5 57 ms 58 ms 57 ms
9  192.168.1.2 73 ms 74 ms 74 ms
10  192.168.2.2 90 ms 90 ms 89 ms
11  192.168.2.5 88 ms 88 ms 88 ms
12  192.168.1.5 85 ms 85 ms 86 ms
⋮
```

步骤8：使用Tag选择性引入路由

在以上环路产生过程中，RTB把OSPF路由不加选择地全部引入RIP协议中，我们可以在引入路由时选择性地引入，以避免这种环路可能。

在RTC上配置将RIP路由引入OSPF时附加标记值10。

请在下面填入配置RTC的命令。

____

然后在 RTB 上，配置 RIP 协议中引入 OSPF 路由时，将 Tag 值是 10 的路由过滤掉。

请在下面填入配置 RTB 的命令。

____

____

____

____

配置完成后，在 RTA 上查看路由表，并比较配置选择性引入前和选择性引入后的路由表有什么区别，请在下面写出具体的区别。

____

____

9.5 实验中的命令列表

本实验中用到的命令如实验表 9-3 所示。

实验表 9-3 实验命令列表

命 令	描 述
import-route *protocol* [*process-id* | **all-processes**] [**cost** *cost* | **route-policy** *route-policy-name* | **tag** *tag*]	从其他路由协议引入路由
default cost value	配置引入路由的默认度量值
ip prefix-list *prefix-list-name* [**index** *index-number*] { **permit** | **deny** } *ip-address mask-length* [**greater-equal** *min-mask-length*] [**less-equal** *max-mask-length*]	配置一个 IPv4 地址前缀列表表项
route-policy *route-policy-name* { **permit** | **deny** } **node** *node-number*	创建路由策略
if-match tag *value*	配置路由信息的标记域的匹配条件
if-match ip address prefix-list *prefix-list-name*	配置路由信息的目的 IP 地址范围的匹配条件
preference *value*	配置 RIP 路由的优先级

9.6 思考题

实验任务中，在 RTB 上配置引入路由，为什么要在 RTA 上查看相关路由表？

答：使用 import-route 引入外部路由时，只会把路由表中的有效路由引入协议中，且引入后的路由不在本地路由表中出现，只传递给其他路由器，所以要在 RTA 上查看引入后的路由。

实验10

使用PBR实现策略路由

10.1 实验目标

完成本实验,应该能够:

(1) 掌握如何配置使用 PBR 实现基于源地址的策略路由;

(2) 掌握如何配置使用 PBR 实现基于业务类型的策略路由。

10.2 实验组网图

本实验按照实验图 10-1 所示进行组网。

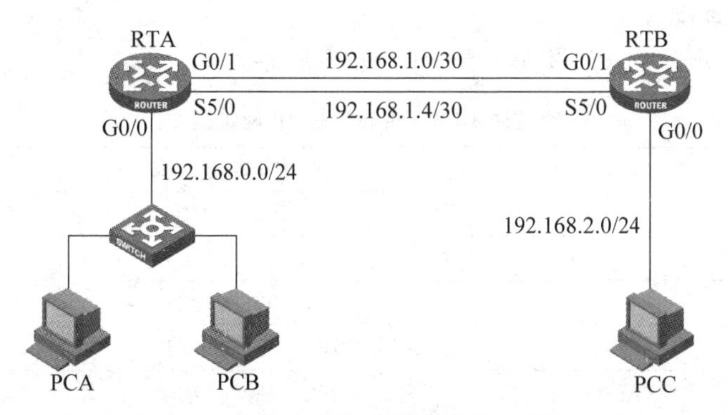

实验图 10-1　使用 PBR 实现策略路由实验组网

10.3 实验设备和器材

本实验所需的主要设备和器材如实验表 10-1 所示。

实验表 10-1　实验设备和器材

名称和型号	版　本	数量	描　述
MSR36-20	CMW7.1.049-R0106	2	
S5820V2	CMW7.1.045-R2311P04	1	二层交换机或集线器均可
PC	Windows 7	3	
V.35 DTE 串口线	—	1	
V.35 DCE 串口线	—	1	
第 5 类 UTP 以太网连接线	—	5	

10.4 实验过程

实验任务 PBR基本配置

在本实验任务中，需要在路由器上配置双出口，并配置基于源地址的PBR，对PCA和PCB发出的报文通过不同的接口转发；再配置基于报文大小的PBR，对于PC发出的不同大小的报文经不同的出口进行转发。通过本实验任务，应该能够掌握如何使用PBR对报文进行选路控制。

步骤1：建立物理连接

按照实验图10-1进行连接，并检查设备的软件版本及配置信息，确保各设备软件版本符合要求，所有配置为初始状态。如果配置不符合要求，请在用户模式下擦除设备中的配置文件，然后重启设备以使系统采用默认的配置参数进行初始化。

以上步骤可能会用到以下命令。

```
<RTA>display version
<RTA>reset saved-configuration
<RTA>reboot
```

步骤2：IP地址配置

按实验表10-2所示在PC及路由器上配置IP地址。

实验表10-2 实验任务IP地址列表

设备名称	接 口	IP 地 址	网 关
PCA	—	192.168.0.2/24	192.168.0.1
PCB	—	192.168.0.3/24	192.168.0.1
PCC	—	192.168.2.2/24	192.168.2.1
RTA	G0/0	192.168.0.1/24	—
	G0/1	192.168.1.1/30	—
	S5/0	192.168.1.5/30	—
RTB	G0/0	192.168.2.1/24	—
	G0/1	192.168.1.2/30	—
	S5/0	192.168.1.6/30	—

步骤3：路由配置

在RTA、RTB上配置OSPF单区域。

配置RTA如下：

```
[RTA] ospf
[RTA-ospf-1] area 0
[RTA-ospf-1-area-0.0.0.0] network 192.168.0.0 0.0.0.255
[RTA-ospf-1-area-0.0.0.0] network 192.168.1.0 0.0.0.3
[RTA-ospf-1-area-0.0.0.0] network 192.168.1.4 0.0.0.3
```

配置RTB如下：

```
[RTB] ospf
[RTB-ospf-1] area 0
```

```
[RTB-ospf-1-area-0.0.0.0] network 192.168.2.0 0.0.0.255
[RTB-ospf-1-area-0.0.0.0] network 192.168.1.0 0.0.0.3
[RTB-ospf-1-area-0.0.0.0] network 192.168.1.4 0.0.0.3
```

配置完成后，查看路由表，如下所示。

```
[RTA] display ip routing-table
Routing Tables: Public
       Destinations : 10       Routes : 10

Destination/Mask    Proto   Pre   Cost    NextHop        Interface

127.0.0.0/8         Direct  0     0       127.0.0.1      InLoop0
127.0.0.1/32        Direct  0     0       127.0.0.1      InLoop0
192.168.0.0/24      Direct  0     0       192.168.0.1    GE0/0
192.168.0.1/32      Direct  0     0       127.0.0.1      InLoop0
192.168.1.0/30      Direct  0     0       192.168.1.1    GE0/1
192.168.1.1/32      Direct  0     0       127.0.0.1      InLoop0
192.168.1.4/30      Direct  0     0       192.168.1.5    S5/0
192.168.1.5/32      Direct  0     0       127.0.0.1      InLoop0
192.168.1.6/32      Direct  0     0       192.168.1.6    S5/0
192.168.2.0/24      OSPF    10    2       192.168.1.2    GE0/1
```

因为 GE0/1 接口带宽大于 S5/0 接口带宽，所以在路由表中，到路由 192.168.2.0/24 的出接口是 GE0/1。

步骤 4：配置基于源地址的 PBR

配置 OSPF 后，去往网络 192.168.2.0/24 的所有报文都从接口 GE0/1 发送。通过配置基于源地址的 PBR，可以使路由器对来自特定源的报文从指定接口发送。

在 RTA 上配置 PBR，将来自 PCA(192.168.0.2)的报文从接口 S5/0 转发，其他报文经普通路由转发。请在下面填入配置 RTA 的命令。

____

____

____

____

____

配置完成后，在 PCA 上用 PING 命令来发送到网络 192.168.2.0/24 的报文，如下所示。

```
C:\>ping 192.168.2.1 -t
Pinging 192.168.2.1 with 32 bytes of data:

Reply from 192.168.2.1: bytes=32 time=10ms TTL=254
Reply from 192.168.2.1: bytes=32 time=10ms TTL=254
...
```

步骤 5：配置基于报文大小的 PBR

配置了基于源地址的 PBR 后，来自 PCA 的所有数据流都经由 RTA 的接口 S5/0 发送。如果要想实现较大报文经由接口 G0/1 发送，则可以配置基于报文大小的 PBR。

在 RTA 上配置 PBR，将大于 100B 小于 1500B 的报文从接口 G0/1 转发，其他报文经普通路由转发。请在下面填入配置 RTA 的命令。

配置完成后，在PCA上用PING命令来发送大小为300B的报文到网络192.168.2.0/24，如下所示。

```
C:\>ping 192.168.2.1 -l 300 -t

Pinging 192.168.2.1 with 300 bytes of data:

Reply from 192.168.2.1: bytes=300 time<1ms TTL=254
Reply from 192.168.2.1: bytes=300 time<1ms TTL=254
Reply from 192.168.2.1: bytes=300 time<1ms TTL=254
...
```

同时，在RTA上用命令display ip policy-based-route interface查看报文匹配PBR的统计信息，如下所示。

```
<RTA>display ip policy-based-route interface GigabitEthernet 0/0
Policy based routing information for interface GigabitEthernet0/0:
Policy name: abc
  node 3 permit:
    if-match packet-length 100 1500
    apply next-hop 192.168.1.2
  Matched: 0
  node 5 permit:
    if-match acl 3000
    apply output-interface Serial5/0
  Matched: 0
Total matched: 0
```

可以看到，较大的报文匹配到了节点3，被转发到了下一跳192.168.1.2，也就是从接口G0/1转发出去。

说明：可以在用户视图下用命令reset ip policy-based-route statistics来清除PBR的统计信息。

10.5 实验中的命令列表

本实验中用到的命令如实验表10-3所示。

实验表10-3 实验命令列表

命　令	描　述
policy-based-route *policy-name*[**deny** | **permit**] **node** *node-number*	用来创建策略或一个策略节点
if-match acl *acl-number*	设置ACL匹配条件
if-match packet-length *min-len max-len*	设置IP报文长度匹配条件
apply output-interface *interface-type interface-number*	设置报文的发送接口
applynext-hop *ip-address*	设置报文转发的下一跳

续表

命令	描述
ip policy-based-route *policy-name*	在接口上使能策略路由
display ip policy-based-route {**interface** *interface-type interface-number*| **local**}	显示已经使能的策略路由的统计信息

10.6 思考题

在实验任务中,若RTA根据所配置的PBR进行转发,将PCA发送到PCC的报文从接口S5/0发送,那么PCC返回给PCA的报文是否也从接口S5/0返回?

答:不一定。PBR只对本路由器发出的报文起作用,并不会影响返回的报文。返回的报文转发路径取决于RTB的相关配置。

实验11

BGP基本配置

11.1 实验目标

完成本实验,应该能够:

(1) 掌握路由器上 BGP 的基本配置方法;

(2) 掌握路由器上 BGP 的常用配置命令。

11.2 实验组网图

本实验按照实验图 11-1 所示进行组网。

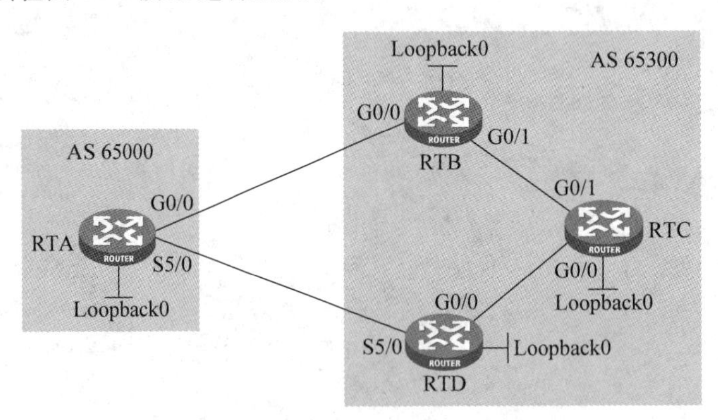

实验图 11-1　BGP 基本配置实验组网

11.3 实验设备和器材

本实验所需的主要设备和器材如实验表 11-1 所示。

实验表 11-1　实验设备和器材

名称和型号	版　　本	数量	描　　述
MSR36-20	CMW7.1.049-R0106	4	
V.35 DTE 串口线	—	1	
V.35 DCE 串口线	—	1	
第 5 类 UTP 以太网连接线	—	3	

11.4 实验过程

实验任务 1 EBGP 对等体基本配置

在本实验任务中，需要在路由器上配置 EBGP 对等体，再验证通过 network 命令发布路由。通过本实验任务，应该能够掌握 EBGP 对等体基本配置以及 network 命令的使用。

步骤 1：建立物理连接

按照实验图 11-1 进行连接，并检查设备的软件版本及配置信息，确保各设备软件版本符合要求，所有配置为初始状态。如果配置不符合要求，请在用户模式下擦除设备中的配置文件，然后重启设备以使系统采用默认的配置参数进行初始化。

以上步骤可能会用到以下命令。

```
<RTA>display version
<RTA>reset saved-configuration
<RTA>reboot
```

步骤 2：IP 地址配置

按实验表 11-2 所示依据 IP 地址规划在 4 台路由器配置 IP 地址。

实验表 11-2 实验任务 1 IP 地址列表

设备名称	接 口	IP 地 址
RTA	GE0/0	10.10.10.1/30
	S1/0	10.10.20.1/30
	Loopback0	1.1.1.1/32
RTB	GE0/0	10.10.10.2/30
	GE0/1	10.10.10.6/30
	Loopback0	2.2.2.2/32
RTC	GE0/0	10.10.10.9/30
	GE0/1	10.10.10.5/30
	Loopback0	3.3.3.3/32
RTD	GE0/0	10.10.10.10/30
	S1/0	10.10.20.2/30
	Loopback0	4.4.4.4/32

依据 IP 地址规划在 4 台路由器配置 IP 地址。配置完成后，要使用 ping 命令检测直连网段的互通性，如在 RTA 上检测与 RTB 的互通性。

```
[RTA-GigabitEthernet0/0] ping 10.10.10.2
Ping 10.10.10.2 (10.10.10.2): 56 data bytes, press CTRL_C to break
56 bytes from 10.10.10.2: icmp_seq=0 ttl=255 time=12.022 ms
56 bytes from 10.10.10.2: icmp_seq=1 ttl=255 time=4.184 ms
56 bytes from 10.10.10.2: icmp_seq=2 ttl=255 time=2.797 ms
56 bytes from 10.10.10.2: icmp_seq=3 ttl=255 time=4.368 ms
56 bytes from 10.10.10.2: icmp_seq=4 ttl=255 time=2.763 ms

---Ping statistics for 10.10.10.2 ---
```

```
5 packets transmitted, 5 packets received, 0.0%  packet loss
round-trip min/avg/max/std-dev=2.763/5.227/12.022/3.463 ms
[RTA-GigabitEthernet0/0] %Jan 26 01:02:02:808 2016 RTA PING/6/PING_STATISTICS: Ping
statistics for 10.10.10.2: 5 packets transmitted, 5 packets received, 0.0%  packet
loss, round-trip min/avg/max/std-dev=2.763/5.227/12.022/3.463 ms.
```

步骤 3：EBGP 对等体基本配置

在 RTA、RTB、RTD 上分别完成 EBGP 对等体基本配置。RTA 属于 AS 65000，RTB 和 RTD 属于 AS 65300。

请在下面填入配置 RTA 的命令。

____

____

____

____

____

____

请在下面填入配置 RTB 的命令。

____

____

____

请在下面填入配置 RTD 的命令。

____

____

____

____

步骤 4：EBGP 邻居状态查看

分别在 RTA、RTB、RTD 上执行 display bgp peer 命令查看 BGP 邻居状态。在 RTA 上，邻居 RTB 的状态是________，邻居 RTD 的状态是________。

如果看到 BGP 邻居的状态 state 为 Established，表示 BGP 邻居关系已经成功建立。

接下来在 RTA 上查看路由表信息：

```
[RTA] display bgp routing-table ipv4
Total number of routes: 0
```

以上输出信息表明，RTA 的 BGP 路由表中没有 BGP 路由。为什么路由器之间的 BGP 邻居关系建立成功，但是路由器上没有任何 BGP 路由呢？因为 BGP 主要工作是在 AS 之间传递路由信息，而发现和计算路由信息的任务是由 IGP 完成的。那么要生成 BGP 路由，需要通过以下两种途径完成：配置 BGP 发布本地路由和引入其他路由。

步骤 5：通过 network 命令发布路由

在 RTA、RTB、RTD 上用 network 命令将各自的 Loopback 接口所在网段在 BGP 中发布。

请在下面填入配置 RTA 的命令。

____

请在下面填入配置 RTB 的命令。

____

请在下面填入配置 RTD 的命令。

步骤 6：路由信息查看

完成步骤 5 的配置后，再次查看各路由器的路由表。

RTA 路由器的 BGP 路由表应该如下所示。

```
[RTA] display bgp routing-table ipv4

Total number of routes: 3

BGP local router ID is 1.1.1.1
Status codes: * -valid, >-best, d -dampened, h -history,
              s -suppressed, S -stale, i -internal, e -external
              Origin: i -IGP, e -EGP, ? -incomplete

     Network          NextHop       MED      LocPrf     PrefVal   Path/Ogn

 * >   1.1.1.1/32     127.0.0.1     0                   32768     i
 * >e 2.2.2.2/32      10.10.10.2    0                   0         65300i
 * >e 4.4.4.4/32      10.10.20.2    0                   0         65300i
```

在 RTA 的路由表中看到有 3 条 BGP 路由，而且每条路由表的状态标识为>，也即这 3 条路由已经被 BGP 选为最优路由。

RTB 的 BGP 路由表中有几条表项？它们的状态标识是什么？

RTD 的 BGP 路由表中有几条表项？它们的状态标识是什么？

在 RTA 上验证网络可达性。

```
<RTA>ping 4.4.4.4
Ping 4.4.4.4 (4.4.4.4): 56 data bytes, press CTRL_C to break
56 bytes from 4.4.4.4: icmp_seq=0 ttl=255 time=3.696 ms
56 bytes from 4.4.4.4: icmp_seq=1 ttl=255 time=2.394 ms
56 bytes from 4.4.4.4: icmp_seq=2 ttl=255 time=2.141 ms
56 bytes from 4.4.4.4: icmp_seq=3 ttl=255 time=2.384 ms
56 bytes from 4.4.4.4: icmp_seq=4 ttl=255 time=2.015 ms

---Ping statistics for 4.4.4.4 ---
5 packets transmitted, 5 packets received, 0.0% packet loss
round-trip min/avg/max/std-dev=2.015/2.526/3.696/0.603 ms
```

实验任务 2 IBGP 对等体基本配置

本实验在实验任务 1 的基础上完成。在本实验任务中，需要在路由器上配置 IBGP 对等体。通过本实验任务，应该能够掌握 IBGP 对等体基本配置。

步骤 1：配置静态路由以确保 Loopback 地址可达

在 RTB、RTC、RTD 上分别配置静态路由，以确保各路由器间的 Loopback 地址可达。

配置完成后，在 RTB、RTD 上通过 ping 来检测到对方 Loopback 地址的可达性。如果不可达，请检查相关配置，否则不能进入下一个实验步骤。

步骤 2：IBGP 对等体基本配置

在 RTB 和 RTD 上分别完成 IBGP 对等体的基本配置，配置时注意要用 connect-interface loopback0 命令来指定接口 Loopback0 的 IP 地址作为发起 IBGP 连接的源地址。

请在下面填入配置 RTB 的命令。

____

____

____

____

请在下面填入配置 RTD 的命令。

____

____

____

____

步骤 3：IBGP 邻居状态查看

在 RTB 上，共有几个邻居？邻居的状态是什么？

____

在 RTD 上查看 BGP 邻居状态，其输出应该如下所示。

```
<RTD>display bgp peer ipv4

BGP local router ID: 4.4.4.4
Local AS number: 65300
Total number of peers: 2                  Peers in established state: 2

  * - Dynamically created peer
  Peer          AS      MsgRcvd  MsgSent  OutQ  PrefRcv  Up/Down    State

  2.2.2.2       65300   5        5        0     2        00:00:27   Established
  10.10.20.1    65000   82       67       0     1        00:57:58   Established
```

可以看到，RTD 有两个 BGP 对等体，其中一个对等体的 AS 号是 65000，与 RTD 属于不同的 AS，其为 EBGP 对等体；而另外一个对等体的 AS 号是 65300，与 RTD 属于同一个 AS，其为 IBGP 对等体。两个对等体的 BGP 邻居状态都是 Established，表明 BGP 邻居关系已经成功建立。

步骤 4：路由信息查看

在 RTD 上查看 BGP 路由表，可以看到路由 1.1.1.1/32 有两个下一跳地址，分别指向 RTA、RTC。

```
<RTD>display bgp routing-table ipv4

Total number of routes: 4

BGP local router ID is 4.4.4.4
Status codes: * - valid, > - best, d - dampened, h - history,
              s - suppressed, S - stale, i - internal, e - external
```

```
          Origin: i -IGP, e -EGP, ? -incomplete

     Network          NextHop        MED       LocPrf       PrefVal  Path/Ogn

  * >e 1.1.1.1/32     10.10.20.1     0                      0        65000i
    i                 10.10.10.1     0         100          0        65000i
  * >i 2.2.2.2/32     2.2.2.2        0         100          0        i
  * >   4.4.4.4/32    127.0.0.1      0                      32768    i
```

根据以上输出，请读者判断，哪一条路由 1.1.1.1/32 会被放置到 IP 路由表中，作为报文转发的依据？为什么？

____

____

请在 RTD 上用 display ip routing-table 命令来验证。

11.5　实验中的命令列表

本实验中用到的命令如实验表 11-3 所示。

实验表 11-3　实验命令列表

命　令	描　述
bgp *as-number*	启动 BGP，进入 BGP 视图
peer{*group-name*|*ip-address*} **as-number** *as-number*	指定对等体/对等体组及其 AS 号
peer{*group-name*|*ip-address*} **connect-interface** *interface-type* *interface-number*	配置与对等体/对等体组创建 BGP 会话时建立 TCP 连接使用的源接口
network *ip-address* [*mask*|*mask-length*]	将网段路由发布到 BGP 路由表中

11.6　思考题

1. 实验任务 1 中，为什么 RTA 的路由表中路由 1.1.1.1/32 的下一跳为 127.0.0.1？

答：BGP 路由表中，下一跳地址为 127.0.0.1 表示该路由信息是本地产生的。

2. 为什么在实验任务 2 中需要确保对等体间 Loopback 地址的可达性？

答：BGP 邻居建立的前提必须是 TCP 可达，而 IBGP 对等体一般通过 Loopback 接口地址建立邻居关系，因此需要在 RTB、RTC、RTD 上配置 Loopback 网段静态路由，确保 RTB 与 RTD 之间 TCP 可达。

实验12

BGP路由属性

12.1 实验目标

完成本实验,应该能够:

(1) 掌握 BGP 的 Local-Preference 属性的基本配置方法;

(2) 掌握 BGP 的 MED 属性的基本配置方法。

12.2 实验组网图

本实验按照实验图 12-1 所示进行组网。

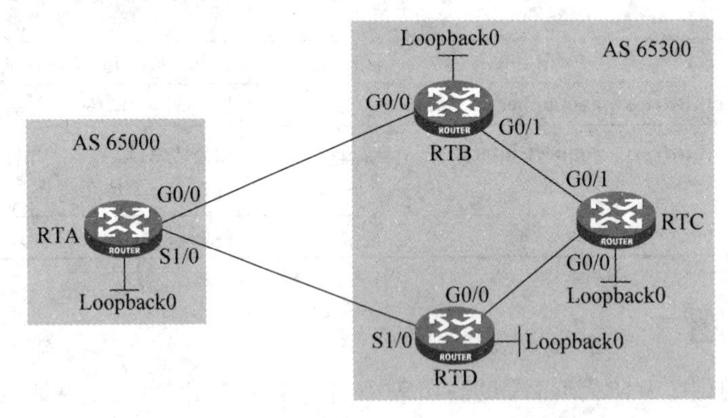

实验图 12-1　BGP 路由属性实验组网

12.3 实验设备和器材

本实验所需的主要设备和器材如实验表 12-1 所示。

实验表 12-1　实验设备和器材

名称和型号	版　　本	数量	描　　述
MSR36-20	CMW7.1.049-R0106	4	
PC	—	2	
V.35 DTE 串口线	—	1	
V.35 DCE 串口线	—	1	
第 5 类 UTP 以太网连接线	—	3	

12.4　实验过程

实验任务1　LOCAL_PREF属性配置

在本实验任务中，需要在路由器上配置BGP的LOCAL_PREF属性，并验证对BGP选路的影响。通过本实验任务，应该能够掌握BGP的LOCAL_PREF属性的配置和应用场合。

步骤1：建立物理连接

按照实验图12-1进行连接，并检查设备的软件版本及配置信息，确保各设备软件版本符合要求，所有配置为初始状态。如果配置不符合要求，请在用户模式下擦除设备中的配置文件，然后重启设备以使系统采用默认的配置参数进行初始化。

以上步骤可能会用到以下命令。

```
<RTA>display version
<RTA>reset saved-configuration
<RTA>reboot
```

步骤2：IP地址和静态路由配置

按实验表12-2所示依据IP地址规划，在4台路由器上完成IP地址配置。

实验表12-2　实验任务1 IP地址列表

设备名称	接　口	IP 地 址
RTA	GE0/0	10.10.10.1/30
	S1/0	10.10.20.1/30
	Loopback0	1.1.1.1/32
RTB	GE0/0	10.10.10.2/30
	GE0/1	10.10.10.6/30
	Loopback0	2.2.2.2/32
RTC	GE0/0	10.10.10.9/30
	GE0/1	10.10.10.5/30
	Loopback0	3.3.3.3/32
RTD	GE0/0	10.10.10.10/30
	S1/0	10.10.20.2/30
	Loopback0	4.4.4.4/32

依据IP地址规划，在4台路由器上完成IP地址配置。完成4台路由器的IP地址配置后，再在RTB、RTC、RTD上配置以下静态路由。

配置RTB如下：

```
[RTB] ip route-static 3.3.3.3 255.255.255.255 10.10.10.5
[RTB] ip route-static 4.4.4.4 255.255.255.255 10.10.10.5
```

配置RTC如下：

```
[RTC] ip route-static 2.2.2.2 255.255.255.255 10.10.10.6
[RTC] ip route-static 4.4.4.4 255.255.255.255 10.10.10.10
```

配置RTD如下：

```
[RTD] ip route-static 2.2.2.2 255.255.255.255 10.10.10.9
[RTD] ip route-static 3.3.3.3 255.255.255.255 10.10.10.9
```

步骤3：基本BGP配置

在RTA、RTB、RTC、RTD上完成基本的BGP配置命令，并通过network命令将Loopback网段在BGP中发布，通过import命令将各自路由器的直连路由在BGP中发布。

配置RTA如下：

```
[RTA] bgp 65000
[RTA-bgp] peer 10.10.20.2 as-number 65300
[RTA-bgp] peer 10.10.10.2 as-number 65300
[RTA-bgp] address-family ipv4 unicast
[RTA-bgp-ipv4] import-route direct
[RTA-bgp-ipv4] network 1.1.1.1 255.255.255.255
[RTA-bgp-ipv4] peer 10.10.20.2 enable
[RTA-bgp-ipv4] peer 10.10.20.2 enable
```

配置RTB如下：

```
[RTB] bgp 65300
[RTB-bgp] peer 10.10.10.1 as-number 65000
[RTB-bgp] peer 3.3.3.3 as-number 65300

[RTB-bgp] peer 3.3.3.3 connect-interface LoopBack0
[RTB-bgp] address-family ipv4 unicast
[RTB-bgp-ipv4] import-route direct
[RTB-bgp-ipv4] network 2.2.2.2 255.255.255.255
[RTB-bgp-ipv4] peer 3.3.3.3 enable
[RTB-bgp-ipv4] peer 3.3.3.3 next-hop-local
[RTB-bgp-ipv4] peer 10.10.10.1 enable
```

配置RTC如下：

```
[RTC] bgp 65300
[RTC-bgp] peer 4.4.4.4 as-number 65300
[RTC-bgp] peer 2.2.2.2 as-number 65300
[RTC-bgp] peer 4.4.4.4 connect-interface LoopBack0
[RTC-bgp] peer 2.2.2.2 connect-interface LoopBack0
[RTC-bgp] address-family ipv4 unicast
[RTC-bgp-ipv4] import-route direct
[RTC-bgp-ipv4] network 3.3.3.3 255.255.255.255
[RTC-bgp-ipv4] peer 4.4.4.4 enable
[RTC-bgp-ipv4] peer 2.2.2.2 enable
```

配置RTD如下：

```
[RTD] bgp 65300
[RTD-bgp] peer 10.10.20.1 as-number 65000
[RTD-bgp] peer 3.3.3.3 as-number 65300
[RTD-bgp] peer 3.3.3.3 connect-interface LoopBack0
[RTD-bgp] address-family ipv4 unicast
[RTD-bgp-ipv4] import-route direct
[RTD-bgp-ipv4] network 4.4.4.4 255.255.255.255
[RTD-bgp-ipv4] peer 10.10.20.1 enable
```

```
[RTD-bgp-ipv4] peer 3.3.3.3 enable
[RTD-bgp-ipv4] peer 3.3.3.3 next-hop-local
```

步骤4：查看路由表信息

完成上述步骤后，首先要在各台路由器上查看路由器上的BGP邻居状态，确保所有的BGP状态都是Established。接下来在各台路由器上通过路由表查看BGP路由信息。

查看RTA路由表。

```
<RTA>display ip routing-table

Destinations : 23        Routes : 23

Destination/Mask      Proto    Pre    Cost        NextHop        Interface
0.0.0.0/32            Direct   0      0           127.0.0.1      InLoop0
1.1.1.1/32            Direct   0      0           127.0.0.1      InLoop0
2.2.2.2/32            BGP      255    0           10.10.10.2     GE0/0
3.3.3.3/32            BGP      255    0           10.10.10.2     GE0/0
4.4.4.4/32            BGP      255    0           10.10.20.2     Ser1/0
10.10.10.0/30         Direct   0      0           10.10.10.1     GE0/0
10.10.10.0/32         Direct   0      0           10.10.10.1     GE0/0
10.10.10.1/32         Direct   0      0           127.0.0.1      InLoop0
10.10.10.3/32         Direct   0      0           10.10.10.1     GE0/0
10.10.10.4/30         BGP      255    0           10.10.10.2     GE0/0
10.10.10.8/30         BGP      255    0           10.10.10.2     GE0/0
10.10.20.0/30         Direct   0      0           10.10.20.1     Ser1/0
10.10.20.0/32         Direct   0      0           10.10.20.1     Ser1/0
10.10.20.1/32         Direct   0      0           127.0.0.1      InLoop0
10.10.20.2/32         Direct   0      0           10.10.20.2     Ser1/0
10.10.20.3/32         Direct   0      0           10.10.20.1     Ser1/0
127.0.0.0/8           Direct   0      0           127.0.0.1      InLoop0
127.0.0.0/32          Direct   0      0           127.0.0.1      InLoop0
127.0.0.1/32          Direct   0      0           127.0.0.1      InLoop0
127.255.255.255/32    Direct   0      0           127.0.0.1      InLoop0
224.0.0.0/4           Direct   0      0           0.0.0.0        NULL0
224.0.0.0/24          Direct   0      0           0.0.0.0        NULL0
255.255.255.255/32    Direct   0      0           127.0.0.1      InLoop0
```

查看RTC路由表。

```
<RTC>display ip routing-table

Destinations : 24        Routes : 24

Destination/Mask      Proto    Pre    Cost        NextHop        Interface
0.0.0.0/32            Direct   0      0           127.0.0.1      InLoop0
1.1.1.1/32            BGP      255    0           2.2.2.2        GE0/1
2.2.2.2/32            Static   60     0           10.10.10.6     GE0/1
3.3.3.3/32            Direct   0      0           127.0.0.1      InLoop0
4.4.4.4/32            Static   60     0           10.10.10.10    GE0/0
10.10.10.0/30         BGP      255    0           2.2.2.2        GE0/1
10.10.10.4/30         Direct   0      0           10.10.10.5     GE0/1
10.10.10.4/32         Direct   0      0           10.10.10.5     GE0/1
```

```
10.10.10.5/32       Direct  0     0       127.0.0.1      InLoop0
10.10.10.7/32       Direct  0     0       10.10.10.5     GE0/1
10.10.10.8/30       Direct  0     0       10.10.10.9     GE0/0
10.10.10.8/32       Direct  0     0       10.10.10.9     GE0/0
10.10.10.9/32       Direct  0     0       127.0.0.1      InLoop0
10.10.10.11/32      Direct  0     0       10.10.10.9     GE0/0
10.10.20.0/30       BGP     255   0       4.4.4.4        GE0/0
10.10.20.1/32       BGP     255   0       4.4.4.4        GE0/0
10.10.20.2/32       BGP     255   0       2.2.2.2        GE0/1
127.0.0.0/8         Direct  0     0       127.0.0.1      InLoop0
127.0.0.0/32        Direct  0     0       127.0.0.1      InLoop0
127.0.0.1/32        Direct  0     0       127.0.0.1      InLoop0
127.255.255.255/32  Direct  0     0       127.0.0.1      InLoop0
224.0.0.0/4         Direct  0     0       0.0.0.0        NULL0
224.0.0.0/24        Direct  0     0       0.0.0.0        NULL0
255.255.255.255/32  Direct  0     0       127.0.0.1      InLoop0
```

查看 RTC 的 BGP 路由表。

```
<RTC>display bgp routing-table  ipv4

Total number of routes: 17

BGP local router ID is 3.3.3.3
Status codes: * -valid, >-best, d -dampened, h -history,
              s -suppressed, S -stale, i -internal, e -external
              Origin: i -IGP, e -EGP, ? -incomplete

     Network            NextHop        MED        LocPrf     PrefVal    Path/Ogn

* >i 1.1.1.1/32         2.2.2.2        0          100        0          65000i
*  i                    4.4.4.4        0          100        0          65000i
* >i 2.2.2.2/32         2.2.2.2        0          100        0          i
* >3.3.3.3/32           127.0.0.1      0                     32768      i
* >i 4.4.4.4/32         4.4.4.4        0          100        0          i
* >i 10.10.10.0/30      2.2.2.2        0          100        0          ?
*  i                    4.4.4.4        0          100        0          65000?
* >10.10.10.4/30        10.10.10.5     0                     32768      ?
*  i                    2.2.2.2        0          100        0          ?
* >10.10.10.5/32        127.0.0.1      0                     32768      ?
* >10.10.10.8/30        10.10.10.9     0                     32768      ?
*  i                    4.4.4.4        0          100        0          ?
* >10.10.10.9/32        127.0.0.1      0                     32768      ?
* >i 10.10.20.0/30      4.4.4.4        0          100        0          ?
*  i                    2.2.2.2        0          100        0          65000?
* >i 10.10.20.1/32      4.4.4.4        0          100        0          ?
* >i 10.10.20.2/32      2.2.2.2        0          100        0          65000?
```

从以上输出信息中可以看到，RTA 和 RTC 上都学习到 BGP 路由。在 RTC 的 BGP 路由表中，路由 1.1.1.1/32（RTA 的 Loopback 地址）有两个下一跳，分别指向 RTB 和 RTD，即 RTC 路由器分别从两个 IBGP 对等体 RTB、RTD 上接收到了到达同一目的网段的路由。经过 BGP 的路由优选策略后，其中一条最优路由会写入自己的 IP 路由表。

在 RTC 上进行 Tracert 操作来验证到 RTA 的路径。

```
[RTC] tracert -a 3.3.3.3 1.1.1.1
traceroute to 1.1.1.1 (1.1.1.1) from 3.3.3.3, 30 hops at most, 40 bytes each packet,
press CTRL_C to break
1  10.10.10.6 (10.10.10.6)  3.000 ms  2.000 ms  2.000 ms
2  1.1.1.1 (1.1.1.1)         4.000 ms  4.000 ms  3.000 ms
```

注意：需要在 MSR 上事先打开 Tracert 信息显示开关，命令为 ip unreachable enable 和 ip ttl-expires enable。

步骤 5：配置 LOCAL_PREF 属性

可以看到，RTC 到达 RTA 的 Loopback 接口地址的路径为 RTC→RTB→RTA，也即流量离开 AS 65300 的时候优先选择了 RTB。现在要使 RTC 到达 RTA 的路径为 RTC→RTD→RTA，也即流量离开 AS 65300 时优先选择 RTD 而不是 RTB，则需要配置 BGP 中的 LOCAL_PREF 属性来影响离开 AS 的流量的选路。

请读者考虑，应该在哪一台路由器上配置 BGP 中的 LOCAL_PREF 属性？为什么？

____

____

如果要在 RTD 上配置 LOCAL_PREF 属性，则应该如何配置？请在下面填入配置 RTD 的命令。

____

步骤 6：验证 LOCAL_PREF 属性

配置完成后，在 RTC 上查看 IP 路由表。此时，路由 1.1.1.1/32 的下一跳是________。是哪一台路由器？________

另外，在 RTC 上用 display bgp routing-table ipv4 查看 BGP 路由表。此时，BGP 路由表中有几条路由 1.1.1.1/32？下一跳分别是什么？LOCAL_PREF 属性值分别是多少？

____

____

____

最后在 RTC 上通过命令 tracert -a 3.3.3.3 1.1.1.1 来验证 RTC 到 RTA 的路径选择是否为 RTC→RTD→RTA。

实验任务 2　MED 属性配置

在本实验任务中，需要在路由器上配置 BGP 的 MED 属性，并验证 MED 属性对 BGP 选路的影响。通过本实验任务，应该能够掌握 BGP 协议中 MED 属性的配置和应用场合。

实验任务 2 在实验任务 1 的基础上完成，保持实验任务 1 的配置不变。

步骤 1：路由表查看

查看 RTA 的 IP 路由表。

```
<RTA>display ip routing-table

Destinations : 23        Routes : 23

Destination/Mask    Proto    Pre    Cost        NextHop        Interface
0.0.0.0/32          Direct   0      0           127.0.0.1      InLoop0
```

```
1.1.1.1/32            Direct   0     0         127.0.0.1      InLoop0
2.2.2.2/32            BGP      255   0         10.10.10.2     GE0/0
3.3.3.3/32            BGP      255   0         10.10.10.2     GE0/0
4.4.4.4/32            BGP      255   0         10.10.20.2     Ser1/0
10.10.10.0/30         Direct   0     0         10.10.10.1     GE0/0
10.10.10.0/32         Direct   0     0         10.10.10.1     GE0/0
10.10.10.1/32         Direct   0     0         127.0.0.1      InLoop0
10.10.10.3/32         Direct   0     0         10.10.10.1     GE0/0
10.10.10.4/30         BGP      255   0         10.10.10.2     GE0/0
10.10.10.8/30         BGP      255   0         10.10.10.2     GE0/0
10.10.20.0/30         Direct   0     0         10.10.20.1     Ser1/0
10.10.20.0/32         Direct   0     0         10.10.20.1     Ser1/0
10.10.20.1/32         Direct   0     0         127.0.0.1      InLoop0
10.10.20.2/32         Direct   0     0         10.10.20.2     Ser1/0
10.10.20.3/32         Direct   0     0         10.10.20.1     Ser1/0
127.0.0.0/8           Direct   0     0         127.0.0.1      InLoop0
127.0.0.0/32          Direct   0     0         127.0.0.1      InLoop0
127.0.0.1/32          Direct   0     0         127.0.0.1      InLoop0
127.255.255.255/32    Direct   0     0         127.0.0.1      InLoop0
224.0.0.0/4           Direct   0     0         0.0.0.0        NULL0
224.0.0.0/24          Direct   0     0         0.0.0.0        NULL0
255.255.255.255/32    Direct   0     0         127.0.0.1      InLoop0
```

从以上输出信息可以看到，路由 3.3.3.3/32 的下一跳为 10.10.10.2，即 RTA 会将到达 3.3.3.3/32 的流量经由 RTB 进行转发。查看 RTA 的 BGP 路由表。

```
<RTA>display bgp routing-table ipv4

Total number of routes: 17

BGP local router ID is 1.1.1.1
Status codes: * -valid, >-best, d -dampened, h -history,
              s -suppressed, S -stale, i -internal, e -external
              Origin: i -IGP, e -EGP, ? -incomplete

     Network            NextHop       MED       LocPrf     PrefVal    Path/Ogn

* >1.1.1.1/32          127.0.0.1     0                    32768      i
* >e 2.2.2.2/32        10.10.10.2    0                    0          65300i
* >e 3.3.3.3/32        10.10.10.2                         0          65300i
*   e                  10.10.20.2              0          65300i
* >e 4.4.4.4/32        10.10.20.2    0                    0          65300i
* >10.10.10.0/30       10.10.10.1    0                    32768      ?
*   e                  10.10.10.2    0                    0          65300 ?
* >10.10.10.1/32       127.0.0.1     0                    32768      ?
* >e 10.10.10.4/30     10.10.10.2    0                    0          65300 ?
*   e                  10.10.20.2              0          65300?
* >e 10.10.10.8/30     10.10.10.2              0          65300      ?
*   e                  10.10.20.2    0                    0          65300 ?
* >10.10.20.0/30       10.10.20.1    0                    32768      ?
*   e                  10.10.20.2    0                    0          65300 ?
* >10.10.20.1/32       127.0.0.1     0                    32768      ?
```

```
*   e                    10.10.20.2      0                   0          65300 ?
*  >10.10.20.2/32        10.10.20.2      0                   32768      ?
```

从以上输出信息可以看到，路由 3.3.3.3/32 有两个下一跳地址，分别指向 RTB 和 RTD。

通过 Tracert 确认 RTA 到达目的网段 3.3.3.3/32 的转发路径。

```
<RTA>tracert -a 1.1.1.1 3.3.3.3
traceroute to 3.3.3.3 (3.3.3.3) from 1.1.1.1, 30 hops at most, 40 bytes each packet,
press CTRL_C to break
1  10.10.10.2 (10.10.10.2)   3.000 ms   2.000 ms   2.000 ms
2  3.3.3.3 (3.3.3.3)         5.000 ms   9.000 ms   3.000 ms
```

从以上输出信息可以证实，RTA 优先选择 RTB 进行转发，即转发路径为 RTA→RTB→RTC。

步骤 2：配置 MED 属性

MED 用来判断流量进入 AS 时的最佳路由。当一个运行 BGP 的路由器通过不同的 EBGP 对等体得到目的地址相同但下一跳不同的多条路由时，在其他条件相同的情况下，将优先选择 MED 值较小者作为最佳路由。

请读者考虑，应该在哪一台路由器上配置 BGP 中的 MED 属性？为什么？

____

____

如果要在 RTB 上配置 MED 属性，则应该如何配置？请在下面填入配置 RTB 的命令。

____

____

____

____

____

____

步骤 3：MED 属性配置结果验证

查看 RTA 的 IP 路由表。此时，路由 3.3.3.3/32 的下一跳是________。是哪一台路由器？________

另外，在 RTA 上用 display bgp routing-table ipv4 命令查看 BGP 路由表。此时，BGP 路由表中有几条路由 3.3.3.3/32？下一跳分别是什么？MED 属性值分别是多少？

____

____

最后，在 RTA 上通过命令 tracert -a 1.1.1.1　3.3.3.3 来确认 RTA 上到 3.3.3.3/32 的转发路径。

12.5　实验中的命令列表

本实验中用到的命令如实验表 12-3 所示。

实验表 12-3　实验命令列表

命　　令	描　　述
import-route *protocol* [*process-id* | **all-processes**]	引入其他协议路由信息并通告
default local-preference *value*	配置本地优先级的默认值

12.6 思考题

为什么在RTB、RTD上配置network 3.3.3.3 255.255.255.255?

答:RTB和RTD可以从RTC上通过BGP而学习到路由3.3.3.3/32,但由于RTB和RTD上又配置了静态路由3.3.3.3/32,而静态路由的优先级高于BGP路由,故此路由不会发送给RTA。所以,需要在RTB和RTD上通过配置network 3.3.3.3 255.255.255.255将该网段路由在BGP中发布,否则RTA的路由表中将看不到3.3.3.3/32网段的路由。

BGP路由过滤

13.1 实验目标

完成本实验，应该能够：

(1) 掌握如何使用 as-path-acl 来过滤 BGP 路由；

(2) 掌握如何使用 IP 前缀列表来过滤 BGP 路由。

13.2 实验组网图

本实验按照实验图 13-1 所示进行组网。

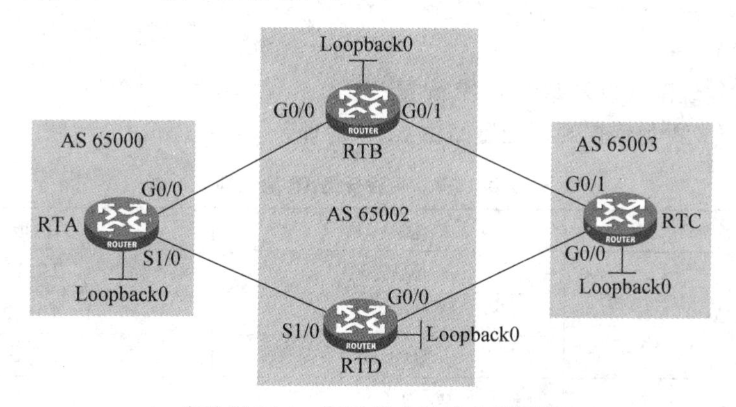

实验图 13-1 BGP 路由过滤实验组网

13.3 实验设备和器材

本实验所需的主要设备和器材如实验表 13-1 所示。

实验表 13-1 实验设备和器材

名称和型号	版 本	数量	描 述
MSR36-20	CMW7.1.049-R0106	4	
V.35 DTE 串口线	—	1	
V.35 DCE 串口线	—	1	
第 5 类 UTP 以太网连接线	—	4	

13.4 实验过程

实验任务 过滤 BGP 路由

在本实验任务中，通过配置使用 prefix-list 和 as-path-acl 来过滤 BGP 路由，从而能够掌握 prefix-list 和 as-path-acl 的配置命令，并能够运用这两种过滤工具在 BGP 协议中正确过滤路由。具体要求如下。

- 通过配置 as-path-acl，使 RTB 不把源自 AS 65003 的路由发布给其 BGP 邻居；
- 通过配置 prefix-list，使 RTD 在向自己的 EBGP 对等体 RTA 发送路由时候，过滤掉 RTD 的 Loopback 0 接口直连路由。

步骤 1：建立物理连接

按照实验图 13-1 进行连接，并检查设备的软件版本及配置信息，确保各设备软件版本符合要求，所有配置为初始状态。如果配置不符合要求，请在用户模式下擦除设备中的配置文件，然后重启设备以使系统采用默认的配置参数进行初始化。

以上步骤可能会用到以下命令。

```
<RTA>display version
<RTA>reset saved-configuration
<RTA>reboot
```

步骤 2：IP 地址配置以及基本 BGP 配置

按实验表 13-2 所示依据规划配置路由器 IP 地址。

实验表 13-2 实验任务 IP 地址列表

设备名称	接　口	IP 地 址
RTA	GE0/0	10.10.10.1/30
	S1/0	10.10.20.1/30
	Loopback0	1.1.1.1/32
RTB	GE0/0	10.10.10.2/30
	GE0/1	10.10.10.6/30
	Loopback0	2.2.2.2/32
RTC	GE0/0	10.10.10.9/30
	GE0/1	10.10.10.5/30
	Loopback0	3.3.3.3/32
RTD	GE0/0	10.10.10.10/30
	S1/0	10.10.20.2/30
	Loopback0	4.4.4.4/32

依据规划配置路由器 IP 地址，并在 4 台路由器上启动 BGP，完成基本的 BGP 配置并将直连网段路由在 BGP 中发布。

配置 RTA 如下：

```
[RTA] bgp 65000
[RTA-bgp] peer 10.10.20.2 as-number 65002
[RTA-bgp] peer 10.10.10.2 as-number 65002
```

```
[RTA-bgp] address-family ipv4 unicast
[RTA-bgp-ipv4] import-route direct
[RTA-bgp-ipv4] peer 10.10.10.2 enable
[RTA-bgp-ipv4] peer 10.10.20.2 enable
```

配置 RTB 如下：

```
[RTB] bgp 65002
[RTB-bgp] peer 10.10.10.1 as-number 65000
[RTB-bgp] peer 10.10.10.5 as-number 65003
[RTB-bgp] address-family ipv4 unicast
[RTB-bgp-ipv4] import-route direct
[RTB-bgp-ipv4] peer 10.10.10.1 enable
[RTB-bgp-ipv4] peer 10.10.10.5 enable
```

配置 RTC 如下：

```
[RTC] bgp 65003
[RTC-bgp] peer 10.10.10.6 as-number 65002
[RTC-bgp] peer 10.10.10.10 as-number 65002
[RTC-bgp] address-family ipv4 unicast
[RTC-bgp-ipv4] import-route direct
[RTC-bgp-ipv4] peer 10.10.10.6 enable
[RTC-bgp-ipv4] peer 10.10.10.10 enable
```

配置 RTD 如下：

```
[RTD] bgp 65002
[RTD-bgp] peer 10.10.20.1 as-number 65000
[RTD-bgp] peer 10.10.10.9 as-number 65003
[RTD-bgp] address-family ipv4 unicast
[RTD-bgp-ipv4] import-route direct
[RTD-bgp-ipv4] peer 10.10.20.1 enable
[RTD-bgp-ipv4] peer 10.10.10.9 enable
```

配置完成后，在各路由器上使用 display bgp peer ipv4 命令查看 BGP 邻居状态。

在 RTA 上查看 BGP 对等体状态。

```
<RTA>display bgp peer ipv4

BGP local router ID: 1.1.1.1
Local AS number: 65000
Total number of peers: 2                  Peers in established state: 2

  * -Dynamically created peer
 Peer           AS      MsgRcvd   MsgSent   OutQ   PrefRcv  Up/Down    State

 10.10.10.2     65002   16        16        0      5        00:06:49   Established
 10.10.20.2     65002   10        12        0      6        00:02:18   Established
```

在 RTC 上查看 BGP 对等体状态。

```
<RTC>display bgp peer ipv4

BGP local router ID: 3.3.3.3
```

```
Local AS number: 65003
Total number of peers: 2                Peers in established state: 2

  * - Dynamically created peer
  Peer          AS       MsgRcvd    MsgSent    OutQ    PrefRcv   Up/Down    State

  10.10.10.6    65002    15         15         0       6         00:05:41   Established
  10.10.10.10   65002    11         12         0       6         00:03:15   Established
```

在 RTD 上查看 BGP 对等体状态。

```
<RTD>display bgp peer ipv4

BGP local router ID: 4.4.4.4
Local AS number: 65002
Total number of peers: 2                Peers in established state: 2

  * - Dynamically created peer
  Peer          AS       MsgRcvd    MsgSent    OutQ    PrefRcv   Up/Down    State

  10.10.10.9    65003    15         12         0       3         00:03:39   Established
  10.10.20.1    65000    13         11         0       4         00:03:30   Established
```

从以上所有的输出信息中可以看到,所有的 BGP 对等体的状态都是 Established,表明 BGP 邻居关系成功建立。

步骤 3:查看路由信息

完成以上配置后,在 RTA 上查看 IP 路由表。

```
<RTA>display ip routing-table

Destinations : 23       Routes : 23

Destination/Mask    Proto    Pre    Cost        NextHop        Interface
0.0.0.0/32          Direct   0      0           127.0.0.1      InLoop0
1.1.1.1/32          Direct   0      0           127.0.0.1      InLoop0
2.2.2.2/32          BGP      255    0           10.10.10.2     GE0/0
3.3.3.3/32          BGP      255    0           10.10.10.2     GE0/0
4.4.4.4/32          BGP      255    0           10.10.20.2     Ser1/0
10.10.10.0/30       Direct   0      0           10.10.10.1     GE0/0
10.10.10.0/32       Direct   0      0           10.10.10.1     GE0/0
10.10.10.1/32       Direct   0      0           127.0.0.1      InLoop0
10.10.10.3/32       Direct   0      0           10.10.10.1     GE0/0
10.10.10.4/30       BGP      255    0           10.10.10.2     GE0/0
10.10.10.8/30       BGP      255    0           10.10.20.2     Ser1/0
10.10.20.0/30       Direct   0      0           10.10.20.1     Ser1/0
10.10.20.0/32       Direct   0      0           10.10.20.1     Ser1/0
10.10.20.1/32       Direct   0      0           127.0.0.1      InLoop0
10.10.20.2/32       Direct   0      0           10.10.20.2     Ser1/0
10.10.20.3/32       Direct   0      0           10.10.20.1     Ser1/0
127.0.0.0/8         Direct   0      0           127.0.0.1      InLoop0
127.0.0.0/32        Direct   0      0           127.0.0.1      InLoop0
127.0.0.1/32        Direct   0      0           127.0.0.1      InLoop0
```

```
127.255.255.255/32  Direct  0     0         127.0.0.1      InLoop0
224.0.0.0/4         Direct  0     0         0.0.0.0        NULL0
224.0.0.0/24        Direct  0     0         0.0.0.0        NULL0
255.255.255.255/32  Direct  0     0         127.0.0.1      InLoop0
```

在 RTA 上查看 BGP 路由表。

```
<RTA>display bgp routing-table ipv4

Total number of routes: 17

BGP local router ID is 1.1.1.1
Status codes: * -valid, >-best, d -dampened, h -history,
              s -suppressed, S -stale, i -internal, e -external
              Origin: i -IGP, e -EGP, ? -incomplete

     Network            NextHop        MED        LocPrf      PrefVal     Path/Ogn

 * >1.1.1.1/32          127.0.0.1      0                      32768       ?
 * >e 2.2.2.2/32        10.10.10.2     0                      0           65002?
 * >e 3.3.3.3/32        10.10.10.2                0           65002       65003?
 *   e                  10.10.20.2                0           65002       65003?
 * >e 4.4.4.4/32        10.10.20.2     0                      0           65002 ?
 * >10.10.10.0/30       10.10.10.1     0                      32768       ?
 *   e                  10.10.10.2     0                      0           65002?
 * >10.10.10.1/32       127.0.0.1      0                      32768       ?
 * >e 10.10.10.4/30     10.10.10.2     0                      0           65002?
 *   e                  10.10.20.2                0           65002       65003?
 * >e 10.10.10.8/30     10.10.20.2     0                      0           65002?
 *   e                  10.10.10.2                0           65002       65003?
 * >10.10.20.0/30       10.10.20.1     0                      32768       ?
 *   e                  10.10.20.2     0                      0           65002?
 * >10.10.20.1/32       127.0.0.1      0                      32768       ?
 *   e                  10.10.20.2     0                      0           65002?
 * >10.10.20.2/32       10.10.20.2     0                      32768       ?
```

从 RTA 的 IP 路由表中可以看到，RTA 上路由 3.3.3.3/32 的下一跳为 10.10.10.2 (RTB)；而从 BGP 路由表中的 AS_PATH 属性可知，这条 BGP 路由是由 AS 65003 始发的。

步骤 4：配置 as-path-acl 过滤路由并验证

在 RTB 上通过正则表达式配置 as-path-acl，使 RTB 不向邻居 RTA 发布源自 AS 65003 的路由。

在 RTB 上配置并应用 as-path-acl，并在对等体的 export 方向应用。请在下面填入配置 RTB 的命令。

____

____

____

配置完成后，在 RTA 上查看 IP 路由表。如果从路由表输出中可以看到路由 3.3.3.3/32 的下一跳变为 10.10.20.2，且依然可以看到 AS 65002 始发的路由 2.2.2.2/32，则说明 as-path-acl 过滤成功。

同时，在 RTA 上查看 BGP 路由表，并比较路由 3.3.3.3/32 的信息与应用 as-path-acl 前有何不同。请在下面填入比较结果。

____

____

步骤 5：配置 prefix-list 过滤路由并验证

常用的路由过滤器是前缀访问列表 prefix-list。在 RTD 上配置 prefix-list，并在 BGP 对等体的 export 方向上应用，使 RTD 不向 RTA 发送路由 4.4.4.4/32。

请在下面填入配置 RTA 的命令。

____

____

____

配置完成后，再次查看 RTA 的 IP 路由表和 BGP 路由表，确认路由 4.4.4.4/32 是否被过滤。

13.5 实验中的命令列表

本实验中用到的命令如实验表 13-3 所示。

实验表 13-3 实验命令列表

命　　令	描　　述
ip as-path *as-path-number* {**deny** | **permit**} *regular-expression*	配置 AS 路径过滤列表
peer {*group-name* | *ip-address*} **as-path-acl** *as-path-acl-number* **export**	为对等体/对等体组设置基于 AS 路径过滤列表的 BGP 路由过滤策略
ipprefix-list *ip-prefix-name*[**index** *index-number*] {**deny** | **permit**} *ip-address mask-length*[**greater-equal** *min-mask-length*] [**less-equal** *max-mask-length*]	配置 IPv4 地址前缀列表
peer {*group-name* | *ip-address*} **prefix-list** *ip-prefix-name* **export**	为对等体/对等体组设置基于 IP 前缀列表的路由过滤策略

13.6 思考题

1. 在 RTD 的路由表中，是否存在 2.2.2.2/32 的路由？为什么？

答：RTD 的路由表中不会存在 2.2.2.2/32 的路由。因为 2.2.2.2/32 是 AS 65002 始发的路由；当 RTD 接收到该路由后，发现其 AS 号与自己的 AS 号一致，就会将该路由丢弃。

2. 要满足实验任务“RTB 不把源自 AS 65003 的所有路由发布给其 BGP 邻居”，有其他实现方法吗？

答：可以通过 BGP 团体属性实现。在 RTC 上，将源自 AS 65003 的路由标志为某团体属性，然后在 RTB 上通过路由策略配置向其他 BGP 对等体发布路由时，带有该团体标识的路由不发布。

BGP路由聚合与反射

14.1 实验目标

完成本实验,应该能够:

(1) 掌握 BGP 聚合和反射基本工作原理;

(2) 掌握 BGP 聚合的基本配置方法;

(3) 掌握 BGP 反射的基本配置方法。

14.2 实验组网图

本实验按照实验图 14-1 所示进行组网。

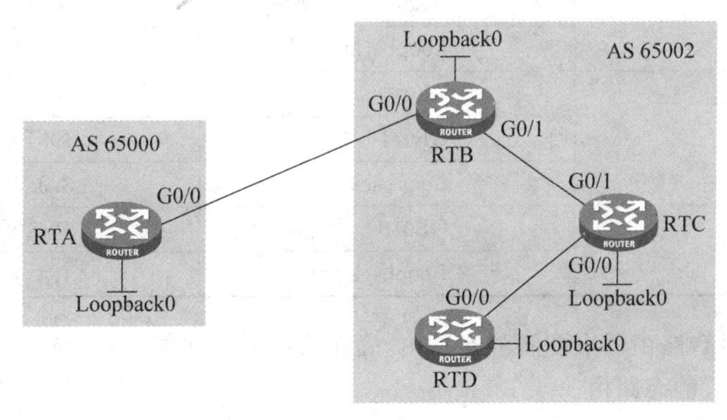

实验图 14-1　BGP 路由聚合与反射实验组网

14.3 实验设备和器材

本实验所需的主要设备和器材如实验表 14-1 所示。

实验表 14-1　实验设备和器材

名称和型号	版　　本	数量	描　　述
MSR36-20	CMW7.1.049-R0106	4	
第 5 类 UTP 以太网连接线	—	3	

14.4 实验过程

实验任务 1　配置 BGP 路由反射器

在本实验任务中,需要配置 BGP 路由反射器,并验证和查看反射功能。通过本实验任务,应该能够掌握 BGP 反射的基本配置和原理，同时学习反射器的选路原则。

步骤 1：建立物理连接

按照实验图 14-1 进行连接，并检查设备的软件版本及配置信息，确保各设备软件版本符合要求，所有配置为初始状态。如果配置不符合要求，请在用户模式下擦除设备中的配置文件，然后重启设备以使系统采用默认的配置参数进行初始化。

以上步骤可能会用到以下命令。

```
<RTA>display version
<RTA>reset saved-configuration
<RTA>reboot
```

步骤 2：配置 IP 地址以及静态路由

根据实验表 14-2 配置 IP 地址后，要通过 ping 命令检测直连网段的互通性。

实验表 14-2 实验任务 1 IP 地址列表

设备名称	接 口	IP 地 址
RTA	GE0/0	10.10.10.1/30
	Loopback0	1.1.1.1/32
RTB	GE0/0	10.10.10.2/30
	GE0/1	10.10.10.6/30
	Loopback0	2.2.2.2/32
RTC	GE0/0	10.10.10.9/30
	GE0/1	10.10.10.5/30
	Loopback0	3.3.3.3/32
RTD	GE0/0	10.10.10.10/30
	Loopback0	4.4.4.4/32

然后需要在 3 台路由器上配置静态路由，确保路由器之间的 Loopback 地址相互可达。

在 RTB 上配置静态路由。

```
[RTB] ip route-static 3.3.3.3 255.255.255.255 10.10.10.5
[RTB] ip route-static 4.4.4.4 255.255.255.252 10.10.10.5
```

在 RTC 上配置静态路由。

```
[RTC] ip route-static 2.2.2.2 255.255.255.255 10.10.10.6
[RTC] ip route-static 4.4.4.4 255.255.255.255 10.10.10.10
```

在 RTD 上配置静态路由。

```
[RTD] ip route-static 3.3.3.3 255.255.255.255 10.10.10.9
[RTD] ip route-static 2.2.2.2 255.255.255.252 10.10.10.9
```

步骤 3：启动 BGP 并配置 EBGP 对等体

首先在 RTA、RTB 上完成基本 BGP 配置并完成 EBGP 对等体关系建立，同时在 BGP 中引入直连路由。

在 RTA 上配置 BGP。

```
[RTA] bgp 65000
```

```
[RTA-bgp] peer 10.10.10.2 as-number 65002
[RTA-bgp] address-family ipv4 unicast
[RTA-bgp-ipv4] import-route direct
[RTA-bgp-ipv4] peer 10.10.10.2 enable
```

在 RTB 上配置 BGP。

```
[RTB] bgp 65002
[RTB-bgp] peer 10.10.10.1 as-number 65000
[RTB-bgp] address-family ipv4 unicast
[RTB-bgp-ipv4] import-route direct
[RTB-bgp-ipv4] peer 10.10.10.1 enable
```

配置完成后要通过命令 display bgp peer ipv4 查看 BGP 状态。

在 RTA 上查看 BGP 邻居状态。

```
<RTA>display bgp peer ipv4

BGP local router ID: 1.1.1.1
Local AS number: 65000
Total number of peers: 1              Peers in established state: 1

  * - Dynamically created peer
  Peer          AS      MsgRcvd  MsgSent  OutQ  PrefRcv  Up/Down    State

  10.10.10.2    65002   8        7        0     3        00:02:15   Established
```

在 RTA 上查看 BGP 路由表。

```
<RTA>display bgp routing-table ipv4

Total number of routes: 6

BGP local router ID is 1.1.1.1
Status codes: * - valid, > - best, d - dampened, h - history,
              s - suppressed, S - stale, i - internal, e - external
              Origin: i - IGP, e - EGP, ? - incomplete

     Network            NextHop      MED     LocPrf    PrefVal    Path/Ogn

 * >1.1.1.1/32          127.0.0.1    0                 32768      ?
 * >e 2.2.2.2/32        10.10.10.2   0       0         65002      ?
 * >10.10.10.0/30       10.10.10.1   0                 32768      ?
 *   e                  10.10.10.2   0       0         65002      ?
 * >10.10.10.1/32       127.0.0.1    0                 32768      ?
 * >e 10.10.10.4/30     10.10.10.2   0       0         65002      ?
```

在 RTA 上查看全局路由表。

```
<RTA>display ip routing-table

Destinations : 15       Routes : 15

Destination/Mask  Proto   Pre   Cost       NextHop          Interface
```

```
0.0.0.0/32          Direct  0     0          127.0.0.1       InLoop0
1.1.1.1/32          Direct  0     0          127.0.0.1       InLoop0
2.2.2.2/32          BGP     255   0          10.10.10.2      GE0/0
10.10.10.0/30       Direct  0     0          10.10.10.1      GE0/0
10.10.10.0/32       Direct  0     0          10.10.10.1      GE0/0
10.10.10.1/32       Direct  0     0          127.0.0.1       InLoop0
10.10.10.3/32       Direct  0     0          10.10.10.1      GE0/0
10.10.10.4/30       BGP     255   0          10.10.10.2      GE0/0
127.0.0.0/8         Direct  0     0          127.0.0.1       InLoop0
127.0.0.0/32        Direct  0     0          127.0.0.1       InLoop0
127.0.0.1/32        Direct  0     0          127.0.0.1       InLoop0
127.255.255.255/32 Direct  0     0          127.0.0.1       InLoop0
224.0.0.0/4         Direct  0     0          0.0.0.0         NULL0
224.0.0.0/24        Direct  0     0          0.0.0.0         NULL0
255.255.255.255/32 Direct  0     0          127.0.0.1       InLoop0
```

在 RTB 上查看 BGP 邻居状态。

```
<RTB>display bgp peer ipv4

BGP local router ID: 2.2.2.2
Local AS number: 65002
Total number of peers: 1                  Peers in established state: 1

  * - Dynamically created peer
  Peer            AS   MsgRcvd  MsgSent  OutQ  PrefRcv  Up/Down   State

  10.10.10.1      65000 12       10       0     2        00:04:00  Established
```

在 RTB 上查看 RTB 全局路由表。

```
<RTB>display ip routing-table

Destinations : 20        Routes : 20

Destination/Mask    Proto   Pre   Cost       NextHop         Interface
0.0.0.0/32          Direct  0     0          127.0.0.1       InLoop0
1.1.1.1/32          BGP     255   0          10.10.10.1      GE0/0
2.2.2.2/32          Direct  0     0          127.0.0.1       InLoop0
3.3.3.3/32          Static  60    0          10.10.10.5      GE0/1
4.4.4.4/32          Static  60    0          10.10.10.5      GE0/1
10.10.10.0/30       Direct  0     0          10.10.10.2      GE0/0
10.10.10.0/32       Direct  0     0          10.10.10.2      GE0/0
10.10.10.2/32       Direct  0     0          127.0.0.1       InLoop0
10.10.10.3/32       Direct  0     0          10.10.10.2      GE0/0
10.10.10.4/30       Direct  0     0          10.10.10.6      GE0/1
10.10.10.4/32       Direct  0     0          10.10.10.6      GE0/1
10.10.10.6/32       Direct  0     0          127.0.0.1       InLoop0
10.10.10.7/32       Direct  0     0          10.10.10.6      GE0/1
127.0.0.0/8         Direct  0     0          127.0.0.1       InLoop0
127.0.0.0/32        Direct  0     0          127.0.0.1       InLoop0
127.0.0.1/32        Direct  0     0          127.0.0.1       InLoop0
127.255.255.255/32  Direct  0     0          127.0.0.1       InLoop0
```

```
224.0.0.0/4          Direct   0       0             0.0.0.0         NULL0
224.0.0.0/24         Direct   0       0             0.0.0.0         NULL0
255.255.255.255/32   Direct   0       0             127.0.0.1       InLoop0
```

在RTB上查看BGP路由表。

```
<RTB>display bgp routing-table ipv4

Total number of routes: 7

BGP local router ID is 2.2.2.2
Status codes: * -valid, >-best, d -dampened, h -history,
              s -suppressed, S -stale, i -internal, e -external
              Origin: i -IGP, e -EGP, ? -incomplete

     Network            NextHop        MED        LocPrf     PrefVal    ath/Ogn

* >e 1.1.1.1/32         10.10.10.1     0          0          65000      ?
* >2.2.2.2/32           127.0.0.1      0                     32768      ?
* >10.10.10.0/30        10.10.10.2     0                     32768      ?
*   e                   10.10.10.1     0          0          65000      ?
* >10.10.10.2/32        127.0.0.1      0                     32768      ?
* >10.10.10.4/30        10.10.10.6     0                     32768      ?
* >10.10.10.6/32        127.0.0.1      0                     32768      ?
```

通过以上输出信息可以看到，RTA与RTB之间成功建立EBGP对等体关系，并且相互学习到了BGP路由。

步骤4：配置IBGP对等体

首先配置RTB、RTC、RTD为普通的IBGP邻居。在3台路由器上分别配置如下。

配置RTB如下：

```
[RTB] bgp 65002
[RTB-bgp] peer 10.10.10.1 as-number 65000
[RTB-bgp] peer 3.3.3.3 as-number 65002
[RTB-bgp] peer 3.3.3.3 connect-interface LoopBack0
[RTB-bgp] address-family ipv4 unicast
[RTB-bgp-ipv4] import-route direct
[RTB-bgp-ipv4] peer 3.3.3.3 enable
[RTB-bgp-ipv4] peer 3.3.3.3 next-hop-local
[RTB-bgp-ipv4] peer 10.10.10.1 enable
```

配置RTC如下：

```
[RTC] bgp 65002
[RTC-bgp] peer 4.4.4.4 as-number 65002
[RTC-bgp] peer 2.2.2.2 as-number 65002
[RTC-bgp] peer 4.4.4.4 connect-interface LoopBack0
[RTC-bgp] peer 2.2.2.2 connect-interface LoopBack0
[RTC-bgp] address-family ipv4 unicast
[RTC-bgp-ipv4] import-route direct
[RTC-bgp-ipv4] peer 4.4.4.4 enable
[RTC-bgp-ipv4] peer 2.2.2.2 enable
```

配置 RTD 如下：

```
[RTD] bgp 65002
[RTD-bgp] peer 3.3.3.3 as-number 65002
[RTD-bgp] peer 3.3.3.3 connect-interface LoopBack0
[RTD-bgp] address-family ipv4 unicast
[RTD-bgp-ipv4] import-route direct
[RTD-bgp-ipv4] peer 3.3.3.3 enable
```

步骤 5：查看 BGP 路由信息

完成以上配置后，在 3 台路由器上通过 display ip routing-table 命令查看 BGP 邻居状态，如果邻居状态为 Established，那么查看 RTC 的路由表。

```
<RTC>display  ip  routing-table

Destinations : 21       Routes : 21

Destination/Mask       Proto     Pre     Cost        NextHop          Interface
0.0.0.0/32             Direct    0       0           127.0.0.1        InLoop0
1.1.1.1/32             BGP       255     0           2.2.2.2          GE0/1
2.2.2.2/32             Static    60      0           10.10.10.6       GE0/1
3.3.3.3/32             Direct    0       0           127.0.0.1        InLoop0
4.4.4.4/32             Static    60      0           10.10.10.10      GE0/0
10.10.10.0/30          BGP       255     0           2.2.2.2          GE0/1
10.10.10.4/30          Direct    0       0           10.10.10.5       GE0/1
10.10.10.4/32          Direct    0       0           10.10.10.5       GE0/1
10.10.10.5/32          Direct    0       0           127.0.0.1        InLoop0
10.10.10.7/32          Direct    0       0           10.10.10.5       GE0/1
10.10.10.8/30          Direct    0       0           10.10.10.9       GE0/0
10.10.10.8/32          Direct    0       0           10.10.10.9       GE0/0
10.10.10.9/32          Direct    0       0           127.0.0.1        InLoop0
10.10.10.11/32         Direct    0       0           10.10.10.9       GE0/0
127.0.0.0/8            Direct    0       0           127.0.0.1        InLoop0
127.0.0.0/32           Direct    0       0           127.0.0.1        InLoop0
127.0.0.1/32           Direct    0       0           127.0.0.1        InLoop0
127.255.255.255/32     Direct    0       0           127.0.0.1        InLoop0
224.0.0.0/4            Direct    0       0           0.0.0.0          NULL0
224.0.0.0/24           Direct    0       0           0.0.0.0          NULL0
255.255.255.255/32     Direct    0       0           127.0.0.1        InLoop0
```

从以上输出信息中可以看到，RTC 从 RTB 处获得了 10.10.10.0/30 的 BGP 路由，然后查看 RTD 的路由表。

```
<RTD>display ip routing-table

Destinations : 16       Routes : 16

Destination/Mask       Proto     Pre     Cost        NextHop          Interface
0.0.0.0/32             Direct    0       0           127.0.0.1        InLoop0
2.2.2.2/32             Static    60      0           10.10.10.9       GE0/0
3.3.3.3/32             Static    60      0           10.10.10.9       GE0/0
4.4.4.4/32             Direct    0       0           127.0.0.1        InLoop0
10.10.10.4/30          BGP       255     0           3.3.3.3          GE0/0
```

```
10.10.10.8/30         Direct  0     0          10.10.10.10      GE0/0
10.10.10.8/32         Direct  0     0          10.10.10.10      GE0/0
10.10.10.10/32        Direct  0     0          127.0.0.1        InLoop0
10.10.10.11/32        Direct  0     0          10.10.10.10      GE0/0
127.0.0.0/8           Direct  0     0          127.0.0.1        InLoop0
127.0.0.0/32          Direct  0     0          127.0.0.1        InLoop0
127.0.0.1/32          Direct  0     0          127.0.0.1        InLoop0
127.255.255.255/32    Direct  0     0          127.0.0.1        InLoop0
224.0.0.0/4           Direct  0     0          0.0.0.0          NULL0
224.0.0.0/24          Direct  0     0          0.0.0.0          NULL0
255.255.255.255/32    Direct  0     0          127.0.0.1        InLoop0
```

而在RTD的路由表中看不到BGP路由。但这并不能确定RTD没有接收到BGP路由，因为路由器只把最优的路由写入自己的路由表。此时需要在RTD上查看BGP路由表来确定有没有BGP路由，如下所示。

```
<RTD>display bgp routing-table ipv4

Total number of routes: 6

BGP local router ID is 4.4.4.4
Status codes: * -valid, >-best, d -dampened, h -history,
              s -suppressed, S -stale, i -internal, e -external
              Origin: i -IGP, e -EGP, ? -incomplete

     Network            NextHop         MED         LocPrf      PrefVal  Path/Ogn

* >i 3.3.3.3/32         3.3.3.3         0           100         0        ?
* >4.4.4.4/32           127.0.0.1       0                       32768    ?
* >i 10.10.10.4/30      3.3.3.3         0           100         0        ?
* >10.10.10.8/30        10.10.10.10     0                       32768    ?
*   i                   3.3.3.3         0           100         0        ?
* >10.10.10.10/32       127.0.0.1       0                       32768    ?
```

在RTD的BGP路由表中并没有10.10.10.0/30的BGP路由，说明RTC没有将其从IBGP对等体RTB学习到的BGP路由10.10.10.0/30通告给自己的IBGP对等体。要解决该问题，可以通过以下两种途径。

一是建立IBGP全连接，即RTB和RTD之间建立IBGP对等体。

二是配置BGP反射，使RTC能够将RTB的路由反射给RTD。

步骤6：配置BGP反射器

请读者考虑，应该在哪一台路由器上配置BGP反射器？为什么？

___

___

在本实验任务中我们选择将RTC配置为BGP反射器。请在下面填入配置RTC的命令。

___

___

___

将RTC配置为路由反射器后，请再次查看RTD的路由表。此时，RTD路由表中是否有来源为BGP的路由？有哪几条？

步骤7：测试网络可达性

配置完成后，在RTD上通过ping RTA的Loopback地址来测试互通。

```
<RTD>ping 1.1.1.1
Ping 1.1.1.1 (1.1.1.1): 56 data bytes, press CTRL_C to break
56 bytes from 1.1.1.1: icmp_seq=0 ttl=253 time=7.000 ms
56 bytes from 1.1.1.1: icmp_seq=1 ttl=253 time=5.000 ms
56 bytes from 1.1.1.1: icmp_seq=2 ttl=253 time=4.000 ms
56 bytes from 1.1.1.1: icmp_seq=3 ttl=253 time=13.000 ms
56 bytes from 1.1.1.1: icmp_seq=4 ttl=253 time=5.000 ms

---Ping statistics for 1.1.1.1 ---
5 packets transmitted, 5 packets received, 0.0%  packet loss
round-trip min/avg/max/std-dev=4.000/6.800/13.000/3.250 ms
```

从RTD上ping RTA的Loopback地址可达，那么从RTA上ping RTD的Loopback地址也是可达的吗？在RTA上ping RTD的Loopback地址。

```
<RTA>ping 4.4.4.4
Ping 4.4.4.4 (4.4.4.4): 56 data bytes, press CTRL_C to break
56 bytes from 4.4.4.4: icmp_seq=0 ttl=253 time=4.182 ms
56 bytes from 4.4.4.4: icmp_seq=1 ttl=253 time=5.184 ms
56 bytes from 4.4.4.4: icmp_seq=2 ttl=253 time=2.911 ms
56 bytes from 4.4.4.4: icmp_seq=3 ttl=253 time=3.654 ms
56 bytes from 4.4.4.4: icmp_seq=4 ttl=253 time=4.674 ms

---Ping statistics for 4.4.4.4 ---
5 packets transmitted, 5 packets received, 0.0%  packet loss
round-trip min/avg/max/std-dev=2.911/4.121/5.184/0.790 ms
```

实验任务2 BGP路由聚合

在本实验任务中，需要在BGP中配置自动聚合和手动聚合。通过本实验任务，应该掌握BGP自动聚合和手动聚合的配置及应用。

在实验任务1的配置基础上，继续BGP路由聚合的实验。

步骤1：查看路由信息

查看RTA的路由表。

```
<RTA>display ip routing-table

Destinations : 18       Routes : 18

Destination/Mask    Proto    Pre    Cost        NextHop         Interface
0.0.0.0/32          Direct   0      0           127.0.0.1       InLoop0
1.1.1.1/32          Direct   0      0           127.0.0.1       InLoop0
2.2.2.2/32          BGP      255    0           10.10.10.2      GE0/0
3.3.3.3/32          BGP      255    0           10.10.10.2      GE0/0
```

```
4.4.4.4/32           BGP     255   0       10.10.10.2    GE0/0
10.10.10.0/30        Direct  0     0       10.10.10.1    GE0/0
10.10.10.0/32        Direct  0     0       10.10.10.1    GE0/0
10.10.10.1/32        Direct  0     0       127.0.0.1     InLoop0
10.10.10.3/32        Direct  0     0       10.10.10.1    GE0/0
10.10.10.4/30        BGP     255   0       10.10.10.2    GE0/0
10.10.10.8/30        BGP     255   0       10.10.10.2    GE0/0
127.0.0.0/8          Direct  0     0       127.0.0.1     InLoop0
127.0.0.0/32         Direct  0     0       127.0.0.1     InLoop0
127.0.0.1/32         Direct  0     0       127.0.0.1     InLoop0
127.255.255.255/32   Direct  0     0       127.0.0.1     InLoop0
224.0.0.0/4          Direct  0     0       0.0.0.0       NULL0
224.0.0.0/24         Direct  0     0       0.0.0.0       NULL0
255.255.255.255/32   Direct  0     0       127.0.0.1     InLoop0
```

从 RTA 的路由表可以看到，路由表中有两条前缀是 10.10.10.0 的路由，而且这两条 BGP 路由都来自 RTB，那么可以将其进行聚合。

步骤 2：配置自动聚合

请在下面填入配置 RTB 自动聚合的命令。

____

完成自动聚合配置后，在 RTA 路由器上再次查看路由表。此时，RTA 路由表中路由表项与聚合前相比，有什么变化？

____

____

____

步骤 3：配置手动聚合并验证

自动聚合功能只能使路由器按照自然掩码来聚合，而手动聚合能够指定聚合后的任意掩码。请在 RTB 上取消 BGP 自动聚合，然后配置手动聚合，指定聚合后的路由为 10.10.10.0/28，并指定只发布聚合后路由，不发布具体路由。请在下面填入配置 RTB 的命令。

____

____

配置完成后，查看 RTA 路由表并确认路由表中是否有路由 10.10.10.0/28。

修改手动聚合的配置，使其聚合后不仅发布聚合路由也发布聚合前的明细路由。请在下面填入配置 RTB 的命令：

____

再次在 RTA 上查看路由表，并比较发布聚合前明细路由与不发布明细路由的区别。

14.5 实验中的命令列表

本实验中用到的命令如实验表 14-3 所示。

实验表 14-3 实验命令列表

命令	描述
peer {*group-name* | *ip-address*} **reflect-client**	配置将本机作为路由反射器，并将对等体/对等体组作为路由反射器的客户

续表

命　令	描　述
summary automatic	配置对引入的 IGP 子网路由进行自动聚合
aggregate *ip-address* { *mask* | *mask-length* } [**as-set** | **attribute-policy** *route-policy-name* | **detail-suppressed** | **origin-policy** *route-policy-name* | **suppress-policy** *route-policy-name*]	配置路由手动聚合

14.6 思考题

实验任务 2 中，配置了自动聚合以后，为什么 RTA 的路由表中仍然存在 10.10.10.8/30 这条具体路由？

答：BGP 自动聚合仅对引入的 IGP 子网路由进行聚合，并不对从对等体学来的路由进行聚合。

三层组播

15.1 实验目标

完成本实验,应该能够:

(1) 掌握 IGMP 的基本配置;

(2) 掌握 PIM-DM 的基本配置;

(3) 掌握 PIM-SM 的基本配置;

(4) 掌握组播基本查看和维护命令。

15.2 实验组网图

本实验按照实验图 15-1 所示进行组网。

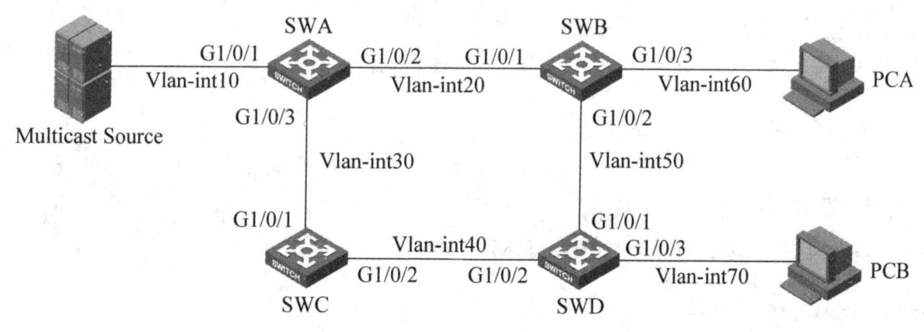

实验图 15-1　三层组播实验组网

15.3 实验设备和器材

本实验所需的主要设备和器材如实验表 15-1 所示。

实验表 15-1　实验设备和器材

名称和型号	版　本	数量	描　述
S5820V2-54QS-GE	CMW7.10-R2416	4	
PC	Windows XP SP2	3	
第 5 类 UTP 以太网连接线	—	7	

15.4 实验过程

实验任务 1　配置 PIM-DM

配置组播路由协议 PIM-DM,IGMP 使用版本 2。

步骤 1：配置 IP 地址和单播路由协议

按照实验图 15-1 和实验表 15-2 配置 VLAN 接口以及各接口的 IP 地址与子网掩码，具体配置过程略。

实验表 15-2 实验任务 1 接口和 IP 地址列表

设备名称	接　口	IP 地 址	设备名称	接　口	IP 地 址
SWA	Vlan-int10	10.10.10.1/24	Switch D	Vlan-int40	40.40.40.2/24
	Vlan-int20	20.20.20.1/24		Vlan-int50	50.50.50.2/24
	Vlan-int30	30.30.30.1/24		Vlan-int70	70.70.70.1/24
SWB	Vlan-int20	20.20.20.2/24	PCA		60.60.60.2
	Vlan-int50	50.50.50.1/24	PCB		70.70.70.2
	Vlan-int60	60.60.60.1/24	组播源		10.10.10.2
SWC	Vlan-int30	30.30.30.2/24			
	Vlan-int40	40.40.40.1/24			

配置 PIM-DM 域内的各交换机之间采用 OSPF 协议进行互联，确保网络层互通，并且各交换机之间能够借助单播路由协议实现动态路由更新，具体配置过程略。

步骤 2：使能三层组播功能

在各交换机上使用命令________。________使能三层组播。

步骤 3：配置 IGMP

在交换机连接组播接收者的 VLAN 接口上使能 IGMP。

```
[SWB-Vlan-interface60] ______________
[SWD-Vlan-interface70] ______________
```

步骤 4：配置 PIM-DM

在各交换机的三层接口上配置 PIM-DM。

```
[SWA-Vlan-interface10] ______________
[SWA-Vlan-interface20] ______________
[SWA-Vlan-interface30] ______________
```

SWB、SWC、SWD 的配置和 SWA 相同，具体配置过程略。

步骤 5：配置组播源发送组播流，主机接收组播流

在组播源上使用工具（例如 VLC）发送组播流，在 PCA 和 PCB 上使用工具（例如 VLC）接收组播流。

配置组播源，操作步骤如下。

(1) 单击 VLC 工具栏左上角的“文件”菜单，选择“打开文件”命令，如实验图 15-2 所示。

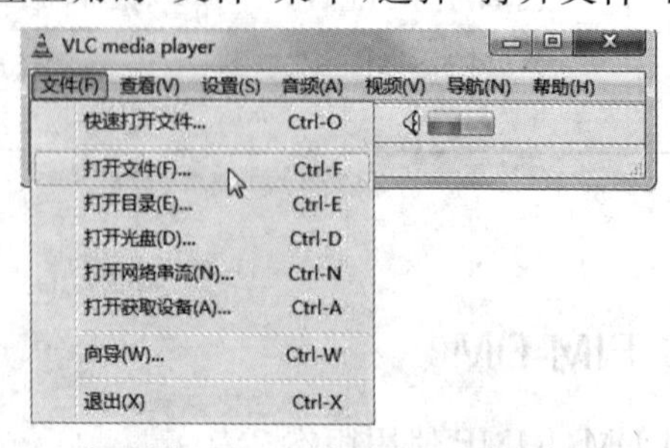

实验图 15-2 选择“打开文件”命令

(2) 在弹出的“打开”窗口中选择“文件”选项卡，单击“浏览”按钮，指定一个待播放的视频文件。然后选中窗口左下角的“串流输出”复选框，再单击“设置”按钮，如实验图 15-3 所示。

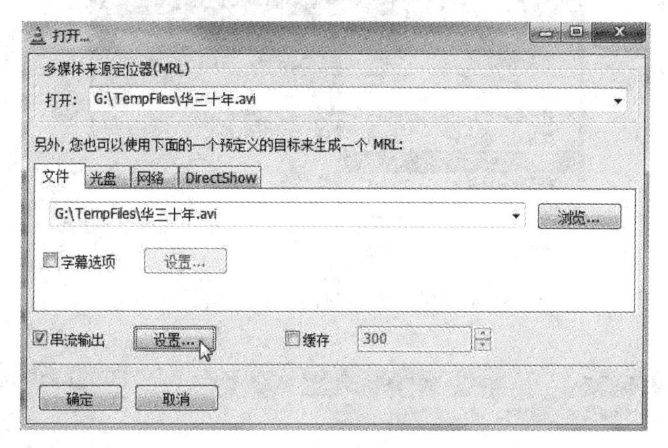

实验图 15-3 设置视频文件

(3) 在打开的“串流输出”窗口中，配置“输出方式”为 UDP，指定组播地址为 225.0.0.2，VLC 默认目的端口为 1234。其他配置参考实验图 15-4 所示。

实验图 15-4 配置“串流输出”

配置组播接收者，操作步骤如下。

在组播接收者 PCA 和 PCB 端，单击 VLC 工具栏左上角的“文件”菜单，选择“打开网络串流”命令，如实验图 15-5 所示。在打开的窗口中设置接收组播流，组播地址为 225.0.0.2，端口为 1234，如实验图 15-6 所示。

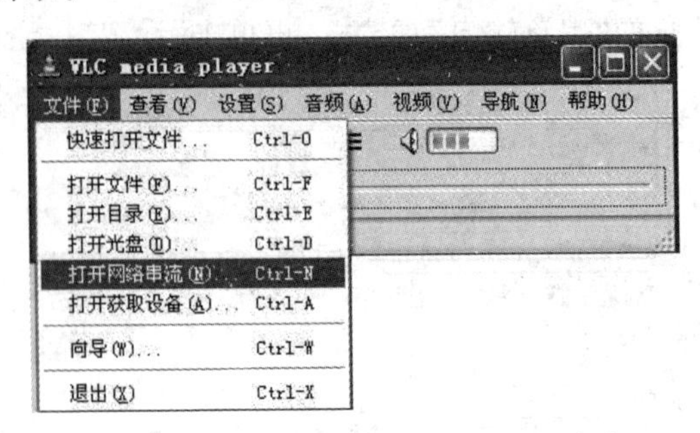

实验图 15-5　选择“打开网络串流”命令

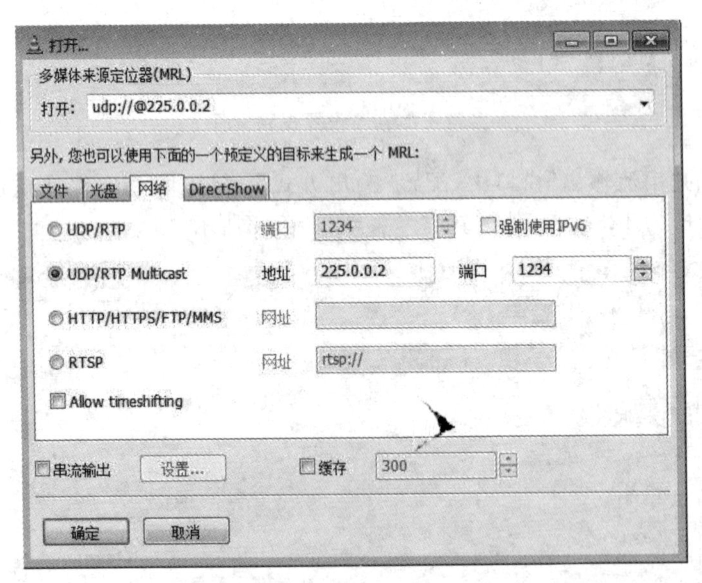

实验图 15-6　设置接收组播流

步骤 6：组播信息查看

组播流接收正常后，查看交换机的组播相关信息。

在 SWB 和 SWD 上使用命令查看组播组信息。

```
<SWB>__________________
IGMP groups in total: 2
Vlan-interface60(60.60.60.1):
  IGMP groups reported in total: 2
   Group address      Last reporter     Uptime      Expires
   225.0.0.2          60.60.60.2        00:09:48    00:03:23
   239.255.255.250    60.60.60.2        00:09:51    00:03:20

[SWD]__________________
IGMP groups in total: 2
Vlan-interface70(70.70.70.1):
  IGMP groups reported in total: 2
   Group address      Last reporter     Uptime      Expires
   225.0.0.2          70.70.70.2        00:05:20    00:04:01
   239.255.255.250    70.70.70.2        00:05:19    00:03:41
```

可以看到，SWB 和 SWD 存在组播组 225.0.0.2 的成员，IP 地址分别为________和________。

在各交换机上使用命令查看 PIM 邻居信息。例如，在 SWA 上查看 PIM 邻居信息。

```
<SWA>________________________________
Total Number of Neighbors=2

Neighbor        Interface       Uptime      Expires     DR-Priority Mode
20.20.20.2      Vlan20          00:03:58    00:01:41    1
30.30.30.2      Vlan30          00:02:17    00:01:41    1
```

可以看到，SWA 的 PIM 邻居为________和________，并且分别通过 VLAN20 接口和 VLAN30 接口与两个邻居相连。

使用命令查看 PIM 路由表的内容。PIM 路由表由 PIM 协议生成，其中包含(*,G)和(S,G)表项的个数及表项详细内容。表项内容包含 PIM 模式、上游接口列表、下游接口、RPF 邻居、表项存在时间和超时时间等信息。例如，查看 SWB 的 PIM 路由表，信息如下：

```
<SWB>___________________
Total 2 (*, G) entries; 2 (S, G) entries

(*, 225.0.0.2)
    Protocol: pim-dm, Flag: WC
    UpTime: 00:05:24
    Upstream interface: NULL
        Upstream neighbor: NULL
        RPF prime neighbor: NULL
    Downstream interface(s) information:
    Total number of downstreams: 1
        1: Vlan-interface60
            Protocol: igmp, UpTime: 00:05:24, Expires: -

(10.10.10.2, 225.0.0.2)
    Protocol: pim-dm, Flag: ACT
    UpTime: 00:05:27
    Upstream interface: Vlan-interface20
        Upstream neighbor: 20.20.20.1
        RPF prime neighbor: 20.20.20.1
    Downstream interface(s) information:
    Total number of downstreams: 1
        1: Vlan-interface60
            Protocol: pim-dm, UpTime: 00:05:24, Expires: -

(*, 239.255.255.250)
    Protocol: pim-dm, Flag: WC
    UpTime: 00:05:24
    Upstream interface: NULL
        Upstream neighbor: NULL
        RPF prime neighbor: NULL
    Downstream interface(s) information:
    Total number of downstreams: 1
        1: Vlan-interface60
```

```
            Protocol: igmp, UpTime: 00:05:24, Expires: -

 (10.10.10.2, 239.255.255.250)
     Protocol: pim-dm, Flag:
     UpTime: 00:05:14
     Upstream interface: Vlan-interface20
         Upstream neighbor: 20.20.20.1
         RPF prime neighbor: 20.20.20.1
     Downstream interface(s) information:
     Total number of downstreams: 2
         1: Vlan-interface50
             Protocol: pim-dm, UpTime: 00:02:51, Expires: -
         2: Vlan-interface60
             Protocol: pim-dm, UpTime: 00:05:14, Expires: -
```

可以看到,PIM 协议模式为 PIM-DM。

SWD 和 SWB 的 PIM 路由表信息相似,SWA 和 SWC 由于没有直连组播接收者,故不存在(* ,G)表项。

使用命令查看组播路由表的内容。组播路由表可以由多种组播路由协议生成,是组播数据转发的基础。组播路由表内容比较简单,包含上游接口列表、下游接口列表以及表项存在时间等信息。例如,SWA 的组播路由表如下,其余路由器相似。

```
<SWA>____________________
Total 1 entry

00001. (10.10.10.2, 225.0.0.2)
       Uptime: 00:11:07
       Upstream Interface: Vlan-interface10
       List of 1 downstream interface
           1:  Vlan-interface20
```

使用命令查看组播转发表的内容。组播转发表直接用于指导组播数据的转发,通过查看该表可以了解组播数据的转发状态。组播转发表内容除包含上、下游接口列表等信息,还包含匹配表项的报文个数和已转发的报文个数。

例如,查看 SWA 的组播转发表如下,其余交换机的信息相似。

```
<SWA>____________________
Total 1 entries, 1 matched

00001. (10.10.10.2, 225.0.0.2)
     Flags: 0x0
     Uptime: 00:12:00, Timeout in: 00:03:15
     Incoming interface: Vlan-interface10
     List of 1 outgoing interfaces:
       1: Vlan-interface20
     Matched 49 packets(1392 bytes), Wrong If 0 packets
     Forwarded 49 packets(1392 bytes)
```

实验任务 2 配置 PIM-SM

配置组播路由协议 PIM-SM,IGMP 使用版本 2。

步骤 1：配置 IP 地址和单播路由协议

请按照实验图 15-1 配置 VLAN 接口以及各接口的 IP 地址和子网掩码，具体配置过程略。

配置 PIM-SM 域内的各交换机之间采用 OSPF 协议进行互联，确保在网络层互通，并且各交换机之间能够借助单播路由协议实现动态路由更新，具体配置过程略。

步骤 2：使能三层组播功能

在各交换机上使用命令________。________使能三层组播。

步骤 3：配置 IGMP

在交换机连接组播接收者的 VLAN 接口上使用命令使能 IGMP。

```
[SWB-Vlan-interface60] __________________
[SWD-Vlan-interface70] __________________
```

步骤 4：配置 PIM-SM

在各交换机的互联三层接口上配置 PIM-SM。

```
[SWA-Vlan-interface10] __________________
[SWA-Vlan-interface20] __________________
[SWA-Vlan-interface30] __________________
```

SWB、SWC、SWD 的配置和 SWA 相同，具体配置过程略。

指定 SWC 作为 PIM 域中的 C-RP 和 C-BSR。在实际网络中，建议将 C-RP 和 C-BSR 配置在选定设备的 Loopback 接口，可以有效防止接口 Down 而导致 RP 和 BSR 的重新选择。

```
[SWC-LoopBack0] pim sm
[SWC-pim] c-rp 3.3.3.3
[SWC-pim] c-bsr 3.3.3.3
```

步骤 5：配置组播源发送组播流，主机接收组播流

同实验任务 1 的步骤 5，此处具体配置过程略。

步骤 6：组播信息查看

组播流接收正常后，查看交换机的组播相关信息。IGMP 信息查看过程略。

使用命令查看 PIM 路由表的内容。和 PIM-DM 相比，PIM-SM 的 PIM 路由表增加了 RP 信息，PIM 模式为 PIM-SM。例如，查看 SWB 的 PIM 路由表，信息如下，其余交换机显示内容相似。

```
[SWB] __________________
Total 2 (*, G) entries; 2 (S, G) entries

(*, 225.0.0.2)
    RP: 3.3.3.3
    Protocol: pim-sm, Flag: WC
    UpTime: 00:00:06
    Upstream interface: Vlan-interface50
        Upstream neighbor: 50.50.50.2
        RPF prime neighbor: 50.50.50.2
    Downstream interface(s) information:
    Total number of downstreams: 1
        1: Vlan-interface60
            Protocol: igmp, UpTime: 00:00:06, Expires: -
```

```
(10.10.10.2, 225.0.0.2)
    RP: 3.3.3.3
    Protocol: pim-sm, Flag: RPT SPT ACT
    UpTime: 00:00:05
    Upstream interface: Vlan-interface20
        Upstream neighbor: 20.20.20.1
        RPF prime neighbor: 20.20.20.1
    Downstream interface(s) information:
    Total number of downstreams: 1
        1: Vlan-interface60
            Protocol: pim-sm, UpTime: 00:00:05, Expires: -

(*, 239.255.255.250)
    RP: 3.3.3.3
    Protocol: pim-sm, Flag: WC
    UpTime: 00:02:38
    Upstream interface: Vlan-interface50
        Upstream neighbor: 50.50.50.2
        RPF prime neighbor: 50.50.50.2
    Downstream interface(s) information:
    Total number of downstreams: 1
        1: Vlan-interface60
            Protocol: igmp, UpTime: 00:02:38, Expires: -

(10.10.10.2, 239.255.255.250)
    RP: 3.3.3.3
    Protocol: pim-sm, Flag: SWT ACT
    UpTime: 00:02:29
    Upstream interface: Vlan-interface50
        Upstream neighbor: 50.50.50.2
        RPF prime neighbor: 50.50.50.2
    Downstream interface(s) information:
    Total number of downstreams: 1
        1: Vlan-interface60
            Protocol: pim-sm, UpTime: 00:02:29, Expires: -
```

使用命令查看组播路由表的内容。组播路由表的内容和选择的组播路由协议无关，所以使用 PIM-DM 和使用 PIM-SM 时，组播路由表内容相同。例如，SWA 的组播路由表如下，其余路由器相似。

```
[SWA] ____________________
Total 2 entries

00001. (10.10.10.2, 225.0.0.2)
       Uptime: 00:01:50
       Upstream Interface: Vlan-interface10
       List of 1 downstream interface
           1:  Vlan-interface20

00002. (10.10.10.2, 239.255.255.250)
       Uptime: 00:03:13
```

```
    Upstream Interface: Vlan-interface10
    List of 3 downstream interfaces
        1:  Register-Tunnel0
        2:  Vlan-interface20
        3:  Vlan-interface30
```

使用命令查看组播转发表的内容。查看 SWA 的组播转发表如下，其余交换机的信息相似。

```
[SWA] __________________
Total 2 entries, 2 matched

00001. (10.10.10.2, 225.0.0.2)
     Flags: 0x0
     Uptime: 00:02:21, Timeout in: 00:03:27
     Incoming interface: Vlan-interface10
     List of 1 outgoing interfaces:
       1: Vlan-interface20
     Matched 9 packets(1352 bytes), Wrong If 0 packets
     Forwarded 9 packets(1352 bytes)

00002. (10.10.10.2, 239.255.255.250)
     Flags: 0x20
     Uptime: 00:03:44, Timeout in: 00:02:27
     RP: 3.3.3.3
     Incoming interface: Vlan-interface10
     List of 3 outgoing interfaces:
       1: Register-Tunnel0
       2: Vlan-interface20
       3: Vlan-interface30
     Matched 4 packets(164 bytes), Wrong If 0 packets
     Forwarded 3 packets(3 bytes)
```

通过命令查看网络中 RP 的信息，包含 RP 地址、RP 优先级以及相关定时器。

```
[SWA] __________________
BSR RP information:
   Scope: non-scoped
     Group/MaskLen: 224.0.0.0/4
       RP address        Priority     HoldTime     Uptime       Expires
       3.3.3.3           192          180          01:26:49     00:02:11
```

通过命令查看 BSR 的信息，包含 BSR 地址、BSR 优先级、哈希掩码长度和相关定时器等参数。

```
[SWA] __________________
Scope: non-scoped
     State: Accept Preferred
     Bootstrap timer: 00:01:14
     Elected BSR address: 3.3.3.3
       Priority: 64
       Hash mask length: 30
       Uptime: 01:26:55
```

15.5 实验中的命令列表

本实验中用到的命令如实验表 15-3 所示。

实验表 15-3 实验命令列表

命　　令	描　　述
multicast routing	全局使能三层组播
igmp enable	接口使能 IGMP
pim dm	接口使能 PIM-DM
pim sm	接口使能 PIM-SM
c-rp *ip-address*	配置候选 RP
c-bsr *ip-address*	配置候选 BSR
display multicast routing-table	查看组播路由表
display multicast forwarding-table	查看组播转发表
display pim routing-table	查看 PIM 路由表
display pim rp-info	查看 RP 信息
display igmp group *group-address*	查看 IGMP 组信息
display pim bsr-info	查看 BSR 信息

15.6 思考题

(*,G)表项和(S,G)表项有什么区别？SWA 上为什么没有(*,G)表项？

答：(*,G)表项代表任意源，只要交换机收到主机的 Report 报文，就会通过组播路由协议建立(*,G)表项。而(S,G)表项只在组播源已经明确的时候才会创建。SWA 上没有直接连接主机，没有启用 IGMP，故不会产生(*,G)表项。

实验16

二层组播

16.1 实验目标

完成本实验,应该能够:

(1) 掌握 IGMP Snooping 的基本配置;

(2) 掌握组播 VLAN 的基本配置;

(3) 掌握 IGMP Snooping 查询器的基本配置;

(4) 掌握二层组播基本查看和维护命令。

16.2 实验组网图

本实验按照实验图 16-1 所示进行组网。

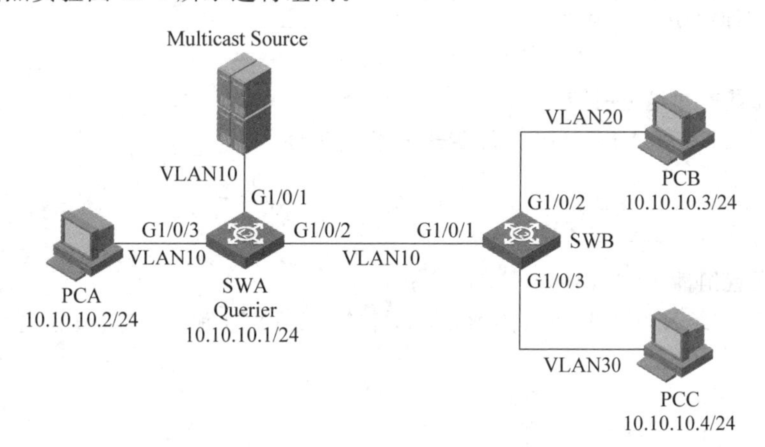

实验图 16-1　二层组播实验组网

16.3 实验设备和器材

本实验所需的主要设备和器材如实验表 16-1 所示。

实验表 16-1　实验设备和器材

名称和型号	版　　本	数量	描　　述
S5820V2-54QS-GE	CMW7.10-R2416	2	
PC	Windows XP SP2	4	
第 5 类 UTP 以太网连接线	—	5	

16.4 实验过程

实验任务 配置 IGMP Snooping 和组播 VLAN

配置 IGMP Snooping,并在 SWA 上配置 IGMP Snooping 查询器。

步骤 1：基本配置

在 SWA 和 SWB 上配置 VLAN10,并按照组网图将对应接口加入 VLAN10。配置 SWA 的 VLAN10 接口 IP 地址为 10.10.10.1。

步骤 2：配置 IGMP Snooping

在 SWA 和 SWB 的全局和 VLAN10 内使能 IGMP Snooping。

```
[SWA] ____________________
[SWA-vlan10] ____________________
[SWB] ____________________
[SWB-vlan10] ____________________
```

步骤 3：配置 IGMP 查询器

在 SWA 的 VLAN10 内使能 IGMP Snooping 查询器,并配置查询报文的源地址 10.10.10.1。

```
[SWA-vlan10] ____________________
[SWA-vlan10]igmp-snooping general-query ____________________
[SWA-vlan10]igmp-snooping special-query ____________________
```

步骤 4：配置未知组播丢弃

在 SWA 和 SWB 的 VLAN10 内配置未知组播丢弃。

```
[SWA-vlan10] ____________________
[SWB-vlan10] ____________________
```

步骤 5：配置组播 VLAN

将 SWB 的 VLAN10 设置为组播 VLAN,并将 VLAN20 和 VLAN30 设置为组播 VLAN 的子 VLAN。

```
[SWB] ____________________
[SWB-mvlan-10] ____________________
```

步骤 6：在组播 VLAN 的子 VLAN 内使能 IGMP

```
[SWB-vlan20] ____________________
[SWB-vlan30] ____________________
```

步骤 7：配置组播源发送组播流,主机接收组播流

在组播源上使用工具 VLC 发送组播流,在 PCA、PCB 和 PCC 上使用 VLC 接收组播流。步骤略。

步骤 8：组播信息查看

使用命令查看组播 VLAN 的信息。

```
<SWB>____________________
Total 1 multicast VLANs.
```

```
Multicast VLAN10:
  Sub-VLAN list(2 in total):
    20, 30
  Port list(0 in total):
```

在SWA和SWB上使用命令查看二层组播组信息，包含路由器端口以及组成员端口等信息。

```
<SWA>____________________
Total 3 entries.

VLAN10: Total 3 entries.
  (0.0.0.0, 225.0.0.2)
    Host slots (0 in total):
    Host ports (2 in total):
      GE1/0/2                              (00:03:44)
      GE1/0/3                              (00:03:49)
  (0.0.0.0, 226.81.9.8)
    Host slots (0 in total):
    Host ports (1 in total):
      GE1/0/1                              (00:03:42)
  (0.0.0.0, 239.255.255.250)
    Host slots (0 in total):
    Host ports (3 in total):
      GE1/0/1                              (00:03:42)
      GE1/0/2                              (00:03:42)
      GE1/0/3                              (00:03:50)

<SWB>display igmp-snooping group
Total 4 entries.

VLAN20: Total 2 entries.
  (0.0.0.0, 225.0.0.2)
    Host slots (0 in total):
    Host ports (1 in total):
      GE1/0/2                              (00:04:14)
  (0.0.0.0, 239.255.255.250)
    Host slots (0 in total):
    Host ports (1 in total):
      GE1/0/2                              (00:02:08)

VLAN30: Total 2 entries.
  (0.0.0.0, 225.0.0.2)
    Host slots (0 in total):
    Host ports (1 in total):
      GE1/0/3                              (00:02:09)
  (0.0.0.0, 239.255.255.250)
    Host slots (0 in total):
    Host ports (1 in total):
      GE1/0/3
```

16.5 实验中的命令列表

本实验中用到的命令如实验表 16-2 所示。

实验表 16-2 实验命令列表

命 令	描 述
igmp-snooping enable	全局和接口使能 IGMP Snooping
igmp-snooping querier	配置 IGMP Snooping 查询器
igmp-snooping general-query source-ip *ip-address*	配置 IGMP Snooping 普遍组查询报文的源地址
igmp-snooping special-query source-ip *ip-address*	配置 IGMP Snooping 特定组查询报文的源地址
igmp-snooping drop-unknown	配置未知组播丢弃
multicast-vlan *vlan-id*	配置组播 VLAN
subvlan *vlan-list*	配置组播 VLAN 的子 VLAN
display igmp-snooping group	查看 IGMP Snooping 表项
display multicast-vlan *vlan-id*	查看组播 VLAN 信息

16.6 思考题

为什么在纯二层组播组网中需要配置 IGMP Snooping Querier?

答: 根据 IGMP Snooping 的原理,运行 IGMP Snooping 的交换机必须存在路由器端口。纯二层组播的网络中,由于没有三层组播设备发送 IGMP 查询报文,故运行 IGMP Snooping 的交换机无法建立二层转发表项,从而无法实现二层组播。

ND基本配置

17.1 实验目标

完成本实验,应该能够:

(1) 掌握如何在路由器上配置 ND 协议;

(2) 掌握如何查看邻居表项。

17.2 实验组网图

本实验按照实验图 17-1 所示进行组网。

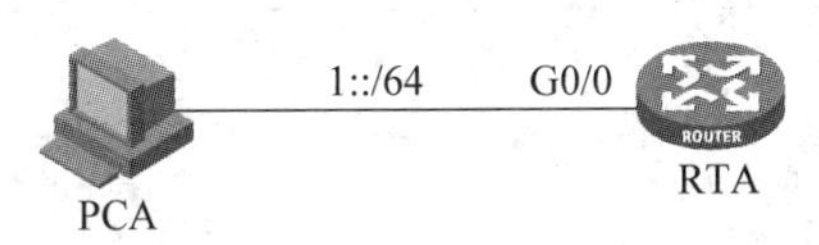

实验图 17-1 ND 基本配置实验组网

17.3 实验设备和器材

本实验所需的主要设备和器材如实验表 17-1 所示。

实验表 17-1 实验设备和器材

名称和型号	版本	数量	描述
MSR36-20	CMW7.1.049-R0106	1	
PC	—	1	
第 5 类 UTP 以太网连接线	—	1	

17.4 实验过程

实验任务 配置 ND

在本实验任务中,需要在路由器上配置 ND,使终端主机能够自动获得 IPv6 地址。通过本实验任务,应该能够掌握如何在路由器上配置 ND 协议,查看邻居表项。

步骤 1: 建立物理连接

按照实验图 17-1 进行连接,并检查设备的软件版本及配置信息,确保各设备软件版本符合要求,所有配置为初始状态。如果配置不符合要求,请在用户模式下擦除设备中的配置文件,然后重启设备以使系统采用默认的配置参数进行初始化。

以上步骤可能会用到以下命令。

```
<RTA>display version
<RTA>reset saved-configuration
<RTA>reboot
```

步骤 2：IPv6 地址配置

按实验表 17-2 所示在 PC 及路由器上配置 IPv6 地址。

实验表 17-2　实验任务 IPv6 地址列表

设备名称	接口	IPv6 地址	网关
PCA	—	1::2/64	1::1
RTA	G0/0	1::1/64	—

首先在 RTA 连接 PCA 的接口上配置 IPv6 地址。请在下面填入配置 RTA 的命令。

____

____

在 PCA 上配置 IPv6 地址，首先在网络和共享中心打开连接到 RTA 的网络连接，如实验图 17-2 所示。

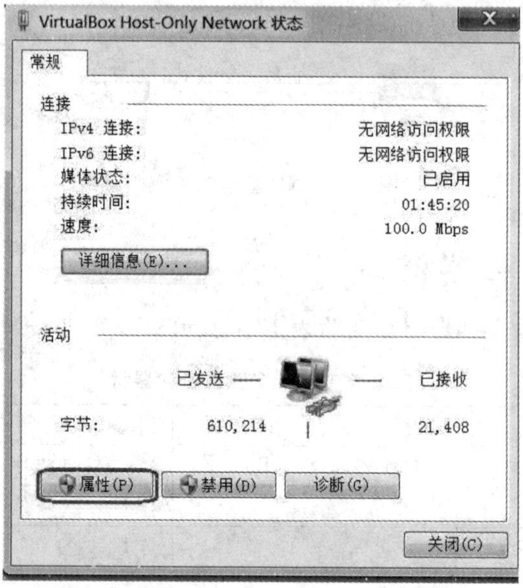

实验图 17-2　打开网络连接

单击其中的“属性”按钮，进入如实验图 17-3 所示的对话框。

在对话框的“此连接使用下列项目”下拉列表框中单击“Internet 协议版本 6(TCP/IPv6)”选项，等待该选项字体出现深色背景色后，单击对话框下方的“属性”按钮，弹出如实验图 17-4 所示的对话框。

在弹出的对话框中选中“使用以下 IPv6 地址”单选按钮，并在“IPv6 地址”文本框中输入 1::2，“子网前缀长度”文本框中输入 64，“默认网关”文本框中输入 1::1，最后单击对话框下方的“确定”按钮完成配置。

注：实际使用中还需填写 DNS 服务器地址才可正常使用。

配置完成后，在 PCA 及路由器上使用 ping 命令来测试，如下所示。

```
C:\>ping 1::1
```

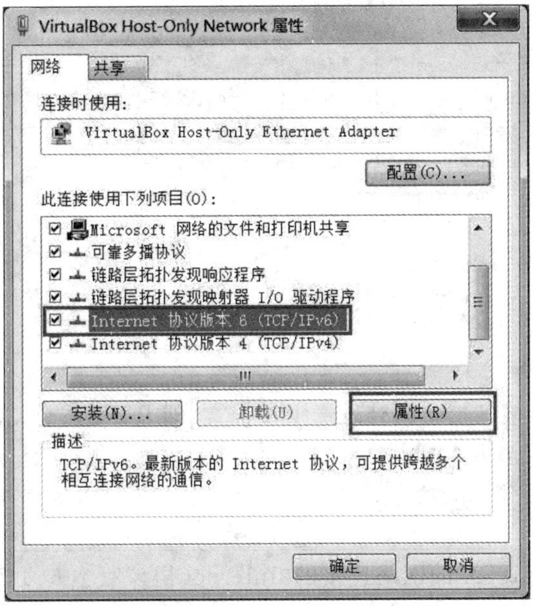

VirtualBox Host-Only Network 属性

网络　共享

连接时使用:

VirtualBox Host-Only Ethernet Adapter

配置(C)...

此连接使用下列项目(O):

☑ Microsoft 网络的文件和打印机共享
☑ 可靠多播协议
☑ 链路层拓扑发现响应程序
☑ 链路层拓扑发现映射器 I/O 驱动程序
☑ Internet 协议版本 6 (TCP/IPv6)
☑ Internet 协议版本 4 (TCP/IPv4)

安装(N)...　卸载(U)　属性(R)

描述

TCP/IPv6。最新版本的 Internet 协议，可提供跨越多个相互连接网络的通信。

确定　取消

实验图 17-3　网络属性对话框

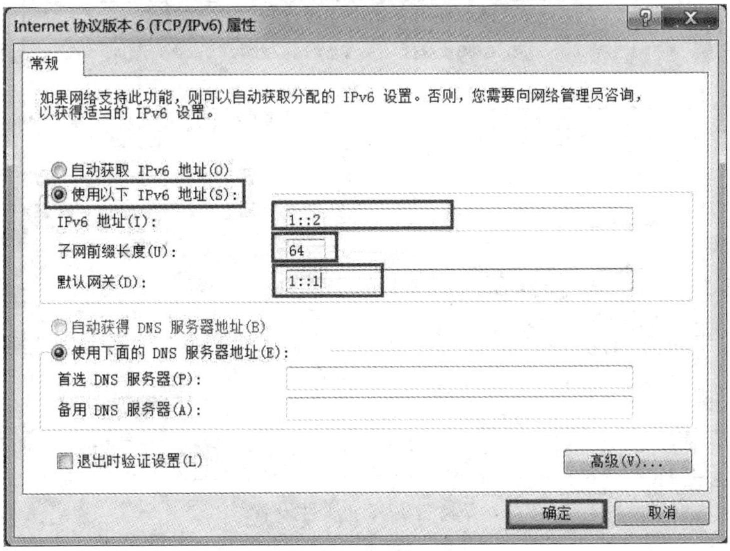

Internet 协议版本 6 (TCP/IPv6) 属性

常规

如果网络支持此功能，则可以自动获取分配的 IPv6 设置。否则，您需要向网络管理员咨询，以获得适当的 IPv6 设置。

自动获取 IPv6 地址(O)

使用以下 IPv6 地址(S):

IPv6 地址(I): 1::2

子网前缀长度(U): 64

默认网关(D): 1::1

自动获得 DNS 服务器地址(B)

使用下面的 DNS 服务器地址(E):

首选 DNS 服务器(P):

备用 DNS 服务器(A):

退出时验证设置(L)　高级(V)...

确定　取消

实验图 17-4　项目属性对话框

```
Pinging 1::1 with 32 bytes of data:
Reply from 1::1: time<1ms
Reply from 1::1: time<1ms
Reply from 1::1: time<1ms
Reply from 1::1: time<1ms

Ping statistics for 1::1:
    Packets: Sent=4, Received=4, Lost=0 (0% loss),
Approximate round trip times in milli-seconds:
Minimum=0ms, Maximum=0ms, Average=0ms
```

```
[RTA] ping ipv6 1::2
Ping6(56 data bytes) 1::1 -->1::2, press CTRL_C to break
56 bytes from 1::2, icmp_seq=0 hlim=128 time=5.159 ms
56 bytes from 1::2, icmp_seq=1 hlim=128 time=1.807 ms
56 bytes from 1::2, icmp_seq=2 hlim=128 time=2.314 ms
56 bytes from 1::2, icmp_seq=3 hlim=128 time=1.796 ms
56 bytes from 1::2, icmp_seq=4 hlim=128 time=1.810 ms

---Ping6 statistics for 1::2 ---
5 packets transmitted, 5 packets received, 0.0% packet loss
round-trip min/avg/max/std-dev=1.796/2.577/5.159/1.306 ms
```

步骤3：ND协议配置

默认情况下，路由器接口禁止向外发送RA报文，即PC无法自动获得IPv6地址。

在路由器RTA上取消RA抑制。

请在下面填入配置RTA的命令。

____

同时在PCA上连接RTA的网络连接的"Internet协议版本6(TCP/IPv6)属性"对话框中选择"自动获取IPv6地址"选项，如实验图17-5所示。

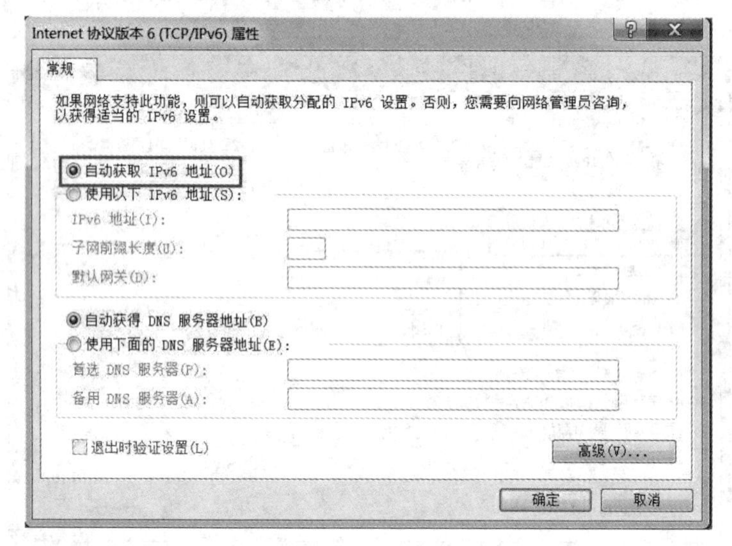

实验图17-5 属性设置

单击"确定"按钮，然后在PCA上查看IPv6地址。

此时，PCA所获得的IPv6地址有几个？它们的前缀分别是什么？网关地址是多少？

____

____

____

在PCA上执行PING操作，其结果应该如下所示。

```
C:\>ping 1::1

Pinging 1::1 with 32 bytes of data:

Reply from 1::1: time<1ms
```

```
Reply from 1::1: time<1ms
Reply from 1::1: time<1ms
Reply from 1::1: time<1ms

Ping statistics for 1::1:
    Packets: Sent=4, Received=4, Lost=0 (0%  loss),
Approximate round trip times in milli-seconds:
    Minimum=0ms, Maximum=0ms, Average=0ms
```

然后在 RTA 上使用 display ipv6 neighbors all 命令查看邻居表,并回答以下问题。

邻居表项有几条？邻居状态是什么？

____

____

在 RTA 的接口 G0/0 上再添加一个 IPv6 地址,同时将 RA 报文的发布时间间隔调整为最大值 4s,最小值 3s,以使 PCA 能够尽快获得前缀,如下所示。

```
[RTA-GigabitEthernet0/0]ipv6 address 2001::1 64
[RTA-GigabitEthernet0/0]ipv6 nd ra interval 4 3
```

然后在 PCA 查看网络连接详细信息。

此时,PCA 所获得的 IPv6 地址有几个？它们的前缀分别是什么？

____

____

____

17.5 实验中的命令列表

本实验中用到的命令如实验表 17-3 所示。

实验表 17-3 实验命令列表

命　令	描　述
ipv6 address {*ipv6-address prefix-length* | *ipv6-address/prefix-length*}	手动配置接口的 IPv6 全球单播地址
undo ipv6 nd ra halt	取消对 RA 消息发布的抑制
ipv6 ndra interval *max-interval-value min-interval-value*	配置 RA 消息发布的最大时间间隔和最小时间间隔
display ipv6 neighbors all	显示所有邻居的信息

17.6 思考题

实验任务中,PCA 自动得到的网关地址是链路本地地址 fe80::/,而不是 1::1,这样有什么好处？

答：链路本地地址 fe80::/是由 MAC 地址通过 EUI-64 算法而生成的,不会随便变化,相对稳定。

实验18

IPv6路由协议

18.1 实验目标

完成本实验,应该能够:

(1) 掌握如何在路由器上配置 RIPng;

(2) 掌握如何查看 IPv6 路由表;

(3) 掌握如何在路由器上配置 OSPFv3。

18.2 实验组网图

本实验按照实验图 18-1 所示进行组网。

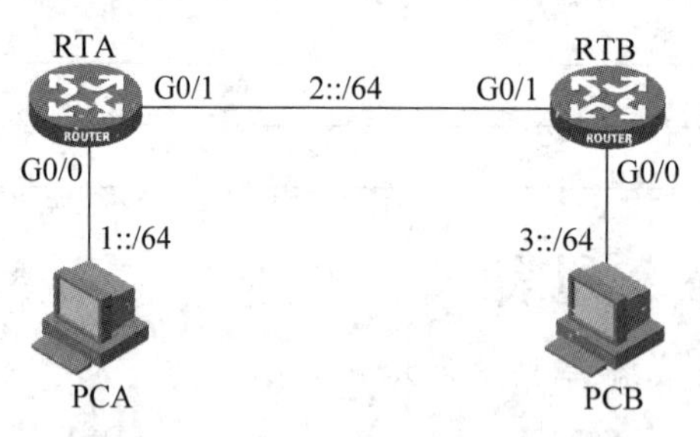

实验图 18-1 IPv6 路由协议实验组网

18.3 实验设备和器材

本实验所需的主要设备和器材如实验表 18-1 所示。

实验表 18-1 实验设备和器材

名称和型号	版　本	数量	描　述
MSR36-20	CMW7.1.049-R0106	2	
PC	—	2	
第 5 类 UTP 以太网连接线	—	3	

18.4 实验过程

实验任务 1 配置 RIPng

在本实验任务中,需要在路由器上配置 RIPng 进行路由学习。通过本实验任务,应该能够掌握如何配置 RIPng,及查看 IPv6 路由表。

步骤 1:建立物理连接

按照实验图 18-1 进行连接,并检查设备的软件版本及配置信息,确保各设备软件版本符合要求，所有配置为初始状态。如果配置不符合要求，请在用户模式下擦除设备中的配置文件，然后重启设备以使系统采用默认的配置参数进行初始化。

以上步骤可能会用到以下命令。

```
<RTA>display version
<RTA>reset saved-configuration
<RTA>reboot
```

步骤 2：IPv6 地址配置

按实验表 18-2 所示在 PC 及路由器上配置 IPv6 地址。

实验表 18-2　实验任务 1 IPv6 地址列表

设备名称	接　口	IPv6 地址	网关
PCA	—	1::2/64	1::1
PCB	—	3::2/64	3::1
RTA	G0/0	1::1/64	—
	G0/1	2::1/64	—
RTB	G0/0	3::1/64	—
	G0/1	2::2/64	—

首先在 RTA 上使能 IPv6 协议栈，并在接口上配置 IPv6 地址。请在下面填入配置 RTA 的命令。

在 RTB 上使能 IPv6 协议栈，并在接口上配置 IPv6 地址。请在下面填入配置 RTB 的命令。

在 PC 上也设置相应的 IPv6 地址及默认网关。实验图 18-2 给出在 PCA 上设置地址及网关的示例。

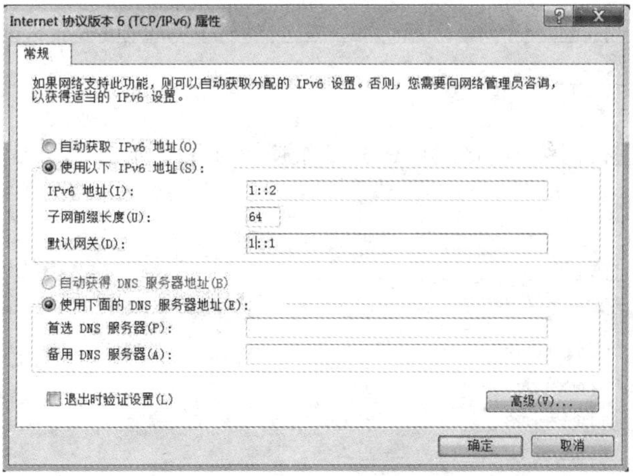

实验图 18-2　设置示例

可在“网络连接详细信息”中查看配置结果，如实验图 18-3 所示。

实验图 18-3　配置结果

步骤 3：RIPng 协议配置

地址配置完成后，在路由器 RTA 和 RTB 上全局使能 RIPng 协议，并在接口上使能 RIPng，使路由器之间能够相互学习路由。

请在下面填入配置 RTA 的命令。

请在下面填入配置 RTB 的命令。

配置完成后，使用 display ipv6 routing-table 命令来查看 IPv6 路由表。此时，路由表中来源是 RIPng 的路由表项有几个？分别是什么？

然后在 PCA 上进行网络连通性测试，其结果应该如下所示。

```
C:\>ping 3::2

Pinging 3::2 with 32 bytes of data:

Reply from 3::2: time=2ms
Reply from 3::2: time=2ms
Reply from 3::2: time=1ms
Reply from 3::2: time=2ms

Ping statistics for 3::2:
```

```
   Packets: Sent=4, Received=4, Lost=0 (0%  loss),
Approximate round trip times in milli-seconds:
   Minimum=1ms, Maximum=2ms, Average=1ms
```

步骤4：RIPng协议查看

在RTA上用下列命令查看RIPng的当前运行情况、RIPng的路由信息及RIPng接口状态，如下所示。

```
[RTA] display ripng
  Public VPN-instance name:
    RIPng process: 1
      Preference: 100
      Checkzero: Enabled
      Default cost: 0
      Maximum number of load balanced routes: 6
      Update time:   30 secs  Timeout time: 180 secs
      Suppress time:  120 secs  Garbage-collect time:   120 secs
      Update output delay:   20(ms)  Output count:    3
      Graceful-restart interval:   60 secs
      Triggered Interval : 5 50 200
      Number of periodic updates sent: 5
      Number of trigger updates sent: 3

[RTA] display ripng 1 route
  Route Flags: A -Aging, S -Suppressed, G -Garbage-collect, D -Direct
               O -Optimal, F -Flush to RIB
----------------------------------------------------------------
Peer FE80::94DB:79FF:FE43:206 on GigabitEthernet0/1
Destination 3::/64,
    via FE80::94DB:79FF:FE43:206, cost 1, tag 0, AOF, 30 secs
Local route
Destination 1::/64,
    via ::, cost 0, tag 0, DOF
Destination 2::/64,
    via ::, cost 0, tag 0, DOF

[RTA] display ripng 1 interface
Interface: GigabitEthernet0/0
        Link-local address: FE80::94DB:75FF:FED0:105
        Split-horizon: On                Poison-reverse: Off
        MetricIn: 0                      MetricOut: 1
        Default route: Off
        Update output delay: 20 (ms)     Output count: 3
Interface: GigabitEthernet0/1
        Link-local address: FE80::94DB:75FF:FED0:106
        Split-horizon: On                Poison-reverse: Off
        MetricIn: 0                      MetricOut: 1
        Default route: Off
        Update output delay: 20 (ms)     Output count: 3
```

以上信息表明，当前RIPng的进程号是1，优先级是100，每隔30s进行一次路由更新。在接口G0/0和G0/1上发送与接收更新报文，从接口G0/1上收到更新中包含了2::/64和

3::/64 这两条路由信息。

实验任务 2 配置 OSPFv3

在本实验任务中，需要在路由器上配置 OSPFv3 进行路由学习。通过本实验任务，应该能够掌握如何进行 OSPFv3 的基本配置。

步骤 1：建立物理连接

按照实验图 18-1 进行连接，并检查设备的软件版本及配置信息，确保各设备软件版本符合要求，所有配置为初始状态。如果配置不符合要求，请在用户模式下擦除设备中的配置文件，然后重启设备以使系统采用默认的配置参数进行初始化。

以上步骤可能会用到以下命令。

```
<RTA>display version
<RTA>reset saved-configuration
<RTA>reboot
```

步骤 2：IPv6 地址配置

按实验表 18-2 所示在路由器及 PC 上配置 IPv6 地址。

步骤 3：OSPFv3 协议配置

在路由器上启用 OSPFv3 协议。配置 RTA 的 Router ID 为 1.1.1.1，RTB 的 Router ID 为 1.1.1.2。配置 RTA 作为 ABR，接口 G0/0 位于 Area0 中，接口 G0/1 位于 Area1 中；配置 RTB 的所有接口都位于 Area1 中。

请在下面填入配置 RTA 的命令。

____

____

____

____

____

请在下面填入配置 RTB 的命令。

____

____

____

____

____

配置完成后，使用 display ipv6 routing-table 命令来查看 IPv6 路由表。此时，路由表中来源是 OSPFv3 的路由表项有几个？分别是什么？

____

____

____

可以看到，路由表中有了相关路由。在 PCA 上进行网络连通性测试，其结果应该如下所示。

```
C:\>ping 3::2

Pinging 3::2 with 32 bytes of data:
```

```
Reply from 3::2: time=2ms
Reply from 3::2: time=2ms
Reply from 3::2: time=1ms
Reply from 3::2: time=2ms

Ping statistics for 3::2:
    Packets: Sent=4, Received=4, Lost=0 (0% loss),
Approximate round trip times in milli-seconds:
Minimum=1ms, Maximum=2ms, Average=1ms
```

步骤4：OSPFv3协议查看

在RTA上用下列命令查看OSPFv3的当前运行情况、OSPFv3的路由信息及OSPFv3邻居信息，如下所示。

```
[RTA] display ospfv3

              OSPFv3 Process 1 with Router ID 1.1.1.1

RouterID: 1.1.1.1          Router type:  ABR
Route tag: 0
Route tag check: Disabled
Multi-VPN-Instance: Disabled
Type value of extended community attributes:
    Domain ID : 0x0005
    Route type: 0x0306
    Router ID : 0x0107
Domain-id: 0.0.0.0
DN-bit check: Enabled
DN-bit set: Enabled
SPF-schedule-interval: 5 50 200
LSA generation interval: 5
LSA arrival interval: 1000
Transmit pacing: Interval: 20 Count: 3
Default ASE parameters: Tag: 1
Route preference: 10
ASE route preference: 150
SPF calculation count: 32
External LSA count: 0
LSA originated count: 19
LSA received count: 18
SNMP trap rate limit interval: 10  Count: 7
Area count: 2  Stub area count: 0  NSSA area count: 0
ExChange/Loading neighbors: 0

Area: 0.0.0.0
Area flag: Normal
SPF scheduled count: 7
ExChange/Loading neighbors: 0
LSA count: 6

Area: 0.0.0.1
Area flag: Normal
```

```
SPF scheduled count: 3
ExChange/Loading neighbors: 0
LSA count: 6


[RTA] display ospfv3 routing

               OSPFv3 Process 1 with Router ID 1.1.1.1
-------------------------------------------------------------
I  -Intra area route,  E1 -Type 1 external route,  N1 -Type 1 NSSA route
IA -Inter area route,  E2 -Type 2 external route,  N2 -Type 2 NSSA route
*   -Selected route

*Destination: 1::/64
 Type       : I                              Cost     : 1
 Nexthop    : ::                             Interface: GE0/0
 AdvRouter  : 1.1.1.1                        Area     : 0.0.0.0
 Preference : 10

*Destination: 2::/64
 Type       : I                              Cost     : 1
 Nexthop    : ::                             Interface: GE0/1
 AdvRouter  : 1.1.1.2                        Area     : 0.0.0.1
 Preference : 10

*Destination: 3::/64
 Type       : I                              Cost     : 2
 Nexthop    : FE80::94DB:79FF:FE43:206       Interface: GE0/1
 AdvRouter  : 1.1.1.2                        Area     : 0.0.0.1
 Preference : 10

Total: 3
Intra area: 3        Inter area: 0       ASE: 0        NSSA: 0

[RTA]dis ospfv3 peer

               OSPFv3 Process 1 with Router ID 1.1.1.1

Area: 0.0.0.1
-------------------------------------------------------------
Router ID     Pri  State      Dead-Time   Inst ID  Interface
1.1.1.2       1    Full/DR    00:00:39    0        GE0/1
```

从以上信息可以知道，OSPFv3 的当前 Router ID 是 1.1.1.1，包含了区域 0 和区域 1；OSPFv3 的路由有 3 条，分别为 1::/64、2::/64 和 3::/64，都是区域内路由，分别位于接口 GE0/0 和 GE0/1 上；在接口 GE0/1 上与路由器 1.1.1.2 建立了 OSPFv3 邻接关系，状态是 Full。

18.5 实验中的命令列表

本实验中用到的命令如实验表 18-3 所示。

实验表 18-3 实验命令列表

命 令	描 述
ripng [*process-id*]	创建 RIPng 进程
ripng *process-id* **enable**	在指定接口上使能 RIPng 路由协议
display ripng [*process-id*]	显示指定 RIPng 进程的当前运行状态及配置信息
display ripng *process-id* **route**	显示指定 RIPng 进程的路由信息，以及与每条路由相关的定时器的值
display ripng *process-id* **interface**	显示指定 RIPng 进程的所有接口信息
ospfv3 [*process-id*]	启动 OSPFv3 进程
router-id *router-id*	设置运行 OSPFv3 协议的路由器的 Router ID
ospfv3 *process-id* **area** *area-id*	在接口上使能 OSPFv3 协议，并指定所属区域
display ospfv3 [*process-id*]	查看 OSPFv3 进程的概要信息
display ospfv3 [*process-id*] *routing*	显示 OSPFv3 路由表的信息
display ospfv3 [*process-id*] **peer**	显示 OSPFv3 邻居的信息

18.6 思考题

1. 从路由器上进行 PING 测试时，回复的报文中的 hop limit 是什么含义？

答：跳数限制，相当于 IPv4 中的 TTL 值。

2. 实验任务 2 中，在路由器上设置的 Router ID 为什么是 IPv4 格式？

答：Router ID 仅用来标识一台运行 OSPFv3 协议的路由器，只要不重复就可以了，具体格式并不重要。配置成 IPv4 格式是为了和 OSPFv2 兼容，有利于网络中的路由向 IPv6 平滑过渡。

实验19

IPv6过渡技术

19.1 实验目标

完成本实验,应该能够:

(1) 掌握如何在路由器及主机上配置 ISATAP 隧道;

(2) 掌握 6to4 隧道的基本配置。

19.2 实验组网图

本实验按照实验图 19-1 所示进行组网。

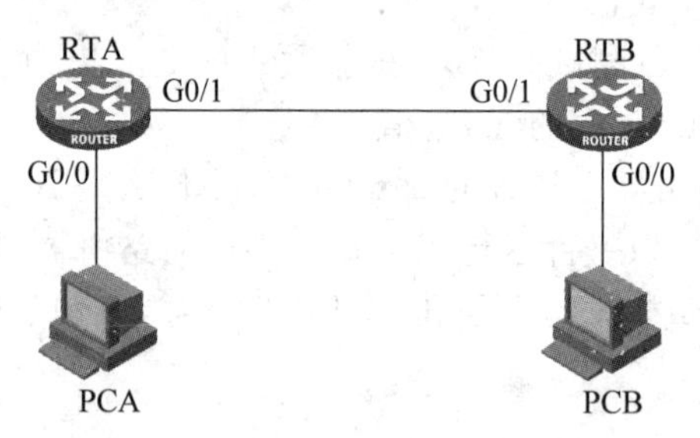

实验图 19-1 IPv6 过渡技术实验组网

19.3 实验设备和器材

本实验所需的主要设备和器材如实验表 19-1 所示。

实验表 19-1 实验设备和器材

名称和型号	版 本	数量	描 述
MSR36-20	CMW7.1.049-R0106	2	
PC	—	2	
第 5 类 UTP 以太网连接线	—	3	

19.4 实验过程

实验任务 1 配置 ISATAP 隧道

在本实验任务中,需要在路由器上配置 ISATAP,使主机通过 ISATAP 隧道获得 IPv6 地址。通过本实验任务,应该能够掌握如何在路由器上配置 ISATAP 隧道。

步骤 1:建立物理连接

按照实验图 19-1 进行连接,并检查设备的软件版本及配置信息,确保各设备软件版本符合要求，所有配置为初始状态。如果配置不符合要求，请在用户模式下擦除设备中的配置文件，然后重启设备以使系统采用默认的配置参数进行初始化。

以上步骤可能会用到以下命令。

```
<RTA>display version
<RTA>reset saved-configuration
<RTA>reboot
```

步骤2：IP地址及相关路由配置

按实验表19-2所示在PC及路由器上配置IP地址，并启用OSPF协议，使PCA与RTB间路由可达。

实验表19-2 实验任务1 IP地址列表

设备名称	接 口	IP 地 址	网 关
PCA	—	10.0.0.2/24	10.0.0.1
PCB	—	3::2/64	3::1
RTA	G0/0	10.0.0.1/24	—
	G0/1	1.1.1.1/24	—
RTB	G0/0	3::1/64	—
	G0/1	1.1.1.2/24	—
	Tunnel1	1::5efe:101:102/64	—

配置RTA如下：

```
[RTA-GigabitEthernet0/0] ip address 10.0.0.1 24
[RTA-GigabitEthernet0/1] ip address 1.1.1.1 24
[RTA] ospf
[RTA-ospf-1] area 0
[RTA-ospf-1-area-0.0.0.0] network 1.1.1.0 0.0.0.255
[RTA-ospf-1-area-0.0.0.0] network 10.0.0.0 0.0.0.255
```

配置RTB如下：

```
[RTB-GigabitEthernet0/1] ip address 1.1.1.2 24
[RTB] ospf
[RTB-ospf-1] area 0
[RTB-ospf-1-area-0.0.0.0] network 1.1.1.0 0.0.0.255
[RTB-GigabitEthernet0/0] ipv6 address 3::1/64
```

配置完成后，在PCA上用PING命令来检查到RTB的可达性，如下所示。

```
C:\>ping 1.1.1.2

Pinging 1.1.1.2 with 32 bytes of data:

Reply from 1.1.1.2: bytes=32 time<1ms TTL=254
Reply from 1.1.1.2: bytes=32 time<1ms TTL=254
Reply from 1.1.1.2: bytes=32 time<1ms TTL=254
Reply from 1.1.1.2: bytes=32 time<1ms TTL=254

Ping statistics for 1.1.1.2:
```

```
    Packets: Sent=4, Received=4, Lost=0 (0% loss),
Approximate round trip times in milli-seconds:
    Minimum=0ms, Maximum=0ms, Average=0ms
```

步骤 3：ISATAP 隧道配置

在路由器 RTB 上配置 ISATAP 隧道。首先使能 Tunnel 接口，然后设定 Tunnel 接口的隧道类型为 ISATAP，并取消 ND 抑制功能。

请在下面填入配置 RTB 的命令。

____

____

____

____

____

在 PCA 上配置 ISATAP 隧道终点为 1.1.1.2，如下所示。

```
C:\Windows\system32>netshinterface ipv6 isatap set router 1.1.1.2
```

注：Window 7 执行上述命令需要使用管理员权限，可以在命令行视图执行以下配置。

```
C:\>runas /noprofile /user:Administrator cmd.exe
```

提示输入 administrator 用户密码，正确输入即可。

配置完成后，在 PCA 上查看是否通过隧道获得了 IPv6 地址，结果应该如下所示。

```
C:\Documents and Settings\Administrator>ipconfig

Windows IP Configuration

...
Tunnel adapter Automatic Tunneling Pseudo-Interface:

        Connection-specific DNS Suffix. :
        IPv6 Address. . . . . . . . . . . . : 1::5efe:10.0.0.2
Link local IPv6 Address. . . . . .: fe80::5efe:10.0.0.2% 2
        Default Gateway . . . . . . . . . : fe80::5efe:1.1.1.2% 2
```

由上可知，PCA 从 RTB 获得了 1::的前缀。在 PCA 上测试到 PCB 的可达性，结果应该如下所示。

```
C:\Windows\system32>ping 3::2

正在 Ping 3::2 具有 32 字节的数据：
来自 3::2 的回复：时间=2ms
来自 3::2 的回复：时间=2ms
来自 3::2 的回复：时间=2ms
来自 3::2 的回复：时间=2ms

3::2 的 Ping 统计信息：
数据包：已发送=4，已接收=4，丢失=0 (0% 丢失)，
往返行程的估计时间(以 ms 为单位)：
最短=2ms，最长=2ms，平均=2ms
```

实验任务2 配置6to4隧道

在本实验任务中，需要在路由器上配置6to4隧道，使路由器通过6to4隧道互联。通过本实验任务，应该能够掌握如何在路由器上配置6to4隧道。

步骤1：建立物理连接

按照实验图19-1进行连接，并检查设备的软件版本及配置信息，确保各设备软件版本符合要求，所有配置为初始状态。如果配置不符合要求，请在用户模式下擦除设备中的配置文件，然后重启设备以使系统采用默认的配置参数进行初始化。

以上步骤可能会用到以下命令。

```
<RTA>display version
<RTA>reset saved-configuration
<RTA>reboot
```

步骤2：IP地址及相关路由配置

按实验表19-3所示在PC及路由器上配置IP地址。

实验表19-3 实验任务2 IP地址列表

设备名称	接 口	IP 地 址	网 关
PCA	—	2002:101:101:2::2/64	2002:101:101:2::1
PCB	—	2002:101:102:2::2/64	2002:101:102:2::1
RTA	G0/0	2002:101:101:2::1/64	—
	G0/1	1.1.1.1/24	—
	Tunnel1	2002:101:101:1::1/64	—
RTB	G0/0	2002:101:102:2::1/64	—
	G0/1	1.1.1.2/24	—
	Tunnel1	2002:101:102:1::1/64	—

配置RTA如下：

```
[RTA-GigabitEthernet0/1] ip address 1.1.1.1 24
[RTA-GigabitEthernet0/0] ipv6 address 2002:101:101:2::1/64
```

配置RTB如下：

```
[RTB-GigabitEthernet0/1] ip address 1.1.1.2 24
[RTB-GigabitEthernet0/0] ipv6 address 2002:101:102:2::1/64
```

步骤3：6to4隧道配置

在路由器上配置6to4隧道，以使RTA与RTB之间通过隧道建立连接。同时，在路由器上配置IPv6静态路由，使PC间可以相互到达。

请在下面填入配置RTA的命令。

____

____

____

____

____

请在下面填入配置 RTB 的命令。

配置完成后,在 PCA 上测试到 PCB 的可达性,其结果应该如下所示。

```
C:\>ping 2002:101:102:2::2

Pinging 2002:101:102:2::2 with 32 bytes of data:

Reply from 2002:101:102:2::2: time=5ms
Reply from 2002:101:102:2::2: time=2ms
Reply from 2002:101:102:2::2: time=2ms
Reply from 2002:101:102:2::2: time=2ms

Ping statistics for 2002:101:102:2::2:
    Packets: Sent=4, Received=4, Lost=0 (0% loss),
Approximate round trip times in milli-seconds:
    Minimum=2ms, Maximum=5ms, Average=2ms
```

19.5 实验中的命令列表

本实验中用到的命令如实验表 19-4 所示。

实验表 19-4 实验命令列表

命 令	描 述
interface tunnel *number*[**mode** {**ds-lite-aftr** | **gre** [**ipv6**] | **ipv4-ipv4** | **ipv6** | **ipv6-ipv4** [**6to4** | **auto-tunnel** | **isatap**] | **mpls-te**}]	创建一个 Tunnel 接口
source {*ip-address* | *ipv6-address* | *interface-type interface-number*}	指定 Tunnel 接口的源端地址或接口
tunnel-protocol {**ipv4-ipv4** | **ipv4-ipv6** | **ipv6-ipv4** [**6to4** | **auto-tunnel** | **isatap**] | **ipv6-ipv6** |**mplste**}	配置隧道模式

19.6 思考题

实验任务 1 中,在 PCA 上配置 ISATAP 隧道终点,其作用是什么?
答:使 PCA 发出的 IPv6 in IPv4 的单播报文能够顺利到达双栈路由器。